Miniplant-Technik

Herausgegeben von
Ludwig Deibele
und Ralf Dohrn

Miniplant-Technik

in der Prozessindustrie

Herausgegeben von
Ludwig Deibele und Ralf Dohrn

WILEY-VCH Verlag GmbH & Co. KGaA

Herausgeber:

Dr. Ludwig Deibele
Schäfflerstr. 6
80333 München
(ehemals Bayer AG, Leverkusen)

Dr. Ralf Dohrn
Bayer Technology Services GmbH
Process Technologies
Reaction and Polymer Technology
Thermophysical Properties
Gebäude B 310
51368 Leverkusen

Titelbild Anlagenfotos mit freundlicher Genehmigung der QVF Engineering GmbH

1. Auflage 2006

Bibliografische Information

Der Deutschen Bibliothek
Die Deutsche Bibliothek verzeichnet diese Publikation in der Deutschen Nationalbibliografie; detaillierte bibliografische Daten sind im Internet über http://dnb.ddb.de abrufbar

Printed in the Federal Republic of Germany

Gedruckt auf säurefreiem Papier

Satz K+V Fotosatz GmbH, Beerfelden
Druck betz-druck GmbH, Darmstadt
Bindung Schäffer GmbH, Grünstadt

ISBN-13: 978-3-527-30739-5
ISBN-10: 3-527-30739-7

Inhaltsverzeichnis

Miniplant-Technik. Ludwig Deibele und Ralf Dohrn (Hrsg.)

ISBN: 3-527-30739-7

Vorwort

Mit dem Begriff Miniplant-Technik verbindet sich die Vorstellung, eine geplante technische Großanlage im kleinstmöglichen Maßstab mit allen verfahrenstechnischen Grundoperationen funktionsfähig aufzubauen und mit Originalprodukt zu betreiben. Mithilfe der so gewonnenen experimentellen Daten wird ein direktes Scale-up auf die technische Größe ermöglicht, wodurch Versuche im Technikumsmaßstab entbehrlich werden.

Die Miniplant-Technik ist aus den Entwicklungslabors der Verfahrenstechnik und der Chemie hervorgegangen. Dabei wurde der Begriff Miniplant-Technik erst vor einigen Jahren geprägt. Aus diesem Grund existiert bisher nur wenig an Literatur zu diesem weiten Arbeitsgebiet, und wir haben uns das Ziel gesetzt, diese Lücke mit dem vorliegenden Buch zu schließen.

Das Buch richtet sich sowohl an Ingenieure und Chemiker, deren Arbeitsgebiet die Planung, den Aufbau und den Betrieb von Miniplant-Anlagen und das Scale-up der Versuchsergebnisse auf die technische Anlage beinhaltet, als auch an Studenten der Bereiche Verfahrenstechnik und Chemie, die sich während des Studiums mit diesen Aufgabenstellungen befassen.

Das Buch ist in acht Kapitel gegliedert, die in ihrer Reihenfolge in groben Zügen der Vorgehensweise des Betreibers einer Miniplant-Anlage folgen. Dieser prüft zuerst, ob Versuche erforderlich sind, sucht sich den dafür geeigneten Laborplatz, plant die Miniplant-Anlage, baut sie mit allen verfahrenstechnischen Grundoperationen und Verbindungsleitungen auf und führt schließlich die Versuche durch. So wird im Einleitungskapitel 1 zunächst der geschichtlichen Entwicklung der Labortechnik nachgegangen und gezeigt, wie sich der Begriff Miniplant-Technik entwickelt hat. In Kapitel 2 werden die Fragen aufgeworfen, warum und wozu heute Laborversuche erforderlich sind und wie ihre Ergebnisse auf einen technischen Maßstab übertragen werden können. Kapitel 3 geht sowohl auf die Bauteile der Miniplant-Technik als auch auf die Werkstoffe der Apparaturen ein, zeigt den Mess- und Regelaufwand bei diesem Anlagenmaßstab und gibt Hinweise auf Sicherheitstechnik. Kapitel 4 befasst sich mit der Planung der Miniplant-Anlage, wobei auf die Ermittlung der Stoffdaten besonderes Augenmerk gelegt wird.

Miniplant-Technik. Ludwig Deibele und Ralf Dohrn (Hrsg.)

ISBN: 3-527-30739-7

In Kapitel 5, dem umfangreichsten, wird der Stand der Miniplant-Technik in der Reaktionstechnik und bei den Verfahren der Fluid- und Feststoffverfahrenstechnik beschrieben. Dabei zeigt sich der unterschiedliche Stand der Miniplant-Technik bei den verschiedenen Grundoperationen. In der Destillationstechnik ist die Miniplant-Technik beispielsweise schon sehr weit entwickelt. Es existiert ein gesichertes Vorgehen für das Scale-up, und es liegt bereits eine langjährige Erfahrung vor. Bei der Zerkleinerung gibt es dagegen nur erste Überlegungen zu kleineren Apparaturen und zum Scale-up. Hauptgrund hierfür sind verfahrenstechnische und apparative Probleme bei der Maßstabsverkleinerung. Hier will das vorliegende Buch zeigen, inwieweit heute ein Scale-up bei den verschiedenen Grundoperationen möglich ist, und Hinweise geben, wo weiterer Forschungsaufwand sinnvoll und nötig ist.

In Kapitel 6 wird das Anfahren von Miniplant-Anlagen beschrieben und die Versuchsdauer diskutiert. In Kapitel 7 werden einige Miniplant-Anlagen mit unterschiedlichen Grundoperationen vorgestellt und damit gezeigt, was heute machbar ist. Das Abschlusskapitel 8 geht der Frage nach, ob und bei welchen Verfahren eine weitere Verkleinerung möglich und sinnvoll ist.

Die Herausgeber hoffen, mit diesem Buch eine Bestandsaufnahme des heutigen Wissens der Miniplant-Technik geliefert und einen Anstoß zum weiteren Vorgehen in dieser interessanten Technik gegeben zu haben. Da speziell das Wissen über die einzelnen Grundoperationen sehr vielschichtig und komplex ist, wurden 14 Koautoren gewonnen, die ausgewiesene Spezialisten auf ihrem Fachgebiet sind. Ihnen möchten die Herausgeber an dieser Stelle für die erfolgreiche Mitarbeit herzlich danken. Das gleiche Dankeschön gilt auch dem Verlag für die gute Zusammenarbeit.

München und Leverkusen
Dezember 2005

Ludwig Deibele
Ralf Dohrn

Autorenliste

Philip Bahke
Universität Dortmund
Lehrstuhl für Technische Chemie A
Emil-Figge-Straße 70
44221 Dortmund
(Abschnitt 5.1)

Arno Behr
Universität Dortmund
Lehrstuhl für Technische Chemie A
Emil-Figge-Straße 70
44221 Dortmund
(Abschnitt 5.1)

Ralf Dohrn
Bayer Technology Services GmbH
Process Technologies
Reaction and Polymer Technology
Thermophysical Properties
Gebäude B 310
51368 Leverkusen
(Abschnitt 4.1)

Ludwig Deibele
Schäfflerstraße 6
80333 München
(Kapitel 1 und 2, Abschnitte 4.2 und 5.2.1)

Andrzej Górak
Universität Dortmund
Lehrstuhl für Thermische Verfahrenstechnik
Emil-Figge-Straße 70
44221 Dortmund
(Abschnitt 5.1)

Juan R. Herguijuela
Separation Processes & Technologies
Gewerbestraße 28
4123 Allschwil
Schweiz
(Kapitel 6 und 7)

Achim Hoffmann
Universität Dortmund
Lehrstuhl für Thermische Verfahrenstechnik
Emil-Figge-Straße 70
44221 Dortmund
(Abschnitt 5.1)

Axel König
Universität Erlangen/Nürnberg
Lehrstuhl für Trenntechnik
Egerlandstraße 3
91058 Erlangen
(Abschnitt 5.3.2)

Miniplant-Technik. Ludwig Deibele und Ralf Dohrn (Hrsg.)

ISBN: 3-527-30739-7

Hans Bernd Kuhnhen
Goethestraße 13
35083 Wetter
(Abschnitte 3.1, 3.2 und 3.3)

Reiner Laible
ROSENMUND VTA AG
Gestadeckplatz 6
4410 Liestal
Schweiz
(Abschnitt 5.3.3)

Andreas Pfennig
RWTH Aachen
Lehrstuhl für Thermische
Verfahrenstechnik
Wüllnerstraße 5
52062 Aachen
(Kapitel 8)

Joachim Ritter
Bayer Technology Services GmbH
Process Technology
RPT-MST, Geb. E41
51368 Leverkusen
(Abschnitt 5.3.4)

Thomas Runowski
Bayer Technology Services GmbH
Process Technology
Distillation and Heat Transfer,
Geb. B 310
51368 Leverkusen
(Abschnitt 5.2.2)

Wolfgang Scheibe
UVR-FIA GmbH
Chemnitzer Straße 40
09596 Freiberg/Sachsen
(Abschnitt 5.3.5)

Jörg Schwarzer
Cognis Deutschland GmbH
CRT-Process Technology
Henkelstraße 67
40589 Düsseldorf
(Abschnitt 5.2.4)

Jürgen Spriewald
Bayer Technology Services GmbH
ZT-TE – FIVT-Dest Geb. B 310
51368 Leverkusen
(Abschnitt 3.6)

Martin Steiner
ROSENMUND VTA AG
Gestadeckplatz 6
4410 Liestal
Schweiz
(Abschnitt 5.3.1)

Michael Traving
Bayer Technology Services GmbH
Process Technology
Adsorpt., Chrom., Extrac. & Mem.
Tech., Geb. B 310
51368 Leverkusen
(Abschnitt 5.2.3)

Werner Zang
HiTec Zang
Ebertstraße 30–32
52134 Herzogenrath
(Abschnitte 3.4 und 3.5)

1
Der Weg zur Miniplant-Technik – ein historischer Überblick

Mithilfe der Miniplant-Technik wird versucht, eine technische Anlage mit all ihren verfahrenstechnischen Schritten voll funktionsfähig im kleinstmöglichen Maßstab nachzubilden. Hierzu bieten sich die im chemischen Labor vorhandenen Apparate und die über Jahrhunderte angesammelte experimentelle Erfahrung an. Somit stellen die Miniplant-Technik und die mit ihr aufgebauten Miniplants nichts grundsätzlich Neues dar, sondern basieren auf vorhandenem Wissen. Deshalb ist es interessant, in diesem Einleitungskapitel auf die historische Entwicklung der Labortechnik einzugehen und damit die Wurzeln und den Weg zur Miniplant-Technik aufzuzeigen. Das soll am Beispiel der Destillation und Rektifikation erfolgen [1–2], da sich auf diesem verfahrenstechnischen Gebiet das größte experimentelle Wissen angesammelt hat, wie auch in weiteren Kapiteln gezeigt wird.

Erste konkrete Abbildungen zu Destillationsapparaturen finden sich bereits bei den alexandrinischen Alchemisten im 1. und 2. Jahrhundert nach Christus. So sind in Abb. 1.1 bereits Destillationskolben zu erkennen, die mit Öfen beheizt werden. Die Dämpfe steigen durch ein Rohr aufwärts und kondensieren in einem kugelförmigen Aufsatz, dem Alembik, wobei die Umgebungsluft als Kühlmittel dient. Das Kondensat sammelt sich in einer Rinne und wird durch ein oder mehrere Röhrchen in Fläschchen abgefüllt [3]. Mit diesen Apparaturen wurden wahrscheinlich höher siedende ätherische Öle für die Parfümherstellung destilliert.

In den nächsten Jahrhunderten änderte sich grundsätzlich nur wenig am Aufbau der Destillationsapparatur. Erst um etwa 1200 wurde die Effektivität der Kondensation durch die Einführung von Wasser als Kühlmittel entscheidend gesteigert. Dadurch gelangen auch die Destillation und Kondensation von Ethylalkohol, der bis zum Ende des 19. Jahrhunderts das wichtigste Destillationsprodukt darstellt. Abb. 1.2 zeigt eine Destillationsapparatur vom Ende des 16. Jahrhunderts von Conrad Gesner [4]. Deutlich sind der Herd mit eingebauter Heizblase und die fallende Kühlschlange im mit Wasser befüllten Kühlfass zu erkennen. Außerdem erreicht die Apparatur bereits technische Dimensionen.

Bis zu diesem Zeitpunkt hat die Destillationsapparatur nur Labordimensionen. Größere Anlagen mit Technikums oder technischen Dimensionen tauchen erst im 15. Jahrhundert auf. Eine eigenständige Entwicklung von Laborapparaturen wird jedoch erst möglich, nachdem Johann Kunckel (1630–1702), Leiter

Miniplant-Technik. Ludwig Deibele und Ralf Dohrn (Hrsg.)

ISBN: 3-527-30739-7

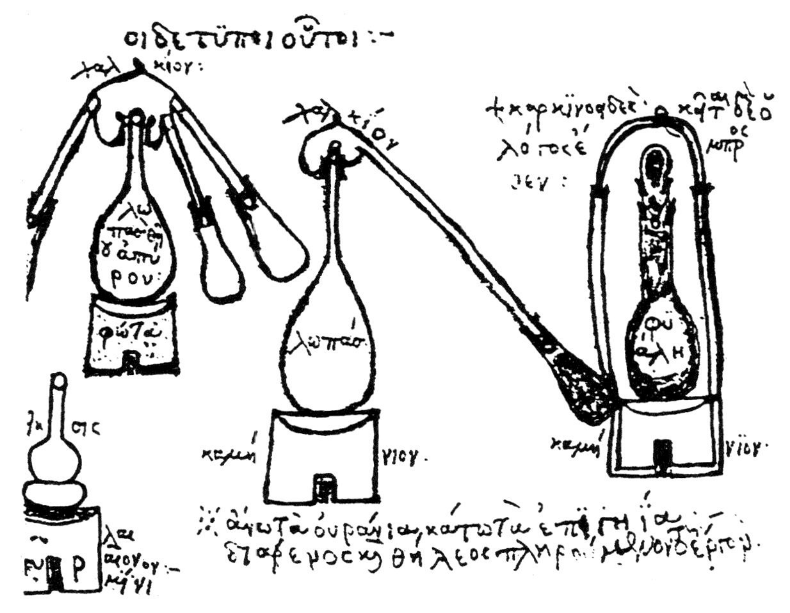

Abb. 1.1 Destillationsgeräte der alexandrinischen Alchemisten aus dem 1. und 2. Jahrhundert nach Christus.

des kurfürstlichen Labors in Berlin, durch Einführung des sog. Blasens vor der Lampe mit der Glasmacherpfeife, Glas ausreichender Qualität herstellen konnte und damit Glas zum Hauptwerkstoff im Labor wurde. Schöne Beispiele der Glasbläserkunst des 18. Jahrhunderts zeigen Laborapparaturen aus dem Deutschen Museum in München (Abb. 1.3). Mit beiden Apparaturen sollten Gemische in mehrere Fraktionen zerlegt werden, was aber ohne Einbauten zur Erhöhung der Trennleistung nur unzureichend gelingen dürfte.

Abb. 1.4 zeigt gläserne Laborgeräte des französischen Apothekers Antoine Baumé (1728–1804) aus seinem Werk *Chimie expérimentale et raisonnée* [5]. Beachtenswert sind die Destilliergeräte mit Tubus und Stopfen, die gläserne

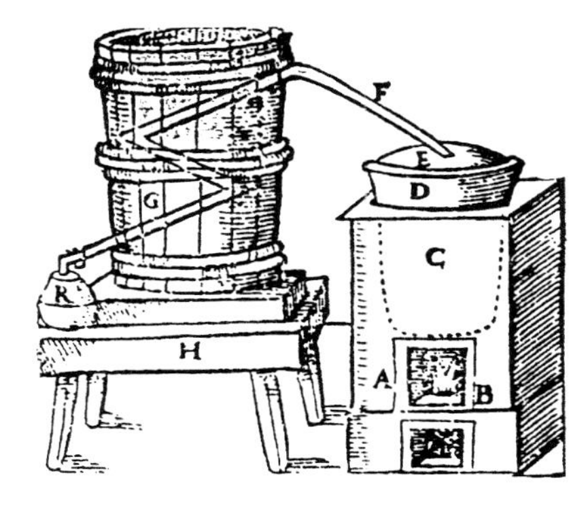

Abb. 1.2 Destillationsapparatur aus dem 16. Jahrhundert nach Conrad Gesner.

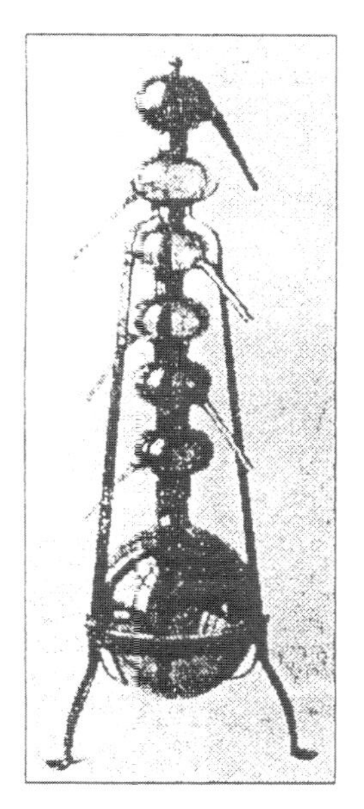

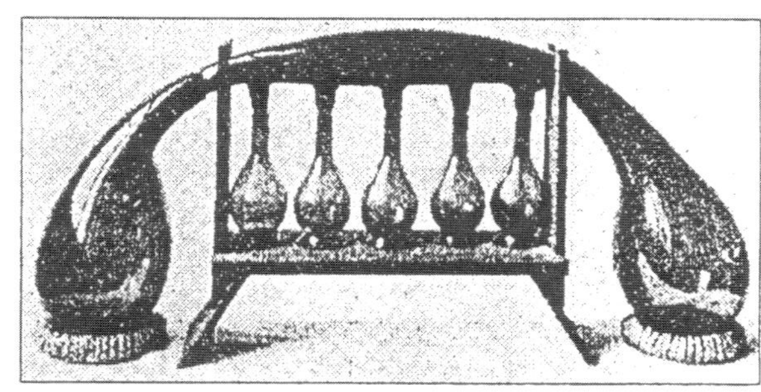

Abb. 1.3 Glasapparatur für das Labor aus dem 18. Jahrhundert.

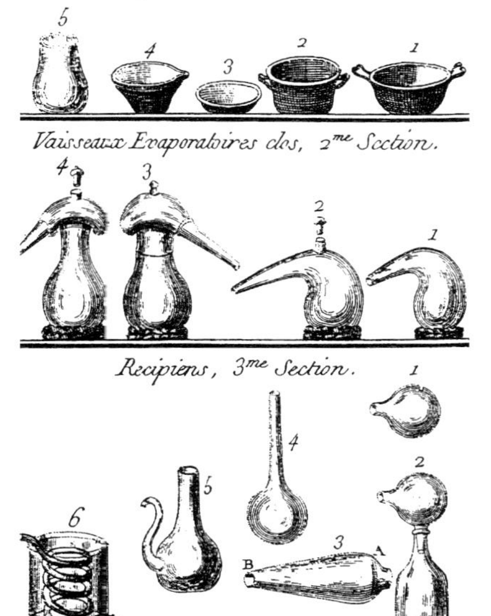

Abb. 1.4 Gläserne Laborgeräte von Antoine Baumé aus dem 18. Jahrhundert.

Kühlschlange und die sog. Florentinerflaschen zur Trennung zweier flüssiger Phasen, zuerst in Florenz zur Trennung ätherischer Öle von Wasser eingesetzt.

Zur selben Zeit wurde bereits die Gegenstromkühlung im Labor eingeführt, wie Abb. 1.5 aus der Dissertation *Observationes chemicae et mineralogicae* [6] von Christian Ehrenfried von Weigel (1748–1831) zeigt. Der Gegenstromkühler, der sog. Liebig-Kühler, bestand aus zwei ineinander gesteckten Rohren, von denen das Innere als Glasrohr und das Äußere als Weißblechrohr ausgeführt wurden. Auch die Haltevorrichtungen für den Kühler wurden von Weigel entwickelt und sind Vorläufer unserer heutigen Stativklammern.

Bis zur Mitte des 19. Jahrhunderts unterschieden sich die Destillationsapparaturen im Labor und in der Technik nur in den Dimensionen. Erst mit der stürmischen Entwicklung der organischen Chemie ab 1850 entstanden eigenständige Destilliergeräte, die völlig auf die Belange der Experimentalchemie zugeschnitten waren. Deshalb sind die Laborapparaturen des 19. und frühen 20. Jahrhunderts häufig mit den Namen bedeutender Chemiker verbunden.

Zunächst versuchte man durch sog. Destillationsaufsätze die Trennleistung der Destillationskolonnen zu verbessern. Den ersten Schritt stellen die Kugelaufsätze (Abb. 1.6) nach Charles Adolphe Wurtz (1817–1884) von 1854 dar, Professor an der Sorbonne in Paris und Entdecker der nach ihm benannten Wurtz-Synthese zur Herstellung langkettiger Alkane aus den entsprechenden Alkylhalogenen. Aus den Kugelaufsätzen entwickelte sich im 20. Jahrhundert die Vigreux-Kolonne (Abb. 1.7), hier bereits mit einem mit Luft gefülltem Mantel zur besseren Isolierung.

Die Siebbodenaufsätze in Abb. 1.8 von Linnemann von 1871 und von Glinsky von 1875 sind Vorstufen der Laborsiebbodenkolonne.

1881 wurde von Walter Hempel (1851–1916), Professor an der TH Dresden mit der Gasanalyse als Spezialgebiet, die Füllkörperkolonne mit Glaskugeln im Labor eingeführt. Abb. 1.9 zeigt den Gesamtaufbau einer Vakuumdestillieranlage von 1910 nach einer Abb. von Carl von Rechenberg aus seinem Standardwerk *Einfache und fraktionierte Destillation in Theorie und Praxis* [7] mit Hempel-

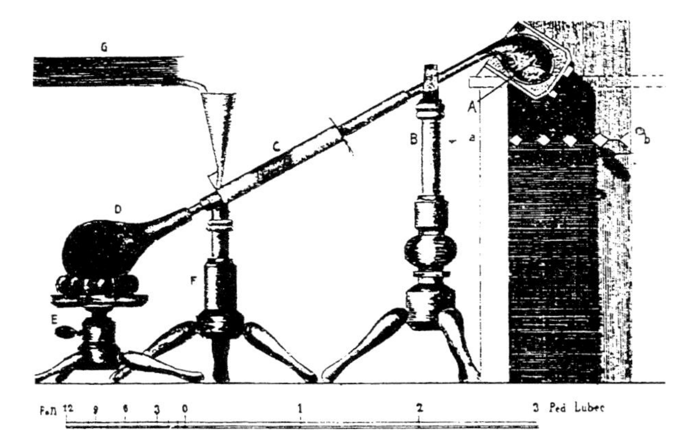

Abb. 1.5 Laborapparatur mit Liebigkühler nach Weigel.

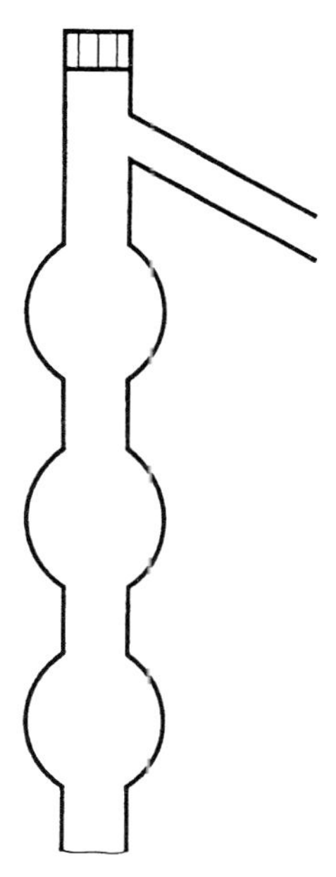

Abb. 1.6 Destillationsaufsatz nach Wurtz in Kugelform von 1854.

Abb. 1.7 Vigreux-Kolonne mit Luftisolationsmantel von 1930.

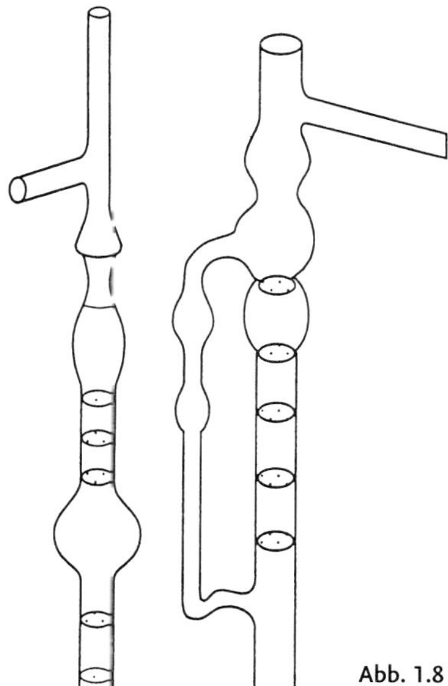

Abb. 1.8 Siebbodenaufsätze nach Linnemann (links) von 1871 und nach Glinsky (rechts) von 1875.

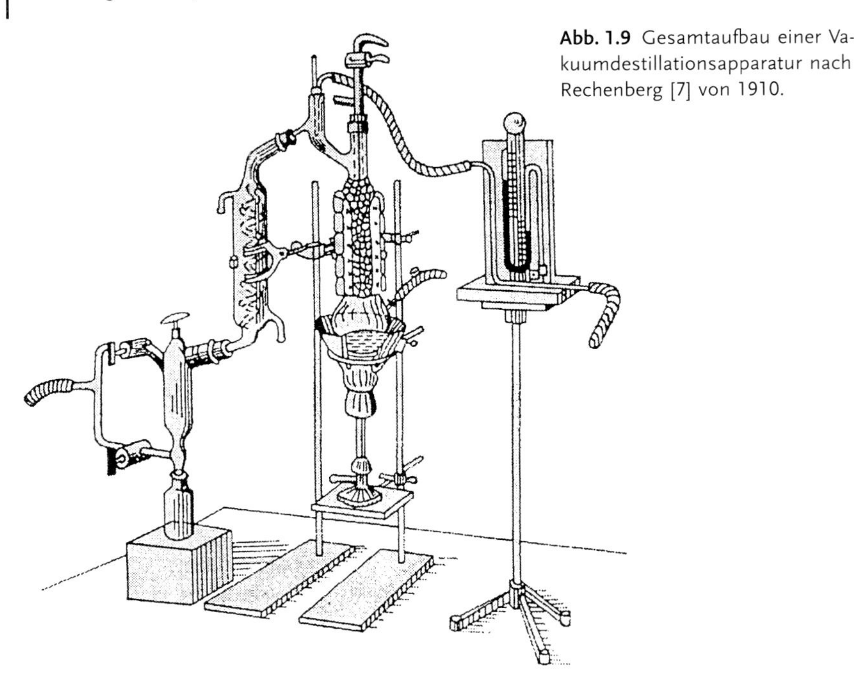

Abb. 1.9 Gesamtaufbau einer Vakuumdestillationsapparatur nach Rechenberg [7] von 1910.

Kolonne und Vakuumschleuse. Dieses wichtige Bauteil von Vakuumanlagen wurde um 1900 von Gabriel Emile Bertrand (1867–1962) erstmals eingesetzt, Professor am Pasteur-Institut in Paris und Verfasser wichtiger Arbeiten über Koffein und koffeinfreien Kaffee. Bei der abgebildeten Laboranlage erfolgt die Beheizung der Kolonne mit einem Bunsenbrenner. Die Dämpfe werden zweistufig kondensiert. Das im unisolierten Bereich oberhalb der Kolonne anfallende Kondensat fließt als Rücklauf im Gegenstrom zu den aufsteigenden Dämpfen direkt zur Kolonne zurück. Die verbleibenden Dämpfe werden in einem fallenden Schlangenrohrkühler vollständig kondensiert und fließen dann über die Vakuumschleuse in das Abnahmegefäß. Mit dieser Apparatur kann natürlich die Rücklaufmenge nicht mengenmäßig erfasst werden.

Die meisten der bisher aufgeführten Kolonnen und Kolonnenaufsätze folgen dem Prinzip der Füllkörperkolonne; durch Einbauten wird eine möglichst große Oberfläche geschaffen, an der Dampf und Flüssigkeit aneinander vorbeiströmen. Dagegen perlt bei den Bodenkolonnen der Dampf auf den Böden durch aufgestaute Flüssigkeitsschichten, und zwischen den Böden werden beide Phasen getrennt geführt. Dabei wurde die Flüssigkeit zunächst meist außerhalb, heute innerhalb des Kolonnenmantels zum nächst tiefer liegenden Boden geführt.

Beispiele für frühe Siebbodenkolonnen sind die Kolonnen von Oldershaw von 1941 mit innen liegender Flüssigkeitsführung (Abb. 1.10) und von Karl Sigwart (1906–1990) von 1950 mit außen liegender Flüssigkeitsführung (Abb. 1.11). Bei der Kolonne von Oldershaw wird durch die senkrecht angeordneten Sieblöcher

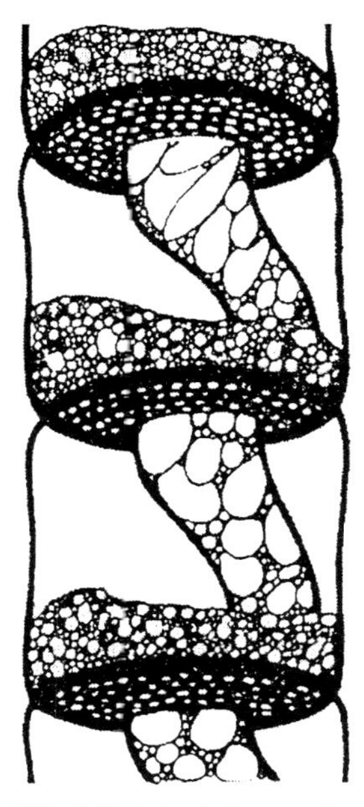

Abb. 1.10 Laborkolonne mit Siebböden nach Oldershaw von 1941.

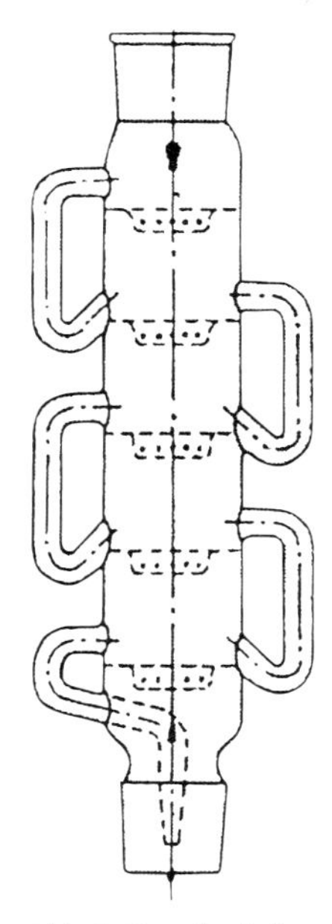

Abb. 1.11 Laborkolonne mit Siebböden nach Sigwart von 1950.

verhältnismäßig viel Flüssigkeit auf den darüber liegenden Boden mitgerissen, was seine Wirksamkeit vermindert. Bei Sigwart sind deshalb die Löcher seitlich in vertieften Böden angeordnet, und die Dämpfe werden umgelenkt.

Eine der ersten Glockenbodenkolonnen für das Labor konstruierte Bruun 1931 mit außen liegender Flüssigkeitsführung (Abb. 1.12), wobei jedoch zur besseren Isolierung ein zweiter Kolonnenmantel um die Glockenbodenkolonne und die Flüssigkeitsführung gelegt wurde. Bei dieser Konstruktion liegen Zu- und Ablaufrohr einander gegenüber, sodass nur der halbe Glockenumfang als Flüssigkeitsweg zur Verfügung steht. Damit halbiert sich die Verweilzeit der

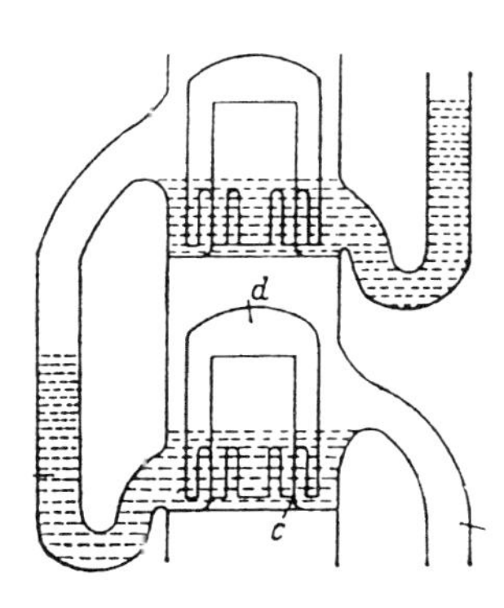

Abb. 1.12 Laborkolonne mit Glockenböden nach Bruun von 1931.

Flüssigkeit auf dem Boden, und seine Wirksamkeit nimmt ab. Diesen Nachteil vermeidet der Glockenboden nach Schmickler-Fritz mit seiner Kreisstromführung, außerdem besitzt er eine innen liegende Flüssigkeitsführung (Abb. 1.13). Mit diesem um 1970 entwickelten Bodentyp dürfte eine auch nach heutigen Gesichtspunkten optimale Laborglockenbodenkolonne vorliegen. Sie wurde zunächst von der Firma Normag produziert, und heute wird sie von der Firma QVF hergestellt.

Mit Karl Sigwart, einem Ingenieur und Begründer der verfahrenstechnischen Abteilung der Firma Bayer, treten etwa ab 1940 Verfahrensingenieure in dem bisher von Chemikern dominierten Laborbereich in Erscheinung. Ihr Ziel ist es, die Laborapparaturen für die verfahrenstechnischen Grundoperationen zu optimieren und schließlich ein direktes Übertragen der Laborversuchsergebnis-

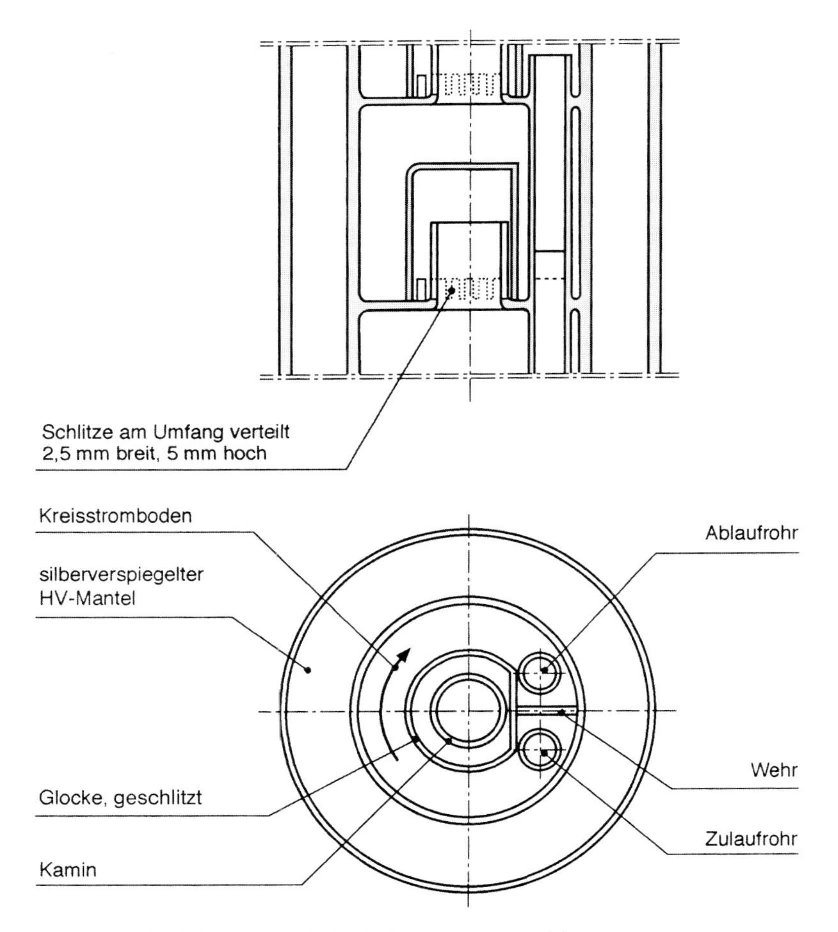

Abb. 1.13 Laborkolonne mit Glockenböden in Kreisstromführung von Schmickler-Fritz von 1970.

se auf technische Großanlagen ohne aufwendige Zwischenschritte im Technikum zu ermöglichen.

Bis 1960 wurden die Laborkolonnen weit gehend diskontinuierlich betrieben und für die Siedeanalyse eingesetzt. Die Anlage bestand aus elektrisch beheizter Blase, Kolonne und Kondensationssystem, wobei die Rücklaufmenge durch Abzählen von Tropfen ermittelt und über Ventile dosiert wurde. Ab 1965 wurden bereits viele Laborkolonnen kontinuierlich betrieben, was zur Entwicklung von Pumpen für den Zulauf, speziellen Verdampfern mit Sumpfentnahme und Kondensatoren mit geregelter Flüssigkeits- oder Dampfteilung führte. Auch wurde jetzt verstärkt die Wirksamkeit der Laborkolonnen mithilfe von Testmessungen ermittelt, um ein direktes Scale-up auf technische Anlagen zu ermöglichen, wobei im Labor und in der Technik das gleiche Testsystem verwendet wurde.

Bald wurden nicht nur einzelne Kolonnen, sondern mehrere Kolonnen zu ganzen Anlagen verschaltet, die ein Abbild der geplanten technischen Anlage ergaben. Zum Betrieb dieser komplexen Anlagen ist eine den Labormengen angepasste Mess- und Regeltechnik erforderlich. Um 1990 führte man für diese Laboranlagen den Begriff Miniplants und für die hierzu speziell benötigte Technik den Begriff Miniplant-Technik ein. Heute beschränkt sich eine in Miniplant-Technik ausgeführte Laboranlage nicht nur auf die Destillation und Rektifikation, sondern enthält auch Apparate anderer verfahrenstechnischer Grundoperationen.

Literatur zu Abschnitt 1

1 E. Krell, Handbuch der Laboratoriumsdestillation, Verlag Alfred Hüthig, Heidelberg–Basel–Mainz, **1976**.

2 L. Deibele, Die Entwicklung der Destillationstechnik im 19. Jahrhundert, Dissertation an der TU München, **1992**.

3 A. J. V. Underwood, Transactions-Institution of Chem. Engineers, **1935**, 34–63.

4 C. Gesner, Ander Teil des Schatzs Evonymi von allerhand kunstlichen und bewerten Oelen, Wassern und heimlichen Artzneyen, Zürich (Rara der Bibliothek des Deutschen Museums, München), **1593**.

5 A. Baumé, Chimie expérimentale et raisonnée, in deutscher Übersetzung von J. C. Gehlem, Leipzig, **1775**.

6 C. E. v. Weigel, Observationes chemicae et mineralogicae, Dissertation an der Universität Göttingen, **1773**.

7 C. v. Rechenberg, Einfache und fraktionierte Destillation in Theorie und Praxis, Miltitz bei Leipzig, **1923**.

2 Grundsätze der Miniplant-Technik

2.1 Gründe für Laborversuche

Ziel der chemischen, pharmazeutischen und petrochemischen Industrie ist es, aus Naturstoffen, heute meist Erdöl, zunächst Grundchemikalien und weiterhin immer komplexere chemische Verbindungen herzustellen. Die Auswahl des erforderlichen Reaktionsweges, die Aufarbeitungsverfahren und die Festlegung ihrer Reihenfolge erfolgen in enger Zusammenarbeit von Chemiker und Verfahrensingenieur. Ihnen stehen dazu der Stand des Wissens in der einschlägigen Literatur und die Erfahrungen aus bereits ausgeführten technischen Anlagen zur Verfügung. Die physikalischen und chemischen Stoffdaten können sie umfangreichen Datenbänken entnehmen [1]. Fehlende Daten müssen je nach erforderlicher Genauigkeit geschätzt, berechnet oder gemessen werden (Abschnitt 4.1).

Nach der Festlegung der einzelnen Verfahrensschritte erfolgen die Auswahl der erforderlichen Apparate und schließlich ihre Dimensionierung für die technische Anlage. Diese Arbeiten werden heute durch verschiedene Hilfsmittel erleichtert, die in den letzten Jahren entwickelt wurden. Hierzu zählen Programme zur Auswahl der Apparate, Simulationsprogramme zur Erstellung der Mengen- und Wärmebilanzen des Gesamtverfahrens und Programme zur Beschreibung der thermodynamischen und hydrodynamischen Vorgänge in den einzelnen Apparaten.

Bei bereits vorhandenen Anlagen im technischen Maßstab genügen deren Abmessungen und Betriebsdaten, um das Gesamtverfahren zu modellieren und Neuanlagen anderer Kapazität auszulegen. Bei neuen Verfahren oder Verfahrensänderungen von bekannten Verfahren reichen dagegen rein rechnerische Ansätze nicht aus, um eine funktionssichere technische Anlage zu dimensionieren. Auch größere Sicherheitszuschläge sind keine Garantie für das Funktionieren der Anlage. Hier bleibt nur das Experiment, um verlässliche Ausgangsdaten für die Rechnung zu liefern [2]. Versuche sind zwingend erforderlich, wenn modellmäßig nicht fassbare Anforderungen gestellt werden. Bei den Produkten sind dies extreme Reinheitsforderungen im ppm- und ppb-Bereich oder spezielle Reinheitsforderungen wie beispielsweise Farbzahlen nach Hazen und beim

Miniplant-Technik. Ludwig Deibele und Ralf Dohrn (Hrsg.)

ISBN: 3-527-30739-7

Abwasser TOC-, CSB- und AOX-Werte [3]. Außerdem wird häufig erst durch Experimente das Vorhandensein unerwünschter Komponenten festgestellt, die durch Neben- oder Zerfallsreaktionen entstehen oder durch Aufarbeitungsverfahren und Rückführungen stark angereichert werden. Weiterhin geben Versuche auch über längere Zeiträume Auskunft über

- die thermische Stabilität der Stoffe,
- Hinweise zum Schaumverhalten von Flüssigkeiten,
- das Fouling an den Wandflächen von Wärmetauschern,
- das Korrosionsverhalten der hier eingesetzten Materialien oder mithilfe von Werkstoffproben anderer Materialien, die in der technischen Anlage eingesetzt werden sollen.

An das Experiment sind dabei folgende Anforderungen zu stellen:

- Als Einsatzprodukt sollte nur ein Originalprodukt verwendet werden.
- Jeder Verfahrensschritt sollte einem Versuchsapparat zugeordnet werden können.
- Der Versuchsapparat sollte die gleiche Funktion wie die geplante technische Apparatur besitzen.
- Die Versuchsbedingungen sollten denen der späteren technischen Anlage entsprechen.

Bei ersten Verfahrensstudien wird im Labor zunächst experimentell die Machbarkeit der einzelnen Verfahrensschritte erprobt. Zur Auslegung technischer Anlagen sind jedoch gezielte Experimente erforderlich. Sie müssen Daten für ein sicheres Scale-up auf die spätere technische Anlage liefern. Dabei wird aus Kostengründen eine möglichst kleine Versuchsanlage angestrebt und damit ein möglichst großer Übertragungsfaktor zur technischen Anlage.

2.2 Anforderungen an die Miniplant-Technik

Früher erfolgten nach dem Versuch in einer Laboranlage weitere Untersuchungen im Technikumsmaßstab in einer Technikumsanlage. Dabei wurde beispielsweise für den Durchmesser von Destillationskolonnen ein Übertragungsfaktor zwischen 3 und 10 sowohl vom Labor zum Technikum als auch vom Technikum zur Technik erreicht. Heute entfällt weitestgehend der Schritt über das Technikum bzw. den Pilotplant, und der Weg erfolgt direkt von der Laboranlage bzw. dem Miniplant zur Technik. Dann liegt der Übertragungsfaktor für den Durchmesser von Destillationskolonnen zwischen 10 und 100.

Voraussetzung für ein sicheres Scale-up ist, dass der untersuchte Verfahrensschritt in der Miniplant-Apparatur nicht durch zusätzliche Einflüsse verändert wird und somit nicht mehr dem auszulegenden technischen Verfahren entspricht. Zu den Einflüssen zählen beispielsweise Wandeinflüsse, die ja durch das mit abnehmenden Apparatedimensionen ansteigende Verhältnis von Apparateoberfläche zu Volumen zunehmen, oder katalytische Wirkungen der verwendeten Materialien. Weitere Überlegungen zum Grad der Miniaturisierung enthält Kapitel 8.

Der Übertragungsfaktor vom Miniplant zur Technik unterscheidet sich bei den verschiedenen Grundoperationen. Bei den Fluidverfahren (Abschnitt 5.2), wozu Destillation, Rektifikation, Eindampfung, Kondensation, Flüssig/Flüssig-Extration und Membrantechnik zählen, werden, wie gezeigt, problemlos Übertragungsfaktoren von 100 erreicht. Bei den Feststoffverfahren (Abschnitt 5.2), wie Filtration, Kristallisation, Trocknung, Mischen und Zerkleinern, sind die Übertragungsfaktoren viel kleiner. Grundsätzlich gilt, dass ein größerer Übertragungsfaktor ein tieferes theoretisches Verständnis der Vorgänge der untersuchten Grundoperation erfordert, was wiederum zu einer genaueren Modellierung führt. Dieses Phänomen wird bei den Fluidverfahren im Vergleich zu den Feststoffverfahren bestätigt.

Unterschiedliche Übertragungsfaktoren erschweren den Betrieb von Miniplants mit verschiedenen Grundoperationen. Während für Miniplant-Anlagen der Fluidverfahrenstechnik Durchsätze zwischen 1 kg/h und 10 kg/h ausreichen, benötigen Anlagen der Feststoffverfahrenstechnik häufig 100 kg/h Mindestdurchsatz, um eine sichere Aussage zum Scale-up treffen zu können. Hier hilft die Tatsache, dass die Aufarbeitungsverfahren der Feststoffverfahrenstechnik meist End- oder Anfangsstufen des Gesamtverfahrens sind. So können sie durch einen Pufferbehälter von den anderen Stufen getrennt und sporadisch betrieben werden, ohne die Stoffströme in kontinuierlich betriebenen Anlagen zu unterbrechen. Befindet sich die Feststoffstufe jedoch im Zuge des Gesamtverfahrens, so sind zwei Zwischenpuffer erforderlich.

Wichtige Anforderungen an die Miniplant-Technik sind

- die Möglichkeit eines schnellen Aufbaus der Versuchanlage;
- ihre hohe Flexibilität bei Umbauten, die ja durch Änderungen der Versuchsbedingungen häufig auftreten;
- ein problemloser Betrieb über längere Zeiträume, der beispielsweise zur Klärung von Fragen zur Anreicherung von Nebenprodukten erforderlich ist [4].

Aus diesen Gründen sollten für die einzelnen Verfahrensschritte möglichst keine Neukonstruktionen zum Einsatz kommen, sondern die einzelnen Bauteile der Anlage sollten erprobt, funktionssicher und möglichst als Normbauteile mit genormten Anschlüssen und Verbindungen greifbar sein. Für die Fluidverfahren ist die Entwicklung dieses „Baukastens“ schon weit fortgeschritten; hier stehen die Normbauteile der verschiedenen Glashersteller zur Verfügung. Für die Miniplant-Anlagen hat der Werkstoff Glas verschiedene Vorteile. Er zeichnet sich durch eine große Chemikalienbeständigkeit aus und erlaubt außerdem, die Vorgänge im Inneren der Apparatur zu beobachten. Bei den Feststoffverfahren ist die Entwicklung des „Baukastens“ noch nicht so weit fortgeschritten, und man ist häufig auf Eigenentwicklungen angewiesen.

Bei den einzelnen Bauteilen im Labormaßstab ist die Abstufung gröber als in einer technischen Anlage. Deshalb müssen die Apparate einen weiten Belastungsbereich besitzen, um große Mengenänderungen bei gleicher Wirksamkeit problemlos verarbeiten zu können.

Häufig haben Miniplant-Anlagen nicht nur die Aufgabe, Daten für ein Scale-up zu liefern, sondern man stellt mit ihnen auch Bemusterungsmengen her. Speziell bei teuren Produkten, von denen nur kleine Mengen benötigt werden, erfolgt die Produktion in Miniplant-Anlagen. Außerdem können Miniplant-Anlagen zum Trainieren der Fahrmannschaft für die spätere technische Anlage eingesetzt und Ab- und Anfahrvorgänge oder Störfälle studiert werden. Auch Analyseverfahren lassen sich mit den anfallenden End- und Zwischenproduktströmen testen. All diese Arbeiten sind zeitaufwendig und verlängern die Anfahrphase der technischen Anlage.

2.3
Vorteile von Miniplant-Anlagen gegenüber Technikumsanlagen

Mitentscheidend für den wirtschaftlichen Erfolg eines neuen Produkts ist seine möglichst schnelle Markteinführung. Dabei ist zu berücksichtigen, dass von der Idee bis zum wirtschaftlichen Betrieb der technischen Großanlage Zeiträume von bis zu zehn Jahren vergehen und Entwicklungskosten von bis zu 25 Millionen Euro anfallen können [5]. Diese Kosten werden erst mit dem wirtschaftlichen Betrieb der technischen Anlage wieder eingespielt. Deshalb verschafft ein kürzerer Entwicklungszeitraum Kostenvorteile und einen Zeitvorsprung vor der Konkurrenz.

Einen großen Teil der Entwicklungszeit eines neuen Produkts nehmen der Bau und Betrieb der Pilot- bzw. Miniplant-Anlage ein. Tabelle 1 zeigt einen groben Vergleich des Zeitbedarfs für beide Typen von Versuchsanlagen. Danach können durch Einsatz einer Miniplant-Anlage bis zu zwei Jahre an Entwicklungszeit bei etwa einem Zehntel der Kosten eingespart werden. Das verdeutlicht auch Abb. 1, wo die Summe der anfallenden Kosten während des Entwicklungsverlaufs über der Zeit für Pilot- und Miniplant-Anlage aufgetragen sind.

Neben diesen Kosten- und Zeitvorteilen haben die folgenden Vorteile zur weit gehenden Verdrängung der Pilotanlagen durch die Miniplants geführt:

Tabelle 2.1 Vergleich des Zeitbedarfs zwischen Pilotanlage und Miniplant nach [2]

	Pilotanlage	**Miniplant**
Planungszeit	1 Jahr	3–4 Monate
Bestell-/Aufbauzeit	1 Jahr	max. 3 Monate (inkl. Bestellung Sonderteile)
Anfahrzeit	3 Monate	1 Monat
Versuchsdauer	6–9 Monate	6–9 Monate
Gesamtdauer	3 Jahre	1–1,5 Jahre

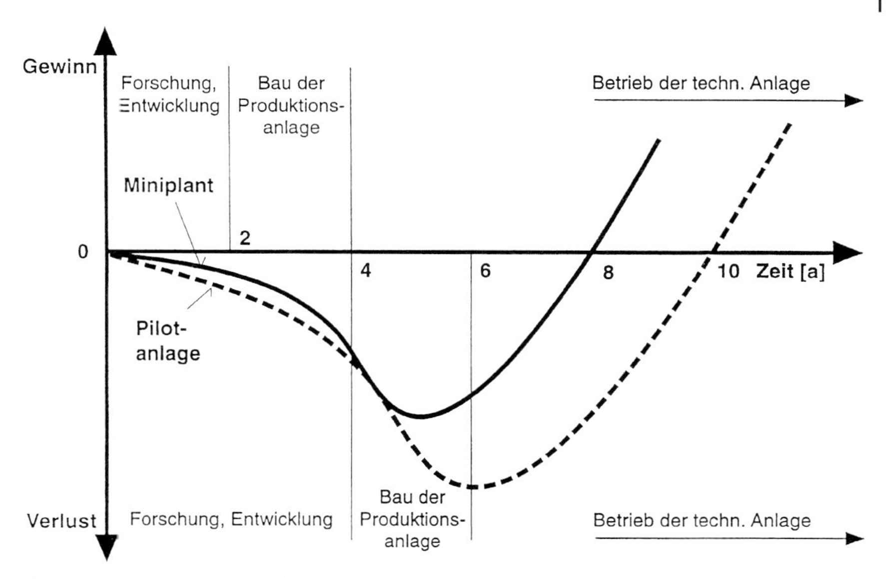

Abb. 2.1 Kosten für eine Verfahrensentwicklung als Funktion der Zeit einer Pilotanlage und eines Miniplants.

- Wegfall von Genehmigungen bei der Behörde, ein zeitaufwendiger Schritt für Pilotanlagen;
- Aufwand für Umweltschutz und Sicherheit ist wegen der kleineren Mengen- und Apparateabmessungen deutlich geringer;
- Umbauten bei Verfahrensänderungen sind schneller und mit geringerem Aufwand durchführbar;
- zum Betrieb der Miniplant-Anlagen müssen viel kleinere Produktmengen bereitgestellt werden;
- der Personalaufwand zum Betrieb von Miniplant-Anlagen ist meist geringer.

Neben diesen vielen Vorteilen hat die Miniplant-Technik auch Nachteile gegenüber der Technikumsanlage. So machen die kleineren Abmessungen Miniplants empfindlicher gegen äußere Einflüsse, außerdem erhöht der größere Übertragungsfaktor die Anforderungen an die Modellbildung.

2.4 Apparate- und Verfahrens-Scale-up

Beim Apparate-Scale-up wird der einzelne Apparat untersucht, dabei sollen die Experimente Daten zu einem Scale-up für eine optimale technische Anlage liefern. Hierfür ist es erforderlich die Belastungsgrenzen der Apparatur hinsichtlich Durchsatz und Trennergebnis auszuloten. Die besten Ergebnisse werden erreicht, wenn die Versuchsapparatur gerade die an sie gestellte Aufgabe erfüllt. Dabei kommt der Vorteil von Miniplant-Anlagen in Bezug auf die Flexibilität bei Umbaumaßnahmen zum Tragen. Mit diesen Daten kann man bei der technischen Anlage Überdimensionierungen vermeiden und hat ein Gefühl für die erforderlichen Sicherheitszuschläge.

Für ein Verfahrens-Scale-up wird das gesamte Verfahren mit sämtlichen Rückführungen im Miniplant-Maßstab aufgebaut und betrieben. Hauptvorteil bei diesen Versuchen sind die Beobachtung sowohl des Zusammenspiels der einzelnen Verfahrensschritte als auch der Bildung von Nebenprodukten und ihr Aufschaukeln durch Rückführungen auch über längere Zeiträume. Dafür ist die Versuchsanlage so zu dimensionieren, dass auch der kleinste Mengenstrom noch handhabbar ist. Mit dieser Vorgabe wird die Größe der einzelnen Apparate festgelegt, eventuell muss auch mit Puffergefäßen gearbeitet werden. Da die Apparate die vorgegebenen Anforderungen in Bezug auf Menge und Trennergebnis erfüllen müssen, werden sie überdimensioniert, um sonst erforderliche Umbaumaßnahmen möglichst einzuschränken. Erfüllt jedoch ein Apparat nicht die an ihn gestellten Forderungen, so liefern auch die Folgeapparate mit ihren Rückführungen nur bedingt brauchbare Daten. Schlimmstenfalls wird die gesamte Versuchsaussage verfälscht. Aus diesen Gründen sind Ergebnisse für ein Verfahrens-Scale-up nur bedingt zur Dimensionierung von Einzelapparaten geeignet. Doch können bei diesen Versuchen Produkte nach jedem einzelnen Verfahrensschritt gewonnen werden, mit denen dann gesonderte Versuche für ein spezielles Apparate-Scale-up durchgeführt werden können.

Literatur zu Abschnitt 2

1 J. Gmehling, U. Onken, Vapour-Liquid Equilibrium Data Collection, Chemistry Data Series, DECHEMA, Frankfurt/Main **ab 1977**.

2 H. Steude, L. Deibele, J. Schröter, Chemie Ingenieur Technik **1997**, 5, 623–631.

3 T. Mann, ATV-Handbuch Industrieabwässer Grundlagen, 4. Aufl., Verlag Ernst & Sohn, Berlin **1999**.

4 S. Maier, G. Kaibel, Chem. Ing. Tech. **1990**, 3, 169–174.

5 B. Blumenberg, Nachr. Chem. Tech. Lab. **1994**, 5, 480–485.

3
Voraussetzungen zum Bau von Anlagen der Miniplant-Technik

3.1
Arbeitsumfeld

Die Miniplant-Technik hat sich überwiegend aus der Labortechnik entwickelt und ist deshalb zunächst in den herkömmlich bekannten Laborräumen betrieben worden. Ein anderer nicht oft beschrittener Weg war, Miniplant-Anlagen in den Technika für Pilotplant-Anlagen zu integrieren, wobei hier ein Scale-down von Prozesstechnikanlagen zu Miniplant-Anlagen erfolgte. In den letzten Jahren hat sich im Laborbau vieles geändert, vor allem im Hinblick auf die Arbeitsplätze in den belüfteten Abzügen. Grundsätzlich ist die mangelnde Arbeitshöhe für Miniplant-Anlagen in den Abzügen mit etwa 2,4 m und im Laborraum selbst üblicherweise mit 3,0 m zu beklagen. Für Reaktionsanlagen mit Destillationsaufsatz reichen diese Arbeitshöhen oft nicht aus, bei Destillations- und Flüssig-Flüssig-Extraktions-Kolonnenanlagen i. d. R. nicht.

Die Improvisationen im bestehenden Laborbau für den Anwender oder den Anlagenbauer sind groß und meist auch zu bewundern. Der finanzielle Aufwand für den Vorortumbau der Labormöbel und der Anlagen ist allerdings sehr hoch. Deshalb müssen für den Arbeitsraum mit Miniplant-Apparaturen und -anlagen neue Richtlinien formuliert und ideenreich umgesetzt werden, wenn die Flexibilität und Mobilität als sehr wichtige Gesichtspunkte für die Miniplant-Technik in den Vordergrund gestellt werden.

3.1.1
Arbeitsraum

Im Gegensatz zu den bisher bekannten Laboreinrichtungen muss vor allem auf fest eingebaute Labormöbel in den belüfteten Abzügen und im Laborraum selbst weitestgehend verzichtet werden.

An der Außenfront sind zumeist Fenster und großzügige Glasflächen für gute Tageslichtausleuchtung vorzusehen. An der Fensterseite können Arbeitsplätze für PC-Steuer-, Regel- und Auswertesysteme sowie für sonstige Schreibtischarbeiten fest eingebaut werden.

Miniplant-Technik. Ludwig Deibele und Ralf Dohrn (Hrsg.)

ISBN: 3-527-30739-7

An den Seitenwänden des Arbeitsraumes ist es besonders vorteilhaft, wenn über die ganze Länge hinweg begehbare, belüftete Abzüge zur Verfügung stehen. An der Rückwand, die in den meisten Fällen als Zwischenwand zum Flurbereich mit der notwendigen Verkehrsfläche für das Betriebspersonal und für den Transport der Betriebsmittel dient, sollte innen wie außen ausreichend Platz für Versorgungsschränke mit Geräten, Chemikalien oder Betriebsmitteln vorgesehen werden. Auch ist es denkbar, dass größere Aggregate wie z. B. Wärmeübertragungsanlagen, Vakuumpumpen oder Stahlflaschen für Versorgungs- und Reaktionsgase außerhalb des Arbeitsraumes im Flurbereich Platz finden oder in seitlich angrenzenden Nebenräumen unter Berücksichtigung der Bau- und Sicherheitsvorschriften untergebracht werden. Über fest installierte oder überwiegend flexible Versorgungsleitungen in leicht zugänglichen Installationskanälen werden die Anlagen im Arbeitsraum angeschlossen und versorgt.

Ein solcher Arbeitsraum sollte nicht kleiner als 40 m^2 mit 5,0 m Länge und 8,0 m Breite sein, am besten jedoch als Fläche von 60 m^2 mit einer Länge von 6,0 m und einer Breite von 10,0 m geplant werden.

An den Seitenwänden sollten befahrbare Abzüge ohne Bodenschwelle über die gesamte Höhe des Laborraumes mit einer Bautiefe von mindestens 1,2 m, besser 1,5 m, und einer resultierenden Arbeitstiefe von mindestens 1,0–1,2 m sein. Im Fensterbereich sollte eine Schreibtischtiefe von 1,0 m zur Verfügung stehen. An der Rückwand zum Flurbereich können Geräteschränke und -regale sowie belüftete Laborspezialschränke und offene Regale für Chemikalien mit einer Tiefe von 0,4–0,8 m aufgestellt werden. In der Mitte des Raumes sollte unbedingt eine freie Fläche für mobile oder kurzfristig zu montierende Gestellaufbauten für Miniplant-Anlagen und -Apparaturen vorhanden sein. Die Aufstellung der Gestellaufbauten sollte Rücken an Rücken erfolgen, damit von zwei Seiten bedient werden kann. In der Mitte zwischen den beiden Rückseiten der Anlagen verbleibt zweckmäßig ein Gang zum Aufstellen von Wärmeübertragungs-, Vakuum- und Versorgungsanlagen. Es verbleiben für zwei Aufstellplätze eine Tiefe von 1,2 m und eine Länge von 3,0 m. Für den Installations- und Versorgungsgang in der Mitte zwischen den Gestellaufbauten verbleiben eine Tiefe von 1,5 m und eine Länge von 3,0 m für eine flexible Gestaltung. Hierbei kann es sehr hilfreich sein, wenn die i. d. R. bauseits abgehängten Decken in diesem Bereich entfallen, um für einzelne Apparaturen die volle Bauhöhe von 3,6–4,0 m nutzen zu können, auch wenn Installationsrohre unter der oberen Decke verlegt sind. In die Lücken können örtlich hoch aufragende Bauteile wie z. B. Wärmeübertrager hineingebaut werden. Für Miniplant-Anlagen mit 6,0 oder 9,0 m Höhe reichen in einfacher Weise kleine Deckendurchbrüche mit flexiblen Abdeckgittern, um diese aufbauen zu können.

Die Probleme der übereinander liegenden Arbeitsräume sollten lüftungs- und sicherheitstechnisch zu lösen sein. Auch der weitere Weg von einer Etage zur anderen, wenn im Arbeitsraum selbst keine Treppe installiert werden kann, bringt bei dem hohen Automatisierungsgrad der Anlage keine zu große Belastung für das Betriebspersonal. Die Beobachtung der Anlage kann über Fernsehkameras erfolgen.

Im freien, mobilen Bereich des Arbeitsraumes können Gestelle aus Rundrohr mit einem Außendurchmesser von 27 oder 42 mm je nach Gewichtsbelastung, Höhe und Spannweite mit Rohrverbindern in einfacher Weise schnell und stabil aufgebaut werden (Abb. 3.1) [1, 2, 6].

An den Gestellwänden können Bedien- und Wartungsebenen mit mindestens 0,6 m breiten begehbaren, an den Seiten aufgekanteten Riffelblechen ohne großen Aufwand gebaut werden. Diese Arbeitsbühnen sollten in einer freien Arbeitshöhe von 2,0 m vorgesehen werden, damit alles im Griffbereich des Bedienpersonals liegt, ohne Leitern nehmen zu müssen. An den Enden werden einfache Sprossenleiteraufgänge oder befestigte Trittleitern installiert. Auf diese Weise können die stationär aufgestellten oder fahrbaren Miniplant-Anlagen von der Rückseite her mit den Betriebsmedien versorgt und auch Proben entnommen oder Messungen vorgenommen werden. Die Frontflächen der eigentlichen Anlagen sind für die Beobachtung völlig frei, keine Leitern und Podeste stehen im Weg (Abb. 3.2) [1, 2, 6].

Die Gestellaufbauten können aus Sicherheitsgründen entsprechend mit Schutzwänden aus leitfähigem, glasklarem Kunststoff ausgestattet werden. Die

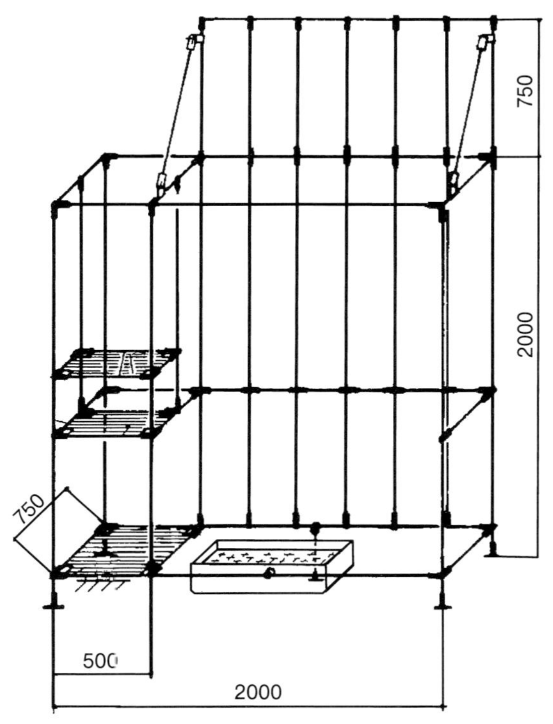

Abb. 3.1 Universell nutzbarer Gestellaufbau für Miniplant-Anlagen, aus Edelstahlrundrohr, aD 26,9 mm, mit pulverbeschichteten Rohrverbindern aus verzinktem Eisenguss.

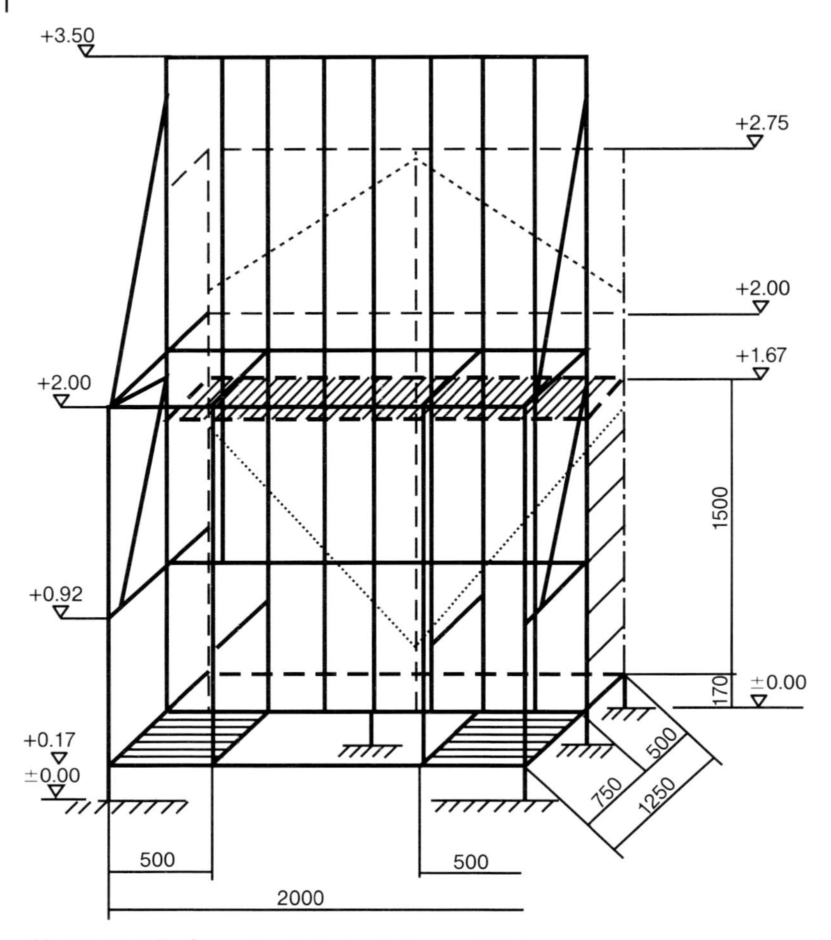

Abb. 3.2 Gestellaufbau mit installierter Bedien- und Wartungsebene auf der Gestellrückseite und mit integrierter Sprossenleiter an der Seite, aus Edelstahlrundrohr, aD 26,9 mm, mit pulverbeschichteten Rohrverbindern aus verzinktem Eisenguss.

Frontseite wird mit einer dreiläufigen Schiene mit Schiebetüren im Bedienbereich bis 2,0 m Höhe eingerichtet. Darüber im oberen Bereich werden die Schutzscheiben eingehängt. Durch die Schiebetüren ergibt sich eine maximale Öffnungsbreite von 1,8 m bei einer Gestellbaulänge von 3,0 m, die nach links, rechts oder in die Mitte verlegt werden kann.

Mobilität und Flexibilität müssen als Richtlinien im Laborbau für die Anwendung der Miniplant-Technik an erster Stelle stehen. Für den Aufbau von Miniplant-Anlagen in Technika gilt das Gleiche, aber es ist um vieles einfacher. Hier gibt es meist die Problematik der Arbeitshöhe und fest installierten Labormöbel nicht. Andererseits ist oft der Ausbau in den Technika nicht überall aus Kostengründen möglich.

3.1.2 Einrichtung und Ausstattung

Der moderne Arbeitsraum für Miniplant-Technik sollte bis auf die Schreibtisch- und EDV-Arbeitsplätze nach Möglichkeit keine fest installierten Tischflächen haben. Mit mobilen Containerunterschränken wird für die entsprechende Ablage gesorgt. Überall sonst sollte auf Mobilität gesetzt werden [3, 4]. Fahrbare Tische sollten nach Bedarf eingesetzt oder fahrbare Gestellaufbauten mit Modulen oder Anlagen sowohl in den wandseitigen installierten Abzügen als auch im mittleren mobilen Bereich aufgestellt werden. Bei den Abzugseinbauten muss eine möglichst große Einfahrhöhe ohne lästige Bodenschwelle vorhanden sein. Bei den hochfahrbaren Abzugsscheiben ist konstruktionsbedingt kaum eine größere Einfahrhöhe als 1,7 m zu erreichen (Abb. 3.3) [5, 6].

In den Abzügen selbst ist eine Raumhöhe von 2,4–2,6 m vorhanden. Die Lampen sollten nicht störend an der Abzugsdecke befestigt werden, sondern nach Möglichkeit an der Rückseite der frontseitigen Abzugswand installiert werden. Auf diese Weise wird einfach eine größere Anlagenbauhöhe im Abzug freigegeben. An den Seitenwänden der Abzüge, die i. d. R. bis zu 1,5 m lang sind, sollen die Anschlüsse für die Betriebsmittel wie Wasserzufuhr und -ablauf, Stickstoff-, Pressluft- und Hausvakuumleitungen installiert sein, wobei die Bedienung von außen auch bei geschlossener Schutzscheibe erfolgen kann. Auch die Elektrik kann an den Seitenwangen am besten untergebracht werden, wäh-

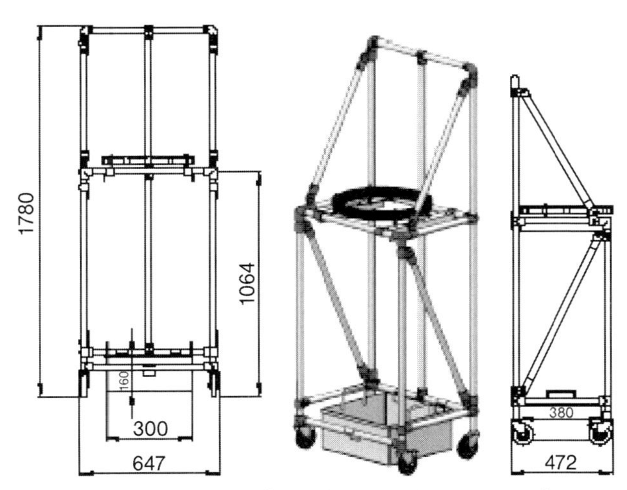

Abb. 3.3 Fahrbares Gestell für Reaktoren, Volumen 6,3–25 l, aus Edelstahlrundrohr, aD 26,9 mm, mit pulverbeschichteten Rohrverbindern aus verzinktem Eisenguss.

rend die Einzelschalter und ein Hauptschalter „Not-EIN/AUS“ für den Strom frontseitig auf den jeweiligen Seitenwangen außerhalb des Abzuges installiert sein sollten. Auf diese Weise bleibt die meist nicht sehr stabile Abzugsrückwand völlig frei für separat zu installierende Wandharfen, die wegen ihres Gewichtes auf dem Fußboden aufgestellt werden müssen (Abb. 3.4) [1, 2, 6], oder für fahrbare Gestellaufbauten, um die gesamte Einfahrtiefe nutzen zu können. In hochfahrbaren Abzugsfenstern sollte in der oberen Hälfte – i. d. R. sind es fest stehende Glaselemente – quer verschiebbare Scheibenöffnungen eingerichtet werden, damit von außen über eine Leiter die oberen Bereiche der Apparatur- und Anlagenaufbauten bedient oder Bauteile ein- und ausgebaut werden können. Wegen der fehlenden Bodenschwelle an den Abzügen sind in den jeweiligen Gestellaufbauten oder halbmobil installierten Anlagen Auffangwannen aus Edelstahl erforderlich, damit Chemikalien aufgrund von Undichtigkeiten in der Anlage oder im Falle einer Havarie lokalisiert aufgenommen werden (Abschnitt 3.6).

An der Rückwand des Arbeitsraumes mit einer möglichst großen Türöffnung von 1,5 m×2,2 m Höhe sollten links und rechts Einbauschränke und Regale bis zur Deckenhöhe und belüftete Versorgungsschränke für gefährliche Substanzen aufgestellt werden.

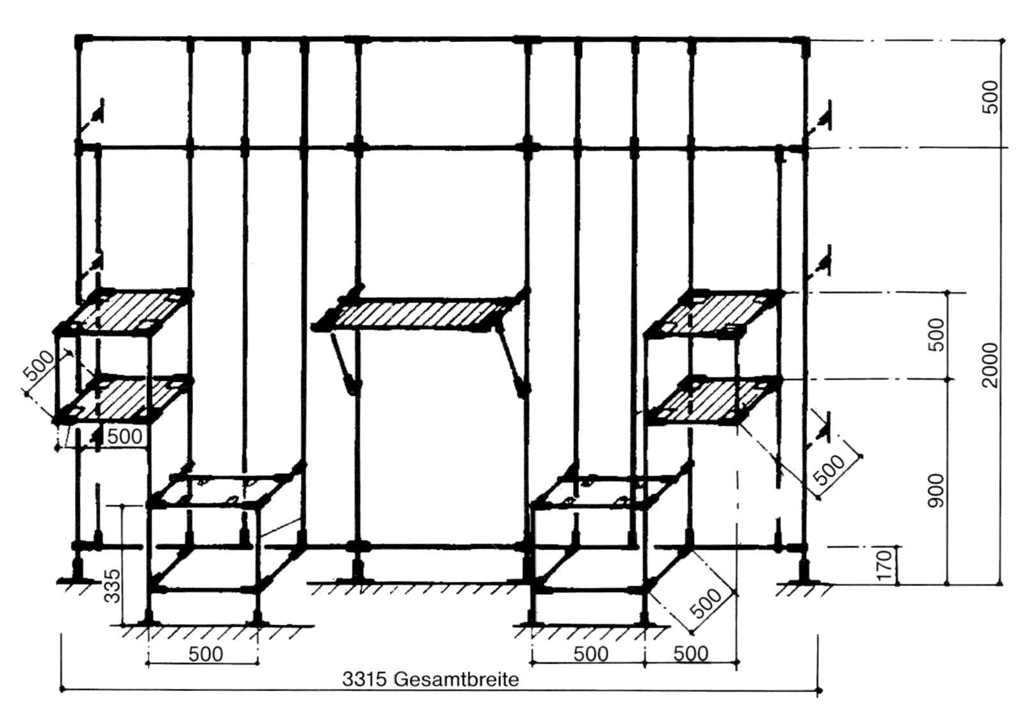

Abb. 3.4 Wandharfe frei tragend aufgebaut mit Wandbefestigungen, aus Edelstahlrundrohr, aD 26,9 mm, mit pulverbeschichteten Rohrverbindern aus verzinktem Eisenguss.

Aus Platz- und Zweckmäßigkeitsgründen können Wärmeübertrager, Kühlaggregate und Betriebsgase mit transportablen Vorratsflaschen auf der Flurseite aufgestellt werden. In einfacher Weise werden die Versorgungsleitungen in einem Schacht über die Installationsdecke in den mittleren Bereich des Laborraumes geführt und von dort zu den Abzügen verzweigt. In erster Linie muss auf leichte Installation und Nachrüstbarkeit, aber auch auf Zugänglichkeit geachtet werden.

Neben den Lichtquellen in den Abzügen sollte der Raum selbst mit abgehängten Deckenleuchten gut ausgeleuchtet werden. Die Deckenleuchten sollten in einfacher Weise zur Seite versetzt werden können, indem das Anschlusskabel ausreichend lang vorgesehen wird.

Die Gestellbauten sind zweckmäßiger Weise aus Edelstahlrohr vorzusehen, wobei die Halterungen und Befestigungsklemmen für die Apparatebauteile ebenfalls aus Edelstahl sein sollten, um eine weit gehende Korrosionsbeständigkeit zu gewährleisten. Natürlich können auch schutzlackierte oder beschichtete Halterungen und Installationseinrichtungen verwendet werden, sie haben jedoch einen höheren Reparatur- und Wartungsaufwand. In zunehmenden Fällen lassen die Reinraumbedingungen kein anderes Material als Edelstahl zu.

Die Laborböden und -wände können mit Keramikfliesen oder mit leitfähigem Kunststoff versehen werden, während Holz wohl sehr vorteilhaft und komfortabel ist, aber aus Bau- und Kostengründen meist nicht genommen wird. Eine glatte und besonders sauber zu pflegende Oberfläche ist besonders wichtig.

Zu den Sicherheitsbedingungen gehört, dass jeder Arbeitsraum zentral von außen mit einem „Not-EIN/AUS"-Schalter für die Stromversorgung und mit Hauptabsperrhähnen für die Versorgungsmedien deutlich sichtbar und zugänglich ausgestattet wird.

3.1.3
Be- und Entlüftung

Jeder Arbeitsraum sollte mit einer ausreichenden Be- und Entlüftung ausgestattet sein. In der Regel haben die Arbeitsräume einen acht- bis zwölffachen Raumluftwechsel pro Stunde, während in den Abzügen über Stufenschaltung ein 16- bis 24facher Luftaustausch pro Stunde möglich sein sollte. Be- und Entlüftung sollten so miteinander gekoppelt werden, dass sich im Betriebsfall kein gravierender Unterdruck oder lästige Ritzenbelüftung mit Geräuschen einstellen kann. Während die Belüftung des Arbeitsraumes zentral versorgt wird, sollte die Entlüftung in den stationären Abzugseinbauten eine Mehrstufenschaltung haben, um bei besonders gefährlichen Substanzen auch bei offenem Abzugsfenster in der Bedienphase eine ausreichende Sicherheit für das Betriebspersonal gewährleisten zu können.

Schwierig ist es, im mobilen Bereich in der Mitte des Arbeitsraumes entsprechende Abluftstellen von vorneherein vorzusehen. Hier sollte es reichen, im Bedarfsfalle die in der Installationsdecke laufenden Luftkanäle anzapfen zu können, indem einfache Abzweigungen mit flexiblen und in der Höhe verstellbaren

Ablufttrichtern installiert werden. Nicht alle zu installierenden Anlagen und Apparaturen benötigen einen höheren Abluftwechsel. Dies sollte tatsächlich nur in den Sonderfällen in einfacher Weise vor Ort installiert werden, um nicht zu hohe Investitions- und Betriebskosten für die Be- und Entlüftung von Anfang an vorsehen zu müssen.

3.1.4 Energieversorgung

Heute ist es i. d. R. nicht mehr erforderlich, die Laborarbeitsplätze mit Stadt- oder Erdgas, meist für Laborbrenner, zu versorgen. Alle denkbaren Apparate und Aggregate werden elektrisch betrieben und können gut eingeregelt werden.

Im Zuge der Betriebssicherheit werden zunehmend Drucklufteinrichtungen im Arbeitsraum vorgesehen, um Rührmotoren und auch Steuerventile mit Druckluft versorgen zu können.

Neben dieser apparativen Versorgung mit Druckluft mit einem Betriebsdruck von max. 6 bar kann eine weitere Pressluftleitung zum Ausblasen und Reinigen von Bauteilen im Arbeitsraum installiert werden.

Aus den heutigen Labors ist eine Inertgasversorgung mit Stickstoff oder in Sonderfällen auch mit Argon nicht wegzudenken. Stickstoff sollte möglichst zentral stationär installiert werden, während Argonflaschen wie beschrieben im Flurbereich aufgestellt und über einfache Zuleitungen in den Arbeitsraum hineingeführt werden können. Schließlich ist die Versorgung mit Wasser in allen Abzügen und an einem zentralen Waschplatz für die Mitarbeiter im Arbeitsraum einschließlich der Ablaufleitungen vorzusehen. Hierbei sollte prinzipiell in der mittleren mobilen Arbeitsfläche auf eine stationäre Wasserzufuhr und einen stationären Wasserablauf verzichtet und an dieser Stelle mit mobilen Umlaufkühlern im Kreislaufbetrieb gearbeitet werden. Unter speziellen Gesichtspunkten kann es in Einzelfällen sehr sinnvoll sein, stationär Kühlsole, Warmwasser und Dampf in den Labors vorzuhalten.

3.1.5 Nebenräume

Zum Arbeitsraum gehören in unmittelbarer Nähe Nebenräume. Hierbei handelt es sich um einen be- und entlüfteten Raum zur Lagerung von Feinchemikalien, die nicht einer gefährlichen Brandklasse unterliegen und deshalb in einem offenen Regal aufgestellt werden können. Besonders brandgefährliche Lösungsmittel sollten nur in Spezialstahlschränken, die an die Abluft angeschlossen sind, aufbewahrt werden.

Große Lösungsmittelmengen, die nach den Sicherheitsvorschriften in keinem geschlossenen Arbeitsraum gelagert werden dürfen, werden je nach den baulichen Gegebenheiten mit Tankwagen oder größeren Gebinden im befahrbaren Hofbereich oder, wie auch realisiert, in oberen Etagen im offenen, belüfteten Flurbereich, der über entsprechende ex-gesicherte Aufzüge erreichbar ist, bereitgestellt. Auf diese Weise können kontinuierlich betriebene Anlagen im Miniplant-Bereich Tag und Nacht betrieben werden, indem die Ausgangssubstanzen über Pumpleitungen der Anlage zugeführt und die gewonnenen Endprodukte zurückgepumpt werden. Solche kontinuierlichen Miniplant-Anlagen haben ein geringes Betriebsvolumen von 2–3 l und können je nach Durchsatz bis zu 600 l pro Woche verarbeiten. Somit sind im Bereich der Miniplant-Technik auch Kleinproduktionen möglich.

Zweckmäßig sind neben den Nebenräumen für Chemikalien auch solche Nebenräume in unmittelbarer Nähe des Arbeitsraumes notwendig, die die verschiedenen fahrbaren Apparate und Anlageneinheiten aufnehmen können. Eine besondere Be- und Entlüftung ist hier nicht erforderlich.

In den meisten Laboratorien sind die Verkehrsflächen und vor allem die Raumecken zu Abstellflächen umfunktioniert worden. Dies sollte aus Sicherheits- und Betriebsgründen strikt unterlassen werden. Deshalb muss ein Nebenraum in unmittelbarer Nähe des Arbeitsraumes zur Verfügung stehen. In diesem Nebenraum werden jedoch nur Geräte, Apparate und Werkzeuge untergebracht, die immer wieder eingesetzt werden.

3.1.6
Lager

Lagerräume sind unbedingt erforderlich, da sie mobile Apparate und Anlagen aufnehmen können, die zwar nicht ständig betrieben werden, aber zu den Arbeitsmöglichkeiten gehören, die zur Durchführung von bestimmten Betriebsabläufen in wechselnden, zeitlich begrenzten Kampagnen oder nach Jahren immer wieder benötigt werden.

Mit den Neben- und Lagerräumen wird das Konzept der hohen Mobilität für Apparate und Anlagenbauteile in der Miniplant-Technik erst lebensfähig. Bei den Gestellaufbauten sind überall Rollen leicht anzubringen, oder solche Anlagen werden mit einem mobilen Hebewerkzeug aus den Lagerräumen in die Arbeitsräume transportiert. Voraussetzung sind Abmessungen der Apparate und Anlagen, die bequem durch alle Türbreiten und in die Aufzüge passen. Bei den Türbreiten ist ein Mindestmaß von 1,2 m und bei den Türhöhen ein Mindestmaß von 2,2 m vorzusehen. Es muss beachtet werden, dass sich bei einer Gestellhöhe mit einem Mittenmaß von 2,0 m eine tatsächliche Bauhöhe von 2,15 m einschließlich der Fahrrollen ergibt. Ein Transport über Treppenhäuser ist nur mit großem Aufwand möglich, aber meist nicht praktikabel.

Lagerräume setzen eine gute Ordnung voraus, denn nur wo Ordnung ist, lassen sich alle Teile schnell wieder finden und betriebsnah einsetzen. Gebrauchte Geräte sollen nur gereinigt und voll funktionsfähig eingelagert werden.

Ein Arbeitsraum für Miniplant-Technik erfordert eine umfangreiche Infrastruktur und ein hohes Maß an Ordnung und Sauberkeit. Wenn die aufgeführten Voraussetzungen hinreichend erfüllt sind, können wesentliche Kosteneinsparungen sowohl im Zeitablauf, in der Betriebsführung als auch im Investitionsbereich erreicht werden. Eine intensive Planung und Einbeziehung von erfahrenem Betriebspersonal sind bei der komplexen Materie für die Erstellung von Arbeitsräumen für Miniplant-Technik unbedingt erforderlich. Nur dann sind die Chancen groß, einen reibungslosen Betrieb der Miniplant-Technik zu gewährleisten.

Literatur zu Abschnitt 3.1

1 NORMAG-Labor- und Verfahrenstechnik GmbH, Feldstraße 1, D-6238 Hofheim am Taunus
2 QVF-Engineering GmbH, Hattenbergstraße 36, D-5122 Mainz
3 Waldner Laboreinrichtungen GmbH Co. KG, Haidosch 1, D-88239 Wangen
4 Köttermann GmbH & Co. KG, Industriestraße 2–10, D-31311 Uetze/Hänigsen
5 Ernst Keller & Co. AG, Im Wasenboden 8, CH-4002 Basel
6 Bochem Instrumente GmbH, Industriestrasse 3, D-35781 Weilburg/Lahn

3.2 Werkstoffe

Im chemischen Labor ist Glas auch heute noch der am häufigsten verwendete Werkstoff für einfache Laborgeräte wie auch für komplizierte Laborapparaturen und -anlagen. Glas ist ein nahezu ideal einzusetzender Werkstoff. Mit der Zunahme der Ansprüche, die an die Geräte und Apparaturen gestellt wurden, wurde die Glaszusammensetzung optimiert und ein Borosilicatglas nach DIN/ISO 3585 als das technische Glas im chemischen Labor und im Apparatebau eingeführt [1].

Es lag nahe, dass die Miniplant-Technik auch das Borosilicatglas 3.3 als Grundwerkstoff für alle Apparate und Anlagen übernahm, weil sie sich selbst aus der Labortechnik in den siebziger Jahren des vergangenen Jahrhunderts entwickelt hat (siehe Kaptitel 1).

Stärker als in der Labortechnik sind in der Miniplant-Technik Kombinationswerkstoffe wie Metalle und Metalllegierungen, aber auch hochresistente und temperaturbeständige Kunststoffe gefragt, um spezifische Miniplant-Apparaturen und -anlagen bauen zu können. Für besondere Anwendungen werden auch andere Werkstoffe wie Keramik, Grafit oder emaillierte Stähle als Werkstoff herangezogen.

Borosilicatglas 3.3 als Grundwerkstoff bietet alle Möglichkeiten im Apparatebau, in Kombination mit anderen Werkstoffen ein Optimum für Scale-up-Versuche, aber auch für Feasibility-Studien und für die Kleinmengenproduktion von speziellen, hochwertigen Substanzen zu erreichen.

3.2.1 Grundwerkstoff Borosilicatglas 3.3

Borosilicatglas zeichnet sich durch eine Reihe hervorragender Eigenschaften aus und hat deshalb eine Vorrangstellung gegenüber allen anderen Werkstoffen im Labor- und Apparatebau. Die Bezeichnung „3.3" ist die Abkürzung für den Längenausdehnungskoeffizieten $3{,}3\times10^{-6}$ K^{-1}. Dieser ist der niedrigste Längenausdehnungskoeffizient von den technischen Glasarten und Voraussetzung für die Haltbarkeit bei Temperaturwechsel. Die Eigenschaften von Borosilicatglas 3.3 sind im Einzelnen in der Norm DIN/ISO 3585 festgelegt.

Die exakte Einhaltung der chemischen Zusammensetzung ist sehr wichtig und stellt an die Produktion große Anforderungen (Tab. 1) [1]. Die besonderen Eigenschaften sind:

- umfassende Korrosionsbeständigkeit,
- glatte, porenfreie Oberfläche,
- Durchsichtigkeit,
- katalytische Indifferenz,
- physiologische Unbedenklichkeit,
- Geruchs- und Geschmacksneutralität,
- Unbrennbarkeit,
- ökologische Unbedenklichkeit.

3.2.1.1 Chemische Beständigkeit

Borosilicatglas 3.3 hat eine sehr gute Resistenz gegen Wasser, Salzlösungen, organische Substanzen, Halogene, wie z. B. Chlor, Brom und viele Säuren. Eine relativ gute Beständigkeit besteht ebenfalls gegenüber Laugen.

Lediglich Flusssäure, konzentrierte Phosphorsäure und starke Laugen zerstören in Abhängigkeit ihrer Konzentration das Glas oder tragen vor allem bei höheren Temperaturen die Glasoberfläche merklich ab. Die Klassifizierung des Werkstoffes Borosilicatglas 3.3 ist in einschlägigen Untersuchungsmethoden nach DIN/ISO und EN-Vorschriften festgehalten (Abb. 3.5 und Abb. 3.6) [2].

Tabelle 3.1 Chemische Zusammensetzung von Borosilicatglas 3.3

Bezeichnung	Anteil in wt %
SiO_2	80,6
B_2O_3	12,5
NaO	4,2
Al_2O_3	2,2
Spurenelemente	0,5

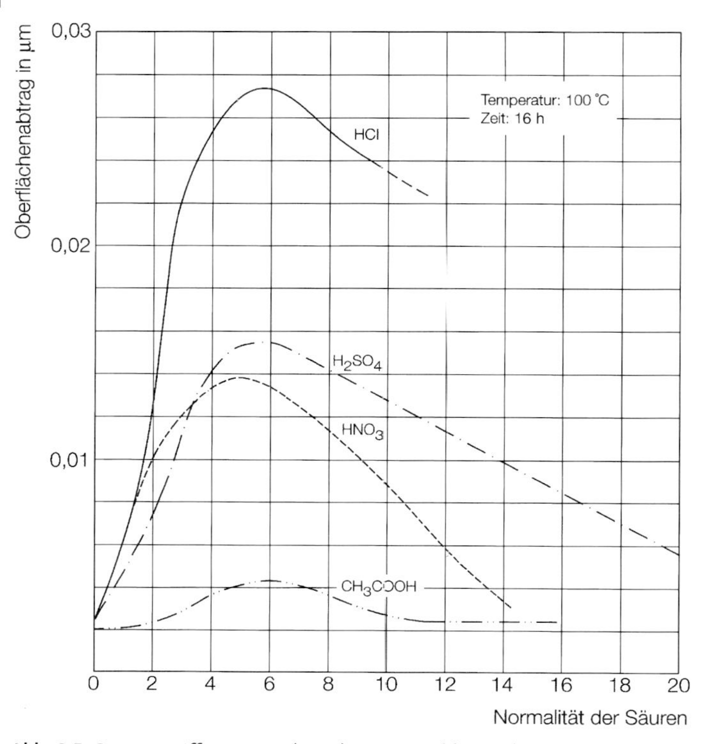

Abb. 3.5 Säureangriff an Borosilicatglas 3.3 in Abhängigkeit von der Konzentration.

3.2.1.2 Physikalische Eigenschaften

Gegenüber anderen Werkstoffen im Apparatebau zeichnet sich Borosilicatglas 3.3 vor allem durch einen sehr geringen Wärmeausdehnungskoeffizienten aus. Aufwendige Maßnahmen zur Kompensation von temperaturbedingten Wärmeausdehnungen sind nicht erforderlich. Die Wärmeleitfähigkeit des Borosilicatglases ist schlecht, was sich für den Wärmeübergang bei der Temperierung mit Wärmeübertragern negativ auswirkt, doch positiv für die Isolierung von Apparaten, wie es z. B. bei den Destillationskolonnen der Fall ist. Die wichtigsten physikalischen Eigenschaften sind nachstehend aufgeführt (Tab. 3.2) [2].

3.2.1.3 Mechanische Eigenschaften

Borosilicatglas ist ein spröder Werkstoff, der Spannungsspitzen bei Überlastung nicht durch plastische Verformungen, wie es z. B. bei Stählen der Fall ist, abbauen kann. Die Druckfestigkeit ist sehr hoch, die Zugfestigkeit dagegen sehr gering. Der Einfluss der Temperatur auf die Glasfestigkeit ist von Raumtemperatur bis zur höchsten Verwendungstemperatur von max. +400 °C vernachlässigbar gering. Im Bereich unterhalb der Raumtemperatur bis –200 °C nimmt die Festigkeit mit fallender Temperatur zu. Metallische Werkstoffe und Kunst-

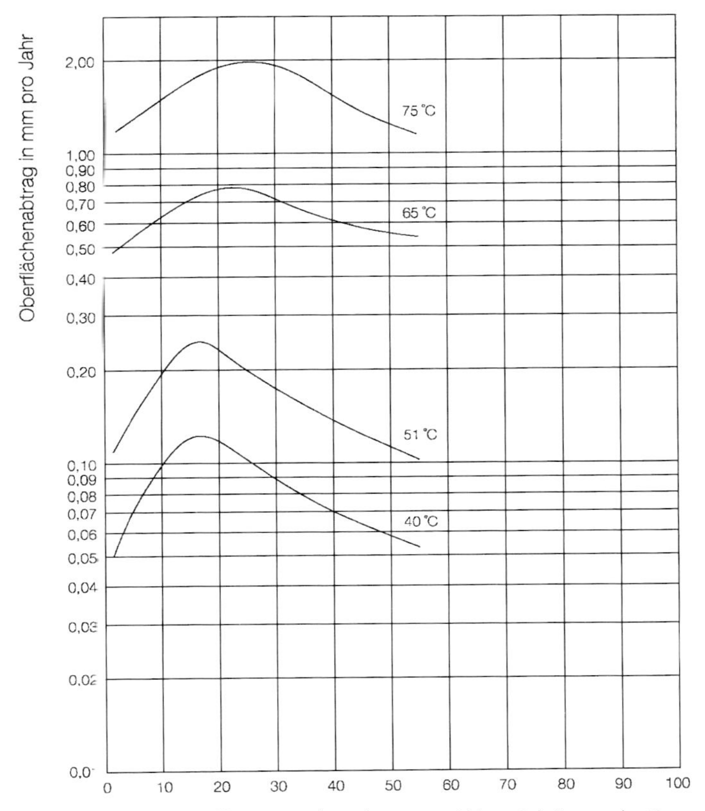

Abb. 3.6 Laugenangriff an Borosilicatglas 3.3 in Abhängigkeit von der Temperatur.

Tabelle 3.2 Physikalische Eigenschaften von Borosilicatglas 3.3

Mittlerer linearer Wärmeausdehnungskoeffizient	$\alpha_{20/300} = (3{,}3 \pm 0{,}1) \times 10^{-6}\ \text{K}^{-1}$
Mittlere Wärmeleitfähigkeit zwischen 20 und 200°	$\lambda_{20/200} = 1{,}2\ \text{W m}^{-1}\ \text{K}^{-1}$
Mittlere spezifische Wärmekapazität zwischen 20 und 100 °C	$C_{p\,20/100} = 0{,}8\ \text{kJ kg}^{-1}\ \text{K}^{-1}$
Mittlere spezifische Wärmekapazität zwischen 20 und 200 °C	$C_{p\,20/200} = 0{,}9\ \text{kJ kg}^{-1}\ \text{K}^{-1}$
Dichte bei 20 °C	$\rho = 2{,}23\ \text{kg dm}^{-3}$

stoffe hingegen haben eine mehr oder weniger ausgeprägte Temperaturabhängigkeit in Bezug auf deren Festigkeit.

Die Oberflächenbeschaffenheit beeinflusst beim Glas die Festigkeit in besonderem Maße, da die höchsten, mechanischen Zug- und Biegebeanspruchungen in der Oberfläche liegen. Deshalb führen mechanische Verletzungen an der Oberfläche zum Bruch des Glases. Hier sind besondere Vorsicht und geeignete Schutzmaßnahmen geboten. Die glatte Glaswandoberfläche ist besonders hervorzuheben. Mit einigen wenigen anderen Rohrwerkstoffen hat Glas die ge-

Tabelle 3.3 Mechanische Kennwerte von Borosilicatglas 3.3

Festigkeitskennwerte	Zug- und Biegefestigkeit	$K/S = 7\ N\ mm^{-2}$
	Druckfestigkeit	$K/S = 100\ N\ mm^{-2}$
Elastizitätsmodul		$E = 64\ kN\ mm^{-2}$
Poisson-Zahl (Querkontraktionszahl)		$\nu = 0{,}2$

ringste Rauheit, und der Strömungsdruckverlust durch Glasrohrleitungen ist äußerst gering, was mit Berechnungsformeln ermittelt werden kann. Wegen der chemischen Beständigkeit und der physikalischen Passivität des Werkstoffes Borosilicatglas bleiben die hydraulischen Eigenschaften über lange Betriebszeiten erhalten, was vor allem für GMP-gerechte Apparate wichtig ist. Ein Anbacken von Feststoffen wird weitestgehend vermieden (Tab. 3.3) [2].

3.2.1.4 **Optische Eigenschaften**

Borosilicatglas zeigt im sichtbaren Spektralbereich keine wesentliche Absorption und wirkt deshalb klar und farblos.

Die UV-Lichtdurchlässigkeit liegt bei Borosilicatglas 3.3 im mittleren Spektrum etwas höher als bei herkömmlichem Fensterglas und absorbiert unterhalb 300 nm völlig.

Durch Einfärben oder Beschichten kann für Arbeiten mit lichtempfindlichen Substanzen eine starke Absorption besonders im kurzwelligen Bereich erreicht werden. Umgekehrt ist für photochemische Verfahren wie z. B. Chlorierungen und Sulfochlorierungen die Lichtdurchlässigkeit von Borosilicatglas im Ultraviolettbereich von großer Bedeutung (Abb. 3.7) [2].

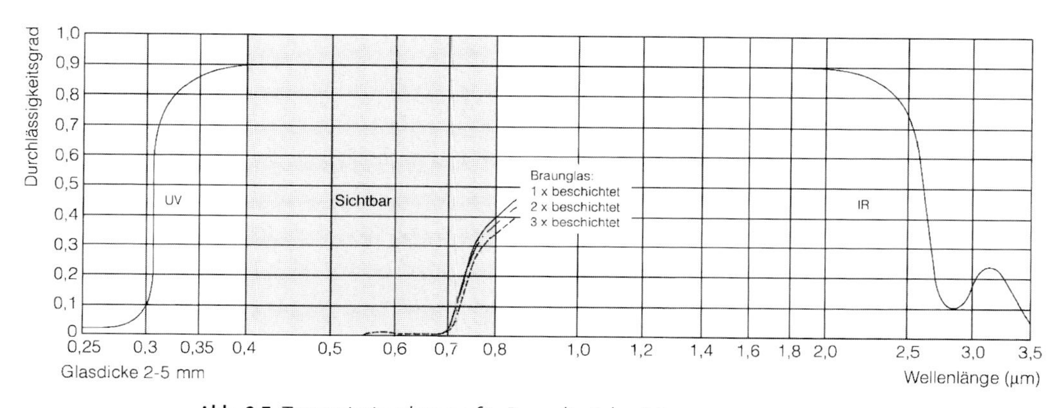

Abb. 3.7 Transmissionskurven für Borosilicatglas 3.3.

Tabelle 3.4 Allgemeine Betriebsdaten für Borosilicatglas 3.3

Betriebstemperatur $T_B = 200\,^\circ C$
Temperaturdifferenz $\Delta\Theta \leq 180$ K
Wärmeübertragungskoeffizent innen $\alpha_i = 1200$ Wm^{-2} K^{-1}, außen $\alpha_a = 11{,}6$ Wm^{-2} K^{-1}
Alle Bauteile sind für volles Vakuum $p_S = -1$ bar geeignet

3.2.1.5 Zulässige Betriebsdaten

Glasteile und Glasbauteilkombinationen können i.d.R. bis +200 °C betrieben werden, sofern nicht besondere Einschränkungen gegeben sind. Hierbei wird diese Grenze nicht durch die Glasbauteile, sondern wesentlich durch die Werkstoffeigenschaften der Flanschverbindungen, Dichtungen und Halterungen gegeben. Mit besonderen Schutzmaßnahmen wie Isolierungen oder elektrisch beheizten Heizmänteln sind auch höhere Temperaturen bis +300 °C möglich.

Ein Temperaturschock durch schnelle Temperaturänderungen innen oder von außen muss im Betrieb unbedingt vermieden werden. Er führt zu zusätzlichen Wandspannungen, die sich sofort negativ auf den zulässigen Betriebsüberdruck der einzelnen Anlagenkomponenten auswirken. Ein Richtwert für einen maximal zulässigen Temperaturschock wird mit einer Temperaturdifferenz von 180° K angegeben. Sie sinkt vor allem durch die Größe und Wanddicke der Bauteile auf einen niedrigeren Wert. Der zulässige Betriebsüberdruck wird durch die Nennweite und Wanddicke des Glasbauteils, seine Formgestalt, die Anzahl der Durchschmelzungen bei mehrwandigen Gefäßen und, wie erwähnt, vor allem durch die Betriebstemperatur berechnet und festgelegt (Tab. 3.4) [2].

Bei einer Einheit, die aus Glasbauteilen verschiedener Nennweiten und Formen zusammengebaut ist, richtet sich der zulässige Betriebsüberdruck immer nach dem Bauteil mit dem niedrigsten, zulässigen Betriebsüberdruck und nach den mechanischen Eigenschaften der Verbindungen und Dichtungen.

Glasapparatebauteile für die Miniplant-Technik müssen nicht mit dem CE-Zeichen gekennzeichnet sein, weil sie in aller Regel nicht der Druckgeräterichtlinie unterliegen. Alle Miniplant-Glasbauteile, die mit einer zertifizierten Qualitätssicherung hergestellt und deshalb eindeutig gekennzeichnet werden, sind über den gesamten zulässigen Temperaturbereich vakuumfest. In der Regel wird im Miniplant-Bereich katalogmäßig als Standardbedingung für den Produktraum ein Betriebsdruck von –1 bis +0,5 bar angegeben.

Sonderbauteile in der Miniplant-Technik für besonders hohen Druck und entsprechender Größe können dem Geltungsbereich der Druckgeräterichtlinie unterliegen. Sie müssen unter Berücksichtigung der Temperatur berechnet und eindeutig gekennzeichnet werden. Grundlage für die Kennzeichnung solcher Sonderbauteile aus Borosilicatglas 3.3 sind die Druckgeräterichtlinie 97/23/EG sowie die Norm EN 1595 (Druckbehälter aus Glas). Darüber hinausgehende Angaben auf dem Bauteil dienen der Rückverfolgbarkeit und dem richtigen Einsatz beim Kunden, was im Einzelnen mit der überwachenden Stelle für das QM-System des Herstellers abgestimmt sein muss (Tab. 3.5) [2].

Tabelle 3.5 Kennzeichnung von Glas z. B. bei QVF nach der Druckgeräterichtlinie, Normen und Qualitätssicherung

a Standardteile nach Katalog
b Sonderteile mit Katalog-Betriebsbedingungen
c Sonderteile, deren zulässige Betriebsüberdrücke und/oder Temperaturen von den Angaben in diesem Katalog abweichen

☞ Abweichend von Tabelle 3.10 dürfen Bauteile mit den Hauptnennwerten DN 15 und DN 25 kein CE-Zeichen erhalten (s. hierzu Artikel 3, Absatz 3 der Richtlinien 97/23/EG.)

Aus der Kennzeichnung können Sie im Einzelnen folgende Informationen entnehmen:

Teil der Kennzeichnung	Bedeutung	Bemerkung
QVF-Logo	Hersteller des Bauteiles	
CE 0035	CE-Zeichen mit Kennnummer der benannten Stelle	
Boro 3.3	Werkstoff Borosilicatglas 3.3	
M (S, P)	Herstellungsort	M = Mainz, S = Stafford (GB), P = Paris (F)
7	Festigkeitskennwert nach EN 1595	
02	Katalogreferenz	02 = 2002
123456	Fertigungsnummer	laufende Nummer
PS150/1500	Artikelnummer	bei Standardbauteil
SK4712	Zeichnungsnummer	bei Sonderteil mit zul. Betriebsüberdruck nach gültigem Katalog
$p = -1/+5$ bar	zulässiger Betriebsüberdruck	weicht vom gültigen Katalog ab
$\Delta\Theta \leq 180$ K	zulässige Temperaturdifferenz	Angabe gehört zum zul. Betriebsüberdruck, kann u. U. ebenfalls vom gültigen Katalog abweichen

Im Glasapparatebau stehen für den flexiblen Aufbau nach dem Baukastenprinzip standardisierte Bauteile mit genormten Rohrenden wie Flansche und Glasrundgewinde zur Verfügung. Glasbauteile können auch mit angeschmolzenen Temperier- und/oder Isoliermänteln versehen werden.

Als Schutz gegen mechanische Einwirkungen von außen werden Beschichtungen mit verschiedenen Kunststoffen durchgeführt, um die Glasoberfläche vor allem vor mechanischen Verletzungen zu schützen.

Bei allen Arbeiten mit Glasapparaturen und Anlagen im Vakuum sind zusätzliche sekundäre Schutzmaßnahmen wie Schutzwände und vor allem das Tragen von Schutzbrillen und Sicherheitsarbeitskleidung für die Betreiber unbedingt erforderlich. Im Umgang mit Lösungsmitteln können bei größeren Mengen und besonderen Bedingungen elektrostatische Aufladungen entstehen, die zu zündfähigen Entladungen führen können. Hierzu sind nach einschlägigen Vorschriften wie im großtechnischen Bereich Potenzialausgleiche an den Apparaturen und Anlagen vorzunehmen.

3.2.2 Kombinationswerkstoffe

Die Neu- und Weiterentwicklung besonders korrosionsfester Werkstoffe wie Edelstahllegierungen, Titan, Tantal, Grafit und Keramik wie auch die Vielzahl der spezifischen Fluorkunststoffe sind für die Kombination mit Borosilicatglas 3.3 unter den vorgegebenen spezifischen Anforderungen für den Anlagenbau sehr wichtig. Die Nachteile der verschiedenen Werkstoffeigenschaften von Borosilicatglas können durch die spezifischen Werkstoffvorteile der anderen Werkstoffe ausgeglichen werden und führen zu völlig neuen Möglichkeiten in der Konstruktion und Fertigung. Dies gilt besonders auch für die Miniplant-Technik, die sich über Jahrzehnte überwiegend auf Borosilicatglas 3.3 und PTFE gestützt hat, neuerdings aber sich der anderen Werkstoffe bedient und in Kombination mit Borosilicatglas einsetzt. Für ganz spezielle Herausforderungen werden aber auch Miniplant-Apparaturen und -anlagen aus dem jeweiligen metallischen Werkstoff oder Kunststoff allein ohne Borosilicatglas gebaut und betrieben.

3.2.2.1 Chrom-Nickel-Legierungen

Grundsätzlich können alle Chrom-Nickel-Legierungen, die im technischen Apparatebau verwendet werden, auch für Miniplant-Apparate und -anlagen eingesetzt werden, Voraussetzung ist, dass ein Sortiment an Halbzeugen mit entsprechenden kleineren Abmessungen marktüblich ist. Nach den spezifischen Eigenschaften sind die Chrom-Nickel-Legierungen für ihren Einsatz im chemischen Apparatebau auszuwählen.

Wärmeübertrager aus Metall, ob in Spiral- oder Rohrbündelform, können insbesondere über die genormte Planflanschverbindung mit Glasrohren oder -gefäßen verbunden werden. Auch werden vielfach Reaktoren aus Chrom-Nickel-Legierungen mit Destillationsaufsätzen aus Borosilicatglas 3.3 ausgestattet. Die bessere Wärmeleitfähigkeit und größere Stabilität dieser metallischen Legierungen, insbesondere bei Volumina größer als 10 l, sind besonders ausschlaggebend. Im pharmazeutischen Bereich werden meist auch alle Halterungen für die Bauteile und für den Gestellbau aus Edelstahllegierungen wegen der hohen Korrosionsbeständigkeit, der besseren Reinigungsmöglichkeit und der geringeren Wartungsnotwendigkeit gebaut.

3.2.2.2 Sondermetalle

Hauptvorteile des Sondermetalls Tantal im Apparatebau sind die hohe Korrosionsbeständigkeit und hohe Wärmeleitfähigkeit z. B. bei unterschiedlichen Destillationsanlagen für konzentrierte Säuren wie Schwefelsäure und die Halogenwasserstoffsäuren. Daraus ergibt sich der bevorzugte Einsatz von Tantal für den Bau von Wärmeübertragern in Bauformen als Schlangen-, Kerzen- oder Korbheizer. Andere Konstruktionselemente sind z. B. Auflageringe und Verteiler in Kolonnen sowie auch Halterungen. Für die Miniplant-Technik sind beispielsweise Wischereinsätze für Dünnschichtverdampfer aus Borosilicatglas 3.3 gebaut worden.

Ähnliche Gesichtspunkte sprechen auch für die Verwendung von Titan, das zumeist mit Palladium legiert ist, für den Bau von Reaktoren und verschiedenen Kolonnenbauteilen. Für spezielle Reaktionsabläufe sind in der Miniplant-Technik Reaktoren mit Volumina von 1 und 2 l aus Titan gebaut und betrieben worden.

Während Bauteile aus Tantal etwa sechs- bis achtmal so teuer sind wie normaler Edelstahl und inzwischen wegen des hohen Bedarfs im Weltmarkt nur nach Tagespreis gehandelt werden, liegt der Preis für Titan etwa vier- bis sechsmal so hoch wie bei Edelstahl.

3.2.2.3 Stahl/Emaille

In der chemischen und vor allem in der pharmazeutischen Industrie werden üblicherweise stahlemaillierte Kessel bzw. Reaktoren betrieben und mit Destillationsaufsätzen aus Borosilicatglas 3.3 kombiniert. Entscheidende Gesichtspunkte für diese Werkstoffkombination sind die hohe chemische Beständigkeit der Keramikschicht, die glatte Oberfläche und der Preisvorteil gegenüber Speziallegierungen und Sondermetallen. Die schlechtere Wärmeleitfähigkeit gegenüber reinmetallischen Werkstoffen, die Temperaturbegrenzung bis 180 °C und die Verletzlichkeit der Emaillebeschichtung, auch wenn sie zu reparieren ist, sind negative Entscheidungskriterien.

Für den Einsatz in der Miniplant-Technik werden Reaktoren mit Volumen von 6, 10, 16 und 25 l bei einigen Herstellern standardmäßig geführt und auch Rohrleitungen ab einer Nennweite von 25 mm angeboten. Die bis in die Dichtfläche des Flansches hinein emaillierte Oberfläche muss über eine spezielle PTFE-Dichtung, die eine weiche Einlage enthält, mit den Glasbauteilen verbunden werden. Nur so lässt sich eine gute Vakuumdichtheit erzielen, weil die

Abb. 3.8 Pharmareaktor mit stahlemailliertem Reaktor und Glasbauteilen aus Borosilicatglas 3.3.

emaillierte Beschichtung zwar äußerst glatt, aber in der Oberfläche leicht wellig ausgebildet ist. Stahl/Emaille und Borosilicatglas 3.3 sind zwei ideal miteinander zu kombinierende Werkstoffe, die insbesondere für den Bau von GMP-gerechten Apparaten und -anlagen wie z. B. des „Pharmareaktors" mit Keramikisolierung und staubdicht verschweißtem Edelstahlaußenmantel verwendet werden (Abb. 3.8) [2, 3].

3.2.2.4 **Stahl/PTFE**

Bauteile wie z. B. Reaktoren und Rohrleitungen können mit PTFE porendicht ausgekleidet oder mit PTFE-Compounds beschichtet werden, um für spezielle Anwendungen die Nachteile des metallischen Werkstoffes ausschließen zu können. Der Betriebstemperaturbereich geht i. d. R. nicht höher als +150 °C, und die weiche PTFE-Oberfläche ist gegenüber mechanischen Einflüssen sehr

Abb. 3.9 Reaktor aus Stahl mit Kunststoffbeschichtung.

gefährdet. Eine Erneuerung der beschädigten PTFE-Schicht ist möglich, indem die Oberfläche durch Sandstrahlen gereinigt und wieder neu beschichtet wird.

Die PTFE-Auskleidung ist gegenüber Stahl/Emaille kostengünstiger und findet in der Miniplant-Technik steigende Anwendung. Bei der PTFE-Beschichtung ist ähnlich wie bei der Emaillierung insbesondere auf die Formgestaltung zu achten, denn Spitzen und Kanten mit äußerst kleinen Radien sind besonders empfindlich und erleiden sehr schnell Beschädigungen (Abb. 3.9) [4].

3.2.2.5 Quarzglas

Apparate und Bauteile aus Quarzglas sind auch bei höheren Temperaturen bis etwa +800 °C einsetzbar und lassen sich z. B. in photochemischen Apparaten und Anlagen mit Borosilicatglas 3.3 leicht kombinieren. Hier wird die größere Lichtdurchlässigkeit im UV-Bereich genutzt und über einen Hochdruck-UV-Strahler eingeführt, der sich in einem Finger aus Quarzglas befindet und über Flansch- oder Schliffverbindungen mit Glasapparatekomponenten verbunden werden kann (Abb. 3.10) [5].

Für hohe Reinheitsanforderungen, bei denen auch die Alkalionen in der Glasoberfläche störend wirken, werden ganze Apparaturen aus Quarzglas z. B. für die Reinstwasserherstellung hergestellt, aber auch Miniplant-Anlagen für andere Einsatzgebiete völlig aus Quarzglas konstruiert und gefertigt. PTFE-Dichtungswerkstoffe müssen bei diesen Anwendungen auch den entsprechenden Reinheitsanforderungen genügen und bedürfen einer besonderen Reinigung durch Auskochen mit konzentrierten, oxidierenden Säuren, um die Metallspuren, die z. B. durch die spanabhebende Verarbeitung noch anhaften können, aufzulösen.

Häufig werden Heizstrahler aus Quarzgut in der Miniplant-Technik bei Verdampfern eingesetzt, wenn keine Sicherheitsgründe dem entgegen stehen. Die Innenbeheizung mit solchen Heizern aus Quarzglas ist sehr effektiv und kostengünstig. Eine Regelung der elektrischen Heizleistung ist allerdings unbedingt erforderlich, um Überhitzungen und damit Zersetzungen der Produkte an der Heizoberfläche zu vermeiden.

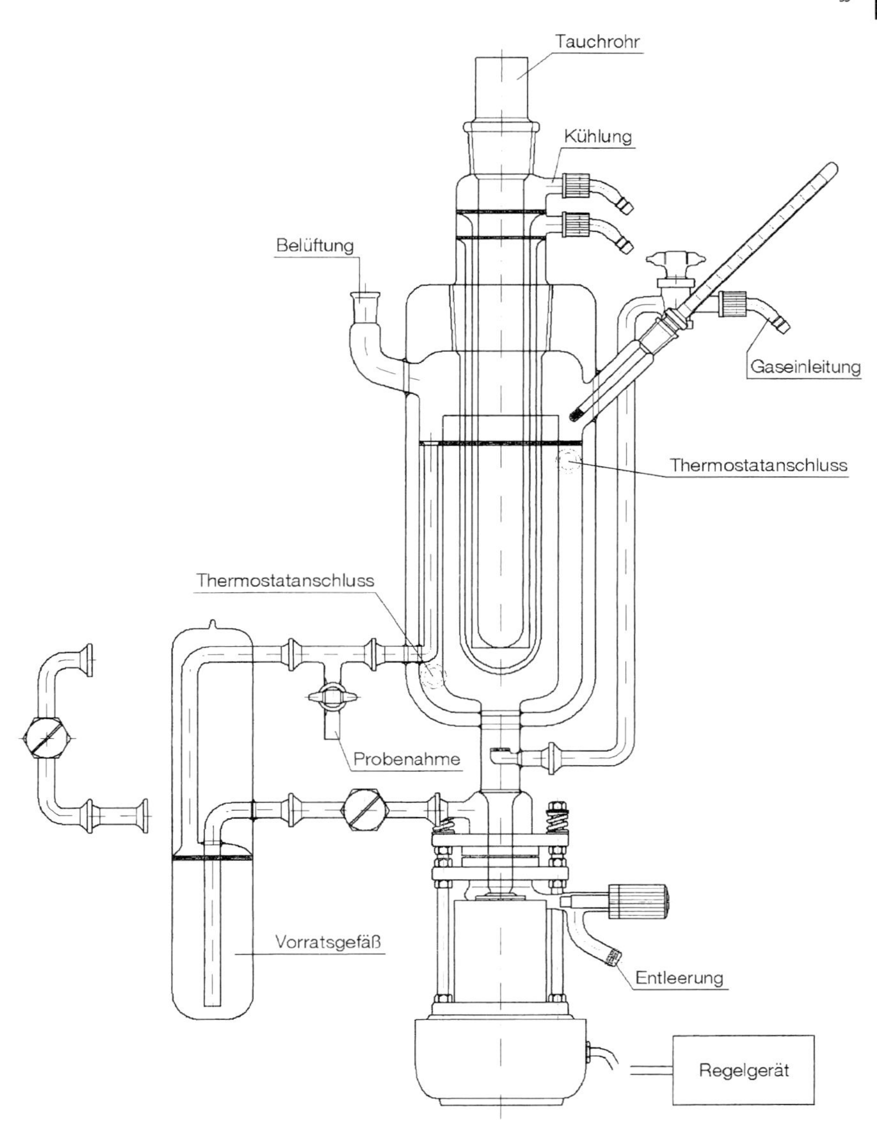

Abb. 3.10 Falling-Film-Photoreaktor aus Borosilicatglas 3.3 mit Tauch-/Kühlrohr aus Quarzglas.

3.2.2.6 **Keramik**

Keramische Werkstoffe werden für Füllkörper, Verteilerböden, Trageplatten oder auch Hochleistungspackungen für Destillations-, Extraktions- und Absorptionskolonnen verwendet und zumeist mit Glasbauteilen wie z. B. Kolonnen kombiniert [6]. In speziellen Fällen gibt es neben der in der Oberfläche sehr festen Keramik, die nach dem Brennvorgang im Herstellungsprozess meist nur mit Schleifen und Polieren bearbeitet werden kann, neu entwickelte keramische Materialien, die auch gefräst und abgedreht werden können. Letztere Eigenschaften sollten zukünftig noch mehr genutzt werden, um neue apparative Möglichkeiten realisieren zu können.

Aluminiumoxid-Keramik wird häufig im Bereich der Gleitringdichtungen als Wellenschutzhülse für Kreiselpumpen, üblicherweise für Rührvorrichtungen bei Reaktoren, aber auch als Kugeln in korrosionsfesten Kugelhähnen, außen mit Glasventilkörpern, im Apparatebau eingesetzt.

3.2.2.7 Grafit

Grafit eignet sich als Werkstoff wegen seiner guten Wärmeleitfähigkeit und wegen seiner hohen Korrosionsbeständigkeit gegenüber fast allen Materialien bis in den Hochtemperaturbereich besonders zum Bau von Wärmeübertragern. In der Miniplant-Technik werden Grafitwärmeübertrager wenig eingesetzt. Die Gleitfähigkeit von Grafit wird insbesondere für Lager und Gleitringdichtungen genutzt.

Vielfach wird Grafit auch für Berstscheiben an Druckapparaturen im unteren Hochdruckbereich wegen der hohen Korrosionsbeständigkeit verwendet [7].

3.2.2.8 Fluorkunststoffe und technische Kunststoffe

Speziell das äußerst korrosionsbeständige PTFE, die Vielfalt seiner homologen Verbindungen wie auch seine Compounds, sog. Mischungen mit Füllstoffen wie Glasgries, Glasfasern, Kohle, Grafit, u. a., sind beliebte Kombinationswerkstoffe von Glas. Neben Dichtungen und Lagern werden vor allem Faltenbälge für den spannungsfreien Aufbau der Glasanlagen, Rohrleitungen und Armaturen benutzt. Stopfbuchslose Ausführungen als Ventilstempel, die in präzise geschliffenen Glas-Ventilsitzen abdichten, werden in großem Maße im Apparatebau verwendet [8].

Rührwellen werden aus Korrosionsgründen mit PTFE porendicht mit der notwendigen Wandstärke überzogen. Die Rührorgane werden zumeist aus reinem PTFE gefertigt, haben die unterschiedlichsten Formen und sind ihrerseits mechanisch und produktdicht mit der Rührwelle verbunden. Auch die Laufrad- und Gehäuseauskleidungen bei Pumpen, die Stirnplatten und Umlenksegmente in den Rohrbündelwärmeübertragern wie auch die Kolonneneinbauten und Gewebe werden aus reinem oder modifiziertem PTFE hergestellt und mit Glasbauteilen kombiniert. PTFE hat einen der geringsten Reibungskoeffizienten aller Materialien und wird in Gleitlagern ohne Schmierung eingesetzt.

Kleinapparate insbesondere beim Einsatz von fluorwasserstoffhaltigen anorganischen Verbindungen werden völlig aus reinem PTFE oder PFA gefertigt und haben Rohrenden als Planflansche oder Gewinde wie im Glasapparatebau [8].

Die Vielfalt der PTFE-modifizierten Homologen und Compounds sind in der Literatur, aber auch übersichtlich in Tabellenform bei den Herstellern und spezialisierten Weiterverarbeitern [8] mit den für die Praxis wichtigsten, physikalischen und chemischen Eigenschaften zusammengefasst.

Aus Kostengründen und auch wegen spezieller mechanischer Eigenschaften werden andere Kunststoffe im Miniplant-Bereich für Ventileinsätze, Halterungen und Verschraubungen verwendet. Es ist sehr wichtig, das umfangreiche Angebot der Kunststoffe für den speziellen Anwendungsfall sorgfältig zu untersuchen und den am besten geeigneten Kunststoff auszuwählen, was bei der Vielfalt nicht immer leicht ist und viel Erfahrung erfordert.

3.2.3 Dichtungs- und Lagerwerkstoffe

Während in der Verbindungstechnik für Glasrohrenden meist Dichtungen aus reinem PTFE eingesetzt werden, sind insbesondere für hohe Temperaturen Elastomere aus fluorierten Kautschukverbindungen einsetzbar. Als Lagerstoffe können speziell einige hochwertige Kunststoffe geeignet sein. Aufgrund ihrer Eigenschaften werden sie vor allem bei reinen Miniplant-Apparaturen und Anlagen aus metallischen Werkstoffen für den Hochtemperaturbereich und für den Hochdruckbereich benötigt.

3.2.3.1 Fluorierte Kunststoffe

Als Standarddichtungen für Glasrohrenden werden PTFE-Dichtungen mit angedrehter Dichtungsperle und angedrehtem Außenzentrierkragen verwendet. Sie werden spanabhebend hergestellt und neigen unter Druck zum Kaltmaterialfluss. Da die Dichtungsperle beim Anziehen der Glasrohrenden in einer beidseitigen Ringnut gekammert ist und dadurch nicht flach gepresst wird, kann sie mehrmals verwendet werden [2]. Um hohen Dichtheitsanforderungen zu entsprechen, ist jedoch sorgfältig auf mechanische Beschädigungen zu achten. Für spezielle Einsätze und für GMP-gerechte Apparaturen sind speziell gestaltete Ausführungen von PTFE-Dichtungen verfügbar.

Für Flansche, die öfters geöffnet werden, sollten am besten Elastomere aus Fluorkautschuk (FKM oder PFKM) [9, 10] benutzt werden. Eine Kombination von Silicongummi, das nahtlos von einer FEP-Haut ummantelt ist [9, 10], kann für O-Ringe aus PFKM mit der Handelsmarke Kalrez oder Chemraz auch für hohe Ansprüche eine kostengünstigere Alternative sein.

Flachdichtungen für die verschiedensten Zwecke können in einfacher Weise aus speziell behandeltem PTFE gestanzt, ausgeschnitten oder besser gelasert werden [11].

3.2.3.2 Keramik

Exakt bearbeitete und hoch polierte Keramikoberflächen werden in Verbindung mit Grafit sehr häufig für Gleitringdichtungen, trockenlaufend oder flüssigkeitsbenetzt, einfach- oder doppelwirkend eingesetzt. Auch Vertikallager aus keramischen Werkstoffen können in Spezialfällen verwendet werden [12].

3.2.3.3 Grafit

Wie Keramik ist Grafit hervorragend als Lagerwerkstoff einzusetzen. Eine spezielle Anwendung finden synthetisch hergestellte Grafitfolien, aus denen Kragendichtungen für Glasplanflansche geformt und gestanzt werden [13]. Sie eignen sich für den Hochtemperaturbereich über +200 °C und haben eine ausreichende Dichtheit auch für den Betrieb im Feinvakuum. Bei metallischen Verbindungen werden Grafitflachdichtungen sehr häufig eingesetzt und sind leicht handhabbar, wenn sie in einer Nut gekammert sind.

3.2.3.4 Metalle

Metallische Dichtungen eignen sich nicht für die Verbindungen von Glasflanschen, werden aber äußerst selten im Hochtemperatur- und Hochvakuumbereich eingesetzt, wenn es sich dabei um duktile Metalldichtungsmaterialien wie Kupfer, Silber und Gold handelt und andere Materialien nicht zur Verfügung stehen.

3.2.4 Beschichtungs- und Färbewerkstoffe

Zum Schutz von Oberflächenbeschädigungen an Glasbauteilen werden Beschichtungswerkstoffe wie CORWRAP® [2], SECTRANS® [2] oder bis vor einiger Zeit noch LEVASINT® [14] verwendet. Diese Überzüge lassen sich bei allen Glasbauteilen unabhängig von deren Formgebung aufbringen. Sie sind chemikalien- und witterungsbeständig und gesundheitlich unbedenklich. Die Erwärmung im zugelassenen Temperaturbereich führt zu keinerlei Geruchs- oder Gasbelästigung.

Das heute nicht mehr lieferbare LEVASINT-Beschichtungsprodukt hatte eine obere Grenze für die Anwendungstemperatur bei +70 °C und wurde im Wirbelschichtverfahren bei höheren Temperaturen auf die Glasoberfläche aufgesintert. Heute wird SECTRANS auf Polyurethanbasis im Spritzverfahren bei Raumtemperatur aufgebracht. Die Schutzfunktion bleibt bis +180 °C erhalten, jedoch beginnt das Material bei Temperaturen oberhalb +140 °C zu vergilben und sich zu verfestigen, was für eventuelle Reparaturen Schwierigkeiten bei der Entschichtung zur Folge hat.

CORWRAP ist eine GFK-Ummantelung, die entsprechend der äußeren Form des Bauteils zugeschnitten und dann überlappend aufgebracht wird. Anschließend wird das Glasteil einer Wärmebehandlung unterzogen, die zum Aushärten des Harzes führt. Die maximal zulässige Betriebstemperatur für solche Bauteile beträgt ca. +150 °C. Diese Ummantelung wird vor allen Dingen im technischen Bereich angewendet, hat aber den Nachteil, dass eine milchig trübe Beschichtung entsteht und nicht wie beim SECTRANS eine klar durchsichtige Beschichtung. Um elektrostatische Aufladungen zu vermeiden, kann bei SECTRANS Grafitpulver beigemischt werden.

Alle Überzüge stellen im Falle eines Glasbruches eine Art zusätzliches äußeres Rohr dar. Die Gefahr durch austretende Medien wird reduziert, und die Chemikalien verbleiben für einige Zeit in der Rohrleitung oder im Gefäß, bis die Anlage abgeschaltet und entleert werden kann. Es handelt sich hierbei um eine sekundäre Schutzmaßnahme, die vor allen Dingen dem Betriebspersonal einen Splitter- und Spritzschutz bietet, jedoch sind grundsätzlich weitere Schutzmaßnahmen erforderlich (Abschnitt 3.6).

Als Glasfärbemittel – um eine höhere Absorption von Glas auch im sichtbaren Bereich zu erreichen – werden unterschiedlichste Metalloxide eingesetzt, die verschiedene Färbungen erzeugen. So färbt Kobaltoxid tiefblau, Eisen(III)-oxid gelbbraun, Eisen(II)oxid flaschengrün und Mangan(III)oxid braun. Die Färbemittel werden empirisch nach unterschiedlichen Rezepturen hergestellt und wirken oft sehr verschieden, sodass auch mehrmalige Färbevorgänge erforderlich sind. Das Färbemittel beeinflusst auch die Möglichkeiten, Reparaturen am Glas vorzunehmen, da es sich an der Schmelzstelle verändert, entsprechende Farbränder erzeugt und durch die Verunreinigung mit Metallspuren die Glasfestigkeit auch deutlich erniedrigt. Die Glasbruchgefahr wird größer, sodass häufig Glasreparaturen nicht mehr möglich sind.

Borosilicatglas 3.3 kann nicht in der Schmelze, sondern nur nachträglich an der Oberfläche eingefärbt werden, wobei die Metallionen in das Glasgitter an der Oberfläche eindiffundieren, ohne dass die Eigenschaften des Werkstoffes Borosilicatglas 3.3 beeinträchtigt werden.

Literatur zu Abschnitt 3.2

1 SCHOTT-Glaswerke, Hattenbergstraße 10, D-5122 Mainz
2 QVF Engineering GmbH, Hattenbergstraße 36, D-5122 Mainz
3 DE DIETRICH Process Systems S.A.S., BP 8, F-67110 Zinswiller
4 Rudolf GUTBROD GmbH, Im Schwöllbogen 10, D-72581 Dettingen/Erms
5 NORMAG Prozess- und Labortechnik GmbH, Auf dem Steine 4, D-98693 Ilmenau
6 VEREINIGTE FÜLLKÖRPER-FABRIKEN GmbH + Co., Rheinstraße 176, D-56235 Ransbach-Baumbach
7 W. STRIKFELDT & KOCH GmbH, Fritz-Kotz-Straße 14, D-51674 Wiehl-Bomig
8 BOHLENDER GmbH, Waltersberg 8, D-97947 Grünsfeld
9 GREENE, TWEED & Co. GmbH, Postfach 1226, D-65702 Hofheim am Taunus
10 ANGST + PFISTER AG, Thurgauer Straße 66, CH-8052 Zürich
11 GORE & Associates GmbH WL, Wernher-von-Braun-Straße 18, D-85640 Putzbrunn
12 BURGMANN Industries GmbH & Co.KG, Äußere Sauerlacher Straße 6–10, D-82515 Wolfratshausen
13 Gebr. BUDDEBERG & GmbH, Mallaustraße 49, D-68219 Mannheim
14 BAYER, D-51368 Leverkusen

3.3 Baukastenprinzip für Miniplant-Anlagen

Um die Mobilität, eine der wichtigen Vorteile der Miniplant-Technik zu gewährleisten und damit auch die gewünschte Kostenersparnis bei der Versuchsdurchführung zu erreichen, ist das Baukastenprinzip von größter Bedeutung. Die einzelnen Bauteile müssen weit gehend standardisiert sein und beim Zusammenbau ohne Probleme eine hohe Dichtigkeit ergeben. Hieraus ergibt sich für die Bauteile als Voraussetzung, für die Standardisierung „technische Merkmale" zu definieren, um einen hohen Optimierungsgrad zu erreichen. Hierzu gehören in erster Linie die Verbindungselemente, aber auch besondere Konstruktionselemente, die zunächst für die Miniplant-Technik konzipiert wurden, sich aber in vielen Fällen auf größere Dimensionen sinnvoll übertragen lassen.

Die Entwicklung geeigneter Armaturen für die Miniplant-Technik war ein langer Weg und hat längst noch kein Ende gefunden. Das Spezifikum in der Miniplant-Technik kleine Mengenströme darzustellen, erfordert Armaturen kleinster Dimensionen, besonderer Konstruktion und ausgewählter Werkstoffe. Der Zusammenbau der Armaturen mit standardisierten und spezifischen Bauteilen ergibt erst die Miniplant-Anlagen, die in ihrer Vielfalt und ihren Eigenschaften die Möglichkeiten bieten, was theoretisch erdacht wurde, zu prüfen, indem es in die praktische Erprobung umgesetzt wird. Die Ergebnisse sind für den Fortschritt und für die Optimierung von Verfahren von größter Bedeutung.

3.3.1 Technische Merkmale

Die wichtigste Grundlage für die technischen Merkmale sind die geeigneten Werkstoffe für die Miniplant-Technik, die in Abschnitt 3.2 ausführlich beschrieben wurden. Die Besonderheiten werden gegliedert und kurz beschrieben.

3.3.1.1 Verbindungselemente

Prinzipiell können die unterschiedlichsten Verbindungselemente für das Baukastenprinzip in der Miniplant-Technik als wichtiges technisches Merkmal herangezogen werden. Hierzu dienen zunächst die exakte Beschreibung und Normierung der Verbindungselemente und die Möglichkeit, sie mit hoher Maßhaltigkeit und Reproduzierbarkeit herzustellen. Die Stabilität, die leichte Montage und die Möglichkeit, die Bauteile in kurzer Zeit mit hoher Dichtheit zusammenzubauen, sind zusätzliche Entscheidungskriterien für die Verbindungselemente, die sich in der Praxis der Miniplant-Technik letztlich durchsetzen.

3.3.1.1.1 Schliff- und Flanschverbindungen

Norm-Kegelschliffe und -Kugelschliffe nach DIN ISO sind als Standardverbindungen in der Labortechnik weit verbreitet und mit ihren Vor- und Nachteilen

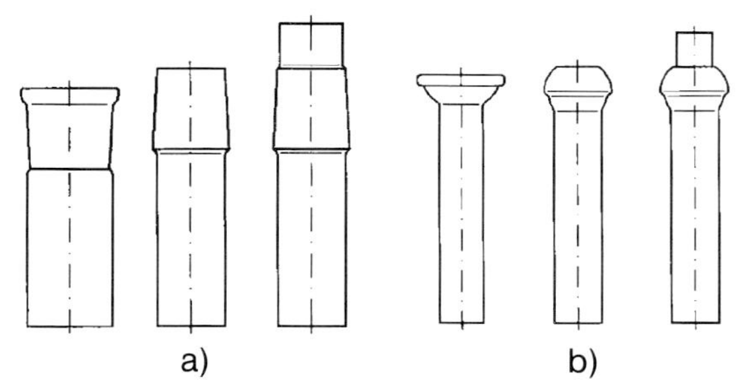

Abb. 3.11 Kegel- (a) und Kugelschliffe (b) für Labor- und Miniplant-Bauteile.

bekannt. Mit PTFE-Schliffhülsen können diese Verbindungselemente fettfrei benutzt werden. Weitere Vorteile sind der stabile Aufbau der Kegelschliffverbindungen in der Vertikalen fast ohne weitere Halterungen oder die große Flexibilität der Kugelschliffverbindung mit einer Auslenkung von 7° gegenüber der Verbindungsachse und die geringe Wärmeleitfähigkeit bei vakuumisolierten Schliffverbindungen insgesamt (Abb. 3.11) [1, 2].

Eine Besonderheit sind die Rotulex-Kugelschliffverbindungen mit einer feuerpolierten Kugelschliffhülse und einer stabilen Kugelschliffkugel mit einer Nut, in die ein O-Ring aus chemiefesten Kunststoffen eingebracht wird. Diese Verbindung ist fettfrei und hat eine höhere Dichtheit als die geschliffenen Verbindungen [3].

Einen Übergang zur Flanschverbindung stellt die starkwandige Kugelschliffverbindung *Büchiflex* mit serienmäßigem PTFE-Dichtungsring an der Kugel und Flanschringverbindung aus Metall dar, die bei hoher Dichtheit vor allem noch flexibel ist (Abb. 3.12) [4].

In der Abwägung aller derzeitig verfügbaren Verbindungselemente sind die robusten Verbindungen mit Kugelflanschen mit PTFE-Dichtung oder noch uni-

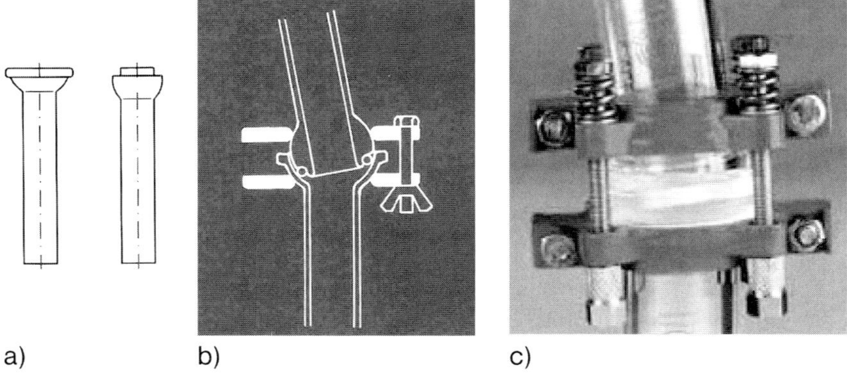

Abb. 3.12 Rotulex (a und b) und Büchiflex (c) als flexible Kugelschliffverbindungen mit chemiefesten Dichtungen und Flanschringverbindungen.

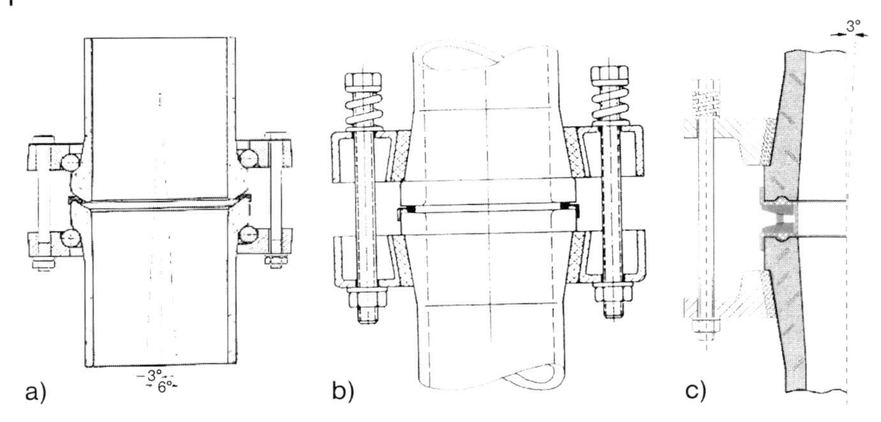

Abb. 3.13 SCHOTT-Bundflansch- (a) und QVF-Sicherheitsplanflanschsystem mit PFTE-Dichtung (b) oder mit Gelenkdichtung (c), montiert mit Flanschringverbindungen aus Kunststoff und Metall.

verseller die Verbindungen mit Planflanschen mit entsprechender PTFE-Gelenkdichtung zu empfehlen. Letztere haben zwar gegenüber den Kugelschliff- und Rotulex-Verbindungen nur eine Auslenkung von 3° von der Verbindungsachse, was immerhin 55 mm/m bedeutet, und beim Aufbau ohne Probleme eine exakte vertikale Ausrichtung ermöglicht (Abb. 3.13) [5, 6].

Im Gegensatz zu den Kugelflanschverbindungen, bei denen jeweils die Pfanne sehr empfindlich und zerbrechlich ist, kann der Planflansch als universell einsetzbar und höchst stabil angesehen werden. Bei der Standardisierung von lagerhaltigen Verbindungsbauteilen ist mit Planflanschen eine wesentlich geringere Anzahl als bei den Kugelflanschen notwendig, was insbesondere auch Lagerkosten einspart.

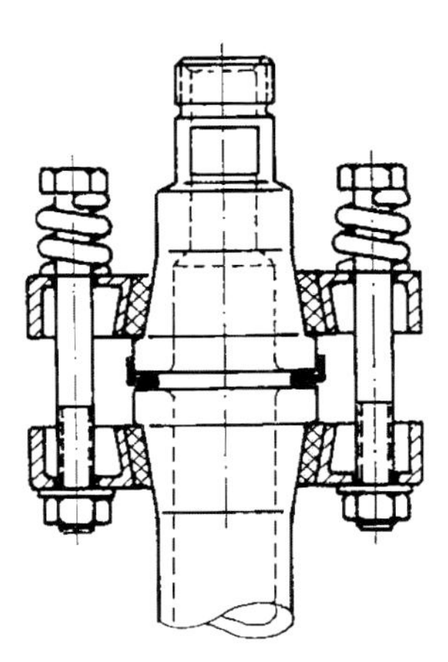

Abb. 3.14 Verbindung von Metall- mit Glas-Planflansch, montiert mit Flanschverbindung aus Edelstahl.

Das Bundflanschsystem mit Plan- oder Kugelflansch hat runde Einlagen aus Kunststoff oder Federstahl für die Flanschverbindungen, die sich auf der außen liegenden Schulter des Bundflansches leicht flexibel bewegen können, bis die Verbindung festgeschraubt ist, was für die Montage nicht immer unterstützend ist. Anders verhält sich der Konflansch des QVF-Sicherheitsplanflanschsystems, der sich von selbst zentriert und sich auch durch die in den letzten Jahren außen angebrachte Schulter wieder leicht vom Flanschring lösen lässt.

Überwiegend sind die Verbindungselemente aus Borosilicatglas 3.3 gefertigt. Der Planflansch kann universell auch aus anderen Werkstoffen wie Metallen oder Kunststoffen kostengünstig gefertigt und optimal mit einem Glas-Planflansch trotz der unterschiedlichen Ausdehnungskoeffizienten verbunden werden, ohne zum Bruch der Verbindung zu führen (Abb. 3.14).

3.3.1.1.2 **Gewindeverschraubungen**

Für spezielle Zubehörteile meist aus anderen Materialien sind Rohrverschraubungen unterschiedlicher Art von einfachen Konstruktionen bis zu hochvakuumdichten Glas- oder Metallverbindungen in der Miniplant-Technik zu empfehlen.

Durchgesetzt haben sich die Gewindeverschraubungen aus Glas, Metall oder Kunststoff durch die Vielfalt der Ausführungen und Einfachheit der Montage. Hierbei handelt es sich oft um unterschiedliche Sensoren, Rohre oder Schläuche. Das Schneidringprinzip ist universell einsetzbar, in hohem Maße dicht und sicher, aber auch mit besonderen Werkstoffen für den Hochtemperatureinsatz geeignet (Abb. 3.15) [7].

Für Produkt- und Betriebsmittelleitungen werden aber nicht nur wegen der hohen Flexibilität Kunststoffschläuche insbesondere aus PTFE eingesetzt, sondern auch aus Edelstahl, wenn vor allem Sicherheitsgründe dafür sprechen und Korrosionsprobleme nicht von Bedeutung sind. Hier wird ein breit gefächertes

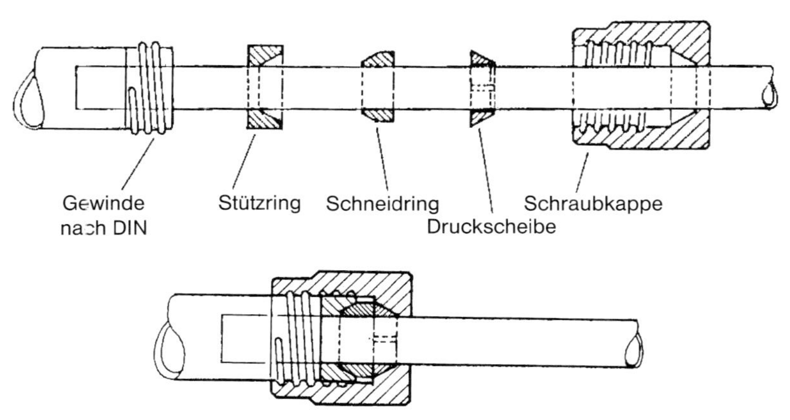

Abb. 3.15 Glasgewindeverschraubung aus Kunststoff für Rohre und Schläuche aus Glas, Metall und Kunststoff.

Angebot an Schneidringverbindungen genutzt. Mit Spezialeinlagen können auch hochvakuumdichte Rohrverschraubungen aus unterschiedlichen Werkstoffen wie Metall, Glas und Kunststoff hergestellt werden [8].

3.3.1.2 **Armaturen**

Neben der großen Vielfalt der Kegelschliffhähne werden in der Miniplant-Technik vor allem Spindel- und Faltenbalgventile wie auch Kugelhähne verwendet. Bei den Spindelventilen aus Glas mit PTFE-Spindeln haben sich robuste Ausführungen mit Herausdrehsicherung, Nachstellbarkeit der Spindel und mit dem großen Vorteil der Fettfreiheit durchgesetzt. Auch für den Hochtemperatureinsatz können PTFE-, PPS- und PEEK-Homologe mit Füllstoffen wie Graphit und Kohle erfolgreich benutzt werden. Eine Besonderheit ist beim Werkstoff Glas die Möglichkeit, Temperiermäntel aus gleichem Material anzuschmelzen und diese mit flüssigem Wärmeübertragermedium zu kühlen oder zu beheizen. In den meisten Fällen ist die Beobachtung des Reaktionsgeschehens möglich. Die Bohrungsgrößen der Glas/PTFE-Spindelventile variieren von kleiner als 2 mm bis 25 mm (Abb. 3.16) [1, 2].

Bodenablassventile an Gefäßen zeichnen sich durch äußerst geringes Totvolumen aus und sind auch GMP-gerecht konstruiert. Einige Spindelventilkonstruktionen können mit elektrischen oder pneumatischen Antrieben für die Automatisierung ausgerüstet werden (Abb. 3.17) [1, 2].

Vorteile haben die Faltenbalgventile mit ihrer Flexibilität und hohen Gebrauchsfähigkeit. Lediglich bei kristallisierenden Verbindungen können die einzelnen Falten verunreinigt und sogar zugesetzt werden (Abb. 3.18) [6].

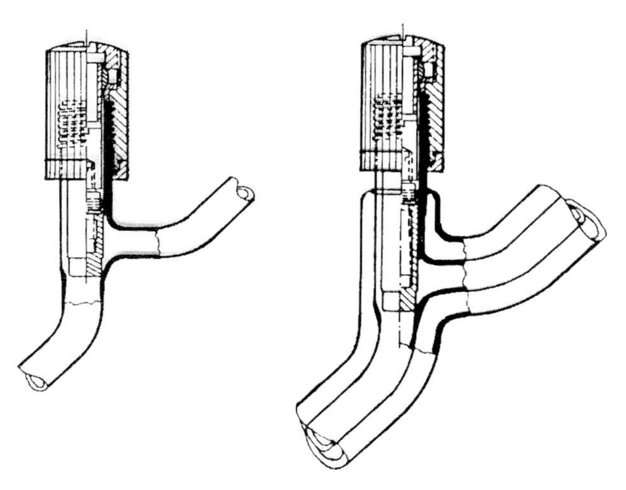

Abb. 3.16 Hochvakuum-Spindelventile aus Glas/PTFE ohne und mit angeschmolzenem Temperiermantel.

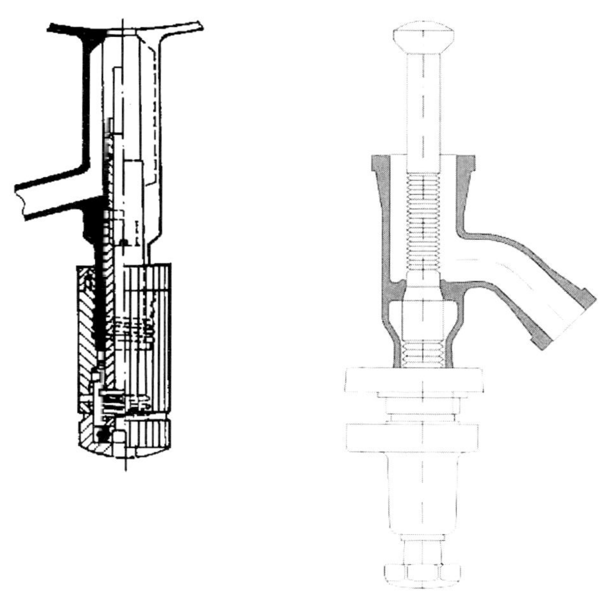

Abb. 3.17 Bodenablassventile aus Glas/PTFE.

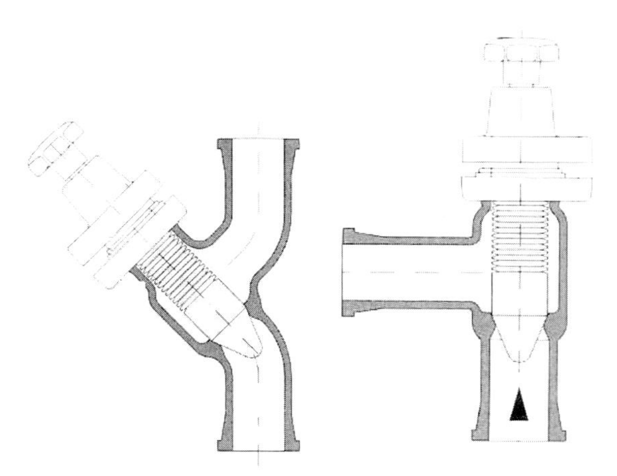

Abb. 3.18 Faltenbalgventile aus Glas/PTFE in Durchgangs- und Eckform.

3.3.1.3 Konstruktionsmerkmale für Bauteile

Rohrleitungen und die große Anzahl von Bauteilen werden einwandig ausgeführt. Hier ist die größte Stabilität für Bauteile gegeben insbesondere aus dem Werkstoff Glas. In Sonderausführungen können zweiwandige Ausführungen sogar bis in die Verbindungselementzone gestaltet werden, sodass Wärmeverluste in hohem Maße minimiert werden.

Bei hohen Betriebstemperaturen sind im Falle von Glas nicht nur aus Sicherheitsgründen zusätzliche Isolierungen, die meist flexibel einzubauen sind, erforderlich. Hierbei wird zwischen Isoliermanschetten und elektrisch beheizten Manschetten unterschieden. Der angeschmolzene Hochvakuumisoliermantel im Falle von Glas kann für besondere Anwendungen entsprechend der Versuchsproblematik ausgewählt werden.

3.3.1.3.1 **Temperiermäntel**

Der angeschmolzene Temperiermantel beim Werkstoff Glas oder die angeschweißte Ausführung bei Metallen und Legierungen wird insbesondere mit flüssigen Wärmeübertragern zum Kühlen oder auch zum Temperieren eingesetzt, wenn es gilt, Wärme von außen in das Reaktionsgut einzutragen oder Kristallisationen zu verhindern. Glas hat trotz der meist nach Gebrauch leicht gefärbten Wärmeübertrager immer noch den Vorteil der Durchsichtigkeit und vor allem die Möglichkeit, das Verbindungselement Schliff oder Flansch bis in die Stirnfläche hinein zu verschmelzen, was bei metallischen Werkstoffen meist mit großem Aufwand oder gar nicht möglich ist. Allerdings reicht bei den metallischen Werkstoffen wegen der hohen Wärmeleitfähigkeit meist eine gute Isolierung der Verbindungselemente aus.

Angeschmolzene Temperiermäntel sind vielfach im Bereich der Wärmeaustauschfläche bei Wärmeübertragern, Reaktoren sowie Vorlage- und Zulauftrich-

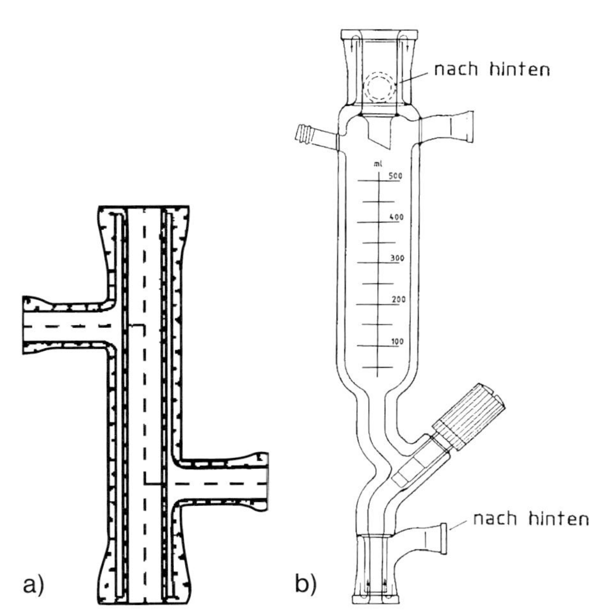

Abb. 3.19 Rohrleitungsstück (a) und Zulauftrichter (b) mit angeschmolzenem Temperiermantel mit ummantelten Anschlussflanschen.

ter aus Glas verbreitet. In geringerem Maße werden auch Rohrleitungen, Kolonnenbauteile, Abscheider und Armaturen gemantelt.

Der Vielfalt der Ausführungen sind bei dem technischen Leistungsstand der glasbläserischen Bearbeitung und der guten Verarbeitungsmöglichkeiten von Borosilicatglas praktisch keine Grenzen gesetzt, sodass die direkte Ummantelung auch der Verbindungselemente und der Armaturen vor allem bei Sonderanfertigungen mit erfolgen kann (Abb. 3.19) [1, 2].

Temperiermäntel wurden früher nicht verschmolzen, sondern in der Regel mit Silicon eingekittet. Nachteile waren die geringe Temperaturbelastung bis +150 °C und die geringe Beständigkeit gegenüber siliconhaltigen Wärmeübertragern. Heute lassen sich bei einfachen symmetrischen Bauteilen aus Glas vor allem aber bei Schlauchverbindungen mit unterschiedlich großen Gewindeverschraubungen Temperiermäntel erstellen, die je nach Werkstoff auch hochtemperaturbeständig sind.

3.3.1.3.2 **Hochvakuummantel als Wärmeisolierung beim Glas**

Insbesondere beim Werkstoff Glas sind angeschmolzene Mäntel aufgrund der physikalischen Eigenschaften wie geringe Wärmeleitfähigkeit und hohes erreichbares Endvakuum schon sehr lange bekannt. In der Regel wird zusätzlich eine Silberverspiegelung des Vakuummantels von innen angebracht, um Wärmeverluste auch durch Strahlung zu verhindern (Abb. 3.20) [1, 6].

Trotz der sehr geringen Wärmeleitfähigkeit beim Glas kann ein sehr geringer Wärmetransport vom Innenrohr an der Verschmelzungsstelle zum Außenrohr festgestellt werden. Je nach der Glasdicke kann 5–8 cm von der Verbindungsstelle der vakuumisolierten Bauteile eine erhöhte Außentemperatur bei einer Innentemperatur von +180 °C gemessen werden. Im Mittelstück einer beidseitig verschmolzenen Kolonne werden gegenüber der Raumtemperatur praktisch keine Temperaturerhöhungen gemessen, sodass bei solchen Bedingungen weitestgehend adiabatisch gearbeitet wird [1, 6]. Gleiche Verhältnisse findet man praktisch auch im Tieftemperaturbereich wie z. B. bei den Dewar-Gefäßen, die mit Trockeneis/Alkohol oder flüssigem Stickstoff beschickt werden.

Große Glasdicken an der Verschmelzung von Innenrohr mit dem Außenrohr und der oft übliche Sichtstreifen, um in das Glasgefäß trotz Verspiegelung hineinsehen zu können, und auch jede Durchschmelzung wie bei Temperaturstutzen in spürbar großem Maße erhöhen die Wärmeverluste (Abb. 3.21).

Eine Sonderlösung ist die Kombination von Temperiermantel mit flüssigen Wärmeübertragern mit zusätzlich angeschmolzenem Hochvakuummantel als dreiwandige verschmolzene Konstruktion nicht nur bei kleinvolumigen Gefäßen aus Borosilicatglas 3.3, sondern seit kurzer Zeit auch bei Reaktoren bis zu Volumen von 20 l für den Tieftemperatureinsatz bis –80 °C. Aus Sicherheitsgründen wird eine durchsichtige Polyurethanbeschichtung auf das Außenrohr vorgenommen, um Schäden bei Glasbruch so gering wie möglich zu halten.

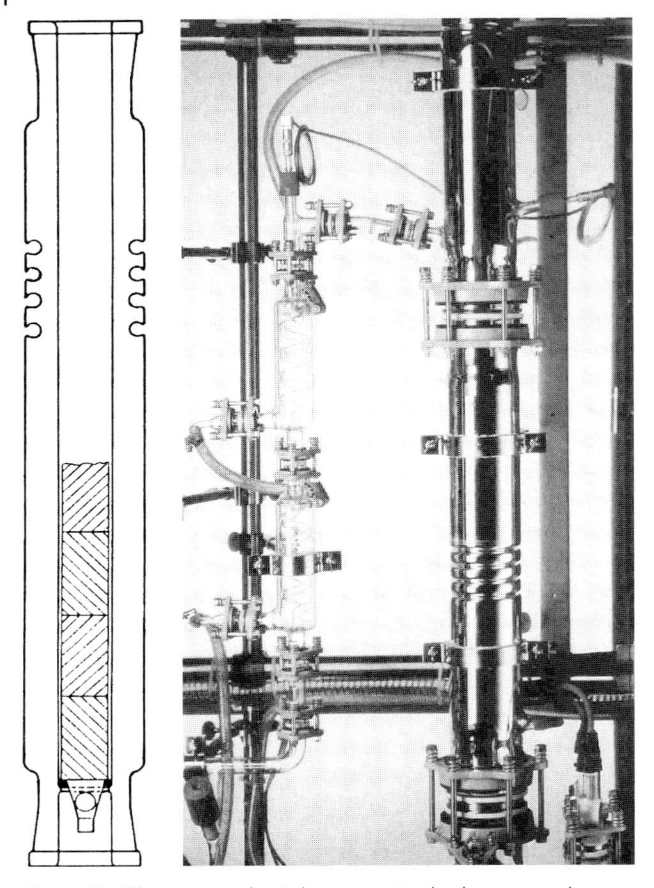

Abb. 3.20 Silberverspiegelte Kolonne mit Hochvakuummantel.

3.3.1.3.3 **Isolierungen**

Für alle Formen der Bauteile können Isolierungen herkömmlicher Art aus wärmeisolierendem Dämmstoff und Außenabdeckung mit Aluminiumfolie hergestellt werden und i. d. R. bis +200 °C eingesetzt werden. Zum Baukastenprinzip für Miniplant-Bauteile gehören z. B. Isoliermanschetten, die leicht montierbar sind und aus Glaswollgewebe, Keramikfaser und schmutzabweisendem, aluminiumkaschiertem Außengewebe mit Klettverschlüssen bestehen. Wichtig ist, dass an den Verbindungselementen durch zusätzliche Manschetten ausreichend Isolierung erfolgt, um große Wärmeverluste zu verhindern [9]. Die Manschetten und Hauben für Kugel- oder Zylindergefäße können lagermäßig vorgehalten werden, wenn der überwiegende Teil der Bauteile standardisiert ist. Bei Sonderausführungen sind Spezialisolierungen erforderlich und meist aufwendig, können aber auch in Einzelfällen leicht vor Ort improvisiert isoliert werden.

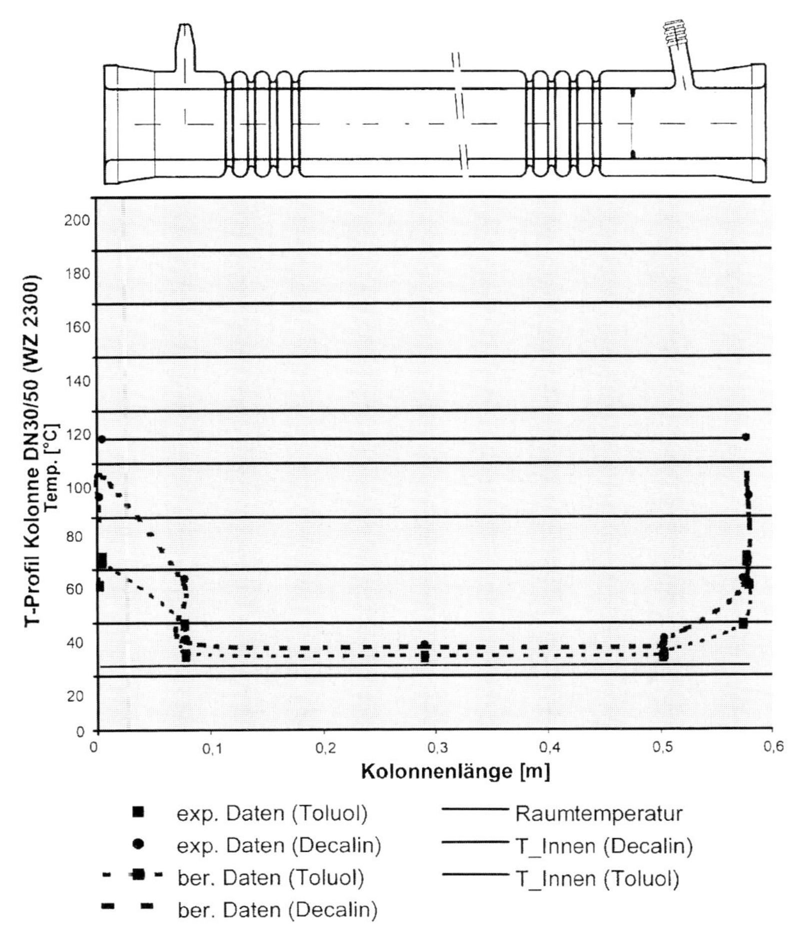

Abb. 3.21 Wärmeverluste bei silberverspiegelten Kolonnen.

3.3.1.3.4 **Isolierungen mit elektrischer Beheizung**

Bei Betriebstemperaturen von über +200 °C ist immer eine integrierte, elektrische Begleitheizung in einer Isoliermanschette oder Isolierhaube erforderlich.

Bei vakuumisolierten, also zweiwandigen Glaskolonnen muss eine Isoliermanschette nicht aufwendig geregelt werden. Der Hochvakuummantel isoliert ausgezeichnet, sodass eine weit geringere Heiztemperatur außen eingestellt werden muss. Für diesen Fall muss ein Temperaturfühler für die elektrische Heizung innerhalb des Isolieraufbaus vorgesehen werden (Abb. 3.22) [10].

Anders ist die Regelsituation, wenn von einwandigen Bauteilen aus unterschiedlichen Werkstoffen wie Glas, Kunststoff oder Metall ausgegangen werden muss. Für diesen Fall empfiehlt sich zwar auch eine elektrische Heizmatte, die in die Isolierwolle mit Isolierschichten nach innen und außen eingenäht ist. Al-

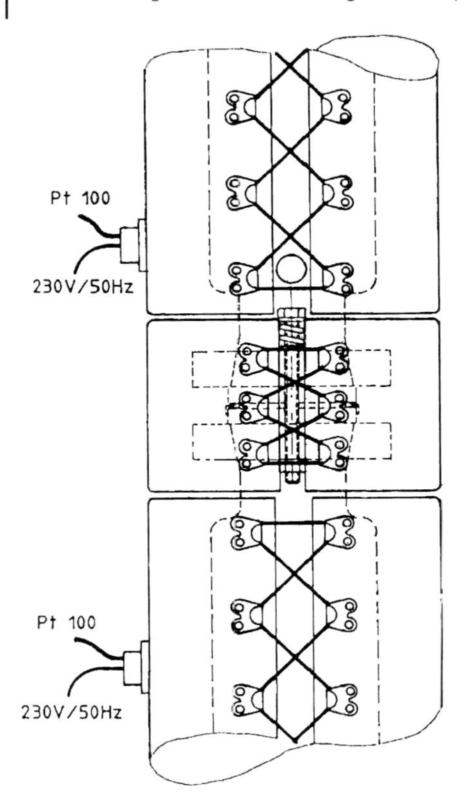

Abb. 3.22 Isolier- und/oder Heizmanschetten für silberverspiegelte Kolonnen im Hochtemperaturbereich.

lerdings sind zwei Temperaturfühler notwendig; einer muss direkt die Oberfläche der Außenwand des zu beheizenden Bauteils berühren, der andere ist direkt an der Heizung angebracht. Mit diesen beiden Temperaturfühlern wird eine Regelung für ΔT gleich 0 durchgeführt. Es muss nur die Heizenergie aufgebracht werden, die nach außen letztlich abgestrahlt wird (Abb. 3.23) [1, 11].

Um dem Reaktionsgeschehen im Reaktor oder in der mehrstufigen Kolonne kein Temperaturprofil von außen aufzuzwingen, sind entsprechend den theoretischen Vorgaben möglichst kleine beheizte Segmente vorzusehen. In der Praxis ist dies nicht zuletzt aus Kostengründen immer umsetzbar. Deshalb muss im Einzelfall ein sinnvoller Kompromiss gefunden werden.

3.3.2 Bauteile

Die Standardisierung von Bauteilen im Glasapparatebau ist weit gehend fortgeschritten, und es können für die verschiedenen Verbindungssysteme umfangreiche Lieferprogramme marktüblich bezogen werden. Grundsätzlich sind der weiteren Standardisierung keine Grenzen gesetzt. Vielmehr werden sich aus

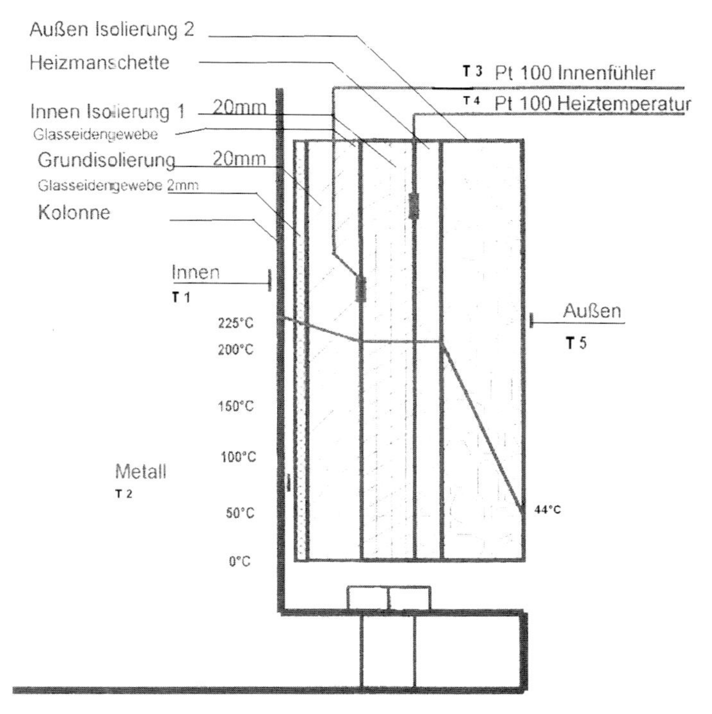

Abb. 3.23 Elektrisch beheizbare Manschetten mit zwei Temperaturfühlern für eine Δ-Temperaturregelung.

häufig verwendeten Spezialbauteilen weitere Standardbauteile ergeben, wenn dies wirtschaftlich sinnvoll ist.

Unabhängig von der Standardisierung ist es unerlässlich, dass auch in der Miniplant-Technik sämtliche Sonderbauteile sorgfältig dokumentiert werden, damit sie jederzeit wieder gebaut werden können und ein Apparate-Scale-up möglich ist.

3.3.2.1 **Produkt- und Betriebsmittelleitungen**

In der Miniplant-Technik werden die Produkt- und Betriebsmittelleitungen flexibel mit Schläuchen hergestellt oder mit biegsamen Metallschläuchen verlegt. Rohrleitungen aus Glas werden immer nur dann verlegt, wenn eine solche Anlage über längere Zeit in Betrieb ist oder aus chemischer Resistenz erforderlich ist. Rohrleitungen aus Glas haben eine hohe Stabilität und können aufgrund der glatten Glasoberfläche gut gereinigt werden. Die besonderen Eigenschaften von Borosilicatglas 3.3 lassen zu, dass dieser Werkstoff für den Bau von Druckbehältern zugelassen und erprobt ist. Trotzdem wird immer dann die Rohrleitung aus Metall favorisiert, wenn dies allein aus Sicherheitsgründen erforderlich wird.

Der überwiegende Teil der Rohrleitungen aus Glas ist einwandig und hat sich in der chemischen und pharmazeutischen Industrie über die Jahrzehnte sehr bewährt [5]. Glasrohrleitungen können mit Flanschverbindungen (Abb. 3.24) [6], aber auch mit Glasgewindeverschraubungen (Abb. 3.25) [12] versehen sein. Der Anschluss von Schläuchen erfolgt am besten über Glasgewindeverschraubungen oder aber über Adapter spezieller Konstruktion.

Alle standardisierten Rohrleitungsbauteile sind im Nennweitenbereich DN 15 bis DN 25, in Sonderfällen auch mit größerer Nennweite, für das Baukastenprinzip-System im metrischen Grundmaß von 25 mm konzipiert, sodass die Bauteilabmessungen einem Vielfachen dieser Länge entsprechen. Das metrische Rastersystem erlaubt ein problemloses Konstruieren mit den Bauteilen. Außerdem haben alle Rohrleitungsstücke und auch Armaturen der gleichen Nennweite auch gleiche Schenkellängen. Dadurch lassen sich Bogen gegen T-Stücke oder T-Stücke gegen Ventile usw. austauschen. Alle notwendigen Umbauten innerhalb bestehender Rohrleitungen sind somit einfach und schnell durchzuführen.

Um einem der wichtigsten Ziele in der Miniplant-Technik, jegliches Totvolumen möglichst zu vermeiden, voll zu entsprechen, sollten alle Leitungen mit einem Gefälle verlegt werden, um völlig leer laufen zu können. Über den Winkel für das Gefälle gibt es verschiedene Ansichten; sicher ist, dass sich der Winkel von 10° auch bei unterschiedlichen Viskositäten der Flüssigkeiten und für die Reinigung in der Praxis optimal bewährt.

Rohrleitungsbauteile aus Borosilicatglas 3.3 können zusätzlich mit einer transparenten Beschichtung aus Sectrans (Polyurethan-Coating) unabhängig von ihrer Formgebung versehen werden. Diese Beschichtung bietet zusätzlichen Schutz, ohne die Beobachtbarkeit der Prozesse zu beeinträchtigen. Für den Ex-Bereich sind diese Beschichtungen auch elektrisch leitfähig herzustellen [6].

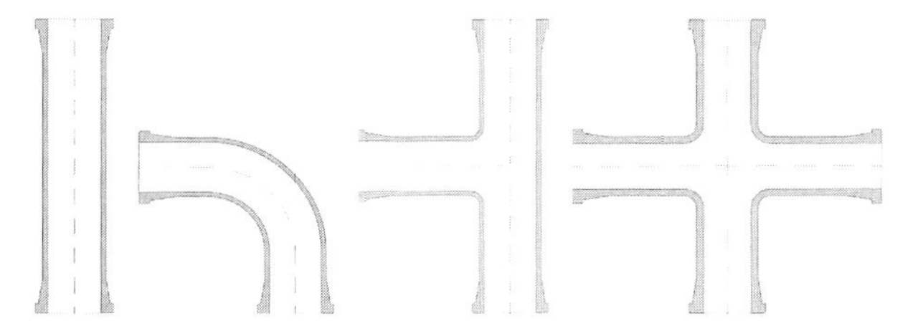

Abb. 3.24 Rohrleitungsstücke mit QVF-Sicherheitsplanflansch.

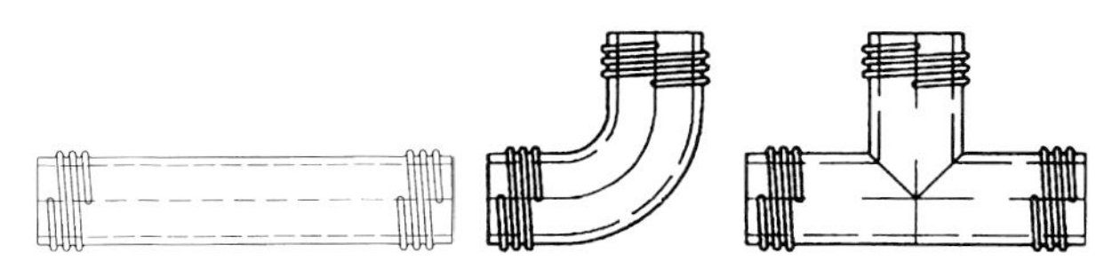

Abb. 3.25 Rohrleitungsstücke mit Glasrundgewinden.

Während die zulässige Betriebstemperatur für alle Rohrleitungsbauteile aus Borosilicatglas 3.3 generell 200 °C ($\Delta T \leq 180$ K) beträgt, ist deren zulässiger Betriebsüberdruck von der Hauptnennweite, nicht aber von der Formgebung abhängig. Bei besonderen Isolier- und Schutzmaßnamen können auch Bauteile für höhere zulässige Betriebsbedingungen eingesetzt werden, die allerdings auf jedem Glasbauteil dauerhaft gekennzeichnet sein müssen.

Nicht nur für Produktleitungen, sondern auch für Abluft- und Betriebsmittelleitungen werden Rohrstücke mit Planflanschenden verwendet. Die standardisierten Lieferprogramme verschiedener Hersteller sind in ihrer Vielfalt mit QVF-Sicherheitsplanflansch, Bundflansch oder Büchiflex sehr ähnlich. Bauteile mit Gewindeverschraubungen finden zunehmend Verwendung, auch in standardisierten Formen und Längen.

Rohre mit Flanschrohrenden finden auch im Kolonnenbau Anwendung. So haben Rohre mit eingespannten Tragrosten an den Flanschverbindungen größere freie Querschnitte, als sie bei der Kombination Kolonnenschuss/eingebauter Tragrost erreichbar sind. Auch größere Schütthöhen können durch das Aufsetzen eines Rohres auf einen Kolonnenschuss schnell erreicht werden.

Standardisierte Zwischenstücke können sehr leicht die Schwierigkeiten bei der Montage aufgrund von Längendifferenzen beheben, wenn nicht doch auf Passrohre zurückgegriffen werden muss. Zwischenstücke werden einfach unter Verwendung einer zusätzlichen Dichtung mittels längerer Schrauben zwischen die Flanschrohrenden gespannt. PTFE-Übergangsstücke sind bis zu einer zulässigen Betriebstemperatur von 130 °C einsetzbar und können zwei Aufgaben gleichzeitig ermöglichen. Einmal das problemlose Verbinden von Komponenten mit verschiedenen Flanschrohrenden, wie im Falle des Sicherheitsplanflansch- und KF-Systems, und dienen zum zweiten gleichzeitig als Dichtung. Die Flanschverbindungen müssen auf einer Seite mit einer Sondereinlage versehen und mit längeren Schrauben verbunden werden.

Reduzierstücke stehen sowohl in symmetrischer als auch unsymmetrischer Bauform zur Verfügung. Der symmetrischen Bauform sollte bei allen senkrechten Installationen der Vorzug gegeben werden. Unsymmetrische Reduzierstücke werden sehr häufig in horizontalen Rohrleitungen mit Durchmessersprüngen eingesetzt, um deren vollständige Entleerung zu ermöglichen. Mit einem 90°-Reduzierbogen z. B. kann alternativ die Kombination von Reduzierstück/90°-Bogen ersetzt werden, was eine Flanschverbindung und vor allem gleichzeitig die Bauhöhe reduziert.

Die Vielfalt der Bogenstücke mit Winkeln von 90°, 80°, 45° und 10° resultiert daraus, dass sowohl die unterschiedlichen Apparate, aber auch die Produkt-, Abluft- und Betriebsmittelleitungen den Baubegebenheiten im Gestellaufbau und am Aufstellungsort anzupassen sind. 90°-Bogen werden oft mit Messstutzen, meist für die Temperaturmessung, verwendet. Beim Einbau ist darauf zu achten, dass kein Totvolumen entsteht.

Für die Zusammenführung von Rohrleitungen gleicher Nennweite werden T-Stücke, bei ungleicher Nennweite Reduzier-T-Stücke eingebaut.

U-Bögen ermöglichen kompakt die 180°-Umlenkung einer Rohrleitung ohne weitere waagerechte oder senkrechte Bauelemente, während die Hosenstücke neben der Zusammenführung zweier Ströme belüftete Überläufe an Kolonnen oder Flüssigkeitsverschlüsse mit Armatur zur Entleerung zulassen. Ähnliche Funktion wie das Hosenstück hat das Y-Stück, besonders bei Einbau in senkrechten Leitungen. Kreuzstücke werden für komplexe Lösungen auf engstem Raum benötigt.

Blindflansche dienen zum Verschluss von Stutzen jeglicher Nennweite. Müssen Stutzen dagegen häufiger geöffnet werden, so ist eine Klappverschlussverbindung zu bevorzugen. In der Praxis werden häufig Verschlussverschraubungen für Einfüllstutzen eingesetzt.

In Abb. 3.26 [6] sind Rohre und Formstücke als eine Auswahl der für die Miniplant-Technik gebräuchlichsten Bauteile in dieser speziellen Ausführung dargestellt. Meist werden alle Bauteile mit Temperiermantel zwar bis zum Rohrende beheizt, aber ohne Strömungsumlenker geliefert. Dies reicht in den meisten Fällen aus, da ein Wärmeaustausch in der Wärmeübertragerflüssigkeit sich nach einiger Zeit im Temperiermantel weitgehend einstellt. Aus verfahrenstechnischen Gründen, z. B. Beheizung mit Wämeübertragerflüssigkeit bei höheren Temperaturen, sind eingebaute Strömungsumlenker erforderlich, um eine gleichmäßige Temperierung zu erreichen. Bei Bauteilen mit Strömungsumlenkern muss das Innenrohr, in dem das Produkt strömt, aus technischen Gründen eine Nennweite kleiner ausgeführt werden.

Vielfältige Adapter sind erforderlich, um Übergänge und Verbindungen zwischen den aus Glas gefertigten Bauteilen mit solchen aus anderen Werkstoffen in einfacher Weise herzustellen. Auch hier gilt es prinzipiell, dass bei allen beschriebenen Verbindungselementen verschiedene Werkstoffe miteinander kombinierbar sind, wenn die Auswirkungen der unterschiedlichen Ausdehnungskoeffizienten bei der Bauart berücksichtigt werden. Unproblematisch können bei der Planflanschverbindung verschiedene Werkstoffe über eine Dichtung aus chemie- und temperaturbeständigen Kunststoffen miteinander verbunden werden.

Adapter aus Glas (Abb. 3.27) [6] haben in der Miniplant-Technik meist GL-Glasrundgewinde für den Anschluss von flexiblen oder starren Kunststoffschläuchen, Metallrohren oder runden Sensoren aus anderen Werkstoffen. Mit Dichtungselementen aus Kunststoff lässt sich mit dem Schneidring-, Klemm- oder Quetschssytem eine hohe Vakuumdichtheit erreichen.

Temperierschläuche aus flexiblen Kunststoffen wurden im mittleren Temperaturbereich bisher auch über Oliven gestülpt und zusätzlich mit Schraubklemmen gesichert. Sobald aber sehr hohe oder sehr tiefe Betriebstemperaturen erforderlich sind, werden flexible Metallschläuche über Metalladapter an den Glasbauteilen angeschraubt oder starre Metallrohre unter Beachtung der mögli-

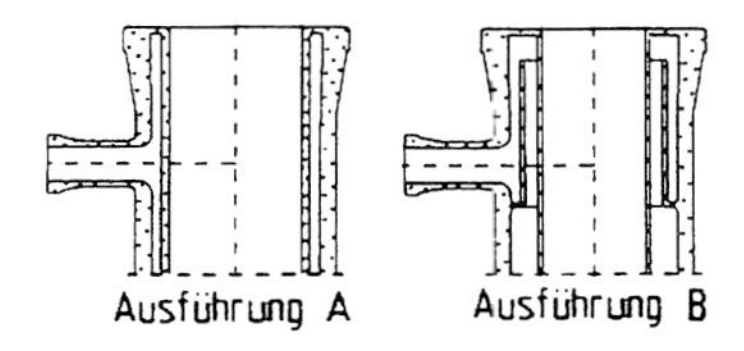

Abb. 3.26 Rohrleitungsbauteile mit Temperiermantel bis zum Flanschende ohne (A) und mit (B) Strömungsumlenker.

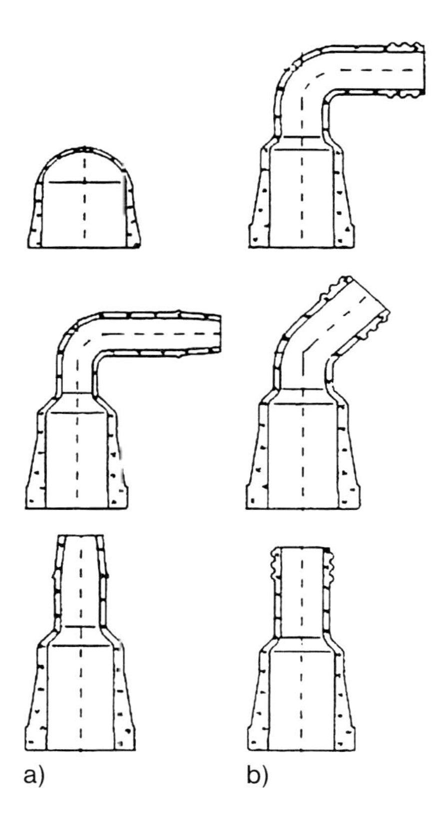

Abb. 3.27 Adapter aus Glas mit Oliven- (a) und Glasgewindeanschlüssen (b).

chen Ausdehnung angeschlossen. Auf Gewichtsentlastung muss geachtet und Federungskörper für den Längenausgleich müssen eingebaut werden, wenn unterschiedliche Werkstoffe aufeinander treffen.

Dem Einsatz von Adaptern für spezielle Bauteile und Aggregate sind keine Grenzen gesetzt, wenn die Werkstoffspezifikationen immer sorgfältig berücksichtigt werden.

3.3.2.2 Armaturen

Armaturen müssen sich durch Wartungsfreiheit und hohe Betriebssicherheit auszeichnen. Für Armaturen wird das Baukastensystem im metrischen Raster mit 25 mm auch angewendet. Dadurch lassen sich die Armaturen gegen Bogen, T-Stücke usw. problemlos austauschen. Alle notwendigen Umbauten innerhalb bestehender Installationen sind somit einfach und schnell durchzuführen.

Auch Armaturen können aus Sicherheitsgründen zusätzlich mit einem durchsichtigen, speziell auch elektrisch leitfähigen Überzug aus Polyurethan-Coating versehen werden.

Die zulässige Betriebstemperatur für die Ventilgehäuse aus Borosilicatglas 3.3 beträgt generell 200 °C (ΔT 180 K), was aber auch für den Spindeleinsatz aus PTFE oder PTFE-Compounds gilt. In der Miniplant-Technik ist es besonders wichtig, dass kleine Nennweiten zur Verfügung stehen, die Konstruktion vor allem totraumarm ausgelegt ist und sehr hohe Dichtheiten im Vakuum erreicht werden.

Die robusten Hochvakuum-Spindelventile – System NORMAG – (siehe Abb. 3.16) [1, 2], deren Einzelteile gegeneinander voll austauschbar sind, sind für einen nahezu universellen Einsatz geeignet: Die geringe Leckrate und die Dichtheit des Spindeleinsatzes sind die besonderen Merkmale dieser Ventilausführung. Letzteres wird durch O-Ringe erreicht, die auf eine nachstellbare Spannhülse gepresst und in einer sehr präzise gefertigten Ventilhülse aus Borosilicatglas 3.3 geführt werden.

Die Vielfalt der Ausführungen als Durchgang-, Eck-, Auslauf- und Dreiwegeventile stehen in den Nennweiten, 3, 6, 10 und 15 mm zur Verfügung. Für besondere Einsätze können diese Ventile mit einer gemantelten Glashülse ausgestattet werden und sind deshalb optimal zu temperieren (siehe Abb. 3.16).

Eine Besonderheit sind die Bodenablassventile, die zwar nach dem gleichen Prinzip funktionieren, aber in Besonderheit mit der Ablaufschräge in der Ventilführung totraumarm sind. Da das Produkt nur mit den äußert korrosionsbeständigen Werkstoffen PTFE und Borosilicatglas 3.3 (Ventilkörper) in Berührung kommt, ist ein nahezu universeller Einsatz gewährleistet (siehe Abb. 3.17) [1, 2]. Die geringe Leckrate und die Dichtheit des Ventiloberteils sind weitere besondere Merkmale dieser Konstruktion. Erstere wird durch eine zusätzlich eingebaute Druckfeder erreicht, die das Schrumpfen der Ventilspitze während eines Abkühlprozesses kompensiert. Auf Wunsch können die Spindelspitzen aus anderen PTFE-Compounds gefertigt werden, die bei höheren Temperaturen eine verbesserte Formbeständigkeit aufweisen.

Druckhalteventile dienen zur Einstellung eines konstanten Druckes bzw. zum künstlichen Druckaufbau und werden vorzugsweise hinter Dosierpumpen eingesetzt. Alle produktführenden Teile sind aus den korrosionsbeständigen Werkstoffen Borosilicatglas 3.3 und PTFE gefertigt [6].

An die Stelle der bei anderen Ventilen üblichen Handbetätigung tritt eine Druckfeder, deren Vorspannung nur mittels Schraubenzieher verändert werden kann. Dadurch lassen sich Betriebsüberdrücke bis auf 0,5 bar stufenlos einstellen. Totraumfreie Probenentnahmeventile für den Einbau in waagerechte Rohrleitungen erlauben eine sichere Entnahme von Proben aus Apparaten und Anlagen. Abhängig von den Druckbedingungen, Normal- oder Überdruck, müssen bestimmte Behälterkonzeptionen vorgesehen werden.

Membranventile bieten große Vorteile, wenn es darum geht, GMP-Anforderungen zu erfüllen. Die PTFE-Membran dichtet auf einem feuerblanken Glaswehr ab, und das Ventil kann bei vertikalem Einbau über die angeschlossenen Rohrleitungen rückstandslos entleert werden.

Kugelhähne haben einen vollen Durchgang, d. h. einen niedrigen Druckverlust. Außerdem bieten sie den Vorteil kurzer Schaltwege. Kugelhähne mit Gehäuse aus Borosilicatglas 3.3 haben ebenso Anschlussstücke aus Borosilicatglas.

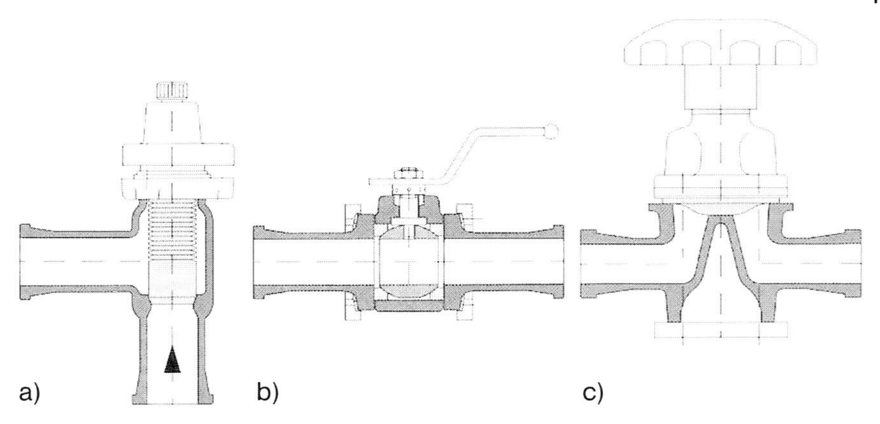

Abb. 3.28 Ventile für spezielle Anwendungen: Druckhalteventil (a), Kugelhahn (b) und Membranventil (c).

Kompaktkugelhähne zeichnen sich durch eine kurze Bauform aus. Sie eignen sich für den direkten Einbau in Rohrleitungen zwischen den Bauteilen mit Sicherheitsplanflansch (Abb. 3.28) [6].

3.3.2.3 **Gefäße/Rührwerke**

Gefäße und Rührwerke sind in vielen kleineren und größeren Apparaten und Anlagen wichtige Bestandteile, die im Einzelnen mit Hauben, Rührern und Heizeinrichtungen zusammengebaut werden. Daraus ergeben sich komplette Apparate wie Reaktoren, fahrbare Gefäße, liegende Abscheider und Zyklone.

Zum Bau von einfachen Zulauf- und Vorlagegefäßen, Rührwerks- und Reaktionsbehältern werden meist Kugelgefäße eingesetzt (Abb. 3.29) [6].

Als Wärmeträger können Wasser oder Thermoöle verwendet werden, aber auch unter besonderen Bedingungen, insbesondere im Vakuum, kann mit Dampf beheizt werden. Die Stutzen an den Temperiermänteln werden kurz angesetzt. Sind sie waagerecht angeordnet und sollen lange Schläuche oder solche mit hohem Gewicht angeschlossen werden, werden 90°-Schlauchanschlüsse, um das Biegemoment auf die Anschlussstutzen zu verringern, benutzt. Auch werden für Kugelgefäße oft elektrisch betriebene Heizhauben und Ölbäder verwendet.

Gefäßhauben bilden den optimalen, vakuumdichten Verschluss eines Gefäßes. Bei kleineren Volumeninhalten werden die Gefäßhauben mit dem Gefäß aus einem Stück hergestellt. Füllöffnungen können unabhängig davon, ob die Apparatur unter Vakuum oder Normaldruck betrieben werden soll, mit einem Schnellverschluss versehen werden. Überwiegend werden die Gefäßhauben mit einem mittig angeordneten Stutzen für Einbauten, meist Sensoren unterschiedlichster Art, versehen.

Wenn verfahrenstechnische Parameter eine Bedeutung haben, kommen Zylindergefäße mit Klöpperböden und einem Durchmesser/Höhenverhältnis von

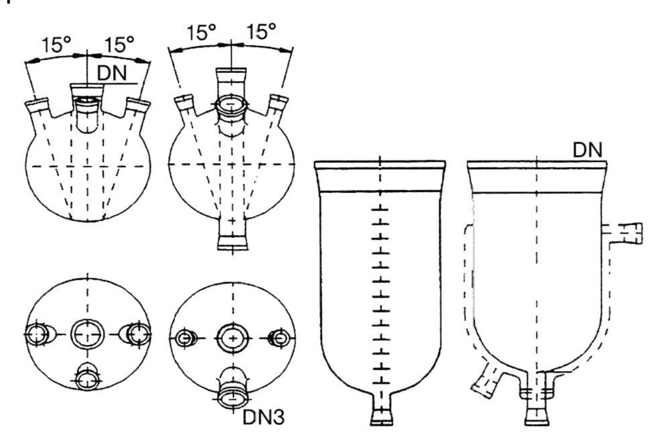

Abb. 3.29 Kugel- und Zylindergefäße.

nahe 1 in Frage. Diese Reaktionsgefäße werden in verschiedenen Ausführungen und Volumeninhalten aus Glas hergestellt (Abb. 3.30) [12, 13].

Neben den Glasgefäßen ohne und mit Temperiermantel eignen sich für die Durchführung von Reaktionen bei gleichzeitigem Heizen oder Kühlen auch emaillierte Behälter (Abb. 3.31) [6].

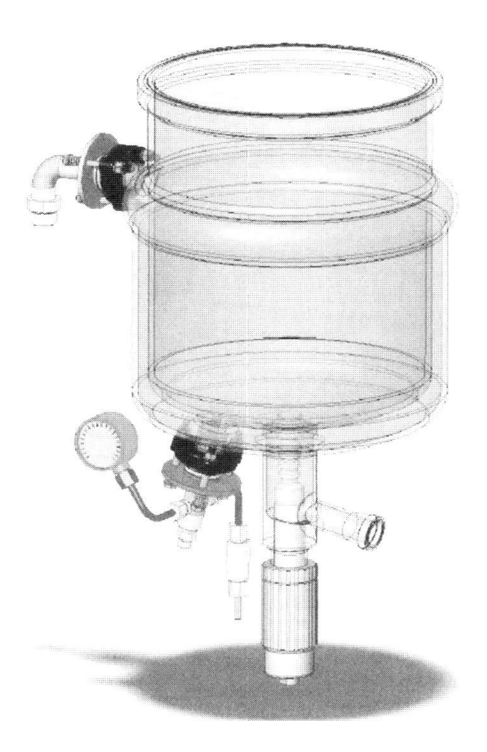

Abb. 3.30 Zweiwand-Reaktionsgefäße mit DN 300 für den Temperaturbereich bis +200 °C.

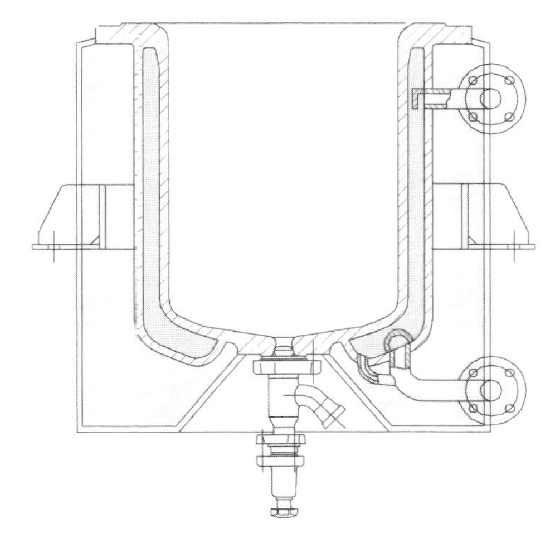

Abb. 3.31 Stahl/Emaille-Behälter.

Sie werden standardmäßig in zylindrischer Ausführung, d.h. ohne Einschnürung im Flanschbereich, geliefert (Typ AE) und eignen sich somit für den Einsatz von Anker- und Impellerrührern. Der Temperiermantel reicht bis zum Hauptflansch und ist mit Leitblechen ausgestattet. Als Heizmedium kann daher sowohl Dampf als auch Thermoöl verwendet werden.

Stahlemaillierte Behälter sind auch für die Kombination mit Glashauben konzipiert, sodass eine ständige visuelle Überwachung des gesamten Reaktionsablaufes wie durch ein großes Schauglas gewährleistet ist. Das Bodenablassventil dichtet totraumarm ab und ist kurzbauend an einem Blockflansch befestigt.

In aufwendiger Bauweise können die Behälter mit Foamglas isoliert und mit einem Edelstahlmantel staubdicht direkt mit dem Hauptflansch verschweißt werden.

Für besondere Anforderungen der Miniplant-Technik werden emaillierte Reaktionsbehälter mit kleinerem Nenninhalt von 6, 3, 10 und 16 l eingesetzt.

Neben den herkömmlichen Glashauben werden für Glasreaktoren seit einigen Jahren auch Flachdeckel aus Glas mit besonderer Stärke von 21 mm eingesetzt. Diese haben mit verschiedenen, kurz angesetzten Stutzen eine geringe Bauhöhe und eine große Einsichtmöglichkeit in den Behälter, verkleinern den Gasraum und isolieren sehr gut. Die Flachdeckel aus Glas werden bis Nennweite 300 mm im Vakuum- und Normaldruckbetrieb eingesetzt und bilden mit den Reaktionsgefäßen eine optimierte Dimensionierung des Reaktors.

Diese Entwicklung im Glasbereich folgt den vielfach bekannten Flachdeckeln aus Metall oder Stahl/Emaille (Abb. 3.32) [6, 13].

Zusammen mit dem Rührwerksantrieb und dem Rührer bildet das Reaktionsgefäß mit der Glashaube oder dem Flachdeckel den Reaktor, dem eigentlichen Kernstück einer Universal-Reaktionsapparatur. Destillationsaufsätze aus Glas können in Standardausführung oder nach Problemstellung aufgesetzt werden. Vielfach werden die Reaktionsbehälter auch aus Edelstahl oder aus Sonderlegie-

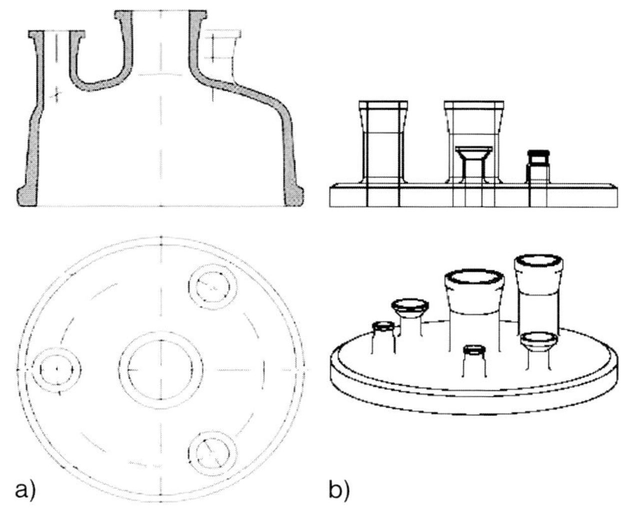

Abb. 3.32 Glashauben (a) und Glasflachdeckel (b).

rungen wie z. B. Hastelloy in unterschiedlichen Zusammensetzungen eingesetzt. Die Innenwand kann für höhere Reinheitsanforderungen (GMP) auch mit verschliffenen Schweißnähten und/oder elektrolytisch poliert ausgeführt werden.

Der einfachste Rührverschluss für Glasrührer ist die PTFE-Lippenabdichtung auf der Rührwelle. Bei dieser einfachen und kostengünstigen Lösung kommt das Produkt nur mit den hochkorrosionsbeständigen Werkstoffen Borosilicatglas und PTFE in Berührung. Sie gewährleistet außerdem eine Führung der Rührwelle und ist über eine Anpressschraube nachstellbar. Mit einer flexiblen Kupplung wird die durch den Rührverschluss herausragende Rührwelle mit dem Antriebsmotor spannungsfrei verbunden (Abb. 3.33) [6, 14].

Magnetkupplungen haben ein Permanentmagnetsystem mit starkem Drehmoment, sind gasdicht und hochvakuumtauglich. Ihre Korrosionsbeständigkeit ist abhängig von dem für Flansch und Wellenende gewählten Material, das standardmäßig in Edelstahl ausgeführt wird. Spezial-Magnetrührverschlüsse werden mit produktberührten, korrosionsfesten Kunststoffen wie PEEK, reinem PTFE und PTFE-Compounds ausgeführt.

Rührwerkssysteme haben unterhalb des stufenlos verstellbaren Getriebemotors ein Rührerlager, das aus der eigentlichen Lagerung und einer Laterne besteht, die das Anflanschen eines kompletten Antriebes z. B. an eine Gefäßhaube erlaubt. Abtriebswelle und Rührerschaft werden bei kleineren Antrieben über eine Klemmkupplung und bei größeren über eine Schalenkupplung innerhalb der Laterne miteinander verbunden. Die leicht auswechselbare, einfach wirkende Gleitringdichtung mit der Werkstoffpaarung PTFE/Keramik befindet sich ebenfalls in dieser Laterne. Zur Anpassung an die Rühraufgabe sind handgeregelte oder mit Frequenzumrichter angesteuerte Getriebe integriert.

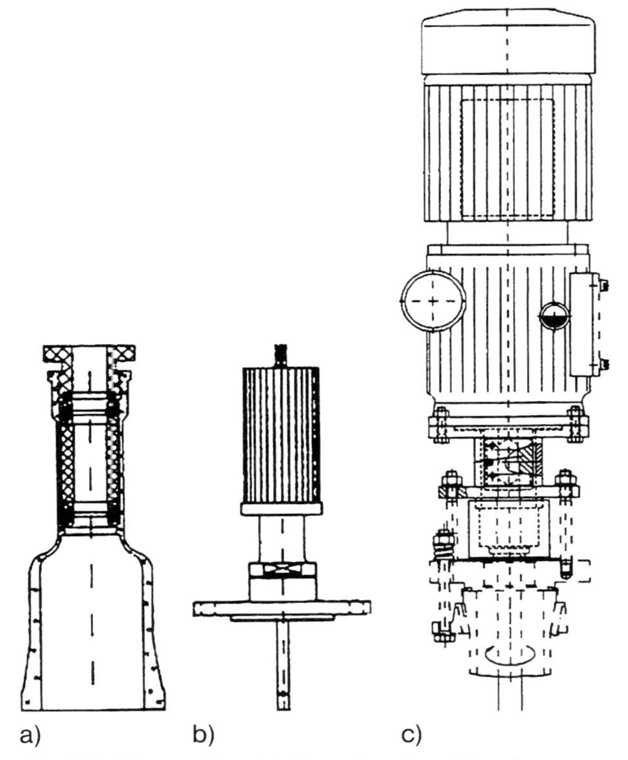

Abb. 3.33 Rührverschluss (a), Magnetkupplung (b) und Rührwerkssystem (c).

Einfach wirkende Gleitringdichtungen können trocken- und flüssigkeitsgeschmiert eingesetzt werden. Das Dichtungsgehäuse und die Laterne sind standardmäßig aus Guss oder Edelstahl gefertigt. Bei besonderen Anwendungen sind auch PTFE-geschützte Ausführungen einschließlich PTFE-ausgekleidetem Flansch möglich.

Die unterschiedlichen Gefäßformen (Kugel- oder Zylindergefäße) einerseits und die zu erfüllenden Aufgaben wie Suspendieren, Homogenisieren, mit oder ohne gleichzeitiger Wärmeübertragung andererseits, bestimmen die Art des zu verwendenden Rührorgans (Abb. 3.34) [6]. Dessen Formgebung (z. B. Propeller oder Turbine) wiederum macht eine bestimmte Anordnung bzw. einen Einsatz mit oder ohne Stromstörer erforderlich.

Propellerrührer erzeugen durch die radiale Komponente eine axiale Primärströmung zum Homogenisieren und Suspendieren sowie für Rühraufgaben bei gleichzeitiger Wärmeübertragung zwischen Rührgut und Behälterwand (Heizen oder Kühlen). Zum Dispergieren (auch von Gasen) und Emulgieren lassen sie sich ebenfalls verwenden.

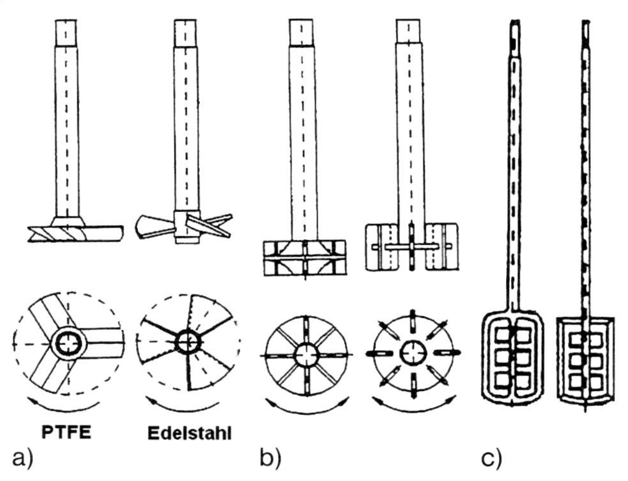

Abb. 3.34 Propellerrührer (a), Turbinenrührer (b) und Gitterrührer (c) mit PTFE ummantelt und aus Edelstahl.

Turbinenrührer erzeugen eine radiale Primärströmung und werden bevorzugt zum Homogenisieren, Dispergieren (auch von Gasen) und Emulgieren eingesetzt. Sie eignen sich aber auch dann, wenn zwischen der gerührten Flüssigkeit und der Behälterwand eine Wärmeübertragung stattfinden soll.

Das Arbeiten mit verhältnismäßig niedrigen Umfangsgeschwindigkeiten und die Einsatzmöglichkeit bei höheren Viskositäten charakterisieren die Ankerrührer. Sie eignen sich besonders zum Homogenisieren bei gleichzeitiger Wärmeübertragung zwischen Rührgut und Behälterwand.

Gitterrührer sind sehr universell einsetzbar, da sie sowohl eine radiale als auch eine tangentiale Primärströmung erzeugen. Sie eignen sich daher zum Homogenisieren und zum Suspendieren bei gleichzeitigem Wärmeübergang zwischen Rührgut und Behälterwand (Heizen oder Kühlen).

Standardmäßig werden Gitterrührer im Borosilicatglas oder Werkst.-Nr. 14571 angeboten. Auf Wunsch sind sie jedoch auch aus anderen Werkstoffen erhältlich. Grundsätzlich lassen sich aus dem nahezu universell korrosionsbeständigen Werkstoff Borosilicatglas 3.3 sowohl Schrägblatt- als auch Saugrührer fertigen.

Anschütz-Thiele-Vorlagegefäße (Abb. 3.35) [1, 6] werden in Verbindung mit einem nachgeschalteten Kugel- oder Zylindergefäß dann eingesetzt, wenn z. B. bei einer kontinuierlich unter Vakuum betriebenen Destillationsanlage in gewissen Zeitabständen eine Durchsatzmessung vorgenommen werden soll. Die sonst notwendige Hintereinanderschaltung von zwei vorstehend beschriebenen normalen graduierten Vorlagegefäßen wird dadurch überflüssig.

Eine für nahezu alle Anwendungsfälle bestens geeignete Version ist ein Zulauf-Dosiergefäß mit integriertem Mariotte'schen Rohr in Verbindung mit der Möglichkeit, das Gefäß wahlweise zu belüften, mit einer Druckausgleichsleitung zu versehen bzw. mit Inertgas zu überlagern, das ohne und mit Tempe-

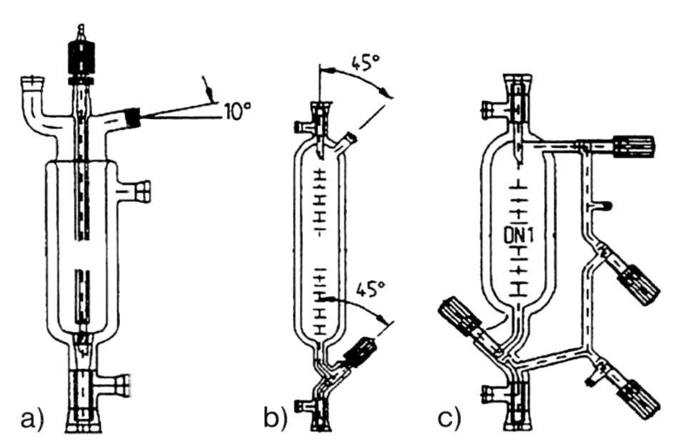

Abb. 3.35 Dosier- (a), Zulauf- (b) und Vorlagegefäß (c) für die Miniplant-Technik.

riermantel lieferbar ist. Diese Konstruktion gewährleistet bei allen Betriebsbedingungen eine einfache und sichere Dosierung mit hoher Genauigkeit, wenn man aus Kostengründen auf Förderpumpen verzichten will. Ein weiterer Vorteil ist das totraumfreie, austauschbare Nadelventil [1, 6].

3.3.2.4 **Wärmeübertrager**

In der Miniplant-Technik werden vor allem die Schlangen-Wärmeübertrager eingesetzt. Hingegen sind die Rohrbündel-Wärmeübertrager, die aufgrund ihrer Konstruktion den Einbau von Rohren aus den unterschiedlichsten korrosionsbeständigen Materialien zulassen und eine große Wärmeübertragerfläche bei kleiner Baugröße anbieten, praktisch kaum im Einsatz. Das liegt vor allem daran, dass die Wärmemengen mit der herkömmlichen Bauart der Schlangen-Wärmeübertrager ausreichend gehandhabt werden können und deshalb die besonderen Vorteile der Rohrbündel-Wärmeübertrager für die Miniplant-Technik nicht bedeutend sind.

Die zulässige Betriebstemperatur für die Mäntel der Wärmeübertrager aus Borosilicatglas 3.3 beträgt generell 200 °C ($\Delta T = 180$ K). Der zulässige Betriebsüberdruck hängt im Wesentlichen von der Hauptnennweite und nicht von der Formgebung ab.

Schlangen-Wärmeübertrager (Abb. 3.36) [6] werden bevorzugt als Kondensatoren oder Kühler eingesetzt, sind aber generell für die Wärmeübertragung zwischen Flüssigkeiten und Gasen verwendbar. Die Ein- und Austrittsstutzen werden grundsätzlich in Sicherheitsplanflansch ausgeführt. Sind sie waagerecht angeordnet und sollen lange Schläuche oder solche mit hohem Gewicht angeschlossen werden, so müssen 90°-Schlauchanschlüsse vorgesehen werden, um das Biegemoment auf die Anschlussstutzen zu verringern. Ein freier Auslauf des Kühlwassers hinter dem Schlangen-Wärmeübertrager ist i. d. R. erforderlich, sofern nicht durch andere Maßnahmen eine Überschreitung des zulässigen Betriebsüberdruckes sichergestellt werden kann. Ein geschlossener Temperier-

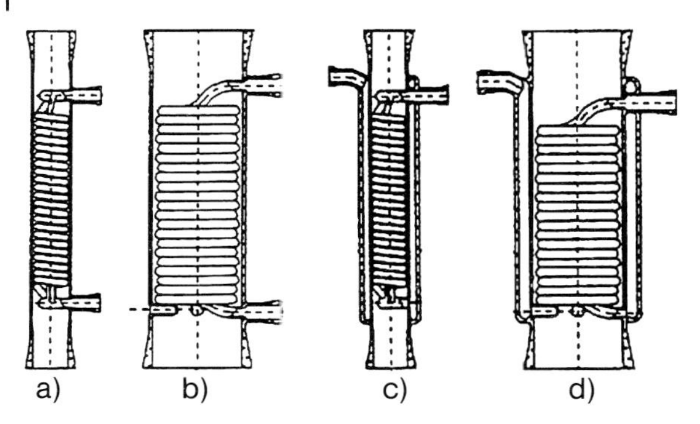

Abb. 3.36 Schlangen-Wärmeübertrager ohne (a, b)/mit (c, d) Aussenkühlmantel aus Glas.

oder Kühlkreislauf ist möglich, sofern Vorsorge zur Vermeidung von Druckstößen getroffen wird. Es sollten keine Kugelhähne oder andere schnell öffnende Ventile vor dem Schlangen-Wärmeübertrager eingebaut werden, um Druckstöße in der Schlange zu vermeiden. Bis zur Nennweite DN 150 können die Schlangen-Wärmeübertrager ohne PTFE-Stützleisten auch waagerecht, meist mit leichtem Gefälle von 10° angeordnet werden.

Nur selten werden bis heute Rohrbündel-Wärmeübertrager in der Miniplant-Technik eingesetzt. Es gibt sie aus Glas und auch aus Edelstahl. Der Vorteil der größeren Wärmeübertragerfläche gegenüber Schlangen-Wärmeübetragern bei gleicher Baugröße ist nicht bedeutend bei den relativ kleinen Wärmemengen, die üblicherweise geregelt werden müssen (Abb. 3.37) [6].

Destillatnachkühler werden bevorzugt direkt hinter einem Kolonnenkopf mit Rückflussteilung eingesetzt, um das aus der Kolonne austretende Kondensat schnell auf eine Temperatur unterhalb seines Siedepunktes abkühlen zu können. Ein zusätzlich vorhandener Stutzen erlaubt den Anschluss einer Druckausgleichleitung.

Bei den Produktkühlern fließt das zu kühlende Produkt durch die Schlange, um eine große Fläche für die Wärmeübertragung zu erreichen. Produktkühler können auch als Destillatnachkühler dienen (Abb. 3.38) [6].

Stab- und Spiraltauchheizkörper werden überwiegend zum Temperieren von flüssigen Medien in Behältern verwendet. Meist werden hierfür auch metallische Werkstoffe wegen der besseren Wärmeübertragung als beim Glas verwendet.

Quarzheizkerzen sind zum vertikalen oder horizontalen Einbau in Umlaufverdampfern geeignet [15]. Es ist darauf zu achten, dass die Heizkerze immer überflutet ist. Wird die Heizkerze hängend eingebaut, darf nur die nicht beheizte Länge oberhalb des Flüssigkeitsspiegels liegen. Die Anschlussspannung liegt bei 230 V/50 Hz.

Heizhauben für die elektrische Beheizung von Kugelgefäßen sind überwiegend für die Anwendung im nicht explosionsgefährdeten Bereich ausgelegt. Sie stehen standardmäßig in zwei Varianten zur Verfügung, und zwar als sog. Industrieausführungen und als Labor-Tischmodelle. Die Heizleiterisolation und

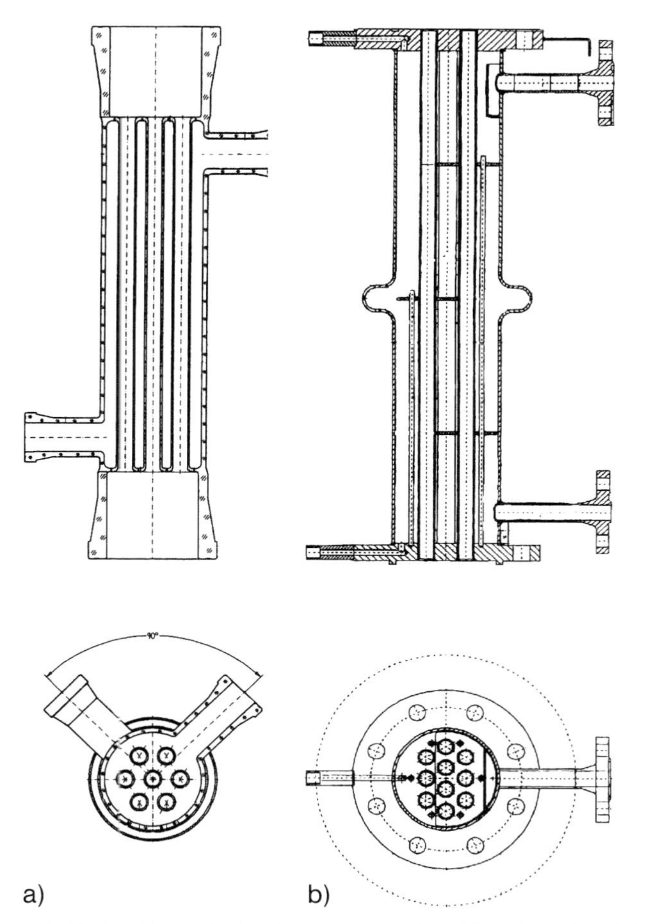

Abb. 3.37 Schlangen-Wärmeübertrager aus Glas (a) und aus Edelstahl (b).

der Außenmantel der Heizhaube bestehen in beiden Varianten aus Glasseide, ein Feuchtigkeitsschutz ist i. d. R. nicht vorgesehen (Abb. 3.39) [10].

Die Geräte verfügen meist über mehrere Heizzonen. Die Leistung lässt sich über einen in der Zuleitung befindlichen Serienparallelschalter in einfacher Weise einstellen. Die Anschlussspannung beträgt 230 V/50 Hz.

Bei der Anwendung von Heizhauben ist darauf zu achten, dass zu niedrige Flüssigkeitsstände zu örtlicher Überhitzung und Glasbrüchen führen können, wenn die Heizleistung nicht zurückgenommen wird. Eine ähnliche Gefahr besteht bei Verkrustung an der Gefäßinnenwand. Deshalb ist aus Sicherheitsgründen empfehlenswert, die einzelnen Heizorgane mit Pt-Widerstandsthermometern zu versehen, um bei Übertemperatur die Heizleistung abzuschalten.

Heizhauben in der Industrieausführung können zweckmäßig mit integrierten Schrauben in Stativrohrgestell befestigt werden. Ansonsten können sie, wenn sie

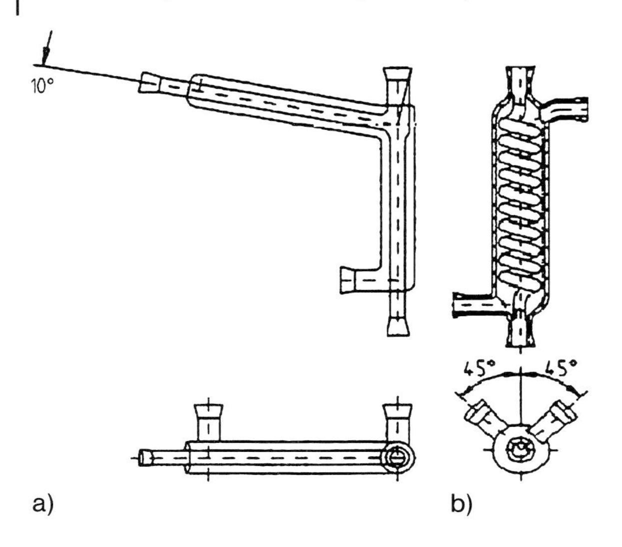

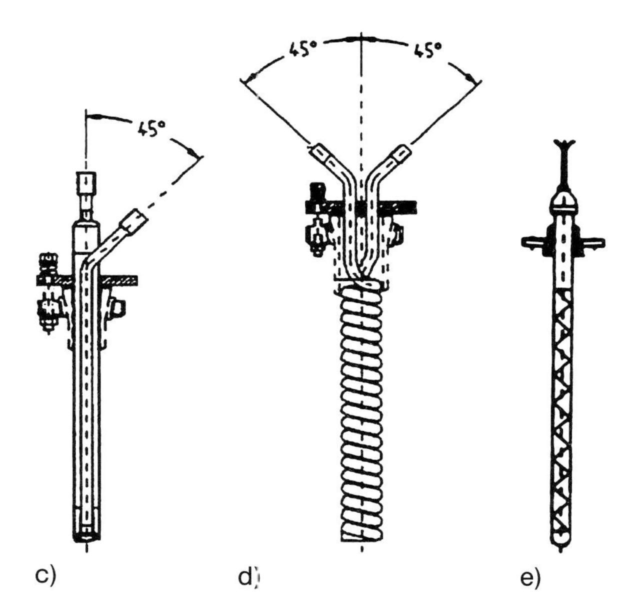

Abb. 3.38 Destillat- (a) und Produktkühler (b), Stab- und Spiraltauchheizkörper (c), Quarzheizkerzen (d).

eine Metallverkleidung außen haben, auch auf einer Hebebühne aufgestellt und nach Bedarf leicht abgenommen werden, wenn die Beheizung unterbrochen werden soll. Das Bodenloch in den Heizhauben dient zur Durchführung von Bodenablassventilen und ist andererseits geeignet dem Unterbau eines Magnetrührers.

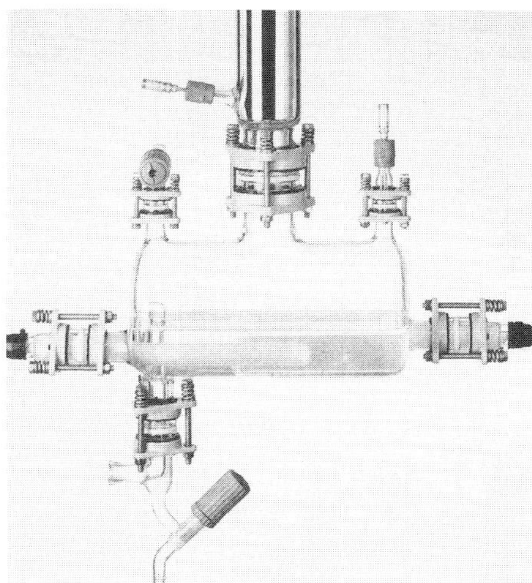

Abb. 3.39 Sumpfbeheizung von Kugelgefäßen mit großen Volumina von außen im Batch-Betrieb und Verdampfer in horizontaler Form mit Innenbeheizung mit relativ großer Verdampferoberfläche.

Ölbäder, wie sie in der Labortechnik häufig verwendet werden, sind in der Miniplant-Technik sehr selten im Einsatz.

Verdampfer unterschiedlichster Bauart sind Apparate, die integriert oder als einzelnes Bauteil einen Wärmeübertrager haben.

Zum Beispiel stehen bei der destillativen Trennung von Flüssigkeitsgemischen grundsätzlich zwei Arten der Destillation, nämlich die diskontinuierliche oder Batch-Destillation und die kontinuierliche betriebene Destillation, zur Auswahl.

Bei der diskontinuierlich betriebenen Destillation werden i. d. R. große Sumpfvolumina vorgelegt. Entsprechend große Heizhauben dienen zur Beheizung. Große Sumpfvolumina führen zu langen Durchlaufzeiten, die bei thermisch labilen Verbindungen Verkrackungen hervorrufen können (vgl. Abb. 3.39).

Bei einer kontinuierlich betriebenen Rektifikation können durch den Einsatz von Spezialverdampfern die oben beschriebenen Nachteile weitgehend vermieden werden: Das Sumpfvolumen wird – in Abhängigkeit von der Bauart des Verdampfers – wesentlich reduziert. Im Verhältnis zum Sumpfvolumen kann eine wesentlich größere Heizleistung installiert werden. Dadurch werden kürzere Durchlaufzeiten erzielt.

Der Umlaufverdampfer in vertikaler Bauart zeichnet sich durch stehend angeordnete Quarzheizkerzen aus. Der Flüssigkeitsumlauf erfolgt durch Thermokonvektion, in Sonderfällen auch durch Zwangsumwälzung mit einer Förderpumpe. Die Flüssigkeitsoberfläche ist relativ gering, was bei höherer Viskosität auch zu Siedeverzügen führen kann. Verdampfer dieser Bauart werden standardmäßig mit ein oder zwei Quarzheizkerzen ausgeführt (Abb. 3.40) [6].

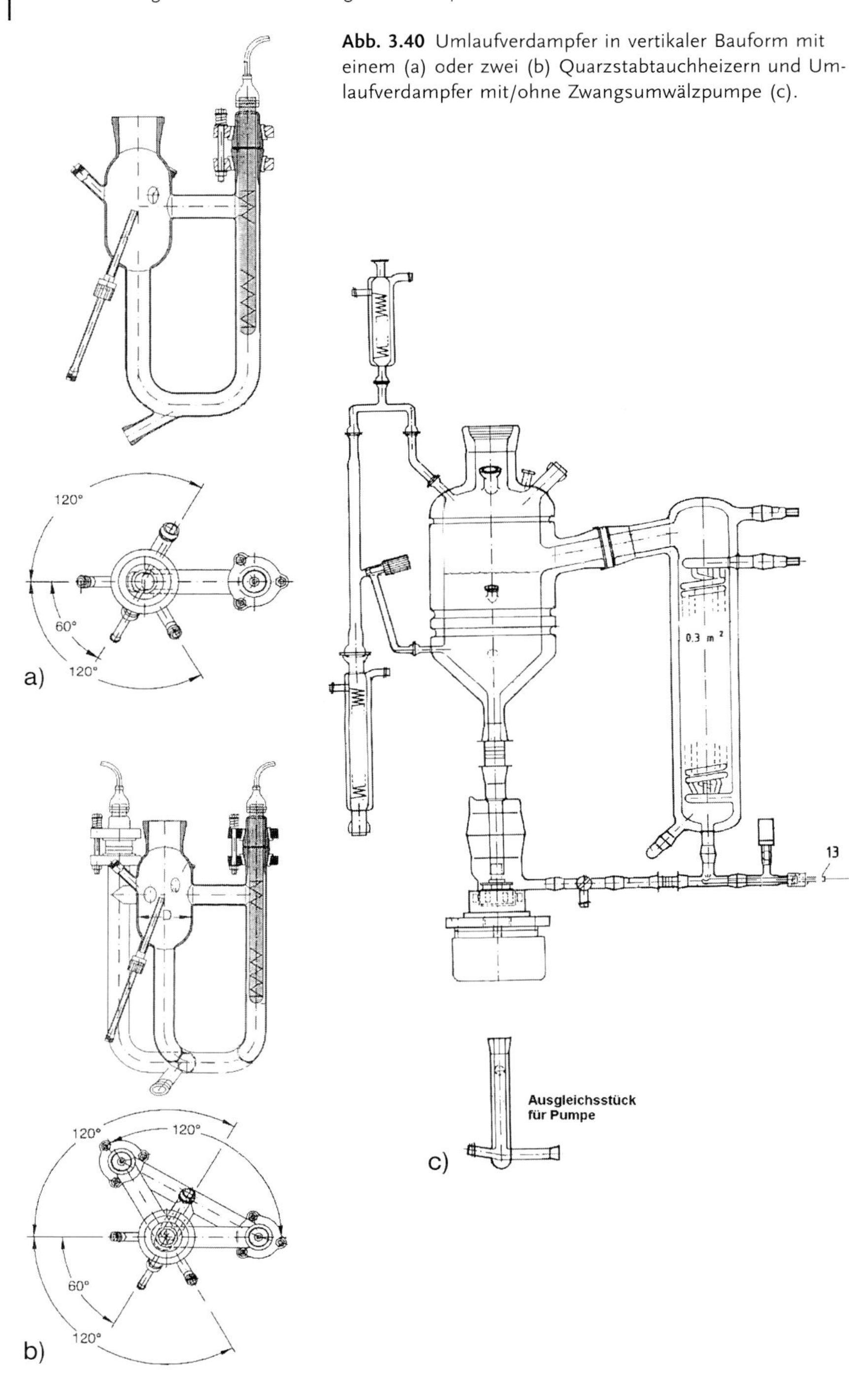

Abb. 3.40 Umlaufverdampfer in vertikaler Bauform mit einem (a) oder zwei (b) Quarzstabtauchheizern und Umlaufverdampfer mit/ohne Zwangsumwälzpumpe (c).

Bei den horizontalen Verdampfern gilt, dass die Heizelemente vom Sumpfprodukt überflutet sein müssen, der Überlaufadapter also geringfügig über den Heizelementen enden muss. Die im Verhältnis zum Flüssigkeitsvolumen sehr große Flüssigkeitsoberfläche dieser Ausführung schließt Siedeverzüge trotz höherer Verdampferleistung praktisch aus.

Für kontinuierliche Betriebsweise wird der Umlaufverdampfer in vertikaler Bauform mit kleinem Sumpfvolumen bevorzugt verwendet. Der Wärmeübertrager kann mit elektrisch betriebenem Heizstab aus Quarzgut oder mit temperierter Wärmeübertragerflüssigkeit in stab- oder spiralförmigen Wärmeübertragern aus den verschiedensten Werkstoffen erfolgen.

Bei Substanzgemischen, die einen kleinen Anteil an Leichtsiedern von etwa 20% und weniger haben, ist es vorteilhaft, den Umlaufverdampfer mit einer Zwangsumwälzpumpe auszustatten. Die Förderleistung der Pumpe muss annähernd in der Größenordnung des Naturumlaufs liegen, der außerordentlich groß ist, wenn die Pumpe nicht als Hindernis wirken soll. Empfehlenswert ist die von NORMAG in Zusammenarbeit mit Bayer ursprünglich entwickelte Zwangsumwälzpumpe aus Borosilicatglas mit magnetisch angetriebenem Pumpenläufer in PTFE oder in PTFE-Compounds produktdicht gekapselt. Diese Förderpumpe kann in glasbläserischer Sonderanfertigung vollständig mit angeschmolzenemTemperiermantel für flüssigen Wärmeübertrager hergestellt und je nach PTFE-Werkstoffkombination bis +285 °C betrieben werden. Die Zwangsumwälzpumpe kann voll integriert in den Umlaufverdampfer als Bauteil eingebaut und mit einem niedrig bauenden, elektrischen Gleichstrommotor oder mit einem Druckluftmotor betrieben werden (vgl. Abb. 3.40) [1, 6].

Vorteilhaft erfolgt die Sumpfproduktentnahme im „freien Auslauf“ über einen Füllstandsschnabel, der unmittelbar unter der Flüssigkeitsoberfläche im Zyklon endet. Eine Minimum/Maximum-Regelung der Sumpfspiegelhöhe über Lichtschranken oder elektromagnetisch arbeitende Reed-Kontakte oder eine stetige Regelung über Analogsignale von optischen Quarzlichtleitstäben, kapazitiven Messsonden oder außen liegenden Ultraschallgebern sind in Verbindung mit elektrisch betriebenen Magnetventilen mit unterschiedlichen produktberührten Werkstoffen und in verschiedener Bauart aus Steuerungs- und Sicherheitsgründen möglich.

Die Verweilzeit des Destillationsgutes ist im Umlaufverdampfer an der heißen Wärmeübertragerfläche gegenüber der Verdampfung aus dem Sumpfkolben beträchtlich kürzer. Bei den langen Verweilzeiten im Batch-Betrieb treten Zersetzungen der Komponenten im Destillationsgemisch auf. Bei der kontinuierlichen Betriebsweise können an der zu heißen Oberfläche im Umlaufverdampfer vor allem dann Zersetzungen auftreten, wenn die Strömungsgeschwindigkeit bei zu hoher Oberflächentemperatur an der Wärmeübertagerfläche zu niedrig ist.

Um wirklich schonend zu destillieren, muss neben dem Vakuumbetrieb vor allem von der Oberfläche abdestilliert werden, was am besten von einem dünnen Flüssigkeitsfilm mit sich ständig veränderter Oberfläche erfolgen kann. Hierfür gibt es verschiedene konstruktive Möglichkeiten, einen definiert dünnen Film zu erzeugen, auch wenn sich die Viskositäten in der Flüssigkeit mit zunehmender Destillation ändern.

Zur Aufkonzentrierung von größeren Mengen Lösungsmittelgemischen mit geringem Wertstoffanteil eignet sich die Filmverdampfung im Vakuum. Während der Fallfilmverdampfer (Abb. 3.41) [1, 6] mit fallendem, nach unten fließendem dünnen Flüssigkeitsfilm des Destillationsgemischs im Gleichstrom mit dem Dampf am häufigsten angewandt wird, gibt es wenige Beispiele für aufsteigende Filmverdampfer, bei denen der Dampf im Gegenstrom zum herabfließendem Kondensat nach oben steigt und teilweise kondensiert oder in einer Kolonne getrennt wird.

Der Fallfilmverdampfer kann für den Batch-Betrieb so gestaltet werden, dass nur einmal die Wärmeübertragerfläche beim Herabfließen des Films für die Verdampfung genutzt wird. Besser ist, wenn die noch nicht destillierte Flüssigkeit wieder gesammelt und erneut im wiederholten Maße über die Wärmeübertragerfläche gefördert wird. Das Destillationsergebnis wird erheblich gesteigert.

Der Fallfilmverdampfer kann mit einer integrierten Zwangsumwälzpumpe wie beim Umlaufverdampfer betrieben werden. Hierbei wird in einer Sonderkonstruktion das Steigrohr dem destillierten Dampf im Inneren des Verdampferrohres ausgesetzt, sodass die zu destillierende Flüssigkeit nach Verlassen der Zwangsumwälzpumpe wieder aufgewärmt wird und am Kopf des Verdampferrohres erneut verdampfen kann. Vorteil ist, dass eine zum Teil aufwendige Vorwärmung des Destillationsgutes vermieden wird. Üblich ist der externe Umlauf der Flüssigkeit mit einer externen, beliebig konstruierten Förderpumpe und nachfolgendem Vorheizer mit kostenaufwendiger Regelung.

Die Sumpfproduktentnahme ist beim Fallfilmverdampfer in gleicher Weise zu regeln wie beim Umlaufverdampfer.

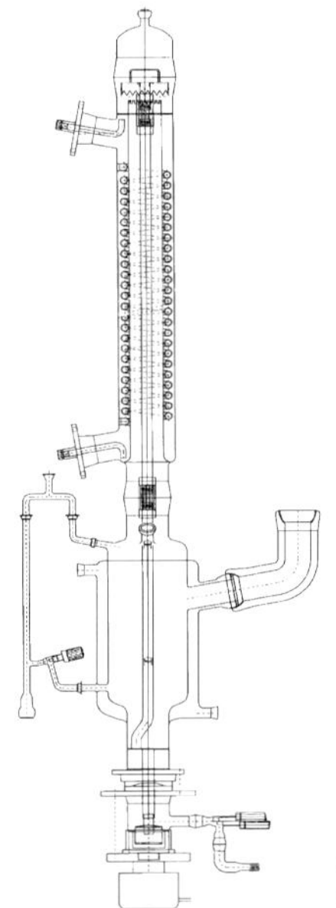

Abb. 3.41 Fallfilmverdampfer mit innenliegendem Steigrohr für die Flüssigkeitsumwälzung.

Ein wichtiger Aspekt ist für die Miniplant-Technik die kompakte, einteilige Konstruktion des Fallfilmverdampfers wie beim Umlaufverdampfer und bei den anderen Verdampfertypen. Es gibt aber Gründe für eine betriebsnahe Entwicklung den Wärmeübertragerteil aus dem Werkstoff zu fertigen, der für die Betriebsanlage vorgesehen ist. Ein besserer Werkstofftest unter betriebsnahen Bedingungen und im Langzeittest ist nicht vorstellbar. Auch die Fouling-Effekte können werkstoffabhängig und konstruktiv studiert werden.

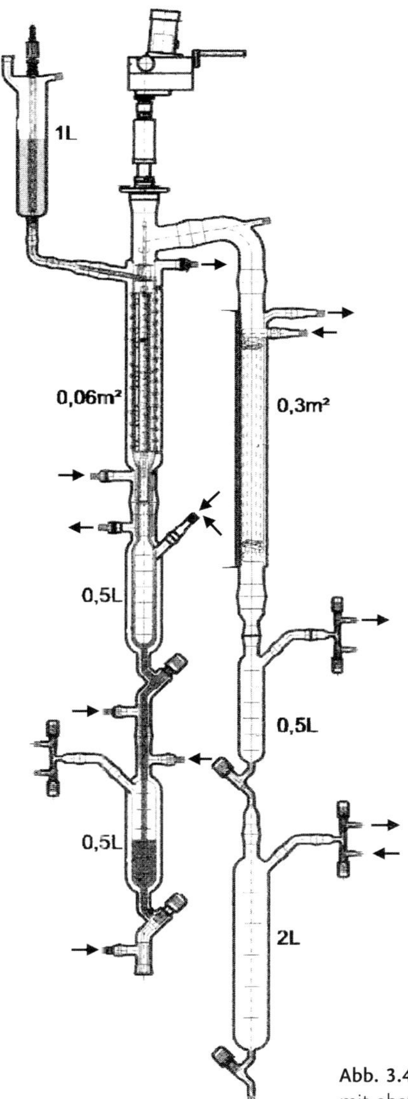

Abb. 3.42 Dünnschichtverdampferanlage mit absteigender Kondensation.

Die mehrteilige Ausführung eines Verdampfers geschieht am besten mit Planflanschverbindungen, die auch bei verschiedensten Temperaturen dicht und sicher sind. Glasbläserisch werden auch die Planflanschverbindungen bis zur Flanschoberfläche gemantelt und sind damit temperiert.

Im Dünnschichtverdampfer (Abb. 3.42) [1, 6] wird ein dünner und gleichmäßiger Flüssigkeitsfilm neben den anderen Betriebs- und Substanzparametern durch eine zusätzliche mechanisch rotierende Bewegung mit einem Wischereinsatz erzeugt.

Die Konstruktion des Wischereinsatzes (Abb. 3.43) [1, 6] hängt von der Viskosität des Flüssigkeitsgemischs und der chemischen Aggressivität gegenüber den verwendeten Werkstoffen ab. So werden für niedrig- bis mittelviskose Substanzen Wischereinsätze eingebaut, die nach dem Fliehkraftprinzip bei höherer Drehzahl einen dünnen Film erzeugen. Handelt es sich um mittelviskose bis hochviskose Substanzen, werden starre Wischerkörbe aus metallischen Werkstoffen eingesetzt, die in nutförmigen Halteschienen mit Federdruck gleichmäßig Wischerelemente aus PTFE oder PTFE-Compounds gegen die Innenwand des Verdampferrohres drücken und bei langsamer Umlaufgeschwindigkeit auch bei hochviskosen Substanzen einen dünnen Film erzeugen. Die außen liegenden Wischerelemente am Wischerkorb wie auch eine Förderschnecke am unteren Ende des Dünnschichtverdampfers befördern das hochviskose Substanzmaterial in das Vorlagegefäß.

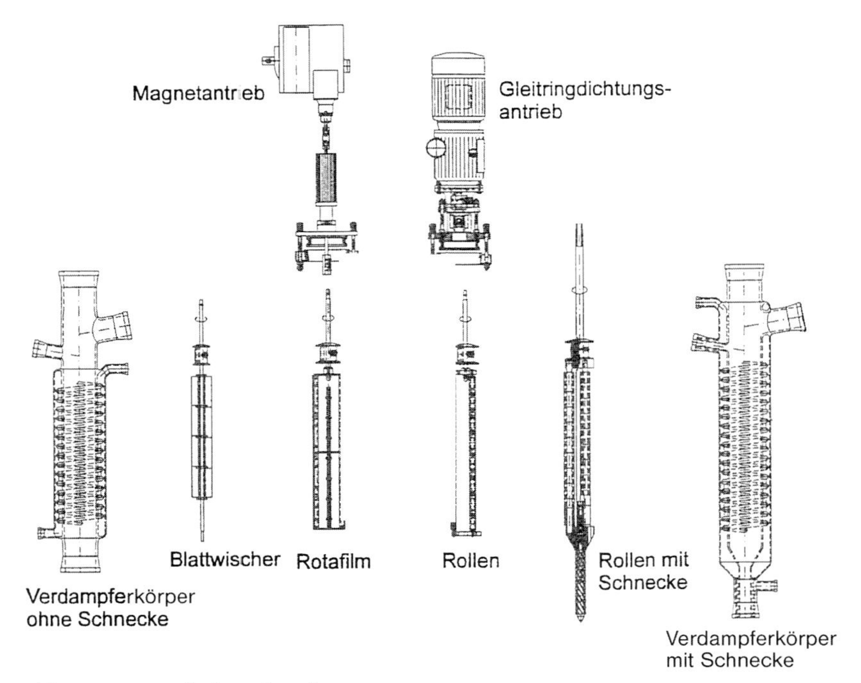

Abb. 3.43 Dünnschichtverdampfereinsätze.

Überwiegend wird der Dünnschichtverdampfer auch bei kontinuierlicher Betriebsweise mit einem einmaligen Destillationsdurchlauf gefahren. Eine externe Umwälzung des Substanzgemischs mit einer Förderpumpe erhöht die Destillationsausbeute, wird aber nur in wenigen Fällen angewandt.

Häufig wird in der Entwicklung und Forschung das Destillationsgut, in Ermangelung einer mehrstufig hintereinander geschalteten Dünnschichtverdampferanlage, nacheinander bei verschiedenen Temperaturprofilen über einen Dünnschichtverdampfer gefahren.

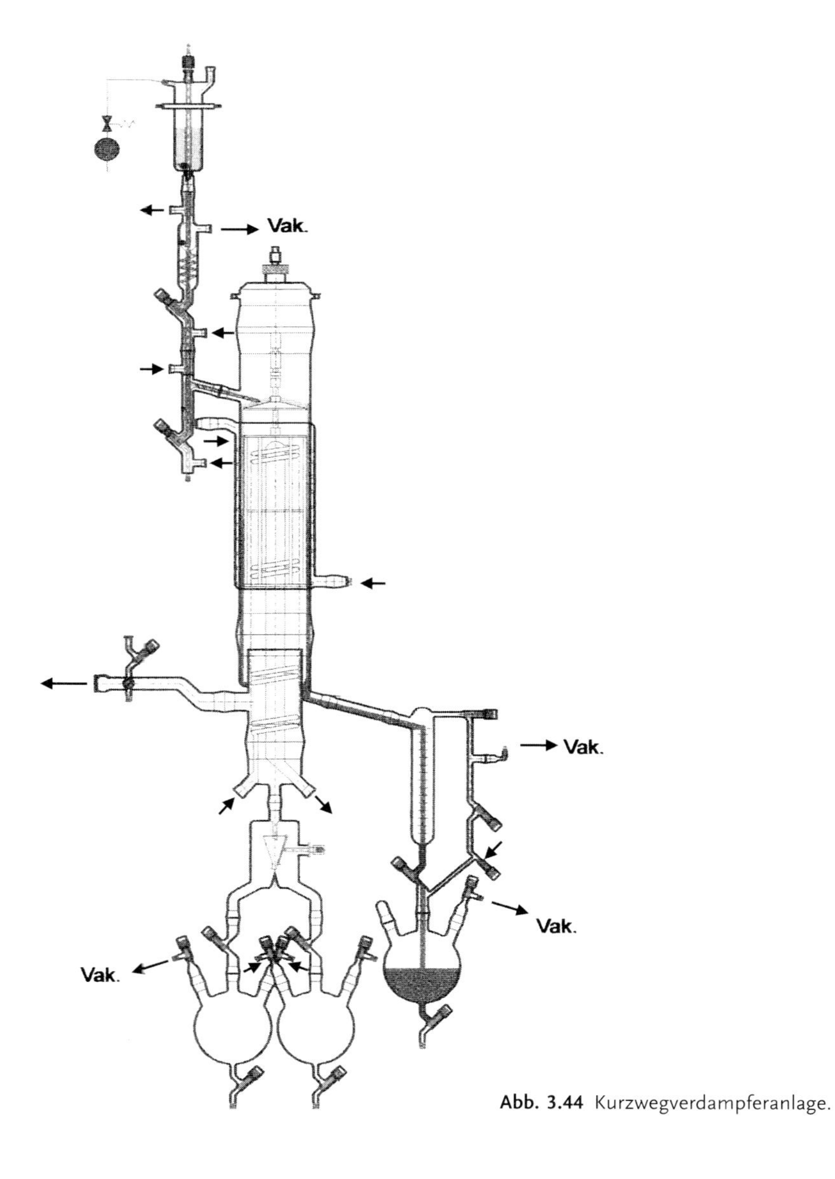

Abb. 3.44 Kurzwegverdampferanlage.

Während der Umlaufverdampfer in Abhängigkeit von den Substanzeigenschaften als Richtwert bis zu einem Betriebsvakuum von 100 mbar gefahren werden kann, ist der Fallfilmverdampfer bis 20 mbar und der Dünnschichtverdampfer bis zu einem Betriebsvakuum von 0,1 mbar einsetzbar. Alle drei Verdampfertypen können bei einfacher Destillation im gesamten Druckbereich von Vakuum bis Normaldruck mit absteigender oder aufsteigender Kondensation verbaut und in gleicher Weise mit nachfolgender Kolonnenbeaufschlagung für die Rektifikation eingesetzt werden. Als Kolonnenfüllung bei niedrigem Vakuum bis 10 mbar eignen sich vor allem strukturierte Packungen mit niedrigem Druckverlust.

Der Kurzweg- und der Molekulardestillationsverdampfer (Abb. 3.44) sind baugleich und dem Dünnschichtverdampfer mit dem rotierenden Wischereinsatz sehr ähnlich. Entscheidend ist jedoch konstruktiv, dass der Kondensator im Verdampferrohr innen mit kurzem Abstand zur Verdampferoberfläche positioniert ist.

Sie unterscheiden sich in den Vakuumbedingungen, die beim Kurzwegverdampfer bis 10^{-3}mbar und beim Molekulardestillationsverdampfer ins Hochvakuum größer als 10^{-4} mbar reichen. Der geometrische Abstand soll im Hochvakuum der freien Weglänge der Moleküle entsprechen, keine Zusammenstöße der Moleküle im Dampfraum begünstigen und damit ideale Bedingungen für eine schonende Destillation von hochsiedenden Substanzen mit hohem Molekulargewicht bereitstellen. Es handelt sich hierbei um eine einfache Destillation. Interessant ist, dass sich im Experiment eine merklich höhere Trennstufe bis 1,4 bei dieser Verdampfung ergibt.

3.3.2.5 **Kolonnenbauteile**

Kolonnenbauteile sind in hohem Maße standardisiert, sodass die in der Praxis vorkommenden Aufgabenstellungen wie Destillation, Rektifikation, Absorption, Reaktion und Extraktion optimal gelöst werden können. Dies gilt nicht nur für die in unterschiedlicher Ausführung angebotenen Kolonnenschüsse (ohne und mit Temperiermantel bzw. Einbauten) und -rohre, sondern auch für die große

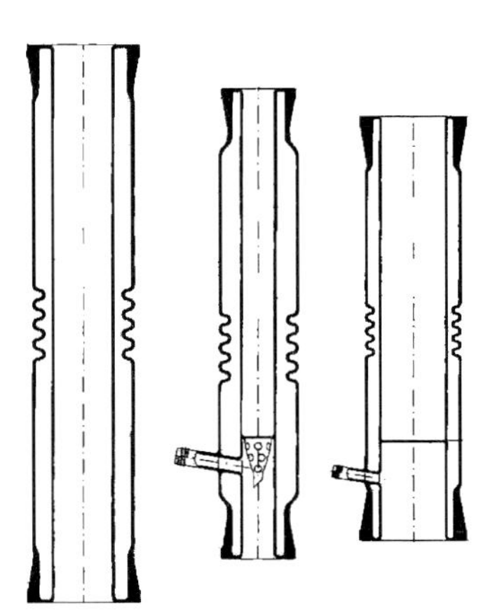

Abb. 3.45 Kolonnenschüsse mit Hochvakuummantel.

Auswahl an Einbauten und ungeordneten bzw. geordneten Packungen sowie für andere Kolonnenbauteile. Eine totraumfreie Bauweise zur Sicherstellung einer vollständigen Entleerung und einer einfachen und effektiven Reinigungsmöglichkeit wird durch die Formgebung der Komponenten, deren Anordnung und durch die Auswahl geeigneter Armaturen erreicht.

Kolonnenbauteile werden mit einem Polyurethan-Überzug versehen, um Beschädigungen an Apparaten aus Borosilicatglas 3.3, speziell an solchen kleiner Nennweite, zu vermeiden, da sich ungewollte Einwirkungen von außen nie mit Sicherheit ausschließen lassen. Diese Beschichtung bietet zusätzlichen Schutz, ohne die Beobachtbarkeit der Prozesse zu beeinträchtigen.

Der Kolonnenschuss (Abb. 3.45) [1, 6] kann i. d. R. sowohl für Füllkörperschüttungen als auch für geordnete Packungen eingesetzt werden. Die Kolonnenschüsse haben entweder fest eingeschmolzene Trichter oder werden zur Aufnahme der Schüttungen bzw. Packungen mit separat zu bestellenden Trichtern, Auflagerosten oder Tragringen ausgestattet.

Die Konstruktion von Trichtern und Auflagerosten bedingt den Einsatz von Füllkörpern einer Mindestgröße. Soll diese aus verfahrenstechnischen Gründen unterschritten werden, sind zunächst größere Füllkörper in den Kolonnenschuss einzubringen.

Die mit einem evakuierten (10^{-6} mbar), auf der Innenseite silberverspiegelten und bis zum Sicherheitsplanflansch geführten Isoliermantel ausgestatteten Kolonnenschüsse gewährleisten weitgehend eine adiabate Durchführung von Trennprozessen. Zur Aufnahme der unterschiedlichen Wärmeausdehnung zwischen Innen- und Außenrohr sind sie außen je nach Länge mit ein, zwei oder drei Dehnungsbalgenpaketen ausgestattet. Ein Sichtstreifen in der Verspiegelung erlaubt es, die Vorgänge in der Kolonne zu beobachten.

Bei Kolonnenschüssen ohne eingeschmolzenes Auflagekörbchen dient als Auflagefläche für Auflagerost oder Tragring eine Wulst am unteren Ende des Bauteils. Die Berührung Glas/Glas sollte durch einen PTFE-Zwischenring vermieden werden. Zwischen Trichter bzw. Wulst und Sicherheitsplanflansch ist ein Stutzen zur Messung der Temperatur im Kolonnenschuss vorgesehen.

Kolonnenschüsse ohne silberverspiegelten Hochvakuummantel stellen zwar eine kostengünstige Alternative dar, können aber in der Praxis ohne Isolation nur im niedrigen Temperaturbereich bedingt eingesetzt werden.

Auflageroste aus Glas werden bevorzugt für regellose Füllkörperschüttungen mit größerer Nennweite als DN 50 verwendet, da ihr freier Querschnitt konstruktiv bedingt gewissen Grenzen unterliegt. Für Kolonnen mit geordneten Packungen werden bei kleinen Nennweiten bis DN 50 nur die PTFE-Auflageringe zum Schutz des eingezogenen Glaswulstes empfohlen, um die freie Fläche nicht einzuschränken. Bei größeren Nennweiten sind Spezialtrageroste aus Blech oder Netzgewebe vorzusehen.

Filterplatten aus Glasmehl finden Verwendung zur Einleitung von Gasen in Kolonnen, z. B. in Blasensäulen, aber auch für den Bau von Filternutschen, die der Abtrennung von Feststoffen aus Flüssigkeiten dienen und unter Vakuum betrieben werden können.

Füllkörperfänger werden am Kopf von Kolonnen eingesetzt, um die Möglichkeit einer Beschädigung von Rückflussköpfen oder Kondensatoren durch eventuell hochgerissene Füllkörper auszuschließen.

Füllkörper wie Maschendrahtringe, Wilson-Spiralen und Raschig-Ringe aus Glas, Edelstahl oder Sonderlegierungen werden nach substanzspezifischen und verfahrenstechnischen Gesichtspunkten ausgewählt. Als Richtwert sollte die Größe der Füllkörper 1/10 des Kolonneninnendurchmessers sein (Abb. 3.46) [16].

Zur Intensivierung des Stoffüberganges in Absorptions-, Desorptions-, Rektifikations- und Extraktionskolonnen werden geordnete Packungen von verschiedenen Anbietern aus unterschiedlichen Werkstoffen eingesetzt. Sie ermöglichen hohe Durchsätze bei geringem Druckverlust und gewährleisten gleichzeitig eine gute Trennleistung [17].

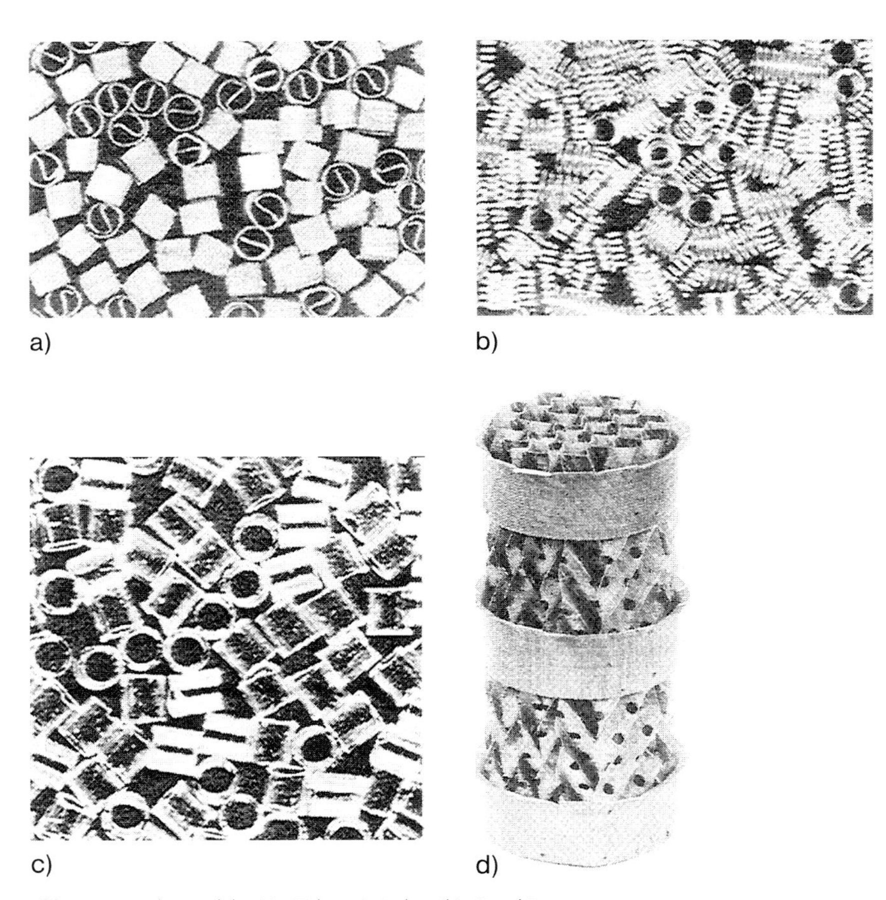

Abb. 3.46 Drahtwendeln (a), Wilson-Spiralen (b), Raschig-Ringe (c) als Füllkörper und Sulzer-Packung CY (d).

In den meisten Fällen werden spezielle Flüssigkeitsverteiler bis zur Nennweite 80 mm nicht benötigt. Es ist ausreichend wenn die Flüssigkeit in der Mitte auf die Kolonne aufgegeben wird.

Kolonnenschüsse mit Glockenböden werden einwandig und mit silberverspiegeltem, evakuiertem und bis zum Sicherheitsplanflansch geführtem Isoliermantel hergestellt. Ein Sichtstreifen in der Verspiegelung erlaubt eine Beobachtung der Vorgänge auf den einzelnen Glockenböden und ist vor allem auch bei dem flüssigen und dampfförmigen Probenahmen notwendig. Alle Glockenbodenkolonnenschüsse sind standardmäßig mit fünf oder zehn fest eingeschmolzenen praktischen Böden ausgestattet. Glockenböden aus anderen Werkstoffen können in kalibrierte Rohre aus Glas oder Metall als kompletter Einsatz eingeführt werden. An Stelle des silberverspiegelten Hochvakuummantels ist in Sonderfällen unter Berücksichtigung der Betriebsparameter und nur mit Einschränkungen auch ein angeschmolzener Temperiermantel einsetzbar.

Bei dem NORMAG-Glockenboden (Abb. 3.47) [1, 6] handelt es sich um einen horizontalen Siebboden mit einem vergleichsweise niedrigen Druckverlust und eine konstante Bodenwirksamkeit über einen weiten Belastungsbereich. Deshalb wird dieser Kolonnentyp auch als Standard für die Auslegung von Kolonnen mit anderen Einbauten herangezogen (siehe auch Abschnitt 5.2.1.2.2).

Glockenbodenkolonnen gibt es in zwei unterschiedlichen Varianten, und zwar wie bei der NORMAG-Glockenbodenkolonne voll aus Borosilicatglas 3.3 verschmolzen oder aus Edelstahl bzw. aus Borosilicatglas 3.3, die komplett vormontiert in kalibrierte Kolonnenrohre aus Borosilicatglas 3.3 eingesetzt werden. Dadurch ist eine ausgezeichnete Beobachtbarkeit der ablaufenden Prozesse möglich. Für die Randabdichtung der Böden werden speziell gestaltete, weiche PTFE-Dichtungen aus speziell gereckter Faserstruktur verwendet.

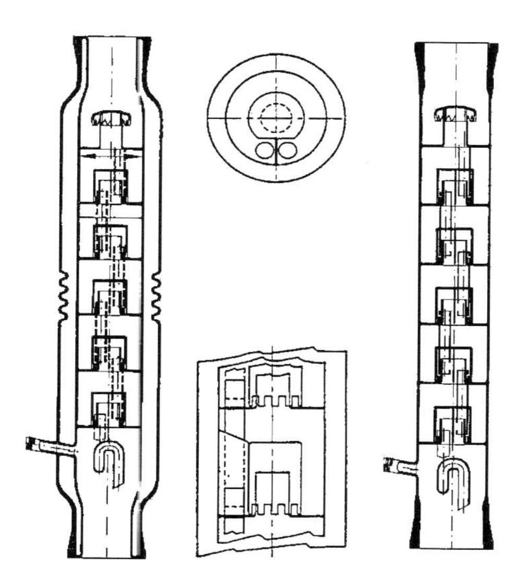

Abb. 3.47 NORMAG-Glockenbodenkolonnen aus Glas.

Ausgangsbasis für die heute eingesetzten Bodenkonstruktionen war eine hinsichtlich der Dampf- und Flüssigkeitsquerschnitte optimierte Einzelglocke. Sie wurde so modifiziert und den Rohrdurchmessern angepasst, dass die Kolonnenschüsse bei geringem Bodenabstand für hohe Dampf- und Flüssigkeitsbelastungen geeignet sind und in einem weiten Arbeitsbereich einen gleichbleibend hohen Wirkungsgrad aufweisen.

Flüssigkeitsteiler (Abb. 3.48) [1, 6] werden zur Einstellung des Rücklaufverhältnisses von Destillationskolonnen, d. h. für die zeitabhängige Aufteilung des anfallenden Kondensats in Rücklauf und Ablauf, eingesetzt (siehe auch Abschnitt 3.3.24). Sie stehen in zwei Varianten mit einer handbetätigten Version, bei der die Einstellung des Ablaufs über ein Nadel- oder Regelventil erfolgt, oder mit einer elektromagnetisch betätigten Version zur Verfügung. Elektromagnetisch betätigte Flüssigkeitsteiler können Rücklaufverhältnisse exakt und reproduzierbar einstellen; so empfiehlt sich die Verwendung eines elektromagnetisch betätigten Flüssigkeitsteilers in Verbindung mit einem Zeitschaltgerät.

Bei dieser Ausführung wird der beweglich gelagerte Trichter mit eingeschmolzenem Gegenmagneten von einem außen an der Kolonne befestigten und über das Zeitschaltgerät umpolbaren Magneten angezogen (totaler Rücklauf). Um eine einwandfreie Funktion des Flüssigkeitsteilers zu gewährleisten, sollte die Zeit, während der sich der Trichter in einer seiner Endlagen befindet, zwei Sekunden nicht unterschreiten.

Um einen Dampfeintritt in die Destillatleitung zu verhindern, ist bei elektromagnetisch betätigten Flüssigkeitsteilern immer ein Flüssigkeitsverschluss er-

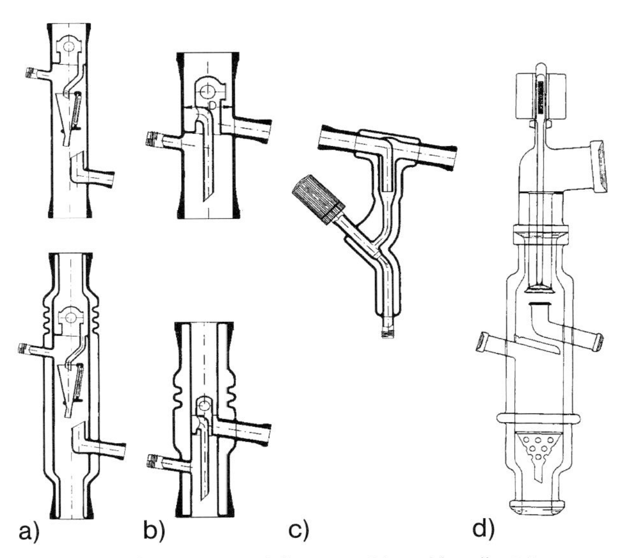

Abb. 3.48 Elektromagnetisch betätigte (a) und handbetätigte Flüssigkeitsteiler (b) mit Flüssigkeitsverschluss (c) und Dampfteiler (d).

forderlich, der i. d. R. außen angeflanscht oder auch innen liegend eingeschmolzen werden kann. Der innen liegende Syphon hat den Vorteil, dass er durch den Dampfstrom die gleiche Temperatur hat und keine Flüssigkeit durch Unterkühlung aus dem System zieht, aber nur durch Herausdestillieren zu entleeren ist. Der außen liegende Siphon kann durch Unterkühlung eine Flüssigkeitsleckrate in die Vorlage erzeugen und verfälscht damit das Rücklaufverhältnis.

Anders funktioniert der Dampfteiler, der auch bei schwierigen Trennprozessen, wie bei der zweiphasigen Azeotroprektifikation, ein exakt reproduzierbares Rücklaufverhältnis einstellen zulässt. Durch einen elektromagnetisch betätigten Dampfstößel wird der Dampf wechselweise dem Rücklauf- oder dem Destillatweg zurückgeführt und in getrennten Kühlern kondensiert. Das Kopfprodukt durchströmt den Teilungsmechanismus in dampfförmigem Zustand, d. h., das Arbeitsvolumen ist sehr groß, das Totvolumen mit Flüssigkeit praktisch null. Dadurch entfallen die Probleme, die bei der exakten Teilung kleiner Flüssigkeitsströme sonst auftreten können. Der Dampfteiler kann aber nur bis zur Nennweite 50 mm aus Glas hergestellt werden.

Alle Flüssigkeits- und Dampfteiler stehen standardmäßig mit silberverspiegeltem Hochvakuumisoliermantel oder einwandig zur Verfügung.

Hauben bilden den oberen Abschluss einer jeden Kolonne. Zwei unterschiedliche Ausführungen liegen vor, sodass Kondensatoren sowohl vertikal als auch horizontal mit 10° Neigung angeordnet werden können. Dies ist bei der Miniplant-Technik wegen der geringen Raumhöhe häufig erforderlich.

Kolonnenzwischenstücke (Abb. 3.49) [1, 6, 12] können unterschiedliche Funktionen übernehmen. Die hier aufgeführten Varianten dienen zur Einspeisung des zu trennenden Gemischs am Kopf der Kolonne bzw. zwischen Abtriebssäule und Verstärkungssäule, zur Entnahme von Proben aus der Kolonne oder zur Messung des Rücklaufs. Sie stehen standardmäßig in Einzelstücken aus Glas, einwandig oder mit silberverspiegeltem Hochvakuummantel, zur Verfügung. Ein Multifunktionsstück aus PTFE vereinigt die Möglichkeiten der Einspeisung, der Temperatur- und Druckmessung und der Probenahme.

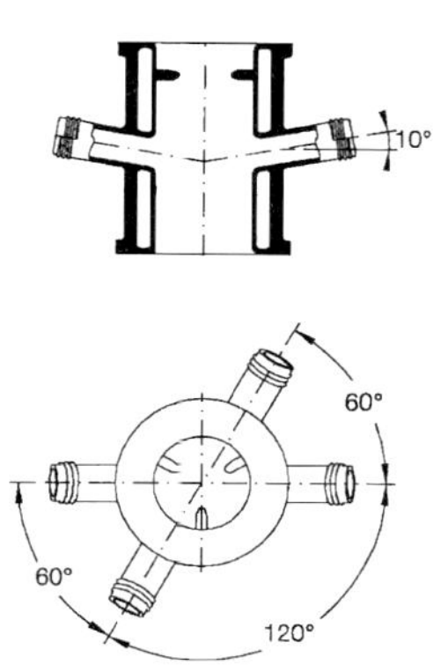

Abb. 3.49 Kolonnenzwischenstücke aus Glas und Multifunktionsstück aus PTFE.

Beim Zwischenstück zur Rücklaufmessung erfolgt die Ermittlung der Rücklaufmenge durch Aufstauen der Flüssigkeit zwischen zwei Markierungen (entspricht 20 oder 40 ml) bei gleichzeitiger Zeitmessung mittels Stoppuhr. Dieses Verfahren ist nur bei kleinen Durchsätzen, d. h. geringen Kolonnendurchmessern, praktikabel. Es ist zweckmäßig, am unteren und oberen Ende der Kolonne jeweils einen Rücklaufmesser einzubauen, um dadurch die Kondensation der Wärmeverluste entlang der Kolonne abschätzen zu können.

Seitenabnahmestücke (Abb. 3.50) [1], einwandig oder mit silberverspiegeltem Hochvakuummantel, werden für Seitenabzüge aus dem Abtriebs- oder Verstärkerteil eingebaut. Sie arbeiten elektromagnetisch nach dem Flüssigkeits- oder Dampfteilprinzip. So wird i. d. R. die Seitenabnahme für Flüssigkeiten oberhalb der Einspeisung eingebaut, während das Seitenabnahmestück für dampfförmige Entnahme in der Abtriebssäule unterhalb der Einspeisung, meist auch direkt oberhalb vom Verdampfer zur Reinstabnahme des Schwersieders, eingesetzt wird.

In der Miniplant- und Labortechnik wird der Rückfluss auf die Kolonne und die Destillatentnahme im Zeittakt eingestellt mit dem Rücklaufverhältnis als Regelgröße. Aus verfahrenstechnischer Sicht entsteht hierbei in der Kolonne eine mehr oder weniger starke Pulsation, die meist bei Feasibility-Studien auch vernachlässigbar ist. Soll jedoch eine Auslegung der Kolonne vorgenommen werden, ist es hilfreich, wenn der Rückfluss und die Destillatentnahme kontinuierlich mit hydrostatischem Überlauf mit Ventilsteuerung oder besser durch pulsationsfreie Förderpumpen geregelt werden, wie es in der Prozesstechnik üblich ist. Diese Regelung ist in der Miniplant-Technik kostenaufwendig und auch störungsanfällig. Das Zwischenstück (Abb. 3.51) [6] zur Dampfkondensat-Seitenentnahme aus Borosilicatglas zeigt einen neuen Weg für eine pulsationsfreie Seiten- oder auch Kopfentnahme auf.

Im Dampfstrom ist vertikal eine kleine Kondensationsspirale aus Glas eingeschmolzen, die von einem Kältethermostaten gekühlt wird. Ein Teil des Damp-

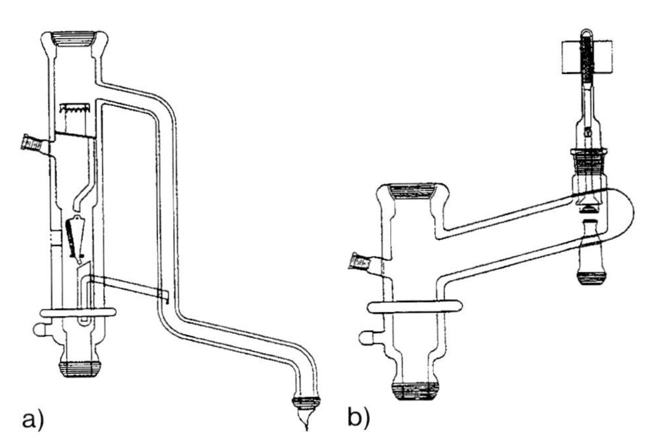

Abb. 3.50 Zwischenstücke zur flüssigen (a) und dampfförmigen (b) Seitenabnahme aus Glas.

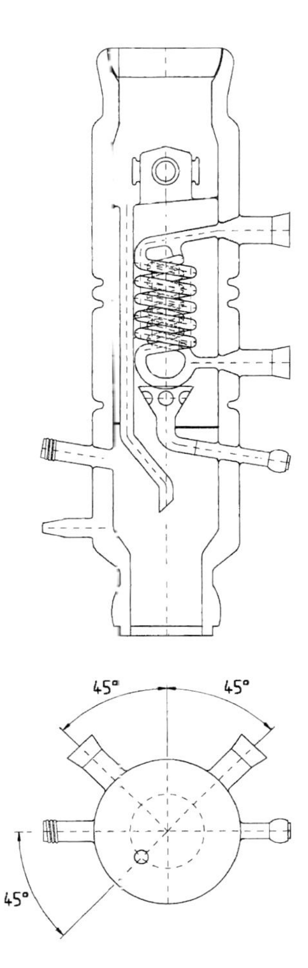

Abb. 3.51 Zwischenstück zur Dampfkondensatentnahme.

fes wird je nach eingestelltem ΔT der Thermostattemperatur zur Dampftemperatur mehr oder weniger stark kondensiert und als Flüssigkeit zur Seite in eine Vorlage mit Druckausgleich zur Kolonne abgeführt. Der andere Dampfstrom wird nach oben geführt und der Rückfluss der Kolonne in einer eingeschmolzenen Tasse gefasst und in einem Rohr an der Kondensatspirale vorbeigeführt, um jegliche Kontamination durch Spritzeffekte mit der Dampfkondensatentnahme zu vermeiden. Eine einfache Füllstandsregelung in der Vorlage über ein angesteuertes Entnahmeventil und gleichzeitige Ansteuerung des Kältethermostaten sorgen für eine pulsationsfreie Dampfentnahme als Dampfkondensat.

Dieses Kolonnenbauteil zur pulsationsfreien Dampfkondensatentnahme zeigt auch, dass weitere Entwicklungen und Konstruktionen neben Glas z. B. mit anderen Werkstoffen in jüngster Zeit für die Miniplant-Technik möglich sind, unabhängig von den Vorteilen der Prozessteuerung und Anwendung von neuen, kleindimensionierten Sensoren.

3.3.2.6 Pumpen und Ventile

Pumpen spielen im Labor und Technikum wie auch Ventile der unterschiedlichsten Bauart eine überragende Rolle. Ihre Vielfalt ist fast unüberschaubar, müssen sie doch so unterschiedliche Aufgaben wie Fördern, Umwälzen, volumengenaues Dosieren kleinster bis großer Stoffströme über einen weiten Viskositätsbereich, auch mit Feststoffen oder als Emulsion, bewältigen. Auch das Dosieren von Gasen und das Evakuieren von Anlagen werden mit dem Einsatz von Pumpen erreicht. Ventile sind immer dann einzusetzen, wenn Steuer- und Regelungsvorgänge über Datensysteme vorgenommen werden.

In der Miniplant-Technik wird insbesondere auf hoch exakte, kleine Fördermengen oder hohes Saugvermögen besonders bei großem Endvakuum Wert gelegt. Die Ventile müssen über kleine Bohrungen und über eine handliche Größe verfügen, aber vor allem universell einsetzbar sein bezüglich ihrer chemischen Resistenz.

Eindeutig hat in den letzten Jahren die Vielfalt der Aggregate und Armaturen für den Einsatz in der Miniplant-Technik zugenommen. Sicherlich ist die Grenze der Entwicklungsmöglichkeiten noch nicht erreicht.

3.3.2.6.1 Pumpen

Die Einsatzbereiche der Pumpen können wie folgt benannt werden:

- Umwälzen von Heiz und Kühlmedien,
- Dosieren von Gasen, Flüssigkeiten und Feststoffen,
- Transport von Ausgangs-, Zwischen- und Endprodukten,
- Vakuum- und Druckerzeugung.

Meist sind die Pumpen in normaler elektrischer Ausführung mit spritzwasserdichten Gehäusen in der Miniplant-Technik im Einsatz. Zunehmend werden aufgrund der höheren Sicherheitsanforderungen Miniplant-Anlagen für die Ex-Bereiche mit Zone 1 und 2 auch mit druckgekapselten Ex-Drehstrommotoren bzw. speziellen Ausführungen und ATEX-Zertifizierung ausgestattet.

Alle Pumpen sollten direkt von PC-Systemen ansteuerbar sein.

Die geeignete Dosierpumpe für Labor und Technikum sollte nach Möglichkeit danach bestimmt werden, ob sie volumetrisch oder gravimetrisch arbeiten oder ob sie einfach zum Umwälzen oder Fördern von Stoffen eingesetzt werden. Hierbei sind die physikalischen und chemischen Stoffeigenschaften wie auch die technische Einordnung in die Anlage zu beachten.

- Wie sind die Eigenschaften des Fördermediums, wie Dichte, Viskosität, brennbar oder explosionsgefährdet, Leitfähigkeit, Emulsion, Suspension, aggressiv oder abrasiv, kristallisierend beherrschbar?
- Wie können der Fördermengenbereich, der Mediumstemperaturbereich, der Dampfdruck bei der Betriebstemperatur, die Umgebungstemperatur und die Eigenschaften selbstansaugend/Zulauf/Vordruck beschrieben werden?
- Wie sind die Anschlüsse, der Antrieb, die Spannung und die Frequenz?
- Wie können die Einbindungen in den Regelkreis erfolgen?

- Gibt es besondere Sicherheitsaspekte, Reinigungsmöglichkeiten, CIP-Fähigkeit u. a.?

Diese Fragen müssen im Zusammenhang mit der Auswahl der Pumpe alle beantwortet werden, wie im Folgenden gezeigt wird.

Zu den Magnetdosierpumpen gehören nach ihrer Bauart robuste, kalibrierbare Magnetmembran- und Magnetkolbendosierpumpen für volumetrische Dosierung oder gravimetrische Dosierung aus einer Vorlage, die auf einer Waage positioniert und in einem Regelkreis integriert ist.

Ein präzises Dosieren von Gasen und Flüssigkeiten ist auch mit kleinsten Mengen aggressiver, abrasiver und viskoser Medien möglich. Der Pumpenkopf und die Zuleitungen können bei Bedarf thermostatisch beheizt und gekühlt werden. Hubfrequenz, Hubvolumen können separat angesteuert werden. Durch die spezielle Konstruktion nockengesteuerter Ventile oder durch Ventilschließung bzw. Öffnung beim Membranstillstand kann ins Vakuum hinein oder aus dem Vakuum heraus gefördert werden.

Durch die Zwangssteuerung der Ventile werden eine sichere Ventilfunktion und eine hohe Dichtheit erreicht. Dies ermöglicht ein zuverlässiges Dosieren von Gasen. Die Dosierung von Gasen sollte drucklos erfolgen. Prinzipiell ist aber auch die Dosierung bei anderen Druckverhältnissen möglich. Allerdings wird der Differenzdruckbereich durch das Verdichtungsverhältnis begrenzt. Die Flussraten müssen durch Kalibrierungsläufe ermittelt werden.

Zahnradpumpen mit unterschiedlichen Werkstoffkombinationen werden zum pulsationsarmen Fördern und Dosieren von partikelfreien Flüssigkeiten niedriger bis höherer Viskosität sehr oft eingesetzt und haben einen geräuscharmen Lauf. Sie können in unterschiedlichsten Werkstoffkombinationen eingesetzt werden.

Excenterschneckenpumpen wirken selbstansaugend und fördern pulsationsfrei Medien unterschiedlichster Viskositäten bis in den pastösen Bereich, Suspensionen, Polymere, hochviskose und kristallhaltige Produkte, wie Klebstoffe und Schmelzen. Solche Pumpen sind einfach zu demontieren und komplett zu reinigen.

Magnetgekuppelte Kreiselpumpen ohne Wellendichtung werden zum Fördern und Umwälzen reiner, auch aggressiver Chemikalien wie Säuren, Laugen und Lösungsmittel benutzt und sind aus unterschiedlich korrosionsfesten Werkstoffen hergestellt. Typische Anwendungen für diesen Pumpentyp gibt es in der Extraktion und Destillation. Aber auch bei der Umwälzung von Heizbädern finden sie oft Anwendung.

Eine besondere Konstruktion einer magnetgekuppelten Kreiselpumpe gibt es aus Borosilicatglas 3.3 und PTFE. Dieser Typ wurde von NORMAG in Zusammenarbeit mit Bayer in den siebziger Jahren erstmalig entwickelt und in den folgenden Jahren weiter verbessert. Sie ist universell einsetzbar, hat eine sehr hohe chemische Korrosionsbeständigkeit, kann vollständig mit einem angeschmolzenen Temperiermantel gefertigt und bis +265 °C problemlos eingesetzt werden. Die zwei erhältlichen Typen haben eine max. Förderbelastung von 600 l/h bzw. 1500l/h und eine max. Förderhöhe von 6,5 bzw. 9,5 m hoher Wassersäule. Mit verschiedenen Antriebsmotoren, ob elektrisch, druckluftbetrieben, ohne Ex- oder mit ATEX-Ausstattung, kann dieser Pumpentyp in der Miniplant-Technik eingesetzt werden (Abb. 3.52) [1, 6].

Der in PTFE oder PTFE-Compound eingebettete Pumpenläufer wird magnetisch mitgenommen und ist gleichzeitig magnetisch gelagert. Er läuft zur Vermeidung von Reibungsverlusten auf einem Glaszapfen, der im Boden des Glaspumpenunterteils angeschmolzen ist. Niederviskose Flüssigkeiten können unabhängig von den Schmiereigenschaften und Temperaturen des Fördermediums sogar auch mit feinkristallinem Feststoffanteil bis zu 45% Anteil gefördert werden.

Magnetgekuppelte Kreiselpumpen für hohen Druck ohne Wellendichtung werden aus Edelstahl oder anderen Metalllegierungen für die Umwälzung von Wärmeträgern bis 350 °C hergestellt, wobei die Förderung von Chemikalien bei höherer Temperatur letztlich nur durch die spezifischen Werkstoffeigenschaften begrenzt wird. Mit ihr können auch Systeme und Regelventile mit hohen Fließwiderständen betrieben werden.

Zur Vakuumerzeugung werden vielfach trockenlaufende, chemiefeste Membranvakuumpumpen für neutrale, hoch aggressive und korrosive Gase und Dämpfe eingesetzt. Die einstufige Ausführung kann bis 80 mbar, die zweistufige bis 12 mbar und die dreistufige bis 2 mbar Endvakuum betrieben werden. Die Membranvakuumpumpen sind äußerst wartungsarm und werden in der Praxis im Grob- und Feinvakuumbereich saugseitig ohne oder mit Kühlfalle und druckseitig mit einem Emissionskondensator erfolgreich benutzt. Auch das Fördern von Prozessgasen ist möglich.

Die bekannten einstufigen und zweistufigen, ölgedichteten Drehschieber-Vakuumpumpen erzeugen mit und ohne Gasballast ein wesentlich besseres Feinvakuum, müssen aber prinzipiell mit einer Kühlfalle betrieben werden und regelmäßig einen Ölwechsel erhalten.

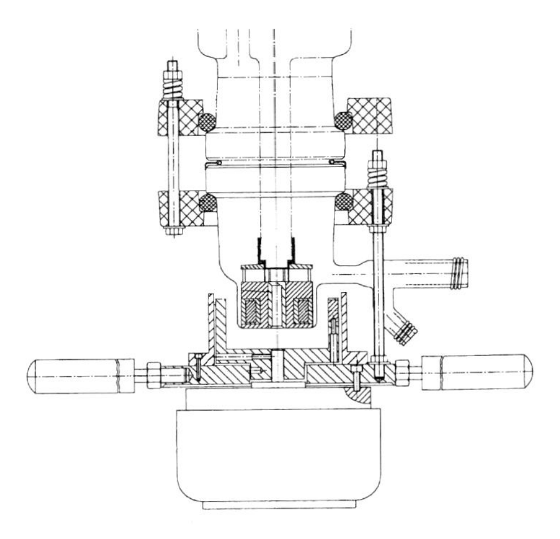

Abb. 3.52 NORMAG-Laborglaspumpe.

Eine besonders chemiefeste Lösung ist die Chemie-Hybridpumpe, eine Kombination von einer Drehschieberpumpe mit einer nachgeschalteten Membranvakuumpumpe für besonders aggressive Dämpfe und einem Endvakuum bis 3×10^{-4} mbar.

Trockenlaufende Drehschieberpumpen werden zunehmend auch in der Miniplant-Technik eingesetzt, seitdem kleinere Baugrößen zu erhalten sind.

3.3.2.6.2 **Ventile**

Handbediente und automatisch betriebene Ventile und Hähne werden in großer Anzahl zum Steuern von Stoffströmen eingesetzt. Prinzipiell gibt es AUF/ZU-Ventile und Proportionalventile. Über digitale oder analoge Ausgänge von Prozessregelsystemen können die Ventile und Hähne angesteuert werden. Die spezifischen Eigenschaften dieser Armaturen müssen sorgfältig ausgewählt und die Arbeitsbedingungen, die Medien, die Ventilart und die Anschlüsse berücksichtigt werden.

Elektrisch betätigte 2/2- und 3/2-Wegeventile werden mit kleinen Nennweiten im niedrigen Viskositätsbereich für das Verteilen und Mischen und Unterbrechen wie Dosieren kleiner Ströme universell eingesetzt und dienen zur Reaktorbe- und entlüftung wie Inertisierung.

Pneumatisch betätigte und elektrisch angesteuerte bzw. rein elektrisch betätigte Kugelhähne werden gern als Reaktorablasshahn für höhere viskose Medien und Suspensionen mit großen Nennweiten benutzt. Sie geben einen vollen Durchlass ohne jegliches Totvolumen. Während die Kugelhähne aus Metall- und auch aus Kunststoff mit kleinen Nennweiten bereits ab 2 mm Nennweite herstellbar sind, sind Glaskugelhähne mit Keramikkugel für die Miniplant-Technik meist zu groß, weil sie erst ab Nennweite 25 mm lieferbar sind.

Stell- und Regelventile werden in großer Anzahl zum Steuern von Stoffströmen benötigt. Stoffströme werden in Regelkreisen mit kontinuierlich arbeitenden Stellgeräten eingestellt und analog angesteuert. Massenfluss-, Stofffluss-, Vakuum- und Druckregelungen werden oft mit Stell- und Regelventilen durchgeführt.

Elektromagnetische Proportionalventile haben eine geringe Hysterese und Druckabhängigkeit, aber hohe Stellgeschwindigkeit und einfache Ansteuerung. Sie werden für Vakuum- und Druckregelung, Massenstromregelung in Heiz- und Kühlströmen und in Reaktorsystemen eingesetzt. 2-Wege-Schrägsitz- und 3-Wege-Geradsitz-Regelventile werden meist elektropneumatisch betrieben. Elektrisch betriebene Schrägsitzventile sind auch mit Glasarmatur bekannt, indem außen auf dem PTFE-Stempel ein Steuermotor angeflanscht ist. Sie zeichnen sich durch hervorragende Korrosionsbeständigkeit und auch durch die Möglichkeit der vollen Temperierung des Ventilkörpers aus Glas aus [1]. Gerade in letzter Zeit sind nach den Durchgangs- und Eck-Spindelventilen jetzt auch Bodenablassspindel- und Faltenbalgventile vor allem mit niedrig bauenden Motorantrieben entwickelt worden [13].

Für hohe Präzision bei der Druck- und Vakuumregelung sowie der Massenstromregelung auch von hochviskosen und kleinsten Mengen sind elektropneumatische Präzisionsregelventile bekannt.

Membranregelventile werden in der Miniplant-Technik noch sehr selten eingesetzt, werden jedoch mit größerer Nennweite für hochviskose, aggressive und abrasive Medien und Suspensionen verwendet und sind besonders für den GMP-Einsatz geeignet.

Multiwegeventile mit kleinen Nennweiten zum Abfüllen von Proben und Dosieren aus verschiedenen Vorlagen bei niedrigen Drücken sind wenig im Einsatz.

3.3.2.7 **Mess- und Regelgeräte**

Mess-, Steuer- und Regelgeräte sind für einen automatisch ablaufenden und sicheren Betrieb von Miniplant-Apparaten und -Anlagen unerlässlich. In der Vergangenheit wurde die Miniplant-Technik überwiegend in nicht explosionsgefährdeten Labors und Technika betrieben. In jüngster Zeit sind die Anforderungen für den explosionsgeschützten Bereich neu geregelt worden und werden nach den ATEX-Richtlinien in der Europäischen Union zertifiziert. Deshalb sind an dieser Stelle einige Bemerkungen erforderlich.

Für die Errichtung und den Betrieb elektrischer Anlagen in explosionsgefährdeten Bereichen gilt die „Verordnung über elektrische Anlagen in explosionsgefährdeten Bereichen ElexV“. An dieser Stelle sollen nur einige Grundbegriffe angesprochen werden, da in der Praxis viele verschiedene Realisierungsvarianten festzustellen sind.

Die EG-Richtlinie 94/9/EG (ATEX 100a) regelt die Anforderung an die Beschaffenheit explosionsgeschützter Geräte und Schutzsysteme und legt grundlegende Sicherheitsanforderungen fest. Die technischen Grundlagen werden in der Zoneneinteilung, den Explosionsgruppen und den Temperaturklassen beschrieben. Es ist oft eine schwierige Auslegungssache und strittige Materie trotz der umfassenden Gesetzestexte mit Erläuterungen. In jedem Fall ist der Kostenaufwand so erheblich, dass eine Umgehung dieser Maßnahmen lohnenswert ist, wenn dies in irgendeiner Weise möglich ist.

Explosionsgefährdete Bereiche werden nach Häufigkeit und Dauer des Auftretens von explosionsfähiger Atmosphäre in Zonen unterteilt. Informationen und Vorgaben für die Zoneneinteilung finden sich in IEC 60079-10 und in nationalen Normen.

In den Zonen 0 und 1 dürfen nur elektrische Betriebsmittel verwendet werden, für die eine Konformitätsbescheinigung oder Baumusterprüfbescheinigung vorliegt, in Zone 0 jedoch nur solche, die hierfür ausdrücklich zugelassen sind. Einen Überblick über die Zoneneinteilung und die Zuordnung von Geräten für die entsprechenden Zonen ist in Tab. 3.6 dargestellt.

Elektrische Betriebsmittel werden in zwei Explosionsgruppen unterschieden:

Gruppe I: Elektrische, schlagwettergeschützte Betriebsmittel.

Gruppe II: Elektrische Betriebsmittel für Chemie, Petrochemie etc.

Die max. Oberflächentemperatur eines elektrischen Betriebsmittels muss stets kleiner sein als die Zündtemperatur des Gas/- bzw. Dampf/Luftgemischs, in dem es eingesetzt wird. Selbstverständlich sind Betriebsmittel, die einer höhe-

Tabelle 3.6 Zulässige Oberflächentemperatur der elektrischen Betriebsmittel mit zusätzlicher Zertifizierung und Kennzeichnung

T1	T2	T3	T4	T5	T6
450 °C	300 °C	200 °C	135 °C	100 °C	85 °C

Zertifizierung und Kennzeichnung
Kennzeichnung nach EN 50014: [E Ex ia] = Zündschutzart
IIC = Gerätegruppe
T6 = Temperturklasse

Zusätzliche Kennzeichnung nach EG RL 94/9 (ATEX 100 a)
⟨EX⟩ II (1) G

ren Temperaturklasse entsprechen (z. B. T5) auch für Anwendungen zulässig, bei denen eine niedrigere Temperaturklasse gefordert ist (z. B. T2 oder T3).

Zulässige Oberflächentemperatur der elektrischen Betriebsmittel ist wie folgt definiert (Tab 3.6) [6]:

3.3.2.7.1 **Feldtechnik**

Als Feldgeräte werden Messfühler und Sensoren für die Messung verschiedenster physikalischer Eigenschaften eingesetzt. Sie sind von unterschiedlichster Konstruktion und aus verschiedenen Werkstoffen.

Die Temperaturmessung kann mit

- Präzisions-Gasfederthermometern mit oder ohne Kapillare, mit unterschiedlichen Anschlüssen und Adaptern,
- Pt100-Widerstandsthermometern, eingebaut aus Korrosionsgründen in Messtaschen aus Glas, PTFE oder Edelstahl, weitestgehend in Vierleiterausführung und zur besseren Temperaturmessung in Wärmeleitpaste eingebettet, mit unterschiedlichen Anschlüssen und Adaptern, mit verschiedenen Einbaulängen, mit oder ohne oder mit Kopftransmittern (4–20 mA) in zertifizierter Ex-Ausführung oder in selteneren Fällen mit
- Thermoelement NiCrNi, in Glasschutzrohr eingeklebt, mit unterschiedlichen Anschlüssen und Adaptern

erfolgen.

Die Druck-/Differenzdruckmessung kann mit

- Manometern mit PTFE-Trennmembran und Flüssigkeitsfüllung mit MB von –1200 . . 0 mbar bis 0 ... +4 bar,
- Drucksensoren in Dünnfilmtechnik mit hoher Genauigkeit und Reproduzierbarkeit mit 4 ... 20 mA Ausgangssignal mit Messbereich von –1 ... +0,3 bar,
- Differenzdruckmessumformer mit 4 ... 20 mA Ausgangssignal für den Miniplant-Anlagenbereich mit Messbereich von 0,1 ... 100,0 mbar

durchgeführt werden.

Die Durchflussmessung wird mit

- Schwebekörperdurchflussmesser aus Glas mit PTFE oder Korund-Schwimmern,
- magnetisch-induktiven Durchflussmesser mit Keramikauskleidung und Platinelektroden mit 4 ... 20 mA Ausgangssignal,
- Ultraschall-Messsonden

durchgeführt.

Niveauüberwachung kann mit

- kapazitiven Näherungssensoren in PTFE- oder Edelstahlausführung mit Direktbefestigung an Glasgefäßen mit Beipasshalterung in NAMUR-Ausführung,
- induktiven Näherungssensoren für Beipassmonate mit glasgekapseltem, metallischem Schwimmer in NAMUR-Ausführung,
- Ultraschall-Messsonden,
- optischem Lichtleitsensor

erfolgen.

Die Drehzahlmessung/-anzeige für Rührantriebe kann mit

- induktivem Näherungssensor nach NAMUR und digitaler Drehzahlanzeige gemessen werden.

pH-Messung kann mit

- Einstabmessketten mit beliebiger Einbaulänge,
- Einstabmessketten mit integriertem Temperaturfühler

erfolgen.

Die Leitfähigkeitsmessung kann mit

- konduktiven Leitfähigkeitsmesszellen mit PVDF- oder PVC-Körper mit Graphit oder Edelstahl als Zellenmaterial mit verschiedenen Zellenkonstanten

gemessen werden.

Elektrisch betriebene Magnete werden zur Betätigung von Rückflussteilern eingesetzt. In Verbindung mit einem elektrischen Taktgeber oder Timer kann ein beweglich gelagerter Trichter mit eingeschmolzenem Magneten, der sich innerhalb des Rücklaufteilers befindet, von außen angesteuert werden.

Weitere spezielle Feldtechniken müssen der speziellen Problematik angepasst werden.

3.3.2.7.2 **MSR-Technik**

Modulare Mess- und Regelgeräte stehen als Tischgeräte für die Ausrüstung der Miniplant-Anlagen für folgende Mess- und Steueraufgaben zur Verfügung [1, 2, 6, 11]:

- Digitalthermometer für Temperaturanzeigen,
- elektrische Heizungsregler für Temperaturgrenzwerteinstellungen und Temperaturregelungen,

- Taktgeber oder Timer für digitale Zeittaktsteuerung des Rücklaufverhältnisses,
- Vakuum- und Differenzdruckregler für Druckmessungen und -grenzwerteinstellungen,
- Schaltgeräte für optische und induktive, elektrische Betriebszustände.

Alle modularen Einzelgeräte können zu einem System mit übergeordneten Steuereinheiten nach Belieben über die vorgesehenen Analog-Steuerein- und -ausgänge zusammengeschaltet und zur Dokumentation mit Schreibern und Drucker ausgestattet werden. Auch können einzelne Geräte zur Ergänzung an bereits installierte Prozessregelsysteme nachgerüstet werden.

Prozessleitsysteme haben unterschiedliche Strukturen und wurden in einer Vielfalt entwickelt und optimiert. Besonderes Interesse sollten die Prozessleitsysteme finden, die mit einer Bedien- und Automatisierungsebene und einer Leitstandsebene aufgebaut sind, wie es in der Betriebstechnik üblich ist [1, 6].

Die Anschluss- und Schnittstellen werden allgemein nach den NAMUR-Empfehlungen gestaltet. Die Geräteeinheiten werden in der 19″-Einschubtechnik gebaut.

Auf der Bedien- und Automatisierungsebene werden die Messwerte erfasst, umgeformt, verknüpft, überwacht, gesteuert und geregelt. Meist sind die Geräte für den Einsatz im Labor besonders handlich und haben minimalen Platzbedarf.

Die Leitstandsebene wird benutzt für das Parametrieren, Bedienen, Beobachten, Speichern, Auswerten und Dokumentieren. Sie besteht meist aus einem handelsüblichen PC, der speziell mit geeignetem Betriebssystem und Softwaremodulen bestückt ist (siehe auch Kapitel 3.4).

Die kleine kompakte, prozessnahe Geräteeinheit lässt sich direkt an der Anlage montieren, um Verkabelungskosten einzusparen, und ermöglicht eine schnelle Umrüstung von Sensoren und Aktoren, während das Prozessleitsystem von der Anlage völlig entfernt aufgebaut werden kann.

3.3.2.8 **Verbindungen**

Verbindungen für Glasflansche sind unabhängig von ihrer Form kraftschlüssig und hochbelastbar und bieten bei geringstem Wartungsaufwand ein Höchstmaß an Zuverlässigkeit.

Alle Flanschverbindungen sind für produktseitige Betriebstemperaturen von bis zu +200 °C und für einen der Nennweite entsprechenden zulässigen Betriebsüberdruck geeignet. Zu beachten ist, dass Kunststoff-Flanschringe jedoch nur bis zu einer produktseitigen Betriebstemperatur von +150 °C mit zusätzlichem Material einisoliert werden dürfen (Abb. 3.53) [6].

Verbindungen mit Bauteilen aus Glas und anderen Werkstoffen kommen in der modernen Miniplant-Technik immer mehr vor. So werden Bauteile aus Borosilicatglas 3.3 mit PTFE-ausgekleideten Komponenten oder mit emaillierten Stutzen angeschlossen oder Energieleitungen aus anderen Werkstoffen müssen z. B. mit Apparaten verbunden werden.

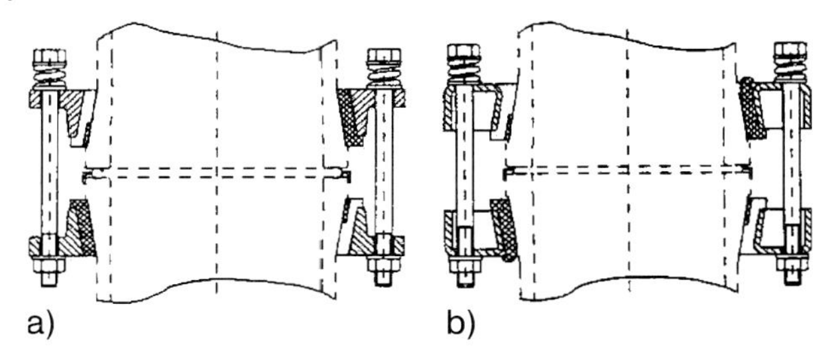

Abb. 3.53 Flanschverbindungen aus Kunststoff (a) und Edelstahl (b) für QVF-Sicherheitsplanflansche.

Zum Lieferumfang einer Flanschverbindung gehören grundsätzlich zwei Flanschringe und zwei Einlagen in Kunststoff oder Edelstahl sowie Schrauben, Muttern, Scheiben und Druckfedern aus Edelstahl. Durch den Einsatz von Druckfedern ist sichergestellt, dass nach erfolgter Montage stets gleichmäßige und in der Höhe richtige Schraubenkräfte auf die Verbindung wirken. Es ist empfehlenswert, die Edelstahl-Verbindungsschrauben zu fetten, um ein Fressen zu vermeiden.

Dichtungen gehören i.d.R. nicht zum Lieferumfang einer Flanschverbindung. Vielmehr sind sie für den speziellen Einsatzzweck getrennt zu bestellen.

Verbindungen mit Flanschringen aus Kunststoff sind aus glasfaserverstärktem Duroplast, Einlagen aus glasfaserverstärktem Polypropylen (bis zur Nennweite DN 150) bzw. Duroplast (bei DN 200 und DN 300) und Schrauben, Scheiben, Druckfedern und Muttern aus Edelstahl. Diese Verbindungen erfordern keine Erdungsmaßnahmen bis zur Nennweite DN 300, wenn aufgrund der verarbeiteten Medien mit elektrostatischen Aufladungen zu rechnen ist.

Ebenso bestehen Verbindungen aus Edelstahl aus Flanschringen, Schrauben, Scheiben, Muttern und Druckfedern aus Edelstahl. Die Einlagen bestehen aus glasfaserverstärktem Polypropylen (bis zur Nennweite DN 150) bzw. Duroplast (bei den Nennweiten DN 200 und DN 300).

Im Apparatebau kommt es häufig vor, dass Verbindungen ohne Werkzeug möglichst schnell geöffnet und wieder geschlossen werden sollen. Das Einfüllen von Substanzen in Reaktionsgefäße oder Extraktionsbehälter sowie das Auswechseln von Messwertgebern sind typische Beispiele dafür. Für derartige Anforderungen sind die Klappverschlussverbindungen bestens geeignet.

Klappverschlussverbindungen bestehen aus einem oberen Flanschring aus Edelstahl mit geschlitzten Löchern und den Klappschrauben, die an dem unteren Flanschring aus Kunststoff eingeschraubt sind, der selbst gegen Herabfallen am Flaschenhals gesichert ist. Der Haltering und die Schrauben bestehen aus Edelstahl. Die Dichtung muss separat ausgewählt werden.

Der zulässige Betriebsdruck der Klappverschlussverbindungen beträgt –1 bis +0,5 bar, da die Schrauben nur von Hand angezogen werden können.

Eine für spezielle Anwendungen komfortablere Lösung gegenüber den vorstehend beschriebenen Klappverschlussverbindungen stellen die Schnellverschlüsse dar. Es handelt sich hierbei um Gewindeverschraubungen aus eloxiertem Aluminium, die mit den Standardeinlagen aus Kunststoff beschickt werden. Die Schnellverschlüsse haben einen deutlich geringeren Raumbedarf als die Standard-Flanschverbindungen und sind bedienungsfreundlicher. Der zulässige Betriebsüberdruck der Schnellverschlüsse beträgt –1 bis +0,1 bar, da das Gewinde sich lockern kann und mit einem Spezialschlüssel nachgedreht werden muss (Abb. 3.54) [6].

Sollen Bauteile aus Borosilicatglas 3.3 an solche aus anderen Werkstoffen angeschlossen werden, dann treffen i. d. R. unterschiedliche Teilkreise und Lochdurchmesser sowie voneinander abweichende Schraubenzahlen aufeinander. Diese Probleme werden am besten gelöst, wenn ungebohrte Losflanschringe auf der Seite des Glasflansches entsprechend gebohrt und dann mit den serienmäßigen Einlagen und weiterem Zubehör versehen werden.

Die Einlagen werden eingesetzt, um den direkten Kontakt zwischen Flanschring und Glasflansch zu vermeiden und durch Toleranzen bedingte Unebenheiten in der Oberfläche auszugleichen. Ihre Wiederverwendung bei erneutem Zusammenbau muss sorgfältig geprüft werden, ansonsten sollten im Zweifelsfall immer neue Einlagen verwendet werden.

Die einteiligen Einlagen aus Kunststoff sind für die Nennweiten DN 15 bis DN 150 geschlitzt und für die Nennweiten DN 200 und DN 300 mit Scharnieren versehen. Für höhere Temperaturen und für höchste Korrosionsfestigkeit können Einlagen aus PTFE-Compound in Sonderanfertigung eingesetzt werden (Abb. 3.55) [6].

In der Miniplant-Technik muss i. d. R. nur von einem Überdruck von +0,5 bar ausgegangen werden, sodass es ausreichend ist, wenn zuerst die Druckfedern mit den Schrauben, Unterlegscheiben und Muttern mit den Händen gleichmäßig angezogen werden. Wenn die Flanschverbindung mit den Händen nicht mehr bewegt werden kann, werden die Druckfedern noch zweimal über Kreuz gleichmäßig nacheinander um eine Viertelumdrehung per Hand mithilfe von

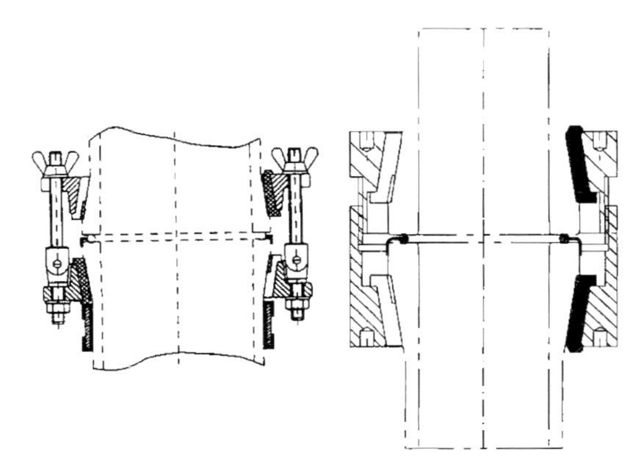

Abb. 3.54 Klappverschlussverbindung aus Kunststoff und Flansch-Schnellkupplung aus eloxiertem Aluminium.

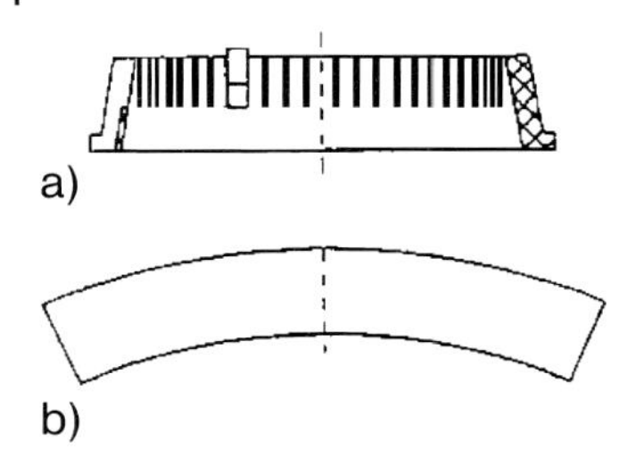

Abb. 3.55 Einlagen (a) für Flanschverbindungen für Betriebstemperaturen bis +200 °C und Spezialeinlagen (b) für den Hochtemperaturbereich.

zwei Schraubenschlüsseln angezogen. Nach dieser Vorgehensweise werden in aller Regel dichte Verbindungen erreicht.

Wenn vorgebohrte Anschlussflanschringe verwendet werden, kann auf der anderen Seite der Lochdurchmesser größer sein. Zur Zentrierung der Schrauben müssen unbedingt Reduzierhülsen vorgesehen werden.

Für die Funktionstüchtigkeit von Rohrleitungen, Apparaten und Anlagen aus Borosilicatglas 3.3 sowie für den Anschluss an Komponenten aus anderen Werkstoffen ist die Wahl der richtigen Dichtung von entscheidender Bedeutung. Je nach Einsatzfall können verschiedene Dichtungen aus PTFE ausgewählt werden.

Natürlich gibt es auch Fälle, bei denen Dichtungen in Sonderausführung aus anderen Werkstoffen eingesetzt werden müssen. Ringdichtungen mit einer ausgearbeiteten Dichtungsperle und einem außen liegenden Kragen werden bei der Mehrzahl aller Installationen eingesetzt. Sie zentrieren sich am äußeren Umfang des Flansches und werden bis einschließlich Nennweite DN 300 zusätzlich in einer Rille gekammert. Diese Ringdichtungen werden aus einem virginalem PTFE-Material gefertigt. In vielen Fällen sind diese PTFE-Ringdichtungen auch für den Anschluss von Komponenten aus anderen Werkstoffen geeignet, sofern werkstoffbedingt keine größeren Unebenheiten zu überbrücken sind (Abb. 3.56) [6].

Bei GMP-gerechten Ringdichtungen wird die Abdichtung der Glasbauteile bereits an deren Innendurchmesser ermöglicht. Dafür muss vor dem O-Ring nach innen ein flacher, schmaler Dichtfortsatz angebracht sein, damit hier keine Spaltverunreinigung entstehen kann. Außerdem verfügen diese Dichtungen über einen Doppelkragen, der bei eventuellen Undichtigkeiten ein radiales Austreten des Produkts verhindern soll.

Sollen Bauteile aus Borosilicatglas 3.3 an PTFE-ausgekleidete Komponenten angeschlossen werden, ist zusätzlich zu der Ringdichtung eine Flachdichtung einzusetzen. Für die Flachdichtung kann multidirektionales PTFE-Material mit Faserstruktur benutzt werden, das eine gewisse Elastizität, wenn auch mit geringer Rückstellkraft hat. Die bei der Verbindung von Glasbauteilen üblichen Schraubkräfte sind für diese Anwendungsfälle entsprechend zu dosieren.

Um toleranzbedingte Winkelabweichungen auszugleichen oder Auslenkungen absichtlich zuzulassen, kann dies durch den Einsatz von Gelenkdichtungen erfolgen. Ihre produktberührte Hülle besteht aus einem virginalem PTFE-Material von ausgesuchter Qualität. Außen liegende Ringe und Scheiben sind kugelförmig aus Edelstahl gearbeitet und geben der Verformung der inneren PTFE-Hülle Halt. Mit Gelenkdichtungen lassen sich Auslenkungen bis zu 3° (entspricht 52 mm Abeichung pro Meter von der Geraden) realisieren. Gelenkdichtungen können auch Erdungsschellen haben, um elektrostatische Aufladungen abzustellen. Sie eignen sich auch für einen nachträglichen Einbau (siehe Abb. 3.56) [6].

Faltenbälge werden als wichtige Elemente für den Apparate- und Anlagenbau aus Borosilicatglas 3.3 nicht nur zur Kompensation von temperaturbedingten Längenänderungen eingesetzt. Sie finden auch Anwendung, um Verspannungen innerhalb von Installationen zu vermeiden bzw. einen spannungsfreien Anschluss an Komponenten, meist aus anderen Werkstoffen, zu gewährleisten, wenn von diesen Schwingungen in die Apparatur eingeleitet werden können (z. B. Energieleitungen, Pumpen und Rührwerksbehälter). Die nachstehend beschriebenen Ausführungen berücksichtigen diese unterschiedlichen Einsatzfälle.

Die Flanschringe der Faltenbälge werden aus Edelstahl geliefert. Schrauben, Muttern und Druckfedern sind ebenfalls aus Edelstahl. Der zulässige Betriebsüberdruck und die zulässige Temperatur für die unterschiedlichen Ausführungen der Faltenbälge müssen nach den Herstellerangaben gewählt werden. Bei der maximal zulässigen Betriebstemperatur von +200 °C eignen sie sich nur noch für einen drucklosen Einsatz. Zwischenwerte können interpoliert werden.

Das Einbaumaß der Faltenbälge und die zugelassene Beweglichkeit werden meist vom Hersteller bereits mit Stoppschrauben voreingestellt. Bei der Monta-

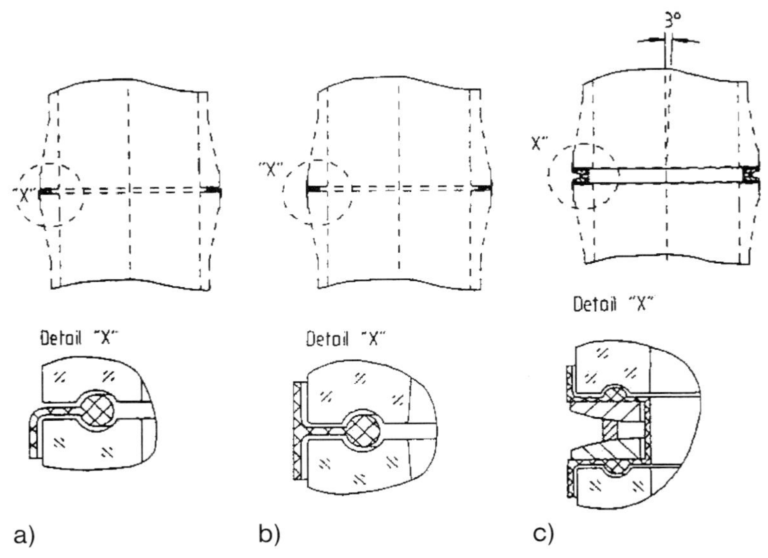

Abb. 3.56 PTFE-Kragendichtung (a), PTFE-Doppelkragendichtung (b) und PTFE-Gelenkdichtung (c) für QVF-Flanschverbindungen.

ge sind die Einstellung der Faltenbälge sowie die Führung und Halterung der Glasbauteile so vorzunehmen, dass bei einem Betrieb unter Vakuum oder Überdruck keine unzulässigen Kräfte auf das Rohrleitungssystem wirken. Auch Faltenbälge für höhere Betriebsdrücke sowie Bälge aus leitfähigem PTFE sind möglich.

Vakuum-Faltenbälge für den beidseitigen Anschluss an Glasrohrenden haben zusätzlich einen Stützzylinder aus PTFE-Material ausgesuchter Qualität. Beide Flanschringe dieser Faltenbälge sind für die im Glasapparatebau üblicherweise verwendeten Schraubenkräfte, Schrauben und Lochdurchmesser dimensioniert. Beim Anbau an Flansche aus anderen Werkstoffen, die gewöhnlich größere Löcher aufweisen, sind dann die oben erwähnten Reduzierhülsen einzusetzen (Abb. 3.57) [6].

Zwischenplatten müssen immer dann eingesetzt werden, wenn Bauteile aus Borosilicatglas 3.3 mit solchen aus anderen Werkstoffen verbunden werden sollen und ein direkter Anschluss nicht möglich ist. Sowohl unterschiedliche Innendurchmesser als auch stark gerundete Dichtflächen, z. B. an emaillierten Stutzen, können der Grund dafür sein. Die Zwischenplatten bestehen aus einem Edelstahlring, zwei weichen, ringförmigen Beilagen und der U-förmigen Hülle mit ausgebildeten Dichtungsringen aus PTFE. Bis einschließlich Nennweite DN 300 lässt sich eine Zwischenplatte in die Verbindung der Bauteile einspannen (Abb. 3.58) [6].

Produktschläuche sind in der Miniplant-Technik das elastische Verbindungselement überhaupt und sind maßgerecht überall zu montieren. Sie haben sich bei häufig verändernden Versuchsapparaturen als Produktleitungen ebenso bewährt wie für komplizierte Leitungsführungen bei gleichzeitig vorhandenen, beengten Platzverhältnissen. Auch für die Gestaltung von variablen Überläufen sind sie bestens geeignet. Der Werkstoffarten von PTFE, PFA, VITON, PVC (armiert) oder Silicongummi, vielleicht auch mit zusätzlicher Isolierung aus Armaflex, muss einsatzbedingt gewählt werden [7].

PTFE-Spiralschläuche aus PTFE-Material ausgesuchter Qualität sind beidseitig auf ein Anschlussstück aus Borosilicatglas 3.3 aufgeschrumpft und mit einer Edelstahlschelle befestigt. Sie sind besonders beweglich und knicken nicht so leicht ab [6].

Schläuche für Energieanschlüsse gewährleisten einen flexiblen, spannungsfreien Anschluss der Energieleitungen (Dampf, Kondensat, Wärmeträger und Kühlwasser) an Wärmeübertrager, Heizer und Komponenten mit Temperiermantel aus Borosilicatglas 3.3 und Metall. Eine Gewichtsentlastung muss beim

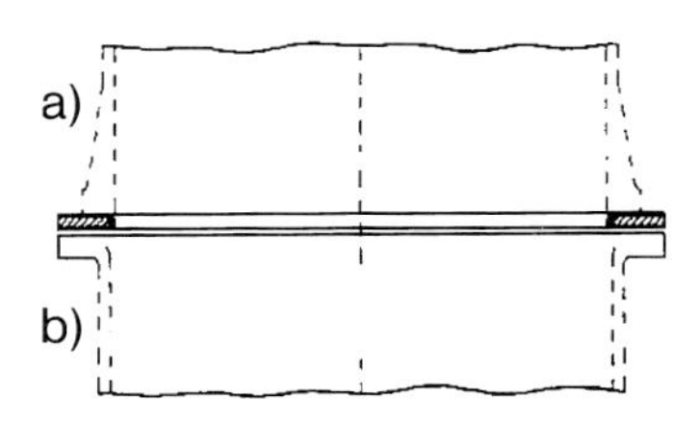

Abb. 3.57 PTFE-ummantelte Zwischenplatte für Glas-(a)/Metall-(b)Flanschverbindungen.

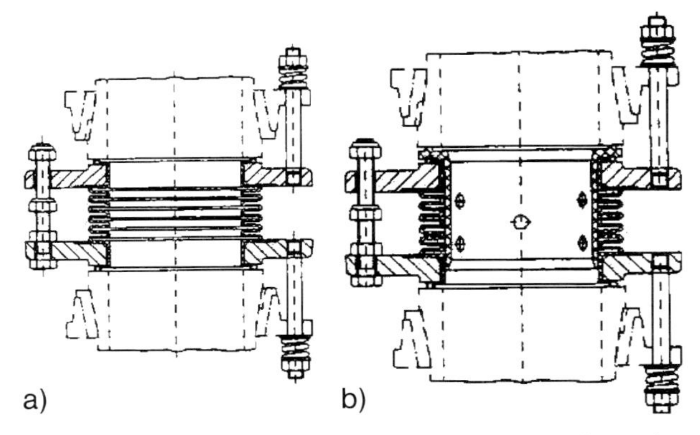

Abb. 3.58 PTFE-Faltenbälge für Normaldruck (a) und Vakuum (b).

Anschluss an Glasapparaturen unbedingt beachtet werden. Der innen liegende Wellschlauch und die Anschlussflansche sind aus Edelstahl. Nach außen werden unterschiedlich geeignete Keramik- und Glasfaserisoliermaterialien überzogen, bis außen schließlich ein Siliconschaumschlauch oder ein anderes schwer entflammbares Kunststoffmaterial angebracht ist [18].

In Sonderausführung gibt es auch flexible Produktschläuche mit Edelstahlgeflecht als Armierung, die mit einem austauschbaren, innen liegenden PTFE-Schlauch ausgestattet werden können. Die Verbindungen des PTFE-Schlauches mit Glasrundgewinden erfolgen über PTFE-Schneidringverschraubungen [10].

Die in der Miniplant-Technik sehr häufig eingesetzten Glasstutzen mit genormtem (DIN 168) Rundgewinde gewährleisten in Verbindung mit Laborverschraubungen aus glasfaserverstärktem PTFE oder hochtemperaturbeständigem PPS eine kompakte Bauweise und eine hohe Flexibilität bei Änderungen und Ergänzungen (Abb. 3.59) [7].

Verschraubungen werden bevorzugt eingesetzt für die Verlegung flexibler (PTFE-Schläuche) oder starrer (Glas, Metall etc.) Produktleitungen geringer Querschnitte bzw. zur Aufnahme von Messwertgebern oder Ähnlichem.

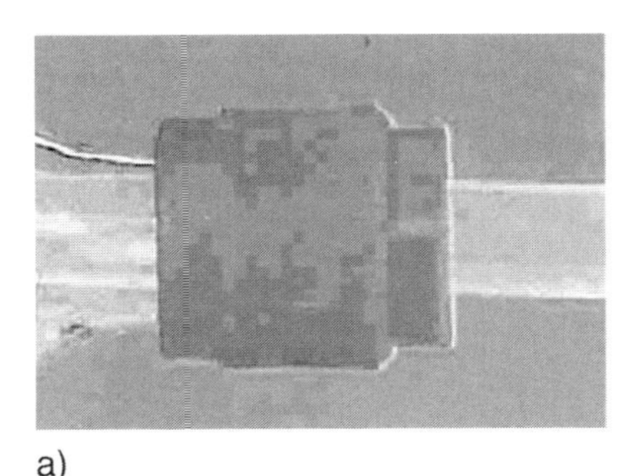

Abb. 3.59 PPS-Glasgewindeverschraubung (a) und Verschlusskappe (b).

Zu jeder Verschraubung mit Durchgang gehören ein Schneidring aus PTFE, ein Stützring aus PTFE und ein Druckring aus PVDF oder PPS.

Eine einfache Schraubverschlusskappe, hergestellt aus dem ebenfalls relativ korrosionsbeständigen Werkstoff PBTP oder PPS, erlaubt mit einer Verschlussdichtung aus PTFE auch das vorübergehende oder ständige Verschließen nicht benötigter Stutzen. Hier gibt es neben den üblichen Größen von GL 14 bis GL45 auch Sondergrößen bis zu GL 120. Besonders bei den großen Durchmessern sind die Kosten gegenüber Klapp- und Schnellverschlüssen für Flanschenden erheblicher günstiger [7].

3.3.2.9 Gestelle und Halterungen

Der Gestellbau dient der Aufstellung von Apparaturen und Anlagen sowie deren Bauteile, die ausschließlich oder teilweise aus Borosilicatglas 3.3 hergestellt sein können.

Rohre aus Edelstahl in verschiedenen Durchmessern bilden die Grundlage für dieses Baukastensystem. Die Rohre werden mit geschlossenen oder offenen Gestellverbindern miteinander verbunden. Die Gestelle sind stabil, können leicht demontiert und wieder neu aufgebaut werden, ebenso einfach ist der Umbau oder die Ergänzung von bestehenden Gestellen. Halterungen für die Gestaltung von Fixpunkten, die Unterstützung von Kugel- und Zylindergefäßen sowie liegenden, zylindrischen Bauteilen und eine Vielzahl von sonstigen Klemmen, Trageblechen und Gestellböden ergänzen das Programm.

Für die konstruktive Gestaltung der Rohrgestelle werden die zu verwendenden Gestellrohrdurchmesser sowie Breite, Tiefe und Höhe der Gestelle nach den Nennweiten und Gewichten der Glasbauteile wie Reaktoren, Kugelgefäße oder Kolonnen bestimmt.

Beim Aufbau von Gestellen für die Miniplant-Anlagen wird darauf geachtet, dass die einzelnen Apparaturen, Armaturen und sonstige Einrichtungen einfach zugänglich und gut zu bedienen sind. Aus diesem Grund wird die vordere Gestellseite weitgehend offen gehalten. An der hinteren Seite der Anlage befindet sich der sog. „Rechen", an welchem die einzelnen Halterungselemente befestigt sind. Die Miniplant-Anlagen können in den meisten Fällen vormontiert geliefert werden. Für den problemlosen Transport wird das obere Gestellteil ab 2,0 m Höhe abnehmbar konstruiert. Apparate und vor allem Anlagen mit großer Bauhöhe, wie z. B. solche mit mehreren Kolonnenschüssen, werden in Käfig- bzw. Turmbauweise ausgeführt und allenfalls im untersten Segment von 2,0 m Höhe vormontiert.

Bauteile aus Borosilicatglas müssen spannungsfrei und gewichtsentlastend montiert werden. Die Halterungen müssen so ausgeführt sein, dass eine Ausdehnung der Anlagekomponenten vor allem bei Verwendung von anderen Werkstoffen als Glas unter Temperatureinfluss leicht möglich ist. Jede Apparatur wird ausgehend von einem Fixpunkt, der sich im unteren Teil befindet, aufgebaut und im oberen Bereich in Halterungen mit Aufhängefedern eingehängt bzw. am Anlagenkopf nur geführt. Die Führungselemente sind so gestaltet, dass sie eine Längenausdehnung der Bauteile zulassen.

Kleine Apparaturen bis zu der Nennweite DN 100 werden in $^3/_4$″-Rohr, aD 26,9 mm, Gestellen aufgebaut, die nicht höher als 3,0 m sein sollen. Ab DN 150 sollte das $1^1/_4$″-Rohr, aD 42 mm, vor allem beim Einbau von besonders schweren Reaktoren verwendet werden. Höhere Gestelle über 3,0 m Höhe sind an der Gebäudewand, am besten über Eck fest zu verankern.

Der äußere Rahmen der Gestelle sollte nach Möglichkeit an den beiden Seiten und an der Rückwand mit Diagonalen versteift gebaut werden. Rohrgestelle müssen so steif ausgeführt werden, dass die Durchbiegung der Einzelrohre den zulässigen Wert nicht überschreitet und keine äußeren Kräfte auf die Glasbauteile übertragen werden können. Die ausreichende Versteifung wird damit erreicht, dass alle Rohrlängen über 1 m mit stärkerer Wanddicke als 2,0 mm und vor allem mit zusätzlichen Verstrebungen ausgestattet sind.

Ganz bedeutend ist die Gestaltung der Fixpunkte. Fixpunkte entstehen durch die Kombination eines Rohrrahmens oder Profilstahlunterbaus mit einer Flanschverbindung, einem Tragflansch oder einem Unterstützungselement wie einer Tragschale oder einem Stützwinkel. Fixpunkte haben das ganze Gewicht einer Apparatur oder Kolonne aufzunehmen und sich daher am tiefsten oder an einem möglichst tief gelegenen Punkt oder Installation anzuordnen.

Mit der Montage der Glasbauteile muss immer am Fixpunkt begonnen werden. Rohrgestell und Glasapparatur dehnen sich unter Temperatureinfluss unterschiedlich aus. Die Glasapparatur muss sich daher vom Festpunkt aus ungehindert ausdehnen können und spannungsfrei, meist in Aufhängefedern eingehängt oder bei schweren Bauteilen auf Druckfedern aufgestellt werden. Apparaturen und Kolonnen müssen seitlich immer geführt werden. Ab einer Bauhöhe von über 3 m wird diese Aufgabe von einem Rohrrahmen mit übernommen, durch den bei Montage- und Wartungsarbeiten auch das Gewicht von Glasbauteilen z. B. mit Druckfedern elastisch abgefangen werden kann. Führungselemente dürfen während des Betriebs der Anlagen nicht mit der Apparatur oder der Anlage verbunden sein.

Zwischen nebeneinander liegenden Fixpunkten mit verschiedenen Vertikalsträngen sind unbedingt Faltenbälge einzubauen. Besteht die Gefahr, dass Schwingungen, die im Umfeld von Glasanlagen erzeugt werden, auf das Rohrgestell übertragen werden können, so ist dies durch geeignete Maßnahmen wie Schwingungsdämpfer z. B. unter den Gestellfüßen oder Rohrrahmen zu verhindern.

Die beschriebenen Gestellbauteile eignen sich auch zur Gestaltung von Bühnen für die Bedienung und Wartung von Glasanlagen. Sie werden direkt mit dem Anlagengestell verbunden und sind i. d. R. in einem Höhen-Rastermaß von 2 m angebracht, wodurch eine besonders kompakte Bauweise und eine bequeme Handhabung der Bedienungselemente erreicht werden. Ausgelegt werden die Bühnen nicht mit Gitterrosten, sondern mit geriffeltem Blech, das an den Rändern aufgekantet ist, um Schäden durch herunterfallende Teile an der Glasapparatur zu verhindern.

Gestellrohre stehen für Miniplant-Anlagen mit einem Außendurchmesser von 26,9 mm und 42,4 mm in zwei Abmessungen zur Verfügung. Im Laborbereich wird zweckmäßigerweise Edelstahlrohr mit geschliffener Oberfläche eingesetzt, während für Technika das Edelstahlrohr mit Schweißnaht unbehandelt genommen werden kann.

Die Durchbiegung der Gestellrohre darf 2 mm nicht überschreiten. Die maximal zulässige freie Länge der Rohre ist von deren Belastung abhängig. Die Belastung ermittelt sich z. B. an einem Fixpunkt als Summe der Gewichte von Rohrrahmen, Glasbauteilen einschließlich Verbindungen und Flüssigkeitsinhalt. Die Anzahl der Auflagepunkte ist dabei zu berücksichtigen. Weitere Informationen können sie nebenstehender Abbildung und nachfolgenden Diagrammen entnehmen (Abb. 3.60) [6].

Unter Berücksichtigung der erforderlichen Rohrrahmen, Konsolen, diagonalen Halterungen werden die Gestellrohrverbinder konstruktiv festgelegt. In der geschlossenen Ausführung werden sie vorwiegend für den Zusammenbau zu kompletten Gestellen verwendet. Nachträgliche Veränderungen sind sozusagen nur „äußerlich“ ohne Umbau möglich. Falls vorauszusehen ist, dass bereits bei der Erstmontage größere Umbauten erforderlich werden könnten oder zu ei-

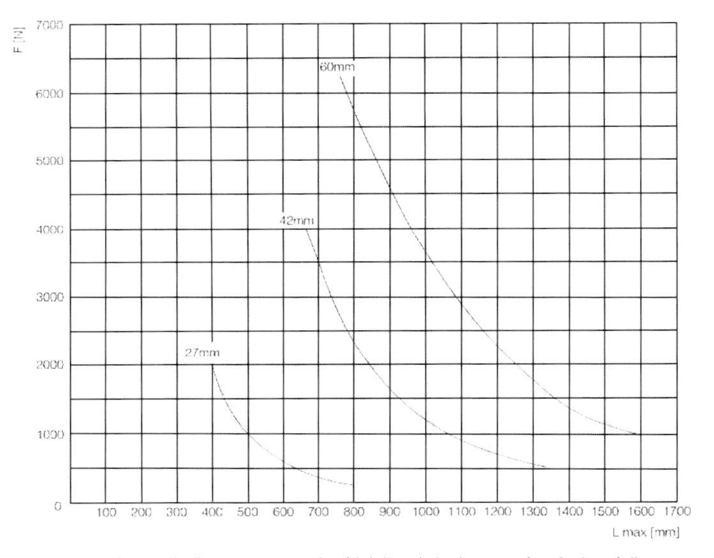

Zulässige Gestellrohrbelastung in Abhängigkeit von der freien Länge.

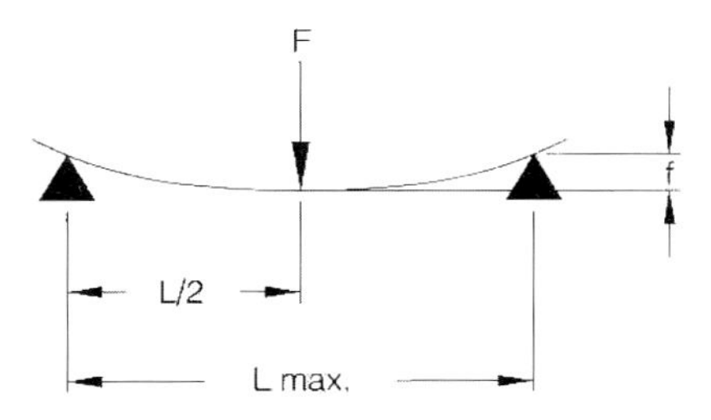

Abb. 3.60 Zulässige Gestellrohrbelastungen.

nem späteren Zeitpunkt vorgenommen werden sollten, ist zu empfehlen, offene Gestellrohrverbinder [6] vorwiegend einzusetzen. Auch für nachträgliche Einbauten und Ergänzungen am Gestell sind sie bestens geeignet.

Werden Gestellrohrverbinder der Ausführung KKO an waagerechten Rohren befestigt, so ist darauf zu achten, dass sie immer auf dem Rohr aufliegen, damit ein Formschluss gewährleistet ist. Die Gestellrohrverbinder sind aus Eisenguss (verzinkt) standardmäßig lieferbar für den rauen Einsatz unter den Bedingungen im Labor. Es gibt auch einige Sondermodelle aus Edelstahl gegossen oder mechanisch bearbeitet. Für den Laboreinsatz werden die verzinkten Gestellrohrverbinder [19] zusätzlich pulverbeschichtet oder lackiert [20].

Für normale Laborräume mit einer max. Raumhöhe von 3 m, für Stehabzüge und für Labortische gibt es bereits Standardgestelle. Für spezielle Anwendungen und vor allem für Raumhöhen über 3 m gibt es Sonderkonstruktionen mit Einbauten von Bühnen mit einem Höhenrastermaß von 2 m, mit integrierten Steigleitern und auf Wunsch mit zusätzlichen Schutzwänden aus durchsichtigem und elektrisch leitfähigem Kunststoff (z. B. Makrolon) (Abb. 3.61) [1].

Mit Rundstäben, aD 15 mm, oder Rundrohren, aD 26,9 mm, aus Werkst.-Nr. 14541 können alle Halterungselemente, welche ein Innengewinde M12 haben, mit dem Gestellrohr über Edelstahl-Rohrschellen verbunden werden. Hierzu muss eine Rohrschelle für $^{3}/_{4}$″-Rohr oder für $1^{1}/_{4}$″-Rohr eingesetzt werden.

Für Kugelgefäße aus Borosilicatglas 3.3 bis zu einem Nenninhalt von 20 l können zur Unterstützung Tragringe eingesetzt werden. Sie bestehen aus Edelstahl und sind mit einem Siliconschlauch überzogen. Alle Tragringe sind mit einem QVF-Teilkreis ausgestattet und können über Rohrrahmen auch nachträglich in einem Gestell eingebaut werden.

Zur direkten Halterung dieser kleinen Kugelgefäße im Rohrgestell eignen sich bedingt auch Halteklauen. Sie werden mit der Flanschverbindung am Halsstutzen verbunden, die dann den Fixpunkt bilden.

Mit Siliconschlauch überzogene Tragringe dienen auch zur Aufnahme von kleinen Zylinder- und Kugelgefäßen. Die Tragringe werden mit Rundrohren oder Rundstäben am Gestell festgelegt, wobei die Sechskantmutter abgekröpft oder angeschweißt ist, um jeglichen Berührungspunkt mit dem Gefäß zu vermeiden.

Für Reaktoren eignen sich zur Stabilisierung in der Vertikalen mit gleichzeitiger Sicherheitsfunktion für das Bodenablassventil eine Aufhängering, der vorne offen ist, und ein Verstelladapter, der auf dem Rundstab winkelmaßhaltig geführt und festgeschraubt werden kann.

Für den horizontalen Einbau von Apparaturen der Nennweiten DN 150 bis DN 300 wie z. B. von liegenden Abscheidern oder Rohrbündel-Wärmeübertragern in Rohrgestellen eignen sich Tragwinkel. Sie werden unter Verwendung längerer Schrauben an eine Flanschverbindung angeschraubt und über geschlossene oder offene Gestellrohrverbinder an Querrohren befestigt.

Liegende Gefäße wie z. B. Sumpfverdampfer werden mit den Tragschellen aus Werkst.-Nr. 1.4541, die innen mit Keramikband ausgelegt sind, gehaltert. Die verlängerten Sechskantschrauben spannen die beiden Schellen und werden gleichzeitig mit den KK-Verbindern verbunden und so in das Gestell integriert.

Abb. 3.61 Gestellaufbau mit Miniplant-Anlagen über verschiedene begehbare Bedienebenen.

Rohrrahmen dienen im Nennbereich DN 80 bis DN 300 als Grundelement für einen Festpunkt und werden über Rohre und Verbinder waagerecht auf einem Rahmen im Gestell montiert. Die Befestigung von zylindrischen Bauteilen erfolgt dann direkt über eine Flanschverbindung oder indirekt über Tragflansche bzw. bei Kugel- und Zylindergefäßen indirekt über Tragringe, nur bei großen Volumina über Tragschalen.

Für die Verbindung der genannten Elemente mit einem Rohrrahmen werden Stehbolzen verwendet, die aus Gründen der Stabilität möglichst kurz sein sollen. Über sie erfolgt auch das Ausrichten der auf den Rohrrahmen aufgesetzten Flanschverbindungen bzw. Gestellbauelemente. Die Rohrrahmen werden aus Edelstahl gefertigt und sind mit dem Teilkreis der Flanschverbindung ausgestattet (Abb. 3.62) [1, 6].

Die indirekte Aufstellung von zylindrischen Bauteilen aus Borosilicatglas 3.3 auf Rohrrahmen mithilfe von Tragflanschen bietet gegenüber der Kombination Flanschverbindung/Rohrrahmen einen ganz wesentlichen Vorteil: Die oberhalb

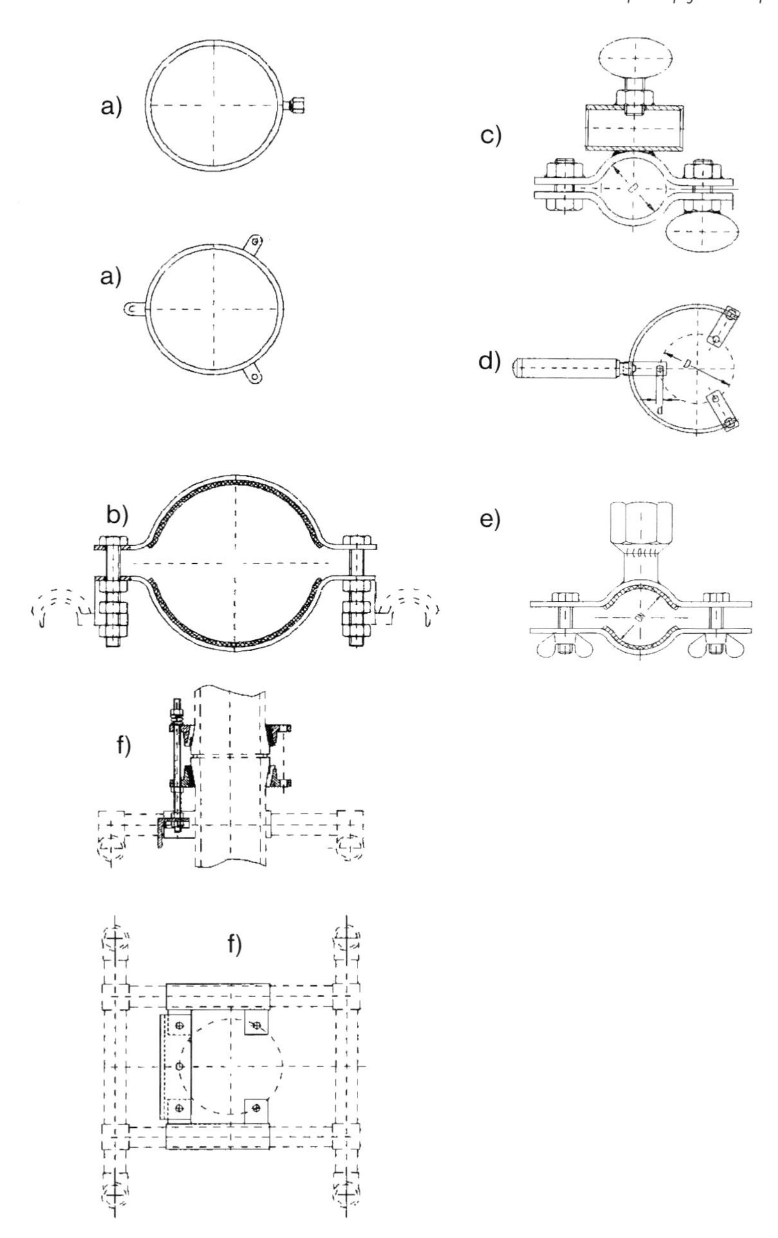

Abb. 3.62 Halterungen für die Montage von Glasbauteilen mit Gestellaufbau.

und unterhalb befestigten Glasbauteile können getrennt voneinander montiert und demontiert werden. Aufgrund unterschiedlicher Teilkreise bleibt der Tragflansch bei diesen Arbeiten fest mit dem Rohrrahmen bzw. Gestell verbunden. Ein weiterer Vorteil des Tragflansches besteht darin, dass aus dem Gewicht der auf ihm stehenden Glasbauteile nur Druckspannungen resultieren. Auf gewichtsentlastende Maßnahmen kann daher i. d. R. verzichtet werden.

Die Aufstellung von Kugel- und Zylindergefäßen aus Borosilicatglas 3.3 erfolgt in Tragschalen und Tragringen, deren Wölbung dem Behälter durch Einbringen einer speziellen Auskleidung angepasst ist. Der metallische Teil besteht aus Aluminiumguss oder lackiertem Stahl und ist grundiert und mit Epoxydharzlack gegen Korrosion geschützt bzw. aus Edelstahl.

Zur Aufstellung kleiner Dosierpumpen eignen sich die Tragbleche sehr gut. Auch MSR-Komponenten wie Vakuumregler und Taktgeber können auf ihnen angeordnet werden. Die Tragbleche aus Werkst.-Nr. 1.4541 können durch Verbinder mit dem Anlagengestell verbunden werden und sind so optimal ausrichtbar.

Gestellböden aus geschliffenem Edelstahl werden direkt in das Rohrgestell eingehängt. Sie dienen z. B. als Unterstützung für Pumpen, Messgeräte oder PC-Steuerungen und -Terminals.

Auffangwannen sind aus Werkst.-Nr. 14571 hergestellt und werden mit offenen Verbindern in die unterste Gestellebene eingehängt. So können eventuelle Leckagen, die möglicherweise beim Umstecken von Schlauchanschlüssen entstehen, sicher aufgefangen werden.

Gestellrollen werden zum Bau von fahrbaren Gestellen benötigt. Das Rad ist mit einer verstellbaren Spannhülse versehen, welche in dem $^3/_4''$-Gestellrohr steckt. Die Nabe ist aus Edelstahl gefertigt, die Rolle aus leitfähigem Gummi oder Plastikmaterial. Die Tragfähigkeit beträgt 100 kg. Zur besseren Beweglichkeit werden nur Lenkrollen mit und ohne Feststeller benutzt.

3.3.3
Baugruppen

Die technischen Merkmale für die Miniplant-Technik sowie die Bauteile und Komponenten wurden in Abschnitt 3.3.2 zusammenhängend dargestellt. Einerseits handelt es sich um grundlegende Einzelheiten, die für die Standardisierung der Miniplant-Bauteile richtungweisend sind, andererseits wird die Vielfalt der Bauteile und Komponenten aufgezeigt, die als Grundelemente für die Zusammenstellung einer nächst höheren, standardisierten Einheit dienen können. Gemeint ist zunächst eine Baugruppe, die mit weiteren Baugruppen und Bauteilen zu einer Anlage zusammengestellt werden kann. Eine Baugruppe kann auch eine komplexe Kondensationseinheit sein, die sich – zusammengebaut in einem Gestell – leicht in andere Anlagen einbauen lässt. Meist hat eine Baugruppe noch keine Messfühler und Sensoren. Der Apparat hingegen ist bezüglich seiner Anwendung funktionsfähig definiert und ausgestattet. In erheblichem Maße wird der Anspruch der Flexibilität und Mobilität durch den Einbau von Apparaten unterstützt, was letztlich in hohem Maße entscheidend dafür ist, ob die Miniplant-Technik in Forschung und Entwicklung genutzt wird.

An dieser Stelle sollen drei Miniplant-Apparate näher betrachtet werden, was in keiner Weise den Anspruch einer vollständigen Beschreibung erheben kann. Alle Beispiele lassen sich eindeutig in verschiedene Trennmethoden einreihen: die Destillation, die Flüssig/Flüssig-Extraktion und die Absorption von Gasen.

3.3.3.1 **Verdampfer**

Der Verdampfer ist ein gutes Beispiel für einen Apparat, der die besonderen Substanzeigenschaften in der Destillation optimal berücksichtigt. Daraus ergibt sich eine große Anzahl von Konstruktionen und Anwendungsmöglichkeiten.

Im Einzelnen besteht ein Verdampfer immer aus einem Wärmeübertrager, einem Gefäß, das das Flüssigkeitsvolumen des Destillationsgemischs aufnimmt, ob groß wie bei der Batch-Destillation oder klein wie bei der kontinuierlich betriebenen Destillation, einem integrierten Zyklon oder Dampfraum, aus einer Anzahl von Messfühlern und Sensoren sowie Armaturen oder sogar einem Aggregat wie einer Pumpe. Alle Teile zusammen ergeben den Apparat, mit dem jeweils die gewünschten Leistungsdaten erreicht werden und den Substanzeigenschaften am besten entsprochen wird.

Der Verdampfer kann prinzipiell aus einem Gefäß mit außen liegender Beheizung bestehen, was eine elektrische Heizhaube oder ein Ölbad sein kann. Das ist der häufigste Fall in der Destillation allgemein, auch wenn sich dies nur einer Betriebsart, der Batch-Destillation, zuordnen lässt.

Der Umlaufverdampfer kann durch Thermokonvektion einen sehr hohen Flüssigkeitsumlauf an der Wärmeübertragerfläche erzeugen, was nur kurze Kontakt- und Verweilzeiten der Substanzen an zum Teil überhitzten Wärmeübertragern zur Folge hat. Der Naturumlauf funktioniert besonders gut, wenn ein überwiegend großer Anteil des Leichtsieders im Ausgangsgemisch vorhanden ist. Bei kleineren Anteilen empfiehlt es sich, eine Umwälzpumpe mit hohem Fluss, wie dies Kreisel- und Periphalpumpen erzeugen, einzubauen. Das ist auch bei einem Vakuum unter 100 mbar erforderlich [6].

Die für den Bau der Verdampfer verwendete Wärmeübertragerart und die eingesetzten Werkstoffe müssen die Substanzeigenschaften des Destillationsgemischs berücksichtigen. Große Wärmedurchgangszahlen des Werkstoffes und konstruktive Besonderheiten bei der Größe und Gestaltung der Verdampferfläche für eine turbulente Strömung sind verantwortlich für eine hohe Verdampferleistung. Entsprechend ausgelegte Pumpen- oder Rühraggregate führen zu einer guten Durchmischung; dies kommt dem zu destillierenden Stoff besonders entgegen, trägt aber auch zur Verhinderung von Siedeverzügen bei, was für einen sicheren Betrieb notwendig ist. Eine sinnvolle Isolierung des Verdampfers vermeidet hohe Wärmeverluste an der heißesten Stelle der Gesamtanlage und erhöht zusätzlich die Sicherheit für das Bedienungspersonal.

Die spezielle Ausrichtung der Destillation im Vakuum erfordert unterschiedliche Konstruktionen und schont vor allem die zu destillierenden Produkte. An

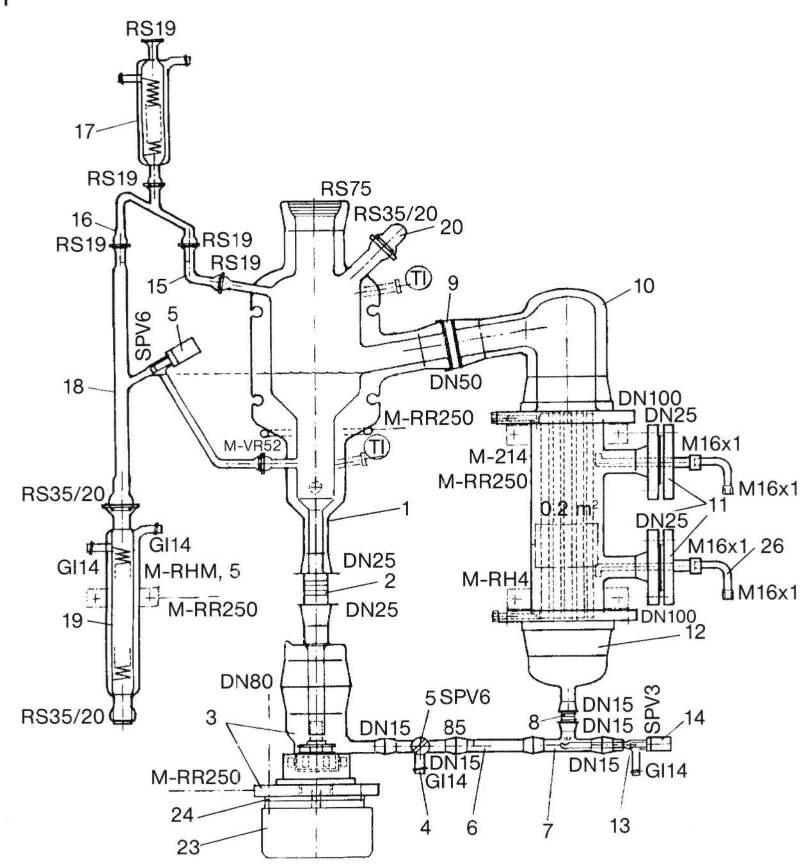

Abb. 3.63 Umlaufverdampfer-Apparat.
1 Verdampferkörper (Zyklon), 2 PTFE-Faltenbalg DN 25, 3 NORMAG Zwangsumwälzpumpe, 4 Entleerungs-(Probenahme-)Ventil, 5 Spindelventil DN 6, nach vorn angesetzt, 6 Ausgleichsrohr DN 15, 7 T-Stück DN 15, 8 PTFE-Faltenbalg DN 15, 9 Gelenkdichtung DN 50, 10 Kopfhaube DN 100/50 mit silberverspiegeltem Hochvakuummantel, 11 Rohrbündel-Wärmeübertrager aus Edelstahl 0,2 m², 12 Sumpfhaube DN 100, 13 Einleitungsstück DN 15, 14 Spindelventil SPV 3, 15 Bogenstück RS 19, 16 Druckausgleichsstück RS 19, 17 Druckausgleichskühler, 18 Überlaufrohr RS19/RS35, 19 Flüssigkeitskühler, 20 Verschlussstopfen, 21 Pt-100-Widerstandsthermometer im Dampfraum, 22 Pt-100 Widerstandsthermometer in der Flüssigkeit, 23 Pumpenmotor, 24 Befestigungsflansch, 26 Bogenstück für Heizanschluss.

dieser Stelle wird auf die Fallfilm-, Dünnschicht-, Kurzweg- und Molekularverdampfer hingewiesen, die in Abschnitt 3.3.2.4 beschrieben wurden.

Der Verdampfer kann in einem eigenen Gestell aufgebaut sein, das sich seinerseits im Gestellaufbau der Miniplant-Anlage leicht integrieren lässt. Die kurzfristige Inbetriebnahme einer Miniplant-Anlage oder die schnelle Umrüstung ist oft für die Produktentwicklung und für das Scale-up einer Produktionsanlage entscheidend. Die Lagerung und Pflege von einsatzbereiten Apparaten ist aus Kostengründen vor allem dann erschwinglich, wenn der Faktor Zeit einen berechenbaren Gewinn ergibt.

3.3.3.2 Mischer-Scheide-Stufe

In der Flüssig/Flüssig-Extraktion ist der Mischer-Scheide ein Apparat, der nach einfachen Schüttelversuchen und analytischen Untersuchungen im Labor Aussagen für den kontinuierlich betriebenen Gegenstrom zulässt. Dies ist notwendig, bevor eine Kolonnenanlage aufgebaut und mit größeren Mengen betrieben wird. Es ist ein erster Test, wie sich Substanzeigenschaften im Kontibetrieb, z. B. wenn Verunreinigungen kumuliert werden und z. B. eine Mulmbildung begünstigen, die eine saubere Phasentrennung behindern.

Eine komplette Mischer-Scheider-Stufe ist ein Apparat, der mit den Förderpumpen, jeweils für die leichte und schwere Phase, und den notwendigen Vorratsgefäßen zu einer Anlage wird [1]. Dabei ist es besonders einfach, die Anzahl der Mischer-Scheider-Stufen zu erhöhen. In erster Näherung entspricht eine Mischer-Scheide-Stufe einer theoretischen Trennstufe. Gleichzeitig kann das Phasenverhältnis variiert und studiert werden.

Um einen kleinen Regelungsaufwand zu haben, wird die Phasengrenzschicht mit einem handbedienten Phasengrenzschichtregler eingestellt, der nach dem Prinzip des inneren Überlaufs konstruiert ist. Nach der Sättigung der beiden Phasen und bei konstantem Phasenverhältnis bleibt die Phasengrenzschicht konstant stehen.

Bei mehreren Stufen kleiner Größe empfiehlt sich immer der horizontale Aufbau auf einem fahrbaren Tisch oder in einem Gestell. Um Stellfläche bei großen Bauteilen zu gewinnen, kann mit größerem Regelaufwand mit Ventilen und automatischer Phasengrenzschichtmessung auch ein vertikaler Aufbau vorgenommen werden.

3.3.3.3 Absorptionsapparatur

Zur Absorption von giftigen Reaktionsgasen, meist nachgeschaltet aus Umweltschutzgründen bei Reaktionsapparaturen, dient ein einfach zusammengesetzter Apparat. Bei kleinen Luftdurchsätzen kann eine Absorptionsapparatur in eine Miniplant-Anlage direkt integriert werden.

Die Absorptionsapparatur besteht aus einer mit Füllkörpern oder Packungen gefüllten Kolonne mit einem Vorratsgefäß für die Absorptionslösung, aus einer Umwälzpumpe, die für diese Aufgabe besonders korrosionsfest sein muss, eventuell einem Wärmeübertrager zur Entfernung der Reaktionswärme aus dem System und aus Spül- und Entleerungsstutzen, versehen mit Armaturen [1].

In der Regel wird die Absorptionsapparatur im Gegenstrom wegen der besseren Wirksamkeit betrieben. Es gibt aber auch Fälle, in denen ein fester Niederschlag bei der Neutralisation in einem bestimmten Konzentrationsbereich,

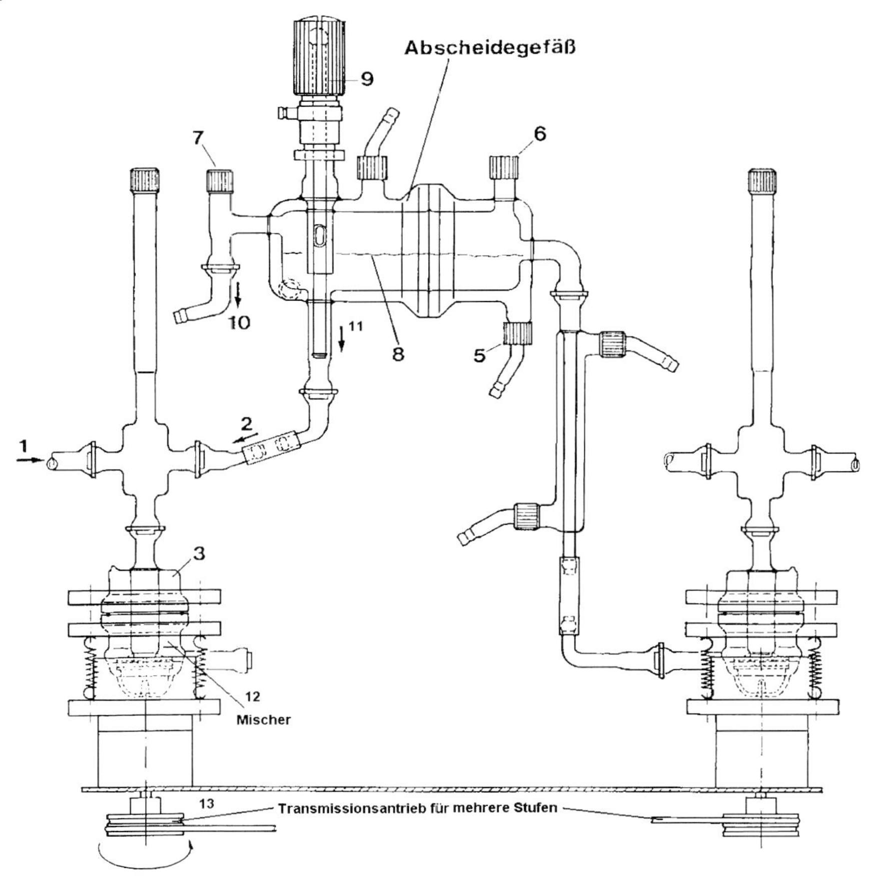

Abb. 3.64 Mischer-Scheide-Stufe. 1 Einleitungsstück für leichte Phase, 2 Einleitungsstück für schwere Phase, 3 Pumpengehäuse aus Glas, 4 Wärmeübertrager, 5 Schlauchanschlüsse für Temperierung, 6 Verschraubung für Temperaturfühler, 7 Verschraubung für Druckausgleich, 8 Abscheidegefäß DN 50 mit Temperiermantel, 9 handbedienter Phasengrenzschichtregler, 10 Ablaufstück für leichte Phase, 11 Ablauf für schwere Phase, 12 Mischer, 13 Transmissionsantrieb für mehrere Stufen.

meist in einer Zone in der Kolonne entsteht und dadurch die Gasdurchlässigkeit erheblich behindern kann

Hier ist der Gleichstrom von zu absorbierendem Gas und Absorptionsflüssigkeit besser, zwar mit weniger Absorptionsleistung, weil hier der feste Niederschlag mitgerissen wird und in den Vorratsbehälter gelangt, in dem er wieder aufgelöst werden kann.

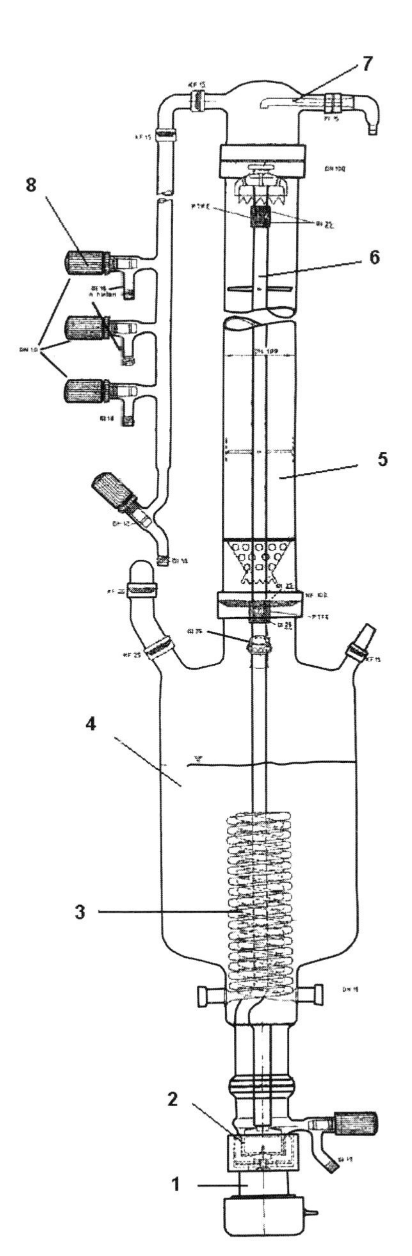

Abb. 3.65 Absorptionsapparatur. 1 Pumpenmotor, 2 Zwangsumwälzpumpe, 3 Wärmeübertrager,4 Gefäß für Absorptionsflüssigkeit, 5 Füllkörperkolonne, 6 Steigrohr für Absorptionsflüssigkeit druckseitig, 7 Stutzen für Reinigungsflüssigkeit, 8 Verteilerrechen für Verbraucheranschluss.

3.3.4 Module

Für Lehr- und Demonstrationszwecke kann durchaus eine Mehrzweckanlage mit verschiedenen Anlagenmodulen zusammengestellt und in einem Gestell fest aufgebaut werden. In diesem Fall laufen immer die gleichen Versuche ab. Überraschungen oder unvorgesehene Schwierigkeiten treten in der Regel nicht auf (Abb. 3.66).

Forschung und Entwicklung erfordern jedoch in hohem Maße Flexibilität und kurze Aufbauzeiten. Aus verschiedenen Miniplant-Baugruppen und -Apparaten können mit zusätzlichen Bauteilen für häufig angewandte verfahrenstechnische Methoden Standardanlagen zusammengestellt werden. In der Praxis

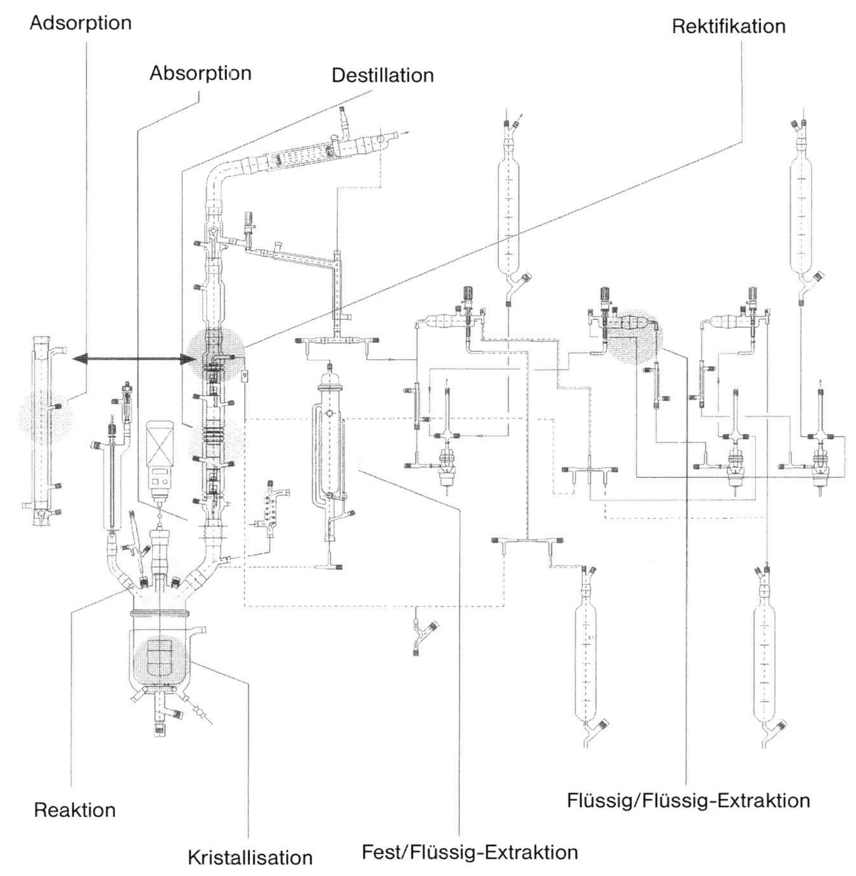

Abb. 3.66 Mehrstufige Miniplant-Anlage zur Darstellung verfahrenstechnischer Grundoperationen für Lehr- und Demonstrationszwecke.

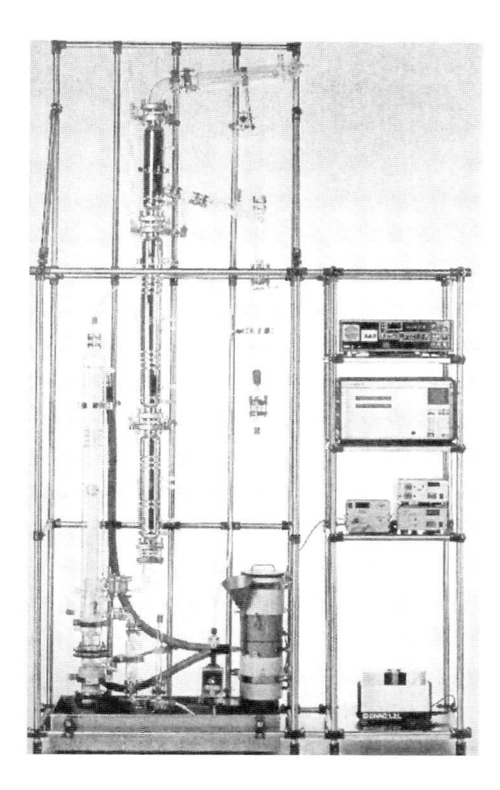

Abb. 3.67 Fallfilmverdampfer-Rektifikationsanlage als Standardanlage kompakt aufgebaut und flexibel einsetzbar.

schließt das natürlich nicht aus, dass auch einzelne Bauteile in diesen Standardanlagen bezüglich ihrer Bauart und Dimensionierung dem Prozess angepasst werden müssen.

Standardanlagen oder Anlagenmodule sollen kompakt aufgebaut und leicht transportierbar sein. Die in einem Gestellaufbau installierten Anlagen müssen nach Beendigung einer Versuchskampagne sorgfältig gereinigt und am besten nicht im Arbeitsraum, sondern in einem Lagerraum aufbewahrt werden. Dort nehmen sie keinen wertvollen Platz weg, können aber auch leicht von anderen Arbeitsgruppen in anderen Bereichen genutzt werden (Abb. 3.67, Abb. 3.68).

Diese Standardanlagen sollten spätestens als Anlagenmodule bezeichnet werden, wenn sie für die Untersuchung eines mehrstufigen Verfahrens miteinander kombiniert werden, um einen gesamten Prozess im kontinuierlichen Betrieb zu studieren. Bei einer solchen Konstellation kann im mehrwöchigen Tag- und Nachtbetrieb der Prozess umfassend und realitätsnah betrieben und beobachtet werden. Wenn auch in der jetzigen Zeit vieles auf der Grundlage der einzelnen Stufe theoretisch extrapoliert werden kann, lässt sich die Wirklichkeit nicht immer wie z. B. die Kumulation von Verunreinigungen in den einzelnen Stufen sicher abschätzen.

Hier zeigt sich ein sehr wesentlicher Vorteil der Miniplant-Technik, wenn der gesamte Prozess „im Kleinen“ kontinuierlich durchgefahren werden kann. Alle

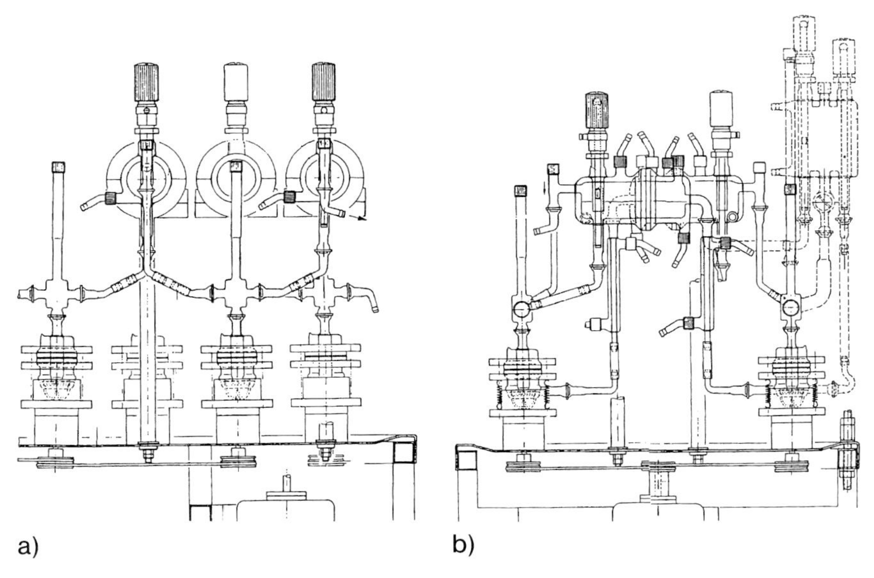

Abb. 3.68 Mehrstufige Mischer-Scheide-Batterie als Standardanlage in der Seitenansicht (a) und Kopfansicht (b).

Beobachtungen sind für das Scale-up vom Miniplant-Maßstab zur Prozessgröße von größter Bedeutung. Wenn auch der Aufwand für eine solche mehrstufige Miniplant-Anlage unter Berücksichtigung aller anfallenden Material- und Personalkosten erheblich sein kann, zeigen die allgemein bekannten Beispiele, dass der Betrieb „im Kleinen" für den Bau und den erfolgreichen Betrieb einer Großanlage sehr nützlich und letztlich entscheidend war. Es liegt in der Natur der Sache, dass nur wenige Beispiele bekannt sind.

Es wird Aufgabe der Anwender sein, in Veröffentlichungen zu zeigen, für welche häufig angewandten Trennmethoden es Sinn macht, Standardanlagen zu entwickeln und bereitzuhalten. Für die Apparatehersteller und Anlagenbauer wird es wichtig werden, den Markt mit Standardanlagen zu bedienen und die Kombinationsmöglichkeiten von Anlagenmodulen zu mehrstufigen Miniplant-Anlagen aufzuzeigen.

Literatur zu Abschnitt 3.3

1 NORMAG-Labor- und Verfahrenstechnik GmbH, Feldstraße 1, D-6238 Hofheim am Taunus
2 NORMAG Prozess- und Labortechnik GmbH, Auf dem Steine 4, D-98693 Ilmenau
3 QVF Glastechnik GmbH, Abt. Labortechnik, Schoßbergstraße 11, D-6200 Wiesbaden 13 (Schierstein)
4 Büchi AG, Gschwaderstraße 12, CH-8610 Uster
5 SCHOTT-Glaswerke, Hattenbergstraße 10, D-5122 Mainz

6 QVF Engineering GmbH, Hattenbergstraße 36, D-5122 Mainz
7 BOHLENDER GmbH, Waltersberg 8, D-97947 Grünsfeld
8 Swagelok Co., Solon, OH 44139 USA
9 Novisol AG, Weidenweg 16, CH-4310 Rheinfelden
10 Winkler GmbH, Englerstraße 24, D-69126 Heidelberg
11 G.M.W. Industrieautomation GmbH, Am Kreuz 4, D-36088 Hünfeld
12 PILOT-TEC, Jenaer Glaswerk GmbH, Technisches Glas, Otto-Schott-Straße 13, D-07745 Jena
13 Ernst Keller & Co. AG, Im Wasenboden 8, CH-4002 Basel
14 Premex Reactor AG, Industriestraße 11, CH-2543 Lengnau
15 Vogelsberger Quarzglastechnik GmbH, D-36399 Freiensteinau
16 Vereinigte Füllkörperfabriken GmbH + Co., Rheinstraße 176, D-56235 Ransbach-Baumbach
17 Sulzer Chemtech, Sulzer Allee 48, CH-8404 Winterthur
18 Huber Kältemaschinenbau GmbH, Werner-von-Siemens-Straße 1, D-77656 Offenburg
19 Kee Klamp GmbH, Voltenseestraße 22, D-60388 Frankfurt/Main
20 Bochem Instrumente GmbH, Industriestraße 3, D-35781 Weilburg/Lahn

3.4 Steuerung und Regelung

3.4.1 Anforderungen an die Automatisierung der Miniplant

3.4.1.1 Einleitung

In der Automatisierungstechnik haben sich Prozessleitsysteme zur effizienten und sicheren Prozessführung durchgesetzt. Die Anforderungen an ein Prozessleitsystem sind dabei abhängig von der Art und Größe des Prozesses. So unterscheiden sich groß angelegte Produktionsprozesse grundlegend von Laborprozessen, die sich in Aufbau und Prozessführung häufig, wenn nicht gar fortwährend ändern.

Die Programmierung herkömmlicher Prozessleitsysteme ist für Laborpersonal zu kompliziert. Die bestehenden Programmierstandards sind zudem der zunehmenden Komplexität der Prozesse nicht mehr angemessen und verfügen nicht über die benötigte Änderungsflexibilität. Daher ist die Automatisierung von Laborprozessen erst vorangekommen, nachdem spezielle Systeme für diesen Bereich verfügbar waren. In der Automatisierung ist ein enormes Einsparpotenzial an Zeit und Kosten vorhanden. Reproduzierbarkeit und Zuverlässigkeit werden gegenüber der manuellen Fahrweise deutlich gesteigert. Durch Regelung und Notabschaltung können Betriebspunkte näher an technische Grenzen der Apparate gelegt und dadurch höhere Produktausbeuten und Wirtschaftlichkeit erzielt werden.

Während im Bereich der Produktion größtmögliche Verfügbarkeit und Integration von Feldbussystemen wichtig sind, wird in F&E-Anwendungen besonderer Wert auf die Flexibilität und Benutzerfreundlichkeit hinsichtlich von Strukturierung und Konfigurierung gelegt.

Der Arbeitskreis 2.4 der Normenarbeitsgemeinschaft für Mess- und Regelungstechnik der chemischen Industrie (NAMUR) hat erstmals die Forderungen nach einer Innovation der Prozessleittechnik speziell für den Bereich Forschung und Entwicklung im Arbeitblatt NA 27 [1] systematisch zusammengestellt. Man hatte erkannt, dass im Labor- und Technikumsbereich über die von den klassischen PLS geleisteten Grundfunktionen wie Erfassen von Messwerten, Steuern und Regeln hinaus, sich die Anforderungen zunehmend auf gehobene leittechnische Funktionen konzentrieren. Dazu gehören umfangreiche Möglichkeiten zur Protokollierung und Auswertung, zur Optimierung des Verfahrensablaufes oder zur komfortablen Konfiguration durch Nichtfachkräfte.

Die letzte Forderung bedingt, dass die Instrumentierungskomponenten ohne Verdrahtungsarbeiten verwechslungssicher an das Automatisierungssystem angeschlossen werden können. Die Basis hierzu legt die NAMUR-Empfehlung NE 28 „Empfehlung zur Ausführung von elektrischen Steckverbindungen für die analoge und digitale Signalübertragung an Labor-MSR-Einzelgeräten" des Arbeitskreises 2.4 [2]. „Ein Automatisierungssystem für Forschung und Entwicklung muss den Anschluss einer Vielzahl unterschiedlicher Komponenten ermöglichen. Hilfreich für eine flexible, effiziente und kostengünstige Automatisierung ist daher eine standardisierte Verbindungstechnik für Laborgeräte." In der NE 28 werden für die verschiedenen Sensoren und Aktoren bzw. Signalarten vom Pt100 bis zur seriellen Schnittstelle geeignete Stecker- und Buchsen festgelegt.

In Abschnitt 3.4.1 werden die wesentlichen Inhalte des NAMUR-Arbeitsblattes NA 27 mit Ergänzungen des Autors wiedergegeben.

Tabelle 3.7 zeigt die speziellen Randbedingungen in den Forschungslaboren und die daraus resultierenden Forderungen an Automatisierungssysteme.

An den Versuchsaufbau werden folgende Forderungen gestellt:

- strukturierter und modularer Aufbau,
- reproduzierbare Versuchssteuerung,

Tabelle 3.7 Randbedingungen in Forschungslabors

Randbedingung	Resultierende Forderung
Hoher Termindruck	Flexibler, modularer Versuchsaufbau mit Standardkomponenten und mit standardisierter Anschlusstechnik
Wenig Platz	Kompakte Technik
Hoher Kostendruck	Kostengünstige Technik, niedrige Projektierungskosten
Mangel an PLT-Fachpersonal: Aufbau und Betrieb der EMR-Technik erfolgt durch Laboranten, soweit mit Sicherheitsvorschriften verträglich	Einfach handhabbare Technik für die Grundfunktionen (wie Anschluss der Sensoren, Aktoren und Standard-Laborgeräten ...)

- schnelle und möglichst einfache Änderbarkeit von Versuchsabläufen und -aufbauten,
- manuelle Eingriffsmöglichkeiten für den Laboranten in Versuchsablauf, Verfahren und Anlage.

3.4.1.2 Aufgaben

3.4.1.2.1 Prozessklassen

- Screening-Versuche: Automatisierte Wiederholung gleicher Abläufe mit unterschiedlichen Parametersätzen und/oder Reaktanden,
- Chargenprozesse,
- kontinuierliche Prozesse,
- kombinierte Chargen-und Konti-Prozesse.

3.4.1.2.2 Erfassen der versuchsrelevanten Größen

- Definierte Genauigkeitsanforderungen an die Messtechnik,
- vollständige Dokumentation aller wesentlichen Aspekte der Versuchsdurchführung ggf. gemäß GLP (OECD-Grundsätze der „Good Laboratory Practice"),
- Erfassung von Daten unterschiedlicher Herkunft (Messfühler, Einzelgeräte, Analytik – auch über serielle Schnittstelle),
- Datenablage mit Konversionsmöglichkeit auf Standarddateiformate wie z. B. MS-Excel.

3.4.1.2.3 Versuchsauswertung

- Daten unterschiedlicher Herkunft (aktuelle Messdaten, Messdaten aus früheren Versuchen, Analysedaten, Literaturwerte) sollten online zu verknüpfen sein,
- tabellarische und grafische Darstellung der Daten,
- Standardauswertungsverfahren,
- Statistik.

3.4.1.3 Praxis der Automatisierungstechnik in F&E

Die in Labor und Miniplant angewendete Automatisierungstechnik lässt sich in vier sog. Musterkategorien unterteilen.

Welche Kategorie realisiert und welcher Automatisierungsgrad damit letztlich angestrebt wird, ist jeweils vor dem Anlagenaufbau bzw. der Erweiterung gemäß den spezifischen Anforderungen sowie der daraus resultierenden Kosten-Nutzen-Relation festzulegen.

Ein höherer Automatisierungsgrad entsprechend den Musterkategorien 3 oder 4 (Abschnitte 3.4.1.4.3 und 3.4.1.4.4) ist obligatorisch, wenn eine Anlage über einen längeren Zeitraum hinweg betrieben und optimiert werden soll, längere

Versuchsreihen geplant sind (z. B. Screening-Versuche) oder wenn spezielle Fahrweisen genutzt werden sollen, die z. B. den Einsatz komplexer Steuerungen unbedingt erforderlich oder sinnvoll machen.

Sicherheitsrelevante Schutzabschaltungen sind in jedem Fall unabhängig vom Automatisierungssystem zu installieren [3].

3.4.1.4 Einteilung der Gerätetechnik in Musterkategorien

3.4.1.4.1 Musterkategorie 1

Diese Kategorie wird hauptsächlich bei der Automatisierung von Teilprozessen mit autarken Einzelkomponenten (Dosiereinrichtungen, Thermostate, Einzelregler, Taktgeber, Schreiber etc.) eingesetzt. Diese Technik wird im Laborbereich häufig verwendet, weil sie übersichtlich ist und Auf- und Umbauten schnell durchführbar sind.

Nachteilig ist, dass sich der Anwender mit grundsätzlich verschiedenen Einzelgeräten auseinander setzen muss, mit jeweils eigener Bedienphilosophie und teilweise eigenen Sensoren.

Weiterhin nachteilig ist, dass die Parametrierung manuell durchgeführt werden muss und nicht für spätere Wiederverwendung gespeichert werden kann. Querverbindungen zwischen den Geräten, wie sie z. B. benötigt werden, wenn eine Dosierung unterbrochen werden soll, wenn die Temperatur ein definiertes Fenster verlässt, lassen sich, wenn überhaupt, nur mit erheblichem Zusatzaufwand realisieren.

Die einzelnen Geräte müssen über eigene Intelligenz und Benutzer-Interfaces verfügen, was diese verteuert und verkompliziert.

Der größte Nachteil ist die ständig erforderliche Präsenz des Bedieners, der Zeiten überwachen, Steueroperationen manuell ausführen und Messwerte und Ereignisse aufschreiben muss.

3.4.1.4.2 Musterkategorie 2

Zusätzlich zur Musterkategorie 1 enthalten Geräte dieser Kategorie ein System zur Erfassung und Eingabe von Mess- und Analysedaten sowie Möglichkeiten zu deren Darstellung und Archivierung. Das System enthält einen Rechner, auf dem eine Messdatenverarbeitungssoftware installiert ist. Die Einzelkomponenten können an ein Messdaten-Interface gekoppelt werden, von dem der Rechner dann die Messwerte erhält und automatisch protokolliert und bei Grenzwertverletzungen alarmiert.

Dadurch entfällt lediglich die Notwendigkeit des Bedieners, Messwerte und Ereignisse zu notieren. Die ständig erforderliche Präsenz des Bedieners und die übrigen Nachteile der Kategorie 1 bleiben bestehen.

3.4.1.4.3 Musterkategorie 3

Als Erweiterung zur Musterkategorie 2 enthalten Geräte dieser Kategorie Möglichkeiten zur Steuerung und zur Sollwertvorgabe für unterlagerte, autarke Einzelkomponenten. Damit dies möglich ist, muss der Rechner, auf dem die Automatisierungssoftware installiert ist, eine Kopplung von E/A-Interfaces und von Einzelkomponenten ermöglichen.

Hier ist eine ständige Präsenz des Bedieners nicht mehr erforderlich, und er wird zumindest von lästigen Routinetätigkeiten und der manuellen Prozessführung entlastet.

Der gewichtigste Nachteil dieser Kategorie liegt in der Notwendigkeit, diverse Einzelgeräte mit ihren individuellen Protokollen physikalisch mit der Anzeige- und Bedienkomponente (ABK = Bedien-PC) und logisch mit der ABK-Software zu koppeln.

Die geschilderten Nachteile aufgrund der eigenständig durch die Geräte erfassten Messwerte bestehen hier fort. Querverbindungen zwischen den Geräten lassen sich auch hier nur mit erheblichem Zusatzaufwand realisieren.

Bei sicherheitstechnischen Anforderungen scheidet diese Kategorie von vornherein aus, weil eine prozessnahe Komponente (PNK) mit der Möglichkeit, den Prozess bei Bedarf, z. B. Ausfall der PC-gestützten ABK, in einen sicheren Zustand zu fahren, nicht vorhanden ist.

Zudem zeigt eine Kostenkalkulation, dass die Einsparung der PNK in Wirklichkeit schnell zu höheren Kosten führt: erhöhter Engineering-Aufwand, teuere Geräte mit eigener Intelligenz und eigener Bedienphilosophie.

Diese Nachteile lassen die Kategorie 3 nicht empfehlenswert und nicht mehr zeitgemäß erscheinen.

3.4.1.4.4 Musterkategorie 4, Forschungsprozessleitsystem (FPLS)

Dieses System besteht aus einer prozessnahen Komponente (PNK) und einer Anzeige- und Bedienkomponente (ABK), wobei Hard- und Software aus einer Hand stammen.

Hard- und Software dieser Technik sind in der Prozesstechnik erprobt und bieten eine erhöhte Ausfallsicherheit im Vergleich zu den Musterkategorien 2 und 3. Da Systeme der Musterkategorie 4 häufig den sog. „kleinen Einstieg“ in die Prozessleittechnik eines PLS-Herstellers darstellen, orientieren sie sich häufig an den Belangen der Produktionsautomatisierung und sind dann für Einsätze im Forschungsbereich zu unflexibel.

3.4.1.4.5 Vorteile gegenüber Musterkategorie 3

- Die Anzahl der Messstellen ist gegenüber den Musterkategorien 1 bis 3 erhöht.
- Die Funktionen sind auf eine autarke PNK zur Abwicklung prozessnaher Funktionen (VDI/VDE 3693) und eine ABK verteilt.
- Das System ist für Dauerbetrieb gut geeignet.

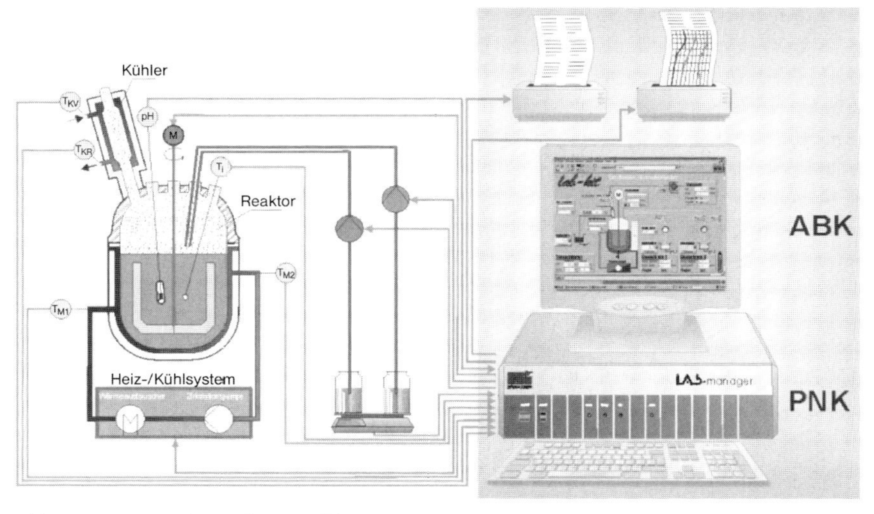

Abb. 3.69 FPLS in kompakter Ausführung.

- Bedienung und Beobachtung sind von mehreren Stellen aus (z. B. auch über ein Vor-Ort-Terminal) möglich.
- Die Bedien- und Zugangshierarchie ist klar abgegrenzt.
- Das System ist zu einem dezentralen Prozessleitsystem erweiterbar.
- Kosteneinsparung durch die Verwendung einfacher Instrumentierungskomponenten anstelle kostspieliger intelligenter Geräte.

3.4.1.4.6 Zusammenfassung von Musterkategorie 3 und 4

Durch die Musterkategorien 3 und 4 wird ein reproduzierbares und koordiniertes Zusammenwirken von Einzelfunktionen ermöglicht, wobei die Bedienung und Beobachtung vor Ort und/oder von zentraler Stelle aus erfolgen. Ihr Einsatzbereich liegt hauptsächlich in der Automatisierung größerer Laboranlagen oder von Anlagen im Miniplant- und Technikumsbereich.

Welche Kategorie letztendlich eingesetzt wird, ist sowohl vom technischen Konzept als auch von einer Reihe weiterer Faktoren, wie z. B. Verfügbarkeit oder freie Programmierbarkeit, abhängig. Dabei wird Musterkategorie 4 stets flexibler und freier konfigurierbar sein als ein System der Musterkategorie 3.

3.4.1.5 Besondere Anforderungen

Von den besonderen Bedingungen in Laboratorien für Forschung und Entwicklung lassen sich folgende Anforderungen an Forschungsprozessleitsysteme (FPLS) ableiten:

- geringer Platzbedarf; Installation vor Ort, ggf. direkt an der Anlage bzw. im Abzug,

- geringe Kosten,
- ausreichende Verfügbarkeit,
- modularer Aufbau von Hard- und Software,
- vorkonfektionierte und konfigurierbare Schnittstellen zu unterlagerten Labor-MSR-Einzelgeräten,
- einfache Konfigurierbarkeit für den Nichtfachmann,
- Eingabemöglichkeit für Offline-Messwerte (z. B. von Analysedaten),
- hohe Flexibilität zur einfachen Durchführung von Änderungen,
- vorkonfektionierte Softwaremodule für die Messdatenverarbeitung,
- Softwareschnittstelle zu Standardprogrammiersprachen zum Realisieren von speziellen Softwarefunktionen,
- komfortable Datenarchivierungs-, Protokollierungs- und Darstellungsfunktionen,
- hohe Online-Verarbeitungstiefe der erfassten Daten,
- Konvertierungs- bzw. Exportmöglichkeiten der archivierten Daten,
- Datenaustausch mit über- oder untergeordneten Rechnern (z. B. LIMS-Systemen).

Das Lab-manager-System der Firma HiTec Zang GmbH, Herzogenrath, dient im Folgenden als Beispiel für FPLS nach den Anforderungen des NAMUR-Arbeitskreises 2.4. Es wurde in Zusammenarbeit mit Laboratorien und Technika der chemischen Industrie entwickelt.

Zur Bereitstellung einer angepassten, bedienerfreundlichen Hard- und Software sind die nach IEC 61131 bestehenden Programmierstandards so erweitert worden, dass sich Prozesse mit unterschiedlichem Automatisierungsgrad flexibel und mit geringem Aufwand an veränderte Prozessbedingungen anpassen lassen.

3.4.1.6 Verfahrenstechnische Anlage und Automatisierungssystem

Der Einsatz von Automatisierungstechnik hat einen starken Einfluss auf Gestaltung und Auslegung der verfahrenstechnischen Anlage. Deshalb muss der Umfang der Automatisierung frühzeitig festgelegt werden. Änderungen an einer bereits erstellten Anlage sind stets teurer als Änderungen in Plänen. Das Ziel ist eine automatisierungsgerechte Gestaltung der Anlage.

Ein wichtiger Punkt dabei ist die „Regelbarkeit" der Anlage. Abb. 3.70 zeigt den Aufbau eines Regelkreises.

Voraussetzungen für eine gute Regelbarkeit sind:

- gute Messbedingungen für Regelgröße (die zu regelnde Prozessgröße),
- gute Stellbedingungen,
- günstige dynamische Eigenschaften der Regelstrecke,
- möglichst lineare Regelstrecke.

Die Messbedingungen sind optimal, wenn die Prozessgröße ausreichend schnell und genau erfasst werden kann. Ausreichend schnell heißt i. d. R., die

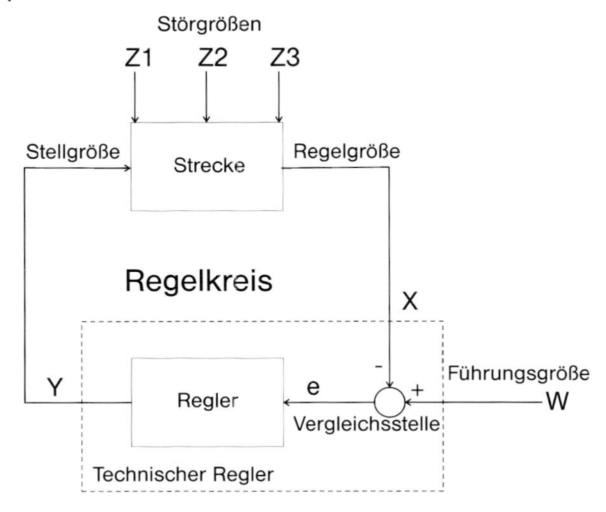

Abb. 3.70 Der Regelkreis.

(wesentliche) Zeitkonstante des Sensors ist wesentlich kleiner als die der zu regelnden Strecke.

Die Stellbedingungen werden optimal, wenn die Stellgröße über das Stellglied ausreichend schnell und präzise auf die Regelstrecke einwirken kann. Ausreichend schnell heißt i. d. R., die (wesentliche) Zeitkonstante des Stellgliedes ist wesentlich kleiner als die der zu regelnden Strecke.

Weiterhin müssen Performance-Parameter wie die größtmögliche Abtastrate des einzelnen Messkanals, die Summenabtastrate des Systems, Zykluszeiten der Steuerprogramme und zu erwartende Reaktionszeiten im Betrieb beachtet werden. Ggf. ist es besser, anstelle einer PNK mehrere, einzelnen Anlagenteilen oder Bereichen zugeordnete PNKs vorzusehen.

Alle Sicherheitssysteme müssen unabhängig vom Automatisierungssystem installiert sein und bei Ausfall der Versorgungsenergie oder einzelner Automatisierungskomponenten voll funktionsfähig bleiben. Das Automatisierungssystem unterstützt den Anlagenbediener beim sicheren Umgang mit dem Prozess, indem in Abhängigkeit vom Prozessstatus quittierpflichtige Meldungen eingeblendet werden, die auf bestimmte Prozesszustände und notwendige Handlungen hinweisen.

3.4.1.7 **Fahrweisen**

3.4.1.7.1 **Herkömmliche Fahrweise**

Der nicht automatisierte Prozess ist der klassische Fall des Laborexperiments. Der Aufwand für den Aufbau ist dabei vergleichsweise gering. Der Bediener überwacht und steuert den Prozess sehr direkt. Er kann daher auch sehr direkt in den Prozess eingreifen.

Diese Art der Prozesssteuerung überfordert den Bediener bei komplexen oder schnellen Prozessen. Außerdem werden die Prozessdaten nicht zentral und konsistent dokumentiert, eine Auswertung des Prozessablaufs ist daher nur eingeschränkt und mit hohem Zeitaufwand möglich. Die Reproduzierbarkeit vor allem im zeitlichen Ablauf ist beschränkt durch die Präzision des Bedieners. Diese Nachteile sind beim automatisierten Prozess weitgehend ausgeschlossen.

3.4.1.7.2 **Automatisierte Fahrweise**

Beim automatisierten Prozess werden die Automatisierungskomponenten bzw. das FPLS dem Prozess übergeordnet.

3.4.1.8 **Struktur des Automatisierungssystems**

Ein Automatisierungssystem besteht aus einer prozessnahen Komponente (PNK) und einer Anzeige- und Bedienkomponente (ABK).

Die PNK enthält die Schnittstellen für den Anschluss der Sensoren, Aktoren und Geräte. Sie dient zum Erfassen, Umformen und Verknüpfen der Signale sowie zum Überwachen, Steuern und Regeln.

Die auch als Bedienrechner bezeichnete ABK ist die Schnittstelle zwischen Bediener und Prozess und dient zum Parametrieren, Bedienen, Beobachten, Speichern etc.

Sie besteht i. d. R. aus einem speziellen PC mit Windows 32 Bit Windows-Betriebssystem und den ABK-Softwaremodulen.

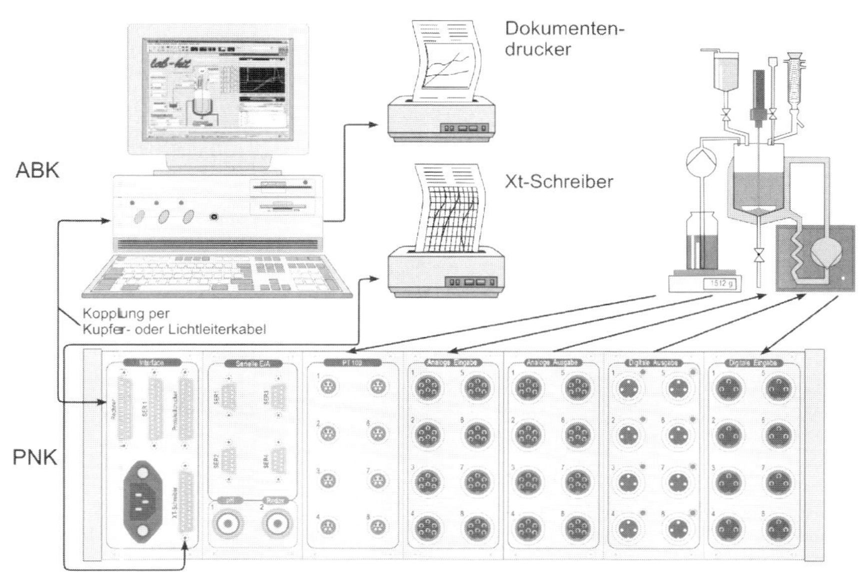

Abb. 3.71 Schema der Interaktion zwischen PNK, ABK und der Laboranlage.

In F&E hat der Einsatz von Prozessleitsystemen (PLS) verzögert eingesetzt, weil die häufig wechselnden Aufgabenstellungen mit Standardautomatisierungskomponenten nicht wirtschaftlich zu realisieren sind und die Programmierung von einer Fachkraft durchgeführt werden muss. Ein FPLS verfügt jedoch über eine völlig veränderte Architektur, die eine Anpassung an veränderte Aufgabenstellungen ohne Programmierung erlaubt und Prozesse mit hohem Automatisierungsgrad ermöglicht.

Die hier eingesetzten Prozesskomponenten sind i. d. R. kleiner als Komponenten für Produktionsprozesse. Die räumliche Anordnung beschränkt sich meist auf einen Laborplatz. Die für den Prozessablauf benötigten Ausgangsstoffe werden häufig nur in Kleinstmengen vorgegeben, kleinere Volumina reagieren bei der Vakuumreglung empfindlicher auf Stellgliedänderungen, und Messwerte müssen ohne ständiges Kalibrieren möglichst präzise sein. Dies bedingt erhöhte Genauigkeitsanforderungen.

3.4.1.8.1 Anmerkungen zu Feldbussystemen

Ein Feldbussystem verbindet Mess-, Steuer- und Regelsysteme und die zugehörigen Sensoren und Stellgeräte. Die Daten werden digital und seriell übertragen. Geeignete Protokolle stellen eine störungsfreie Übertragung sicher.

Was bei einer räumlich ausgedehnten Raffinerie-Anlage Vorteile bringt, kann sich bei einer kleinen überschaubaren Anlage schnell als Nachteil herausstellen. In der Vergangenheit hat es einige Pilotprojekte zur Einführung von Feldbussystemen in Laboranlagen gegeben, die gezeigt haben, dass die Anforderungen bei kleinen räumlich begrenzten Anlagen andere sind als bei ausgedehnten Produktionsanlagen. Die Vorteile, die Feldbussysteme in großen Anlagen bieten können, wirken sich hier nicht aus oder schlagen in Nachteile um.

Alle am Markt befindlichen Feldbussysteme erfordern Spezialwissen zu Planung, Erstellung und Pflege. Ohne teure Testgeräte ist eine Inbetriebnahme kaum möglich.

Ein für Miniplant-Anlagen geeignetes Feldbussystem müsste ähnlich wie FPLS unter Berücksichtigung der speziellen Anforderungen von Grund auf neu entwickelt werden.

3.4.2
Anforderungen an Systeme zur Rezeptfahrweise

Die Empfehlungen der NE 33 des NAMUR-Arbeitskreises 2.3 [4] haben zum Ziel, die Konzepte und Begriffe zu dem Thema Rezeptfahrweise zu vereinheitlichen. Dabei wird besonderer Wert auf strukturelle Aspekte gelegt.

Im Einzelnen soll die Empfehlung Arbeitshilfen zu folgenden Anwendungen geben:

- strukturiertes Darstellen von Rezepten,
- Strukturieren von verfahrenstechnischen Anlagen,
- Entwickeln von Prozessleit- und Betriebsführungssystemen,
- Entwurf von Automatisierungseinrichtungen.

Durch die Empfehlungen werden somit u.a. Chemiker, Verfahrensingenieure, Hersteller von Prozess- und Betriebsleitsystemen, Planer und Betreuer von Produktions- und Automatisierungseinrichtungen, Verfahrensentwickler und Betreiber von Produktionsanlagen angesprochen. Für die Anwendung im F&E-Betrieb sind sie hier in abgespeckter Form wiedergegeben.

3.4.2.1 Die Elemente der Rezeptsteuerung

3.4.2.1.1 Grundoperationen

„Eine Grundoperation ist nach der Lehre der Verfahrenstechnik der einfachste Vorgang bei der Durchführung eines Verfahrens."

Diese Definition hat bei einer automatisierten Anlage mehrere Ausprägungen, auf die hier im Detail nicht eingegangen wird.

3.4.2.1.2 Grundfunktionen

Grundfunktionen, wie z.B. Dosieren und Temperieren, sind die zur Ausführung der (leittechnischen) Grundoperationen erforderlichen Funktionalitäten. Sie sind produktneutral und somit für unterschiedliche Rezepte verwendbar. Die Grundfunktionen werden durch die technischen Funktionen einer oder mehrerer Teilanlagen realisiert.

3.4.2.1.3 Rezept

Ein Rezept ist eine Vorschrift zur Herstellung eines Produkts nach einem Verfahren. Es beschreibt, was zum Durchführen des Verfahrens benötigt wird und welche Arbeitsschritte vollzogen werden müssen.

Von den drei Rezeptformen Urrezept, Grundrezept und Steuerrezept wird hier auf das Steuerrezept eingegangen.

„Das Steuerrezept ist eine auf die zu produzierende Charge bezogene Konkretisierung des Grundrezepts" [4]. In einem Steuerrezept sind alle Informationen enthalten, die zum Produzieren eines Produkts auf der Basis der technischen Funktionen einer Anlage erforderlich sind. Dazu werden dem Grundrezept die Informationen hinzugefügt, die benötigt werden, um es ausführen zu können, insbesondere die aktuellen Mengenangaben für Einsatzstoffe und Produkte.

3.4.3 Ein Automatisierungssystem für die Miniplant

Als Beispiel für ein für die Automatisierung von Miniplants geeigneten FPLS-Systemen wird hier das LAB-manager-System der Firma HiTec Zang GmbH, Herzogenrath, verwendet [5]. Es eignet sich zur Automatisierung von chemisch-verfahrenstechnischen Batch-, Semibatch- und Konti-Prozessen.

Typische Anwendungen des Systems in den Bereichen Chemie und Pharma sind:

- Verfahrensentwicklung,
- Prozessoptimierung,
- Ein- und Mehrkesselanlagen,
- Parallelreaktorsysteme,
- High-Throughput-Experimentation,
- Benchplant-Anlagen,
- Mikroreaktionsanlagen,
- Miniplant-Anlagen,
- Konti-Prozesse,
- Batch-Prozesse,
- Semibatch-Prozesse,
- Synthesen,
- Reaktionskalorimetrie,
- Exotherm-Frühwarnung,
- Screening,
- Scale-up,
- Polymerisation,
- Destillation,
- Extraktion,
- Kristallisation,

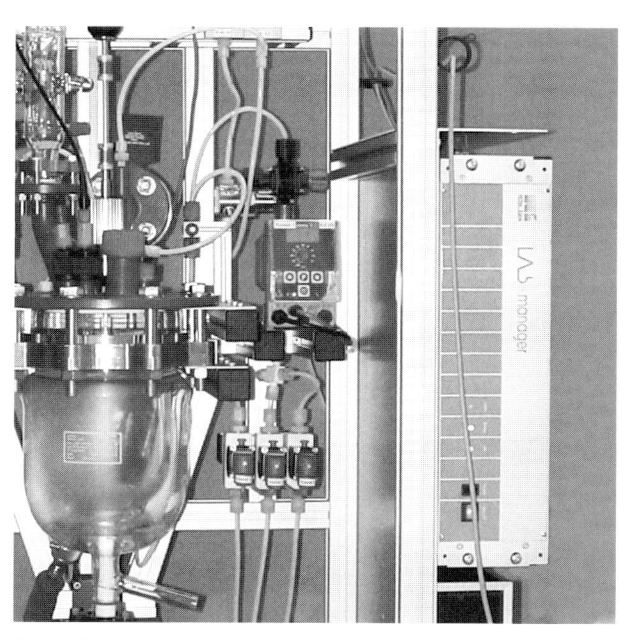

Abb. 3.72 LAB-manager direkt an der Anlage montiert.

- produktionsnahe Laboratorien (Verifikation),
- Rohstoffvorkontrolle,
- Qualitätssicherung,
- Analyselaboratorien.

Das LAE-manager-System beinhaltet alle Funktionalitäten der Automatisierungs- und Prozessleittechnik wie
- Messwerterfassung,
- Prozesssteuerung,
- Rezeptursteuerung,
- Regelung,
- Prozessüberwachung,
- Prozessvisualisierung,
- Alarmierung,
- Online-Eingriffe,
- Protokollierung,
- Archivierung.

Alle chemisch-verfahrenstechnischen Grundoperationen vom Dosieren bis zur Probennahme können automatisiert, die Messwerte erfasst, visualisiert und die Versuche automatisch online oder offline ausgewertet und protokolliert werden.

3.4.3.1 **Schnittstellen**

Die umfangreiche Palette verfügbarer Schnittstellen (Ein- und Ausgänge) für die Instrumentierung beinhaltet auch die im Labor zunehmend eingesetzten seriellen Schnittstellen für den Anschluss von Laborwaagen, Thermostaten, Dosierern, Analysatoren etc.

Die Geräte enthalten über die Messwerterfassungs- und Steuerungsfunktionseinheiten hinaus die am häufigsten benötigten MSR-technischen Komponenten für
- Signalein- und -ausgabe,
- Potenzialtrennung,
- Verstärkung,
- Filterung,
- Linearisierung,
- Steuerung,
- Regelung,
- Überwachung und Meldung (Alarmierung),
- Speisung von Aufnehmern und Stellgliedern.

Externe Messumformer, Trennverstärker etc. sind nicht mehr erforderlich. Dadurch reduziert sich der Platzbedarf auf ein ausgesprochen kompaktes Gerät, das in jedem Abzug und auf jedem Labortisch Platz findet. In konventioneller Ausführung würde eine vergleichbare Technik einen oder gar mehrere Schaltschränke füllen.

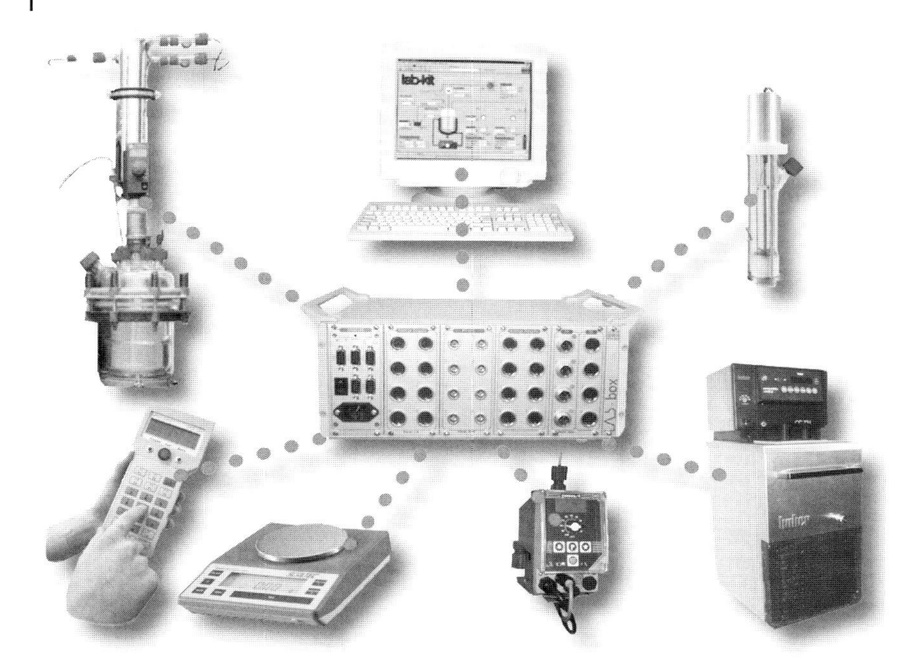

Abb. 3.73 Anschlusspanel der PNK mit Laborgeräten.

Die Möglichkeit, das Gerät unmittelbar an der Anlage zu montieren, hilft, Projektierungs- und Verkabelungskosten einzusparen, und ermöglicht die einfache Umrüstung der Instrumentierung.

3.4.3.2 **Automatisierungstechnische Grundfunktionen**

Das LAB-manager-System eignet sich zur Automatisierung der Grundfunktionen wie

- Temperaturführung und -kontrolle,
- Dosierung,
- Vakuumregelung,
- pH-Führung und -Kontrolle,
- Rühren mit Drehmoment- und Viskositätserfassung,
- Probenahme.

Nachfolgend werden die Grundfunktionen Dosieren und Vakuumregelung etwas ausführlicher dargestellt.

3.4.3.2.1 **Beispiel Dosieren**

Geregelte und kontrollierte Dosierung von Feststoffen, Flüssigkeiten und Gasen über

- Waagen,
- Durchflusssensor,
- Ventile getaktet und proportional,
- Pumpen,
- Spritzendosierer,
- gesteuerten Tropftrichter (AlfaDos),
- geregelten Tropftrichter (GraviDos),
- Feststoffdosierer (SoliDos)
- Mass-flow Controller.

Die Grundfunktion „gravimetrische Dosierung" z. B. wird je nach Anwendung durch einen der anwendungsorientierten Gerätebausteine Konti- oder Batch-Dosierung (Abschnitt 3.4.3.5.2), eine Waage und eine Pumpe oder ein Ventil realisiert. Diese Grundfunktion kann über das zugehörige Bedienpanel in der Bedienoberfläche der ABK (Prozessbild) manuell parametriert und bedient werden. Bei automatischer Fahrweise kann sie per HiText-Steuerprogramm oder mit der HiBatch-Grundoperation Dosieren parametriert und gesteuert werden.

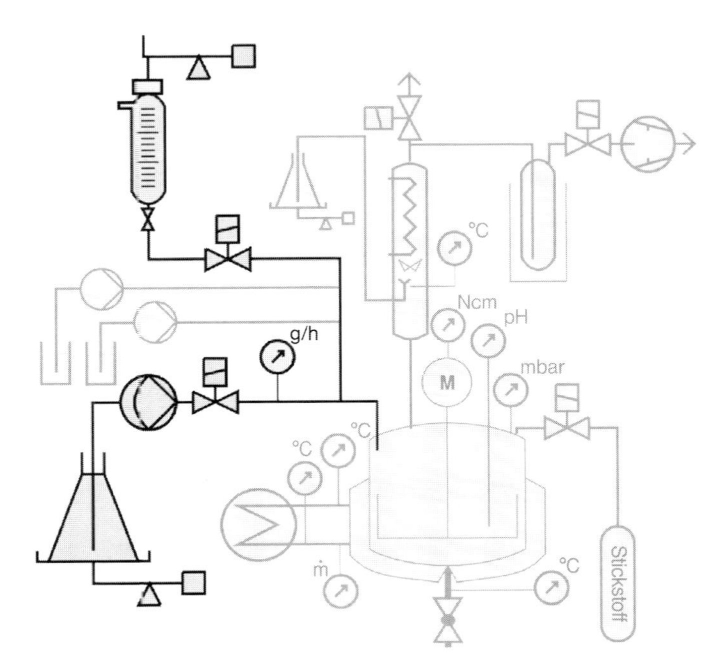

Abb. 3.74 Geregelter Dosierkreis.

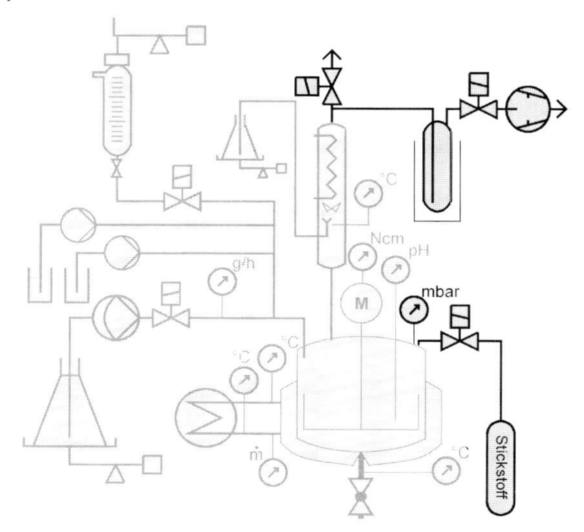

Abb. 3.75 Vakuumregelung.

3.4.3.2.2 **Beispiel Druck und Vakuum**

Flexible Strategien zur Druckführung vom Vakuum bis zu hohen Drücken auch bei schwierigen Gegebenheiten sind auf einfache Weise realisierbar.

- Einfach- und Tandemaufnehmer,
- automatische Umschaltung Grob-/Feinaufnehmer,
- Vakuum- und Belüftungsprogrammsteuerung,
- Inertisierung kombiniert mit der Vakuumregelung.

Die Grundfunktion „Vakuumregelung" z. B. wird durch den anwendungsorientierten Gerätebaustein Vakuumregler, eine Vakuumpumpe, einen Druckaufnehmer und ein Ventil realisiert. Diese Grundfunktion kann über das zugehörige Bedienpanel in der Bedienoberfläche der ABK (Prozessbild) manuell parametriert und bedient werden. Bei automatischer Fahrweise kann sie per HiText-Programm oder mit der HiBatch-Grundoperation Vakuum parametriert und gesteuert werden.

3.4.3.3 **Rezeptursteuerung**

Mit dem außergewöhnlich leistungsfähigen, grafisch zu programmierenden Rezeptursteuerungsmodul HiBatch nach NAMUR und IEC können auch Anwender ohne automatisierungstechnische Erfahrung komplexe Rezepturabläufe wie z. B. mehrstufige Synthesen in kürzester Zeit erstellen und automatisch ausführen lassen (siehe HiBatch, Abschnitt 3.4.3.8.9).

Für Anwender, die möglichst schnell in Betrieb gehen wollen, ist eine umfangreiche Grundoperationenbibliothek verfügbar.

3.4.3.4 Instrumentierung

Grundsätzlich können alle Sensoren, Aktoren und Laborgeräte, die über eine Schnittstelle verfügen oder elektrisch versorgt werden, in die Automatisierung eingebunden werden, z. B.

Sensoren

- Temperatur,
- Druck,
- Durchfluss,
- Füllstand,
- Gewicht,
- pH/RedOx,
- Leitfähigkeit,
- Dichte,
- Wärmeleitfähigkeit,
- Trübung,
- Gaskonzentration,
- Drehzahl.

Aktoren

- Ventile,
- Pumpen,
- Heizungen,
- Rückflussteiler,
- Antriebe.

Laborgeräte

- Waagen,
- Heiz-/Kühlthermostate,
- Rührer,
- Dosierer,
- Analysatoren,
- Spektrometer.

3.4.3.5 Anwendungsorientierte Gerätebausteine

Mit den anwendungsorientierten Gerätebausteinen werden typische automatisierungstechnische Grundfunktionen und Grundoperationen wie Dosieren, Vakuumregelung und Reaktorinnentemperaturregelung auf einfache Weise realisiert.

So wird z. B. ein Dosiergerät mit einem Dosiergerätebaustein (logischer Baustein im LAB-manager) sowie einer Waage und einer Pumpe, die an den LAB-manager angeschlossen werden, realisiert. Anstelle der Waage kann auch eine GraviDos-Wägezelle und anstelle der Pumpe ein Binär- oder ein Proportionalventil verwendet werden.

Die anwendungsorientierten Gerätebausteine beinhalten die ganze benötigte Funktionalität. Die Dosiergerätebausteine bieten zusätzlich die Möglichkeit, den Vorlagebehälter ohne Dosierungsunterbrechung nachzufüllen. Das Parametrieren von Reglern entfällt und damit eines der größten und vor allem zeitraubendsten Probleme in der Praxis.

3.4.3.5.1 **Beispiel für Gerätebausteine: Dosiergeräte**

Für die üblichen Dosieraufgaben stehen verschiedene Dosiergeräte für Batch- in Konti-Betrieb zur Verfügung. Als Dosiergeräte für den Batch-Betrieb stehen ein Stoßdosierer, ein Mengendosierer und ein Ratendosierer zur Verfügung.

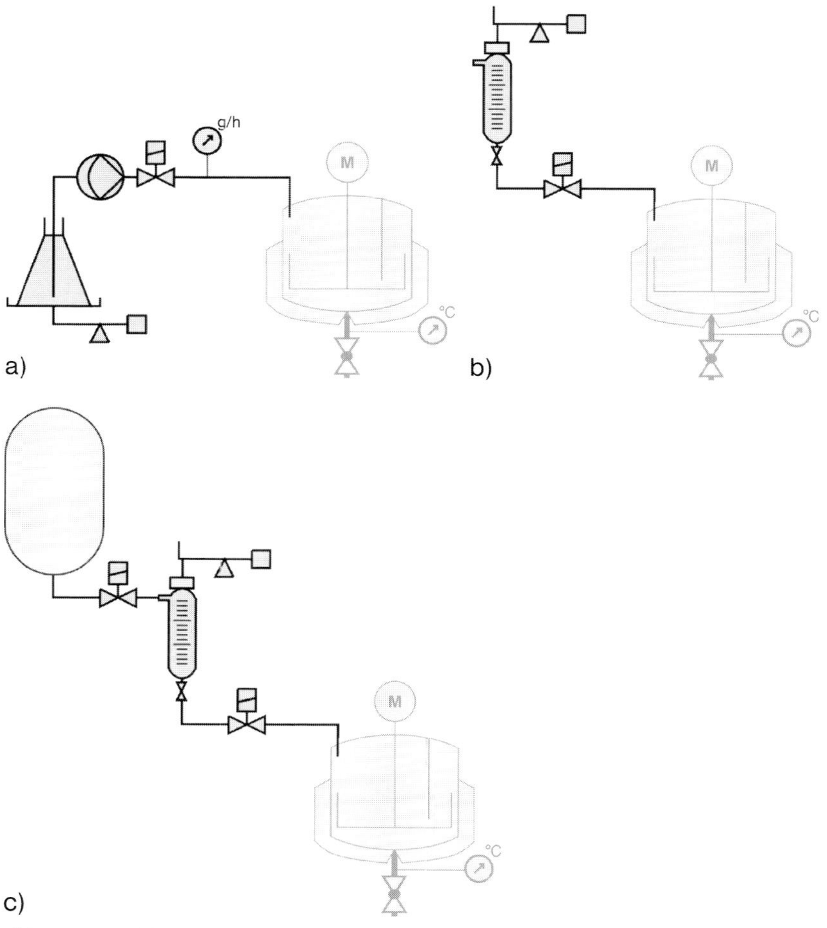

Abb. 3.76 Ausführungsmöglichkeiten für gravimetrische Dosierstrecken. 8a) Pumpe und Waage, (b) pumpenloses System (GraviDos), (c) GraviDos mit automatischer Nachfüllung.

- Der Stoßdosierer dosiert die angegebene Menge schnellstmöglich.
- Der Mengendosierer dosiert die angegebene Menge in der angegebenen Zeit.
- Der Ratendosierer dosiert mit der angegebenen Rate während der angegebenen Zeit.
- Der Konti-Dosierer dosiert mit der angegebenen Rate. Die Dosierbausteine sind selbstparametrierend.

Die Vorlage kann ohne Unterbrechung der Dosierung manuell oder automatisch nachgefüllt werden. Zum Parametrieren ist lediglich auf dem Parameterregister des Bedienpanels die Starttaste zu drücken. Die Pumpe fördert dann mit der maximalen Rate. Wenn der Fluss konstant ist, ist die Stopptaste zu drücken und der Baustein ist fertig parametriert.

Bei allen Dosierern kann eine der Nachfüllarten
- manuell,
- automatisch und
- Autoerkennung

gewählt werden.

3.4.3.5.2 Konti-Dosierer

Mit dem „Konti-Dosierer" wird eine gravimetrische Dauerdosierung realisiert. Benötigt werden nur eine Waage oder ein GraviDos und ein Ventil oder eine Pumpe.

Über ein Nachfüllventil kann der Vorlagebehälter automatisch nachgefüllt werden. In der Betriebsart (Nachfülltyp) „automatisches Nachfüllen" steuert der Gerätebaustein ein Nachfüllventil an. In der Betriebsart „manuelles Nachfüllen" kann der Bediener zu beliebigen Zeitpunkten die Vorlage nachfüllen. Die Dosierung läuft während des Nachfüllens mit der letzten Stellgröße weiter.

Anstelle von PID-Regler-Parametern muss nur die maximale Förderrate angegeben werden. Diese kann in der Betriebsart AUTOKALIB (Kalibrierung max. Förderrate) automatisch ermittelt und eingetragen werden.

Tabelle 3.8 zeigt die Gerätebausteinzustände.

3.4.3.6 Regler

Regler dienen dazu, einen gewünschten Zustand selbsttätig einzustellen oder zu erhalten.

3.4.3.6.1 Abgrenzung der verschiedenen Reglerbausteine

Das LAB/MSR-manager-System enthält
- PID-Regler,
- adaptive Regler,
- anwendungsorientierte Regler.

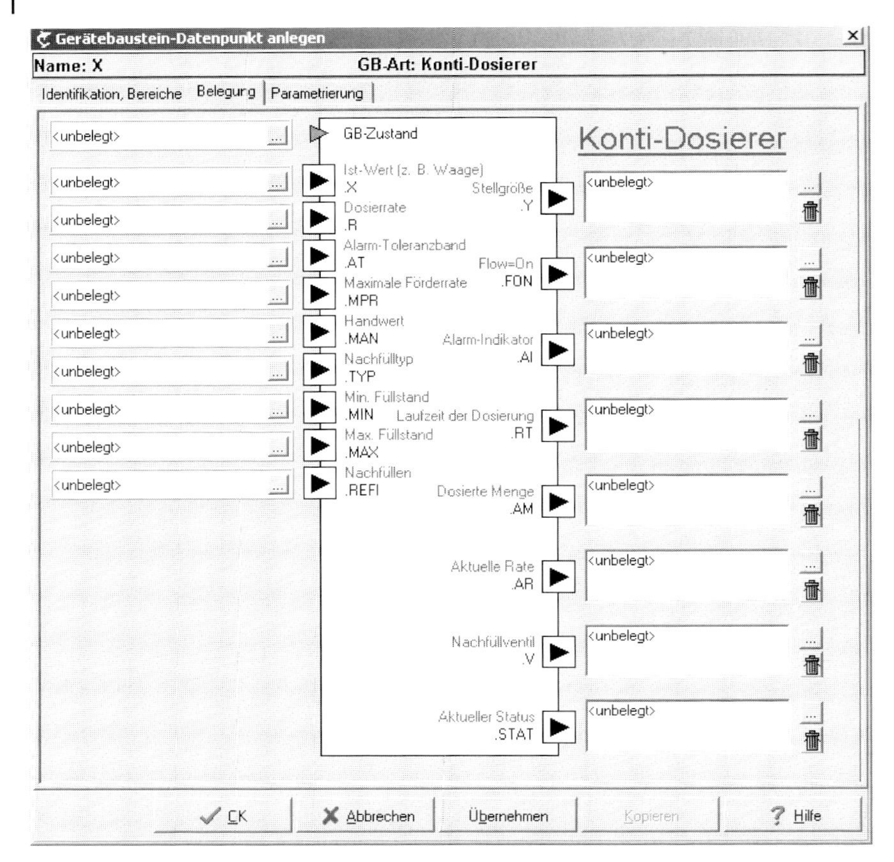

Abb. 3.77 Konti-Dosierer; Dialog für die Belegung der Ein- und Ausgänge.

Die PID-Regler besitzen die Merkmale industrieller Regler wie variable Stellgrößenbegrenzung, Hilfsstellgrößenaufschaltung, Toleranzband, stoßfreie Übernahme und Anti-Windup-Funktionalität.

Besonders vorteilhaft ist, dass auch die Parameter über Datenpunkte geführt sind. Daraus ergibt sich die Möglichkeit der dynamischen Umparametrierung.

Die anwendungsorientierten Regler sind für bestimmte Aufgaben (Vakuumregelung, Dosierregelung, Temperaturregelung) optimiert und müssen nicht oder nur minimal parametriert werden.

Der spezielle Temperaturkaskadenregler eignet sich besonders zur Regelung der Reaktorinnentemperatur mithilfe eines Heiz-/Kühlthermostaten. Er erreicht im Unterschied zum normalen PID-Regler eine gleichermaßen optimale Regelgüte sowohl im Führungs- (Sollwertänderungen) als auch im Störverhalten (Störeinflüsse auf die Regelgröße, z. B. Exothermie). Die Reglerparameter können mithilfe eines Autotune-Programms automatisch ermittelt und gesetzt werden.

Tabelle 3.8 Gerätebausteinzustände

Werte	Beschreibung
0	AUS Gerät ist ausgeschaltet, Y=0
1	EIN Dosierung wird durchgeführt
2	PAUSE Dosierung wird unterbrochen
3	HAND Förderung ungeregelt, mit eingestelltem Handwert (Y=MAN)
4	AUTOKALIB Kalibrierung max. Förderrate Stellgröße Y=100% wird ausgegeben. Die gemessene Ist-Rate wird als max. Förderrate MPR eingetragen
5	NACHFUELL Nachfüllventil=1 bis X>MAX GB geht dann in ursprünglichen Zustand zurück

3.4.3.7 Sicherheit

Die PNK-Geräte sind mit dem integrierten 32-Bit-Prozessor in der Lage, eine Anlage auch autark, d.h. ohne PC zu fahren, und entsprechen damit dem Sicherheitsstandard NAMUR-Kategorie 4. Die CPU wird durch eine Hardware-watchdog-Schaltung überwacht und bootet bei Störungen selbsttätig.

Zur Erhöhung der Sicherheit ist ein eigenständiges externes Watchdog-Gerät verfügbar, welches Hard- und Software sowie kritische Prozessgrößen überwacht.

Die ABK ist mit einer unterbrechungsfreien Stromversorgung und einem USV-Managementsystem ausgestattet. Bei längerem Stromausfall wird die ABK kontrolliert heruntergefahren.

3.4.3.8 Das ABK-Betriebsprogramm

LabVision ist das Betriebsprogramm für die ABK. Es ist ein modulares Visualisierungs- und Automatisierungs-Softwaresystem für Automatisierungsgeräte. Es beinhaltet die Konfigurierungs-, Parametrierungs-, Programmierungs- und Bedienoberfläche des Systems.

Die Anlage wird zum Beobachten und Bedienen auf dem Bildschirm dargestellt. Der Prozess wird geregelt und überwacht, Abläufe (wie Rezepturen) werden gesteuert, alle Vorgänge protokolliert und archiviert. Darüber hinaus liefert die Online-Auswertung bereits zur Laufzeit wichtige Informationen über den Prozess. Die Vorteile einer rechnergestützten Bedienoberfläche sind vielfältig:

- lückenlose Dokumentation des gesamten Prozessgeschehens,
- konsistente Darstellung von Werten, Ereignissen und Phasen,
- Entlastung von Routinetätigkeiten.

Das 32-Bit-Programm-System eignet sich besonders zum Visualisieren und Automatisieren von Fließ- und Chargenprozessen in Labor, Technikum, Miniplant und Produktion in der Chemie-, Pharma-, Bio- und Lebensmitteltechnologie.

LabVision erfüllt die Anforderungen des NAMUR-Arbeitskreises 2.4 an Forschungsprozessleitsysteme und ist damit für häufig wechselnde oder modifizierte Aufgabenstellungen tauglich.

Durch die Entlastung des Personals von Routinetätigkeiten wird die Effizienz des Laborbetriebs gesteigert. Einmal gefahrene Prozesse können jederzeit, auch nach Jahren, mit bestmöglicher Reproduzierbarkeit wiederholt werden, weil alle Schritte zum richtigen Zeitpunkt vorgenommen, alle Stoffe in der richtigen Menge zugegeben und Parameter automatisch korrekt eingestellt werden.

LabVision kann auch der Anwender ohne spezielle automatisierungstechnische Ausbildung bedienen, da es auf die Denkstrukturen und die Erfahrungswelt des Anwenderkreises wie z. B. Chemikanten und Laboranten ausgerichtet ist und kryptische Elemente meidet.

Teure Laborgeräte wie Dosierer, Titratoren, Regler, Programmgeber etc. können partiell durch Software ersetzt werden. Über die automatisierungstechnische Anwendung hinaus kann LabVision bereits bei der Vorplanung zum normgerechten Zeichnen des Verfahrensfließbildes und zum Verwalten von apparatetechnischen Zusatzinformationen eingesetzt werden. Zur Realisierung einer Bedienoberfläche müssen in das RI-Fließbild lediglich die benötigten Visualisierungsobjekte eingefügt werden.

LabVision ist für verschiedene prozessnahe Komponenten (PNK) wie die HiTec-Geräte LAB- und MSR-manager und LAB-box, Siemens S5 und S7 sowie alle gängigen Feldbussysteme über OPC geeignet.

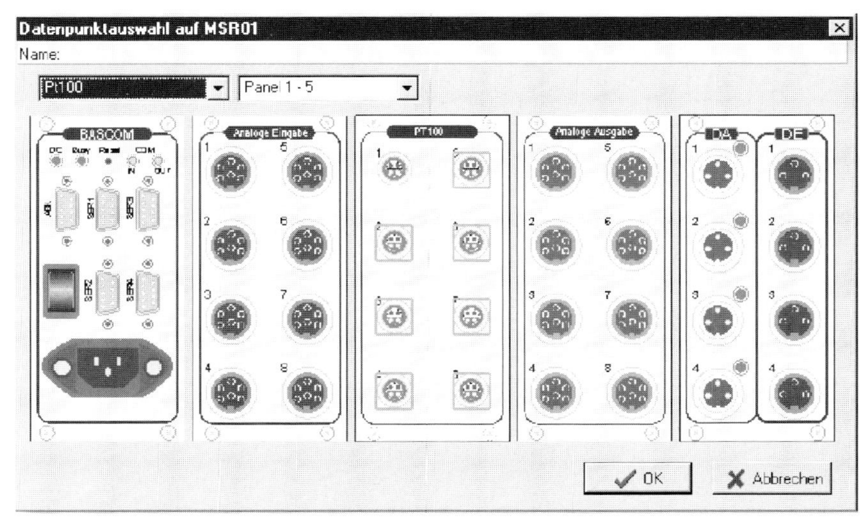

Abb. 3.78 Die grafische Schnittstellenbelegung.

Auch gemischte Systeme können realisiert werden. Ein LabVision-Programm kann mit mehreren PNKs gleichzeitig arbeiten. Für das Ankoppeln von beliebigen Labor- und Analysegeräten über serielle Schnittstellen stehen ein frei parametrierbarer NAMUR-Treiber oder einfache Dialogbefehle in HiText zur Verfügung.

LabVision kann im Simulationsmodus betrieben werden, um Projekte auf einem normalen PC ohne PNK zu erstellen. Der verfahrenstechnische Prozess kann mit HiSim-Programmen simuliert werden. Damit hat man, bereits bevor eine Anlage existiert, die Möglichkeit, eine Anwendung „trocken" zu fahren und die automatisierungstechnische Funktionalität zu überprüfen.

Alle Daten werden in der History-Datenbank archiviert, die als Dienst des Window-2000- oder XP-Betriebssystems eingerichtet wird. Damit ist sichergestellt, dass selbst nach Beenden der Bedienoberfläche alle Daten weiterhin gespeichert werden.

Neben den Standardfunktionalitäten wie Prozessbild, Schreiber und Ablaufbericht sind zahlreiche spezielle Aufrüstoptionen verfügbar.

Mit der Option Alarmruf können durch Überwachungsereignisse automatische Sprachmeldungen über das Telefonnetz ausgelöst werden. Nach erfolgter Wiedergabe der Nachrichten kann optional ein Bestätigungscode vom Empfänger abgewartet und protokolliert werden. Cityruf, E-Mail und Fax sind ebenfalls möglich.

Verteilte Systeme können mit dem plattformübergreifenden Standard Vernetzung realisiert werden. Als Transportmedium dient Standard Ethernet.

3.4.3.8.1 **Besondere Eigenschaften**

Das FPLS-Softwaresystem LabVision ist online konfigurierbar, programmierbar und parametrierbar, d.h. es unterscheidet nicht zwischen Erstellungsphase und Laufzeit. Das bedeutet, dass die Anlage wegen eines unplanmäßig erforderlichen Eingriffs in den Prozess oder einer aufgetretenen Störung nicht ab- und nach Änderung wieder anfahren muss. Diese FPLS-Eigenschaft ist unabdinglich für Labor- und Technikumsanwendungen.

Das visuelle Belegen der Schnittstellen einer LAB-manager-PNK ist besonders einfach und komfortabel. In einer Ansicht der verfügbaren Anschlusspanels der individuell bestückten PNK (z.B. eines LAB-managers) wählt man in einem Listenauswahlfeld den Schnittstellentyp, z.B. Pt100. Die geeigneten, freien Steckanschlüsse sind markiert. Das Programm schlägt den ersten freien Steckanschluss durch eine blinkende Markierung vor. Man wählt einfach den vorgeschlagenen oder einen anderen als frei markierten Anschluss durch Anklicken aus.

Die Werte des angeschlossenen Sensors stehen ab sofort zur Visualisierung und Weiterverarbeitung zur Verfügung. Selbst der Anschluss von beliebigen Labor- und Analysegeräten über serielle Schnittstellen ist mit dem frei parametrierbaren NAMUR-Schnittstellentreiber ohne Programmierarbeit möglich.

3.4.3.8.2 Das Multischreibersystem

Der Multischreiber ist ein innovatives, ganzheitliches Schreibersystem. Er zeigt übersichtlich und konsistent die aktuellen und historischen Prozesszustände in Form von Kurven und Werten (Analogschreiber), Ereignissen (Ereignisschreiber) und Prozessphasen (Phasenschreiber).

Das Ablesen der Werte unterstützen die mit der Maus geführten Ablesecursor. Signifikante Stellen können nach Anklicken derselben mit einem Textkommentar versehen werden.

Der Schreiber ist online konfigurierbar, d.h., man kann jederzeit neue Kurven einrichten und alle Einstellungen ändern. Die Kurven können wahlweise geglättet dargestellt werden.

Der Ereignisschreiber dient zum symbolischen Darstellen von Überwachungsereignissen, Betriebsmeldungen, Kommentaren etc. Jedes auftretende Ereignis wird durch ein eigenes Symbol angezeigt. Durch Anklicken eines Symbols mit der Maus wird der Ablaufbericht geöffnet und die zugehörige Klartextmeldung mit Quellvermerk angezeigt.

Der Phasenschreiber dient zum Visualisieren zeitlicher Abläufe, z. B. der Prozessphasen oder der Reihenfolge von Rezepturschritten. Er ermöglicht die direkte Zuordnung der Wertkurven und Ereignisse zu den im Klartext bezeichneten Phasen.

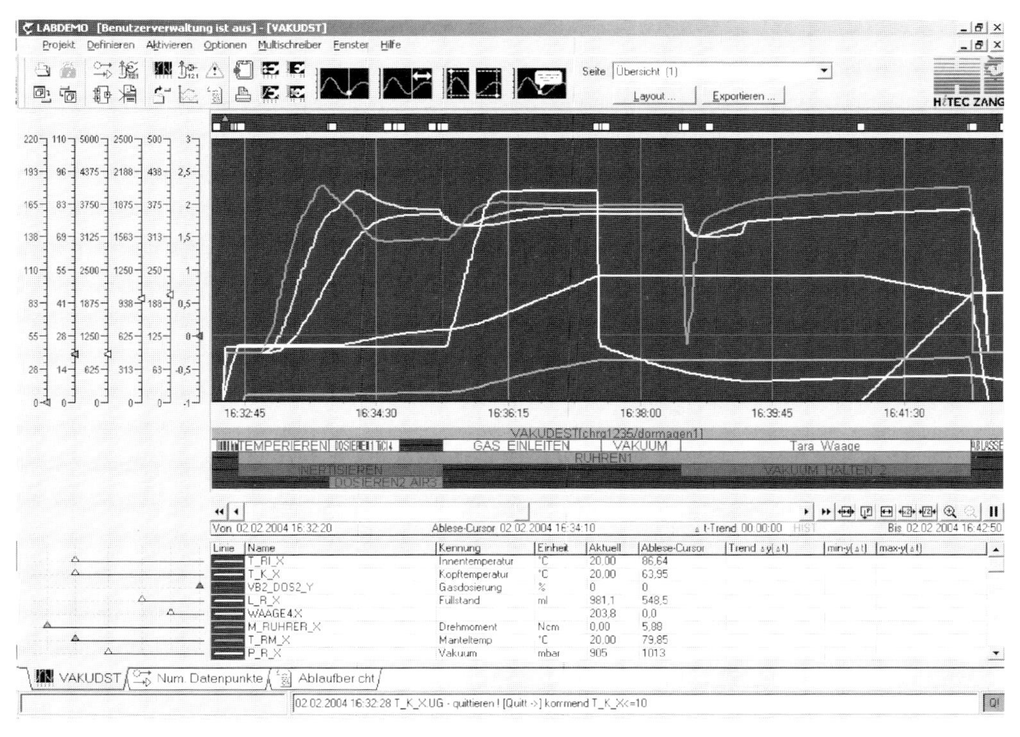

Abb. 3.79 Multischreiber mit Analog-, Phasen- und Ereignisschreiber.

Eine Alternative bietet die Online-Grafik. Im Unterschied zum Analogschreiber werden die Kurven, am linken Rand beginnend, in das Diagramm gezeichnet. Die Zeitachse kann wahlweise mit der absoluten Zeit oder relativ zum Anfangszeitpunkt, d.h. beginnend mit null, beschriftet werden.

3.4.3.8.3 Anzeige- und Bedienbilder

Die Anlage kann komplett über Anzeige- und Bedienbilder (dynamisierte Prozessbilder) im Handbetrieb gefahren werden. Dadurch erübrigen sich externe Anzeige- und Bedienelemente.

Der Anwender hat die Wahl zwischen Bedienobjekten, die unmittelbar, z.B. durch Anklicken mit der Maus, betätigt werden können, oder Bedienobjekten, die erst durch Anklicken eines (Hand-)Symbols geöffnet werden müssen, um so versehentliches Betätigen auszuschließen.

Das Erstellen der Bedienbilder erfordert keinerlei Programmierkenntnisse.

3.4.3.8.4 Der Ablaufbericht

Im Ablaufbericht werden alle Ereignisse, Werte oder Parameter aufgezeichnet, deren Darstellung als Kurve nicht sinnvoll oder nicht möglich ist. Dazu zählen Kommentare des Bedieners, Ablauf- und Überwachungsmeldungen einschließlich der zugehörigen Textinformationen oder Bilder.

Mithilfe der vielfältigen Filtermöglichkeiten kann der Anwender auch bei vielen tausend Einträgen, die jeweils interessierenden Informationen schnell und sicher selektieren.

Bei Batch-Fahrweise liefert der Ablaufbericht auch das Chargenprotokoll. Diverse Selektions- und Filterfunktionen unterstützen das Auf- und Wiederfinden von Informationen.

Der Bericht kann ausgedruckt oder nach MS-EXCEL exportiert werden.

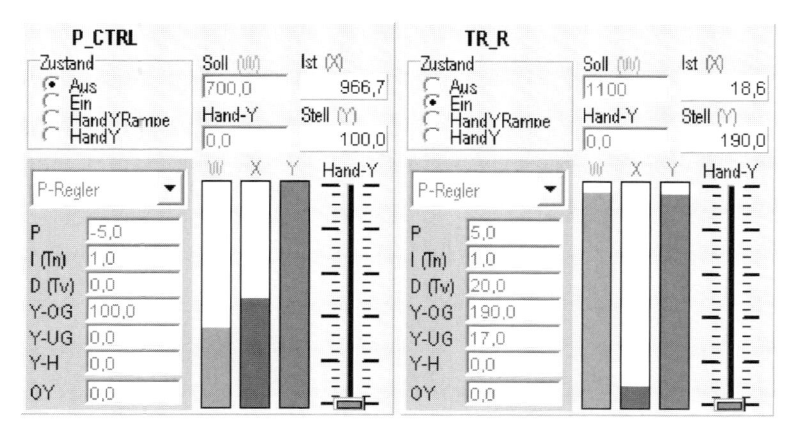

Abb. 3.80 Bedienpanel.

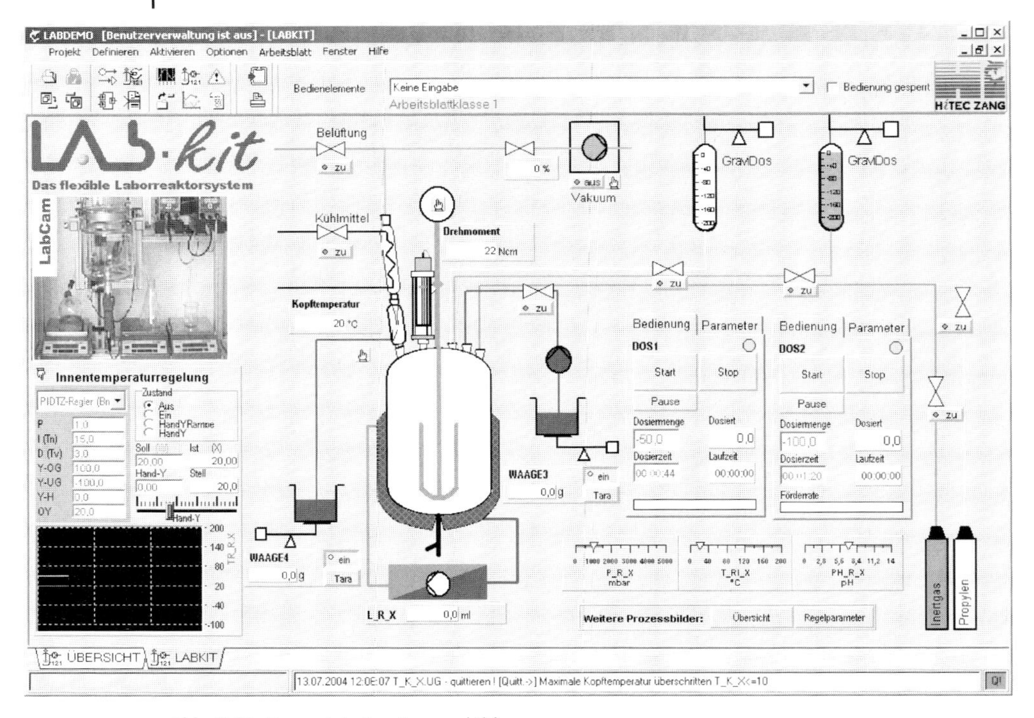

Abb. 3.81 Dynamisiertes Prozessbild.

3.4.3.8.5 Steuerung und Online-Auswertung

Auch der Bereich Steuern und Online-Auswerten ist mit LabVision einfach in der Anwendung. Verfügbar sind die grafische Rezeptur-Ablaufplan-Steuerung HiBatch, die Klartextsprache HiText, AWL nach IEC 1131 und Gerätebausteine. Je nach Problemstellung zeigen die verschiedenen Programmierarten ihre besondere spezifische Eignung:

3.4.3.8.6 Programmieren von Algorithmen

Algorithmen werden am besten in HiText mit deutschen (oder wahlweise englischen) Schlüsselwörtern programmiert.

Beispiel: Berechnungen, programmiertes Verhalten (Wenn..., Dann...).

In der englischen Version werden englische Schlüsselwörter verwendet.

3.4.3.8.7 Programmieren von Abläufen/Rezepturen

Abläufe/Rezepturen können in Textform in HiText oder grafisch als HiBatch-Schrittketten nach NAMUR und IEC programmiert werden.

Beispiel Temperaturrampe: In 500 sec T_Soll auf 100 {grad}

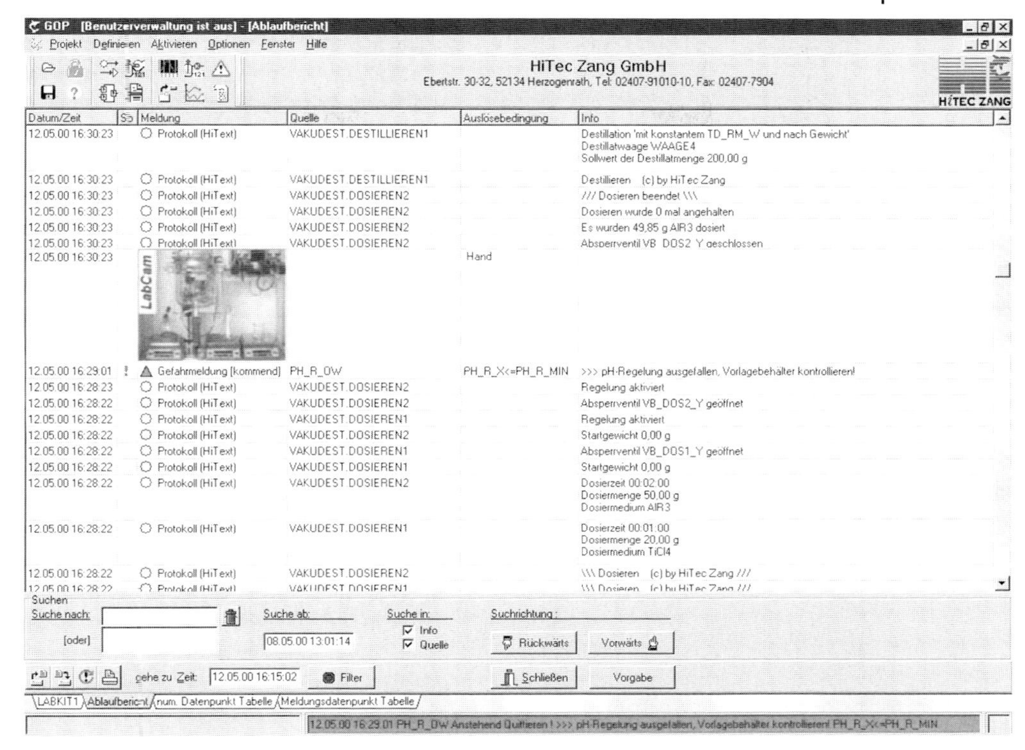

Abb. 3.82 Ablaufbericht.

3.4.3.8.8 **Dialog- und Protokollmasken**

Protokollmasken mit Anzeige- und Eingabeobjekten, Diagrammen, Grafiken, Schaltern etc. erstellt man mit dem grafischen Editor, ohne programmieren zu müssen. Diese Masken können sowohl zur Online-Präsentation der Daten als auch zur Erzeugung von Druckdokumenten verwendet werden.

In Verbindung mit HiText können Versuche direkt online automatisch ausgewertet und in ansprechender Form präsentiert werden.

3.4.3.8.9 HiBatch-Rezeptursteuerung und Verwaltung

Reproduzierbarkeit und eindeutige Dokumentation eines Versuchsablaufs sind die Voraussetzungen zur Steigerung der Qualität und zur Verkürzung von Entwicklungszeiten. Die Grundlage hierzu bildet die Automatisierung des Verfahrens bereits im Entwicklungslabor.

Das Rezepturmodul HiBatch ermöglicht das Erstellen von Rezepturablaufplänen durch das Verketten von Grundoperationen mithilfe eines grafischen Rezepturedi:ors. Selbst komplexe Rezepturablaufpläne erstellt man IEC- und NAMUR-konform in übersichtlicher Form mit minimalem Zeitaufwand.

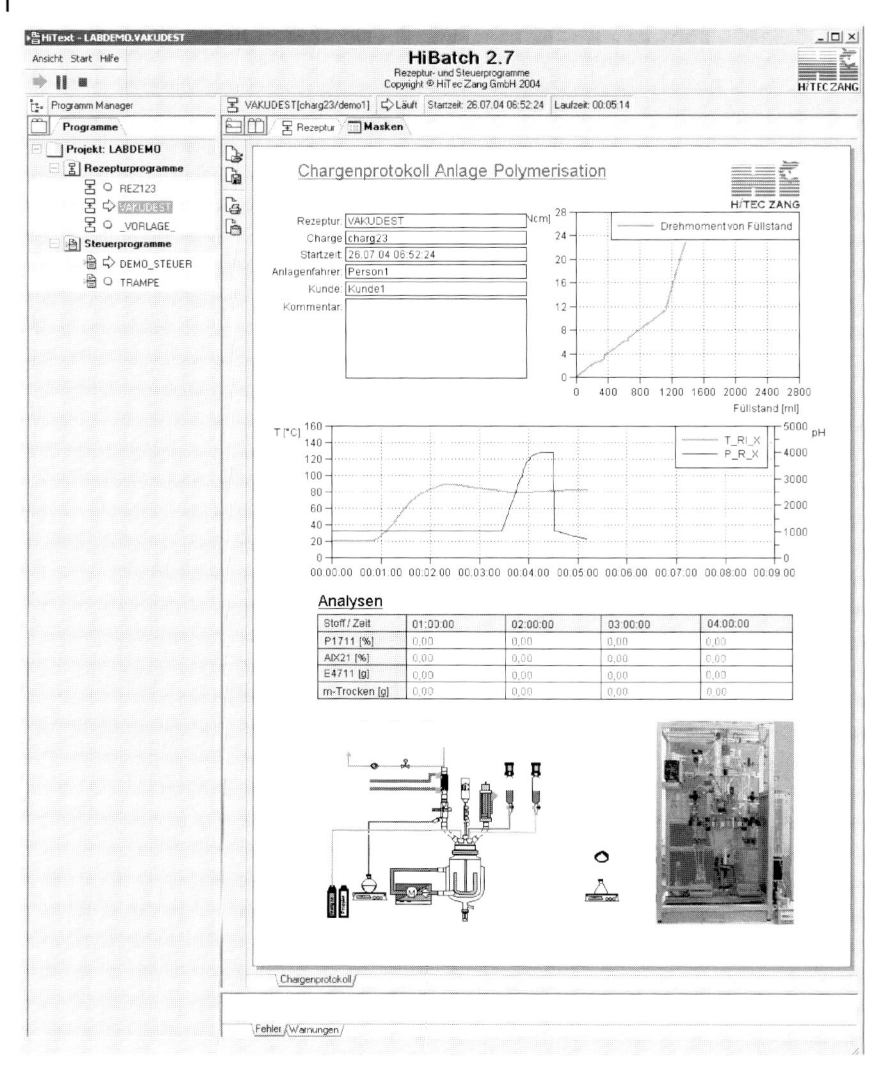

Abb. 3.83 Automatisch erstelltes Versuchsprotokoll.

Es ist damit das ideale Werkzeug, um häufig wechselnde Anwendungen mit minimalem Aufwand zu automatisieren.

Durch den Einsatz einer Rezeptursteuerung wie HiBatch mit einer Grundoperationenbibliothek nach NAMUR-Standard erzielt man darüber hinaus eine Reihe weiterer Vorteile:

- Rezepturerstellung ohne Programmierkenntnisse in minimaler Zeit,
- durch effizientere Arbeitsweise mehr Zeit für qualifizierte Kerntätigkeiten,
- automatische Versuchsführung, auch über Nacht und am Wochenende,

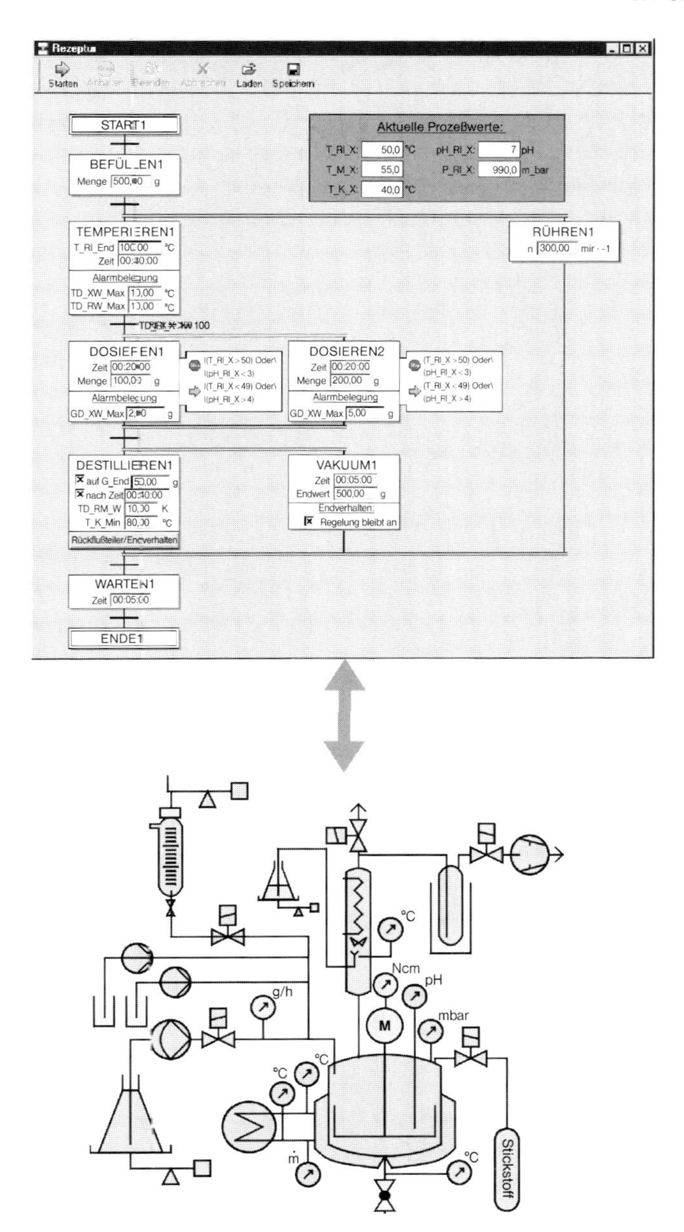

Abb. 3.84 Ablaufplan und Anlagenschema für Rezeptursteuerung.

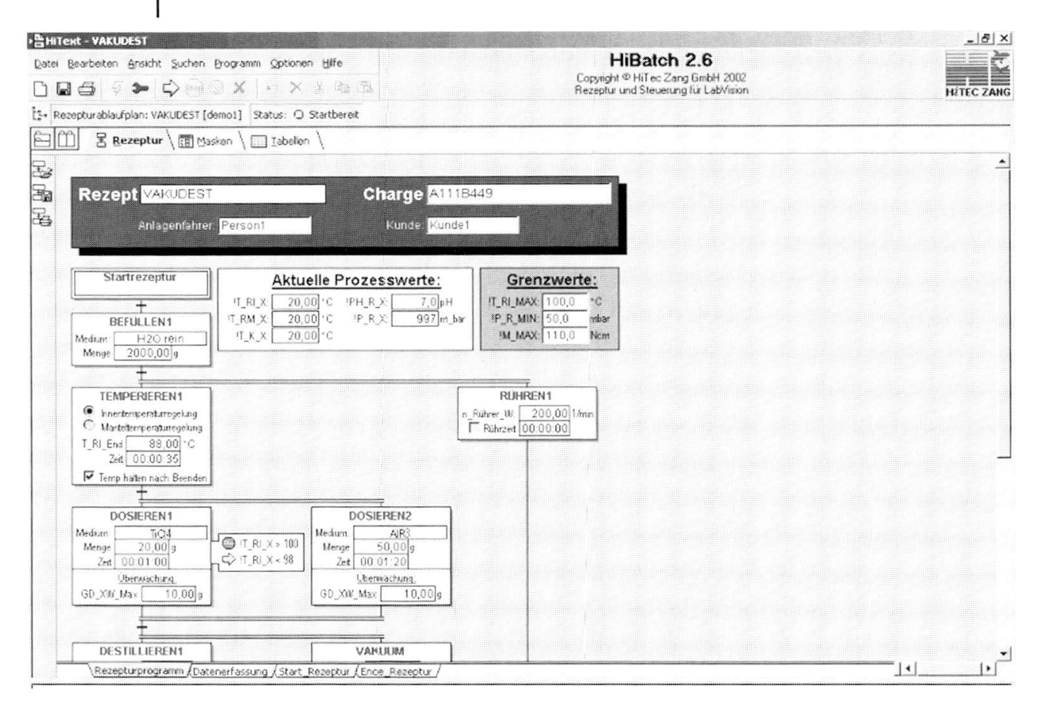

Abb. 3.85 Rezepturablaufplan.

- Ändern der Programmparameter und des Ablaufs auch zur Laufzeit möglich,
- optimale Dokumentation durch vollständige Aufzeichnung von Messdaten, Abläufen, Ereignissen und manuellen Eingriffen,
- vereinfachter und gesicherter Transfer des EMSR-Know-how vom Labor ins Technikum und in die Produktion,
- unterstützt die GLP- und GMP-gerechte Arbeitsweise.

3.4.3.8.10 Parametrieren der Rezeptur

Durch Anklicken einer Operation im Ablaufplan wird die zugehörige Dialogmaske geöffnet, um Parameter und Werte wie Mengen und Zeiten einzugeben. Auch zur Laufzeit sind noch Änderungen möglich.

Die eingegebenen Parameter werden nach frei definierbaren Plausibilitätskriterien überprüft und ggf. korrigiert. Die Parametersätze können zur späteren Wiederverwendung gespeichert werden.

Eine Grundoperation kann mehrfach auch parallel bzw. zeitgleich in einem Ablaufplan benutzt werden. Beispielsweise kann mit mehreren hintereinander gesetzten Temperier-Grundoperationen ein Temperaturprofil realisiert werden.

Während der Ausführung werden die aktiven Schritte farblich gekennzeichnet und frei wählbare Kontrollwerte in der zu jedem Schritt generierten Kontrollmaske direkt im Ablaufplan angezeigt.

Abb. 3.86 Parametrierung zur Laufzeit.

Auch bei laufender Rezepturablaufsteuerung kann der Anwender die Parameter noch ändern und den Ablauf jederzeit temporär, für manuelle Eingriffe, unterbrechen.

Grundoperationen kann der Anwender selbst mit HiText erstellen oder auf die Grundoperationenbibliothek zurückgreifen. Für die Erstellung spezieller Grundoperationen können auch Dienstleister in Anspruch genommen werden.

3.4.3.8.11 Überwachung und Meldung

Das Überwachungsmodul ermöglicht, Überwachungsbedingungen und Meldungs- bzw. Reaktionsoptionen zu definieren.

Ist eine der spezifizierten Überwachungsbedingungen erfüllt, wird dies im Überwachungsreport (erweitertes Alarmjournal) und im Ablaufbericht protokolliert, ebenso das Gehen und das Quittieren des Überwachungsereignisses. Im Meldungsreport werden die Gefahr-, Warn- und Betriebsmeldungen aufgelistet und ggf. quittiert. In der unteren Tabelle werden stets die aktuellen Meldungen angezeigt.

Die Tabelle (Abb. 3.87) dient zum Quittieren. Sie kann bedarfsweise gefiltert und gerollt werden, um zu historischen Meldungen außerhalb des dargestellten Bereichs zu gelangen.

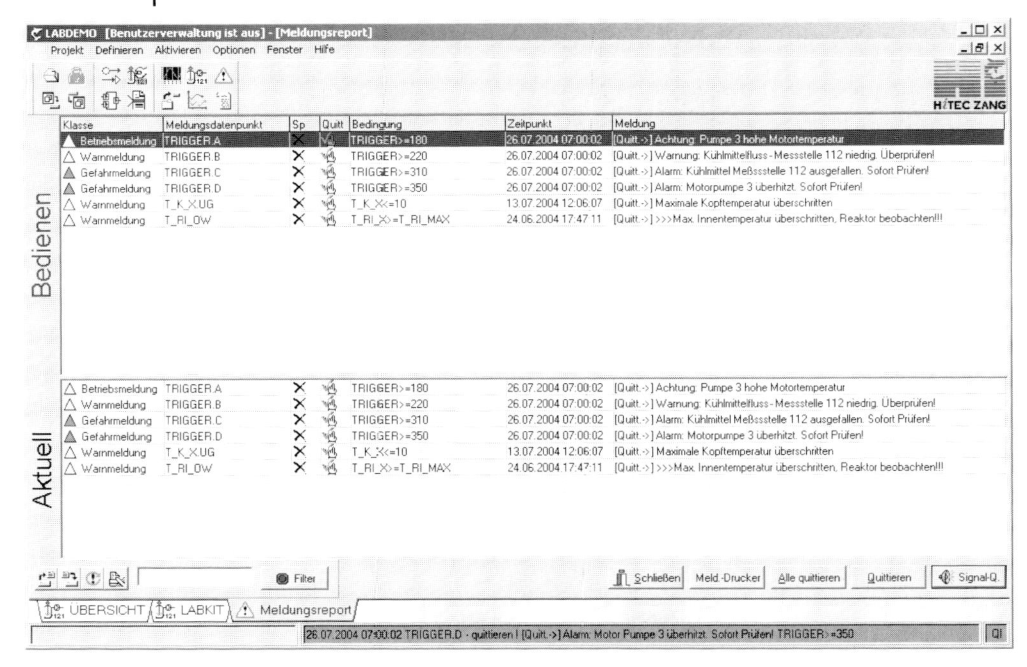

Abb. 3.87 Meldungsreport.

Projektierbare Meldungsklassen ermöglichen es, das Meldungsverhalten der Klassen

- Gefahrmeldung,
- Warnmeldung,
- Betriebsmeldung

und optional benutzerdefinierter Meldungsklassen zentral festzulegen.

Als Überwachungsbedingungen können über die üblichen statischen Vergleiche von Grenz- und Warnwerten hinaus dynamische Vergleiche oder Fehlerzustände, wie z. B. der Leiterbruch, gesetzt werden.

Sowohl die Meldung als auch die Bestätigung werden protokolliert. Bei wichtigen Alarmen kann z. B. eine Hupe eingeschaltet oder ein Steuerprogramm zur gezielten Behandlung des Störfalls gestartet werden. Bestimmte Alarmmeldungen werden wahlweise verzögert ausgeben.

Zur besseren Übersicht kann der Benutzer die Überwachungsmeldungen sortieren lassen, z. B. nach der Meldungszeit. Alarme und Betriebsmeldungen sowie quittierpflichtige und nicht quittierpflichtige Meldungen werden unterschieden.

Als weitere Meldungsmöglichkeiten sind verfügbar:

- Telefon-Alarmruf,
- Fax-Alarmruf,
- E-Mail-Alarmruf,
- SMS-Alarmruf.

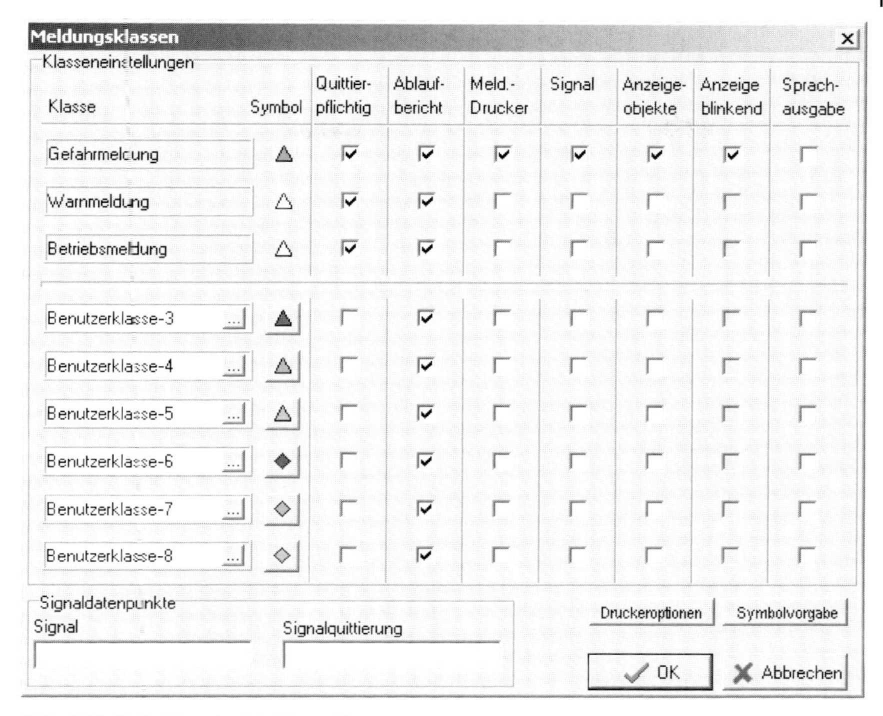

Abb. 3.88 Definition der Meldungsklassen.

Bestimmte Prozesszustände und Ereignisse lassen sich am besten fotografisch dokumentieren. Beispiele ist die Erfassung von Trübung, Farbumschlag, Fällung usw. Das LabCam-Modul bietet die Möglichkeit, visuelle Vorgänge automatisch ereignisgesteuert oder in programmierten Intervallen und durch manuelle Auslösung als Digitalfoto zu dokumentieren. Die Digitalfotos werden verkleinert in den Ablaufbericht eingefügt.

Durch Anklicken mit der Maus wird ein Foto in voller Größe dargestellt. Das aktuelle Kamerabild kann auch in Prozessbilder integriert werden.

Die Bilddateien sind zur weiteren Verwendung frei verfügbar:

- Dokumentation visueller Zustände und Ereignisse,
- Überwachung der Anlage vom Büroarbeitsplatz aus,
- visuelle Fernüberwachung.

3.4.4 Ein Anwendungsbeispiel

Das folgende Beispiel aus dem universitären Bereich soll die Möglichkeiten eines modernen Laborautomationssystems anhand einer konkreten Anwendung aufzeigen [6].

Die Anlage dient zur Überprüfung theoretischer Kalkulationen von Destillationsprozessen und zur Ausbildung von Studenten der Verfahrenstechnik am Institut Chemische und Thermische Verfahrenstechnik der Uni Braunschweig unter der Leitung von Professor Scholl. Kernstück ist eine Glockenbodenkolonne mit 40 Böden, der Zulauf erfolgt in der Mitte. Die Böden sind abwechselnd mit einem Stutzen für Temperatursensoren und Probenahmestutzen ausgestattet.

Als Verdampfer stehen ein Umlaufverdampfer und ein Fallfilmverdampfer zur Verfügung. Am Kopf der Kolonne sitzt ein Flüssigkeitsteiler mit Rückflusswärmetauscher und einer Scheideflasche für die Trennung von Heteroazeotropen. Für die Vakuumdestillation ist ein Vakuumpumpenstand angeschlossen.

Angeschlossen an das Automatisierungssystem sind die Temperatursensoren, die Druckregelung, ein Siedethermostat für die Sumpfbeheizung, zwei weitere Thermostate für die Feed-Beheizung der Kolonne und die Umlaufbeheizung des Fallfilmverdampfers, vier Waagen, der Vakuumpumpenstand, drei Differenzdrucksensoren für Abtriebsteil und Verstärkungsteil der Kolonne sowie als Überdrucksensor, Feed-Pumpen für Kolonne und Fallfilmverdampfer, die Rückflusspumpe und die Umwälzpumpe des Fallfilmverdampfers, Flusssensoren für die Messung von Kolonnenrücklauf und Umwälzstrom des Fallfilmverdampfers, die Kühlwasserüberwachung und sieben Füllstandssensoren. Waagen, Thermostate und die Vakuumpumpe sind über serielle RS-232-Schnittstellen angeschlossen, die Flusssensoren über Frequenzmesseingänge, die anderen Regelausgänge mit Einheitssignalen 4–20 mA und 0–10 V.

Abb. 3.89 zeigt die Bedienoberfläche für die Rektifikationskolonne. Aus Gründen der Übersichtlichkeit wurde eine eigene Bedienoberfläche für den Fallfilmverdampfer angelegt.

Das Bedienbild zeigt links der Mitte die Kolonne mit Temperaturmessung auf jedem zweiten Boden, links davon oben das Feed-Gefäß, nach unten folgend die Feed-Pumpe, das Panel für den Thermostaten der Feed-Beheizung und den Siedethermostaten für die Beheizung des Verdampfers; über der Kolonne den Kolonnenkopf mit Wärmetauschern, rechts davon die Scheideflasche mit Auffanggefäßen für leichte und schwere Phase und die Rückflusspumpe; ganz rechts die Regler, von oben Vakuumregler, darunter Rückflussregler und Feed-Regler, wieder darunter die Regler für die Verdampfer- und Feed-Temperaturregelung – der Fallfilmverdampfer hat ein eigenes Bedienpanel –, ganz unten Alarmmeldung „Kühlwasser nicht eingeschaltet". Das Kühlwasser fließt inzwischen wieder, der Alarm wurde jedoch noch nicht quittiert.

Zur Automatisierung wurde ein HiTec-Zang-MSR-Manager-Basisgerät (PNK) mit neun seriellen Schnittstellen, vier universellen Eingabeblöcken mit je 16 Eingängen, zwei analogen Ausgabeblöcken mit je acht Ausgängen und je zwei digitalen Eingabe- und Ausgabeblöcken mit je acht Kanälen ausgestattet. Somit stehen insgesamt 64 Eingänge für Strom- oder Spannungs-Einheitssignale oder Temperatursensoren vom Typ Pt100 zur Verfügung. Dazu kommen 16 Ausgänge für Strom- oder Spannungs-Einheitssignale und je 16 Ein- und Ausgänge für Digitalsignale. Die Frequenzsignale werden über Digitaleingänge erfasst.

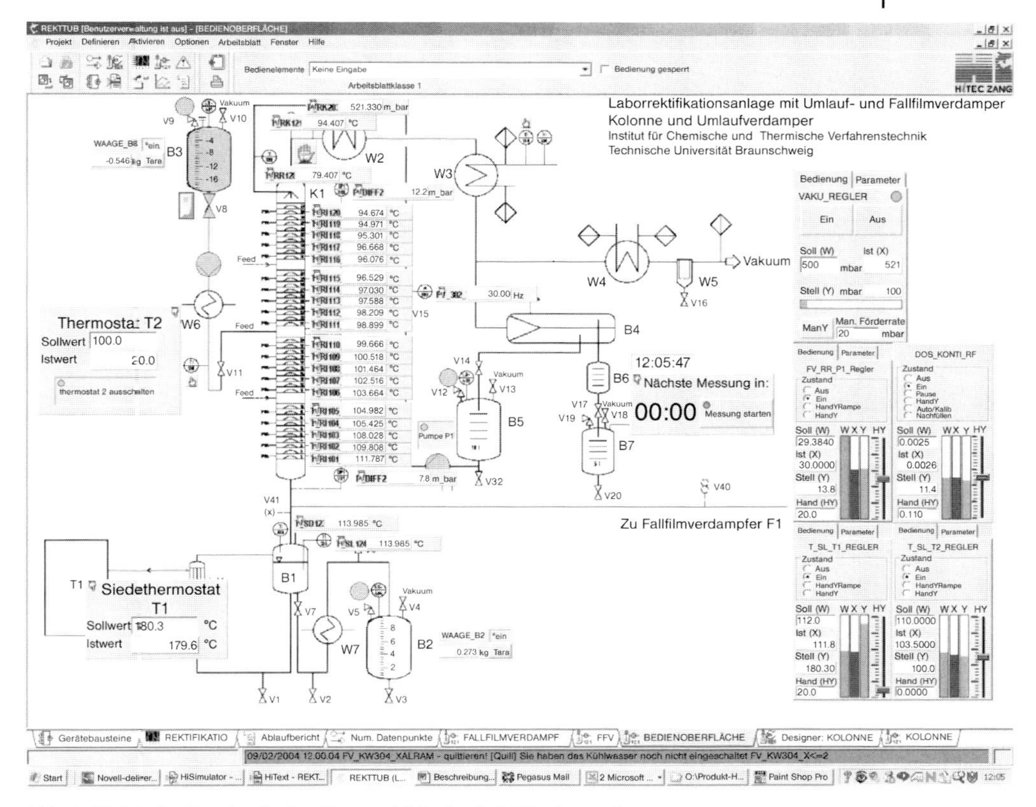

Abb. 3.89 Die Bedienoberfläche (Prozessbild) der Rektifikationsanlage.

Als Anzeige- und Bedienkomponente (ABK) wird ein PC mit der Software LabVision eingesetzt.

Da die Anlage insgesamt 6,80 m hoch ist, wurde zusätzlich eine Digitalkamera zur Beobachtung des Fallfilmverdampfers integriert. Dadurch wird vermieden, dass unerfahrenes Personal auf die Arbeitsbühne muss. Ein zweiter Monitor dient der Darstellung der Bedienoberfläche für den Fallfilmverdampfer.

Die Softwareausstattung umfasst außer LabVision noch HiText als Programmiersprache für Steuerungsabläufe und Online-Auswertungen.

Außerdem wird das Zusatzmodul HiSim, eine Software zur Simulation einer PNK und des verfahrenstechnischen Prozesses, eingesetzt. HiSim kann die Werte von Ausgängen aus LabVision übernehmen, daraus die Reaktionen der Anlage errechnen und diese wieder als Eingangswerte der simulierten Messstellen an LabVision übergeben. Die Programmierung erfolgt ebenfalls in der Programmiersprache HiText. Auf diese Weise ist es den Studenten möglich, Projekte auf externen PCs ohne angeschlossene PNK und Anlage zu entwickeln und zu testen. Ein simuliertes Projekt kann ohne Modifikationen auf die Anlage übertragen und dort ausgeführt werden.

Vor allem für Ausbildungszwecke wurde unter HiSim eine Simulation des Gesamtsystems programmiert. Diese Simulation umfasst alle Sensoren und Aktoren der Anlage und den Prozess. Die Konzentrationen und Temperaturen auf den einzelnen Böden der Kolonne werden mit einem modifizierten McCabe-Thiele-Verfahren berechnet. Diese Modifikationen waren vor allem zur Dynamisierung dieses statischen Berechnungsverfahrens notwendig. So fließen die Sumpfbeheizung, die Zulauftemperatur sowie Temperatur und Rücklaufverhältnis als Variablen in die laufende Neuberechnung ein.

Für die Simulation des Fallfilmverdampfers wurde die Trennleistung einer theoretischen Trennstufe angenommen. Beim Einsatz im Gegenstrom können höhere Trennleistungen erreicht werden.

Bei der Realisierung des Projekts wurden Bedienoberflächen und die Automatisierung mit LabVision im Voraus erstellt und mit der Simulation auf Funktionsfähigkeit getestet. Für die MSR-technische Realisierung der kontinuierlichen Dosierung wurden die Dosiergerätebausteine eingesetzt. Diese steuern die Schlauchpumpen für den Kolonnen-Feed und den Fallfilmverdampfer. Dosiergerätebausteine sind erheblich einfacher zu projektieren und zu bedienen als herkömmliche Dosierregler. Zur Parametrierung genügt es, den maximalen Pumpenfluss anzugeben. Bei dem verwendeten Setup mit dem Vorratsgefäß auf einer Waage geht es noch einfacher: Der Baustein gibt auf Anforderung das maximale Stellsignal aus und errechnet aus dem beobachteten Fluss selbstständig die Reglerparameter.

Das Vorratsgefäß kann auch bei laufender Dosierung ohne weiteres nachgefüllt werden: Stellt der Baustein ein steigendes Gewicht fest, so friert er den Pumpenfluss auf dem letzten Wert vor der Gewichtserhöhung ein und wartet, bis wieder ein stabil fallendes Gewicht festgestellt wird. Anschließend nimmt er die Regelung wieder auf.

Die anderen Regelkreise wurden mit herkömmlichen PID-Reglern ausgestattet. Zu Regeln waren der Rückfluss der Kolonne, der Umlauf des Fallfilmverdampfers, der Druck bei der Vakuumdestillation und die Heizstrecken.

Da ein Bediener allein die Anlage nicht überblicken kann, wurde eine automatische Überwachung eingerichtet. Diese fährt bei Überdruck oder Übertemperatur die Anlage automatisch herunter, bei drohendem Leerlaufen der Vorratsgefäße oder Überlaufen der Auffanggefäße wird die Kolonne auf totalen Rücklauf gefahren. Auf diese Weise ist sie in einem sicheren Zustand und kann schnell wieder den Normalbetrieb aufnehmen.

Das Programm schaltet den Feed-Strom und die Feed-Temperierung aus und stellt die Rücklaufpumpe auf maximale Förderleistung. Dies ist, da nun kein Leer- oder Überlaufen eines Gefäßes mehr zu befürchten ist, ein sicherer Zustand. Das Programm verhindert auch das manuelle Wiederanfahren der Kolonne, solange das Feed-Gefäß nicht wieder aufgefüllt ist. Nach Auffüllen des Gefäßes wird durch Quittieren der Alarmmeldung der Normalbetrieb automatisch wieder aufgenommen. Die Auswirkungen dieses Schrittes auf die Destillation ist im folgenden Diagramm zu erkennen.

Tabelle 3.9 zeigt die Anlagenparameter, die in Abb. 3.90 dargestellt sind.

Tabelle 3.9 Anlagenparamter

Datenpunkt	Funktion
T_RI120_X	Temperatursensor oberster Boden
FV_PU3_Y	Fluss-Feed-Pumpe
FV_PU1_Y	Fluss-Rücklaufpumpe
T_TST1_Y	Solltemperatur Thermostat Kolonnenheizung
WAAGE_B3.X	Feed-Waage
FS_401_X	Füllstandssensor Feed-Gefäß

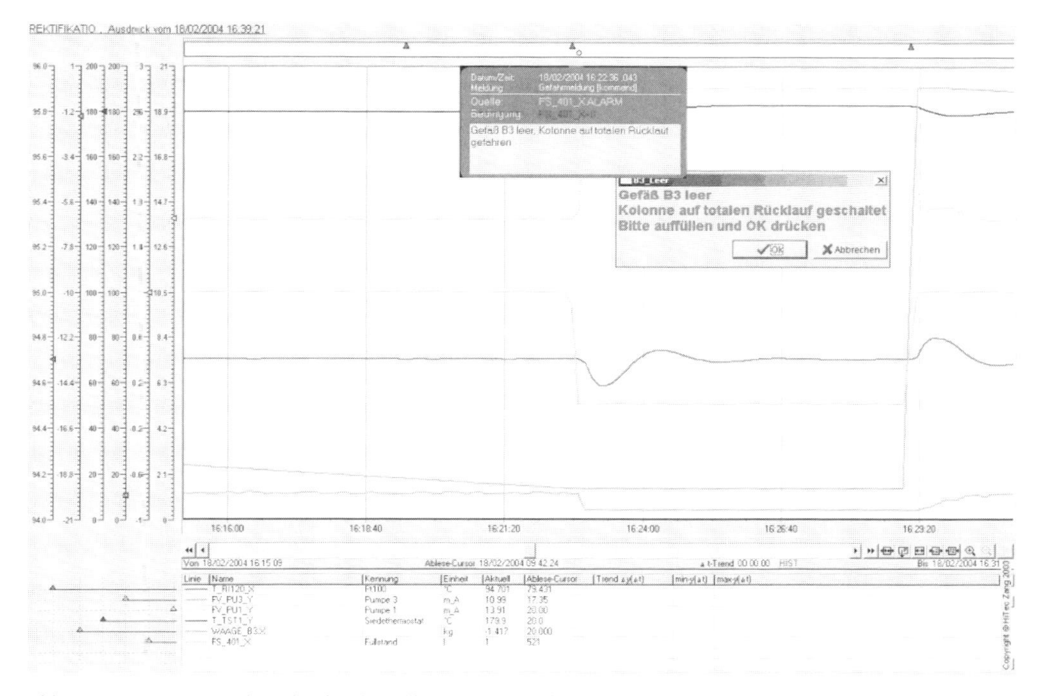

Abb. 3.90 Labvision-Analogschreiberdarstellung einiger Anlagenparameter.

Ausgelöst durch den Alarm, wird der Feed-Strom unterbrochen und der Rücklaufstrom auf maximalen Fluss gestellt. Durch den erhöhten Rücklauf sinkt die Temperatur auf dem obersten Kolonnenboden ab. Darauf reagiert die Kolonnenheizung mit einer Temperaturerhöhung am Heizthermostaten. Nach Wiederauffüllen kann die Destillation wieder beginnen, der Rücklauf wird auf den Sollwert reduziert. Hierdurch steigt die Temperatur wieder, in Folge sinkt die Thermostattemperatur. Außerdem steigert die eingesetzte Rückflusssteuerung den Rücklauf wieder. Die Temperaturänderungen sind stark überhöht dargestellt.

Der Anschluss der Geräte über serielle Schnittstellen konnte teilweise mit den vorprogrammierten Gerätebausteinen automatisiert werden. Solche liegen für die verbreiteten Waagen, Thermostate und Rührer bereit. Für die Thermostate der Feed-Beheizung der Kolonne und der Beheizung des Umlaufs des Fallfilmverdampfers lagen jedoch noch keine vorprogrammierten Bausteine vor. Die nötigen Bausteine wurden während der Inbetriebnahme der Apparatur vor Ort erstellt. Der Gerätebaustein „NAMUR-Serielle“ ermöglicht es, RS232-Treiber ohne Programmierarbeit tabellengestützt zu erstellen.

Aufgrund der Benutzerfreundlichkeit von LabVision konnte dieses recht komplexe Automatisierungsprojekt in wenigen Tagen von einem in der Automatisierungstechnik unerfahrenen Chemiker realisiert werden.

Literatur zu Abschnitt 3.4

1 NAMUR-Arbeitsblatt NA 27 „Anforderungen an die Prozessleittechnik in der verfahrenstechnischen Forschung und Entwicklung“ des Arbeitskreises 2.4.
2 NAMUR-Empfehlung NE 28 „Ausführung von elektrischen Steckverbindungen für die analoge und digitale Signalübertragung an Labor-MSR-Einzelgeräten“ des Arbeitskreises 2.4.
3 VDI/VDE 2180, 354 und 3542.
4 NAMUR-Empfehlung NE 33 „Anforderungen an Systeme zur Rezepturfahrweise“ des NAMUR-Arbeitskreises 2.3.
5 Produkthandbuch des LAB-manager-Systems der Firma HiTec Zang GmbH, Herzogenrath.
6 Projektdokumentation der Destillationsanlage und zur Ausbildung von Studenten der Verfahrenstechnik am Institut Chemische und Thermische Verfahrenstechnik der Uni Braunschweig.

3.5 Messdatenaufnehmer

3.5.1 Einleitung

Die klassischen physikalischen Messgrößen in chemischen Prozessen sind Temperatur, Druck, Gewicht, Füllstand und Durchfluss. Bei Prozessen in wässrigen Systemen kommt die Messung des pH-Wertes hinzu. Bei der Auswahl geeigneter Messdatenaufnehmer sind vielfältige Parameter wie Messbereich, Genauigkeit, chemische Beständigkeit und nicht zuletzt die Sicherheitsaspekte zu beachten.

Ist nur ein bestimmter Grenzwert, z. B. Füllstand, Temperatur, Durchfluss oder Druck zu überwachen, werden bevorzugt sog. Wächter verwendet, die oftmals keine Hilfsenergie benötigen, meist über einen einfachen Schaltkontakt ein binäres Signal liefern und entsprechend kostengünstig sind.

Die Herstellerangabe bzgl. der Messgenauigkeit verdient besondere Beachtung. Die Angabe des prozentualen Messfehlers allein sagt noch nicht alles aus. Zu beachten ist stets, worauf sich der Messfehler bezieht, z. B. Messbereich (größter

Messwert, Messspanne oder Messwert. Dies soll am Beispiel der Durchflussmessung verdeutlicht werden. Verglichen werden ein thermischer Massendurchflussmesser und ein Volumendurchflussmesser. Der Messstoff soll die Dichte 1 g/ml haben, sodass der Zahlenwert der Messgröße des Volumendurchflussmessers mit der Einheit g/min bei der Umrechung auf ml/min gleich bleibt. Beide haben einen Messbereich von 0–100 ml/min. Der thermische Durchflussmesser hat z. B. einen Messfehler von 2% bezogen auf den Messwert. Der volumetrische Durchflussmesser hat z. B. einen Messfehler von 1% bezogen auf den größten Messwert. Beträgt der aktuelle Messwert nun 20 ml/min, ergibt sich für den thermischen Durchflussmesser ein absoluter Messfehler von 0,4 ml, für den volumetrischen ein absoluter Messfehler von 1 ml. Der volumetrische Durchflussmesser hat damit hier, trotz der kleineren Prozentangabe im Datenblatt, den größeren Messfehler.

3.5.2 Temperaturmessung

Die Temperatur ist die häufigste und wichtigste Messgröße. In Labor- und Miniplant-Anlagen wird zur Messung im Temperaturbereich von –200 bis +600 °C wegen seiner Genauigkeit bevorzugt der Pt100-Platinwiderstandsfühler eingesetzt.

Kommt es auf eine wirklich genaue Temperaturmessung an, reicht es nicht aus, einen möglichst genauen Temperaturfühler einzusetzen. Der Messwert wird abhängig von den Einbauverhältnissen stets mehr oder weniger verfälscht. Bei Sensoren mit metallischem Schutzrohr transportiert das Schutzrohr Wärme von der Einspannung zur Messstelle oder umgekehrt. Dadurch wird die Temperatur am Messelement i. d. R. von der im Medium abweichen. Bei Messungen in Gasen und erst recht im Vakuum können die daraus resultierenden Messfehler wegen des schlechten Wärmeübergangs vom Gas auf den Fühler erheblich sein oder gar die Messung technisch unmöglich werden. Hier ist deshalb besonders darauf zu achten, dass der Durchmesser des Messfühlers möglichst klein, z. B. 2 mm, und der Abstand der Einspannung zur Messstelle ausreichend groß gewählt wird, bei mittlerer Strömungsgeschwindigkeit z. B. 50 mm. Bei kleinen Rohrdurchmessern kann ein schräger Einbau Messfehler verringern. Bei Nichtbeachtung dieser Zusammenhänge kann das Messergebnis bei einem Präzisionsfühler ungenauer als bei einem geeigneten Standardfühler sein.

Tabelle 3.10 Genauigkeitsklassen

Genauigkeitsklasse	Fehler [°C]
DIN A	$\pm(0{,}15 + 0{,}002\lvert t\rvert)$
DIN B	$\pm(0{,}3 + 0{,}005\lvert t\rvert)$
1/3 DIN B	$\pm(0{,}1 + 0{,}0016\lvert t\rvert)$
1/5 DIN B	$\pm(0{,}06 + 0{,}001\lvert t\rvert)$
1/10 DIN B	$\pm(0{,}03 + 0{,}0005\lvert t\rvert)$

Standardmaße sind: Durchmesser $d=2/3/6$ (mm), Länge $l=50/100/300/600$ (mm). Viele Hersteller fertigen aber alle Fühler nach Bestellung, sodass fast alle Abmessungen und auch Doppelfühler in einem Schutzrohr für sicherheitsgerichtete Anwendungen verfügbar sind.

3.5.3 Druckmessung

Bei der Druckmessung unterscheidet man zwischen
- Absolutdruck,
- Relativdruck und
- Differenzdruck.

Im Grunde sind alle Membrandruckaufnehmer Differenzdruckaufnehmer, die lediglich gegen unterschiedliche Referenzdrücke messen. Absolutdruckaufnehmer messen bezogen auf eine interne Vakuumreferenz, Relativdruckaufnehmer messen bezogen auf den Umgebungsdruck. Differenzdruckaufnehmer messen den Differenzdruck zwischen zwei beliebigen Druckräumen und haben entsprechend stets zwei Anschlüsse.

Die konkrete Anwendung bestimmt, welcher Aufnehmer zu verwenden ist. Wenn es auf eine genaue Messung im Hochvakuum ankommt, sind Absolutdruckaufnehmer obligatorisch. Wenn die Differenz gegenüber dem Umgebungsdruck relevant ist, z. B. bei einer Filtration, ist der Relativdruckaufnehmer zu verwenden. Der Differenzdruckaufnehmer eignet sich z. B. zur hydrostatischen Füllstandsmessung im Druckbehälter oder zur Messung der Druckdifferenz an der Messblende eines Durchflussmessers. Differenzdruckaufnehmer, die bei sehr kleinen Differenzdruckbereichen (mbar) für sehr große statische Überdrücke ausgelegt sind, eignen sich zur Messung der Belastung von Destillationsanlagen, für Füllstände usw.

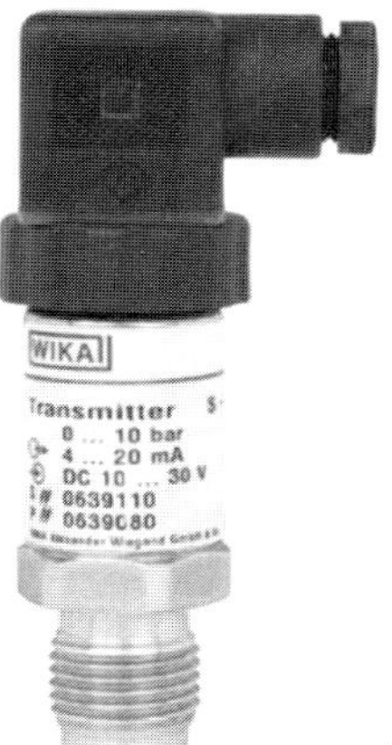

Abb. 3.91 Standard-Absolutdruckaufnehmer (Wika).

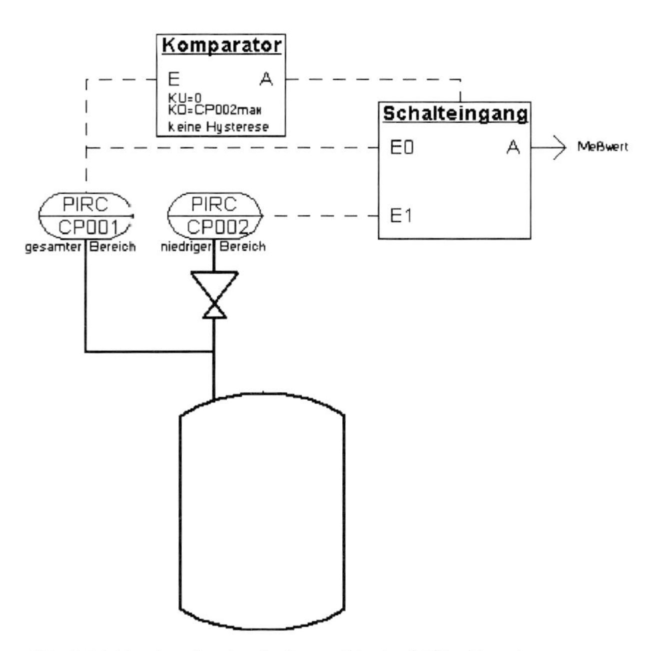

Abb. 3.92 Tandemdruckaufnehmer-Prinzip (HiTec Zang).

Standarddruckaufnehmer mit Membran und Vakuumreferenz eignen sich im Vakuum für Messungen oberhalb 1 mbar. Dabei ist zu beachten, dass ein Absolutdruckaufnehmer für 1 Bar, dessen Messfehler auf 0,1% vom Messbereich spezifiziert ist, bei einem mbar bereits einen Fehler von 100% vom Messwert aufweist. Für Messungen im Hochvakuum von 10^{-4} mbar bis zu einigen mbar eignen sich Pirani-Druckaufnehmer. Der auf den Messwert spezifizierte Messfehler von z. B. 20% ist damit im mbar-Bereich geringer als der des o. g. Membrandruckaufnehmers. Gemessen wird die druckabhängige Wärmeabfuhr an eine beheizten Draht. Daher eignen sie sich nur für nicht brennbare Messstoffe.

Normalerweise reichen elektronische Membrandruckaufnehmer für praktisch alle Anwendungen im Chemiebereich aus. Oft ist es aber notwendig, den Messbereich in Druckreaktoren auf mehrere Aufnehmer aufzuteilen, um eine ausreichende Auflösung im Grob- und Feinvakuum zu erhalten. Der Tandemdruckaufnehmer in Verbindung mit einer automatischen Messbereichsumschaltung bietet erhöhte Genauigkeit im gesamten Bereich von z. B. 0–1,6 bar absolut. Eine Schutzvorrichtung sorgt dafür, dass der empfindliche Feinvakuumaufnehmer bei hohen Drücken nicht unzulässig belastet oder zerstört wird.

3.5.4
Gewichtsmessung

Das Gewicht wird in gravimetrischen Dosierkreisen als Rückmeldung für den Dosierregler benötigt. Das Gewicht der Dosiervorlage wird meist mit Laborwaagen mit RS232-Schnittstelle erfasst. In Laborabzügen bewirkt der starke Luftzug, der auch auf die Messplattform einwirkt, mitunter erhebliche Messstörungen. Auch die auf wenige Werte pro Sekunde beschränkte Messfrequenz kann sich bei einer genauen Dosierregelung nachteilig auswirken. Eine Alternative stellt hier das GraviDos-System dar. Die Angriffsfläche für Luftströmungen ist dadurch minimiert, dass der Vorlagebehälter an einer Wägezelle aufgehängt wird. Ein zusätzlicher Vorteil dieser Anordnung ist, dass das Dosiermedium allein durch die Schwerkraft gefördert wird und so in den meisten Fällen auf Pumpen verzichtet werden kann.

Negativ beeinflusst wird die Messgenauigkeit auch durch die Federwirkung der Ablaufleitung. Am besten geeignet sind weiche, stark dämpfende Polymere, z. B. Tygon.

3.5.5
Füllstands- und Grenzschichtmessung

Für den Produktionsmaßstab gibt es verschiedene Methoden für die Erfassung des Füllstands wie die Messung des hydrostatischen Drucks mit Druckaufnehmern, Ultraschall, Radar etc., die sich i. d. R. nicht auf den Labor- oder Miniplant-Maßstab übertragen lassen. Die Auflösung dieser Messverfahren ist für kleine Be-

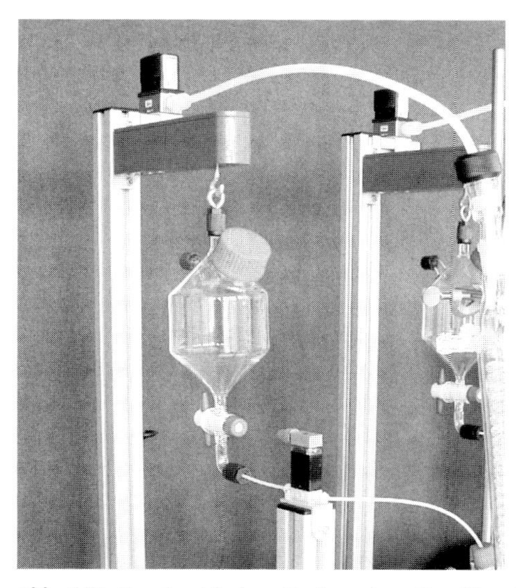

Abb. 3.93 Gravimetrisches Dosiersystem GraviDos (HiTec Zang).

hälter meist nicht ausreichend, und die Messaufnehmer sind zu groß. In den meisten Fällen ist hier die Gewichtsmessung, evtl. kombiniert mit Kompensation des Taragewichts, die geeignete Messmethode. Auf diese Weise können in Reaktionsapparaten von 100 kg Gewicht Gewichtsänderungen bis in den Grammbereich aufgelöst werden. Damit ist diese Methode genauer als eine Füllstandsmessung, insbesondere wenn der Reaktorinhalt gerührt wird und sich die Rührtrombe störend auswirkt. Zudem entfallen kritische Einbauten in den Reaktor. Hinzu kommt, dass die Reaktorwägung die für Stöchiometrie brauchbare Masse liefert, die bei Füllstandsmessung erst aus der Behältergeometrie und der Dichte, sofern überhaupt bekannt, berechnet werden muss. Eine weitere Möglichkeit ist die indirekte Ermittlung durch Integration der Zu- und Abflüsse.

Ein Spezialfall der Füllstandsmessung ist die Trennschichterfassung zwischen zwei nicht mischbaren Flüssigkeiten unterschiedlicher Dichte. Diese Aufgabe kommt häufig in verfahrenstechnischen Anlagen vor und stellt erhebliche Anforderungen an den Anlagenbauer. Sie lässt sich durch sehr unterschiedliche Messverfahren wie Schwimmer, Ultraschall, kapazitiv usw. erfassen.

Eine einfache Möglichkeit zur Unterscheidung und zum Trennen von Flüssigphasen beim Ablassen des Reaktorinhalts bietet das System PhaDec (HiTec Zang). Gemessen wird die unterschiedliche Wärmeleitfähigkeit der Medien, z. B. mithilfe eines in das Bodenablassventil integrierten Fühlers. Der Fühler kann bei geschlossenem Ventil auch zur Temperaturmessung verwendet werden. Das Sensorsignal kann dann z. B. verwendet werden, um über ein 3/2-Wegeventil die organische und die anorganische Phase in verschiedene Behälter abzufüllen.

Für die reine Grenzstandsüberwachung bei beengten Verhältnissen hat sich ein optisches Verfahren bewährt, das die unterschiedlichen Brechungseigenschaften von Flüssigkeit und Luft bzw. Gas oder Vakuum ausnutzt. Der Sensor besteht aus einem kegelförmig angeschliffenen Glasstab, der auf eine Reflexlichtschranke aufgesetzt ist. In einem optisch dünnen Medium wird der Strahl zurückreflektiert, in einem optisch dichten Medium nicht. Dieses Verfahren funktioniert nicht bei hochviskosen Suspensionen. Im Hochdruckbereich bei unbekannter Dichte sind kapazitive Systeme eine Alternative.

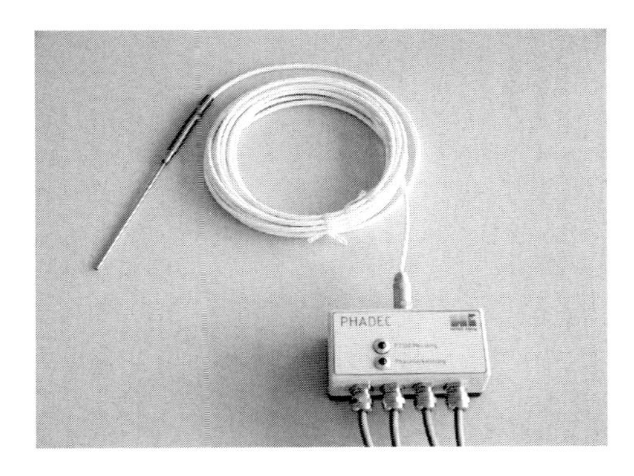

Abb. 3.94 PhaDec: Thermischer Phasendetektor (HiTec Zang).

3.5.6 Durchflussmessung

In der chemischen Technik wird i. d. R. der Massenfluss dem Volumenfluss bevorzugt.

Ist die Dichte bekannt, kann aus dem Volumenfluss durch Multiplikation mit der Dichte der Massenfluss berechnet werden. Bei größeren Temperaturschwankungen muss die Dichte ggf. durch ein Rechenprogramm korrigiert werden. Manche Durchflussmesser eignen sich nur für Gase, andere nur für Flüssigkeiten oder für beide Medien.

3.5.6.1 Massenfluss

Es existieren zwei Messverfahren zur Massenflussmessung: Thermische Massenflussmesser und Coriolis-Massendurchflussmesser. Beide weisen jeweils Vor- und Nacheile auf.

Geräte, die nach dem thermischen Prinzip arbeiten, messen i. d. R. die Heizleistung, die erforderlich ist, um die Flüssigkeit um ein konstantes ΔT aufzuheizen. Die zugeführte Heizleistung ist proportional zum Massenfluss. Da der Proportionalitätsfaktor stoffabhängig ist, muss der Sensor auf den jeweils zu messenden Stoff eingestellt bzw. einkalibriert werden.

Coriolis-Massenflussmesser ermitteln auch die Dichte und können so aus dem gemessenen Massenfluss gleichzeitig intern den Volumenfluss berechnen. Sie können damit auch bei schwankender Dichte messen. Allerdings weisen sie bei höheren Viskositäten recht hohe Fließwiderstände auf, sodass dann Geräte mit größerem Innendurchmesser bei kleinen Flüssen eingesetzt werden müssen. Die Folge ist ein erhöhter Messfehler. Coriolis-Massendurchflussmesser sind erheblich kostspieliger als thermische Massendurchflussmesser. Sie werden z. B. von Endress & Hauser, Schwing, Krohne oder Bronkhorst angeboten.

Falls aus einer Vorlage heraus dosiert oder in einen Rezipienten abgefüllt wird, kann der Massenfluss sehr kostengünstig und genau im Automatisierungssystem durch Berechnung der zeitlichen Ableitung des Gewichtssignals einer Laborwaage ermittelt werden. Bei sehr kleinen Flüssen ab ca. 1 mg/min gibt es kaum eine Alternative zu dieser Messmethode.

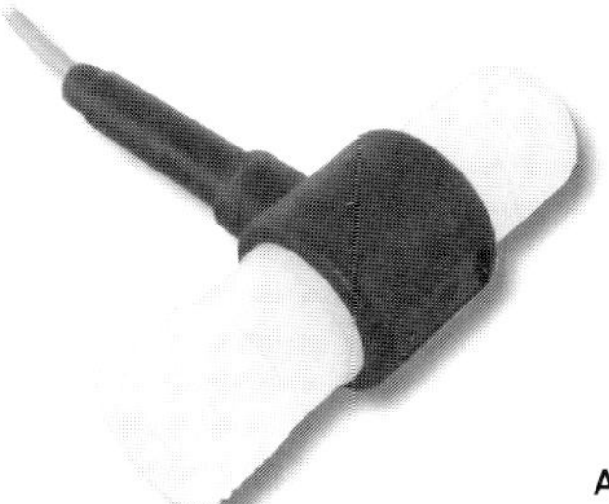

Abb. 3.95 Volumetrischer Durchflusssensor für 1–35 L/min (HiTec Zang).

3.5.6.2 **Volumenfluss**

Volumenflusssensoren erfassen unmittelbar das in einem Verdrängungszähler, z. B. Zahnradzähler oder Balgengaszähler, verdrängte bzw. transportierte Volumen oder erfassen es mittelbar auf der Basis verschiedenster physikalischer Effekte, z. B. Turbinen-, Ultraschall- oder Blendendurchflussmesser. Bei der Auswahl eines geeigneten Sensors sind die Einsatzbedingungen, insbesondere der Messbereich und der maximal zulässige Druckverlust, zu beachten. Manche Sensoren benötigen eine Einlaufstrecke.

Verdrängungszähler bewirken stets einen nennenswerten Druckverlust, der bei höheren Ansprüchen – insbesondere bei Gasen durch die Kompressibilität – durch einen auf $\Delta p = 0$ geregelten Antrieb eliminiert werden kann. Sie eignen sich besonders für kleine Flüsse.

Blendendurchflussmesser sind kostengünstig und robust. Ausgewertet wird die (radizierte) Druckdifferenz an einer Blende oder einer Verengung. Aufgrund der Wurzelkennlinie umfasst der Messbereich nur bis zu einer Dekade. Damit eignen sich diese Aufnehmer kaum für den Versuchsbetrieb.

Turbinendurchflussmesser eignen sich für Flüsse im l/min-Bereich. Bei dem nachfolgend beschriebenen Dynaflow-Sensor bestehen die medienberührenden Teile aus PFA und Rubin. Daraus resultiert eine Beständigkeit gegen die meisten Chemikalien.

Das Rubinlager minimiert Reibung und Verschleiß und garantiert eine hohe Lebensdauer. Die Sensoren sind in drei Größen verfügbar für einen Flussbereich von 0,1–35 l/min. Sie eignen sich für flüssige Medien und bedingt für Gase.

Das Medium wird durch einen schneckenförmigen Strömungsformer in rotierende Bewegung versetzt und treibt den nahezu gewichtslosen Rotor an. Der Rotor wird optisch abgetastet, wobei sich ein zur Strömungsgeschwindigkeit proportionales, frequenzanaloges Rechtecksignal ergibt. Dieses kann mit einem der verfügbaren Messumformer in Strom, Spannungs- oder serielle Signale umgeformt werden. Da die optische Abtastung bei den Lichtleitermodellen über ein bis zu 40 m langes Lichtleiterkabel erfolgt, eignen sich die Sensoren auch für den Ex-Bereich. Der Sensor arbeitet auch mit trüben Medien wie Tinte oder mit diffusen Medien wie Milch. Probleme sind nur bei stark Licht streuenden Medien wie Latex oder Suspensionen mit Titandioxid zu erwarten. Feststoffpartikel stören i. d. R. nicht, lediglich Fasern sollten durch einen Filter ferngehalten werden.

3.5.7
Rührerdrehmoment

Das Drehmoment kann außer zur qualitativen Reaktionsverfolgung für Scale-up-Berechnungen benötigt werden. Einfache Drehmomentmessrührer stoßen bei niedrigen Viskositäten (< 50 mPas) an Grenzen. Das Drehmomentsignal geht hier im Rauschen unter. Spezielle hochempfindliche und genaue Messrührer, z. B. von der Firma Fluid, scheiden oft wegen ihrer Größe und des Prei-

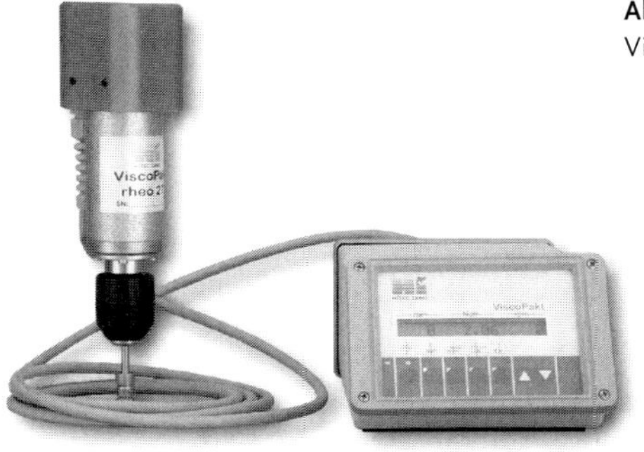

Abb. 3.96 Drehmoment-Messrührantrieb ViscoPakt-rheo (HiTec Zang).

ses aus. Eine gute Alternative bietet die ViscoPakt-Reihe (HiTec Zang), die eine hochauflösende, robuste Drehmomentmessung bietet und dabei kompakt und preiswert ist. Die Messauflösung von bis zu 0,01 Ncm reicht z. B. aus, um eine Änderung des Rührerdrehmoments aufgrund der Änderung der Viskosität von Wasser in Folge einer Temperaturänderung nachzuweisen.

Probleme bereitet in vielen Fällen die Rührdurchführung, besonders wenn im Vakuum gearbeitet wird. Hier empfiehlt sich der Einsatz einer Magnetkupplung, die vakuumdicht ist und ein geringes Reibmoment hat.

3.5.8
Spezielle Messgrößen

Über die klassischen Messgrößen hinaus bietet sich eine Vielzahl mehr oder weniger komplexer Möglichkeiten, physikalische oder chemische Eigenschaften zu erfassen.

Direkt erfassbare Größen sind z. B.
- Viskosität,
- Leitfähigkeit,
- Redoxpotenzial,
- Trübung,
- Lichtabsorption (UV, VIS, IR),
- Wärmeleitfähigkeit,
- Brechungsindex und
- Dielektrizitätskostante.

Spektrale Stabsonden für die Online-Messung im Reaktor sind für den Bereich vom mittleren Infrarot bis zum UV erhältlich. Hinzu kommen die Analysengrößen, die sich durch Probenausschleusung mittels komplexer Analysegeräte erfassen lassen. Als Beispiele sind hier die gesamten chromatographischen Verfahren, die Aufnahme kompletter Spektren und Massenspektrometrie zu nennen. Es ist durchaus möglich, die Analysegeräte mit dem Automatisierungssystem zu koppeln und die Ausschleusung der Proben über das Automatisierungssystem zu steuern. Die Analysedaten können zurückgelesen, aufgezeichnet und als Regelgrößen verwendet werden.

Zudem gibt es noch eine große Anzahl zusammengesetzter Messgrößen, die online aus erfassten Messgrößen errechnet werden können und teils erhebliche Bedeutung für die Prozessführung besitzen. Beispiele sind die Wärmemenge und -leistung und die Errechnung der Viskosität aus dem Rührerdrehmoment.

Daraus ergeben sich interessante Möglichkeiten. So kann z.B. eine Polymerisation anstelle einer Temperaturführung nach der erfassten Wärmeleistung der Reaktion geregelt werden, um die Reaktionsdauer auf das geringst mögliche Maß zu verkürzen [1]. Dabei dient die Wärmeleistung, die online durch Wärmefluss- oder Wärmebilanzmessung halbquantitativ ermittelt wird, als Ist-Wert der Regelung. Als Stellgröße dient die Monomerdosierung.

Die Wärmeleistung eignet sich darüber hinaus bei exothermen oder endothermen Prozessen auch ausgezeichnet zur qualitativen Reaktionsverfolgung. Bei allen Prozessen mit Viskositätsänderung liefert das Rührerdrehmoment ein qualitatives Signal über den Reaktionsverlauf. Wärmeleistung und Rührerdrehmoment lassen sich ohne besondere Schwierigkeit ermitteln und ermöglichen auf einfache Weise qualitative Vergleiche ähnlicher Versuche sowohl online als auch offline.

Literatur zu Abschnitt 3.5

1 Stefan Erwin, Kathrin Schulz, Hans-Ulrich Moritz, Christian Schwede und Herman Kerber, Increased Reactor Performance versus Safety Aspects in Acrylate Copolymerisation, Chemical Engineering & Technolgy, Wiley VCH

2 H.-R. Tränkler, E. Obermeier, Sensortechnik, Springer

3 Günther W. Schanz, Sensoren Fühler der Messtechnik, Dr. Alfred Hüthig Verlag, Heidelberg

4 Produktkatalog HiTec Zang GmbH

3.6 Sicherheitskonzept bei Miniplant-Versuchsanlagen

3.6.1 Allgemeines

Der vorliegende Abschnitt befasst sich mit der Sicherheitstechnik bei Miniplant-Anlagen. Dieses Thema ist schwierig zu behandeln, da diesbezüglich keine zutreffenden gesetzlichen Richtlinien, Verordnungen und/oder Gesetze existieren. Selbst auf der Suche nach einer Definition der Miniplant-Technik findet man keine oder nur unzureichende Literaturangaben. Was versteht man eigentlich unter dem Begriff Miniplant-Technik? Die Miniplant-Technik kann zwischen einem klassischen Syntheselabor und einem Technikum angesiedelt werden. In Miniplant-Laboren werden u.a. in kleinem Maßstab Produktionsschritte nachgestellt oder neu entwickelt und auch Machbarkeitsversuche durchgeführt. Mithilfe der so gewonnenen Scale-up-fähigen Daten kann eine Technikums- bzw. Produktionsanlage dimensioniert werden. Die Versuchsanlagen in den Miniplant-Laboren sind wesentlich komplexer und baulich größer als in einem klassischen Syntheselabor. Ein Miniplant-Labor ist jedoch keine Technikums- oder Produktionsanlage. Es werden nur selten verkaufsfähige Produkte hergestellt, und der Anlagendurchsatz beschränkt sich auf ca. 0,5–15 kg/h. Die Versuchsanlagen in einem Miniplant-Labor sind gegenüber einem Technikum kleiner, bieten jedoch mehr Flexibilität (Kapitel 2).

Welche Sicherheitsrichtlinien gelten für die Miniplant-Anlagen und die dazugehörigen Labore? Diese Frage ist wie schon erwähnt gesetzlich nicht eindeutig geklärt. Auf der einen Seite stehen die Richtlinien für Laboratorien und auf der anderen die Sicherheitsrahmenkonzepte für Technikas und Produktionsanlagen. Die erste Frage, die geklärt werden muss, ist: Wie ist der Bereich, in welcher die Miniplant-Anlagen betrieben werden, im Bauantrag definiert? Ist dieser Bereich als Technikum definiert, so müssen z. B. Sicherheitsrahmenkonzepte erstellt und erfüllt werden. Meistens werden diese Bereiche jedoch als Labore definiert. Liegt dieser Fall vor, müsste man sich an die Richtlinien für Laboratorien halten, und die Sicherheitsfrage wäre technisch und rechtlich geklärt. Reicht jedoch diese Richtlinie für einen sicheren Betrieb von Miniplant-Anlagen aus? In der Laborrichtlinie 4.5.4, „Arbeiten mit leicht zerbrechlichen Gefäßen“, heißt es: „Mit Gefahrstoffen darf nicht in dünnwandigen Glasgefäßen mit einer Menge von mehr als 5 l gearbeitet werden. Ausnahmen sind nur zulässig, wenn besondere Schutzmaßnahmen getroffen werden“ [1]. Diese Mengenbegrenzung wird aber leicht bei Miniplant-Anlagen überschritten, z. B. bei Miniplant-Anlagen mit mehreren Reaktionsstufen oder Extraktionsanlagen, aber auch bei Destillationskolonnen mit den dazugehörigen Zulauf- und Ablaufbehältern. Um einen sicheren Betrieb der Miniplant-Anlagen zu gewährleisten, müssen also zusätzliche Schutzmaßnahmen getroffen werden. Diese Maßnahmen werden im Folgenden beschrieben und erläutert.

3.6.2
Analyse der Gefahrenquellen

Um geeignete Sicherheitsmaßnahmen ergreifen zu können, müssen zunächst die möglichen Gefahrenquellen erkannt und bewertet werden.

Wie schon erwähnt spielt die Chemikalienmenge eine große Rolle. Bei Mengen unter 5 l Betriebsinhalt in und im Bereich der Versuchsanlage kann auf die Laborrichtlinie zurückgegriffen werden. Überschreitet die Chemikalienmenge die 5-l-Grenze, sollten zusätzliche Sicherheitsmaßnahmen ergriffen werden.

Ein weiterer entscheidender Punkt ist, aus welchen Materialien die Versuchsanlage besteht. Die Hauptkomponenten der meisten Miniplant-Anlagen werden aus modularen Glaskomponenten in einer Art Baukastensystem zusammengebaut. Hierbei ist das Risiko eines Glasbruches beim Aufbau und Betrieb der Anlage nicht zu unterschätzen. Ein Glasbruch während des Betriebs führt zum Austreten der verwendeten Chemikalien und den entsprechenden Folgen.

Eine weitere Gefahrenquelle ist die Explosionsgefahr in und im Bereich der Versuchsanlage. In den Laborrichtlinien wird jedoch nicht auf den ausschließlichen Gebrauch von explosionsgeschützten Geräten hingewiesen.

Wie können die Betreiber von Miniplant-Laboren mit diesen Gefahrenquellen umgehen?

3.6.3
Vermeidung des Austretens von Chemikalien

Um einen Glasbruch bzw. die Freisetzung von Chemikalien zu vermeiden, können folgende Maßnahmen getroffen werden, die sich auch in der Praxis bewährt haben.

Um Leckagen in einer Miniplant-Anlage zu reduzieren, soll die Anzahl der Flanschverbindungen so gering wie möglich gehalten werden, und zusätzlich kann der sog. Sicherheitsplanflansch (SPF) der Firma QVF in Mainz (Abb. 3.97) eingesetzt werden [2].

Dieser Sicherheitsplanflansch zeichnet sich durch hervorragende Dichtigkeit aus. Die Flansche besitzen feuerpolierte Dichtflächen und eine Nut. Die Nut stabilisiert und kammert die auf der nun extrem glatten Dichtfläche liegende PTFE-Dichtung [2].

Eine noch größere Sicherheit wird dadurch erreicht, dass man die komplette Verbindung mit einem Spritzschutz ausrüstet (Abb. 3.98). Dieser verhindert das radiale unkontrollierte Austreten des Mediums auch bei Verwendung einer normalen PTFE-Dichtung. Eine Leckage ist sofort erkennbar, da austretende Flüssigkeit abtropfen kann. Ein weiterer Vorteil dieser einteiligen Ausführung mit aus dem Material herausgearbeiteten Verschlussmechanismus besteht darin, dass der Spritzschutz nachträglich, ohne die Verbindung öffnen zu müssen,

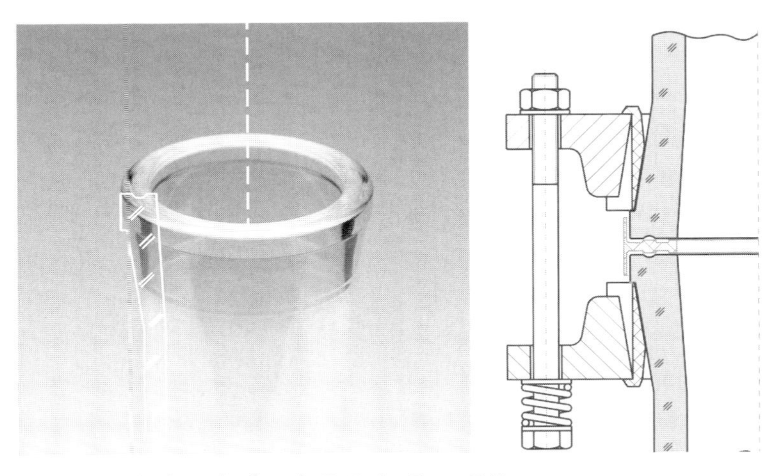

Abb. 3.97 Sicherheitsplanflansch (SPF) der Firma QVF.

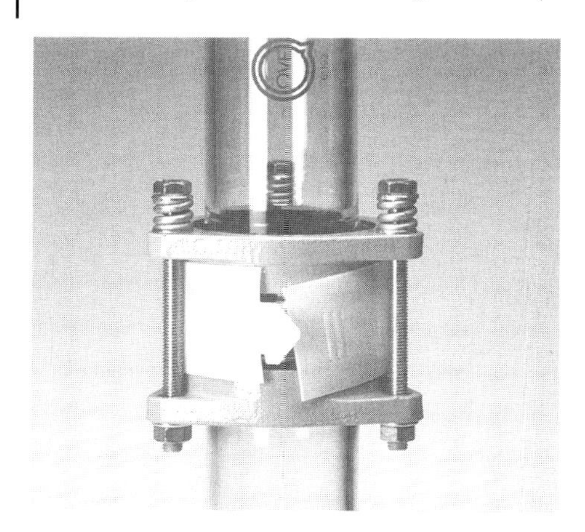

Abb. 3.98 Flanschverbindung mit Spritzschutz von der Firma QVF.

ein- und ausgebaut werden kann. Dadurch wird ein Überprüfen der Dichtigkeit einer Verbindung, z. B. nach dem Nachziehen, erleichtert.

3.6.4
Normen und Aufbauhinweise für Glasteile

Auch Glasteile unterliegen einer Norm. Die bisherige Grundlage für die Berechnung und Auslegung von Glasapparaten war die deutsche Druckbehälterverordnung und die entsprechenden Abschnitte der AD-Merkblätter, speziell AD-N4 [3]. Im Zuge der Harmonisierung in der EU ist die Druckbehälterverordnung in die Europäische Druckgeräterichtlinie 97/23/EG übergegangen. Diese schreibt vor, dass ab Mai 2002 alle Glasapparate nach dieser neuen Europa-Norm ausgeführt werden müssen. Ab diesem Zeitraum ist es Pflicht, alle Glasbauteile ab der Nennweite DN 25 und ab einem zulässigen Druck von 0,5 bar mit dem CE-Kennzeichen zu versehen [4].

Da Borosilicatglas ein spröder Werkstoff ist (Abschnitt 3.3), zeichnet es sich durch eine gegenüber der Zugfestigkeit um ein Vielfaches höhere Druckfestigkeit aus. Alle Richtlinien, die bei der Montage von Glasteilen zu berücksichtigen sind, basieren daher auf dem Grundsatz [2]:

- Montagebedingte Zug- und Biegespannungen, die sich betriebsbedingt überlagern würden, sind weitestgehend zu vermeiden.

Dieser Grundsatz lässt sich u. a. durch Einhalten folgender Regeln problemlos realisieren:

- Apparate und Rohrleitungen dürfen nur einen Festpunkt aufweisen, von dem aus sie sich frei ausdehnen können. Weitere Halterungen dürfen nur zur seitlichen Führung dienen.
- Faltenbälge müssen so eingebaut und über die Stoppschrauben eingestellt werden, dass die Glasbauteile keinen unzulässigen großen Biegemomenten ausgesetzt sind.

- Zu verschraubende Bauteile müssen einwandfrei fluchten. Sperrende Dichtflächen dürfen nicht einfach zusammengezogen werden, sondern die Längendifferenzen sind durch Zwischenstücke auszugleichen.
- Auslenkungen von Rohrleitungen dürfen nur über Gelenkdichtungen vorgenommen werden (in begrenztem Umfang auch über Faltenbälge).
- Einlagen sind beidseitig bündig in die Schellenringe einzulegen, und die Schrauben sind gleichmäßig in mehrmaligen Rundgängen mit einem Drehmomentschlüssel anzuziehen.

Bei Berücksichtigung dieser Maßnahmen kann ein möglicher Glasbruch bei Betrieb der Anlagen vermieden werden. Zur Kontrolle der Dichtigkeit einer Versuchsanlage sollte dann ein Druckabfall- bzw. ein Druckanstiegstest durchgeführt werden. Bei einem Druckanstiegstest mit abgeschalteter Vakuumpumpe und geschlossenem Regelventil hat sich ein minimaler Richtwert von 1 mbar Druckanstieg in einer Minute bei einem Vakuum von 50 mbar (abs.) herausgestellt.

3.6.5
Sekundäre Maßnahmen bei einem Glasbruch

Wenn es zu einem Glasbruch kommt, dann können nur noch sekundäre Maßnahmen greifen. Der Einsatz von ummantelten Glasteilen (Abb. 3.99) kann einer kompletten Zerstörung eines Glasteiles entgegenwirken.

Die Ummantelung stellt im Falle eines Glasbruches eine Art „äußeres Rohr“ dar, und die Gefahr durch austretende Medien wird reduziert. Dies kann bedeuten, dass entweder der begonnene Prozess noch zu Ende geführt oder aber die Anlage kontrolliert abgeschaltet werden kann. Hierbei ist jedoch zu beachten, dass die Ummantelungen temperaturempfindlich sind und nur bis zu max. Temperaturen von 180 °C eingesetzt werden können [2]. Die zurzeit. am häufigsten eingesetzten Kunststoffbeschichtungen sind Levasint-, Sectrans- oder GFK-Beschichtung für Glasbauteile.

Abb. 3.99 Kunststoffummantelte Glasgefäße.

Abb. 3.100 Brandschutzwanne und 30-Liter-Kanne auf einer Brandschutzwanne.

Um das Personal zu schützen, können die Miniplant-Anlagen mit zusätzlichen Kunststoffscheiben abgehängt werden. Falls es zu einem Glasbruch kommt, so fliegen die Glassplitter nicht unkontrolliert durch das Labor. Hierbei ist jedoch auf die elektrostatische Aufladung der Kunststoffscheiben zu achten. Auf dieses Thema wird später detailliert eingegangen.

Greifen auch diese sekundären Maßnahmen nicht mehr, so ist es dringend erforderlich, ein Ausbreiten der ausgetretenen Chemikalien zu begrenzen. Für diesen Fall eignen sich Brandschutzwannen (Abb. 3.100), die unter den verschiedenen Anlagenteilen positioniert werden. Diese Brandschutzwannen fangen die Chemikalien auf und vermeiden ein weiteres Verbreiten der Chemikalien im Laborbereich. Ein zusätzlicher Aspekt dieser Wannen ist es, dass sich brennbare Flüssigkeiten in diesen Wannen nicht mehr so leicht entzünden können. Diese Eigenschaft unterstützt eine mögliche Brandbekämpfung.

3.6.6
Explosionsschutz

Ein weiterer wichtiger Punkt ist der Explosionsschutz (Ex-Schutz) während des Betriebs der Miniplant-Anlagen. Der Explosionsschutz gliedert sich in primäre, sekundäre und tertiäre Maßnahmen. Tabelle 3.11 zeigt die Definitionen der einzelnen Explosionsschutzmaßnahmen. Die primären Explosionsschutzmaßnahmen sehen z. B. vor, dass durch Zuführung eines inerten Gases die Sauerstoffkonzentration so weit abgesenkt wird, dass bei Auftreten einer Zündquelle keine Reaktion (Zündung) ausgelöst werden kann. Eine Explosionsgefahr kann fer-

Tabelle 3.11 Explosionsschutzmaßnahmen

Gruppe	Schutzmaßnahmen	Einflussgrößen
Primäre	Inertisierung Konzentrationsbegrenzung Druckabsenkung Hoher Luftwechsel	Sauerstoffkonzentration Obere/untere Zündgrenze Mindestzünddruck Untere Zündgrenze
Sekundäre	Vermeiden von wirksamen Zündquellen	Zündtemperatur Mindestzündenergie Verdichtungsverhältnis
Tertiäre	Explosionsfeste Bauweise Explosionsdruckentlastung Schutzkammer Explosionsunterdrückung	Explosionsdruckverhältnis Druckanstiegsgeschwindigkeit Auftretender Explosionsdruck Druckentlastungsöffnung Druckanstiegsgeschwindigkeit

ner durch Begrenzung der Konzentration des Gemischs in der Weise vermindert werden, dass sowohl die untere Explosionsgrenze nicht überschritten als auch die obere Explosionsgrenze nicht unterschritten wird. Eine weitere Maßnahme des primären Explosionsschutzes ist die Absenkung des Druckes unter den Mindestzünddruck, d.h. unter den Druck, unter dem eine Reaktion nicht mehr möglich ist. Primäre Explosionsschutzmaßnahmen sind nach Möglichkeit immer vorzuziehen [5].

Falls das Entstehen eines explosionsfähigen Gemischs nicht verhindert werden kann, müssen sekundäre bzw. tertiäre Explosionsschutzmaßnahmen angewendet werden. Die sekundären Explosionsschutzmaßnahmen sehen das Vermeiden von wirksamen Zündquellen vor. Nach den Explosionsschutzrichtlinien sind 13 verschiedene Zündquellen bekannt, welche geeignet sind, explosionsfähige Gemische oder einen Zerfall chemisch labiler bzw. eine Polymerisation chemisch reaktiver Stoffe auszulösen. Um sekundäre Maßnahmen zu treffen, sollten alle elektrischen Geräte innerhalb der Versuchsanlage explosionsgeschützt entsprechend der Temperaturklasse, sprich Zündtemperatur der gehändelten Stoffe, ausgeführt sein. Meistens liegt in der Versuchsanlage Explosionsschutzzone 1 oder 2 vor. Das beinhaltet, dass folgende Messungen wie Temperatur, Absolutdruck, Differenzdruck, Massedurchfluss und bestimmte Messsonden explosionsgeschützt ausgeführt werden müssen. Die Geräte außerhalb der Miniplant-Anlage sollten wenn möglich auch explosionsgeschützt ausgeführt sein, jedoch ist es schwierig, kleine Pumpen, Thermostate, Kyrostate und elektrische Heizkerzen in Ex-Ausführung käuflich zu erwerben.

Die Schutzmaßnahmen zur Vermeidung wirksamer Zündquellen sind jedoch nicht immer als ausreichend anzusehen. Bei Stoffgemischen, bei denen ungünstige Kennzahlen, z.B. geringe Mindestzündenergie und niedrige Zündtemperatur, zusammentreffen oder ein explosionsfähiges Gemisch zeitlich länger vorliegt bzw. häufig auftritt, müssen zusätzliche Maßnahmen getroffen werden.

Unter den tertiären Explosionsschutzmaßnahmen versteht man Maßnahmen, mit denen verhindert wird, dass ausgelöste Explosionen sich auf die Umgebung eines Apparats, Behälters oder einer Maschine auswirken können. Diese Maßnahmen umfassen explosionsfeste Bauweisen, Explosionsdruckentlastungen, eine Aufstellung in Schutzkammern mit ausreichend wirksamen Druckentlastungseinrichtungen oder Explosionsunterdrückungssystemen. Da die Miniplant-Anlagen häufig aus Glaskomponenten zusammengestellt werden, sind die tertiären Maßnahmen nur begrenzt anwendbar.

Bei der Betrachtung des Explosionsschutzes sind zusätzlich zwei unterschiedliche Betriebsfälle zu betrachten. Zum einem sind das die Versuchsanlagen, die unter Vakuum betrieben, und zum anderen die Versuche, die bei Überdruck durchgeführt werden.

Bei den Versuchsanlagen, die unter Vakuum betrieben werden können, entstehen explosionsfähige Gemische erst ab ihrem stoffspezifischen Mindestzünddruck. Dieser kann sogar über dem Betriebsdruck liegen [5]. Eine mögliche Absicherung wäre hierbei z. B. eine Druckmessung innerhalb der Apparaturen und eine Kohlenstoffkonzentrationsmessung in der Abzugsluft.

Häufig werden die Miniplant-Anlagen in sog. begehbaren Abzügen oder Abzugsboxen aufgebaut. In der Mitte dieses Abzugs steht ein Gestell, und der Mitarbeiter kann die Versuchsanlage von vorne und hinten montieren. Von der Frontseite wird der Abzug mit Schiebetüren, seitlich mit einer sich selbst schließenden Tür, die auch als zusätzlicher Fluchtweg fungiert, verschlossen. An der Rückwand ist die Abluftanlage installiert, die einen 50- bis 100fachen Luftwechsel im Abzug realisiert. Die Abluft sollte mit einer FID-Messung überwacht werden, die bei einer bestimmten Kohlenstoffkonzentration anschlägt.

Die Druckmessung hat aus sicherheitstechnischer Sicht die Aufgabe, dass alle elektrischen Geräte, Heizungen usw. über das Prozessleitsystem stromfrei geschaltet werden, wenn der Druck innerhalb der Versuchsanlage über einen vorher definierten Wert ansteigt. Durch diese Absicherung kann kein elektrischer Funken ein vorliegendes zündfähiges Gemisch innerhalb oder außerhalb der Versuchsanlage zünden.

Bei Versuchsanlagen, die bei Überdruck betrieben werden, müssen zusätzlich weitere Maßnahmen getroffen werden. Um einen unzulässigen Druckanstieg zu vermeiden, muss die Anlage über ein Sicherheitsventil oder eine Berstscheibe abgesichert werden. Bei Anlagen mit dieser Absicherung muss die Abluft definiert abgeführt werden.

Ein größeres Problem sind die Leckagen an den Dichtflächen der Versuchsanlage. Steigen diese Leckagen an, so schlägt die Abluftabsicherung an und schaltet die elektrischen Geräte stromfrei. Dabei ist die Gefahr von Verwirbelungen durch die Peripheriegeräte sehr hoch. Die Strömung der Abluft zum Abluftkanal liegt dann nicht laminar, sondern turbulent vor. Dadurch können punktuell höhere Gemischkonzentrationen auftreten, die im Bereich der Mindestzündgrenzen liegen. In diesem Fall würde ein zündfähiges Gemisch vorliegen.

Aus diesem Grund sollten alle nicht explosionsgeschützt ausgeführten Peripheriegeräte einen größeren Abstand zur Versuchsanlage aufweisen.

3.6.7
Elektrostatische Aufladung

Ein weiterer Aspekt beim Explosionsschutz ist das Vermeiden einer elektrostatischen Aufladung der Versuchsanlage und der Chemikalien. Um den Einsatz von beschichteten Glasbauteilen in der Ex-Zone 1 ohne zusätzliche Schutzmaßnahmen zu ermöglichen, existieren Beschichtungen in ableitfähiger Version. Hierbei ist eine zusätzliche transparente Polymerschicht aufgebracht, die eine schwach blaue Einfärbung erzeugt. Diese zusätzliche Beschichtung ist abriebsfest. Der Oberflächenwiderstand liegt bei $10^7\ \Omega$, sodass eine nicht aufladbare Oberfläche vorliegt, auf der eine Ladungsableitung möglich ist und damit beim Einsatz in der Zone 1 keine Schutzmaßnahmen erforderlich sind [6]. Auch ein DN-40-Metallflansch hat das Potenzial, einen Funken auszulösen. Hieraus ergeben sich folgende Maßnahmen: Alle Metallflansche ab DN 40, Metallleitungen und die Gebinde außerhalb der Anlage sollten geerdet werden. Wichtig hierbei ist die Unterscheidung von leitenden und nicht leitenden Flüssigkeiten. Das Potenzial der leitenden Flüssigkeiten kann z. B. über einen Metallstab abgeführt werden. Bei nicht leitenden Flüssigkeiten kann man nur die elektrostatische Aufladung vermeiden, indem man die Flüssigkeiten langsam (< 1 m/s) durch die Rohrleitungen fließen lässt.

3.6.8
Produkthandling

Um das offene Produkthandling sicherer zu gestalten, sollten die Übergabestellen der Versuchsanlage zu den Produktgebinden und Probeentnahmestellen mit einer Punktabsaugung ausgerüstet werden, besonders bei Einsatz von gefährlichen Stoffen wie z. B. leicht entzündlichen oder sehr giftigen Chemikalien. Am besten reduziert oder vermeidet man das offene Produkthandling. Eine Möglichkeit wäre die direkte Verbindung eines Abnahmegefäßes mit einer 30-Liter-Kanne. Die Kanne besitzt dabei einen modifizierten Deckel mit mindestens drei Anschlüssen. Ein Anschluss ist für den Produktzulauf aus dem Abnahmegefäß vorgesehen, der zweite für die Inertisierung der Kanne und der dritte für die Belüftung zu einem speziellen Abluftsystem.

3.6.9
Stoffspezifische und organisatorische Sicherheitsratschläge

Die oben aufgeführten Sicherheitsratschläge sind Möglichkeiten, den Aufbau und den Betrieb der Versuchsanlage relativ sicher zu gestalten. Außerdem gehören aber Informationen über stoffspezifische Daten, persönliche und organisatorische Maßnahmen dazu. Da bei den Miniplant-Versuchen nicht immer alle stoffspezifischen Daten bekannt sind, sollte man sich auf einen aussagekräftigen Datensatz beschränken.

Bei den stoffspezifischen Daten sollte das Sicherheitsdatenblatt, wo die Einstufung des Stoffes, die Lagerung und Entsorgung und auch die persönliche Sicherheitsausrüstung aufgeführt sind, vorliegen. Des Weiteren sollte man aus diesem Sicherheitsdatenblatt eine Betriebsanweisung nach § 20 der Gefahrstoffverordnung (Abb. 3.101) für die Mitarbeiter und das Gebäude anfertigen. Mit dem Sicherheitsdatenblatt und der Betriebsanweisung nach § 20 der Gefahrstoffverordnung sollte auf jeden Fall das Bedienungspersonal unterwiesen werden und zwar auf die möglichen Gefahren der eingesetzten Stoffe hin.

Die Laboraufsicht hat auch die Pflicht, die persönlichen Schutzausrüstungen zur Verfügung zu stellen. Die Unterweisung sollte durch die beteiligten Personen quittiert werden. Dazu gehört der versuchsbetreuende Ingenieur oder Chemiker, der die Versuchsdaten zusammengestellt hat, die Laboraufsicht, die den ordnungsgemäßen Aufbau der Versuchsanlage gewährleistet, und die versuchsdurchführenden Laboranten, die die Sicherheitsvorschriften einhalten müssen.

Ein weiterer organisatorischer Punkt ist der Aufenthalt der versuchsbetreuenden Laboranten während der Versuche. In vielen Laboren müssen sich mindestens zwei Laboranten in Rufweite aufhalten, um sich gegenseitig bei Gefahren zu unterstützen oder zu helfen. In vielen Miniplant-Laboren sind die Versuchsanlagen in unterschiedlichen Laboren im Gebäude verstreut. Damit wird der o.g. Punkt nicht erfüllt. Abhilfe kann hier ein sog. Totmanngerät schaffen. Dieses Gerät alarmiert den anderen Mitarbeiter und/oder die Werksfeuerwehr, wenn sich das Gerät, das der Mitarbeiter trägt, über einen bestimmten Zeitraum nicht bewegt hat oder wenn sich das Gerät in einer horizontalen Lage befindet. Dadurch wird gewährleistet, dass der Mitarbeiter indirekt überwacht wird.

Eine weitere Gefahrenquelle beinhaltet die unterschiedliche thermische und zeitliche Stabilität der einzelnen Stoffe. Um sich einen Überblick zu verschaffen, bietet sich hier eine differenzielle Thermoanalyse (DTA) an. Die DTA zeigt die Anfangstemperatur einer möglichen Zersetzung und die frei werdende Energie (Exotherm oder Endotherm) an (Abschnitt 4.1). Hierbei ist zu beachten, dass eine Übersichts-DTA nicht genau die Temperatur und die frei werdende Energie anzeigt. Bei Grenzfällen ist die Anfertigung einer Langzeit-DTA angebracht, die den genaueren Verlauf der thermischen Stoffzersetzung und die frei werdende Energie wiedergibt. Der Unterschied für beide DTAs liegt in der Erwärmungsrate. Bei der Übersichts-DTA wird die Temperatur der Probe um 3 K/min erhöht, bei der Langzeit-DTA nur um 0,05 K/min. Falls die Zersetzung eines Stoffes oder Stoffgemischs zu berücksichtigen ist, muss in einem ausreichenden Abstand von der kritischen Temperatur die sichere Temperaturabschaltung des Prozesses erfolgen. Hierbei sind nicht nur die Versuchsbedingungen entscheidend, sondern auch der An-, Abfahr- und Stand-by-Betrieb (z. B. Destillation bei unendlichem Rücklauf) der Versuchsanlage. Wird die aufgrund der DTA definierte Abschalttemperatur erreicht, werden alle Energiequellen abgeschaltet und ggf. vorhandene Sicherheitsmaßnahmen in die Wege geleitet.

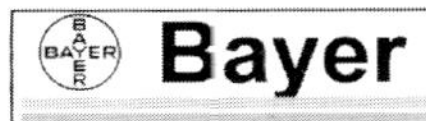

ZT-TE 5.1

Betriebsanweisung
nach § 20 GefStoffV/TRGS 555

LEV, den 19.8.2003
D.I. Spriewald

Arbeitsbereich, Arbeitsplatz, Tätigkeit:
Destillationslabor B 310

Gefahrstoffbezeichnung

Salzsäure , techn. 20 %

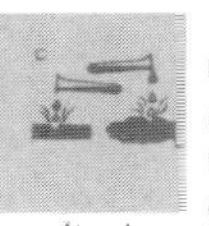

Ätzend

Formel:	HCl	Zündpunkt:	°C
Form:	flüssig	Schmelzpunkt:	ca. - 50 °C
Farbe:	farblos	Flammpunkt:	°C
Geruch:	stechend riechend	Siedepunkt:	110 °C
CAS-Nr.:	7647-01-0	Dichte:	1,10 g/cm3

Gefahr für Mensch und Umwelt

R 36/37/38 : Reizt die Augen, Atmungsorgane und die Haut

Wassergefährdungsklasse (WGK) : 1 - schwach wassergefährdend

Schutzmaßnahmen,Verhaltensregeln und hygienische Maßnahmen

Handschuhe

Brille

S 9 : Behälter an einem gutbelüfteten Ort aufbewahren.
S 26 : Bei Berührung mit den Augen sofort gründlich mit Wasser abspülen und Arzt konsultieren.
S 45 : Bei Unfall oder Unwohlsein sofort Arzt hinzuziehen
Atemschutz : Vollmaske mit Filter ABEK bei Überschreitung des MAK- Wertes (5 ppm / 7 mg/m³)
Augenschutz: dicht schließende Schutzbrille
Handschutz : Baypren oder PVC -Handschuhe tragen
Weitere Schutzausrüstung : Schutzkleidung tragen

Verhalten im Gefahrfall

Maske

Stoff selbst brennt nicht. Beim Brand anderer Stoffe ,Behälter mit Wasser kühlen.
Löschwasser kann sauer reagieren.
Löschmittel : Keine Einschränkung bei Umgebungsbrand.

Erste Hilfe **Notruf: 112**

Erste Hilfe

- Benetzte Kleidung sofort wechseln
Nach Hautkontakt :Bei Berührung mit der Haut sofort mit viel Wasser und Seife abwaschen
Bei Augenkontakt : Gründlich mit Wasser bei geöffnetem Lid ausspülen; Arzt aufsuchen
Nach Inhalation : Frischluft; Bei Atembeschwerden Arzt hinzuziehen.
Nach Verschlucken : Reichlich Wasser trinken und sofort ärztlichen Rat einholen.

Sachgerechte Entsorgung

Kleinere Mengen können in Kanal gespült werden. Größere Mengen auffangen, Entsorgung nach spezieller Anweisung.

Abb. 3.101 Betriebsanweisung nach § 20 der Gefahrstoffverordnung.

3.6.10
Fazit

Man sieht, dass Versuche mit Miniplant-Anlagen nicht ohne Kenntnisse der entsprechenden Sicherheitsmaßnahmen durchgeführt werden können. Die oben aufgeführten Vorschläge zur Sicherheit sind allgemeiner Natur. Allgemein gültige Empfehlungen für Miniplant-Anlagen existieren bisher nicht. Wichtig ist, dass jeder Versuch auf seine Gefahrenpotenziale hin betrachtet werden muss. Im Allgemeinen hat der Betreiber solcher Labore reichlich Erfahrung in der Sicherheitsbetrachtung der Miniplant-Versuche. Falls das nicht der Fall ist oder in kritischen und nicht klaren Fällen, sollte man sich auf jeden Fall die Unterstützung von Sicherheitsexperten einholen.

Literatur zu Abschnitt 3.6

1 Richtlinien für Laboratorien, Hauptverband der gewerblichen Berufsgenossenschaften, Oktober 1993.
2 QVF, WPR-Handbuch, 2002, http://www.qvf.de/w3a/default.asp.
3 Merkblatt, AD-N4, 1995.
4 EU 97/23/EG, Mai 2002.
5 L. Ripper, Expolsionsschutzmaßnahmen, Vakuum in der Praxis, S. 91–100, 1994.
6 Richtlinien für die Vermeidung von Zündgefahren infolge elektrostatischer Aufladungen – Richtlinien „Statische Elektrizität“ –, Hauptverband der gewerblichen Berufsgenossenschaften, Oktober 1989.

4
Stoffdaten und Verfahrensablauf

4.1
Physikalische Stoffdaten und Thermodynamik

4.1.1
Hintergrund

4.1.1.1 Bedeutung von Stoffdaten

Die Kenntnis der thermophysikalischen Stoffdaten ist die Basis der Entwicklung und der Optimierung verfahrenstechnischer Prozesse. Schon bei grundlegenden Prozessüberlegungen wird das qualitative thermophysikalische Verhalten der beteiligten Stoffe und Stoffgemische benötigt. Stoffdaten sind Eingangsinformationen für viele Modelle in verfahrenstechnischen Auslegungswerkzeugen, wie z. B. den Prozess-Simulatoren. Stoffdaten können als „Rohstoffe" der Verfahrensentwicklung angesehen werden [1], wobei sich in den meisten Fällen die Qualität der „Rohstoffe" unmittelbar auf die Qualität des Produkts auswirkt. Der Kenntnis von Phasengleichgewichten kommt bei der Auslegung von Trennverfahren wie Absorption, Rektifikation, Extraktion oder Gasextraktion eine besondere Bedeutung zu. Bei diesen sog. gleichgewichtsbestimmten physikalisch-chemischen Trennverfahren wird ein aufzutrennendes Stoffgemisch durch die Zufuhr von Energie oder die Zugabe eines Hilfsstoffes in (mindestens) zwei Phasen unterschiedlicher Zusammensetzung getrennt. Der ökonomische Anreiz für eine genaue Kenntnis der zur Auslegung von Trennverfahren benötigten Stoffdaten ist auch deshalb so groß, weil häufig die Kosten für Trennverfahren, z. B. zur Auftrennung der in Stoffgemischen anfallenden Reaktionsprodukte, maßgeblich an den Gesamtkosten chemischer Produktionsprozesse beteiligt sind. Ihr Anteil beträgt oft 60–80% der Investitions- und Betriebskosten. In der Literatur gibt es eine Reihe von Beispielen, wie ungenaue Stoffdaten zu einer falschen Verfahrensauslegung führen [2–7]. Bei einem Vergleich von drei weit verbreiteten kommerziellen Prozess-Simulatoren (jeweils mit der Standard-Soave-Redlich-Kwong-Zustandsgleichung [8] als thermodynamischem Modell) für die destillative Trennung von Styrol und Ethylbenzol kam es zu Unterschieden um den Faktor 3 beim berechneten Massenstrom Ethylbenzol im Sumpfprodukt, nur weil die drei Simulatoren auf eine unterschiedliche Stoffdatenbasis

Miniplant-Technik. Ludwig Deibele und Ralf Dohrn (Hrsg.)

ISBN: 3-527-30739-7

zurückgriffen [9]. Genaue Stoffdaten sind aber nicht nur für die Verfahrensauslegung und Prozess-Simulation wichtig, sondern sie werden auch zunehmend für physikalisch basierte Prozessführungsmodelle benötigt.

Die meisten Beziehungen der Thermodynamik sind bereits mehr als 100 Jahre alt. Die klassische Thermodynamik, die u.a. von Rudolf Clausius, William Thomson, dem späteren Lord Kelvin, James Prescott Joule und Hermann von Helmholtz entwickelt wurde, diente ursprünglich fast ausschließlich der Beschreibung von Wärmekraftprozessen. Man beschränkte sich auf Systeme, die nur aus einem einzigen Stoff bestanden. Josiah Willard Gibbs systematisierte die thermodynamischen Beziehungen zur Beschreibung von Mehrkomponentensystemen und weitete damit die Anwendungsmöglichkeiten der Thermodynamik in großem Maße aus. Heute kann die Thermodynamik von der Beschreibung des Verhaltens von Stoffen in elektromagnetischen Feldern bis zur Berechnung von chemischen Reaktionen in lebenden Organismen angewendet werden. Für den Verfahrensingenieur ist natürlich die thermodynamische Beschreibung von Stoffen und Stoffgemischen von besonderer Bedeutung [10].

Zur Dimensionierung von Miniplant-Anlagen müssen die wichtigsten Stoffdaten bekannt sein, wenn auch nicht in der Tiefe und dem Umfang, wie es zur Auslegung der Verfahrensschritte und Apparate in technischen Großanlagen notwendig ist. Wegen des Zeitdrucks bei der Verfahrensentwicklung ist es häufig gar nicht möglich, erst alle relevanten Stoffdaten zu bestimmen, bevor die Miniplant-Anlage ausgelegt wird. Deshalb gilt es mit Erfahrung und thermodynamischem Verständnis, die wichtigsten Stoffdaten zu identifizieren und zu bestimmen.

4.1.1.2 **Für welche Stoffe werden Stoffdaten benötigt?**

Neben kinetischen Daten der beteiligten chemischen Reaktionen sowie sicherheitsrelevanten Daten sind die thermophysikalischen Daten von großer Bedeutung für die Auslegung verfahrenstechnischer Prozesse. Thermophysikalische Daten müssen sowohl für Reinstoffe als auch für Stoffgemische bekannt sein. Bei Vielstoffgemischen muss man sich auf die wichtigsten Stoffe konzentrieren, die dann als Schlüsselkomponenten bezeichnet werden. Folgende Fragen sind bei der Auswahl dieser Stoffe hilfreich:

1. Ist der Stoff für das Gesamtverfahren von Bedeutung (Edukte, Produkte)?
2. Hat der Stoff eine größere Bedeutung für einen wichtigen Teilschritt des Prozesses?
3. Kommt der Stoff in nicht zu vernachlässigender Menge im Verfahren vor?
4. Reichert sich der Stoff in einem Kreislaufstrom an?
5. Nimmt der Stoff an Verteilungsgleichgewichten teil, z.B. an Dampf-Flüssig-Gleichgewichten bei der Rektifikation oder Flüssig-Flüssig-Gleichgewichten bei der Extraktion?
6. Beeinflusst der Stoff das Verhalten von Stoffmischungen maßgeblich (z.B. Wasser in Kohlenwasserstoffgemischen)?

Einige Reinstoffe können nur als Zwischenprodukte in einer Prozess-Stufe auftauchen. Probleme bei der Stoffdatenermittlung können bei reaktiven Stoffen auftreten bzw. bei Stoffen, die nur mit erheblichem Aufwand in ausreichender Reinheit isoliert werden können. Es ist im Einzelfall zu entscheiden, inwieweit diese Stoffe bei der Stoffdatenermittlung berücksichtigt werden.

4.1.1.3 Für welche Stoffeigenschaften werden Daten benötigt?

Ein Beispiel für einen einfachen Miniplant-Prozess, der aus einer Reihe von typischen Grundoperationen besteht, ist in Abb. 4.1 dargestellt. Für jeden Teilschritt des Prozesses ist der Bedarf an den wichtigsten Stoffdaten angeben. Fasst man die benötigten Stoffdatentypen zusammen, so fällt auf, dass die Liste der für die Auslegung einer Miniplant-Anlage wichtigsten Stoffeigenschaften nicht sehr lang ist, z. B.

Reinstoffgrößen

- Dampfdruck P^{Sat},
- Flüssigkeitsdichte ρ^{L},
- Wärmekapazität der Flüssigkeit $c_{\mathrm{P}}^{\mathrm{L}}$,
- Verdampfungsenthalpie Δh^{VL},
- Viskosität der Flüssigkeit η^{L},
- Wärmeleitfähigkeit der Flüssigkeit λ^{L},
- Oberflächenspannung σ^{VL} bzw. Grenzflächenspannung σ^{LL},
- Gasdichte ρ^{V}.

Eigenschaften von Mischungen

- Physikalische Eigenschaften der Phasen (Dichte, Wärmekapazität, Viskosität etc.),

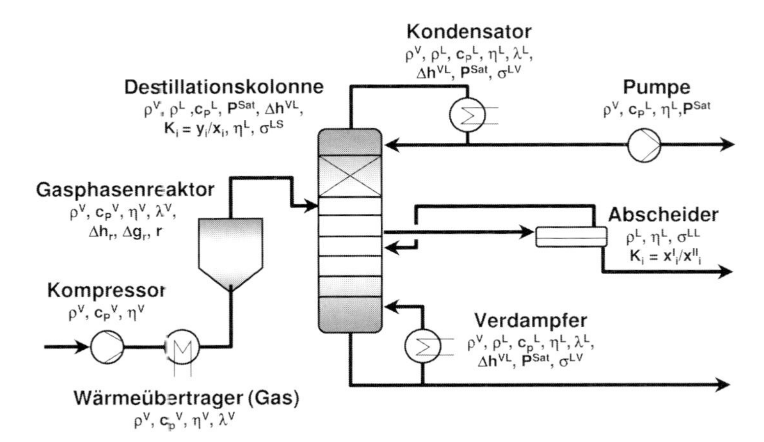

Abb. 4.1 Beispiel für den Bedarf an Stoffdaten in einem Miniplant-Prozess.

- Phasengleichgewichte (Dampf-Flüssig, Flüssig-Flüssig, Gaslöslichkeiten in Flüssigkeiten, Fest-Flüssig etc.).

Bei Reaktionen kommen reaktionsspezifische Daten hinzu. In den nachfolgenden Gliederungspunkten werden die aufgeführten Eigenschaften im Einzelnen behandelt.

4.1.2
Reinstoffgrößen

4.1.2.1 Stoffeigenschaften reiner Stoffe bei moderaten Drücken

In den meisten Fällen werden Miniplant-Anlagen bei Normaldruck, im Vakuum oder bei moderaten Drücken (bis 6 bar) betrieben, sodass in vielen Fällen der Druckeinfluss auf die Stoffeigenschaften von Flüssigkeiten vernachlässigt werden kann, d. h., man kann mit guter Näherung die entsprechenden Stoffeigenschaften für Normaldruck oder im Siedezustand verwenden[1]. Reinstoffgrößen sind in der Nähe des atmosphärischen Druckes mit relativ geringem Aufwand experimentell zu bestimmen, im eigenen Labor oder über spezialisierte externe Anbieter [27]. Die Stoffeigenschaften sollten im gesamten interessierenden Zustandsbereich (Temperatur, Druck) des Prozesses ermittelt werden.

Für die Rektifikation kommt der **Dampfdruckkurve** die größte Bedeutung zu, denn die Phasengleichgewichte hängen unmittelbar vom Dampfdruck der reinen Komponenten ab. Der Dampfdruck P^{Sat} reiner Stoffe kann durch einfache Gleichungen beschrieben werden, z. B. durch die Antoine-Gleichung:

$$\ln P^{\mathrm{Sat}} = \mathrm{A} - \frac{\mathrm{B}}{\mathrm{T}+\mathrm{C}} \tag{1}$$

A, B und C sind stoffspezifische dimensionsbehaftete Konstanten. Wird eine hohe Genauigkeit in einem weiten Temperaturbereich (>150 K) benötigt, so sollte man statt der Antoine-Gleichung eine mehrparametrige Dampfdruckgleichung verwenden, z. B. die Wagner-Gleichung [28].

Kalorische Eigenschaften, wie die **Wärmekapazität** und die Verdampfungsenthalpie, sind nicht nur für das Aufstellen von Energiebilanzen und zur Auslegung von Wärmeübertragern, Verdampfern und Kondensatoren von Bedeutung, sondern auch für die Anwendung von Energie-Integrationsmethoden, wie der Pinch-Point-Analyse zur Verschaltung von Wärmeströmen im Prozess.

Die **Verdampfungsenthalpie** wird in der Regel nicht gesondert gemessen, denn sie kann aus der Steigung der Dampfdruckkurve mithilfe der Clausius-Clapeyron-Gleichung ermittelt werden.

1) Siedetemperatur bzw. Dampfdruck betreffen sowohl die flüssige als auch die Dampfphase und sind natürlich druckabhängig.

$$\frac{dP^{Sat}}{dT} = \frac{\Delta h^{VL}}{T(\nu^V - \nu^L)} \tag{2}$$

ν^V ist das molare Volumen des Dampfes und ν^L das molare Volumen der Flüssigkeit bei der Temperatur T.

Die Temperaturabhängigkeit der **Flüssigkeitsdichte** kann häufig als linear angenommen werden,
- wenn der untersuchte Temperaturbereich kleiner als 100 K ist und
- wenn ein genügender Abstand von der kritischen Temperatur vorliegt (> 100 K).

Nähert sich die Temperatur der kritischen Temperatur, so nähern sich die Dichten der im Gleichgewicht stehenden flüssigen und gasförmigen Phase an und sind schließlich am kritischen Punkt gleich der kritischen Dichte. Diese ist deutlich niedriger als der Wert, den man über eine lineare Extrapolation der Dichte bei niedrigen Temperaturen erhält und entspricht häufig nur einem Drittel der Flüssigkeitsdichte bei der Siedetemperatur. Zur Beschreibung der Flüssigkeitsdichte über einen weiten Temperaturbereich und in der Nähe des kritischen Punktes benötigt man eine Gleichung, die dieses Verhalten berücksichtigt, z. B. die Watson-Gleichung:

$$\rho(T) = a_0 \cdot (T_c - T)^{a_1} + \rho_c \tag{3}$$

Die **Viskosität** eines Stoffes steigt in der Nähe des Schmelzpunktes stark an, sodass Vorsicht geboten ist bei der Extrapolation der Viskosität zu niedrigen Temperaturen.

Für die Temperaturabhängigkeit der isobaren **Wärmekapazität** wird i. d. R. ein Polynom verwendet, häufig reicht ein linearer Zusammenhang aus, wenn der interessierende Temperaturbereich nicht mehr als 100 K umfasst.

Die **Wärmeleitfähigkeit** von Flüssigkeiten sinkt näherungsweise linear mit zunehmender Temperatur. Eine Ausnahme bildet, wie so oft, Wasser, bei dem die Wärmeleitfähigkeit der Flüssigkeit mit der Temperatur zunächst zunimmt, durch ein Maximum bei 140 °C läuft und dann, wie bei anderen Stoffen, mit zunehmender Temperatur abnimmt.

Die **Oberflächenspannung** verhält sich bezüglich ihrer Temperaturabhängigkeit ähnlich wie die Flüssigkeitsdichte, mit zunehmender Temperatur wird zunächst ein nahezu linearer Abfall beobachtet, der sich zum kritischen Punkt hin beschleunigt. Anders als die Flüssigkeitsdichte erreicht die Oberflächenspannung am kritischen Punkt den Wert null.

Für die **Gasdichte** bei moderaten Drücken eignet sich mit guter Näherung die Zustandsgleichung idealer Gase, auch Ideales Gasgesetz genannt:

$$Pv = RT \tag{4}$$

v ist das molare Volumen und R die allgemeine Gaskonstante (R = 8,31439 J mol^{-1} K^{-1}). Ein ideales Gas ist eine Modellvorstellung, bei der die Moleküle kein Eigenvolumen besitzen und zwischen den Molekülen weder Anziehungs- noch Abstoßungskräfte auftreten. Bei genügend niedriger Dichte, d. h. in einem Zustand, in dem Wechselwirkungen mit anderen Molekülen vernachlässigt werden können, verhält sich jeder Stoff wie ein ideales Gas. Da die Zustandsgleichung idealer Gase keine Wechselwirkungen zwischen den Molekülen kennt, lassen sich kondensierte Phasen mit der Zustandsgleichung idealer Gase nicht beschreiben.

4.1.2.2 Stoffeigenschaften reiner Stoffe bei erhöhten Drücken

Findet der Prozess in der Miniplant-Anlage bei Drücken höher als 5 bar statt, so sollte der Druckeinfluss auf die Stoffeigenschaften, insbesondere auf die der Gasphase, berücksichtigt werden. Die thermodynamischen Eigenschaften[2)] eines Stoffes lassen sich berechnen, sofern der Zusammenhang zwischen Druck *P*, Volumen *V* und Temperatur *T* sowie zusätzlich die molare Wärmekapazität des idealen Gases c_P^{IG} bekannt ist. Abb. 4.2 zeigt das *PVT*-Verhalten eines Stoffes als dreidimensionales Diagramm. In bestimmten Zustandsgebieten liegt der Stoff fest (S), flüssig (L) oder dampfförmig (V) vor. Neben den homogenen Gebieten gibt es Zustandsgebiete, in denen zwei oder drei Phasen gleichzeitig vorliegen. Die Siedelinie grenzt das Zweiphasengebiet V+L (Dampf-Flüssig) vom homogenen Flüssiggebiet ab, die Taulinie begrenzt das V+L-Gebiet vom homogenen Dampfgebiet. Siede- und Taulinie treffen sich am kritischen Punkt. Oberhalb des kritischen Punktes führt eine Zustandsänderung nicht zu einem Phasenwechsel, sondern es findet eine kontinuierliche Änderung der Stoffeigenschaften statt. In der P-T-Projektion fallen Siede- und Taulinie zusammen und bilden die Dampfdruckkurve, die dementsprechend auch am kritischen Punkt endet.

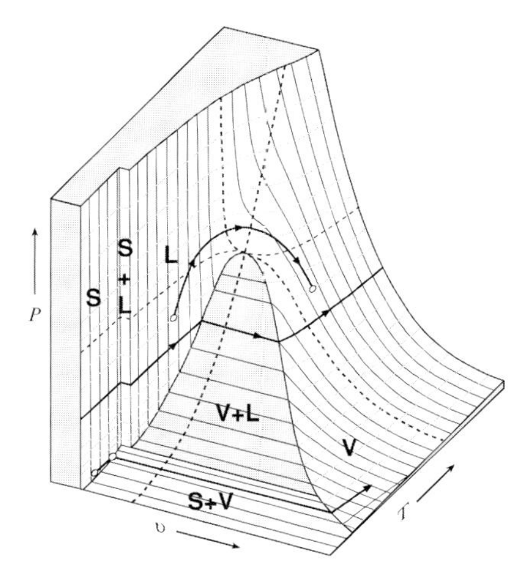

Abb. 4.2 Phasenverhalten eines reinen Stoffes. P = Druck, ν = molares Volumen, T = Temperatur, S = fest (solid), L = flüssig (liquid), V = dampfförmig (vapor), V+L = Zweiphasengebiet Dampf-Flüssig, S+L = Zweiphasengebiet Fest-Flüssig, S+V = Zweiphasengebiet Fest + Dampf.

2) Nicht aber die Transportgrößen, wie z. B. Viskosität und Wärmeleitfähigkeit.

Zum Beschreiben des ***PVT*-Verhaltens realer Fluide** sind seit dem 19. Jahrhundert Hunderte verschiedener Zustandsgleichungen vorgeschlagen worden [10]. Die 1873 von van der Waals in seiner Dissertation [11] vorgeschlagene Zustandsgleichung

$$\text{Van-der-Waals-Gleichung: } P = \frac{RT}{v - b} - \frac{a}{v^2} \tag{5}$$

hat eine große historische Bedeutung, weil mit ihr erstmals die Kondensation und das Verhalten am kritischen Punkt auf molekulare Vorstellungen zurückgeführt werden konnte. Die abstoßenden Kräfte zwischen den Molekülen werden durch das Eigenvolumen der Moleküle in Form des Parameters b berücksichtigt, die anziehenden Kräfte in Form des Parameters a. Die erfolgreichsten Modifikationen der Van-der-Waals-Gleichung sind die Redlich-Kwong-Gleichung [12], die Soave-Redlich-Kwong-Gleichung [8] und die Peng-Robinson-Gleichung [13]. Alle diese Gleichungen sind bezüglich ihres Volumens kubisch. Bei konstantem Druck und konstanter Temperatur besitzen kubische Zustandsgleichungen drei Lösungen für das Volumen, entweder drei reale Lösungen (Zweiphasigkeit ist möglich) oder eine reale Lösung und zwei komplexe (einphasiger Zustand).

$$\text{Peng-Robinson-Gleichung: } P = \frac{RT}{v - b} - \frac{a(T)}{v^2 + 2bv - b^2} \tag{6}$$

Die Parameter der Peng-Robinson-Gleichung können aus der kritischen Temperatur T_C, dem kritischen Druck P_C sowie über generalisierte Beziehungen aus dem azentrischen Faktor ω bestimmt werden [13]. Zur Verbesserung der Beschreibung des Dampfdruckes von polaren Stoffen wurden verschiedene Temperaturfunktionen des Parameters a vorgeschlagen, die bis zu drei, meist empirische, aus Anpassung an Dampfdruckdaten gewonnene Parameter enthalten (Übersicht siehe [14]), z. B. die Funktion von Mathias und Copeman [15]. Allgemein gesehen sind kubische Zustandsgleichungen wegen ihrer Einfachheit und Zuverlässigkeit wichtige Werkzeuge für die Prozessberechnung, insbesondere bei höheren Drücken (>5–10 bar). Die Anwendung generalisierter Parameter ermöglicht die Vorhersage von thermodynamischen Eigenschaften reiner Stoffe mit in vielen Fällen ausreichender Genauigkeit (Dampfdruck, Gasdichte, Fugazität: ca. 1%, allerdings bei der Flüssigkeitsdichte häufig 5–15%).

Die ***PVT*-Eigenschaften von Gasen** lassen sich häufig mit der Virialgleichung gut wiedergeben. Sie stellt eine Reihenentwicklung des Kompressibilitätsfaktors Z nach der Dichte ρ (sog. Leiden-Form) dar:

$$Z = 1 + B(T)\rho + C(T)\rho^2 + \ldots \tag{7}$$

B ist der zweite Virialkoeffizient, C der dritte usw. Alle Virialkoeffizienten sind unabhängig vom Druck und von der Dichte, und für reine Stoffe sind sie nur Funktionen der Temperatur. Bricht man die Virialgleichung nach dem zweiten

Koeffizienten ab, eignet sich die Virialgleichung zur Beschreibung von Gasen bei mäßigen Dichten. Als Faustregel gilt:

nur B ist bekannt: $\rho < 0{,}5\rho_c$ (8)

nur B und C sind bekannt: $\rho < 0{,}75\rho_c$ (9)

Zur Erhöhung der Genauigkeit wurden verschiedene Modifikationen der Virialgleichung vorgeschlagen, die sich durch eine zunehmende Zahl von Termen und Parametern auszeichnen, z. B. zwischen 40 und 100. Eine Reihe dieser Gleichungen wurde von Wagner entwickelt, um das gesamte *PVT*-Verhalten eines reinen Stoffes mit experimenteller Genauigkeit wiederzugeben. Sie sind nicht druckexplizit, sondern beschreiben die Helmholtz-Energie, d. h., es handelt sich um Fundamentalgleichungen, aus denen man die anderen thermischen Stoffeigenschaften (z. B. den Druck durch Ableiten nach dem Volumen) berechnen kann. Für mehr als 60 Stoffe stehen mittlerweile hochgenaue Fundamentalgleichungen zur Verfügung, z. B. von Wagner und Pruss [16] für Wasser.

Ist für die Energiebilanzierung der Miniplant-Anlage die Berechnung der Enthalpie bei höheren Drücken nötig, so kann dabei die Druckabhängigkeit der Wärmekapazität bzw. der Enthalpie mit einer Zustandsgleichung berechnet werden [10].

4.1.3 Eigenschaften von Mischungen

4.1.3.1 Gemischeigenschaften

Stoffeigenschaften von Flüssigkeitsgemischen lassen sich häufig mithilfe von Mischungsregeln aus den Reinstoffeigenschaften mit guter Näherung berechnen. Bei Idealen Mischungen realer Fluide (sog. Ideale Mischung oder Ideale Lösung) treten keine Exzessvolumina auf, und das Molvolumen v_m der Mischung ist gleich dem mit dem Molenbruch x_i gebildeten Mittelwert der Molvolumina v_i der Komponenten.

$$v_m = \sum_i x_i v_i \tag{10}$$

Bei der Dichte ρ_m (kg m^{-3}) der Mischung erfolgt die Mittelwertbildung über die Kehrwerte und die Massenanteile w_i der Komponenten.

$$\rho_m = \frac{1}{\sum_i \frac{w_i}{\rho_i}} \tag{11}$$

Diese einfache Mittelwertbildung gilt für den Fall, dass keine Exzessvolumina auftreten.

Für die spezifische Wärmekapazität (J kg^{-1} K^{-1}) einer Mischung kann man häufig mit guter Näherung den mit den Massenanteilen gebildeten arithmetischen Mittelwert der Reinstoffwärmekapazitäten verwenden:

$$c_{P,m} = \sum_i w_i c_{P,i} \tag{12}$$

Da die Viskosität η bei niedrigen Temperaturen, insbesondere in der Nähe des Übergangs zur festen Phase, stark ansteigt, ist eine einfache Mittelwertbildung gefährlich. Bei mittleren und höheren Temperaturen kann eine logarithmische Mittelwertbildung als grobe Näherung benutzt werden:

$$\ln \eta_m = \sum_i w_i \ln \eta_i \tag{13}$$

Der Dampfdruck oder Siededruck einer Mischung lässt sich durch Phasengleichgewichtsberechnungen ermitteln, z. B. für Ideale Mischungen realer Fluide mit dem Raoult'schen Gesetz (Abschnitt 4.1.3.2).

Gasdichten von Mischungen können je nach Druckbereich mit dem Idealen Gasgesetz, mit der Virialgleichung (Gleichung 7) oder mit einer Zustandsgleichung berechnet werden. Die Virialgleichung hat den Vorteil, dass ihre Ausweitung auf Mischungen theoretisch fundiert ist. Der zweite Virialkoeffizient B einer Mischung lässt sich aus den Reinstoffkoeffizienten als eine quadratische Funktion des Molenbruchs berechnen:

$$B = \sum_{i=1}^{N} \sum_{j=1}^{N} x_i x_j B_{ij} \tag{14}$$

Die Kreuzkoeffizienten B_{ij} können z. B. mit der Methode von Tsonopoulos [17] bestimmt werden.

Entsprechend gilt für den dritten Virialkoeffizienten einer Mischung:

$$C = \sum_{i=1}^{N} \sum_{j=1}^{N} \sum_{k=1}^{N} x_i x_j x_k C_{ijk} \tag{15}$$

Für die Reinstoffparameter von Zustandsgleichungen wurden eine Vielzahl von Mischungsregeln vorgeschlagen [10], die i. d. R. für jedes binäre Stoffpaar einen oder mehrere anpassbare Wechselwirkungsparameter benötigen.

4.1.3.2 **Phasengleichgewichte**

Von allen Stoffdaten kommt den Phasengleichgewichten eine besondere Bedeutung zu, sofern die Miniplant-Anlage ein gleichgewichtsbestimmtes Trennverfahren, wie Rektifikation, Absorption oder Extraktion, enthält. Obwohl sich bei gleichgewichtsbestimmten Trennverfahren das Phasengleichgewicht nicht immer vollständig einstellt, arbeiten die Prozesse doch in der Nähe des Gleichgewichtszustands. Das Phasengleichgewicht beeinflusst die Triebkraft des Stofftransportprozesses und stellt gleichzeitig seine Grenze dar. Eine ungenügende Berücksichtigung von Phasengleichgewichten kann zu einer völlig falschen Auslegung der Miniplant-Anlage führen, z. B. wenn durch das Übersehen von Azeotropen die experimentelle Zusammensetzung von Stoffströmen völlig von der erwarteten Zusammensetzung abweicht.

Ausgangspunkt für die Herleitung von Gleichgewichtsbedingungen in mehrphasigen Stoffsystemen ist der 2. Hauptsatz der Thermodynamik:

Prozesse können nur ablaufen, wenn die Gesamtentropie (System und Umgebung) zunimmt oder im Grenzfall reversibler Prozessrealisierung konstant bleibt.

Der Zustand des **Phasengleichgewichts** ist demnach als Endpunkt aller freiwillig ablaufenden Prozesse durch ein Maximum der Entropie gekennzeichnet [10]. Gibbs konnte als Erster zeigen, dass diese Bedingung gleichwertig ist mit der Aussage:

In einem geschlossenen System führt jeder freiwillig und bei konstanter Temperatur und konstantem Druck ablaufende Prozess zu einer Verringerung der freien Energie (Gibbs'sche Energie).

Aus diesem Gleichgewichtskriterium lassen sich einfachere, leichter zu verwertende **Gleichgewichtsbedingungen** für eine Mischung aus N Komponenten und den Phasen I und II herleiten [18]:

$$T^{\mathrm{I}} = T^{\mathrm{II}} \qquad \text{thermisches Gleichgewicht} \tag{16}$$

$$P^{\mathrm{I}} = P^{\mathrm{II}} \qquad \text{mechanisches Gleichgewicht} \tag{17}$$

$$f_{\mathrm{i}}^{\mathrm{I}} = f_{\mathrm{i}}^{\mathrm{II}} \quad i = 1, \ldots, N \qquad \text{stoffliches Gleichgewicht} \tag{18}$$

Die **Fugazität $f_{\mathrm{i}}^{\mathrm{I}}$** beschreibt die Neigung der Komponente *i*, die Phase I verlassen zu wollen (vom lateinischen *fuga* für „Flucht"). Die obige Gleichung ist die sog. Isofugazitätsbedingung, im Phasengleichgewicht ist die Neigung zur „Flucht" aus allen im Gleichgewicht stehenden Phasen gleich groß. Sie ist gleichwertig mit der Bedingung, dass die chemischen Potenziale der Komponenten in den Phasen gleich groß sein müssen (Herleitung in [10]). Für das Dampf-Flüssigkeitsgleichgewicht lautet die Isofugazitätsbedingung für die Komponente 1:

$$f_1^{\mathrm{L}} = f_1^{\mathrm{V}} \tag{19}$$

Kennt man die Abhängigkeit der Fugazität von Druck, Temperatur und Zusammensetzung, so lassen sich die Zusammensetzungen der koexistierenden Phasen berechnen. Ein Beispiel für eine einfache, idealisierte Phasengleichgewichtsberechnung stellt das **Raoult'sche Gesetz** dar.

$$x_1 \cdot P_1^{Sat} = y_1 \cdot P \qquad \text{Raoult'sches Gesetz} \tag{20}$$

Es geht von den vereinfachenden Annahmen aus [19], dass

1. die Fugazität f_1^L proportional zum Molenbruch x_1 in der flüssigen Phase ist, d.h. $f_1^L = x_1 \cdot f_{1,rein}^L$,
2. die Fugazität f_1^V proportional zum Molenbruch y_1 in der Gasphase ist, d.h. $f_1^V = y_1 \cdot f_{1,rein}^V$ (Annahmen 1 und 2 sind gleichwertig mit der Aussage, dass sich beide Phasen wie Ideale Mischungen verhalten; sie werden auch Lewis-Fugazitätsregel genannt),
3. sich die Gasphase wie ein ideales Gas verhält, d.h. $f_{1,rein}^V = P$,
4. der Druckeinfluss auf die Fugazität einer kondensierten Phase vernachlässigt werden kann, d.h. $f_{1,rein}^L = f_{1,rein}^{Sat}$,
5. der Dampfdruck der reinen Flüssigkeit so niedrig ist, dass sich der mit der reinen Flüssigkeit im Gleichgewicht befindliche Dampf wie ein ideales Gas verhält, d.h. $f_{1,rein}^{Sat} = P_1^{Sat}$.

In der ersten Spalte von Abb. 4.3 wird das Verhalten einer Idealen Mischung anhand von fünf Diagrammen erläutert. Bei konstanter Temperatur steigen die Partialdrücke linear mit dem Molenbruch und sind beim Molenbruch 1 gleich dem Dampfdruck des Stoffes 1 (Abb. 4.3-1a). Komponente 1 hat einen höheren Dampfdruck als Komponente 2 und ist somit leichtflüchtiger. Der Gesamtdruck ist gleich der Summe der Partialdrücke (dies gilt auch für reale Mischungen); diese Kurve stellt die Siedelinie dar. Bei Drücken oberhalb der Siedelinie liegt die Mischung flüssig vor, unterhalb der Siedelinie befindet sich ein Dampf-Flüssig-Zweiphasengebiet (Abb. 4.3-1b, *P-x*-Diagramm, T=konstant), das zu niedrigen Drücken durch die Taulinie vom Zustandsgebiet des Dampfes abgegrenzt wird. Die Zusammensetzung des Dampfes an der Taulinie kann bei idealem Verhalten mit dem Raoult'schen Gesetz berechnet werden. Abb. 4.3-1c zeigt das entsprechende *T-x*-Diagramm (P=konstant) bei idealem Verhalten. Das Zweiphasengebiet wird zu hohen Temperaturen durch die Taulinie vom Zustandsgebiet des Dampfes und zu niedrigen Temperaturen durch die Siedelinie vom Zustandsgebiet der Flüssigkeit begrenzt. In Abb.4.3-1d (*x-y*-Diagramm) wird der Molenbruch y_1 der Dampfphase gegen den Molenbruch der flüssigen Phase x_1 bei konstantem Druck aufgetragen. Im gesamten Konzentrationsbereich ist der Anteil der Komponente 1 in der Dampfphase größer als in der flüssigen Phase.

In der Praxis ergeben diese Annahmen für viele Stoffmischungen zu starke Vereinfachungen des realen Verhaltens. Das Raoult'sche Gesetz kann erweitert werden, sodass das reale Verhalten besser berücksichtigt wird. Die Realität der Dampfphase wird mithilfe des *Fugazitätskoeffizienten* φ_i beschrieben.

$$f_i^V = y_i \varphi_i^V P \qquad \text{für} \quad i = 1, \ldots, N \tag{21}$$

φ_i ist eine Funktion des Druckes und der Temperatur (und bei Zustandsgleichungen zusätzlich eine Funktion der Molenbrüche y_i). Er kann bei Drücken unterhalb von 5 bar näherungsweise gleich 1 gesetzt werden (ideales Verhalten

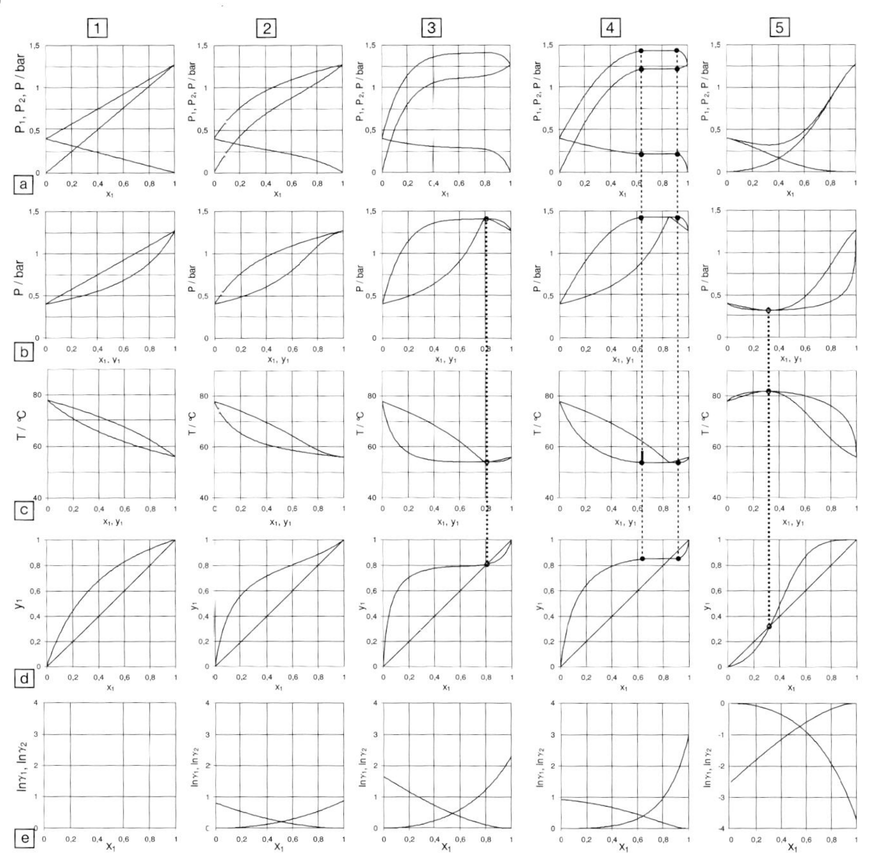

Abb. 4.3 Phasengleichgewichtsdiagramme für fünf verschiedene Stoffsystemtypen mit der NRTL-Gleichung: 1) Ideale Mischung, $\Delta g_{12}=0$, $\Delta g_{21}=0$, 2) positive Abweichungen vom Raoult'schen Gesetz, $\Delta g_{12}=200$ K, $\Delta g_{21}=100$ K, 3) positive Abweichungen vom Raoult'schen Gesetz mit Temperaturminimumazeotrop, $\Delta g_{12}=600$ K, $\Delta g_{21}=200$ K, 4) positive Abweichungen vom Raoult'schen Gesetz mit Flüssig-Flüssig-Mischungslücke, $\Delta g_{12}=1100$ K, $\Delta g_{21}=-100$ K, 5) negative Abweichungen vom Raoult'schen Gesetz mit Temperaturmaximumazeotrop, $\Delta g_{12}=-200$ K, $\Delta g_{21}=-600$ K; Antoine-Parameter der Reinstoffe für T in °C und P in hPa: Stoff 1: A = 10, B = 2000, C = 230; Stoff 2: wie Stoff 1, aber A = 9,5.

der Gasphase). Bei höheren Drücken kann er mit einer Zustandsgleichung berechnet werden, z. B. mit der Virialgleichung.

$$\ln \varphi_i = \frac{B_i \cdot P_i^{Sat}}{R \cdot T} \tag{22}$$

B_i ist der zweite Virialkoeffizient, P_i^{Sat} ist der Dampfdruck.

Bei der sog. homogenen Methode zur Berechnung von Phasengleichgewichten (Zustandsgleichungsmethode, φ-φ-Methode) wird auch die Fugazität in der flüssigen Phase mithilfe des Fugazitätskoeffizienten berechnet. Die Isofugazitätsbedingung hat dann folgende Form:

$$x_i \varphi_i^L P = y_i \varphi_i^V P \qquad \text{für} \qquad i = 1, \ldots, N \tag{23}$$

Da der Druck in den Phasen gleich groß ist, erhält man für das Verhältnis der Molenbrüche in den Phasen den sog. *K*-Faktor:

$$K_i = \frac{y_i}{x_i} = \frac{\varphi_i^L}{\varphi_i^V} \tag{24}$$

wobei die Fugazitätskoeffizienten mit einer Zustandsgleichung berechnet werden. Die Gleichgewichtsberechnung mit Zustandsgleichungen wurde seit den 70er Jahren des 20. Jahrhunderts zunächst auf Systeme angewendet, die aus unpolaren bzw. wenig polaren Stoffen bestehen, z. B. auf Kohlenwasserstoffgemische, wie sie in der erdöl- und erdgasverarbeitenden Industrie weit verbreitet sind. Später wurden weitere Verbesserungen erzielt, sodass sich immer mehr Stoffsysteme für die Gleichgewichtsberechnung mit Zustandsgleichungen eignen. Heute ist die Anwendung von Zustandsgleichungen zur Berechnung von Phasengleichgewichten und zur Bestimmung anderer Stoffdaten als Standardwerkzeug in allen Prozess-Simulatoren enthalten.

In der Praxis wird bei Drücken unterhalb von 5 bar die Fugazität in der flüssigen Phase nicht mithilfe einer Zustandsgleichung, sondern über den *Aktivitätskoeffizienten* γ_i berechnet:

$$f_i^L = x_i \gamma_i f_i^0, \tag{25}$$

f_i^0 ist die Standardfugazität. Bei Dampf-Flüssig-Gleichgewichten wird als Standardzustand in der Regel die reine Flüssigkeit bei Systemtemperatur und Systemdruck verwendet. Die Standardfugazität kann dann aus dem Dampfdruck, dem Fugazitätskoeffizienten beim Dampfdruck und einem Korrekturfaktor, dem sog. Poynting-Faktor Poy, berechnet werden:

$$f_i^0 = P_i^{Sat} \cdot \varphi_i^{Sat} \cdot \text{Poy} \tag{26}$$

φ_i^{Sat} kann aus der Virialgleichung analog zum Fugazitätskoeffizienten der Gasphase berechnet werden (Gleichung 22). Der Poynting-Faktor berücksichtigt die Abweichung zwischen der Fugazität beim Dampfdruck und der Fugazität beim tatsächlichen Druck.

Der Aktivitätskoeffizient γ_i kann mit verschiedenen empirischen Modellen berechnet werden, z. B. mit der Wilson-Gleichung [20], UNIQUAC-Gleichung [21] oder NRTL-Gleichung [22]. Diese Modelle beschreiben die Abhängigkeit der freien Exzessenthalpie g^E von der Zusammensetzung und der Temperatur und werden deshalb auch g^E-Modelle genannt.

Die Phasengleichgewichtsberechnung über Aktivitätskoeffizienten wird auch heterogene Methode (oder *γ-φ-Methode*) genannt, denn die Berechung der Fugazität in den einzelnen Phasen erfolgt mit verschiedenen Modellen, nämlich einem Aktivitätskoeffizientenmodell für die flüssige Phase und einer Zustandsgleichung (oder Ideal) für die Gasphase. Die Isofugazitätsbedingung hat bei der γ-φ-Methode folgende Form:

$$x_i \gamma_i P_i^{Sat} \cdot \varphi_i^{Sat} \cdot \text{Poy} = y_i \varphi_i^V P \qquad \text{für} \quad i = 1, ..., N \tag{27}$$

Häufig ist die Größe

$$\Phi_i = \frac{\varphi_i}{\varphi_i^{Sat} \cdot \text{Poy}} \tag{28}$$

nahe bei 1, insbesondere bei niedrigen Drücken [23], sodass sich die Isofugazitätsbedingung vereinfacht, und zwar zu folgender häufig verwendeten Formulierung eines erweiterten Raoult'schen Gesetzes:

$$x_i \gamma_i P_i^{Sat} = y_i P \qquad \text{für} \quad i = 1, ..., N \tag{29}$$

Zur Veranschaulichung des Phasenverhaltens von binären Stoffmischungen mit idealem und realem Verhalten wurden verschiedene Diagramme mithilfe der NRTL-Gleichung berechnet (mit $\Phi_i = 1$) und in Abb. 4.3 gegenübergestellt. Der Aktivitätskoeffizient der Komponente 1 eines Zweistoffsystems berechnet sich mit der NRTL-Gleichung wie folgt:

$$\ln \gamma_1 = x_2^2 \left[\tau_{21} \left(\frac{G_{21}}{x_1 + x_2 G_{21}} \right)^2 + \frac{\tau_{12} G_{12}}{(x_2 + x_1 G_{12})^2} \right] \tag{30}$$

wobei

$$G_{ij} = \exp(-\alpha_{ij} \tau_{ij}) \tag{31}$$

τ_{ij} und τ_{ji} sind temperaturabhängige binäre Wechselwirkungsparameter, wobei bei den Beispielberechnungen folgende einfache Temperaturabhängigkeit verwendet wurde:

$$\tau_{ij} = \frac{\Delta g_{ij}}{T} \tag{32}$$

α_{ij} ist ein Parameter, der für die Nichtzufälligkeit (non-randomness) steht, $\alpha_{12} = \alpha_{21}$. Im Allgemeinen ist $0{,}2 < \alpha_{12} < 0{,}6$, häufig $\alpha_{12} = 0{,}25$.

Wie bereits oben beschrieben, wird in der ersten Spalte das Verhalten einer Idealen Mischung (Raoult'sches Gesetz) dargestellt (Beispiele: das Testgemisch [3] Chlorbenzol(1) + Ethylbenzol(2), Benzol(1) + Toluol(2)). Die Wechselwirkungsparameter der NRTL-Gleichung Δg_{12} und Δg_{21} sind gleich 0. Die Aktivitätskoef-

3) Siehe Abschnitt 5.2.1.3.1.

fizienten beider Komponenten sind im gesamten Konzentrationsbereich gleich 1, d.h., ihr Logarithmus ist gleich 0 (Abb. 4.3-1e). In den Spalten 2 bis 4 werden Phasendiagramme für zunehmend *positive Abweichungen vom Raoult'schen Gesetz* dargestellt (z. B. Methanol(1) + Wasser(2) in Spalte 2). Die Aktivitätskoeffizienten sind größer als 1. Die Anziehungskräfte zwischen Molekülen unterschiedlicher Komponenten sind kleiner als zwischen Molekülen der gleichen Komponente. Die Fugazität, d.h. die Neigung der Komponenten, die flüssige Phase verlassen zu wollen, ist bei Systemen mit positiven Abweichungen vom Raoult'schen Gesetz größer als bei einer Idealen Mischung. Der Siededruck der Mischung liegt oberhalb des Mittelwertes der Dampfdrücke der reinen Komponenten. Die Siedetemperaturen der Mischung (Abb. 4.3-2c bis 4.3-4c) liegen unter den Werten einer Idealen Mischung (Abb. 4.3-1c), die Gleichgewichtskurve im x-y-Diagramm (Abb. 4.3-2d) liegt oberhalb der $x=y$-Linie (Dampf und Flüssigkeit haben die gleiche Zusammensetzung). Daraus könnte man ableiten, dass Stofftrennungen in Systemen mit positiven Abweichungen leichter durchzuführen sind als bei einer Idealen Mischung. Bei einer genaueren Betrachtung des Beispielsystems erkennt man, dass auch bei moderaten positiven Abweichungen vom Raoult'schen Gesetz (Spalte 2) bei höheren Konzentrationen der Komponente 1 die Siede- und Taulinie nahe beieinander verlaufen und sich die Gleichgewichtskurve im x-y-Diagramm asymptotisch der $x=y$-Linie nähert. Maßgebend für die Einfachheit einer Stofftrennung ist der *Trennfaktor* α, der sich aus dem Verhältnis der K-Faktoren berechnet:

$$\alpha_{12} = \frac{K_1}{K_2} = \frac{y_1 x_2}{y_2 x_1} \tag{33}$$

Je näher der Trennfaktor α_{12} bei 1 liegt, desto schwieriger ist die Trennung der Komponenten 1 und 2 voneinander und umso größer wird der Einfluss von ungenauen Stoffdaten auf die Verfahrensauslegung. Dies soll an einem Beispiel verdeutlicht werden. In Abb. 4.4 ist dargestellt, wie sich ein Fehler bei der Bestimmung des Trennfaktors auf die Berechnung der Mindesttrennstufenzahl (Fenske-Underwood-Gleichung) einer Destillationskolonne auswirkt. Je näher der Trennfaktor bei 1 liegt, desto steiler verlaufen die Kurven. Bei einem Trennfaktor von 1,1 führt ein Fehler von –5% beim Trennfaktor zu einem Fehler von mehr als 100% bei der berechneten Anzahl der minimal notwendigen Trennstufen. In einem konkreten industriellen Beispiel einer schwierigen Trennung (Kolonne: 3,5 m Durchmesser, 85 m Höhe) hätte eine solche Ungenauigkeit des Trennfaktors zum Bau von zwei Destillationskolonnen statt einer geführt – mit zusätzlichen Investitionskosten von 4,5 Mio. Euro.

Wenn der Trennfaktor den Wert 1 aufweist, so liegt ein *azeotroper Punkt* vor, die Phasen haben die gleiche Zusammensetzung. Geht man von der Annahme aus, dass $\Phi_i=1$ ist, so gilt an einem azeotropen Punkt

$$\frac{\gamma_2}{\gamma_1} = \frac{P_1^{Sat}}{P_2^{Sat}} \tag{34}$$

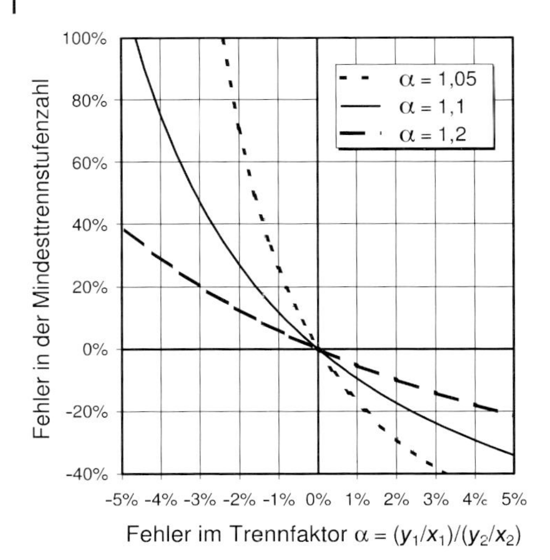

Abb. 4.4 Einfluss des Fehlers beim Trennfaktor α auf den Fehler bei der Mindestrennstufenzahl [24].

Das heißt, dass bei Komponenten mit ähnlich großen Dampfdrücken bereits geringe Abweichungen vom idealen Verhalten ausreichen, um azeotropes Verhalten hervorzurufen. In Spalte 3 von Abb. 4.3 tritt ein sog. *positives Azeotrop* auf: Die azeotrope Zusammensetzung liegt beim Druckmaximum bzw. beim Siedepunktminimum (Beispiel Ethanol(1) + Wasser(2)). Da sowohl die Dampfdrücke als auch die Aktivitätskoeffizienten von der Temperatur abhängen, kann sich die azeotrope Zusammensetzung stark mit der Temperatur ändern; so weist z. B. das System Ethanol + Wasser bei Temperaturen unterhalb von 30 °C keinen azeotropen Punkt mehr auf. Das bedeutet, die Temperatur kann einen großen Einfluss auf das azeotrope Verhalten haben und bei der Destillation zu neuen Verfahrensvarianten führen, insbesondere durch Variation des Druckes, bei der die Destillation betrieben wird.

Bei noch stärkeren positiven Abweichungen vom Raoult'schen Gesetz kommt es schließlich zur Bildung einer Flüssig-Flüssig-Entmischung. In Spalte 4 von Abb. 4.3 wird das Phasenverhalten beim Auftreten eines heterogenen Azeotrops (*Heteroazeotrop*) dargestellt (Beispiel: *n*-Butanol(1) + Wasser(2)). Das Druckmaximum des Siededruckes liegt nicht bei einer bestimmten Zusammensetzung, sondern erstreckt sich über einen Konzentrationsbereich, dessen kleinster und größter Wert die Grenzen der Flüssig-Flüssig-Mischungslücke kennzeichnen. Bei diesem Dreiphasendruck stehen die beiden flüssigen Phasen mit einer Dampfphase im Phasengleichgewicht. Bei einer Destillation wäre das Heteroazeotrop die leichtflüchtigste „Komponente". Je größer die Aktivitätskoeffizienten sind, desto größer wird die Mischungslücke und desto größer wird das Druckmaximum bzw. desto niedriger wird das Temperaturminimum des Azeotrops. Dieser Effekt der Siedepunkterniedrigung wird schon seit über 2000 Jahren bei der sog. Wasserdampfdestillation von etherischen Ölen ausgenutzt. Diese Öle haben mit Wasser eine sehr geringe gegenseitige Löslichkeit, sodass der Gesamtdruck annähernd der Summe der Partialdrücke entspricht, was die maximal mögliche Siedepunkterniedrigung darstellt.

Bei der Berechnung von *Flüssig-Flüssig-Gleichgewichten* vereinfacht sich die Isofugazitätsbedingung, wenn für beide Phasen die gleiche Standardfugazität gewählt wird, zu:

$$x_i^I \cdot \gamma_i^I = x_i^{II} \cdot \gamma_i^{II} \qquad \text{für} \quad i = 1, \ldots, N \tag{35}$$

Lewis definierte die Aktivität als Produkt aus Aktivitätskoeffizient und Molenbruch:

$$a_i = x_i \cdot \gamma_i \tag{36}$$

sodass für den Fall von Flüssig-Flüssig-Gleichgewichten bei gleicher Standardfugazität die Isofugazitätsbedingung zu einer Isoaktivitätsbedingung wird:

$$a_i^I = a_i^{II} \qquad \text{für} \quad i = 1, \ldots, N \tag{37}$$

Das Phasenverhalten bei *negativen Abweichungen vom Raoult'schen Gesetz* ist beispielhaft in Spalte 5 von Abb. 4.3 dargestellt. Die Aktivitätskoeffizienten sind kleiner als 1. Die Anziehungskräfte zwischen Molekülen unterschiedlicher Komponenten sind größer als zwischen Molekülen der gleichen Komponente. Die Fugazität, d.h. die Neigung der Komponenten, die flüssige Phase verlassen zu wollen, ist bei Systemen mit negativen Abweichungen vom Raoult'schen Gesetz niedriger als bei einer Idealen Mischung. Der Siededruck der Mischung liegt unterhalb des Mittelwertes der Dampfdrücke der reinen Komponenten. Im dargestellten Fall kommt es sogar zu einem Siededruckminimum, es liegt ein *negatives Azeotrop* vor, die azeotrope Zusammensetzung liegt im Druckminimum bzw. im Temperaturmaximumazeotrop. Ein bekanntes Beispiel für ein solches Phasenverhalten ist das System Aceton(1) + Chloroform(2).

Die Gleichgewichtsbedingungen für die Berechnung von *Gaslöslichkeiten* (Löslichkeit von Gasen in einer Flüssigkeit) sind identisch mit denen bei Dampf-Flüssig-Gleichgewichten. Bei der Verwendung von Zustandsgleichungen (φ-φ-Methode) gibt es keine Probleme mit der Standardfugazität. Aber bei der Berechnung der Fugazität der flüssigen Phase mithilfe von Aktivitätskoeffizienten (γ-φ-Methode) ergibt sich bei Gas-Flüssig-Gleichgewichten das Problem, dass der für Dampf-Flüssig-Gleichgewichte übliche Standardzustand (reine Flüssigkeit bei Systemdruck und Systemtemperatur) für das Gas nicht existent ist, da die Systemtemperatur oberhalb der kritischen Temperatur liegt. Als Ausweg kann für die Standardfugazität die Fugazität der hypothetischen Flüssigkeit durch Extrapolation der Fugazität über den kritischen Punkt hinaus oder aber die *Henry-Konstante* $H_{i,j}$ verwendet werden.

$$f_1^L = x_1 \gamma_1^* H_{1,2} \tag{38}$$

$H_{1,2}$ ist die Henry-Konstante des gelösten Stoffes 1 in der Komponente 2. γ_i^* ist der auf die Henry-Konstante bezogene Aktivitätskoeffizient, dessen Werte in der Regel ≤ 1 sind. Ist der Molanteil der gelösten Komponente klein, so ist $\gamma_i^* = 1$, und die Löslichkeit von Gasen kann mit folgender Beziehung berechnet werden:

$$x_1 H_{1,2} = y_1 \varphi_1 P \tag{39}$$

Bei nicht zu hohen Drücken kann der Fugazitätskoeffizient vernachlässigt werden, und man erhält das *Gesetz von Henry*:

$$x_1 H_{1,2} = y_1 P \tag{40}$$

Die Henry-Konstante $H_{1,2}$ ist keine Reinstoffgröße, sondern muss aus experimentellen Gleichgewichtsdaten im System 1+2 ermittelt werden. Die Temperaturabhängigkeit der Henry-Konstante kann stark unterschiedlich sein, d. h., die Gaslöslichkeit kann mit der Temperatur abnehmen (z. B. Sauerstoff in Wasser), mit der Temperatur zunehmen (Löslichkeit von Stickstoff in vielen Kohlenwasserstoffen) oder durch ein Maximum oder Minimum laufen.

4.1.4
Quellen der Stoffdatenbeschaffung

Man kann zwischen drei Wegen zur Beschaffung von Stoffdaten unterscheiden [25]:
1. Literaturrecherche,
2. Vorhersage und Korrelierung,
3. Experimentelle Bestimmung.

4.1.4.1 Literaturrecherche

Es ist einleuchtend, dass man zur Stoffdatenbeschaffung zunächst auf vorhandene Daten zurückgreift und eine Literaturrecherche durchführt, wobei mit „Literatur" nicht nur Veröffentlichungen gemeint sind. Die Daten können in verschiedensten Formen vorliegen, z. B. als Diagramme, Tabellen oder Excel-Dateien in Stoffdatenzusammenstellungen der Produktionsbetriebe oder der Forschungsbereiche, in Büchern und Artikeln, als Datensätze in In-House-Datenbanken oder in externen Datenbanken bei Anbietern verfahrenstechnischer Dienstleistungen. Für eine gute Verfahrensauslegung ist es wichtig, dass diese Quellen bekannt und leicht zugänglich sind. Anderenfalls werden Daten mit Vorhersagemethoden geschätzt, obwohl experimentelle Daten vorliegen. Eine besonders einfache Methode ist der Zugang über das firmeninterne Intranet, wie er bei Bayer seit 1997 etabliert ist und einen Zugang zu einer der weltgrößten verfahrenstechnischen Stoffdatenbanken ermöglicht. Die Recherche in externen Datenbanken benötigt Erfahrung und kann oft nur von Spezialisten durchgeführt werden.

Für in der Verfahrenstechnik häufig eingesetzte Stoffe kann eine Recherche zu einer Vielzahl von Datensätzen für die gesuchte Stoffeigenschaft führen, z. B. zu mehr als 20 verschiedenen Dampfdruckkurven für Ethanol. Dann muss entschieden werden, welcher dieser Datensätze für die Verfahrensauslegung benutzt wird. Gerade bei Dampfdruckkurven ist dies von besonderer Bedeutung, weil die zur Phasengleichgewichtsberechnung verwendeten Parameter von g^E-Modellen (z. B. NRTL) unmittelbar von den verwendeten Dampfdruckkurven der Reinstoffe abhängen. Deshalb ist es anzustreben, dass zumindest innerhalb eines Projektteams die gleiche Stoffdatenbasis verwendet wird. Der für die gegebene Aufgabenstellung beste Datensatz einer Stoffeigenschaft kann in Form von Koeffizienten von Korrelationsgleichungen gespeichert werden, z. B. der Antoine-Gleichung beim Dampfdruck. Einen Hinweis zur Qualität von Dampf-Flüssig-Gleichgewichtsdaten liefern verschiedene thermodynamische Konsistenztests [26], sofern die vollständige T-P-x-y-Information zur Verfügung steht. Die Bewertung von Stoffdaten benötigt unfangreiches Know-how, welches heute auch extern von verfahrenstechnischen Dienstleistern bezogen werden kann [27].

4.1.4.2 **Korrelierung oder Vorhersage**

Häufig liegen keine experimentellen Stoffdaten vor, oder es gibt nur Daten für Drücke und Temperaturen, die für den technischen Prozess nicht relevant sind. Die benötigten Werte müssen dann gemessen, geschätzt oder vorhergesagt werden. „Schätzung“ und „Vorhersage“ werden häufig synonym benutzt, wobei der Begriff „Schätzung“ offen ausdrückt, dass das Ergebnis nur näherungsweise stimmt [28]. Zur Korrelierung vorhandener Daten kann man zwischen verschiedenen Modellen unterscheiden:

- einfache Gleichungen zum Beschreiben von Reinstoffeigenschaften (z. B. die Antoine-Gleichung für den Dampfdruck),
- g^E-Modelle (z. B. Wilson [20], NRTL [22], UNIQUAC [21]),
- Zustandsgleichungen (z. B. Peng-Robinson [13], SRK [8], SAFT [29, 30]).

Diese korrelierenden Modelle eignen sich zwar grundsätzlich zur Extrapolation der Ergebnisse in Druck- und Temperaturbereiche, für die keine experimentellen Daten vorliegen; aber dort ist Vorsicht geboten. In Prozess-Simulatoren sind für viele binäre Systeme Parameter für verschiedene g^E-Modelle vorhanden. Auch hier ist Vorsicht geboten, weil die Parameter häufig nur für experimentelle Daten bei Normaldruck angepasst wurden. Soll eine Destillation im Vakuum durchgeführt werden, d. h. bei niedrigeren Temperaturen, so können die im Prozess-Simulator gespeicherten Parameter zu deutlich falschen Ergebnissen führen.

Vorhersagemethoden können auf einer Theorie basieren, auf Korrelationen von experimentellen Daten oder auf einer Kombination von beiden. Beispiele für Schätzmethoden sind:

- Gruppenbeitragsmethoden (Benson [28], Constantinou-Gani [31], UNIFAC [32], PSRK [33–35]),
- Modelle zur Lösemittelauswahl (z. B. MOSCED [36]),
- quantenchemisch basierte Modelle (COSMO-RS [37, 38]).

Bei Gruppenbeitragsmethoden werden die Stoffeigenschaften aus Beiträgen einzelner Molekülgruppen berechnet. Bei Vorhersagemethoden werden i. d. R. nur Informationen über die reinen Stoffe benötigt. Die Genauigkeit bei der Vorhersage von Gemischeigenschaften, wie z. B. Phasengleichgewichten, hängt vom Typ der Eigenschaft und von den molekularen Eigenschaften ab. Mischungen von Molekülen aus der gleichen homologen Reihe, wie z. B. Alkane, können mit einer guten Genauigkeit vorhergesagt werden, während Mischungen, die Wasser und andere polare Komponenten enthalten, oft schwieriger vorherzusagen sind. Der erfahrene Verfahrensingenieur weiß, dass Vorhersagen mit UNIFAC oft sehr nützlich sind, aber in einigen Fällen auch zu deutlich falschen Ergebnissen führen. Die Ultima Ratio und abschließende Beurteilung, ob vorhergesagte Daten korrekt sind, kann nur durch ein Experiment überprüft werden. Quantenchemisch basierte Modelle, wie COSMO-RS, können auch dann angewendet werden, wenn es für die betreffenden Moleküle nicht für alle Molekülgruppen Wechselwirkungsparameter gibt, d. h. wenn Gruppenbeitragsmethoden nicht infrage kommen.

Die Anwendung von Vorhersagemethoden, bevor Messungen durchgeführt werden, kann zu einer deutlichen Reduzierung des experimentellen Aufwands führen [25]. Wenn z. B. bei Hochdruckgleichgewichten die Zusammensetzungen der koexistierenden Phasen ungefähr bekannt sind, z. B. durch eine Vorhersage mit dem PSRK-Modell [35], so können die Experimente auf bestimmte Druck-, Temperatur- und Konzentrationsbereiche fokussiert werden [10]. Heute sind viele Vorhersagemodelle in kommerziell erhältlichen Programmpaketen erhältlich, z. B. DDBSP [39] und ProPred [40], oder innerhalb eines Prozess-Simulators. Für die industrielle Praxis werden diese Modelle häufig mit zusätzlichen Koeffizienten oder Wechselwirkungsparametern erweitert, die an unveröffentlichte Daten aus der In-House-Datenbank angepasst wurden.

Häufig reicht die Genauigkeit von geschätzten Stoffdaten aus, um ein grobes Verfahrensfließbild für eine erste Kostenschätzung zu erstellen. Wegen der schnellen Verfügbarkeit der Ergebnisse sind Vorhersagemethoden gerade für Versuche in Miniplant-Anlagen von großer Bedeutung. Für genauere Ergebnisse, insbesondere für binäre Stoffpaarungen mit Schlüsselkomponenten oder wenn deutliche Abweichungen vom realen Verhalten erwartet werden, muss man auf experimentelle Daten zurückgreifen.

4.1.4.3 Messen von Stoffdaten

In der industriellen Praxis, und dies gilt für die Miniplant-Technik im Besonderen, werden Stoffdaten innerhalb kurzer Zeit oder gar sofort benötigt. Dies liegt zum Teil daran, dass experimentelle Daten dann benötigt werden, wenn die bisherige Datenbasis zur Beschreibung des Prozesses zu unbefriedigenden Ergebnissen geführt hat. Um die notwendigen Messungen in kurzer Zeit durchführen zu können, müssen die wichtigen Messmethoden und erfahrenes Personal kurzfristig zur Verfügung stehen. Dabei müssen auch die notwendigen Sicherheitseinrichtungen zur Verfügung stehen, da häufig mit gefährlichen Arbeitsstoffen gearbeitet werden muss. In Tabelle 4.1 sind experimentelle Methoden zum Messen thermophysikalischer Stoffdaten beispielhaft zusammengestellt. Das Spektrum eines modernen Stoffdatenlabors reicht von Standardmethoden für reine Stoffe [41], die auch für Messungen nach GLP (Good Laboratory Practice) geeignet sind, über aufwendige Messungen der Wärmeleitfähigkeit von Flüssigkeiten und Gasen [42] bis hin zu neuesten Messmethoden zur Bestimmung von Phasengleichgewichten bei hohen Drücken [43], hohen Viskositäten (Polymersysteme) [44, 45] und gleichzeitigen chemischen Reaktionen [46]. Die permanente Verbesserung des technischen Standards der Messmethoden, zum Teil in Zusammenarbeit mit Hochschulinstituten, ist eine ständige Aufgabe.

Um Zeit und Kosten zu sparen, sollte sich die Auswahl der Methode zur Stoffdatenermittlung an der Aufgabenstellung orientieren. Dies soll am Beispiel der Bestimmung von Dampf-Flüssig-Gleichgewichten erläutert werden, für die in Abb. 4.5 geeignete Methoden in Form einer hierarchischen Struktur in einer Pyramide dargestellt sind. Je höher die Methode innerhalb der Pyramide liegt, desto niedriger ist der Arbeitsaufwand bzw. sind die Kosten der Stoffdatenermittlung. Allerdings steigt der Informationsgehalt der Methode, je weiter unten die Methode in der Pyramide liegt. Am Kopf der Pyramide steht die Litera-

Tabelle 4.1 Wichtige experimentelle Methoden zum Messen thermophysikalischer Stoffdaten, Auswahl [26]

	Stoffeigenschaft	V	L	S	Beispiel für eine Methode
Thermische Stoffdaten	Dichte	•	•	•	Biegeschwinger, Aerometer
	Kompressibilität	•	•		Auftrieb, Biegeschwinger
	Wärmeausdehnung		•		Auftrieb, Biegeschwinger
	Oberflächenspannung	•	•		Tropfen-, Ringmethode
Kalorische Größen	Verdampfungswärme	•	•		Kalorimeter
	Sublimationswärme	•		•	Kalorimeter
	Wärmekapazität		•	•	Kalorimeter
Phasengleichgewichte	Dampfdruck	•	•		Statisch, dynamisch, Mitführmethode
	Sublimationsdruck	•		•	Dampfdruckwaage
	VLE	•	•		Dynamisch, statisch
	LLE		•		Trübungspunktbestimmung
	SLE		•	•	Synthetisch, analytisch
	Hochdruck VLE, LLE	•	•		Synthetisch, analytisch
	Kritische Punkte	•	•		Visuell, synthetisch
	γ^{∞} (Grenzaktivitätskoef.)	•	•		Ebulliometrie, IGC
Transportgrößen	Wärmeleitfähigkeit	•	•		Instationäre Hitzdrahtmethode
	Viskosität		•		Kapillar-, Rotationsviskosimeter
	Diffusionskoeffizient		•	•	Druckabfallmethode, IGC

V = vapor (Dampf), L = liquid (flüssig), S = solid (fest), E = Equilibria (Phasengleichgewicht), IGC = inverse Gaschromatographie

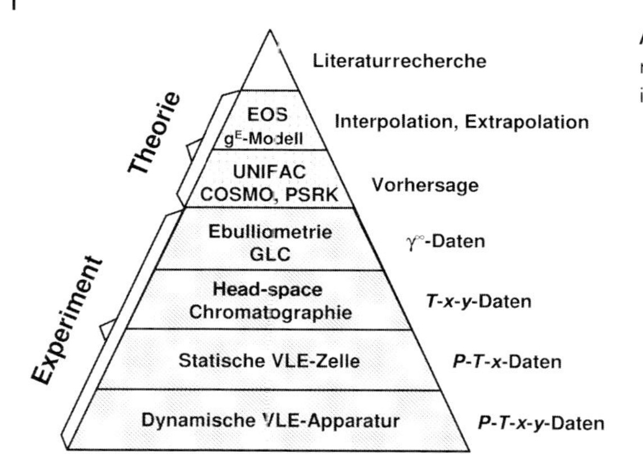

Abb. 4.5 Methoden zur Bestimmung von Phasengleichgewichten in binären Stoffsystemen.

turrecherche, die mit dem geringsten Aufwand verbunden ist. Es folgen Berechnungsmethoden wie g^E-Modelle, Zustandsgleichungen (EOS = Equation of State) und Vorhersagemethoden wie UNIFAC und PSRK. Geht man zu den experimentellen Methoden über, so ist es relativ einfach, Aktivitätskoeffizienten bei unendlicher Verdünnung (γ^∞) mithilfe eines Ebulliometers oder der inversen Gaschromatographie zu bestimmen. Aktivitätskoeffizienten bei unendlicher Verdünnung geben in Verbindung mit einem g^E-Modell wichtige Hinweise auf das qualitative Phasenverhalten, z. B. auf das Vorhandensein von azeotropen Punkten. Allerdings erlauben sie nicht, die Phasengleichgewichte im gesamten Konzentrationsbereich quantitativ vorherzusagen, weil sie nur für den Konzentrationsbereich nahe bei den Reinstoffen (unendliche Verdünnung) experimentell untermauert sind.

Die Bestimmung von T-x-y-Daten im gesamten Konzentrationsbereich mithilfe der Head-Space-Chromatographie ist etwas aufwendiger als γ^∞-Messungen. Head-Space-Messungen eignen sich gut, um Selektivitäten zu untersuchen, z. B. bei der Auswahl von Trennhilfsmitteln bei der Extraktivdestillation [47]. Die Methode ist allerdings im Druckbereich eingeschränkt. Alternativ dazu können P-T-x-Messungen in statischen Zellen durchgeführt werden. Der Gehalt der Ergebnisse ist höher, allerdings steigt der Aufwand, u. a. wegen der notwendigen Entgasung der beteiligten Stoffe.

Die vollständige thermodynamische Information erhält man, wenn neben Druck und Temperatur die Zusammensetzungen in allen Phasen gemessen werden, z. B. in einer dynamischen Gleichgewichtsapparatur vom Typ Stage-Müller oder Röck-Sieg, bei denen die flüssige und die dampfförmige Phase rezirkuliert werden [48]. Diese Experimente liefern P-T-x-y-Daten, sie sind aber schwieriger in der Durchführung und bedürfen einer Analytik. Den Vorteil, die für die Aufgabenstellung optimale Messmethode verwenden zu können, hat man natürlich nur bei Laboren, die eine Vielzahl von Methoden zur Verfügung haben, z. B. bei spezialisierten Technologiedienstleistern [27].

4.1.5 Diskussion

Thermophysikalische Stoffdaten sind die Basis der Verfahrensauslegung. Der Einfluss von ungenauen Stoffdaten auf die Auslegung von thermischen Trennverfahren wird umso größer, je schwieriger die Trennung ist, d. h., je näher der Trennfaktor α bei 1 liegt. Beispiele für schwierige Trennaufgaben sind:

1. *Nahezu ideales Verhalten mit geringen Siedepunktsunterschieden* (eng siedende Stoffsysteme), z. B. bei Isomerengemischen. Die Dampfdruckkurven der zu trennenden Komponenten laufen nahe beieinander. Es werden viele Trennstufen benötigt. Schon geringe Nichtidealitäten können zu homogenen Azeotropen führen (siehe Fall 2 dieser Aufzählung).
2. *Positive Abweichungen vom Raoult'schen Gesetz mit einem homogenen Azeotrop,* z. B. Ethanol + Wasser. Nähert sich die Zusammensetzung der azeotropen Zusammensetzung, so geht α gegen 1. In einigen Systemen kommt es nur „fast" zu einem Azeotrop (z. B. Aceton + Wasser bei hohen Acetonreinheiten [2]), wodurch eine scheinbar einfache Trennaufgabe (große Siedepunktunterschiede, kein Azeotrop) in einem bestimmten Konzentrationsbereich zu Trennfaktoren nahe bei 1 führt.
3. *Starke positive Abweichungen vom Raoult'schen Gesetz mit Flüssig-Flüssig-Mischungslücke,* z. B. Wasser + Kohlenwasserstoffe. Ein Heteroazeotrop entsteht, die leichtflüchtigste „Komponente" ist das Azeotrop und nicht eine der reinen Komponenten.
4. *Starke negative Abweichungen vom Raoult'schen Gesetz,* z. B. bei großen Molmassenunterschieden in Polymerlösungen. Wegen der großen Siedepunktunterschiede sieht die Trennung leichter aus, als sie ist. Falsche Prozessauslegung, falls ideales Verhalten angenommen wird.

Stoffdaten können recherchiert, berechnet oder gemessen werden. Vergleicht man die möglichen Quellen der Stoffdatenbeschaffung, so ist offensichtlich, dass die Verwendung von bereits vorliegenden Daten (In-house-Daten oder externe Recherche) die schnellste und kostengünstigste Methode ist. Die Genauigkeit dieser Daten umfasst das gesamte Spektrum von unzulänglich bis hochgenau. In den Betrieben vorliegende „Stoffdatensammlungen" sind häufig veraltet und basieren teilweise auf ungenauen Schätzdaten, die dann über Jahrzehnte als „wahre Werte" für verfahrenstechnische Auslegungen verwendet werden.

Experimentelle Daten sind am genauesten, aber meistens ist dies der teuerste Weg zur Beschaffung von Stoffdaten. Allerdings wird heute häufig der experimentelle Aufwand bei modernen Messmethoden überschätzt, während man dazu neigt, den Aufwand für das wiederholte Schätzen von Stoffdaten zu unterschätzen. Ergebnisse von Molekularsimulationen können teurer und gleichzeitig wesentlich ungenauer als experimentelle Daten sein.

In vielen Fällen führen Vorhersagemodelle zu akzeptablen Ergebnissen, wenn sie theoretisch fundiert sind oder auf einer Vielzahl von experimentellen Datenpunkten basieren, an die die Modellparameter angepasst wurden. Besonders für erste Simulationen von möglichen Verfahrensalternativen sind Vorhersagemethoden gut geeignet, wenn sie mit Vorsicht angewendet werden. Aber es gibt viele Stoffeigenschaften, für die zweifelsohne experimentelle Daten erforderlich sind, insbesondere wenn die Daten zur Auslegung wichtiger Verfahrensschritte in Verbindung mit großen Investitionskosten für Apparate oder mit hohen Betriebskosten benötigt werden.

Symbolverzeichnis

Lateinische Symbole

a	Parameter in Zustandsgleichungen	div.
a_0	stoffspezifische Konstante	div.
a_i	Aktivität der Komponente i	–
A	stoffspezifische Konstante	–
b	Parameter in Zustandsgleichungen	$m^3\ kmol^{-1}$
B	stoffspezifische Konstante	K
B_i	zweiter Virialkoeffizient der Komponente i	$m^3/kmol$
B_{ij}	zweiter Kreuzvirialkoeffizient der Komponenten i und j	$m^3/kmol$
C	stoffspezifische Konstante	–
c_P	Wärmekapazität bei konstantem Druck	$kJ\ kg^{-1}\ K^{-1}$
c_V	Wärmekapazität bei konstantem Volumen	$kJ\ kg^{-1}\ K^{-1}$
C_i	Dritter Virialkoeffizient der Komponente i	$m^6\ kmol^{-2}$
f_i	Fugazität der Komponente i	Pa
g	molare Gibbs'sche Freie Enthalpie	kJ
G_{ij}	Größe in der NRTL-Gleichung	
Δg_{ij}	Parameter der NRTL-Gleichung	K
Δh^{VL}	molare Verdampfungsenthalpie	$kJ\ kmol^{-1}$
H	Enthalpie	kJ
H_{ij}	Henry-Konstante von Komponente j in Komponente i	Pa
k_{ij}	binärer Wechselwirkungsparameter	–
K_i	K-Faktor für Komponente i ($K_i = y_i/x_i$)	–
m	Masse	kg
M	molare Masse	$kg\ kmol^{-1}$
P	Gesamtdruck	Pa
P_i	Partialdruck der Komponente i	Pa
P_i^{Sat}	Sättigungsdampfdruck der Komponente i	Pa
Poy	Poynting-Faktor	–
R	allgemeine Gaskonstante	$kJ\ kmol^{-1}\ K^{-1}$
T	absolute Temperatur	K
v	molares Volumen	$m^3\ kmol^{-1}$
w_i	Massenanteil der Komponente i	kg/kg
x_i	Molanteil der Komponente i (in der flüssigen Phase)	kmol/kmol
y_i	Molanteil der Komponente i (in der Gasphase)	kmol/kmol
Z	Kompressibilitätsfaktor $Z = Pv/RT$	–

Griechische Symbole

α_{ij}	Trennfaktor, $\alpha_{ij} = K_i/K_j$	–
α_{ij}	Non-Randomness-Faktor in der NRTL-Gleichung	–
γ_i	Aktivitätskoeffizient der Komponente i	–
γ_i^*	auf die Henry-Konstante bezogener Aktivitätskoeffizient	–
η	dynamische Viskosität	Pa s
λ	Wärmeleitfähigkeit	$W\ m^{-1}\ K^{-1}$
μ_i	chemisches Potenzial der Komponente i	$kJ\ kmol^{-1}$
ρ	Dichte	$kg\ m^{-3}$
σ	Grenzflächenspannung	$N\ m^{-1}$
τ_{ij}	temperaturabhängiger binärer Wechselwirkungsparameter	–
φ_i	Fugazitätskoeffizient der Komponente i	–
Φ	stoffspezifische Größe die Nichtidealität charakterisierend	–
ω	azentrischer Faktor	–

Indices (tiefgestellt)

C	Größe am kritischen Punkt
i, j	Bezeichnung der Komponente im System
m	eine Mischung kennzeichnend
r	eine chemische Reaktion kennzeichnend
R	reduzierte Größe (i. d. R. auf den kritischen Punkt bezogen)
rein	den Reinstoff kennzeichnend

Indices (hochgestellt)

I, II	Phasen
e	Exzessanteil (Bezugszustand: ideale Mischung bei gleichem v und T)
L	flüssige Phase
0	Standardzustand
rein	reiner Stoff
S	feste Phase (solid)
Sat	Sättigungszustand, z. B. P^{Sat} = Dampfdruck
V	Dampfphase
∞	Wert bei unendlicher Verdünnung, z. B. γ^{∞}

Literatur zu Abschnitt 4.1

1 K. R. Cox, *Fluid Phase Equilibria* **1993**, 82, 15–26.

2 R. Dohrn, O. Pfohl, *Fluid Phase Equilibria* **2002**, 194–197, 15–29.

3 W. A. Wakeham, G. S. Cholakov, R. P. Stateva, *Fluid Phase Equilibria* **2001**, 185, 1–12.

4 S. Peridis, K. Magoulas, D. Tassios, *Separation Science and Technology* **1993**, 28, 1753–1767.

5 E. C. Carlson, *Chemical Engineering Progress* **1996**, 92, 35–46.

6 W. B. Whiting, *J. Chem. Eng. Data* **1996**, 41, 935–941.

7 R. A. Nelson, H. J. Olson, S. I. Sandler, *Ind. Eng. Chem., Process Des. Dev.* **1983**, 22, 547–552.

8 G. Soave, *Chem. Eng. Sci.* **1972**, 27, 1197–1203.

9 J. Sadeq, H.A. Duarte, R.W. Serth, AIChE Annual Meeting, Miami Beach, November **1995**, paper 30d.
10 R. Dohrn, *Berechnung von Phasengleichgewichten*, Vieweg-Verlag, Wiesbaden, **1994**.
11 J.D. van der Waals, *Over de continuiteit van den gasen vloestoftoestand*, Diss., Univ. Leiden, **1873**, bzw. deutsche Übersetzung: Leipzig, 1899.
12 O. Redlich, J.N.S. Kwong, *Chem. Rev.* **1949**, 44, 233–244.
13 D.-Y. Peng, D.B. Robinson, *Ind. Eng. Chem. Fundam.* **1976**, 15, 59–64.
14 A. Bünz, *Hochdruckphasengleichgewichte in Mehrkomponentensystemen aus Kohlenwasserstoffen, Wasser, Alkoholen und Kohlendioxid*, VDI-Verlag, Düsseldorf, **1995**.
15 P.M. Mathias, T.W. Copeman, *Fluid Phase Equilibria* **1983**, 13, 91–108.
16 W. Wagner, A. Pruss, *J. Phys. Chem. Ref. Data* **2002**, 31, 387–535.
17 C. Tsonopoulos, *Second Virial Coefficients: Correlation and Prediction of* k_{ij}, in K.C. Chao, R.L. Robinson (Eds.), *Equations of State in Engineering and Research*, Advances in Chemistry Series 182, ACS, Washington, **1979**, 143–162.
18 S.I. Sandler, *Chemical and Engineering Thermodynamics*, 3rd ed., New York, **1999**.
19 J.M. Prausnitz, R.N. Lichtenthaler, E. Gomes de Azevedo, *Molecular Thermodynamics of Fluid-Phase Equilibria*, 3rd ed., Prentice Hall, Upper Saddle River, **1999**.
20 G.M. Wilson, *J. Am. Chem. Soc.* **1964**, 86, 127.
21 D. Abrams, J.M. Prausnitz, *AIChE J.* **1975**, 21, 116.
22 H. Renon, J.M. Prausnitz, *AIChE J.* **1968**, 14, 135.
23 J. Gmehling, B. Kolbe, *Thermodynamik*, Georg Thieme Verlag, Stuttgart, **1988**.
24 Reprinted from R. Dohrn, O. Pfohl, *Fluid Phase Equilibria* **2002**, 194–197, 15–29 with permission from Elsevier.
25 R. Dohrn, R. Treckmann, G. Olf, A centralized thermophysical-property service in the chemical industry, in R. Darton (Ed.), *Distillation & Absorption´97*, Vol. 1, p. 111–124, ISBN 0-85295-393, **1997**.
26 A. Pfennig, *Thermodynamik der Gemische*, Springer-Verlag, Berlin, **2003**, S. 167.
27 R. Dohrn, Bayer Technology Services GmbH **2004**, website http://www.bayertechnology.com.
28 B.E. Poling, J.M. Prausnitz, J.P. O'Connell, *The Properties of Gases and Liquids*, 5th ed., McGraw-Hill, New York **2001**.
29 W.G. Chapman, K.E. Gubbins, C.G. Joslin, C.G. Gray, *Fluid Phase Eq.* **1986**, 29, 337.
30 S.H. Huang, M. Radosz; *Ind. Eng. Chem. Res.* **1991**, 30, 1994.
31 L. Constantinou, R. Gani, *AICHE J.* **1994**, 40, 1697–1710.
32 Aa. Fredenslund, J. Gmehling, P. Rasmussen; *Vapor-Liquid Equilibria Using UNIFAC*, Elsevier, Amsterdam, **1977**.
33 T. Holderbaum, J. Gmehling, *Fluid Phase Equilibria* **1991**, 70, 251–265.
34 K. Fischer, J. Gmehling, *Fluid Phase Equilibria* **1995**, 112, 1–22.
35 K. Fischer, J. Gmehling, *Fluid Phase Equilibria* **1996**, 121, 185.
36 E.R. Thomas, C.A. Eckert, *Ind. Eng. Chem. Process Des. Dev.* **1984**, 23, 194–208.
37 A. Klamt in: Encyclopedia of Computational Chemistry, Eds.: P. v. R. Schleyer and L. Allinger, Wiley, New York, **1998**, 604–615.
38 A. Klamt, Cosmologic GmbH **2004**, website http://www.cosmologic.de.
39 J. Gmehling, DDBST GmbH **2004**, website http://www.ddbst.de.
40 R. Gani, CAPEC **2004**, website http://www.capec.kt.dtu.dk/main/default.htm.
41 I.M. Marrucho, N.S. Oliveira, R. Dohrn, *J. Chem. Eng. Data* **2002**, 47, 554–558.
42 I.M. Marrucho, N.S. Oliveira, R. Dohrn, *J. of Cellular Plastics* **2003**, 39/2, 133–153.
43 M. Christov, R. Dohrn, *Fluid Phase Equilibria* **2002**, 202/1, 153–218.
44 O. Pfohl, C. Riebesell, R. Dohrn, *Fluid Phase Equilibria* **2002**, 202/2, 289–306.
45 O. Pfohl, R. Dohrn, *Fluid Phase Equilibria* **2004**, 217, 189–199.
46 F. Alsmeyer, W. Marquardt, G. Olf, *Fluid Phase Equilibria* **2002**, 203, 31–51.
47 G. Ruffert, G. Olf, Chemie Technik **2004**, 33, 86–88.
48 H. Röck, *Destillation im Laboratorium, Extraktive und Azeotrope Destillation*, Steinkopff Verlag, Darmstadt, **1960**.

4.2 Festlegung des Verfahrensablaufs und einzelner Verfahrensschritte

Bei der Entwicklung eines neuen Verfahrens werden üblicherweise die Reaktionswege und die erforderlichen Aufarbeitungsschritte in Machbarkeitsuntersuchungen und in ersten Laborversuchen geklärt. Zeigt sich dabei, dass vor dem Bau einer technischen Anlage Versuche im Miniplant-Maßstab erforderlich sind, müssen zuerst einige grundlegende Fragen der späteren Produktionsanlage beantwortet werden. Hierzu gehört zunächst die Aufgabenstellung, in der die Mengen und Anforderungen sowohl an die Einsatz- als auch gewünschten Endprodukte häufig in Form eines Lastenheftes aufgelistet werden. Anschließend erfolgt die Festlegung der Reihenfolge von Reaktions- und Aufarbeitungsschritten mit Mengenströmen und Rückführungen.

Die für die jeweilige Grundoperation benötigten Apparate werden anhand verschiedener Randbedingungen wie zulässige Temperaturbelastung, Verweilzeit, Trennproblematik usw. und Erkenntnissen aus den ersten Laborversuchen und Machbarkeitsanalysen ausgewählt. Die späteren Ergebnisse der Miniplant-Versuche können jedoch dazu führen, dass andere Apparate in der technischen Anlage eingesetzt werden müssen. Nach diesen Festlegungen wird anhand der bisherigen Erkenntnisse eine erste Mengenbilanz erstellt, die soweit wie möglich alle Ströme und Rückführungen mit sämtlichen bekannten Komponenten berücksichtigt. In diesem Stadium können die Dimensionen der technischen Apparate mithilfe der bisher bekannten Betriebsdaten und der bereits ermittelten Stoffdaten (Abschnitt 4.1) abgeschätzt werden. Diese Daten bilden die Grundlage für vorläufige Investitions- und Betriebskostenrechnungen.

Erst jetzt kann die Planung der Miniplant-Anlage beginnen. Anhand der nun vorliegenden Apparateauswahl der technischen Anlage können die besonders schwierigen und aufwendigen Verfahrensstufen identifiziert werden, die für das Verfahren entscheidend sind und auf die bei den Miniplant-Versuchen ein besonderes Augenmerk gelegt werden muss.

Die vorläufige Mengenbilanz der technischen Anlage wird nun durch eine Zahl dividiert, die so gewählt wird, dass die Ströme der Mengenbilanz der Miniplant-Anlage im Mittel zwischen 1 und 10 kg/h liegen. Dabei bestimmt der kleinste Mengenstrom die Größe der Miniplant-Anlage, und der für seine Aufarbeitung erforderliche Apparat muss noch eine sichere Funktion der entsprechenden Grundoperation gewährleisten. Das genügt, da die Versuche in der Miniplant-Anlage in erster Linie Daten für ein Verfahrens-Scale-up liefern (Abschnitt 2.4). Versuche zur Ermittlung der Daten für ein Apparate-Scale-up auf die technische Anlage können mit einer größeren Apparatur in einer gesonderten Versuchsreihe ermittelt werden.

Existiert für den kleinsten Mengenstrom kein geeigneter Apparat und muss sein Zulauf so weit erhöht werden, dass die Mengenströme bei anderen Apparaturen über 10 kg/h ansteigen würden, bleibt nur ein getrennter Betrieb dieses Apparates mit Zwischenpufferung. Die Aufarbeitung erfolgt dann sporadisch. Das Gleiche gilt auch für andere Apparate, deren Zulaufmengen über 10 kg/h liegen. Auch hier sind Zwischenpuffer und ein sporadischer Betrieb erforderlich.

Die Auslegung der einzelnen Apparate der Miniplant-Anlage erfolgt mithilfe der zuvor ermittelten Mengenströme, Betriebsdaten und Stoffwerte. Nähere Einzelheiten über ihre Dimensionierung werden in Kapitel 5 behandelt, wo auf verschiedene Apparate der Reaktionstechnik und Fluid- und Feststoffverfahrenstechnik näher eingegangen wird.

Mit diesen Daten können der Platzbedarf der Miniplant-Anlage und ihr Aufstellungsplan ermittelt werden, womit beispielsweise die Höhenanordnung der Einzelapparate und die Aufstellung der Pumpen festgelegt wird. Weiterhin lässt sich jetzt die Zahl der Messstellen bestimmen, die Regelstrategie festlegen und außerdem ein Sicherheitskonzept entwickeln. Erst jetzt sollte mit dem Aufbau der Miniplant-Anlage begonnen werden. Nach vollendetem Aufbau und ersten Funktionstests beginnt die Anfahrphase der Anlage, auf die in Kapitel 6 näher eingegangen wird. Jedoch sollten vor dem Anfahren der Miniplant-Anlage eine vorläufige Mengenbilanz und soweit wie möglich eine Simulation der Einzelapparate vorliegen.

5 Apparaturen der einzelnen Grundoperationen

5.1 Reaktionstechnik

5.1.1 Chemische Reaktionssysteme

Bei einer chemischen Reaktion bilden die Ausgangsstoffe und die Reaktionsprodukte ein System, das homogen oder heterogen sein kann. Im homogenen System befinden sich alle Komponenten in der gleichen Phase, z. B. sind alle gasförmig oder flüssig. Im heterogenen Reaktionssystem liegen die Komponenten in unterschiedlichen Phasen vor.

Homogen katalysierte Reaktionen laufen in einer flüssigen Phase ab, in der sich die gasförmigen oder flüssigen Komponenten lösen oder mischen. Die heterogen katalysierten Reaktionen laufen in einem Reaktionssystem ab, das aus einer festen Phase und einer oder mehreren fluiden Phasen besteht. Im Folgenden werden die Reaktionssysteme flüssig/fest, gasförmig/fest und gasförmig/flüssig/fest behandelt [1].

Als Reaktionssystem wird hier die jeweilige Kombination der Phasen einschließlich des entsprechenden physikalischen Zustands, der Temperatur, des Druckes, der Mischungsintensität sowie der Wärme-zu- oder -abfuhr verstanden. Diese Bedingungen bestimmen die Verwendbarkeit jeweiliger Reaktortypen und die jeweiligen besonderen Scale-up-Faktoren.

Im Folgenden werden die einzelnen Reaktionssysteme vorgestellt und ihre Besonderheiten beim Scale-up diskutiert, um abschließend je ein Beispiel aus dem Gebiet darzustellen.

5.1.1.1 Scale-up für homogene fluide Reaktionssysteme

5.1.1.1.1 Flüssig/Flüssig-Systeme

Wird ein Prozess entwickelt, an dem ausschließlich flüssige Phasen beteiligt sind, verwendet man i. d. R. Batch-Reaktoren, da sie hohe Umsetzungen der Reaktanten ermöglichen. Diese Versuchstechnik erlaubt es weiterhin, die Verlust-

Miniplant-Technik. Ludwig Deibele und Ralf Dohrn (Hrsg.)

ISBN: 3-527-30739-7

menge einer fehlgeschlagenen Reaktion zu minimieren, und benötigt so nur geringe Mengen der oft teuren homogenen Katalysatoren [2].

Ein weiterer Vorteil für die Prozessentwicklung ist, dass der Reaktorinhalt während der Versuche auf relativ konstanter Temperatur bleibt, da der Wärmetransport zu und von der Reaktorwand hoch ist. Außerdem kann man eine vollständige Durchmischung der Lösung annehmen und die Kinetik der Reaktion durch eine einfache Differenzialgleichung beschreiben. Es ist auch möglich, den Reaktor und damit den Prozess kontinuierlich zu betreiben. Ein Hauptaugenmerk beim Scale-up liegt auf der Rückführung des Katalysators und der Anreicherung von Nebenprodukten. Die Bedeutung der Rückführung wird durch die folgenden Zahlen verdeutlicht. 10–100 ppm einer Substanz können in einem Volumenstrom leicht übersehen oder für bedeutungslos gehalten werden. Wenn aber diese Substanz im Prozess angereichert wird, so hat sie nach 1000 Rückführungen, die vielleicht in einem Jahr stattfinden, eine Konzentration von 1–10% erreicht. Es ist klar, dass hierdurch sämtliche Unit Operations massiv beeinflusst werden können.

Eine charakteristische Größe für einen Reaktor ist die Verweilzeit τ, die maßgeblichen Einfluss auf den erreichbaren Umsatz hat. Sie ist für den kontinuierlichen Betrieb generell niedriger als im diskontinuierlichen Betrieb. Üblicherweise werden kontinuierliche Reaktoren ausgehend von Batch- oder Semibatch-Laborreaktoren hochskaliert.

Beim Scale-up bestimmt der Wärmetransport i. d. R. die Kapazität des nächst größeren Reaktors. Die Batch-Reaktorgröße wird somit bestimmt durch

$$m_t c_p (\mathrm{d}T/\mathrm{d}t) = V(-\Delta H) R_R - Q \qquad (1)$$

mit der Gesamtmolzahl m_t, der Wärmekapazität des Systems c_p, der Temperatur T, der Zeit t, dem Volumen V, der Reaktionswärme ΔH und der Reaktionsrate R_R. Q ist die Wärme, die in das System oder aus dem System transportiert wird. Wenn die Wärme nicht schnell genug zu- oder abgeführt werden kann, muss das Reaktorvolumen bis zu einem entsprechenden Maß verkleinert werden. Um den Wärmetransport zu erhöhen, kann der Reaktor auch bei einer höheren Betriebstemperatur gefahren werden (ΔT wird größer). Hier ist allerdings zu beachten, dass die Produktqualität aufgrund von vermehrt auftretenden Nebenreaktionen vermindert werden kann. Als Beispiel betrachte man die folgenden Parallelreaktionen:

$$\begin{array}{lll} \mathrm{A} \rightarrow \mathrm{P} & \text{mit} & R_P = -k_1 \mathrm{A} \\ \mathrm{A} \rightarrow \mathrm{B} & \text{mit} & R_B = -k_2 \mathrm{A} \end{array}$$

wobei A der Reaktand, P das Produkt und B ein Nebenprodukt ist. R_P ist die Bildungsrate des Produkts und R_B die Bildungsrate des Nebenprodukts.

In einem Batch-Reaktor kann die Selektivität für das Produkt ausgedrückt werden durch

$$S_P = k_1/(k_1 + k_2) \tag{2}$$

Substituiert man die Geschwindigkeitskonstanten durch die Arrhenius-Gleichung, erhält man

$$S_P = 1/[1 + \exp(-[E(B) - E(P)]/RT] \tag{3}$$

wo $E(P)$ und $E(B)$ die Aktivierungsenergien für Produkt- und Nebenproduktbildung sind.

Gleichung 3 zeigt, dass die Selektivität S_P für das Produkt mit fallendem $E(B)-E(P)$ und steigender Temperatur T abnimmt [2].

Wie bereits erwähnt, ist es üblich, bei Batch-Reaktoren eine ideale Vermischung anzunehmen. Dies kann zwar für Laborreaktoren und kleine Pilotplants gelten, aber selten für kommerzielle, große Batch-Reaktoren. Dies führt im Betrieb zur Verlängerung der Prozessdauer und Abnahme des Wärmetransports. Insgesamt sind somit für Batch-Reaktoren der Wärmeübergang und das Rührverhalten die Hauptursachen für Scale-up-Probleme.

Beispiel

In [3] wird eine Miniplant zur homogen-katalysierten Telomerisation von Butadien mit Kohlendioxid in Acetonitril als Lösemittel zum δ-Lacton beschrieben.

2 Butadien + CO_2 $\xrightarrow{Pd}$ δ-Lacton (4)

Der Reaktor, ein Druckautoklav, hat ein Reaktionsvolumen von 2 l und wird bei ca. 40 bar und 80 °C betrieben. Er kann sowohl als Batch-Reaktor als auch als kontinuierlicher Reaktor eingesetzt werden [3].

Erste Untersuchungen in der Miniplant zeigten, dass eine Produktabtrennung durch eine Extraktion mit 1,2,4-Butantriol nicht möglich ist, da dieses vor der Rückführung in den Reaktor nicht vollständig aus der Lösung entfernt werden kann und den Katalysator so inhibierte. Die Abtrennung des δ-Lactons erfolgte deshalb besser durch eine schonende Destillation in einem Dünnschichtverdampfer bei 2 mbar und 80 °C [4].

Rückführungsversuche im Labor ergaben bis zu dreimal bessere Ausbeuteergebnisse als in der Literatur bisher veröffentlicht. Abb. 5.1 zeigt eine Aufnahme der Miniplant, Abb. 5.2 ein vereinfachtes Fließbild des Verfahrens.

Im Batch-Betrieb lagen die Ausbeuten und Selektivitäten im Bereich der Laborversuche. Zur Untersuchung der Katalysatorrückführung und der Akkumulation störender Substanzen wurden auch kontinuierliche Versuche mit einer Dauer von 100 Stunden durchgeführt. Die Ergebnisse lassen auf einen stabilen kontinuierlichen Betrieb des Verfahrens schließen. Der Katalysator zeigte nach einer Anlaufphase eine konstante Aktivität; Akkumulation von Nebenprodukten wurde nicht beobachtet [4].

Abb. 5.1 Miniplant zur Telomerisation von Butadien mit CO_2 [4].

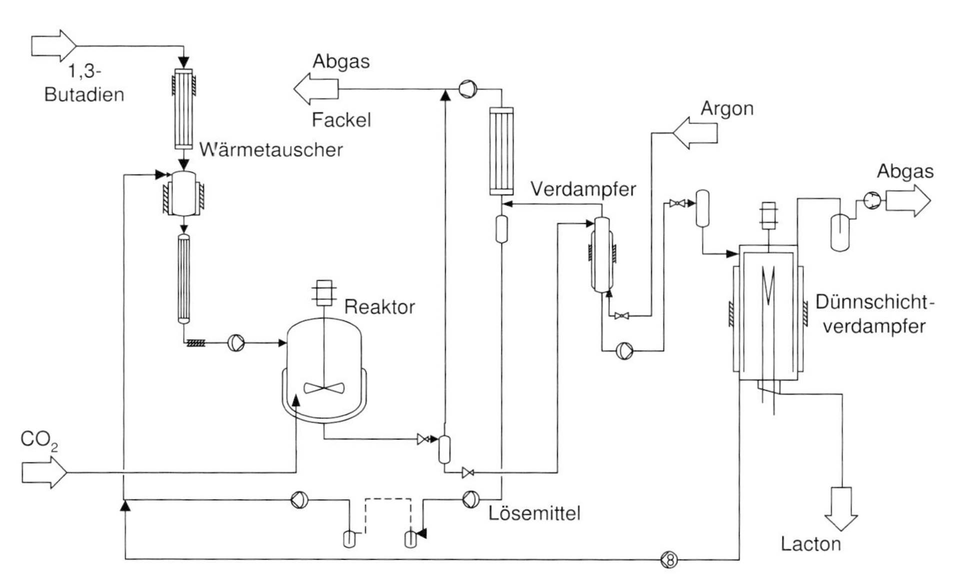

Abb. 5.2 Fließbild zur Telomerisation von Butadien mit CO_2 [4].

5.1.1.1.2 Gas/Gas-Systeme

Reine Gas/Gas-Reaktionen ohne Katalysator werden in der chemischen Industrie selten durchgeführt. Allgemein sind bei Gas/Gas-Reaktionen große Durchsätze nötig, und die Reaktionen unterliegen relativ geringen Stofftransportlimitierungen.

Problematisch beim Scale-up ist die schlecht zu realisierende Wärmeabfuhr exothermer Reaktionen. In diesem Zusammenhang soll ein in [5] beschriebenes Verfahren zur Synthesegasproduktion aus Methan und Kohlendioxid vorgestellt werden, bei der die Aktivierung der Gase durch ein Plasma erfolgt (Abb. 5.3 und 5.4).

$$CH_4 + CO_2 \leftrightarrow 2\,CO + 2\,H_2 \qquad (5)$$

Die Eduktgase wurden unter Zusatz von Argon zur Inertisierung gemeinsam in die Plasmaquelle geführt, wobei das Verhältnis von Methan zu Kohlendioxid 0,8 bis zu 1 betrug. Bei einer Leistung von 3–5 kW und einer Temperatur von 800–1000 °C wurde ein Umsatz an Methan von 100% und an Kohlendioxid von 80–90% erreicht. In weiteren Untersuchungen wurden die Reaktionen von Ethen bzw. Butadien mit Kohlendioxid untersucht, bei denen u. a. C_5-C_8-Kohlenwasserstoffe, Benzol und Toluol erhalten wurden. Die Umsätze lagen hier bei 50–90% [5].

Abb. 5.3 Plasma im Reaktionsteil [5].

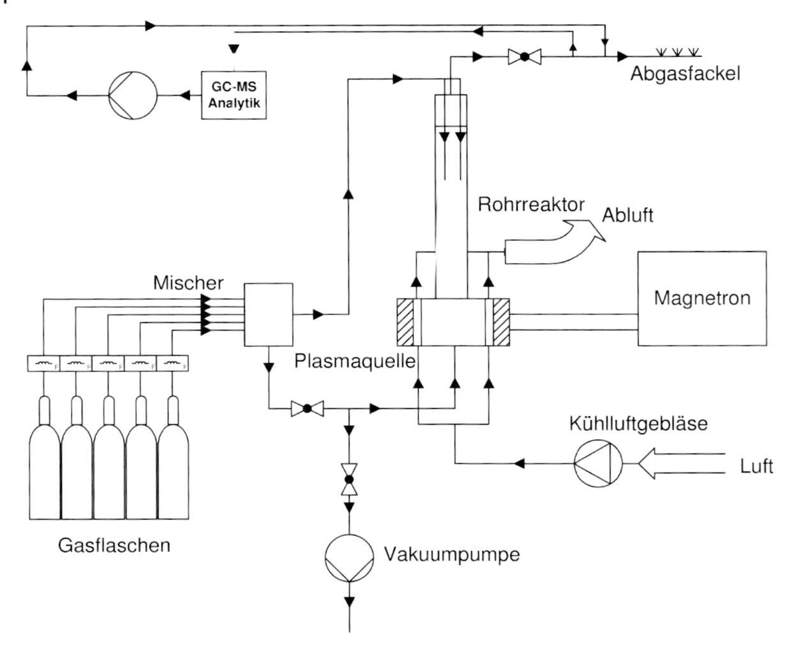

Abb. 5.4 Miniplant zur Synthesegasproduktion mit einem Plasma [5].

In Plasmareaktoren ist eine kontrollierbare Wärmeübertragung schwierig, da sie sich durch die Strahlung schnell aufheizen und dadurch Reaktionstemperatur und -druck nur in engen Fenstern steuerbar sind [5].

Ein weiterer wesentlicher Punkt ist die Komplexität der Analytik. Hierauf muss also bei den Untersuchungen in der Miniplant ein Hauptaugenmerk gelegt werden.

5.1.1.2 Scale-up für heterogene Reaktionssysteme

5.1.1.2.1 Fest/Flüssig-Systeme

Typische Beispiele für Fest/Flüssig-Systeme in der chemischen Industrie sind Reaktionen, in denen ein oder mehrere flüssige Edukte ein Katalysatorfestbett durchströmen. Beim Scale-up solcher Systeme wird die allgemeine Geschwindigkeitskonstante k_{GL} einer heterogen-katalysierten Reaktion am besten als Summe verschiedener, das Scale-up bestimmender, Widerstände ausgedrückt.

$$1/k_{GL} = 1/(k_F(s/v) + 1/\eta\, k_R \tag{6}$$

k_F ist der Stoffdurchgangskoeffizient, s die äußere Oberfläche des Katalysatorkorns, v das Volumen des festen Katalysatorkorns, η ein Wirkungsgrad, der u. a. durch die Porendiffusion beeinflusst wird, und k_R ist die Geschwindigkeitskonstante der Reaktion. Gleichung 6 zeigt, dass die Geschwindigkeit der Reaktion somit von verschiedenen Einflussfaktoren abhängt. Ist die Prozesstemperatur gering, ist eine Reaktion im Festbettreaktor meist durch die chemische Reaktionsrate limitiert, der Prozess also kinetisch gehemmt. Bei höheren Temperaturen überwiegt oft eine Limitierung der Reaktion durch einen hohen Stoffdurchgangskoeffizienten (Makrokinetik vs. Mikrokinetik).

Neben der Temperatur ist als weitere Einflussgröße die Strömungsgeschwindigkeit maßgebend. Wenn diese zunimmt, wird der Grenzflächenfilm an den Katalysatorkörnern aufgrund der Strömungseffekte geringer, und der Stofftransport zu und von den Katalysatorkörnern läuft schneller ab. Falls die Filmdiffusionsrate die chemische Reaktionsrate ausgleicht, kann der Fall eintreten, dass die Porendiffusionsrate limitierend wird. Es ist daher für Skalierungsschritte notwendig zu wissen, wodurch die Reaktion gehemmt wird, da z. B. beim Scale-up eine Veränderung der Porengrößen nur dann einen Einfluss auf die Reaktionsgeschwindigkeit haben kann, wenn die Reaktion durch die Porendiffusion gehemmt wird.

Im Labormaßstab ist es generell schwierig, die gleichen Strömungsgeschwindigkeiten durch das Katalysatorbett zu realisieren wie im kommerziellen Prozess, da erstens der Durchmesser des Festbetts groß genug sein muss, um Randströmungen zu vermeiden, und zweitens eine hohe Durchflussgeschwindigkeit ein entsprechendes Reservoir an Feed erfordert, das Sicherheitsprobleme im Labor verursachen kann. Die charakteristische Größe der Durchflussgeschwindigkeit ist also im Labormaßstab oft anders als im entsprechenden kommerziellen Gegenpart, was beim Scale-up geeignete Korrelationen erfordert [2].

Ein typisches Beispiel einer katalysatorfreien Flüssig/Fest-Reaktion kommt aus dem Bereich der Hydrometallurgie: Bei der Behandlung von Erzen basieren viele Verfahrensschritte auf dem intensiven Kontakt zwischen dem flüssigen Laugungsmittel und dem aufzuschließenden Erz.

Beispiel

Berezowsky et al. [6] berichten von einem zweistufigen Laugungsprozess zur Gewinnung von Kupfer aus kupferhaltigen Mineralien. Der im Gegenstrom betriebene Prozess besteht aus einer Laugung bei Atmosphärendruck mit Schwefelsäure und aus einer Drucklaugung unter Sauerstoffzufuhr. Zur Bestätigung der in den Batch-Versuchen gewonnenen Daten wurden die Betriebspunkte der Unit Operations in einer kontinuierlich betriebenen Miniplant getestet (Abb. 5.5). Neben den beiden Laugungsschritten besteht diese Miniplant aus einer Rückstandswäsche, einer Lösungsmittelextraktion (SX), einer Elektroanreicherung (EW) zur nachfolgenden Kupfergewinnung sowie einer Neutralisationseinheit.

Wesentliches Ziel der Untersuchungen war es, die Kupferextraktion zu steigern, ohne dabei das ebenfalls enthaltene Pyrit chemisch anzugreifen. Dieses würde zu einem stark erhöhten Verbrauch an oxidierenden und neutralisierenden Reagenzien führen, was die Betriebskosten stark erhöht.

Wie in Abb. 5.5 zu sehen ist, wird dies u. a. dadurch versucht, dass man Stoffströme, die Reste an Kupfer enthalten können, in die Gewinnungsstufen zu-

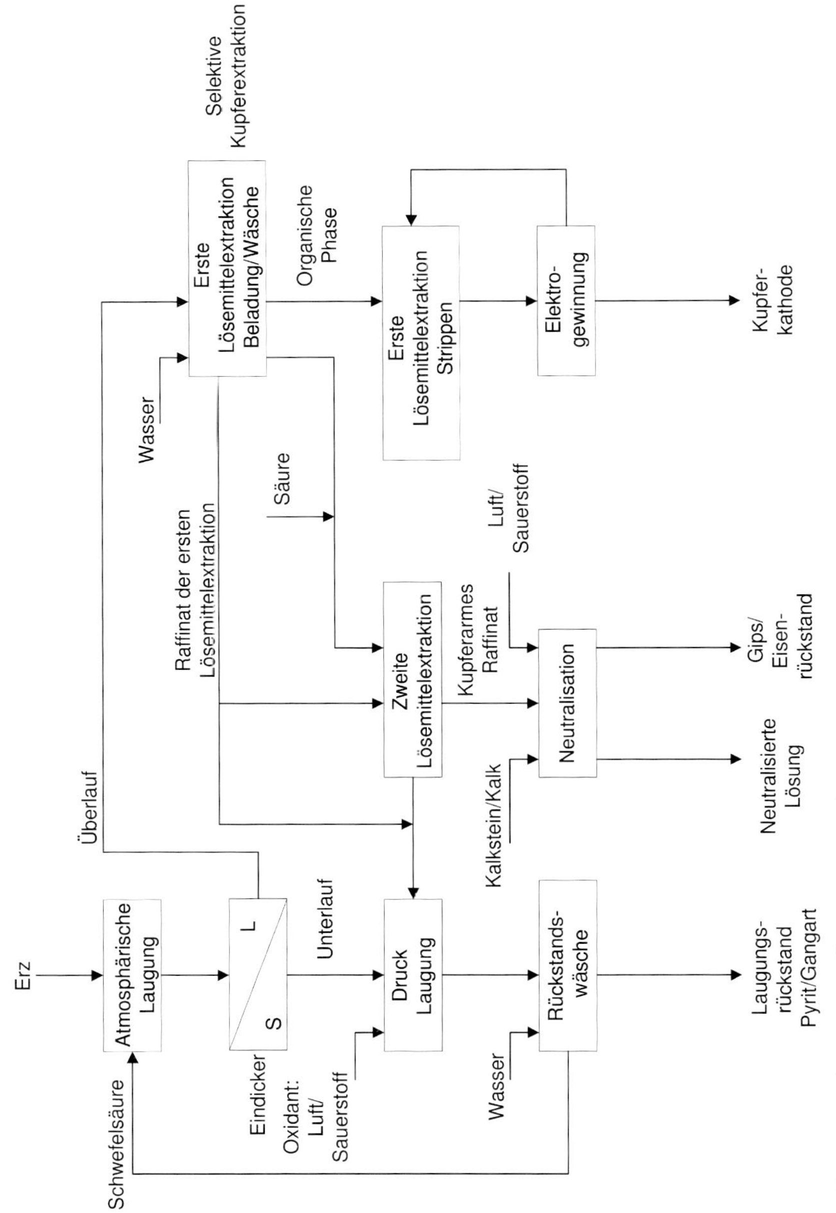

Abb. 5.5 Miniplant zur Drucklaugung von Kupfererzen [6].

rückführt. Dieses Konzept der Rückführung zur Verlustminimierung der Zielprodukte ist ein schönes Beispiel für den Einsatz der Miniplant-Technologie.

Nachdem das Erz die atmosphärische Laugung durchlaufen hat, gelangt der Schlamm in einen konventionellen Eindicker, wobei der Unterlauf in die Drucklaugungsstufe gefördert wird.

Die beiden prinzipiellen Reaktionen der Laugung bei Atmosphärendruck sind eine Säurenneutralisation und eine Eisen(III)-Reduktion. Carbonate im Erz, wie $CaCO_3$, neutralisieren die freie Säure in der Lösung durch

$$H_2SO_4 - CaCO_3 + H_2O \rightarrow CaSO_4 \cdot 2\,H_2O + CO_2 \qquad (7)$$

Die Reduktion von Eisen(III) zu Eisen(II) wird hauptsächlich durch eine Reaktion mit Chalkosin (Cu_2S) erreicht.

$$Cu_2S + Fe_2(SO_4)_3 \rightarrow CuSO_4 + 2\,FeSO_4 + CuS \qquad (8)$$

In der Drucklaugungsstufe wird Eisen(II) in Gegenwart von Kupfer mit dem Oxidant Luft oder Sauerstoff zu Eisen(III) oxidiert.

$$4\,FeSO_4 + O_2 + 2\,H_2SO_4 \rightarrow 2\,Fe_2(SO_4)_3 + 2\,H_2O \qquad (9)$$

Chalkosin (Cu_2S) reagiert mit Schwefelsäure und Sauerstoff oder mit Eisensulfat (wie in der Atmosphärenstufe) zu Kupfersulfat und Covellit (CuS). Dieses reagiert weiter zu zusätzlichem Kupfersulfat und elementarem Schwefel.

$$2\,Cu_2S + 2\,H_2SO_4 + O_2 \rightarrow 2\,CuSO_4 + 2\,H_2O + 2CuS \qquad (10)$$

$$2\,CuS + 2\,H_2SO_4 + O_2 \rightarrow 2\,CuSO_4 + 2\,H_2 + 2S^0 \qquad (11)$$

Ein Teil des Pyrits (FeS_2) reagiert zu Eisensulfat und Schwefelsäure.

$$2\,FeS_2 + 2\,H_2O + 7\,O_2 \rightarrow 2\,FeSO_4 + 2\,H_2SO_4 \qquad (12)$$

Das Konzept der Rückführung der eingedickten Lösung der Drucklaugungsstufe nach Wäsche mit Wasser wurde im Abschluss getestet, um die Verweilzeit der Feststoffe zu erhöhen. Dadurch konnte die Kupferextraktion vom Rückstand des eingesetzten Erzes von 89,2% um 3% auf 92,2% gesteigert werden.

Der Überlauf des Eindickers gelangt in eine Lösemittelextraktion, um Kupfer selektiv zu extrahieren. Das Raffinat der ersten Lösemittelextraktion wird zusammen mit der Produktlösung aus der zweiten Lösemittelextraktion in die Drucklaugungsstufe gefördert. Eine zweite Lösemittelextraktion wird zusätzlich betrieben, um die Gewinnung des Kupfers weiter zu erhöhen.

Das in der ersten Lösemittelextraktion selektiv extrahierte Kupfer (organische Phase) wird als Kupferkathode in einer Elektrogewinnung abgeschieden.

Das kupferarme Raffinat der zweiten Lösemittelextraktion wird in einer Neutralisation mit Kalkstein/Kalk und Luft behandelt, um freie Säure zu neutralisieren und Eisen und andere Verunreinigungen auszufällen.

5.1.1.2.2 Gas/Fest-Systeme

Typische Anwendungsbeispiele für Gas/Feststoff-Systeme sind der Festbett- und der Wirbelschichtreaktor. Im Wirbelschichtreaktor kann der Feststoff sowohl ein Edukt als auch der Katalysator sein. Im Festbettreaktor ist der Feststoff meist ein Katalysator. Die Gasphase kann aus Inertgas und/oder einem Eduktgas bestehen.

Die Maßstabsvergrößerung von Wirbelschichtreaktoren hat sich in der Vergangenheit oftmals als wesentliches Hindernis bei der Entwicklung neuer Verfahren erwiesen, denn Reaktoren, die auf der Grundlage von Messungen an kleinen Laborapparaturen ausgelegt wurden, brachten im Betriebsmaßstab nicht den erwarteten Umsatz [7]. Eine Anwendung des Wirbelschichtreaktors ist das in den USA, Ende der 40er Jahre, entwickelte Verfahren zur Erzeugung von Synthesebenzin aus Erdgas mithilfe der Fischer-Tropsch-Synthese. Auf der Grundlage viel versprechender Messungen an Anlagen mit 10, 20 und 30 cm Durchmesser wurde für über 40 Mio. Dollar eine Produktionsanlage mit einem Durchmesser des Wirbelschichtreaktors von 5 m erstellt. Die Anlage erwies sich als wirtschaftlicher Fehlschlag, weil in ihr gerade die Hälfte des in den Pilotversuchen erreichten Umsatzes realisiert werden konnte [8].

Nach [7] liegt der Schlüssel zu sinnvollen Scale-up-Parametern einer Wirbelschicht in der Erkenntnis, dass für hinreichend langsam ablaufende Reaktionen der Stoffaustausch zwischen Blasen- und Suspensionsphase losgelöst von der Reaktionstechnik betrachtet werden kann. Ausgehend von einer Darstellung des volumenbezogenen Stoffdurchgangskoeffizienten des Zweiphasenmodells nach May/van Deemter wird eine Maßstabsvergrößerung abgeleitet, die eine einheitliche Darstellung des Stoffaustauschs zwischen den Phasen für Wirbelschichtsysteme mit extrem unterschiedlichen Abmessungen liefert [7].

Die zweite Ausführungsform von Gas/Feststoff-Reaktionen ist der Festbettreaktor, der zumeist als Rohrreaktor ausgeführt wird. Bei der Auslegung und dem Scale-up derartiger Reaktoren sind viele Faktoren zu berücksichtigen [9]:

Für Festbettreaktoren sollte die Verweilzeitverteilung, die Einfluss auf Umsatz und Selektivität hat, beim Scale-up beibehalten werden. Dabei ist die Wärmeführung zu beachten, d. h. die Einhaltung der Temperaturgrenzen und die Realisierung möglichst geringer Temperaturdifferenzen zwischen Reaktionsmedium und Katalysatoroberfläche sowie innerhalb des Katalysatorkorns. Weiterhin sind beim Scale-up die Katalysatorstandzeit und die Katalysatorregenerierung sowie der Druckabfall in Abhängigkeit von der Katalysatorform und der Gasgeschwindigkeit zu bedenken.

Beispiel 1
Ende der 70er Jahre wurde in den USA diskutiert, ob die Verwendung von Kohle bei der Energieerzeugung den Einsatz von Erdgas und importiertem Öl reduzieren kann [10]. In diesem Zusammenhang wurden mehrere Miniplants und Versuchsanlagen errichtet, die für Untersuchungen der sog. Pressurized Fluidized-Bed Combustion (PFBC), der Verbrennung in der Wirbelschicht, konzipiert waren. Viele Veröffentlichungen galten Untersuchungen zur Emission der Abgase [11–14]. Die hohe Wärmekapazität einer Wirbelschicht gewährleistete eine stabile Verbrennung bei relativ geringen Temperaturen von ca. 850 °C, sodass die Bildung von Stickstoffoxiden unterdrückt wurde. Ein anderes Emissionsproblem liegt im Schwefelgehalt der eingesetzten Kohle begründet, da der Schwefel zu SO_2 oxidiert wird. Der Entschwefelung wurden im Zusammenhang mit Miniplant-Untersuchungen die meisten Veröffentlichungen gewidmet [10]. Abb. 5.6 zeigt ein von EXXON realisiertes Miniplant-Verfahren.

Die Verwendung des Begriffs Miniplant erweist sich im Bereich der Kraftwerkstechnik als problematisch. Die EXXON-Miniplant bewegt sich mit Durchsätzen von 75–85 kg/h Kohle-Feed und 11–13 kg/h Dolomit-Sorbens-Feed, wobei der Reaktor mit einem Durchmesser von 32 cm und einer Gesamthöhe von ca. 14 m nicht mehr im Bereich des üblichen Miniplant-Verständnisses liegt, das bei der Verfahrensentwicklung in der chemischen Industrie vorherrscht. Betrachtet man jedoch die bei der Wirbelschichttechnik umsetzbaren Scale-up-Faktoren von 50–100 [15], dann wurde auch in diesem Beispiel das Miniplant-Konzept der größten möglichen Verkleinerung bei noch zu verwirklichendem Scale-up für die Verfahrensentwicklung angewendet.

Beispiel 2
Als Beispiel für eine Reaktion im Rohrreaktor sei hier die stark exotherme Synthese von Methanol nach

$$CO + 2\,H_2 \leftrightarrow CH_3OH \qquad \Delta HR = -98\ \text{kJ/mol}\ (298\ \text{K}) \tag{13}$$

genannt, die von Westerterp et al. [16] in einer High-Pressure-Miniplant bei 480 K und 6–8 Mpa realisiert worden ist. Die Anlage besteht aus drei seriell gepackten Rohrreaktoren mit einem Innendurchmesser von 2,5 cm und einer Länge von 50 cm mit jeweils einem Absorber. Als Katalysator wurden zylindrisch geformte Kupferpellets verwendet. Aufgrund der geringen Volumenströme an Gas und Flüssigkeit wurden Absorber mit geringen Durchmessern benötigt, für die bei den extremen Reaktionsbedingungen keine Auslegungskriterien bekannt waren, sodass in umfangreichen Untersuchungen mögliche Durchmesser und Katalysatoren getestet wurden. Der Schwerpunkt der Untersuchungen wurde auf den Zwischenproduktabzug gelegt, der zu signifikanten Einsparungen an Energie und Investitionen führte. Die experimentellen Ergebnisse haben bestätigt, dass ein Zwischenproduktabzug gute Ergebnisse liefert und so u. a. die Rückführungen von nicht umgesetztem Gas vermieden werden können. Abb. 5.7 verdeutlicht das Prinzip einer seriellen Verschaltung von drei Reaktoren und drei Absorbern, in denen das Methanol absorbiert wird.

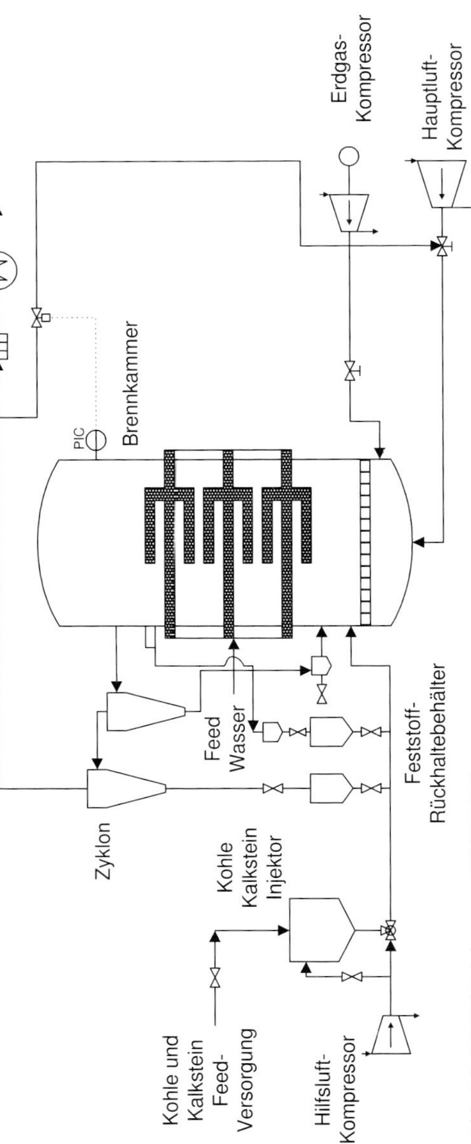

Abb. 5.6 PFBC-Miniplant von EXXON [13].

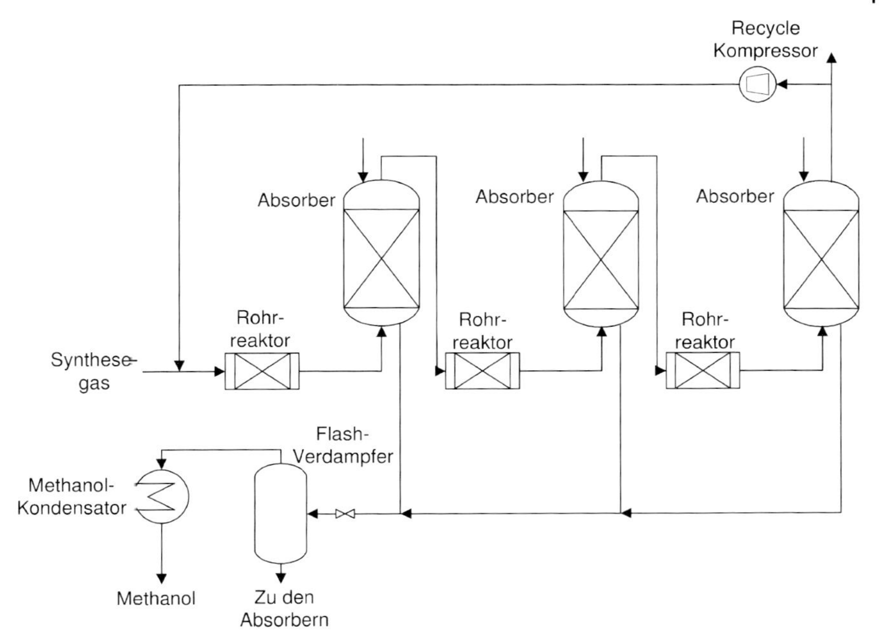

Abb. 5.7 Methanolsynthese mit Zwischenproduktabzug [16].

5.1.1.2.3 **Gas/Flüssig/Fest-Systemen;**

Gas/Flüssig/Fest-Reaktionen werden vorteilhaft im Semibatch-Reaktor durchgeführt, insbesondere dann, wenn die Reaktion exotherm verläuft, denn die Wärmetönung kann im Semibatch-Reaktor leicht durch den Feed-Strom reguliert werden. Von Nachteil ist es, dass das Volumen der Reaktionsmischung zeitabhängig ist. Weiterhin ist es analog zum Batch-Reaktor problematisch, den Mischgrad zu bestimmen, wenn das Reaktorvolumen ansteigt. Da ein Gas anwesend ist, ist es wichtig, für einen ausreichenden Stoffübergang zu sorgen [2]. Im Gas/Flüssig/Fest-System ist das Gas zumeist das Edukt, die fluide Phase kann Edukt und/oder Lösemittel darstellen, die feste Phase ist meistens ein Katalysator.

Da die Eigenschaften von Flüssig/Fest-Systemen bereits oben erläutert wurden und auch hier gelten, wird in diesem Zusammenhang auf die Besonderheiten von Gas/Flüssig-Systemen eingegangen.

Für einen Semibatch-Reaktor mit gasförmigem Zulauf ist der Stoffübergangskoeffizient definiert als

$$1/k_{\mathrm{GL}} = [1/(k_{\mathrm{G}}\mathrm{He}) + 1/(k_{\mathrm{L}}E) + a/k_{\mathrm{R}}(\mathrm{He}) \tag{14}$$

He ist die Henry-Konstante für das Gas/Flüssig-System, k_{GL} der Stoffdurchgangskoeffizient, k_{G} der gasseitige Stoffübergangskoeffizient, k_{L} der flüssigseitige Stoffübergangskoeffizient, a die Grenzfläche pro Volumeneinheit und k_{R} die

Reaktionsgeschwindigkeitskonstante. E stellt einen Verstärkungsfaktor dar, der die absorbierte Gasmenge pro Zeiteinheit in einem reagierenden Flüssig-System, bezogen auf die absorbierte Gasmenge pro Zeiteinheit in einem nicht reagierenden Flüssig-System, beschreibt. Die Blasengröße, die sich jedoch nur schwierig messen lässt, bestimmt den $1/(k_G He)$-Widerstand. Die Agitation bestimmt den $1/(k_L E)$-Widerstand. Während in kleinen Laborreaktoren der Widerstand minimiert werden kann, kann in kommerziellen Semibatch-Reaktoren der Widerstand groß genug sein, um einen Diffusionsgradienten im Film um jede Blase des reagierenden Gases zu erzeugen. Dies kann zu einer starken Abnahme der Produktselektivität führen, wenn das Produkt mit dem Edukt weiterreagiert [2].

Beispiel

Als Beispiel sei ein Rieselbettreaktor nach Lindner [17] aufgeführt, in dem C_4-Alkine in einem dreiphasigen System hydriert werden. Diese Alkine erhält man während der Gewinnung von 1,3-Butadien aus dem C4-Schnitt. Da sie die Tendenz haben, zu polymerisieren und sich zu zersetzen, werden sie in der Butadien-Extraktiv-Destillation ausgeschleust und anschließend selektiv hydriert. Der hydrierte Strom wird dann wieder in die Butadien-Anlage zurückgeführt.

Butenin + 2 H → 1,3-Butadien
1-Butin + 2 H → Butene
1,2-Butadien + 2 H → Butene
1,3-Butadien + 2 H → Butene
Butene + 2 H → Butane

Abb. 5.8 zeigt ein vereinfachtes Fließbild des Verfahrens der BASF.

Lindner berichtet, dass beim Scale-up das gleiche chemische Verhalten im Labor- und Industriemaßstab angenommen werden kann, wenn die folgenden, direkt messbaren Werte konstant gehalten werden:

- die Temperatur, die die Adsorptionsterme beeinflusst,
- die Verweilzeit, d. h., die Menge an Katalysator steigt proportional mit der Menge des Alkin-Feeds,
- die vollständige Umsetzung des Alkins,
- der Partialdruck des Wasserstoffs am Reaktorausgang.

Hydrodynamische Ähnlichkeit kann angenommen werden, da die Länge des Reaktors und der Durchmesser der Katalysatorkörner konstant gehalten wurden. Aus den anfänglichen Untersuchungen in der Miniplant wurden grundlegende Prozessparameter ermittelt und optimiert und so für die Reaktion ein kinetisches Modell erstellt. Die weitere Verfahrensauslegung wurde mithilfe einer Pilotanlage fortgesetzt, in der der Effekt von Rückführströmen auf die Hydrierung näher untersucht wurde.

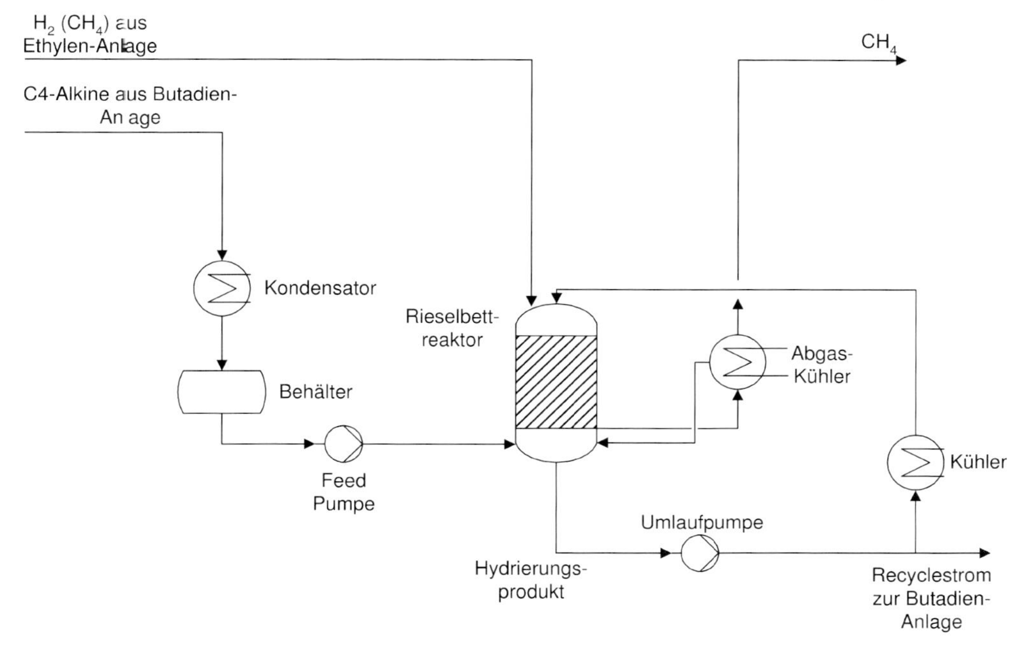

Abb. 5.8 Miniplant mit Rieselbettreaktor zur C_4-Alkin-Hydrierung [17].

5.1.2 Spezielle Verfahren

5.1.2.1 Scale-up von Bioreaktoren

Zur Lösung der Aufgaben eines Bioreaktors bieten sich verschiedene konstruktive Möglichkeiten an. Dies hat zu einer großen Vielfalt an Reaktortypen geführt, die sich in drei Grundtypen untergliedern lassen (Abb. 5.9). Rührkesselreaktoren, bei denen der Energieeintrag durch mechanisch bewegte Einheiten erfolgt (A), werden wegen ihrer Vielseitigkeit am häufigsten eingesetzt. Ebenfalls von Bedeutung sind Blasensäulenreaktoren, bei denen die Durchmischung durch Zufuhr von Luft oder eines anderen Gases erfolgt (B), und Airlift-Fermenter mit innerem (C) oder äußerem (D) Umlauf [18].

In biotechnologischen Umsetzungen werden als produzierende Mikroorganismen z.B. Pilze, Hefen und Bakterien verwendet. Die durch biotechnologische Verfahren gewonnenen Produkte sind beispielsweise Vitamine, Hormone, Enzyme, DNA-Produkte, Antibiotika, Polysaccharide, Aminosäuren, Alkohole und Biogas [1]. Das Zentrum des Produktionsprozesses ist die biotechnologische Umsetzung, die Fermentation. Im Vergleich zur chemischen Reaktion verbraucht die Fermentation weniger Energie. Hohe Drücke und Temperaturen sind nicht erforderlich, organische Lösemittel werden nicht benötigt, und giftige Nebenprodukte treten nicht auf. Herkömmliche Fermenter arbeiten noch vor-

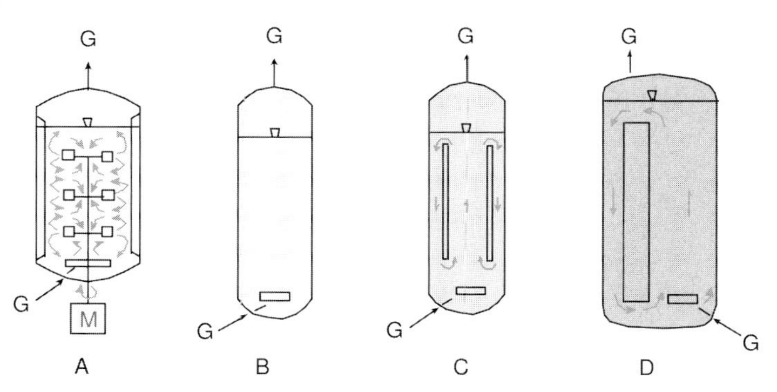

Abb. 5.9 Bioreaktortypen (G = Gasstrom, M = Motor) [18].

wiegend chargenweise. Wichtig für Wachstum und Stoffwechsel sind eine ausreichende Durchmischung und Begasung des Fermenterinhalts. Begast wird je nach Mikrobenart mit steriler Luft oder Kohlendioxid. Einen guten Stoffübergang vom Gas zur Kulturflüssigkeit erzielt man durch feinblasige Gasverteilung und hohe Turbulenz.

Bei dem Scale-up von Bioreaktoren sollte man auf folgende Kriterien achten [19]:

1. die Reaktorgeometrie,
2. den volumetrischen Sauerstoff-Übergangskoeffizienten $k_L a$,
3. die maximale Scherrate,
4. den Leistungseintrag pro Volumeneinheit an Flüssigkeit, P_g/V,
5. den *Volumenstrom Gas pro Volumeneinheit an Flüssigkeit*, Q/V oder VVM,
6. die Leerrohrgeschwindigkeit, v_s.

Kriterium 1 basiert auf der Tatsache, dass fast alle existierenden Korrelationen für ein Scale-up auf geometrisch ähnlichen Reaktoren unterschiedlicher Größen beruhen. Für nichtgeometrische Scale-up-Schritte ist das Verhältnis von Rührer- zu Fermenterdurchmesser ein guter Ansatz. Um gleiche Sauerstoffübertragungsraten zu gewährleisten, sollten bei aeroben Fermentationen konstante $k_L a$ realisiert werden (Kriterium 2). Die maximale Scherrate ist bei Fermentationen mit scherempfindlichen Organismen ein kritisches Charakteristikum (Kriterium 3). Gleicher Leistungseintrag pro flüssigem Volumenelement (Pg/V) wird bei vielen antibiotischen Fermentationen als primärer Scale-up-Parameter verwendet (Kriterium 4). Ein typischer Wert liegt zwischen 1,0 und 2,0 kW/m^3. Kriterium 5 und 6 zielen auf die Bedeutung der Durchlüftung beim Scale-up eines aeroben Fermenters ab. Die Leerrohrgeschwindigkeit v_s beeinflusst stark die Energie, die zum Dispergieren des Gasstroms in der Flüssigkeit nötig ist. Sie hat einen oberen Grenzwert, bevor der Gasverteiler überlastet wird oder Flüssigkeit ausgeblasen werden kann. Kriterium 5 und 6 widersprechen sich, wenn sie beim Scale-up von geometrisch ähnlichen Bioreaktoren verwendet werden. Es ist wünschenswert, den gleichen VVM-Wert zu erhalten, dann allerdings steigt die Leerrohrgeschwindigkeit direkt mit der Scale-Rate. Daher müssen Kriterium 5 und 6 für jeden Prozess individuell abgewogen werden. Ausführlich wird die Problematik des Scale-up und des Führens von biotechnologischen Prozessen in [20] diskutiert.

Beispiel

In [21] wird beschrieben, wie mit der Miniplant-Technik kinetische Studien durchgeführt werden, die Operationsstabilität geprüft wird, Modelle verifiziert werden und neben dem Einfluss von Nebeneffekten die Realisierung von Kreislaufströmen untersucht wird. In der Anlage, die in Abb. 5.10 vereinfacht dargestellt ist, wird die Synthese optisch reiner Aminosäuren betrieben. Dabei werden Hydantoine durch Hydantoinasen gespalten und im weiteren Schritt durch Carbamoylasen zu den D- oder L-Aminosäuren umgesetzt.

Im folgenden Reaktionsschema (Gleichung 15) wird die Herstellung der L-Aminosäure gezeigt.

$$\text{DL-Hydantoin} \xrightarrow{\text{L-Hydantoinase}} \text{L-N-Carbamoyl-Aminosäure} \xrightarrow{\text{Carbamoylase}} \text{L-Aminosäure} \qquad (15)$$

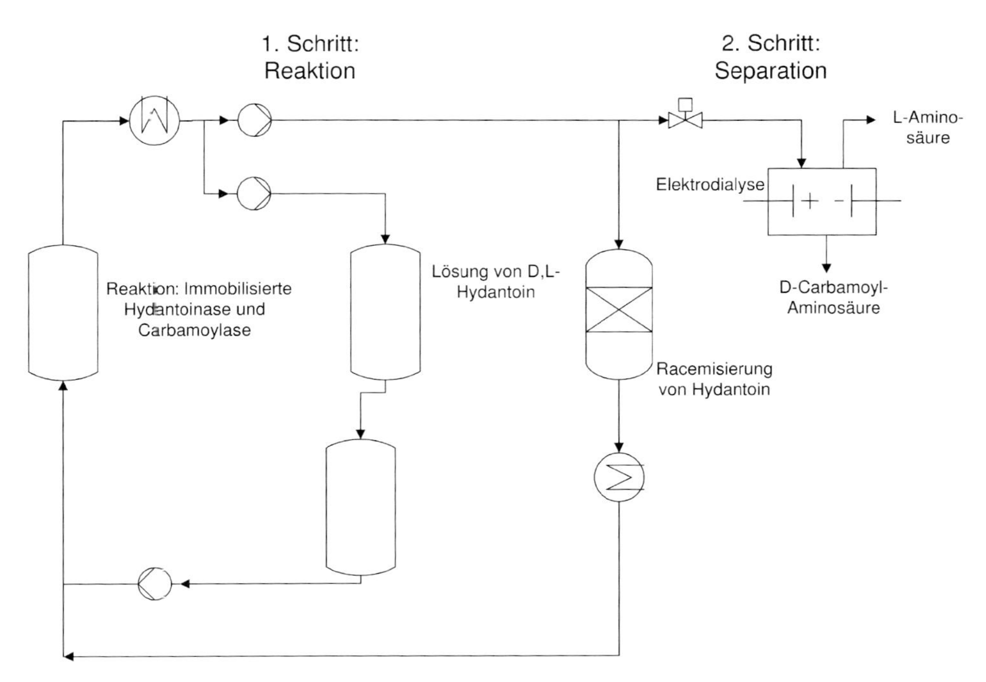

Abb. 5.10 Miniplant zur Produktion von optisch reinen Aminosäuren [21].

Im Reaktor werden die Hydantoine durch immobilisierte Hydantoinasen zuerst zu den Carbamoyl-Aminosäuren und diese dann durch immobilisierte Carbamoylasen zu den entsprechenden L-Aminosäuren umgewandelt. In der Lösung vorliegendes D-Hydantoin kann in einem separaten Umlaufschritt in einer Racemisierung zum L-Hydantoin umgewandelt werden und steht somit ebenfalls zur Synthese von L-Aminosäuren zur Verfügung. So können theoretische Ausbeuten von 100% erreicht werden. Im gezeigten Beispiel wird die L-Aminosäure gewonnen und kontinuierlich ausgeschleust [22].

5.1.2.2 **Scale-up von elektrochemischen Reaktoren**

Das Scale-up von elektrochemischen Systemen ist in erster Linie mit dem Spannungsabfall der Zelle, dem Zellwiderstand und der Stromdichte verknüpft. Der Spannungsabfall entlang der Zelle besteht hauptsächlich aus dem Widerstand des Elektrolyten (R_E), dem Widerstand aufgrund von Konzentrationspolarisation (R_C) und dem Widerstand aufgrund von Aktivierungspolarisation (R_A). Arbeitet man bei moderaten Stromdichten und unterhalb des limitierenden Grenzstroms, kann bei den Bedingungen, die in der Industrie realisiert werden, der Widerstand der Aktivierungspolarisation vernachlässigt werden. Mit dieser Voraussetzung kann die Scale-up-Problematik bei elektrochemischen Verfahren unter zwei Gesichtspunkten diskutiert werden [23].

- Der Ohm'sche Widerstand ist maßgebend.

Der Spannungsabfall im System ist nur abhängig von R_E. Mit dem Ohm'schen Gesetz erhält man

$$i = \frac{VK}{d} \tag{16}$$

mit der Stromdichte i, der spezifischen elektrischen Leitfähigkeit des Elektrolyten K, der Entfernung der Elektroden d und dem Spannungsabfall entlang der Zelle V. Für das Scale-up nach Agar und Hoar sollen Modell und Prototyp nach Gleichung 16 das gleiche K/d-Verhältnis bei konstantem i und V aufweisen.

- Der Stofftransport oder die natürliche Konvektion ist maßgebend.

Vorausgesetzt es gibt keine Zwangskonvektion, ist der Spannungsabfall im System abhängig von R_E und R_C. Mittels Dimensionsanalyse können vier Kenngrößen aufgestellt werden, deren Variablen auf empirischen Erfahrungen beruhen (Tab. 5.1).

Die Konstanten k, m und n wurden hierfür mit den experimentellen Daten nach Wilke et al. [24] für die Elektroabscheidung von Kupfer aus einem Kupfersulfatbad unter natürlicher Konvektion bestimmt, und es ergibt sich mit $k\ C_0 = 0{,}825$ (C_0 = Bulk-Konzentration), $m = 0{,}16$ und $n = 0{,}75$:

$$i = 0{,}825\,(\mathrm{Gr} \cdot \mathrm{Sc})^{0{,}16}(d/h)^{0{,}75} \tag{17}$$

Tabelle 5.1 Dimensionslose Kennzahlen

Kennzahl
Grashof-Zahl Gr: $\frac{g\Delta\rho h^3}{\rho v^2}$
Schmidt-Zahl Sc: v/D
Ohm'sche Widerstandszahl $\frac{V}{i\theta d}$
Geometrieeinfluss d/h

und

$$i = 0{,}412\,(\mathrm{Gr}\cdot\mathrm{Sc})^{0{,}16}(d/h)^{0{,}75} \tag{18}$$

mit den Randbereichen für Gleichung 17:
$0{,}25 < C_0 < 0{,}75$ molare $CuSO_4$

und für Gleichung 18:
$C_0 \cong 0{,}050$ molare $CuSO_4$

und für beide:
$6{,}0 \cdot 10^6 < \mathrm{Gr} < 10^9$ und $2000 < \mathrm{Sc} < 3000$

Scale-up-Kriterien für elektrochemische Systeme sollten daher auf zwei Faktoren beruhen [23]:
1. Zuerst sollte man die Ordnung des Kontrollmechanismus bestimmen und
2. die geometrischen Parameter und die Transportparameter in Übereinstimmung mit den obigen Beziehungen bestimmen und beim Scale-up beibehalten.

Beispiel
Gerl [25] untersuchte das Scale-up einer SPE-Elektrolysezelle (SPE = Solid Polymer Electrolyte) für die elektroorganische Synthese am Beispiel der Methoxylierung von *N,N*-Dimethylformamid zu *N*-Methoxymethyl-*N*-methylformamid.

$$(H_3C)_2N{-}CHO + CH_3OH \longrightarrow (H_3COH_2C)(H_3C)N{-}CHO + H_2 \tag{19}$$

Er konnte zeigen, dass eine Maßstabsvergrößerung der SPE-Zellanordnung möglich ist. Dazu wurden die Parameter untersucht, die durch die Vergrößerung der Elektroden- und Membranfläche bei Elektrolyseverfahren maßgeblich beeinflusst werden. Dies sind die Potenzial- und Stromdichteverteilung über der Membranfläche sowie die Stoff- und Wärmeströme in der Zelle. Für die Untersuchungen wurde ein Zellaufbau mit einer Membranfläche von 256 cm^2 entwickelt (Abb. 5.11).

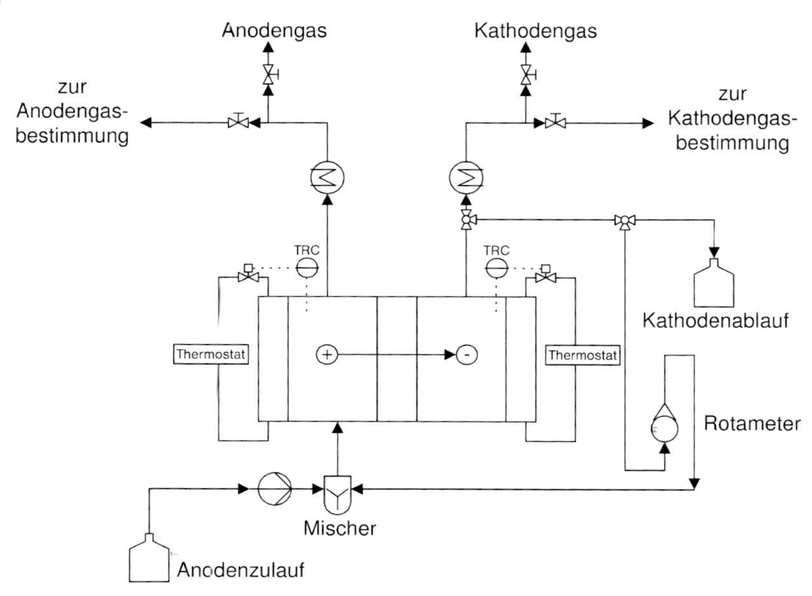

Abb. 5.11 SPE-Elektrolysezelle [25].

Der Reaktandenzulauf wird auf die Anodenseite und der Zellablauf auf die Katodenseite verlegt. Auf diese Weise wird nun aus der Zelle die Lösung entnommen, die gerade die Reaktionszone verlassen hat und die höchste Produktkonzentration besitzt (Katodenablauf). Um den Umsatz steigern zu können, wird dabei noch ein Teil der Lösung zurückgeführt.

5.1.2.3 Scale-up von Mikrowellenreaktoren

Neben den schon bekannten Einsatzarten der Mikrowellentechnik in der Vulkanisierung und Lebensmitteltechnologie gewinnt der Wärmeeintrag mit Mikrowellen (MW) auch in der chemischen Industrie an Bedeutung. Gutes Ankopplungsverhalten des zu erwärmenden Gutes vorausgesetzt, können mit Mikrowellen zumeist deutlich schnellere Aufheizraten erzielt werden [26]. Ein mögliches Anwendungsbeispiel ist der Einsatz von Mikrowellen in Chemical-Vapor-Deposition-(CVD-)Verfahren in Wirbelbettreaktoren.

In jüngster Zeit wurden Versuche unternommen, hochreines, polykristallines Silicium als Siliciumgranulat in Fließbettreaktoren während eines kontinuierlichen CVD-Prozesses zu erhalten [27–29]. Wenn ein Siliciumquellgas ein Fließbett aus Polysiliciumpartikeln durchströmt, wird elementares Silicium auf deren Oberflächen abgelagert, wodurch die Partikel in ihrer Größe anwachsen. Hauptproblem bei der Verwendung von Widerstandsheizungen für CVD-Reaktoren ist der Umstand, dass die Reaktorwand auf eine höhere Temperatur als das eigentliche Fließbett aufgeheizt werden muss, um dieses auf Prozesstemperatur zu bringen. Damit ist der Abscheidungsgrad des Siliciums an der Innenwand des Reaktors größer als auf den Keimpartikeln. Um die Nachteile bei der konventionellen Wärmezufuhr (Wärmeeintrag durch Widerstandsheizung) durch die Wand eines Fließbettreaktors zu überwinden, wird versucht, die Wärme durch Mikrowellen direkt in das Wirbelbett einzustrahlen. Man erhofft sich so, im Fließbett eine höhere Temperatur als auf der Inlinerwand zu erzielen. Die Verwendung einer MW-Heizung zur Herstellung von Polysiliciumgranulaten ist aus [30] und aus [31] bekannt.

Die elektromagnetische Welle wird beim Eindringen in ein verlustbehaftetes Dielektrikum in Fortpflanzungsrichtung gedämpft. Die Eindringtiefe ist definiert als die Distanz von der Oberfläche des Materials bis zu der Stelle, an der die Leistung P auf e^{-1} vom Wert an der Oberfläche abgesunken ist [32]. Dabei sinkt die Energie nach einer Strecke x um den Betrag

$$\Delta P = P(1 - e^{-2ax}) \tag{20}$$

In dieser Gleichung stellt a die Dämpfungskonstante dar, die durch den Ausdruck

$$a = \frac{\pi \varepsilon_r''}{\lambda_0 \sqrt{\varepsilon_r'}} \tag{21}$$

beschrieben werden kann (mit der Wellenlänge im freien Raum λ_0, dem realen Anteil der Dielektrizitätskonstante ε_r' und dem imaginären Anteil der Dielektrizitätskonstante ε_r''. Der Imaginärteil ε_r'' ist hierbei ein Maß für die Absorption.

Die Eindringtiefe ϑ berechnet sich nach

$$\vartheta = \frac{1}{2a} \tag{22}$$

Gleichung 20 macht den exponentiellen Abfall der eingebrachten Energie bei steigendem x deutlich. Kann man bei kleinen aufzuheizenden Volumina bei einer Mikrowellenheizung noch von einem gleichmäßigen Wärmeeintrag im Volumen sprechen, können beim Scale-up somit Probleme auftreten. Die Eindringtiefe ϑ selbst ist jedoch auch stark vom aufzuheizenden Gut (dem Dielektrikum) abhängig. In Gleichung 21 geht mit dem ε_r' der reale Anteil der Dielektrizitätskonstante des jeweiligen Dielektrikums ein. Dieses kann zwischen verschiedenen Stoffen stark variieren und somit großen Einfluss auf die Einsatzmöglichkeit von Mikrowellen haben [32].

Falls die Welle den Kern großvolumiger Dielektrika nicht mehr erfassen kann, kann dies zum Teil durch die Verwendung der industriell auch üblichen niedrigeren Frequenz von 915 MHz kompensiert werden [33]. So ist es bei Pilotplants, die Mikrowellen als Wärmeträger beinhalten, üblich, Magnetrons mit dieser Frequenz zu verwenden. Der hier sehr große Vorteil ist, dass man beim Scale-up der Mikrowellen-Reaktorgeometrie mit der Frequenz (2,45 GHz → 915 MHz) auch die limitierende Größe der Eindringtiefe bedingt „up-scalen" kann.

Im konventionellen Fall unterliegt man beim Scale-up einer Limitierung durch eine Heizflächengrenzbelastung, die nicht überschritten werden darf.

Neben dem Problem der Eindringtiefen ist es bei der Verwendung von Mikrowellen sehr aufwendig, geeignete Simulationen zur Darstellung der Zusammenhänge bei Vergrößerung der Geometrien zu schaffen. Es ist meist nur möglich, ein über das gesamte Volumen gleichmäßiges elektrisches Feld vorauszusetzen. In Wirklichkeit wird die Welle beim Eindringen gedämpft. Da in vielen Fällen sehr heterogene Dielektrika vorliegen und auch Verluste durch Wärmeleitung und -strahlung auftreten, kann nur der praktische Versuch über die Realisierbarkeit einer Anlage eine Aussage machen. Dies wiederum erklärt die Notwendigkeit, gerade im Bereich der Mikrowellen, den Schritt vom Labor zur Pilotplant durch eine Miniplant abzusichern.

Beispiel

In [34] wird ein CVD-Wirbelschichtreaktor zur Silanpyrolyse beschrieben, der mit Mikrowellen beheizt wird.

$$4\,SiH_4 \rightarrow 4\,Si + 2\,H_2 \tag{23}$$

Die Leistung beträgt 8 kW bei der industriell üblichen Frequenz von 2,45 GHz. Die nutzbare Wirbelschicht hat einen Durchmesser von 100 mm und eine Höhe von 1000 mm. Der eigentliche Reaktionsraum wird durch ein mikrowellentransparentes Quarzrohr (im Folgenden Inliner genannt) gebildet, welches diesen am Boden auf einer Quarzfritte als Verteilerboden abschließt. Abb. 5.12 zeigt ein vereinfachtes Fließbild der Versuchsanlage. Die Wärme wird durch vier MW-Generatoren in die Siliciumschüttung eingespeist.

Im angesprochenen Beispiel zeigt sich deutlich, dass im Zentrum der Wirbelschicht höhere Temperaturen vorliegen als in den Randbereichen. Die Temperatur des Inliner liegt 110 K unter der Temperatur des 600 °C warmen Fließbettes. Eine Frequenz von 2,45 GHz und die damit verbundene Eindringtiefe ist für die vorhandene Geometrie somit ausreichend, um die Schüttung *im Volumen*

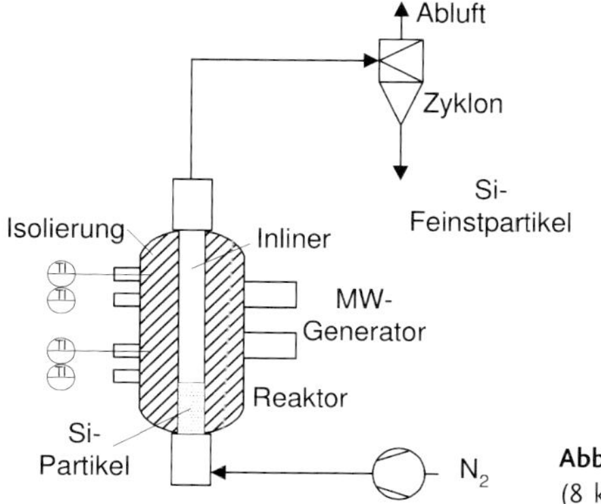

Abb. 5.12 Mikrowellenbeheizte Wirbelschicht (8 kW) [34].

aufzuheizen. Vergleichende konventionelle Versuche in der gleichen Apparatur ergeben, dass die widerstandsbeheizte Reaktorwand 60 K wärmer als das Bett sein muss, um dieses auf Prozesstemperatur zu halten. Weiterhin zeigt sich bei der Maßstabsvergrößerung eine charakteristische Veränderung der Strömung durch die Bildung praktisch feststofffreier Gasblasen.

5.1.3 Integrierte Verfahren

5.1.3.1 Reaktivdestillationsverfahren

Die Kombination von Reaktion und Stofftrennung hat im Zusammenhang mit der Intensivierung chemischer Produktionsprozesse zunehmend an Bedeutung gewonnen [35]. Unter verschiedenen reaktiven Trennprozessen ist die Reaktivdestillation verstärkt Gegenstand der Forschung und Entwicklung [36], da durch ihren Einsatz

- höhere Umsätze als bei einphasigem Reaktorbetrieb erzielt werden können,
- sich Reaktionsgleichgewichte durch kontinuierliches Abtrennen einer Komponente verschieben lassen,
- die Selektivität erhöht werden kann,
- sich exotherme Reaktionen einfacher führen lassen,
- frei werdende Reaktionswärme zur Verdampfung genutzt werden kann und
- sich azectrope Gemische durch den Einsatz reaktiver Entrainer auftrennen lassen [37].

Dieses Potenzial lässt sich allerdings nur durch eine geschickte Verfahrensauslegung nutzen, die bislang nicht ohne umfangreiche experimentelle Arbeiten durchgeführt werden kann [38]. Einer geeigneten Miniplant-Technik kommt bei der Reaktivdestillation also eine besondere Bedeutung zu, wobei im Folgenden zwischen homogen und heterogen katalysierten Verfahren unterschieden wird.

Im Vergleich mit nichtreaktiven Trennprozessen tritt bei der Reaktivdestillation eine große Zahl von Wechselwirkungen zwischen Reaktion und Stofftrans-

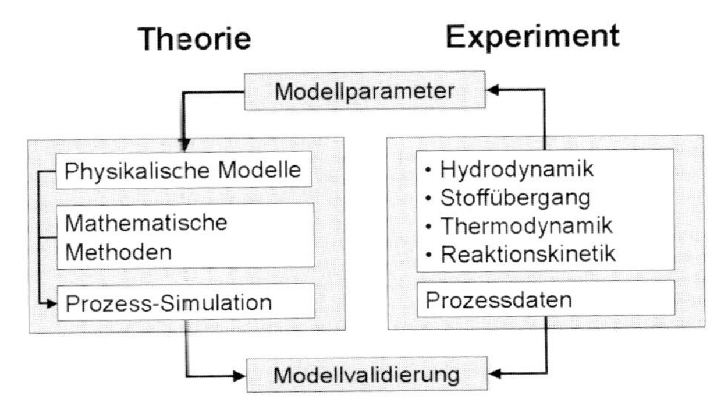

Abb. 5.13 Scale-up-Konzept für Reaktivdestillationsprozesse [41].

port auf, die eine Übertragung der Ergebnisse aus Laborversuchen auf Produktionsanlagen im industriellen Maßstab erschwert. Scale-up-Faktoren, wie sie von Eiden et al. [39] für herkömmliche Destillationskolonnen genutzt werden, sind daher nicht auf Reaktivdestillationsprozesse übertragbar, und das Scale-up von Reaktivdestillationsprozessen kann nur modellbasiert erfolgen [40, 41]. Das in Abb. 5.13 dargestellte Scale-up-Konzept für Reaktivdestillationsprozesse beruht auf der Verknüpfung experimenteller Arbeiten zur Bestimmung der Modellparameter und zur Modellvalidierung mit theoretischen Methoden zur Entwicklung eines geeigneten Werkzeugs für die Prozess-Simulation.

5.1.3.2 **Homogen katalysierte Reaktivdestillation**

Aufgrund ihres im Vergleich zu Packungskolonnen größeren Flüssigkeitsinhalts, der für den Ablauf homogen katalysierter Reaktionen von entscheidender Bedeutung ist, werden bei der homogen katalysierten Reaktivdestillation zumeist Bodenkolonnen eingesetzt. Neben dem Flüssigkeitsinhalt haben die Strömungsverhältnisse der Flüssigkeit auf dem Boden einen wesentlichen Einfluss auf den Ablauf der Reaktion. Das Verweilzeitverhalten handelsüblicher Böden für Miniplant-Anlagen lässt sich weder als ideale Kolbenströmung noch als ideal durchmischt beschreiben, sodass diese Böden für Versuche, bei denen die Verweilzeitverteilung eine Rolle spielt, unzweckmäßig sind.

Von Reusch [42] wurde daher der in Abb. 5.14 dargestellte Radialstromboden entwickelt, bei dem der von unten durch die Glocke aufsteigende Dampf die Flüssigkeit durchmischt, bevor sie durch vier außen liegende Ablaufrohre auf den nächsten Boden abfließen kann. Der Radialstromboden ist mit Probenahme- und Temperaturmessstellen für Dampf- und Flüssigphase ausgestattet, deren Stutzen zur Verringerung von Totvolumina als Kapillarrohre ausgeführt sind. Zur Minimierung von Wärmeverlusten ist der Boden mit einem verspiegelten Vakuummantel versehen.

Zur Maßstabsübertragung werden bei der homogen katalysierten Reaktivdestillation in Bodenkolonnen häufig Gleichgewichtsmodelle eingesetzt, die den Ablauf der Reaktion in geeigneter Weise berücksichtigen. Die erfolgreiche Anwendung setzt jedoch die Kenntnis der notwendigen Modellparameter sowohl für die Labor- als auch die Produktionskolonne voraus. Für den beschriebenen Radialstromboden wurden daher die spezifischen Eigenschaften in Abhängigkeit von der Kolonnenbelastung experimentell ermittelt. Dazu zählen neben dem Bodenwirkungsgrad und dem spezifischen Druckverlust auch der Flüssigkeitsinhalt und die Verweilzeitverteilung in der Flüssigphase. Es konnte gezeigt werden, dass das Verweilzeitverhalten des Bodens über dem gesamten Belastungsbereich dem eines ideal durchmischten Rührkessels entspricht und dadurch die Auswertung der experimentellen Ergebnisse erheblich vereinfacht wird.

Eine Versuchsanlage für die säurekatalysierte Umesterung von *n*-Butylacetat mit Ethanol zu Ethylacetat und *n*-Butanol ist in Abb. 5.15 dargestellt. Sie besteht im Wesentlichen aus fünf aufeinander folgenden Radialstromböden als Reaktionsteil und zwei Glasschüssen mit je drei Glockenböden als Verstärker- und Ab-

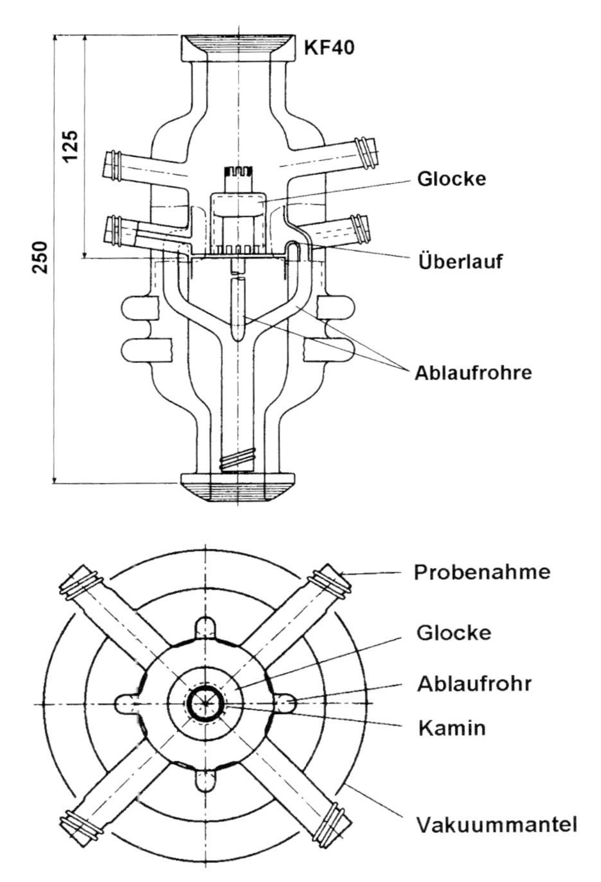

Abb. 5.14 Radialstromboden für die Reaktivdestillation [42].

triebsteil sowie einem Kondensator und einem elektrisch betriebenen Verdampfer. Die Dosierung des *n*-Butylacetats erfolgt zusammen mit dem Katalysator oberhalb der Radialstromböden, das Ethanol wird unterhalb zugeführt. Für die Auswertung der experimentellen Ergebnisse hinsichtlich Umsatz und Selektivität ist eine exakte Erfassung der ein- und austretenden Ströme entscheidend; Konzentrations- und Temperaturprofile über der Kolonnenhöhe geben zusätzliche Informationen über das Prozessverhalten.

5.1.3.3 Heterogen katalysierte Reaktivdestillation

Bei der heterogen katalysierten Reaktivdestillation wird ein fester Katalysator in einem definierten Kolonnenabschnitt installiert. Diese Anordnung ermöglicht eine Vielzahl unterschiedlicher Kolonnenkonfigurationen und bietet damit ein besonderes Potenzial zur Optimierung chemischer Produktionsprozesse [43].

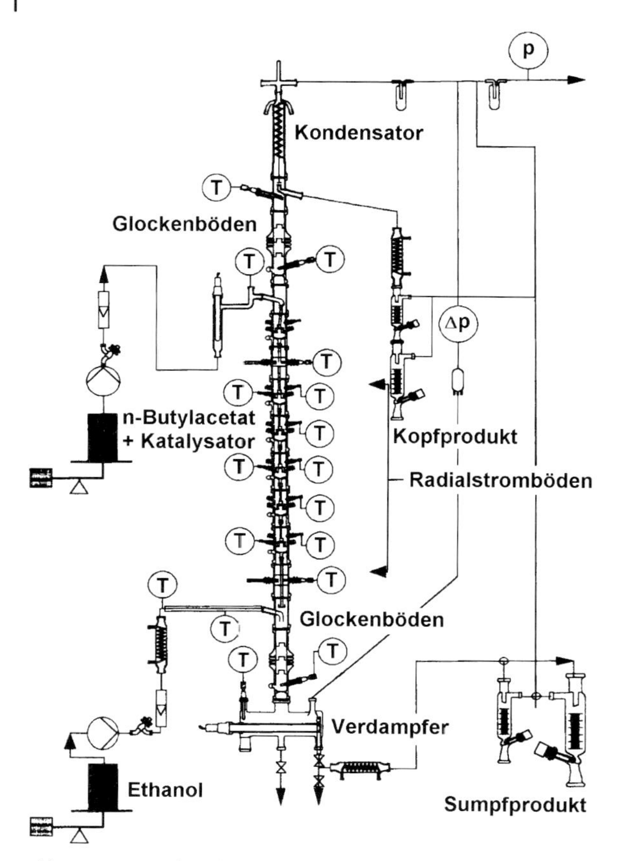

Abb. 5.15 Versuchsanlage zur homogen katalysierten Reaktivdestillation [42].

Insbesondere der wirtschaftliche Erfolg bei der Anwendung der Reaktivdestillation in der Ether- [44] und Estersynthese [45] hat zu einem erweiterten Einsatz dieser Technologie geführt [46]. Dennoch bleibt die Auslegung von heterogen katalysierten Reaktivdestillationsprozessen eine Herausforderung, wobei der Auswahl geeigneter Kolonneneinbauten und dem Scale-up besondere Bedeutung zukommt [47].

Die in der heterogen katalysierten Reaktivdestillation eingesetzten Kolonneneinbauten lassen sich analog zur herkömmlichen Rektifikation in die Gruppen Böden, Füllkörper und Packungen aufteilen. Katalytische Böden sind oftmals aufwendige Konstruktionen [48], die sich nur begrenzt in den Miniplant-Maßstab übertragen lassen. Zur ersten Generation von katalytischen Kolonneneinbauten zählen Füllkörper, die entweder aus katalytisch aktivem Material bestehen [49] oder in denen ein partikelförmiger Katalysator eingeschlossen ist und durch Öffnungen in der Füllkörperoberfläche durchströmt wird [50]. Ein weiteres Beispiel für katalytische Packungen der ersten Generation sind die in

Abb. 5.16 dargestellten Katalysatorbündel, die zur kommerziellen Herstellung von MTBE eingesetzt werden [51]. Sie bestehen aus einem Glasfasergewebe, in das ein partikelförmiger Katalysator eingenäht wird und das dann, zusammen mit einer Lage Drahtgewebe zur Bereitstellung eines freien Strömungsquerschnitts und zur Intensivierung des Kontakts zwischen Gas und Flüssigkeit, zu einem Katalysatorbündel zusammengerollt wird.

Während in industriellen Produktionsanlagen eine Vielzahl dieser Katalysatorbündel neben- und übereinander angeordnet wird, kommen in Miniplant-Anlagen nur ein oder mehrere übereinander angeordnete Katalysatorbündel zum Einsatz [53]. Das Scale-up von Kolonnen, die mit diesen Katalysatorbündeln ausgerüstet sind, beruht ebenfalls auf der Kenntnis der spezifischen Packungseigenschaften im Labor- [54] und im Produktionsmaßstab [55].

Im Vergleich zu den bisher beschriebenen Kolonneneinbauten eröffnen moderne katalytische Packungen, deren Konstruktion auf herkömmlichen strukturierten Packungen beruht, neue Möglichkeiten zur Verfahrensoptimierung, da mit ihnen eine erhebliche Steigerung des Durchsatzes und eine Verbesserung des Stoffaustausches erreicht werden können [38]. Dabei werden im Wesentlichen zwei unterschiedliche Packungskonzepte verfolgt, die in Abb. 5.17 dargestellt sind.

Bei der katalytischen Packung vom Typ KATAPAK®-S handelt es sich um eine Packung mit Kreuzkanalstruktur, die sowohl für den Labormaßstab als auch für den industriellen Maßstab erhältlich ist. Die Packung besteht aus einzelnen, sandwichförmigen Drahtgewebetaschen, in denen ein partikelförmiger Katalysator immobilisiert ist. Die Kreuzkanalstruktur innerhalb der Taschen bewirkt eine gute radiale Flüssigkeitsverteilung [56]. Die unterschiedliche Orientierung der Katalysatortaschen ergibt eine für Stoffaustauschpackungen übliche Struktur, die eine hohe Belastbarkeit der Packung und günstige Trenneigenschaften miteinander verbindet. Beim Scale-up von Reaktivdestillationskolonnen mit KATAPAK®-S ist die unterschiedliche Struktur der Katalysatortaschen bei der Laborpackung und im industriellen Maßstab zu beachten. Die charakteristischen geometrischen Daten der beiden Packungen sind in Tab. 5.2 aufgeführt. Das

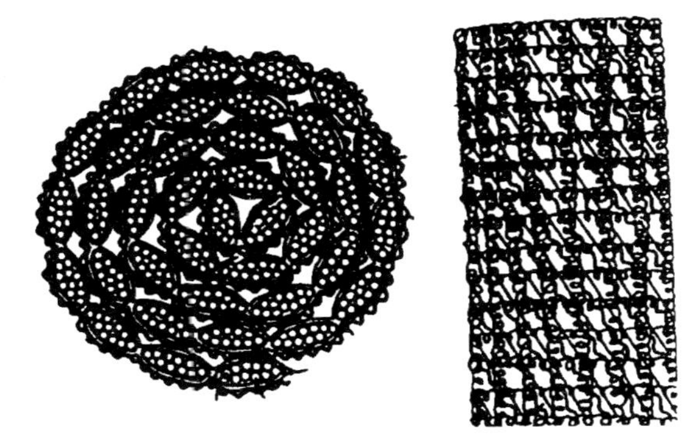

Abb. 5.16 Katalytische Packung der ersten Generation [52].

a) b)

Abb. 5.17 Katalytische Packungen im Labormaßstab.
a) KATAPAK®-S der Fa. Sulzer [40], b) MULTIPAK® der Firma Montz [41].

Tabelle 5.2 Abmessungen von KATAPAK®-S [40]

		KATAPAK®-S Labor	KATAPAK®-S 170.Y
Durchmesser	[mm]	50–200	>200
Höhe eines Packungselements	[mm]	100–200	210–290
Lagenhöhe	[mm]	4	14,9
Plissierwinkel zur vertikalen Achse		45	42,5
Hydraulischer Durchmesser	[mm]	6,4	22,5
Spezifische Oberfläche	[m^2/m^3]	270	85
Volumenanteil des Katalysators	[%]	18–23	25–35

Scale-up einer Reaktivdestillation mit KATAPAK®-S ist daher nicht nur eine Übertragung von einem kleinen auf einen großen Durchmesser, sondern auch von einer bestimmten kleinen Struktur auf eine andere, lediglich ähnliche, größere Struktur.

Bei der katalytischen Packung MULTIPAK® handelt es sich um eine hybride Struktur, deren Katalysatortaschen, die in vertikaler Richtung segmentiert sind und keine Kreuzkanalstruktur aufweisen, alternierend mit Gewebelagen herkömmlicher strukturierter Packungen angeordnet sind. Unterschiedliche Arten von Katalysatortaschen mit Dicken von 6–10 mm und Gewebelagen mit Dicken von 3,7–6 mm erlauben eine Anpassung der Packungseigenschaften an die Prozessanforderungen, was sich in zwei verschiedenen Packungstypen widerspiegelt [57]. Im Gegensatz zu KATAPAK®-S ist die Struktur von MULTIPAK® im Labor- und Industriemaßstab identisch; die in Abb. 5.18 dargestellte Abhängigkeit der charakteristischen geometrischen Größen vom Packungsdurchmesser ergibt sich hier vornehmlich durch Randeffekte.

Um ein modellbasiertes Scale-up zu ermöglichen, müssen die spezifischen Eigenschaften der katalytischen Packungen in Abhängigkeit vom Kolonnen-

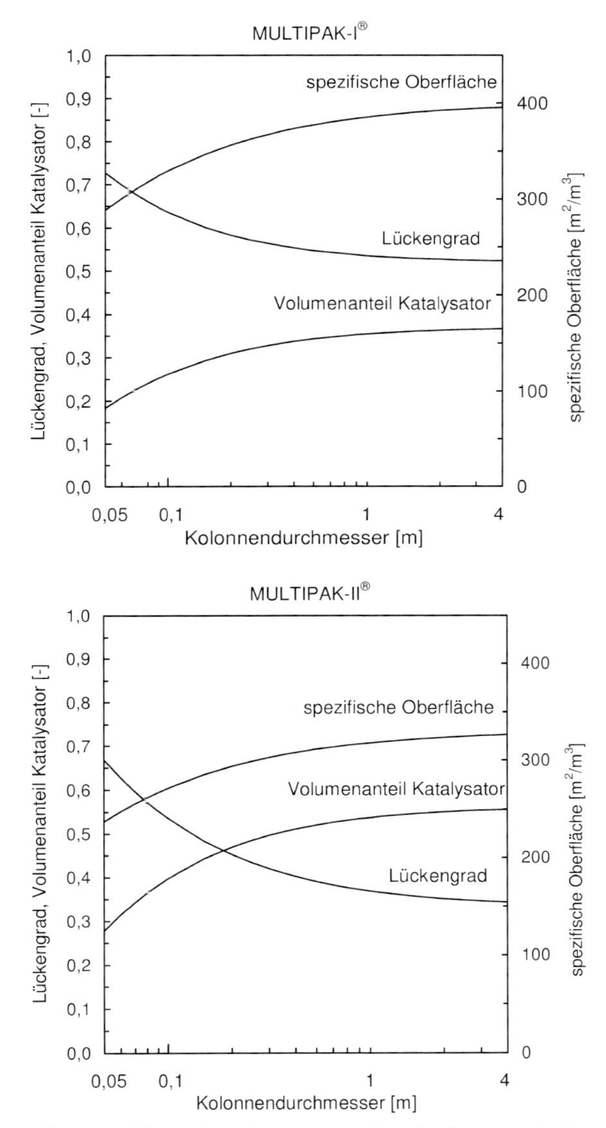

Abb. 5.18 Abhängigkeit der geometrischen Größen vom Packungsdurchmesser [41].

durchmesser bekannt sein. Dazu zählen die hydrodynamischen Eigenschaften Druckverlust, Flüssigkeitsinhalt und Verweilzeitverhalten sowie die Trennleistung der katalytischen Packung. Diese Daten liegen sowohl für KATAPAK®-S [58, 59] als auch MULTIPAK® [41] vor. Der von Fair [38] vorgeschlagene Einsatz eines Stoffaustauschmodells für die Auslegung von Reaktivdestillationskolonnen mit katalytischen Packungen erfordert allerdings die Kenntnis der Stoffübergangskoeffizienten in Gas- und Flüssigphase, die bislang nur für MULTIPAK® veröffentlicht wurden [57].

Die Anforderungen an eine Miniplant-Anlage zur Untersuchung des Verhaltens von heterogen katalysierten Reaktivdestillationsprozessen sind denen homogener Prozesse sehr ähnlich. Im Vordergrund steht eine exakte Bilanzierung der Versuchsanlage zur Beurteilung von Umsatz und Selektivität unter unterschiedlichen Prozessbedingungen. Temperatur- und Konzentrationsprofile über der Kolonnenhöhe können weiteren Aufschluss über das Prozessverhalten geben. In Abb. 5.19 ist eine Anlage zur Veresterung von Methanol und Essigsäure, welches sich als Testsystem für die Untersuchung katalytischer Kolonneneinbauten unter Prozessbedingungen bewährt hat, dargestellt [57]. Die Anlage hat einen Durchmesser von 50 mm bei einer effektiven Packungshöhe von 4 m, die in einzelnen Schüssen von je 1 m angeordnet sind. Die Konfiguration der Kolonne entspricht den notwendigen Prozessbedingungen zur Erzielung eines möglichst vollständigen Umsatzes. Dabei wird die Essigsäure oberhalb der Reaktionszone, die in diesem Fall aus 2 m der katalytischen Packung MULTIPAK® besteht, eingespeist, während Methanol unterhalb zugeführt wird. Ober-

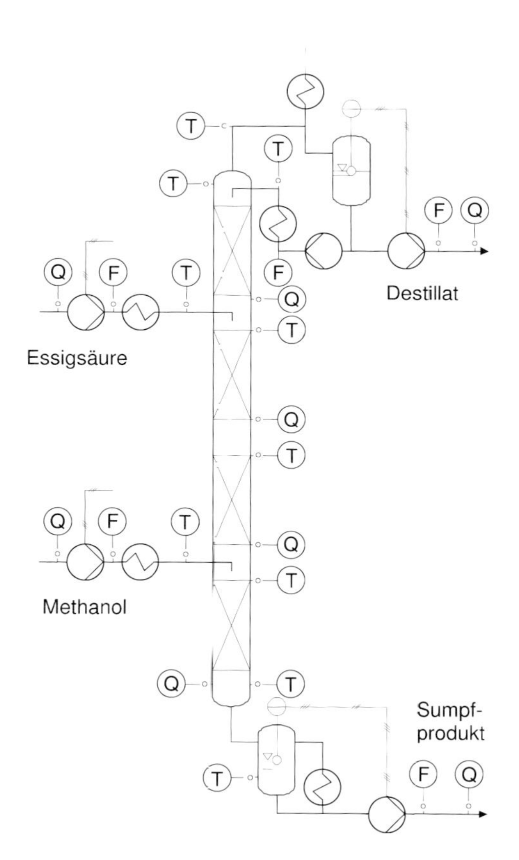

Abb. 5.19 Miniplant-Anlage zur Methylacetatsynthese [41].

und unterhalb der Reaktionszone befindet sich jeweils 1 m einer herkömmlichen strukturierten Packung als Verstärker- bzw. Abtriebsteil. Mit dieser Kolonnenkonfiguration konnten Umsätze von 85%, bei einer Produktreinheit im Kopf der Kolonne von 90 Massen-% Methylacetat erzielt werden [41]. Die Eignung der experimentellen Arbeiten zur Validierung eines Stoffaustauschmodells, das die hydrodynamischen Eigenschaften der katalytischen Packung MULTIPAK® in geeigneter Weise berücksichtigt, konnte durch die gute Übereinstimmung mit den Ergebnissen der Prozess-Simulation belegt werden.

Ein bislang weit gehend ungelöstes Problem beim Scale-up von Reaktivdestillationskolonnen mit katalytischen Packungen besteht in der Beurteilung von Nebenreaktionen. Da deren Kinetik zumeist nicht bekannt ist, sollten die Experimente im Miniplant-Maßstab unter den Bedingungen des industriellen Prozesses durchgeführt werden [60]. Da Reaktions- und Trennleistung jedoch über die Packungseigenschaften direkt miteinander gekoppelt und für Labor- und Industriemaßstab nicht identisch sind, ist dies nur unzureichend möglich. Durch die einheitliche Struktur der katalytischen Packung MULTIPAK® und die geringere Abhängigkeit der Trennleistung vom Packungsdurchmesser ergeben sich Vorteile in der Scale-up-Fähigkeit dieses Packungstyps. Die katalytische Packung MULTIPAK® wurde mittlerweile durch die ähnlich aufgebaute Packung KATAPAK®-SP der Fa. Sulzer ersetzt.

5.1.4
Zusammenfassung

Die Miniplant-Technologie bietet die Möglichkeit, den Schritt vom Labor zur Produktionsanlage ohne den langfristigen Bau einer teuren Pilotanlage durchzuführen. Dies muss immer im Zusammenspiel mit entsprechenden Modellierungen geschehen, die durch Resultate aus dem experimentellen Betrieb der Miniplant gestützt werden sollten.

Die Grenzen des Einsatzes einer Miniplant hängen in erster Linie vom Stoffsystem ab. Während sich bei Destillations- und Rektifikationsaufgaben, sowie in Gas/Flüssig-Reaktionen der Einsatz einer Miniplant ohne den Bau einer weiteren Pilotanlage bewährt hat, kommt man bei Stoffsystemen, die Feststoffe beinhalten, zumeist nicht ohne eine Pilotanlage aus. Dies liegt insbesondere daran, dass sich bei Feststoffreaktionen mehrere Effekte ergeben können, wie z. B. Dispergierung, Suspendierung, chemische Reaktion oder die Wärmeübertragung.

Bei weiterer Steigerung der Einsatzgrenzen der Modellierung sollte es Ziel sein, auch bei Feststoffreaktionen und integrierten Verfahren ohne den in der Entwicklung langen und teuren Bau einer Pilotanlage auszukommen, um den Scale-up-Schritt zur Produktionsanlage sicherzustellen.

Literatur zu Abschnitt 5.1

1 W. Hemming. *Verfahrenstechnik*. Vogel Buchverlag, Würzburg, **1999**.
2 J.H. Worstell. *Succeed at Reactor Scale-Up*, Chemical Engineering Progress, **2000**, 55–60.
3 A. Behr; M. Heite. *Telomerisation von Kohlendioxid und 1,3-Butadien: Verfahrensentwicklung via Miniplant-Technik*, Chem. Ing. Tech., **2000**, 72, 58–61.
4 A. Behr; W. Ebbers. *Neues Verfahrenskonzept zur Katalysatorrezyklierung bei der Telomerisation von 1,3-Butadien und CO_2*. Kongress Weimar XXXV Jahrestreffen Deutscher Katalytiker, **2002**.
5 A. Behr; T. Oberreuther; C. Wolff. *Volumetric Plasma Chemistry With Carbon Dioxide in an Atmospheric Pressure Plasma Using a Technical Scale Reactor*, IEEE Transactions on Plasma Science, **2003**, 31 (1), 74–78.
6 R.M. Berezowsky et al. *Pressure Leaching Las Cruces Copper Ore*, The Journal of the Minerals, Metals and Materials Society, **1999**, 51 (12), 36–40.
7 J. Werther. *Zur Problematik der Maßstabsvergrößerung von Wirbelschichtreaktoren*, Chem. Ing. Tech., **1977**, 49 (10), 777–785.
8 F.A. Zenz, D.F. Othmer. *Fluidization and Fluid-Particle Systems*. Reinhold Publ., New York, **1960**.
9 J. Hagen. *Chemische Reaktionstechnik*. VCH Weinheim, **1992**.
10 A. Behr; W. Ebbers. *Miniplants – ein Beitrag zur inhärenten Sicherheit*. Bericht für das Landesumweltamt Nordrhein-Westfalen, Dortmund, **1999**.
11 R.A. Newby; R.A. Uelrich, D.L. Kearns. *Proceedings of the International Conference on Fluidized-Bed Combustion*, **1985**, 1115–1124.
12 K.S. Murthy; J.E. Howes, H. Nack. *Emissions from Pressurized Fluidized-Bed Combustion Processes*, Environ. Sci. Technol., **1979**, 2 (13), 197–204.
13 J.M. Allen, K.M. Duke. *Proceedings of the Air Pollution Control Association 71*, **1978**, 5, 1–20.
14 M.S. Nutkis. *Mitre Corp. Proceedings of the International Conference on Fluidized-Bed Combustion*, **1975**, 221–238.
15 J. Krekel, G. Siekmann. *Die Rolle des Experiments in der Verfahrensentwicklung*, Chem. Ing. Tech., **1985**, 57 (6), 511–519.
16 K.R. Westerterp, M. Kuczynski, C.H.M. Kamphuis. *Synthesis of Methanol in a Reactor System With Interstate Product Removal*, Ind. Eng. Chem. Res., **1989**, 28, 763–771.
17 A. Linder. *Hydrogenation of C_4-Alkynes. Scale-up of a Trickle Bed Reactor*, Ger. Chem. Eng., **1984**, 7, 49–54.
18 Römpp-Chemie-Lexikon A–Z, Version 2.0, **1999**.
19 L.-K. Ju, G.G. Chase. *Improved Scale-up Strategies of Bioreactors*, Bioprocess Engineering, **1992**, 8, 49–53.
20 C.S. Ho, J.Y. Oldshue. *Biotechnology Processes-Scale-Up and Mixing*. American Institute of Chemical Engineers, New York, **1987**.
21 K. Ragnitz, C. Syldatk, M. Pietzsch. *Optimization of the Immobilization Parameters and Operational Stability of Immobilized Hydantoinase and L-N-Carbamoylase from Arthrobacter aurescens for the Production of Optically Pure L-amino Acids*, Enzyme and Microbial Technology, **2001**, 28 (7–8), 713–720.
22 K. Faber. *Biotransformations in Organic Chemistry*. Springer, **1997**.
23 A.S. Rao. *Problem of Scale-up in Electrochemical Systems*, Journal of Applied Electrochemistry, **1974**, 4, 87–89.
24 C.R. Wilke et al. *Journal of Electrochem. Soc.*, **1953**, 100, 513.
25 R. Gerl. *Scale-Up einer SPE-Elektrolysezelle für die elektro-organische Synthese am Beispiel der Methoxylierung von N,N-Dimethylformamid*. Universität Dortmund, Diss., **1996**.
26 R. Burghardt, I. Kleinwächter, T. Gerdes, P. Bahke. *Mikrowellencalcinierung von Platinsalmiak*, Chem. Ing. Tech., **2002**, 74, 626.
27 R.N. Flagella. *Wirbelschichtreaktor zur Herstellung von polykristallinem Silizium*, DE 3842099 A1. Union Carbide Corp., **1989**.
28 B. Caussat, M. Hemati, J.P. Couderc. *Silicon Deposition from Silane or Disilane in a Fluidized Bed. Pt. I: Experimental Study*,

Chemical Engineering Science, **1995**, 50, 3615–3624.
29 S.M. Lord, R.J. Milligan. *Method for Silicon Deposition*, US 5798137. Advanced Silicon Materials Inc., **1998.**
30 P. Yonn, Y. Song. *Verfahren zur Vorrichtung zur Herstellung von hochreinem polykristallinen Silizium*, DE 3638931 A1. Korea Research Institute of Chemical Technology, **1985.**
31 P. Yonn, Y.M. Song. *Fluidized Bed Reactor with Microwave Heating System for Preparing High-Purity Polycristalline Silicon*, US 4786477. Korea Research Institute of Chemical Technology, **1988.**
32 H. Püschner. *Wärme durch Mikrowellen, Grundlagen, Bauelemente, Schaltungstechnik*. Philips Technische Bibliothek, **1982.**
33 R.J. Meredith. *Engineers' Handbook of Industrial Microwave Heating*. Institution of Electrical Engineers, **1998.**
34 M. Willert Porada. *Verfahrensentwicklung zur mikrowellenunterstützten Herstellung von Solar-Silizium – Zwischenbericht*, **2000**, AG-Solar Projektnummer 25411798.
35 A.I. Stankiewicz, J.A. Moulijn. *Process Intensification: Transforming Chemical Engineering*, Chem. Eng. Prog., **2000**, 1, 22–34.
36 R. Taylor, R. Krishna. *Modelling Reactive Distillation*, Chem. Eng. Sci., **2000**, 55, 5183–5229.
37 U. Hoffmann, K. Sundmacher. *Multifunktionale Reaktoren*, Chem. Ing. Tech., **1997**, 69, 613–622.
38 J.R. Fair. *Design Aspects for Reactive Distillation*, Chem. Eng., **1998**, 10, 158–162.
39 U. Eiden, R. Kaiser, G. Schuch, D. Wolf. *Scale-Up von Destillationskolonnen*, Chem. Ing. Tech., **1995**, 67, 269–279.
40 P. Moritz. *Scale-Up der Reaktivdestillation mit Sulzer Katapak-S*. Universität Stuttgart, Diss. **2002.**
41 A. Hoffmann, C. Noeres, A. Górak. *Scale-up of reactive distillation columns with catalytic packings*, Chem. Eng. Proc., **2004**, 43, 383–395.
42 D. Reusch. *Entwicklung und Überprüfung eines pragmatischen Modells für die Reaktivdestillation*. Universität Köln, Diss., **1997.**
43 J. Stichlmair, T. Frey. *Prozesse der Reaktivdestillation*, Chem. Ing. Tech., **1998**, 70, 1507–1516.
44 J.L. DeGarmo, V.N. Paulekar, V. Pinjala. *Consider Reactive Distillation*, Chem. Eng. Prog., **1992**, 88 (3), 43–50.
45 V.H. Agreda, L.R. Partin, W.H. Heise. *High-Purity Methyl Acetate via Reactive Distillation*, Chem. Eng. Prog., **1990**, 86 (2), 40–46.
46 K. Rock, G.R. Gildert, T. McGuirk. *Catalytic Distillation Extends its Reach*, Chem. Eng., **1997**, 93 (7), 78–84.
47 J.R. Fair. *Design Aspects for Reactive Distillation*, Chem. Eng. Prog., **1998**, 94 (10), 158–162.
48 T.W. Ewans, K. Stork. *Catalytic Distillation Column Reactor and Tray*, European Patent 0571163, **1993.**
49 K. Gottlieb, W. Graf, K. Schädlich, U. Hoffmann, A. Rehfinger, J. Flato. *Formkörper aus makroporösen Ionentauscherharzen sowie Verwendung der Formkörper*, Deutsches Patent 3930515, **1989.**
50 L.A. Smith. *Catalytic Distillation System*, European Patent 0476938, **1991.**
51 R.P. Arganbright, D. Hearn, E.M. Jones, L.A. Smith. *Novel Process for Methyl Tertiary-Butyl Ether*, DOE/CS/40454-T3, **1986.**
52 S. Kulprathipanja. *Reactive Separation Process*. Taylor & Francis, New York, **2002.**
53 G.G. Podrebarac, F.T.T. Ng, G.L. Rempel. *The Production of Diacetone Alcohol with Catalytic Distillation. Part I: Catalytic Distillation Experiments*, Chem. Eng. Sci., **1997**, 53, 1067–1075.
54 C. Huang, G.G. Podrebarac, F.T.T. Ng, G.L. Rempel. *A Study of Mass Transfer Behaviour in a Catalytic Distillation Column*, Can. J. Chem. Eng., **1998**, 76, 323–330.
55 H. Subawalla, J.C. Gonzales, A.F. Seibert, J.R. Fair. *Capacity and Efficiency of Reactive Distillation Bale Packing: Modeling and Experimental Validation*, Ind. Eng. Chem. Res., **1997**, 36, 3821–3832.
56 P. Moritz, H. Hasse. *Fluiddynamische Auslegung von Reaktivdestillationspackungen*, Chem. Ing. Tech., **2001**, 73, 1554–1559.

57 A. Górak, A. Hoffmann. *Catalytic Distillation in Structured Packings: Methyl Acetate Synthesis*, AIChE Journal **2001**, 47, 1067–1076.
58 P. Moritz, H. Hasse. *Fluid Dynamics in Reactive Distillation Packing Katapak®-S*, Chem. Eng. Sci., **1999**, 54, 1367–1374.
59 J. Ellenberger, R. Krishna. *Counter-Current Operation of Structured Catalytically-Packed Distillation Columns: Pressure Drop, Holdup and Mixing*, Chem. Eng. Sci., **1999**, 54, 1339–1345.
60 K. Althaus, H. Schoenmakers. *Experience in Reactive Distillation*, Proceedings of the Conference Distillation & Absorption, **2002**

5.2
Fluidverfahrenstechnik

5.2.1
Destillation und Rektifikation

5.2.1.1 Verfahrenstechnische Grundlagen und technische Apparate

Über die verfahrenstechnischen Grundlagen der Destillation und Rektifikation wird ausführlich in [1–4] berichtet und über die Kolonneneinbauten in [5–9]. Hier soll kurz auf einige Aspekte eingegangen werden, die für die Miniplant-Technik wichtig sind.

Die thermischen Trennverfahren Destillation und Rektifikation nutzen das unterschiedliche Siedeverhalten der zu trennenden flüssigen Stoffe. Die Apparatur für die Destillation besteht lediglich aus Verdampfer und Kondensator. Im Verdampfer, der meist als Blase ausgeführt wird, legt man das zu trennende Flüssigkeitsgemisch vor und dampft einen Teil ab. Die Brüden enthalten entsprechend dem Gleichgewichtsverhalten zwischen Dampf und Flüssigkeit mehr an Leichtsiedern und werden im Kondensator vollständig verflüssigt. Nach diesem Verfahren ist eine ausreichende Trennung nur dann möglich, wenn die Siedepunkte der beteiligten Stoffe weit auseinander liegen.

Bei enger siedenden Komponenten wird die Rektifikation eingesetzt. Dabei wird zwischen Verdampfer und Kondensator eine Kolonne geschaltet. In dieser erfolgt durch Gegenstromführung von Dampf und Flüssigkeit die gewünschte Trennung. Dazu muss ein Teil des Kondensats als Rücklauf auf den Kopf der Kolonne aufgegeben werden, der Rest wird als Destillat entnommen. Der Rücklauf fließt über sog. Kolonneneinbauten im Gegenstrom zu den aufsteigenden Dämpfen in den Verdampfer zurück. Die Dämpfe reichern sich auf ihrem Weg zum Kondensator mit Leichtsiedern an; in der Flüssigkeit steigt dagegen zum Verdampfer hin der Anteil der Schwersieder.

Aufgabe der Kolonneneinbauten ist es, durch einen engen Kontakt zwischen Dampf und Flüssigkeit einen guten Stoffaustausch zwischen den beiden Phasen zu erreichen. Dazu gibt es grundsätzlich zwei Arten von Kolonneneinbauten:

1. Die Böden: Der Stoffaustausch wird dadurch erreicht, dass der Dampf durch die Flüssigkeit perlt.
2. Die Packungen: Es werden dünne Flüssigkeitsschichten erzeugt, über die der Dampf streicht. An der Phasengrenze erfolgt der Stoffaustausch.

In diesem Abschnitt wird nur auf die Einbauten in technische Kolonnen eingegangen; Laborkolonnen werden im folgenden Abschnitt behandelt. Beispiele für Bodenkolonnen sind Glocken-, Sieb-, Ventil- und Regensiebböden.

Abb. 5.20 zeigt schematisch den Aufbau und die Arbeitsweise einer Glockenbodenkolonne. Die Flüssigkeit wird in wechselnder Richtung über die einzelnen Böden geführt und durch die Ablaufschächte zum nächsttieferen Boden geleitet. Der Dampf perlt im Gegenstrom durch die über den Boden strömende Flüssigkeit. Der Arbeitsbereich der Bodenkolonnen liegt zwischen Durchregnen und Fluten. Beim Durchregnen strömt zu wenig Dampf durch die Schlitze der Glocken. Dadurch fließt die Flüssigkeit nicht mehr nur durch die Ablaufschächte, sondern tropft direkt durch die Schlitze auf den nächsttieferen Boden. Durch diesen Kurzschluss fällt die Wirksamkeit der Böden stark ab. Beim Fluten strömt zu viel Flüssigkeit durch die Kolonne, sie staut sich in den Ablaufschächten auf und fließt schließlich oben aus der Kolonne. Durch beide Phänomene fällt die Wirksamkeit der Bodenkolonnen stark ab.

Bei den Packungen unterscheidet man ungeordnete und geordnete Packungen. Die ungeordneten Packungen bestehen aus einer Vielzahl gleich geformter Füllkörper, die ungeordnet in die Kolonne geschüttet werden. Dieser Kolonnentyp wird als Füllkörperkolonne bezeichnet. Die geordneten Packungen sind dagegen in der Kolonne gleichmäßig angeordnet und stellen im allgemeinen Sprachgebrauch die eigentlichen Packungskolonnen dar.

Abb. 5.21 zeigt den schematischen Aufbau einer Füllkörperkolonne. Die Füllkörper ruhen auf einem Tragrost. Ein Niederhalter, in Form eines Drahtnetzes, sorgt dafür, dass die Füllkörper auch bei hohen Dampfgeschwindigkeiten fixiert sind und nicht mitgerissen werden. Durch den Flüssigkeitsverteiler wird

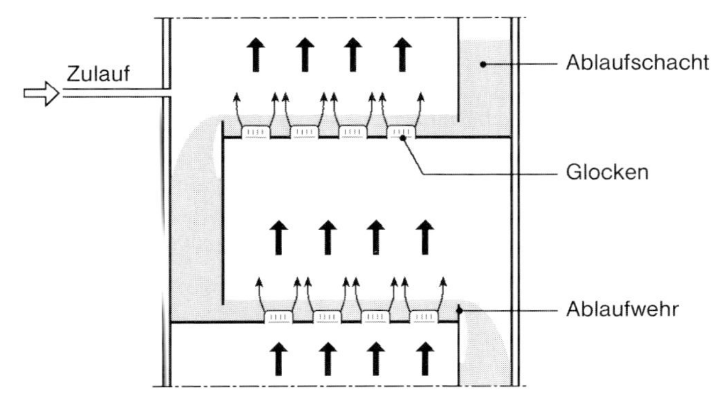

Abb. 5.20 Schematischer Aufbau einer Glockenbodenkolonne [26].

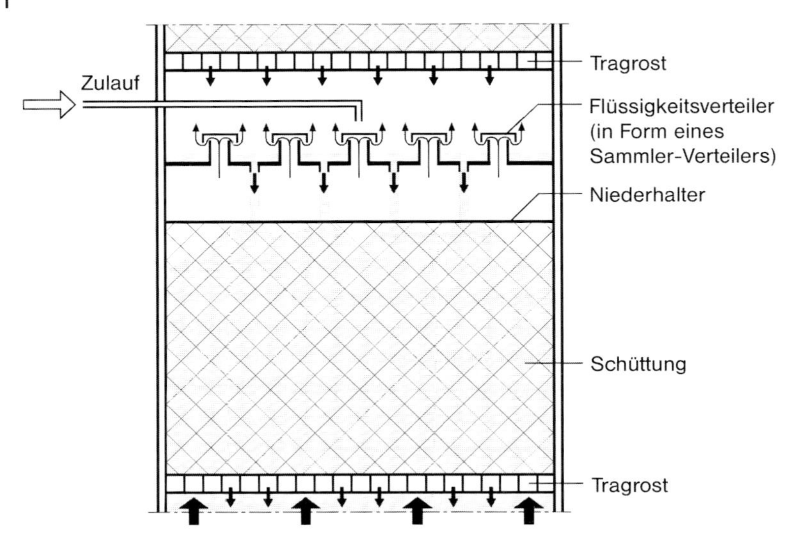

Abb. 5.21 Schematischer Aufbau einer Füllkörperkolonne [26].

die der Kolonne zufließende Flüssigkeit gleichmäßig über den Kolonnenquerschnitt verteilt. Die gleichmäßige Verteilung sowohl der Flüssigkeit als auch des Dampfes ist das wichtigste Kriterium für eine hohe Wirksamkeit für ungeordnete und geordnete Packungen, wobei eine gute Verteilung der Flüssigkeit mehr Aufwand erfordert. Da sich auch bei guter Erstverteilung durch Unregelmäßigkeiten in der Schüttung die Flüssigkeitsverteilung mit der Lauflänge verschlechtert, sind eine erneute Sammlung und Wiederverteilung der Flüssigkeit in gleichmäßigen Abständen bei längeren Kolonnen erforderlich. Die Probleme mit einer gleichmäßigen Flüssigkeitsverteilung wachsen mit dem Kolonnenquerschnitt. Deshalb sinkt die Wirksamkeit von Füllkörperkolonnen bei größeren Kolonnendurchmessern. Die Füllkörper werden in einer Vielfalt von Formen und Materialien hergestellt. Die Grundformen sind die Kugel, der Ring, z. B. als Raschigring und Pallring, und der Sattel als Berlsattel. Als Werkstoffe finden Keramik, Glas, Metalle und Kunststoffe Verwendung.

Der Arbeitsbereich bei Füllkörperkolonnen liegt zwischen unterer Belastungsgrenze und Fluten. Die untere Belastungsgrenze ist durch eine zu kleine Flüssigkeitsmenge gegeben, bei der der Flüssigkeitsverteiler versagt. Das Fluten der Kolonne führt wie bei der Bodenkolonne zum allmählichen Aufstauen der Flüssigkeit in der Schüttung und schließlich zu ihrem stoßweisen Austritt am Kolonnenkopf. Auch hier fällt durch beide Phänomene die Wirksamkeit stark ab.

Das Schema einer Packungskolonne, gefüllt mit geordneten Packungen, zeigt Abb. 5.22 (nach einem Prospekt der Firma Sulzer, Winterthur). Die einzelnen Packungslagen bestehen aus Drahtgewebe- oder geriffelten Blechlagen. Tragrost, Halterost und Flüssigkeitsverteiler haben die gleichen Funktionen wie bei der Füllkörperkolonne. Durch den gleichmäßigen Packungsaufbau wird eine gleich-

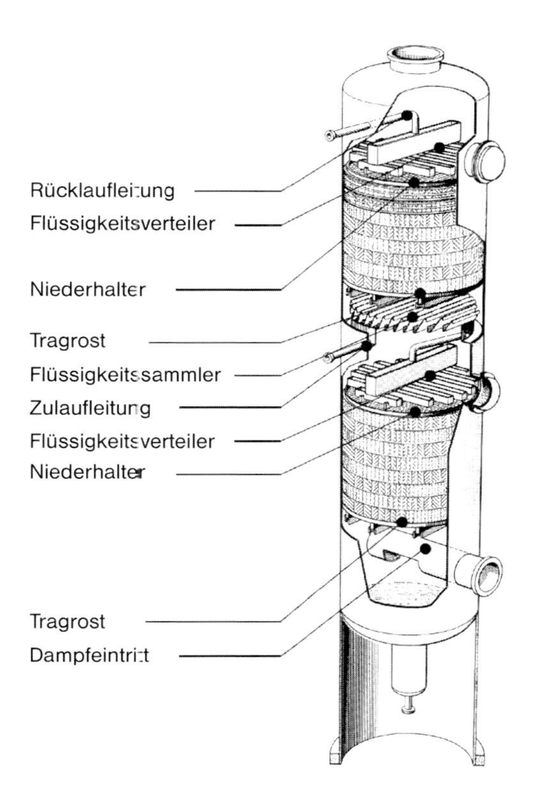

Abb. 5.22 Schematischer Aufbau einer Packungskolonne [26].

mäßigere Flüssigkeitsverteilung über den ganzen Kolonnenquerschnitt wie bei Füllkörperkolonnen und damit eine weitgehend vom Durchmesser unabhängige Wirksamkeit erreicht. Für den Arbeitsbereich von Packungskolonnen gilt das Gleiche wie bei Füllkörperkolonnen.

Die Kolonneneinbauten werden durch ihre Wirksamkeit, ihren Druckverlust und ihren Betriebsinhalt charakterisiert. Die Wirksamkeit ist das Verhältnis von tatsächlich erreichter Anreicherung des Leichtersieders zur theoretisch möglichen. Unter dem Betriebsinhalt oder dem Hold-up einer Kolonne wird die in einem bestimmten Kolonnenvolumen enthaltene Flüssigkeitsphase verstanden. Bei Bodenkolonnen wird die Wirksamkeit auf den praktischen Boden bezogen, bei Füllkörper- und Packungskolonnen wird sie als Anzahl theoretischer Böden bezogen auf die Füllhöhe dargestellt. Der Druckverlust wird bei Bodenkolonnen ebenfalls auf den praktischen Boden bezogen, bei Füllkörper- und Packungskolonnen auf die Füllhöhe. Der Betriebsinhalt wird bei Bodenkolonnen wiederum auf den einzelnen Boden bezogen und bei Füllkörper- und Packungskolonnen auf den m^3 Füllvolumen. Zur Charakterisierung eines bestimmten Kolonneneinbautyps müssen diese Größen in Abhängigkeit von der Dampf- und Flüssigkeitsbelastung bekannt sein und werden durch aufwendige Messreihen in speziellen Tests ermittelt (Abschnitt 5.2.1.4).

Die Dampfbelastung wird mit dem sog. F-Faktor F ausgedrückt, der sich nach Gleichung 1 aus der Dampfgeschwindigkeit w_d und der Dampfdichte ρ_d ergibt.

$$F = w_d \sqrt{\rho_d} \tag{1}$$

Die Flüssigkeitsbelastung wird bei Bodenkolonnen durch die Flüssigkeitshöhe auf den Böden erfasst und bei Füllkörper- und Packungskolonnen durch die Berieselungsdichte B. Sie ist nach Gleichung 2 der auf den Kolonnenquerschnitt A bezogene Flüssigkeitsvolumenstrom V_F.

$$B = V_F / A \tag{2}$$

Für technische Bodenkolonnen zeigt Abb. 5.23 am Beispiel der Bayer-Flachglocke Wirksamkeit und Druckverlust in Abhängigkeit vom F-Faktor und der Flüssigkeitshöhe auf dem Boden. Der Betriebsinhalt des einzelnen Bodens ist nach obiger Definition vom Durchmesser, der Bodenkonstruktion und der Flüssigkeitshöhe abhängig und wird rechnerisch abgeschätzt. Er ist außer am Flutpunkt, wo er stark ansteigt, unabhängig von der Dampfbelastung. Bodenkolonnen haben einen verhältnismäßig hohen Druckverlust. So erreichen die Bayer-Flachglocken, die

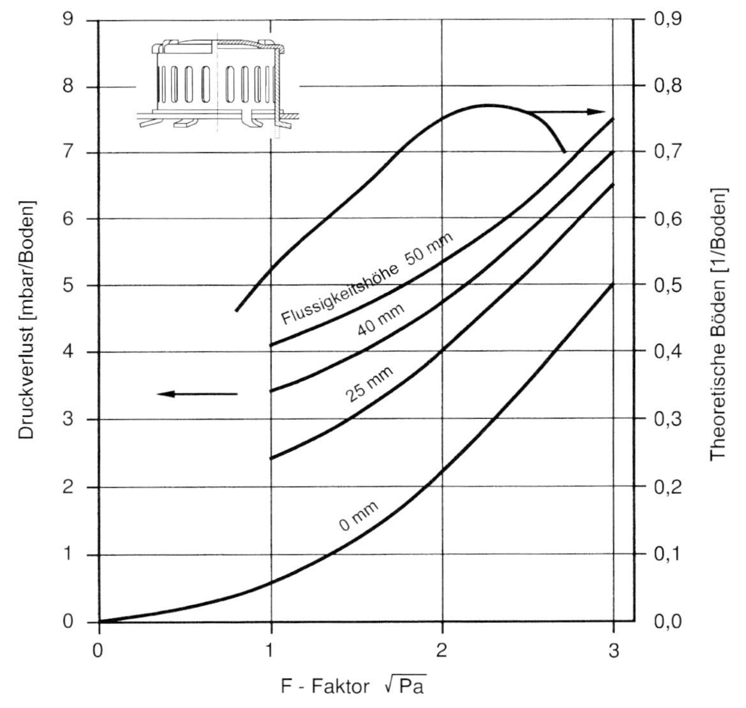

Abb. 5.23 Wirksamkeit und Druckverlust der Bayer-Flachglocke 21 Schlitze 16×3 mm bei 1013 mbar [26].

speziell auf geringen Druckverlust hin konstruiert wurden, beim F-Faktor 2 $\sqrt{Pa}$ einen Druckverlust von 6 mbar pro theoretischem Boden. Bedingt durch seinen großen Betriebsinhalt reagiert dieser Kolonnentyp langsam auf Änderungen der Betriebsbedingungen, aber auch auf Regeleingriffe.

Beispielhaft für Füllkörperkolonnen sind in Abb. 5.24 Wirksamkeit und Druckverlust der Pallringe 35×35 mm aus Edelstahl für eine Kolonne von 600 mm Durchmesser dargestellt. Der Betriebsinhalt von Füllkörperkolonnen ist ebenfalls weitgehend belastungsunabhängig und steigt erst am Flutpunkt stark an. Füllkörperkolonnen haben einen viel kleineren Druckverlust als Bodenkolonnen. So erreicht der Druckverlust für die Pallringe 35×35 mm beim F-Faktor 2 $\sqrt{Pa}$ Werte von etwa 1,5 mbar pro theoretischem Boden. Außerdem ist ihr Betriebsinhalt viel kleiner. Dadurch reagiert dieser Kolonnentyp schneller auf Änderungen der Betriebsparameter und auch der Regeleingriffe.

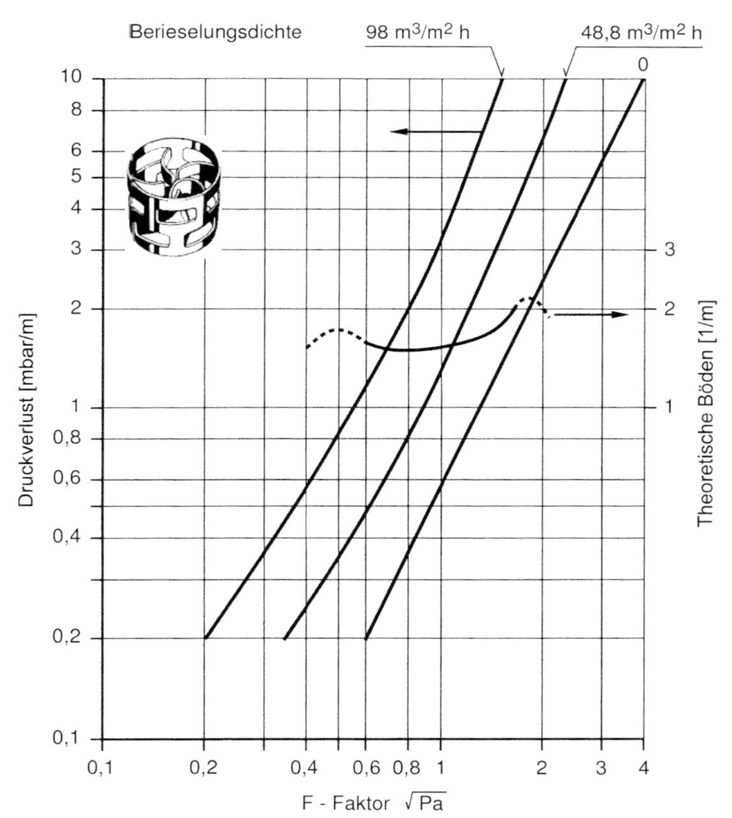

Abb. 5.24 Wirksamkeit und Druckverlust von Pallringen 35×35 mm aus Edelstahl bei 1013 mbar in einer Kolonne mit 600 Durchmesser [26].

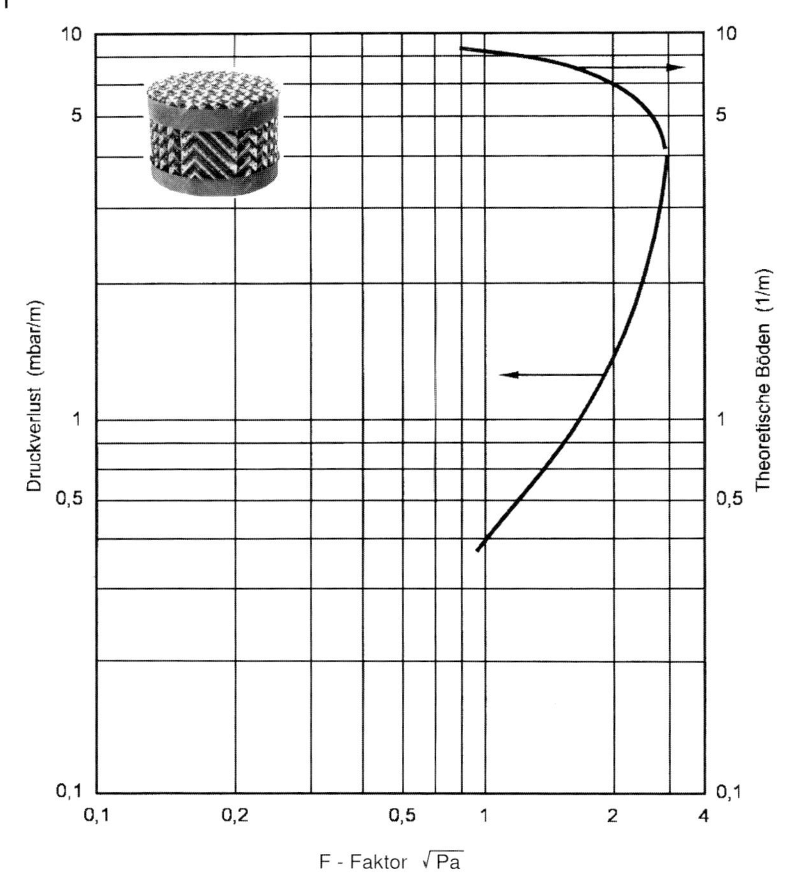

Abb. 5.25 Wirksamkeit und Druckverlust der Gewebepackung BX von Sulzer bei 1013 bar.

Abb. 5.25 zeigt am Beispiel der Gewebepackung BX der Firma Sulzer den typischen Verlauf von Druckverlust und Wirksamkeit in Abhängigkeit vom F-Faktor für eine Packungskolonne. Mit diesem Kolonnentyp werden die geringsten Druckverluste von Kolonneneinbauten erreicht; so liegt der Druckverlust hier für den F-Faktor 2 $\sqrt{\text{Pa}}$ lediglich bei 0,3 mbar pro theoretischem Boden. Damit ist die Packungskolonne prädestiniert für den Einsatz im Vakuum.

Zum Betrieb einer Rektifikationskolonne sind verschiedene Wärmeübertrager nötig, die die erforderliche Wärmemenge zu- bzw. abführen. Deshalb gehören zu jeder Kolonne ein Verdampfungs- und Kondensationssystem. Dazu kommen von Fall zu Fall Vorwärmer, Produktkühler für Destillat und Sumpfentnahme und Gaskühler bei Vakuumkolonnen. Ausführlich wird auf die verschiedenen Wärmeübertrager in Abschnitt 5.2.2 eingegangen.

5.2.1.2 Destillation im Labor – Miniplant-Technik

5.2.1.2.1 Machbarkeitsuntersuchung

Wird bei der Entwicklung eines neuen Verfahrens die Destillation in Betracht gezogen, so erfolgt gewöhnlich nach Ermittlung der physikalischen, chemischen und sicherheitsrelevanten Daten eine Machbarkeitsuntersuchung im Labormaßstab. Hierzu benutzt man eine diskontinuierliche Laborrektifikationskolonne, wie sie Abb. 5.26 zeigt. Diese Versuchsanlage besteht in der Hauptsache aus einem elektrisch beheizten Kolben, einer Kolonne mit möglichst großer

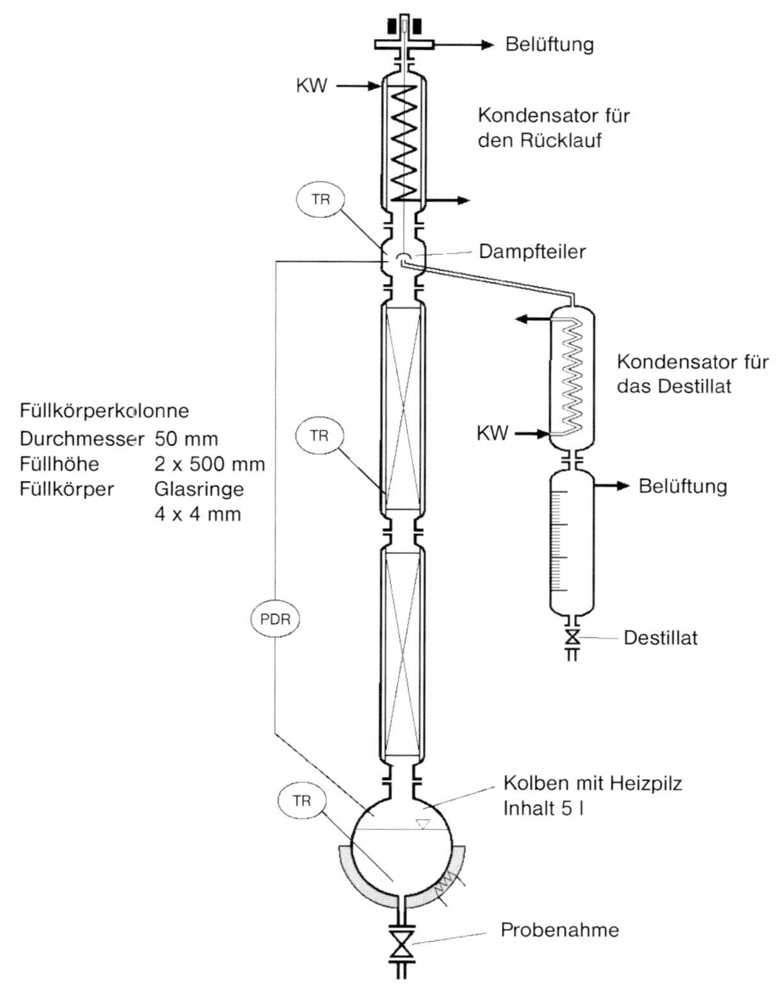

Abb. 5.26 Schema einer diskontinuierlichen Laborrektifikationskolonne [26].

Trennleistung, einem magnetisch gesteuerten Dampfteiler und dem Kondensationssystem. Nähere Einzelheiten zu den einzelnen Bauteilen folgen im weiteren Verlauf dieser Ausführungen.

Für Machbarkeitsstudien werden 3–4 l des zu destillierenden Gemischs in einen 5-Liter-Kolben eingewogen. Bei dieser verhältnismäßig großen Menge fällt genügend Destillat sowohl für Analysen als auch Material für evtl. erforderliche Stoffwertmessungen einzelner Fraktionen an. Falls nur kleinere Mengen des zu destillierenden Gemischs zur Verfügung stehen oder die Produkte thermisch empfindlich sind und sich bei längeren Destillationszeiten zersetzen, muss die Laboranlage entsprechend verkleinert werden. Dabei ist darauf zu achten, dass der Betriebsinhalt der Anlage möglichst klein gegenüber der eingesetzten Produktmenge ist. Die untere Grenze an benötigter Produktmenge dürfte bei 50 ml liegen, um noch verwertbare Ergebnisse zu erhalten.

Während der Destillation wird das Destillat in Form vieler Einzelproben entnommen; dabei werden an den Übergängen zwischen den einzelnen Fraktionen möglichst viele Proben gezogen. Außerdem erhöht man in diesen Bereichen das Rücklaufverhältnis und damit die Trennleistung, um eine möglichst scharfe Trennung und einen genauen Siedeverlauf zu erhalten. Am Ende des Versuchs wird neben den Destillatproben auch der in der Blase verbleibende Rückstand gewogen und analysiert. Eine mithilfe dieser Daten durchgeführte Mengenbilanz über den gesamten Versuch gibt Auskunft über Verluste von Leichtsiedern – hervorgerufen durch ungenügende Kondensation oder Undichtigkeiten der Anlage. Weiterhin lässt eine Gegenüberstellung von eingesetzter Menge und bei Versuchsende wieder gefundener Menge einzelner Komponenten auf evtl. Zersetzung oder andere unerwünschte Reaktionen schließen. Schließlich geben die Analysen der Destillatproben Hinweise auf Schwierigkeiten bei der Trennung bestimmter Komponenten oder unerwartete Azeotrope.

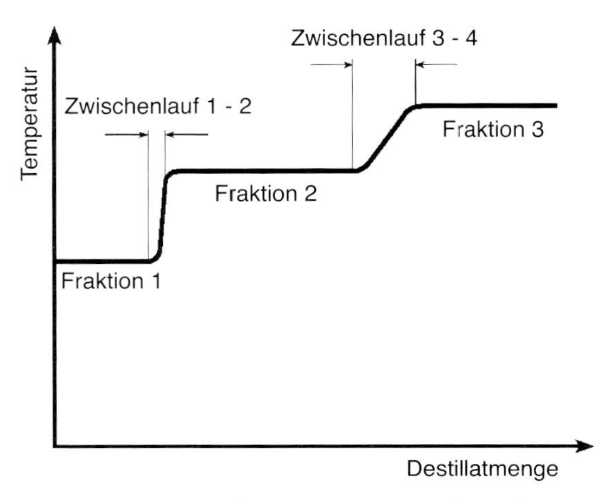

Abb. 5.27 Siedeverlauf eines fiktiven Gemischs nach einer diskontinuierlichen Rektifikation [26].

Beim Siedeverlauf wird die Kopftemperatur über der abdestillierten Menge aufgetragen. Abb. 5.27 zeigt schematisch den Siedeverlauf eines fiktiven Gemischs. Anhand der hier ermittelten Fraktionen lassen sich die Trennschnitte und damit die Anzahl der kontinuierlichen Kolonnen der zu konzipierenden Anlage festlegen. Außerdem kann man mithilfe des Siedeverlaufs und spezieller Rechenprogramme die erforderliche Trennleistung und die Temperaturprofile der einzelnen kontinuierlichen Kolonnen abschätzen.

5.2.1.2.2 Kolonnen für die Miniplant-Technik

Nach den Machbarkeitsstudien erfolgen die weiteren Untersuchungen im Maßstab der Miniplant-Technik, mit dem Ziel, ein sicheres Scale-up zur technischen Anlage durchführen zu können. Dazu werden folgende Anforderungen an die Laborkolonnen gestellt [10]:

1. Durchsatz und damit Durchmesser der verwendeten Kolonnen sollen möglichst klein sein. Dabei ist zu beachten, dass mit Abnahme des Kolonnendurchmessers der Kolonnenquerschnitt und damit der Durchsatz quadratisch abnimmt, die Wandoberfläche jedoch nur linear. Durch die Verkleinerung des Durchmessers steigt also die Empfindlichkeit der Apparatur gegenüber äußeren Einflüssen stark an. Zu diesen Randeffekten zählen als wichtigste Größe die Wärmeverluste, weiterhin die Randgängigkeit bei Packungskolonnen und die Regelbarkeit. Abb. 5.28 verdeutlicht diesen Zusammenhang; danach liegen die günstigsten Kolonnendurchmesser für die Miniplant-Technik zwischen 30 mm und 50 mm. Oberhalb 100 mm, dem Bereich der Technikumskolonne und der technischen Kolonnen, ist der Wandeinfluss weit gehend unabhängig vom Durchmesser.
2. Die verwendeten Kolonnen sollen ein sicheres Apparate-Scale-up ermöglichen. Dazu sind eine hohe Reproduzierbarkeit und Genauigkeit der Versuche erforderlich. Für diese Anforderungen muss eine sichere Erfassung der Men-

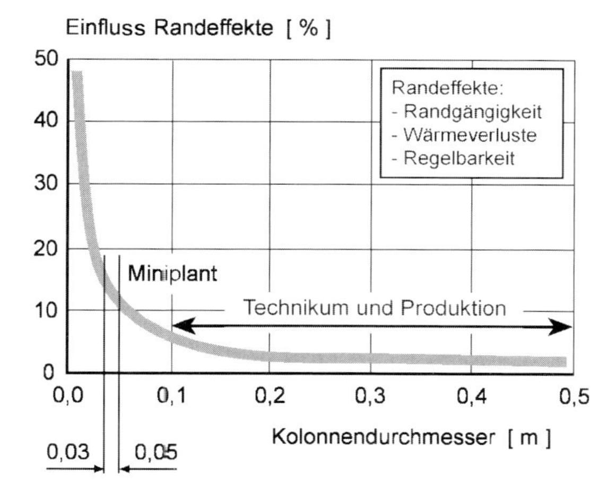

Abb. 5.28 Randeffekte als Funktion des Kolonnendurchmessers.

gen- und Energiebilanz bei Minimierung der störenden Einflüsse gewährleistet sein. Dazu verhilft eine möglichst konstante Trennleistung über weite Belastungsbereiche der verwendeten Kolonnen.

3. Die Trennleistung der verwendeten Kolonnen soll möglichst groß sein. Mit dieser Forderung lassen sich geringe Bauhöhen im Labor verwirklichen. Außerdem vermindern sich damit sowohl die Wandoberfläche als auch die Wärmeverluste bei gleichem Durchsatz.
4. Die verschiedenen technischen Kolonneneinbauten sollen durch wenige Typen von Laborkolonnen repräsentiert werden. Anzustreben sind für die Miniplant-Technik eine Boden-, eine Packungs- und eine Füllkörperkolonne.

Zur Erfüllung der Anforderung 1 ist eine gute Isolierung der Laborkolonnen erforderlich [11]. Dazu werden die Glaskolonnen mit einem verspiegelten Hochvakuummantel versehen. Selbst diese Isolierung weist jedoch spürbare Wärmeverluste auf; so erreicht eine 1 m lange Laborkolonne von 50 mm Durchmesser einen Wärmeverlust von 0,2 W/Grad. Bei Temperaturdifferenzen von 80 Grad zwischen Kolonneninnerem und Umgebung reicht deshalb diese Isolierung nicht mehr aus.

Bei größeren Temperaturdifferenzen ist ein sog. adiabater Mantel erforderlich, wie ihn Abb. 5.29 zeigt. Er besteht aus einer Schicht Mineralwolle von mindestens 30 mm Stärke, die direkt auf die Kolonnenwand gewickelt wird, und einem elektrisch beheizten Mantel, der wiederum auf diese Isolierschicht gelegt wird. Die Regelung der Heizleistung erfolgt mithilfe der Temperaturdifferenz zwischen Kolonneninnerem und Heizmantel. Zur Minimierung von Wärmeverlusten muss diese Temperaturdifferenz möglichst klein sein, angestrebt wird ein Wert von $<0{,}2$ K. Die Kolonneninnentemperatur wird immer oberhalb des betreffenden adiabaten Mantels gemessen, um eine zusätzliche Wärmezufuhr über die Kolonnenwand zu vermeiden. Das Temperaturprofil der Kolonne erfordert seine Aufteilung in mehrere Abschnitte mit jeweils eigenem Regelkreis. Für einzelne Kolonnenschüsse können vorgefertigte adiabate Mäntel mit elektrischem Anschluss bei Firmen für Laborbedarf erworben werden. Lediglich die Übergangsstücke müssen per Hand isoliert werden, bei großen Temperaturdifferenzen ist ein separater adiabater Mantel erforderlich. Generell gilt, dass der Isolieraufwand mit steigender Kolonneninnentemperatur und sinkendem Kolonnendurchmesser stetig erhöht werden muss. Eine sichere Aussage über die Güte einer Kolonnenisolierung kann nur durch eine Wärmebilanz um die gesamte Apparatur mit experimentell ermittelten Daten gemacht werden.

Zur Erfüllung der Anforderung 2 müssen sowohl die Temperaturen, die Mengen und die Zusammensetzung sämtlicher Zu- und Abläufe der Kolonne als auch die über Verdampfer und Kondensator zu- bzw. abgeführten Wärmemengen erfasst werden. Nur mit einem vollständigen Datensatz ist eine sichere Bilanzierung der Mengen und Energien möglich.

Bei der Festlegung auf Laborkolonnen mit möglichst konstanter Trennleistung über weite Belastungsbereiche hilft Abb. 5.30. Hier ist die theoretische Bodenzahl verschiedener Einbauten für Laborkolonnen (Durchmesser 50 mm, Länge 1 m)

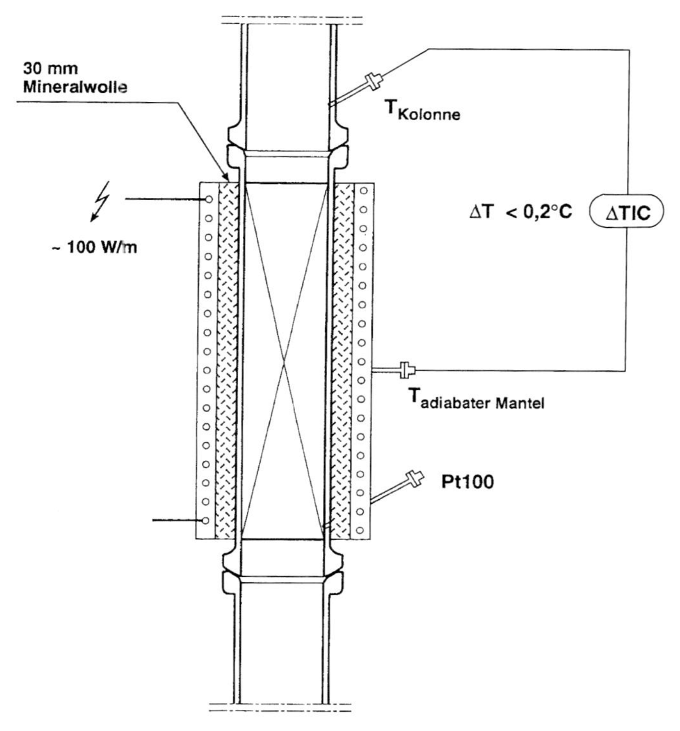

Abb. 5.29 Aufbau des adiabaten Mantels einer Laborkolonne [11].

über dem F-Faktor bei Normaldruck aufgetragen. Die höchste Trennleistung bei gleichzeitig größter Belastungsabhängigkeit zeigen die Maschendrahtringe 4×4 mm. Damit scheiden sie jedoch für Versuche zum Apparate-Scale-up aus und sollten nur für Machbarkeitsstudien verwendet werden. Auch die Trennleistung der Glasringe 4×4 mm und der Packung Sulzer CY zeigt eine vergleichsweise hohe Belastungsabhängigkeit. Den günstigsten Verlauf der Wirksamkeit haben die Packung Rombopak 9M der Firma Kühni aus Allschwill in der Schweiz und die Glasglockenbodenkolonne der Firma QVF in Wiesbaden, wobei sich die Rombopak durch den größten Belastungsbereich auszeichnet.

Aus o. g. Gründen wurden die Rombopak 9M und die Glasglockenbodenkolonne von QVF als Standardkolonne für die Miniplant-Technik ausgewählt, wodurch die Anforderung 4 erfüllt ist. Die Festlegung auf diese beiden Kolonnentypen erfolgte in enger Abstimmung der verfahrenstechnischen Abteilungen der Firmen BASF, Bayer, Degussa und Roche. Die Ergebnisse dieser Zusammenarbeit wurden auf den GVC-Fachausschüssen „Thermische Zerlegung von Gas- und Flüssigkeitsgemischen" 1993 in Bamberg [12], 1994 in Würzburg [10], 1995 in Jena [13], 1996 in Luzern [14] und 1999 in Münster [15], auf dem Treffen der amerikanischen Chemie-Ingenieure „AIChE Spring National Meeting" im April 1994 in Houston, Texas [16], auf der „Working Party on Distillation, Absorption and Ex-

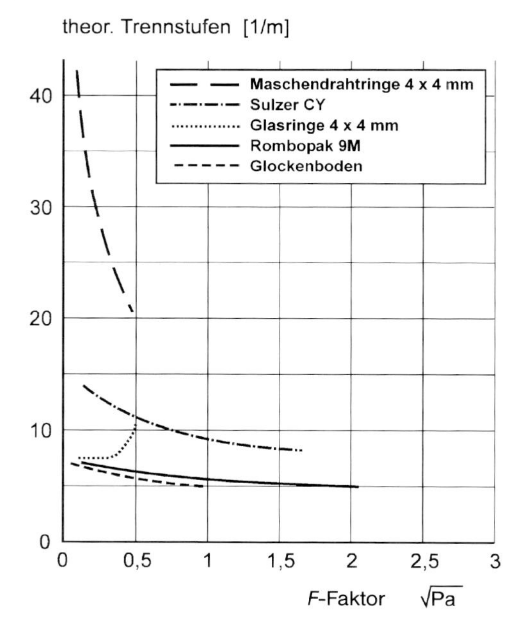

Abb. 5.30 Vergleich der Trennleistung verschiedener Laborkolonnen DN 50, Länge 1 m bei einem Druck von 1013 mbar.

traction“ in Warschau 1996 [17] und auf dem internationalen Treffen „Distillation & Absorption“ 1997 in Maastricht [18] der Fachwelt vorgestellt, mit den Teilnehmern auf verschiedenen Arbeitssitzungen diskutiert und schließlich akzeptiert.

Abb. 5.31 zeigt den Aufbau des Glasglockenbodens DN 50 der Firma QVF in Mainz, bei dem es sich um einen Kreisstromboden mit einer zentral angeordneten Glocke handelt. Die Flüssigkeit wird durch Zu- bzw. Ablaufrohre von Boden zu Boden geleitet und fließt kreisförmig um die Glocke. Ein Kurzschluss zwischen den beiden Rohren wird durch eine Trennwand verhindert. Abweichend von der heutigen technischen Glockenbodenkolonne besitzt die Laborglockenbodenkolonne einen hohen Kamin. Damit verbleibt ein Teil der Flüssigkeit beim Abstellen auf den Böden, das Kolonnenprofil bleibt erhalten, und das Erreichen von stationären Betriebsbedingungen beim erneuten Anfahren der Apparatur wird beschleunigt. Durch diese Konstruktion hat dieser Glockenboden einen verhältnismäßig hohen Druckverlust und einen großen Betriebsinhalt. Die Anforderungen 1 und 4 an die Standardkolonne, möglichst kleine Wandfläche und geringe Bauhöhe, erfordern einen im Vergleich zur technischen Ausführung geringeren Bodenabstand. So liegt der Mindestbodenabstand technischer Bodenkolonnen bei 250 mm, bei der Laborkolonne beträgt er dagegen nur 50 mm. Deshalb lässt die Laborkolonne nur eine kleinere Dampfbelastung zu, ohne zu fluten, und erzielt damit einen kleineren Druckverlust.

Messergebnisse der Firmen BASF, Bayer und Degussa für Wirksamkeit und Druckverlust der Glasglockenbodenkolonne zeigen Abb. 5.32 und Abb. 5.33. Die Wirksamkeit (Abb. 5.32) fällt mit steigendem F-Faktor und bleibt dann verhältnis-

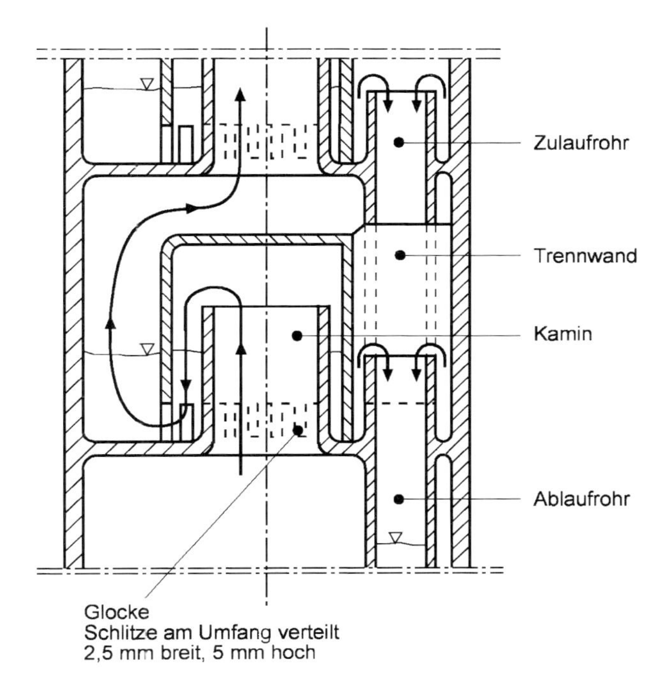

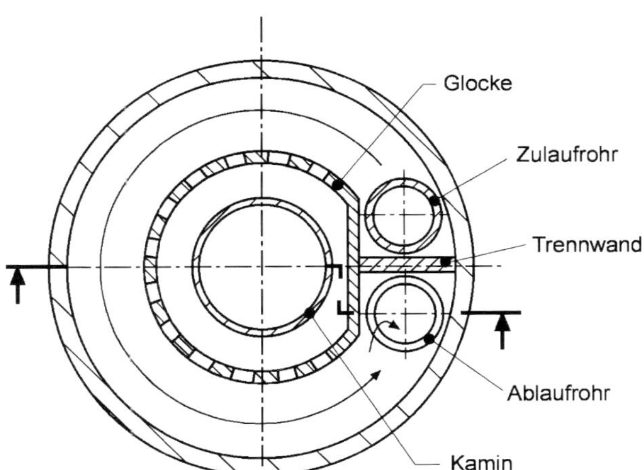

Abb. 5.31 Laborglockenbodenkolonne DN 50 (Firma QVF).

mäßig konstant. Eine Absenkung des Systemdruckes hat bis zu Drücken von etwa 150 mbar nur wenig Einfluss, wie hier nicht eingetragene Messungen zeigen. Erst noch tiefere Systemdrücke führen zu deutlich höheren Wirksamkeiten. Ursache hierfür dürfte bedingt durch einen geringeren Flüssigkeitsmengenstrom die längere Verweilzeit auf den Böden sein. Abb. 5.33 zeigt die dazugehörigen Druckverluste. Auf diese hat der Systemdruck nur einen geringen Einfluss und führt zu

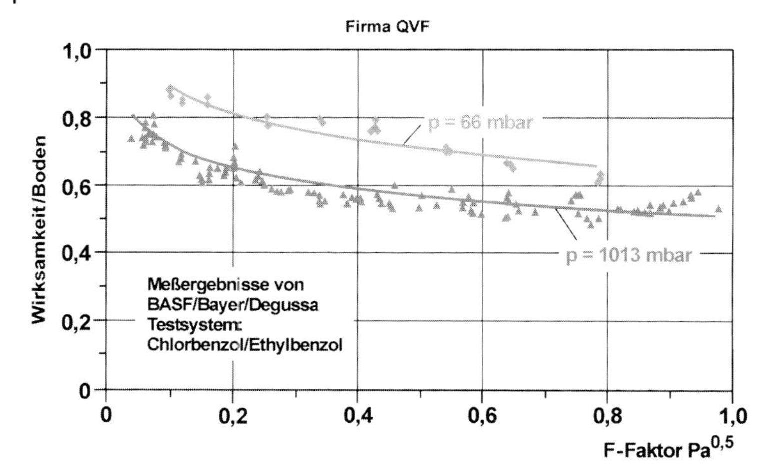

Abb. 5.32 Wirksamkeit der Laborglockenbodenkolonne DN 50.

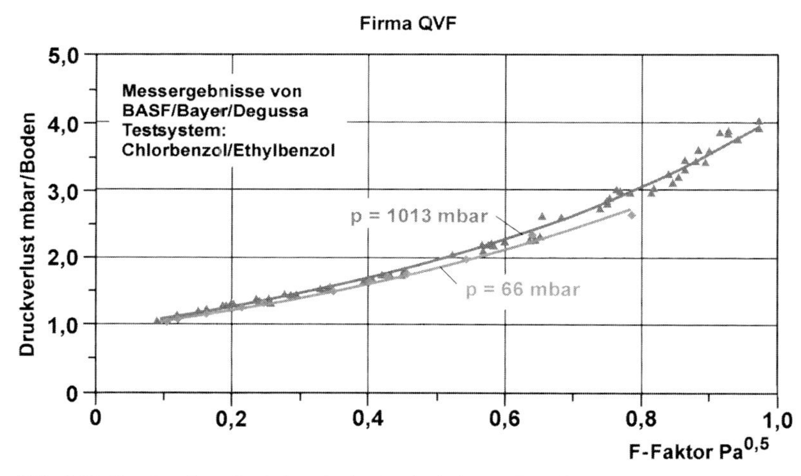

Abb. 5.33 Druckverlust der Laborglockenbodenkolonne DN 50.

einem geringfügigen Anstieg. Ursache ist auch hier die Flüssigkeitsmenge, die mit dem Druck zunimmt.

Eine Fotografie eines Packungselements der Rombopak 9M zeigt Abb. 5.34. Der gleichmäßige Aufbau dieser Packung sorgt dafür, dass der Durchmesser von technischen Abmessungen bis herab zu 50 mm keinen Einfluss auf ihre Wirksamkeit hat. Messergebnisse der Firmen BASF, Bayer und Degussa von Wirksamkeit und Druckverlust sind in Abb. 5.35 und Abb. 5.36 zusammengefasst. In Abb. 5.35 sind die theoretischen Bodenzahlen bezogen auf die Packungshöhe in Abhängigkeit vom F-Faktor für verschiedene Drücke aufgetra-

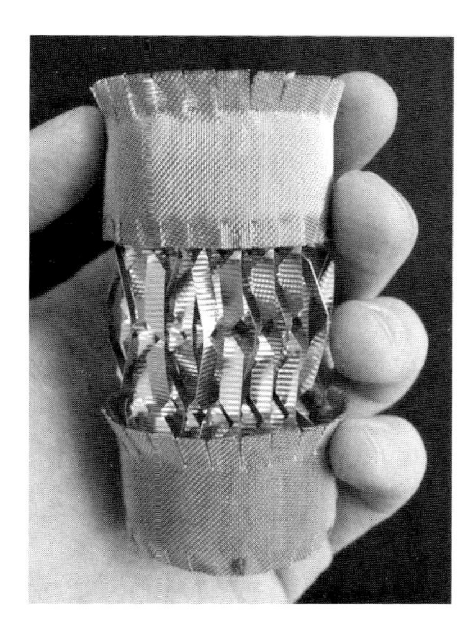

Abb. 5.34 Laborpackungskolonne DN 50. Rombopak 9M der Firma Kühni.

gen. Im Vergleich zu den Laborglockenböden ergibt sich eine fast vierfach höhere Belastbarkeit der Rombopak bei deutlich geringerer Abhängigkeit der Wirksamkeit vom F-Faktor. Ebenfalls führt sinkender Systemdruck zur Zunahme der theoretischen Trennstufen, jedoch bereits bei mittleren Drücken. Häufig wird bei der Rombopak beobachtet, dass ihre Wirksamkeit kurz vor Erreichen des Flutens ansteigt, ein von den Füllkörpern her bekannter Verlauf (Abb. 5.24). Doch da in diesem Bereich die Messpunkte schon stark schwanken, wurden sie nicht in das Diagramm aufgenommen. Abb. 5.36 zeigt die dazugehörigen Druckverluste. Bei gleichen F-Faktoren liegen sie deutlich unter denen des Glockenbodens, steigen aber ebenfalls mit zunehmendem Systemdruck an.

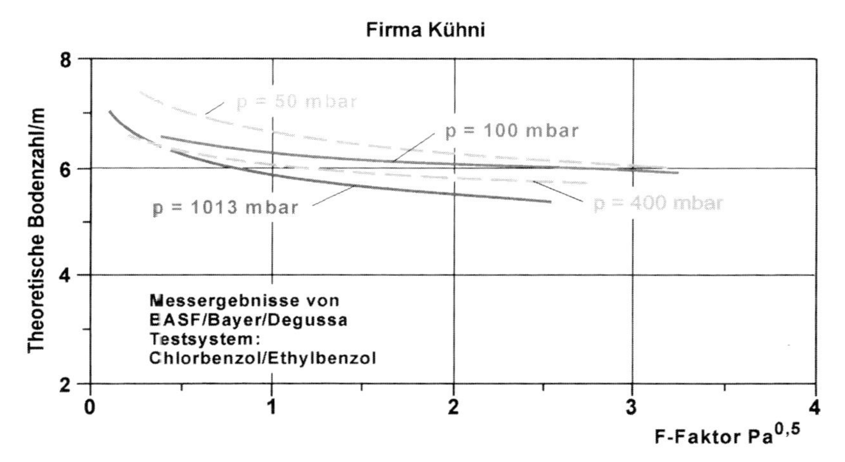

Abb. 5.35 Wirksamkeit der Laborpackungskolonne DN 50 gefüllt mit Rombopak 9M.

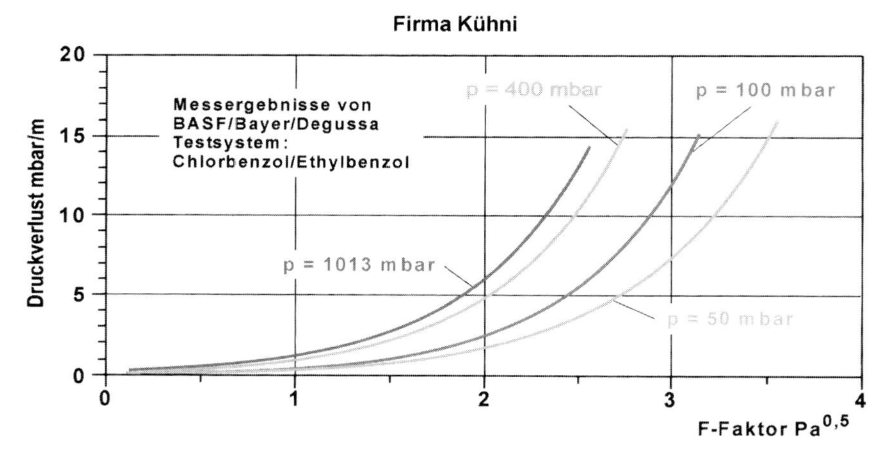

Abb. 5.36 Druckverlust der Laborpackungskolonne DN 50 gefüllt mit Rombopak 9M.

Eine Verkleinerung der Laborkolonnen bis zu Durchmessern von 30 mm erfolgte sowohl bei den Glasglockenböden durch die Firma QVF als auch bei den Packungen durch die Firmen Kühni und Sulzer. Bei den Glasglockenbodenkolonnen wurden dazu die Abmessungen entsprechend verkleinert, wobei sich speziell bei den Ablaufrohren Probleme durch ein unkontrolliertes Abhebern der Flüssigkeit ergaben. Bei Packungskolonnen muss die spezifische Oberfläche besonders beachtet werden. So hat die Rombopak 9M mit ihrer spezifischen Oberfläche von 320 m^2/m^3 bei einer Packungslänge von 1 m bei DN 30 nur noch eine Oberfläche von 0,2 m^2. Bei dieser kleinen Oberfläche und der Zunahme der Randeffekte verliert die Wirksamkeit dieser Packung ihre Durchmesserunabhängigkeit. Deshalb wurden neue Packungen entwickelt, so die Rombopak 12M von Kühni mit einer spezifischen Oberfläche von 450 m^2/m^3 [19] und die Sulzer-Packung DYM mit 900 m^2/m^3. Bei diesem kleinen Durchmesser muss noch mehr Sorgfalt auf eine gute Isolierung und speziell bei den Packungen auf einen sorgfältigen randdichten Einbau gelegt werden. Außerdem sind auch die Hersteller in Bezug auf die Einhaltung der Toleranzen noch stärker gefordert. Bisherige unabhängige Messungen der Firmen BASF, Bayer, Degussa und Roche führten nicht zu reproduzierbaren Ergebnissen. Deshalb können nach heutigem Kenntnisstand Kolonnen mit DN 30 nur zu Machbarkeitsstudien gesichert eingesetzt werden.

5.2.1.2.3 Beiapparaturen für Kolonnen der Miniplant-Technik

Wie die technische Anlage benötigt auch die Destillationskolonne in der Miniplant-Anlage verschiedene Wärmeübertrager, die dazu dienen, die erforderlichen Wärmemengen zu- bzw. abzuführen. Ihr spezieller Aufbau wird ausführlich in Abschnitt 3.3.2.4 behandelt.

Ein weiterer wichtiger Aspekt der Laborapparatur ist die Teilung des Kondensats in Destillat und Rücklauf. In der Technik wird dazu das Kondensat zu einem Kondensatsammelbehälter geleitet und über Pumpen als Rücklauf auf die Kolonne gegeben bzw. als Destillat der Destillatvorlage zugeführt. Das Rücklaufverhältnis, das Verhältnis von Rücklauf- zu Destillatmenge, wird über Mengenmessungen eingestellt. Diese Anordnung kann im Kopfbereich der Destillationskolonne zu einem Betriebsinhalt von mehreren hundert Litern führen, der bei großen technischen Kolonnen nur einen vernachlässigbaren Einfluss auf den Betrieb der Gesamtapparatur hat. Bei Technikums- und speziell bei Laborkolonnen liegt eine andere Situation vor. Hier muss der Betriebsinhalt am Kolonnenkopf minimiert werden, da sich sonst beim Anfahren oder Verändern der Betriebsbedingungen unzulässig lange Zeiten bis zum Erreichen des neuen Gleichgewichtszustands ergeben. Deshalb wurden für kleinere Kolonnen die auf Abb. 5.37 skizzierten Rücklaufteiler entwickelt.

Beim Flüssigkeitsteiler bedient eine unterhalb des Kondensators angebrachte Wippe abwechselnd zwei Röhrchen. Das eine leitet den Rücklauf auf die Kolonne, und das andere führt das Destillat zur Destillatvorlage. Das geforderte Rücklaufverhältnis wird über Zeitintervalle eingestellt, die mithilfe eines extern angebrachten Elektromagneten über einen Zeitschalter eingestellt werden. Die Wippe neigt zum Nachtropfen, wodurch speziell bei kleinen Flüssigkeitsmengen Ungenauigkeiten beim Rücklaufverhältnis auftreten können. Deshalb wurde der Dampfteiler entwickelt, der die aus der Kolonne aufsteigenden Dämpfe entweder zum Kondensator oder zur Destillatvorlage leitet. Der Dampfteiler besteht aus einem Glasteller mit aufsitzender Stange. Der Glasteller verschließt nach vorgegebenen Zeitintervallen, die auch hier elektromagnetisch gesteuert werden, den Weg zum Kondensator bzw. zur Destillatvorlage. Zusätzlich zum Kondensator für den Rücklauf ist beim Dampfteiler ein zweiter Kondensator für das Destillat erforderlich. Nachteilig bei beiden Konstruktionen ist, dass sie den Rücklauf nicht gleichmäßig, sondern in Intervallen auf die Kolonneneinbauten aufgeben. Bei Glockenbodenkolonnen gleicht der große Betriebsinhalt diese Unregelmäßigkeit aus. Jedoch bei Packungen und Rücklaufverhältnissen unter 0,5 kann diese Störung zur Abnahme des Wirkungsgrades führen.

Ein zweiphasiges Kondensat erfordert eine spezielle Konstruktion des Kolonnenkopfes, wenn nur eine Phase als Rücklauf auf die Kolonne gegeben werden soll. Dabei wird unterhalb des Kondensators eine Scheideflasche angebracht, wie die dritte Variante in Abb. 5.37 zeigt, wobei hier die schwere Phase als Rücklauf zurückgeführt und die leichtere entnommen wird.

Abb. 5.38 zeigt den Gesamtaufbau einer kontinuierlichen Laborkolonne für den Vakuumbetrieb bis etwa 100 mbar, Kolonnentemperaturen von maximal 100 °C und nicht erstarrenden Produkten. Die erforderlichen Bauteile werden heute als Baukastensatz von verschiedenen Laborglasfirmen angeboten. Der apparative Aufwand muss bei steigendem Vakuum (Vakuumschleuse auch für die Sumpfentnahme), Kolonnentemperaturen über 100 °C (adiabater Mantel) und Produkten, deren Schmelzpunkt über der Raumtemperatur liegt (alle produktführenden Leitungen mit Zusatzheizung), kontinuierlich erhöht werden.

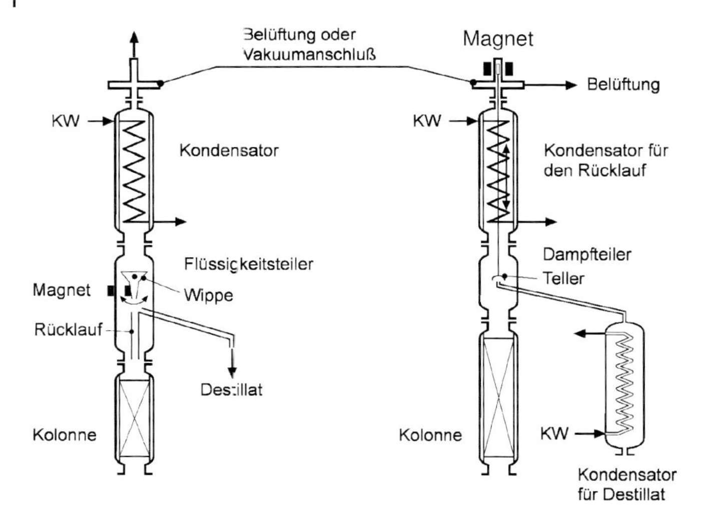

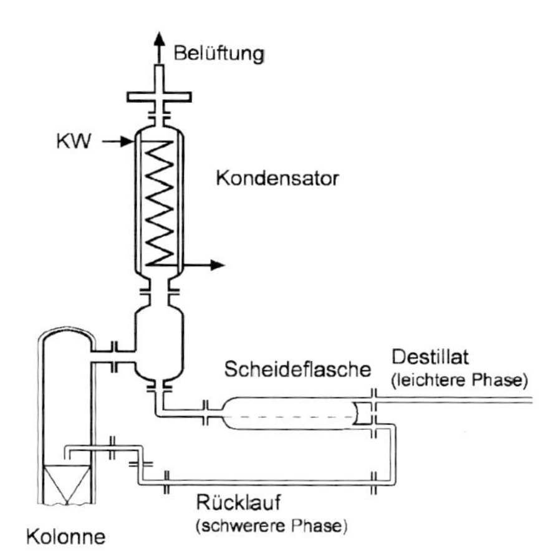

Abb. 5.37 Prinzipskizzen von Rücklaufteilern für Laborkolonnen.

5.2.1.3 **Testen von Destillationskolonnen**

Drei Fragestellungen lassen sich als Aufgabenstellung für das Testen von Destillationskolonnen anführen. Die wichtigste Aufgabenstellung betrifft das Scale-up der in Miniplant-Anlagen gewonnenen Versuchsergebnisse auf technische Anlagen, wofür gesicherte Daten von Wirksamkeit und Druckverlust sowohl für Laborkolonnen als auch technische Kolonnen Voraussetzung sind. Der zweite

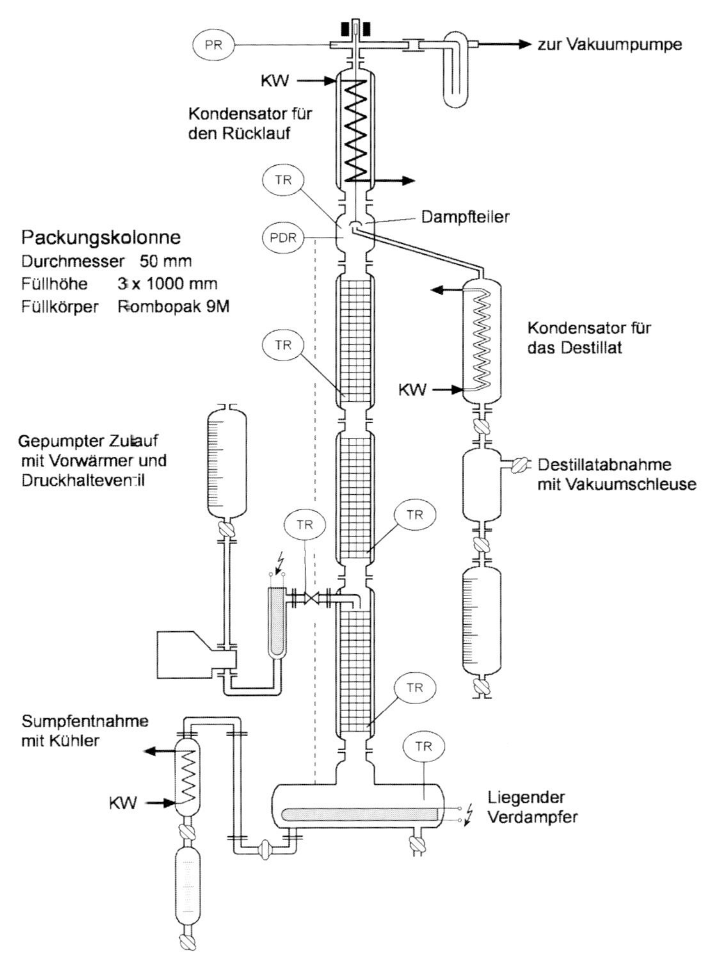

Abb. 5.38 Schema einer kontinuierlichen Laborrektifikationskolonne.

Grund betrifft die Planung von Anlagen in der Miniplant-Technik und der Technik, wozu ebenfalls Wirksamkeit und hydrodynamisches Verhalten der eingesetzten Kolonneneinbauten bekannt sein müssen. Die dritte Fragestellung betrifft die Entwicklung neuer Kolonneneinbauten, deren Funktion und Einsatzmöglichkeit durch Testversuche überprüft werden [13].

Beim Testen von Destillationskolonnen unterscheidet man grundsätzlich zwei Messverfahren, wie aus der Gegenüberstellung in Tab. 5.3 ersichtlich wird. Die heißen Messungen unter Destillationsbedingungen erfolgen mit verschiedenen Testgemischen, z. B. Chlorbenzol/Ethylbenzol, im Druckbereich zwischen 0,01 und 15 bar. Die kalten Messungen werden als Modellversuche mit dem System Luft/Wasser bei Raumtemperatur und unter Normaldruck durchgeführt. Erstere

Tabelle 5.3 Testmöglichkeiten für Rektifikationskolonnen

Heiße Messungen	**Kalte Messungen**
mit Testgemisch (z. B. Chlorbenzol/Ethylbenzol)	mit Luft/Wasser bei 20 °C
Druckbereich 0,01–15 bar	Druck 1 bar
zeitaufwendig, teuer	schnell, preisgünstig
Messgrößen	**Messgrößen**
Wirksamkeit	–
Druckverlust (unter variabler Flüssigkeitsbelastung)	Druckverlust (unter konstanter Flüssigkeitsbelastung und trocken)
Flutpunkt	Flutpunkt
Hold-up (bedingt mit Sonderverfahren)	Hold-up (problemlos)
Wärmeverlust	–

sind zeitaufwendig und teuer, Letztere schnell und preisgünstig. Alle Testmessungen müssen unter standardisierten Bedingungen durchgeführt werden, damit die Ergebnisse aus verschiedenen Labors und Technika problemlos miteinander verglichen werden können.

Die wichtigste Messgröße der heißen Messung ist die Wirksamkeit. Da diese Messungen bei vollständigem Rücklauf, also ohne Destillatabnahme, erfolgen und sich Dampf- und Flüssigkeitsmenge gleichzeitig ändern, wird der Druckverlust bei den Wirksamkeitsmessungen nur unter variablen Flüssigkeitsbelastungen ermittelt (Abb. 5.33 und Abb. 5.36). Die Bestimmung von Druckverlustkurven bei konstanter Flüssigkeitsbelastung ist bei den heißen Messungen sehr aufwendig, kann jedoch grundsätzlich durch Variation des Systemdruckes erfolgen. Der Flutpunkt der Apparatur lässt sich wiederum einfach ermitteln, der Hold-up dagegen ist nur über Sonderverfahren zugänglich, z. B. über Tracer-Verfahren oder mithilfe radioaktiver Substanzen. Die Wärmeverluste lassen sich einfach bestimmen.

Wichtigstes Ergebnis der kalten Messungen sind die Druckverlustkurven bei konstanter Flüssigkeitsbelastung. Außerdem lassen sich Flutpunkt und Hold-up problemlos ermitteln. Die Wirksamkeit unter Destillationsbedingungen kann mit diesem Verfahren nicht bestimmt werden; es eignet sich jedoch zur Ermittlung von Wirksamkeitsdaten für die Absorption.

5.2.1.3.1 Messverfahren unter heißen Bedingungen

Abb. 5.39 zeigt schematisch den Aufbau der Apparatur für die Messungen unter heißen Bedingungen im Labormaßstab. Auch in der Technik erfolgt der gleiche Aufbau, lediglich in entsprechend größeren Dimensionen. Die Anlage besteht in der Hauptsache aus der Kolonne mit dem Testschuss sowie dem Verdampfer, dem Kondensator und der Vakuumpumpe. Über und unter dem Testschuss be-

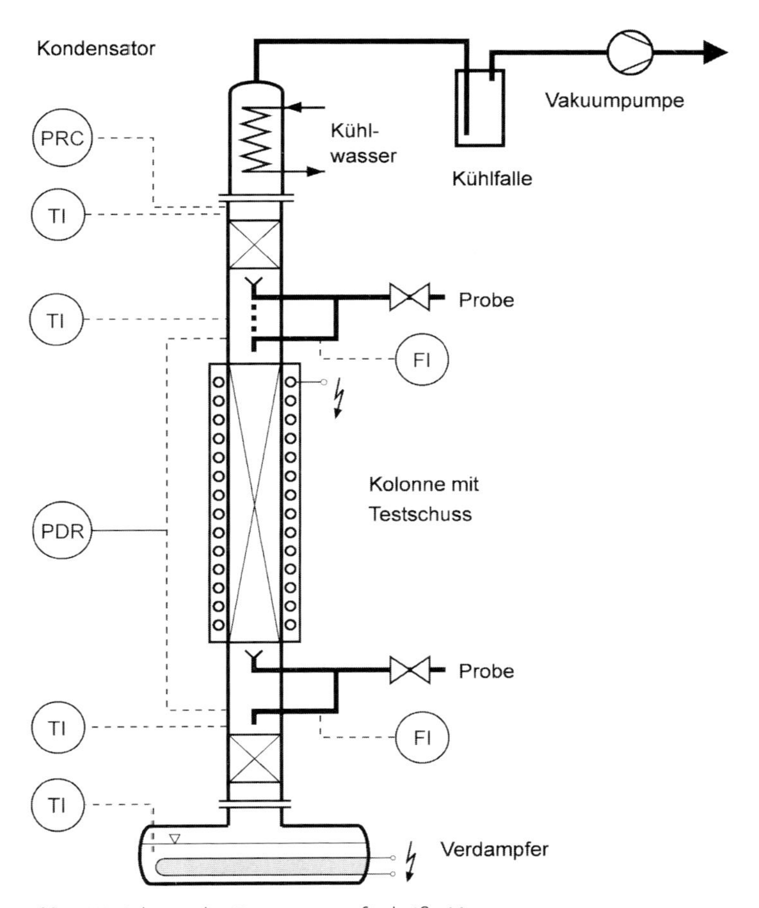

Abb. 5.39 Schema der Testapparatur für heiße Messungen.

finden sich zwei Egalisierstücke, die evtl. vorhandene Konzentrationsunterschiede der Dampf- und Flüssigkeitsströme über den Querschnitt ausgleichen sollen. Diese Bauteile verhindern außerdem, dass Flüssigkeit unterkühlt aus dem Kondensator dem Testschuss zufließt bzw. der Dampf Flüssigkeitstropfen aus dem Verdampfer mitreißt.

Gemessen werden die Flüssigkeitsmengenströme, Temperaturen und Drücke ober- und unterhalb des Testschusses. Die Flüssigkeiten führt man dazu aus der Apparatur heraus. Beide Mengenmessungen benötigt man nur zur Ermittlung der Wärmeverluste im Testschuss. Für die Wirksamkeitsmessungen genügt dagegen die untere Messung, auf die obere wird verzichtet und die Flüssigkeit direkt vom Egalisierschuss auf den Testschuss gegeben.

Die Proben werden ober- und unterhalb des Testschusses als reine gut durchmischte Flüssigkeitsproben entnommen und dürfen keine Dampfanteile enthalten. Erfolgt die untere Probennahme aus dem Verdampfer, so muss dessen

Wirksamkeit bekannt sein und von der ermittelten Gesamtbodenzahl abgezogen werden. Beim Aufbau der Anlage ist für eine gute Isolierung, am besten durch einen adiabaten Mantel, zu sorgen. Außerdem ist beim Testen von geordneten Packungen darauf zu achten, dass diese randdicht eingebaut werden. Die fertig gestellte Testapparatur sollte folgende Bedingungen erfüllen:

- Wärmeverluste: Bezogen auf die im Verdampfer zugeführte Wärmemenge $<10\%$.
- Dichtheit: Druckabfall der evakuierten Anlage bei abgeschalteter Vakuumpumpe ca. 0,5 mbar/min.

Entscheidende Voraussetzungen für eine zufrieden stellende Messung sind, dass ein Testgemisch mit gesicherten Stoffdaten verwendet wird und die Proben mit hoher Genauigkeit analysiert werden.

Die European Federation of Chemical Engineering hat verschiedene Testgemische für die Rektifikation bei unterschiedlichen Trennfaktoren, Druck- und Temperaturbereichen festgelegt [20], deren Stoffwerte in [21] zusammengefasst sind. Der Trennfaktor α wird durch Gleichung 3 definiert.

$$\alpha = P_{01}/P_{02} \tag{3}$$

α ist das Verhältnis der Dampfdrücke (P_{01} Dampfdruck des Leichtsieders, P_{02} Dampfdruck des Schwersieders) der beiden Testsubstanzen bei gleicher Temperatur. Die erforderliche Trennleistung der Kolonne wächst mit abnehmendem Trennfaktor, so ist bei $\alpha=1$ eine Trennung durch Destillation ohne Hilfsstoffe nicht mehr möglich.

Anforderungen an die Testgemische sind ein möglichst ideales Gleichgewichtsverhalten, eine große thermische Stabilität, eine möglichst geringe Toxizität, eine problemlose Verfügbarkeit, ein geringer Preis und eine geringe Korrosivität. Als Standardtestgemisch für Drücke zwischen 50 mbar und 1 bar gilt bei Apparatebaufirmen und Betreibern Chlorbenzol/Ethylbenzol. Für tiefere Drücke wird häufig cis-/trans-Dekalin eingesetzt. Bei allen organischen Testgemischen stört Wasser, da es das Dampf-Flüssigkeits-Gleichgewicht verändert und das Messergebnis verfälscht. So sollte bei Chlorbenzol/Ethylbenzol der Wassergehalt 0,1% am Kopf nicht übersteigen und muss bei längeren Testreihen regelmäßig kontrolliert werden.

Die Analysegenauigkeit bestimmt den relativen Fehler der theoretischen Bodenzahl, wobei dieser mit der Annäherung an die Ecken des Dampf- Flüssigkeits-Gleichgewichtsdiagramms stark ansteigt. So muss eine Genauigkeit von 0,002 Molanteilen über den gesamten Konzentrationsbereich erreicht werden, um einen relativen Fehler der theoretischen Bodenzahl von maximal 2% zu garantieren [22]. Als Analyseverfahren wird wegen der guten Reproduzierbarkeit meist die Gaschromatographie eingesetzt. Zur Vermeidung von Messungen in den Ecken des Gleichgewichtsdiagramms ist es erforderlich, sowohl die zu erwartende theoretische Bodenzahl mit dem Trennfaktor des Testgemischs abzustimmen als auch die Zusammensetzung des im Verdampfer vorgelegten Testgemischs im Hinblick auf die zu erwartende Kopfkonzentration festzulegen.

Bei der Festlegung des Testgemischs und des Konzentrationsbereichs hilft Abb. 5.40, in der die theoretische Bodenzahl über den Trennfaktor für einen minimalen Konzentrationsunterschied zwischen Kopf und Sumpf von 0,2 Molanteilen bzw. einen maximalen Unterschied von 0,9 Molanteilen aufgetragen ist. Außerdem enthält die Abbildung das Gleichgewichtsdiagramm des Standardtestgemischs Chlorbenzol/Ethylbenzol bei 100 mbar und einem Trennfaktor von 1,18. Daraus wird ersichtlich, wie eng der Abstand zwischen Diagonale ($\alpha = 1$) und Gleichgewichtslinie für dieses Gemisch ist und wie dicht die Eckpunkte für den Fall des großen Konzentrationsunterschieds von 0,9 Molanteilen zwischen Kopf und Sumpf bereits in den Diagrammecken liegen. Trotzdem ist es sinnvoll, mit diesem Testgemisch lediglich Kolonnen zwischen fünf und 33 theoretischen Böden zu testen.

Die Ermittlung der theoretischen Bodenzahl aus den Testergebnissen erfolgt bei Gemischen mit konzentrationsunabhängigem Trennfaktor mithilfe der Fenske-Gleichung 4 [23].

$$n = \frac{\lg\left(\frac{x_k}{1 - x_k} \cdot \frac{x_s}{1 - x_s}\right)}{\lg(\alpha)} \tag{4}$$

Hierbei ist n die Bodenzahl, x_s die Sumpfkonzentration, x_k die Kopfkonzentration und α der Trennfaktor. Eine Fehlerbetrachtung der Fenske-Gleichung gibt Aufschluss über die erforderlichen Genauigkeiten [22]. Die Gleichung gilt für ideale Gemische, bei denen der Trennfaktor unabhängig von der Konzentration

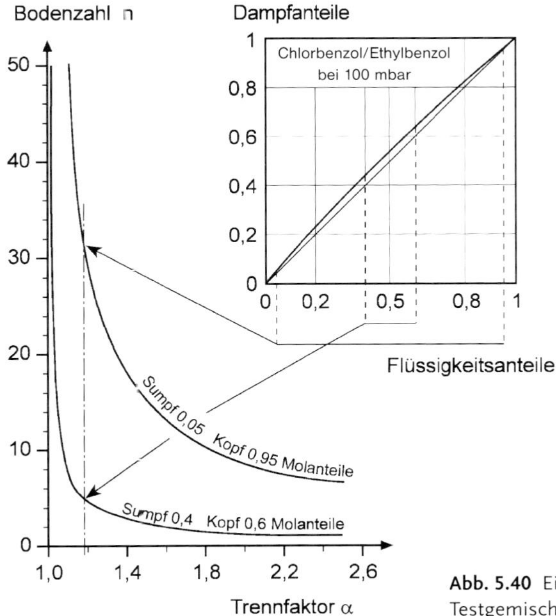

Abb. 5.40 Einsatzbereich von Testgemischen.

ist, was weitgehend bei Chlorbenzol/Ethylbenzol gilt. Für andere Gemische erfolgt die Berechnung über aufwendige Boden-zu-Boden-Rechnungen, für die heute jedoch Rechenprogramme zur Verfügung stehen.

5.2.1.3.2 Messverfahren unter kalten Bedingungen

Den empfohlenen Aufbau der Apparatur für die Messungen unter kalten Bedingungen mit Luft/Wasser im Labor zeigt Abb. 5.41. Die Anlage besteht aus Befeuchtungs- und Messkolonne, auf die definierte Wasser- und Luftströme aufgegeben werden. Bei der Druckverlustmessung ist die Befeuchtungskolonne nicht erforderlich. Bei der Hold-up-Messung muss der Luftstrom jedoch möglichst vollständig mit Wasser gesättigt sein, damit er in der Messkolonne

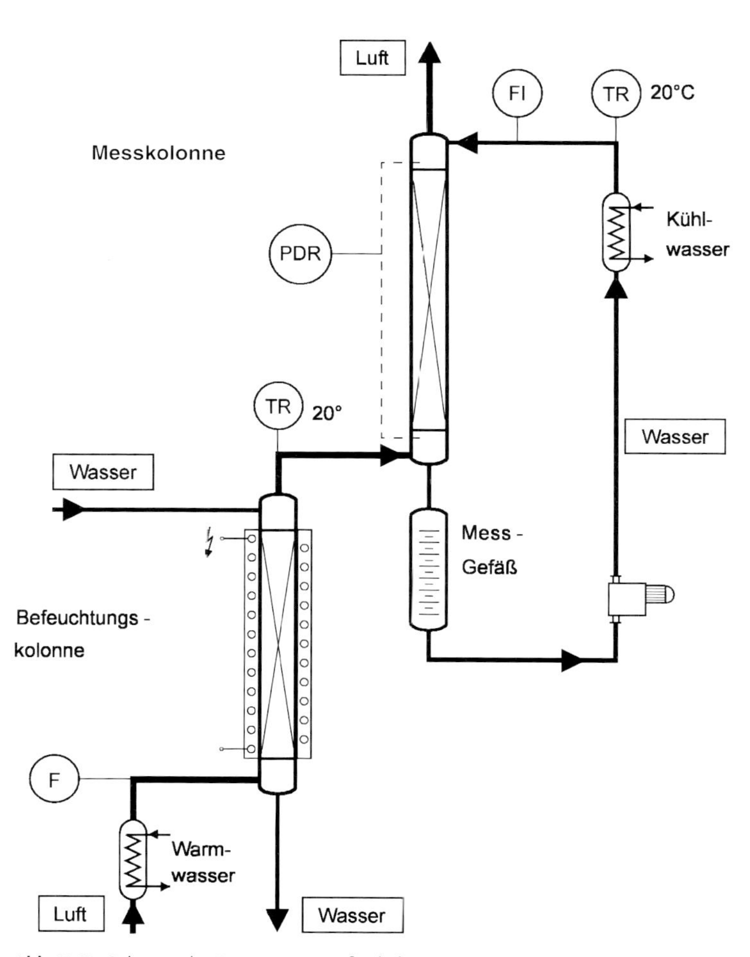

Abb. 5.41 Schema der Testapparatur für kalte Messungen.

kein Wasser aufnimmt, somit Wasser aus ihr schleppt und das Messergebnis verfälscht. Bei der Sättigung kühlt sich der Luftstrom ab und wird deshalb mithilfe einer Kolonnenmantelheizung auf definierte 20 °C am Eingang zur Messkolonne angewärmt. Bei der Hold-up-Messung wird im Messgefäß eine bestimmte Wassermenge vorgelegt und über die Messkolonne im Kreis gepumpt. Entsprechend dem Hold-up der Kolonneneinbauten sinkt der Flüssigkeitsstand im Messgefäß. Der Flüssigkeitsinhalt von Pumpe und Leitung wird in einem Vorversuch ermittelt und bei der Bestimmung des Betriebsinhalts der Kolonneneinbauten von den Messwerten abgezogen. Natürlich können mithilfe dieser Apparatur auch der Druckverlust und der Hold-up für andere, z. B. viskose Flüssigkeiten, ermittelt werden.

Beispiele für kalte Messungen im Labor zeigen Abb. 5.42 und Abb. 5.43 für die Glasglockenbodenkolonne DN 50 der Firma QVF. Beim Druckverlust (Abb. 5.42) ist bedingt durch den hohen Flüssigkeitsstand auf den einzelnen Böden der Unterschied zwischen dem sog. trockenen Druckverlust (Flüssigkeitsmenge = 0) und dem nassen Druckverlust (Flüssigkeitsmenge > 0) groß. Die Abhängigkeit des Druckverlusts von der Flüssigkeitsmenge ist dagegen fast vernachlässigbar und steigt mit dieser nur geringfügig an. Beim Betriebsinhalt (Abb. 5.43) ist die Abhängigkeit von der Flüssigkeitsmenge stärker. Die Kurven erreichen bei unbegaster Flüssigkeit ihren höchsten Wert, sinken dann mit dem F-Faktor ab und steigen erst kurz vor dem Fluten wieder stärker an.

Auch im technischen Maßstab werden die Messungen unter kalten Bedingungen durchgeführt, hauptsächlich zur Ermittlung des Druckverlusts bei konstanten Flüssigkeitsmengen, aber auch zur Beobachtung der Strömungsverhältnisse bei unterschiedlichen Belastungen. Deshalb unterscheidet sich der Aufbau die-

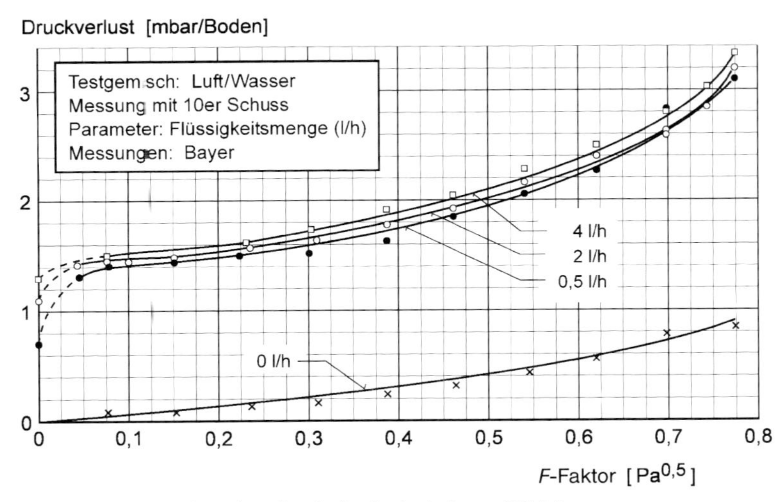

Abb. 5.42 Druckverlust der Glasglockenbodenkolonne DN 50 der Firma QVF in Abhängigkeit vom F-Faktor mit dem Parameter Flüssigkeitsmenge.

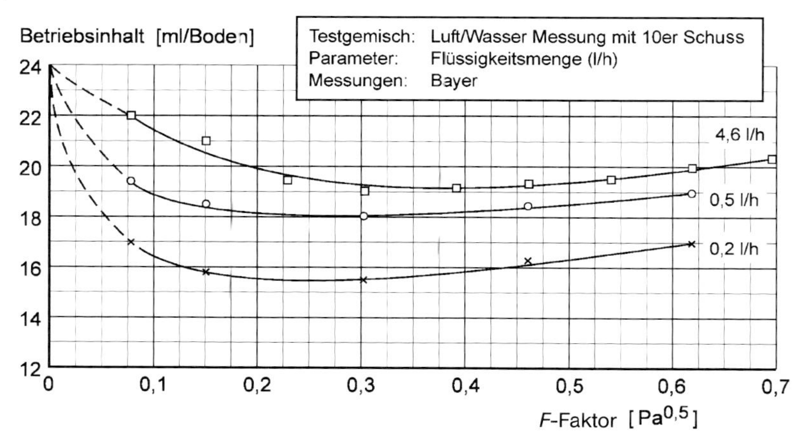

Abb. 5.43 Betriebsinhalt der Glasglockenbodenkolonne DN 50 der Firma QVF in Abhängigkeit vom F-Faktor mit dem Parameter Flüssigkeitsmenge.

ses Teststands, auch Sprudelstand genannt, von den Labordimensionen, wie Abb. 5.44 für die Untersuchung einer Packung zeigt [17]. Hierbei wird das Wasser im Kreis geführt und aus einem Sammeltank oben auf den Teststand gepumpt. Ein Gebläse fördert die Luft im Gegenstrom, wobei ihre Strömung durch spezielle Einbauten vor Eintritt in die Packung vergleichmäßigt wird. Das Wasser fließt nach einer Grobverteilung und einem Egalisierschuss zum Flüssigkeitssammler und von da über den Flüssigkeitsverteiler zur Packung. Die Gleichmäßigkeit der Flüssigkeitsverteilung wird durch Mengenmessungen an den einzelnen Abtropfstellen des Flüssigkeitsverteilers ermittelt. Beim Apparatehersteller werden mithilfe dieser Messungen die Einhaltung der Toleranzen des Verteilers vor Einbau in die Kolonne überprüft und falls erforderlich Korrekturen vorgenommen. Die Packung befindet sich häufig in einem Glas- oder durchsichtigen Kunststoffschuss, um die Flüssigkeitsströmung im Randbereich beobachten zu können und Hinweise auf das beginnende Fluten zu erhalten.

Bei Bodenkolonnen wird neben den Druckverlustmessungen das Strömungsverhalten auf dem Boden beobachtet und der Beginn des Durchregnens bzw. des Flutens ermittelt.

Der in Abb. 5.44 dargestellte Sprudelstand mit seiner Höhe von 5,6 m bei einem Durchmesser von 1,8 m zeigt, welche Abmessungen technische Teststände erreichen können, und gibt damit Hinweise auf den erforderlichen Aufwand selbst bei Messungen unter kalten Bedingungen.

5.2.1.4 **Überlegungen zum Scale-up von Destillationskolonnen**

Die grundsätzliche Vorgehensweise zur Ermittlung der Packungshöhe bei Packungskolonnen bzw. der Bodenzahl bei Bodenkolonnen für das Scale-up von der Miniplant-Apparatur zur technischen Anlage zeigt Abb. 5.45. In Schritt 1

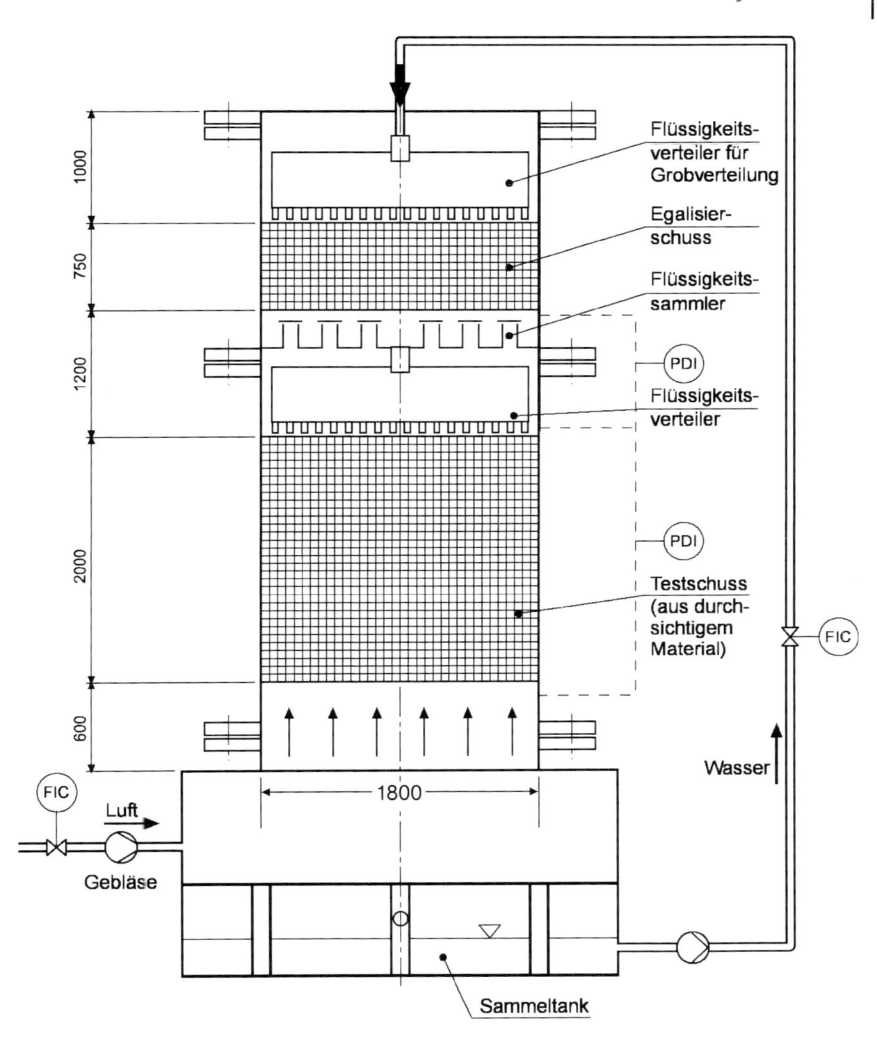

Abb. 5.44 Schema des technischen Sprudelstands für kalte Messungen.

wird in der jeweiligen Standardlaborkolonne die theoretische Bodenzahl bezogen auf die Füllhöhe bzw. pro praktischem Boden in Abhängigkeit von der Dampfbelastung mit einem Testgemisch ermittelt. Dieser Kalibrierungsschritt braucht grundsätzlich nur einmal zu erfolgen; es ist jedoch empfehlenswert, den Test von Zeit zu Zeit stichprobenartig zu wiederholen, sei es um die Fertigungstoleranzen neuer Kolonnenschüsse zu überprüfen oder den möglichen Verschleiß von Kolonnen festzustellen, die bereits über längere Zeiträume mit verschiedenen Produkten in Berührung gekommen sind.

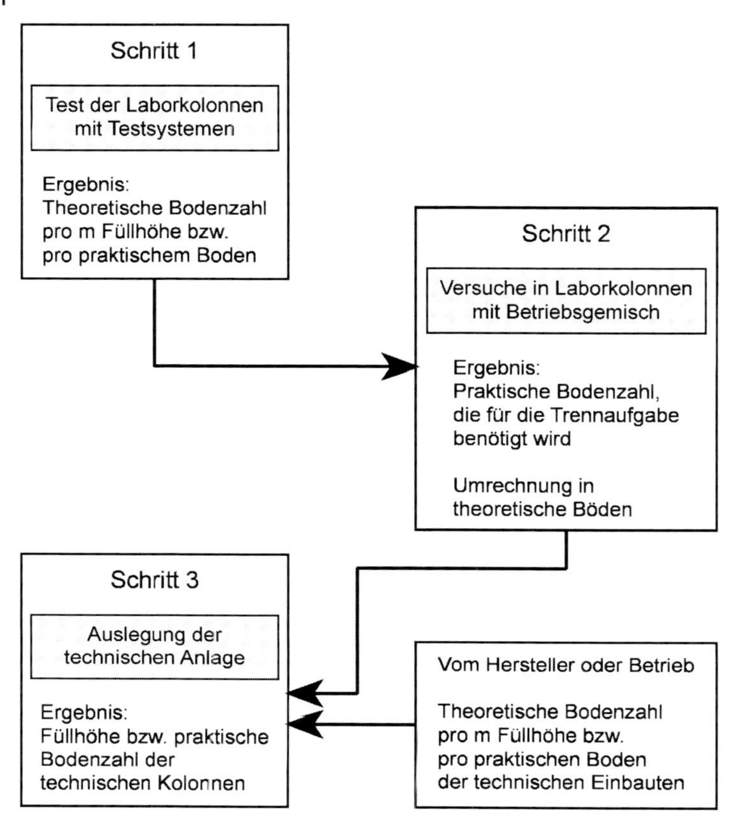

Abb. 5.45 Vorgehen beim Scale-up vom Miniplant zur Technik.

In Schritt 2 erfolgen die eigentlichen Versuche mit Betriebsprodukt in der Miniplant-Apparatur. Bei diesen Versuchsreihen wird die Packungshöhe bzw. die Bodenzahl der Laborkolonne so lange verändert, bis die Forderungen an Kopf- und Sumpfkonzentration erfüllt sind. Dabei sollte das Rücklaufverhältnis aus Gründen der Energieersparnis möglichst klein gewählt werden. Die so ermittelte Packungshöhe bzw. Bodenzahl wird mithilfe der in Schritt 1 durchgeführten Testreihen in die entsprechende theoretische Bodenzahl umgerechnet und bezieht sich damit nur auf das verwendete Testgemisch.

In Schritt 3 erfolgt die Auslegung der technischen Kolonne. Voraussetzung hierfür ist neben der auf ein Testgemisch bezogenen theoretischen Bodenzahl aus dem Laborversuch die Kenntnis der ebenfalls in einem Testversuch ermittelten theoretischen Bodenzahl bezogen auf die Füllhöhe bzw. pro praktischem Boden der technischen Kolonneneinbauten. Die Ermittlung dieser Daten ist sehr aufwendig und wird deshalb kaum noch von einzelnen Firmen durchgeführt. Diese Aufgabe übernehmen heute von mehreren Betreiber- und Apparatefirmen finanzierte Konsortien, wie beispielsweise die FRI (Fractionation Research Incorporation in Stillwater, Oklahoma, USA). Sie betreibt mehrere technische Kolonnen für verschiedene Druckbereiche, die mit möglichst geringem Aufwand auf die zu testenden Packungen und Böden umgerüstet werden können.

Bei dem hier vorgeschlagenen Scale-up-Verfahren ist es nicht erforderlich, dass im Labor und in der Technik die gleichen Einbauten verwendet werden. Es ist jedoch anzustreben, dass die Testung von Labor- und technischer Kolonne mit dem gleichen Testgemisch erfolgt. Für diesen Fall ist die im Labor ermittelte theoretische Bodenzahl bei der technischen Kolonne lediglich um geringfügige Zuschläge zum Auffangen von Regel- und Konzentrationsschwankungen des Zulaufgemischs zu erhöhen. Weitere empirische Zuschläge werden erforderlich, wenn nur Testergebnisse mit unterschiedlichen Testgemischen vorliegen oder sich die Betriebsbedingungen von Laborversuch und technischer Fahrweise beispielsweise in Druck und Temperatur stark unterscheiden [24].

Zur Ermittlung des Durchmessers der technischen Kolonne werden zunächst die Dampf- und Flüssigkeitsvolumenströme anhand der geforderten Zulaufmenge und des im Laborversuch ermittelten Rücklaufverhältnisses bestimmt. Nach Auswahl der Kolonneneinbauten wird mit diesen Strömen und den in kalten Messungen ermittelten Druckverlusten die Dampfgeschwindigkeit und damit der Kolonnendurchmesser festgelegt.

Zusätzliche empirische Zuschläge sowohl bei Packungshöhe bzw. der Bodenzahl als auch beim Kolonnenquerschnitt werden erforderlich, wenn das Betriebsprodukt vom Testgemisch stark abweichende Stoffeigenschaften aufweist. Hierzu zählen ein starkes Schäumen, eine höhere Viskosität bei Polymerlösungen und bei wässrigen Systemen ein stark ansteigender Oberflächenspannungsgradient [6]. Zum besseren Verständnis dieser Einflussfaktoren und ihrer Auswirkung auf das Scale-up sind auch in Zukunft weitere Untersuchungen erforderlich [25].

Formelzeichen

A	$[m^2]$	Kolonnenquerschnitt
B	$[m^3/m^2\,h]$	Berieselungsdichte
F	$[\sqrt{Pa}]$	F-Faktor
n	[–]	theoretische Bodenzahl
P_{01}	[mbar]	Dampfdruck des Leichtsieders
P_{02}	[mbar]	Dampfdruck des Schwersieders
V_F	$[m^3/h]$	Flüssigkeitsvolumenstrom
w_d	[m/s]	Dampfgeschwindigkeit
x_k	[mol %]	Kopfkonzentration
x_s	[mol %]	Sumpfkonzentration
α	[–]	Trennfaktor
ρ_d	$[kg/m^3]$	Dampfdichte

Literatur zu Abschnitt 5.2.1

1 K. Sattler, Thermische Trennverfahren, Verlag Wiley-VCH, Weinheim, 2001.
2 J. G. Stichlmair, J. R. Fair, Distillation Principles and Practices, Verlag Wiley-VCH, Weinheim, 1998.
3 E. Schlünder, F. Thurner, Destillation, Absorption, Extraktion, Verlag Vieweg & Sohn, Wiesbaden, 1995.
4 R. Billet, Industrielle Destillation, Verlag Chemie, Weinheim, 1973.
5 R. Billet, Packed Towers, Verlag VCH, Weinheim, 1995.
6 H. Z. Kister, Distillation Design, Verlag McGraw-Hill Inc., 1992.
7 R. F. Strigle, Packed Tower Application and Design, Gulf Publishing Company, Houston.
8 J. Stichlmair, Grundlagen der Dimensionierung des Gas/Flüssigkeit-Kontaktapparates Bodenkolonne, Verlag VCH, Weinheim, 1978.
9 J. Mackowiak, Fluiddynamik von Kolonnen mit modernen Füllkörpern und Packungen für Gas/Flüssigkeitssysteme, Verlag Sauerländer, Aarau, 1991.
10 R. Kaiser, S. Zeck, A. Alig, R. Goedecke, L. Deibele, Scale up-fähige Labordestillationskolonnen: Vorgehensweise und Anforderungen der chemischen Industrie, Arbeitssitzung des GVC-Fachausschusses „Thermische Zerlegung von Gas- und Flüssigkeitsgemischen“, 5.–6. Mai 1994 in Würzburg.
11 H. Steude, L. Deibele, J. Schröter, Chemie Ingenieur Technik 1997, 5, 623–631.
12 R. Goedecke, A. Alig, L. Deibele, G. Ruffert, Vergleichende Untersuchungen zum Scale up von Laborkolonnen mit Packungen, Arbeitssitzung des GVC-Fachausschusses „Thermische Zerlegung von Gas- und Flüssigkeitsgemischen“, 6.–7. Mai 1993 in Bamberg.
13 L. Deibele, S. Zeck, Testen von Destillationskolonnen im Laborbereich, Arbeitssitzung des GVC-Fachausschusses „Thermische Zerlegung von Gas- und Flüssigkeitsgemischen“, 4.–5. Mai 1995 in Jena.
14 L. Deibele, A. Alig, R. Goedecke, U. Eiden, H. Schoenmakers, S. Zeck, Scale up-fähige Laborkolonnen – Abschlussbericht und neue Fragen, Arbeitssitzung des GVC-Fachausschusses „Thermische Zerlegung von Gas- und Flüssigkeitsgemischen“, 29.–30. April 1996 in Luzern.
15 L. Deibele, R. Goedecke, J. R. Herguijuela, H. Schoenmakers, Scale up von Destillationskolonnen – neue Aspekte, Arbeitssitzung des GVC-Fachausschusses „Thermische Zerlegung von Gas- und Flüssigkeitsgemischen“, 5.–7. Mai 1999 in Münster.
16 R. Goedecke, A. Alig, Comparative Investigations on the Direct Scale-up of Packed Columns from a Laboratory Scale, AIChE Spring National Meeting, April 1994 in Houston.
17 T. Hauschild, L. Deibele, Optimized Design of Packed Columns: Basic Tools, Working Party on Distillation, Absorption and Extraction, 29.–31. Mai 1996 in Warschau.
18 L. Deibele, R. Goedecke, H. Schoenmakers, Investigations into Scale-up of Laboratory Columns with Different Internal Fittings, Distillation & Absorption, 5.–7. Mai 1997 in Maastricht.
19 L. Deibele, J. P. Schäfer, R. Magiera, Chemie Ingenieur Technik 1997, 12, 1704–1714.
20 F. J. Zuiderweg, Recommended Test Mixtures for Distillation Columns, European Federation of Chemical Engineering, 1969.
21 U. Onken, W. Arlt, Recommended Test Mixtures for Distillation, The Institution of Chemical Engineers, second Edition, Warwickshire, England, 1990.
22 L. Deibele, H.-W. Brandt, Chemie Ingenieur Technik 1985, 5, 439–442.
23 M. R. Fenske, Ind. Eng. Chem. 1934, 26, 1169–1171.
24 U. Eiden, R. Kaiser, G. Schuch, D. Wolf, Chemie Ingenieur Technik 1995, 3, 269–279.
25 M. Caraucán, TVT-Akzente 2002, 14–15, Lehrstuhl für Thermische Verfahrenstechnik RWTH Aachen.
26 T. Mann, ATV-Handbuch Industrieabwässer Grundlagen, 4. Aufl. Verlag Ernst & Sohn, Berlin 1999.

5.2.2 Wärmeübertragung

In nahezu jeder Anlage zur Stofftrennung in der chemischen Industrie, z. B. in der Peripherie einer Rektifizierkolonne, und der Lebensmittelindustrie, z. B. bei der Eindampfung von Fruchtsäften, werden Wärmeübertrager benötigt, die einem Stoffstrom Wärme entziehen oder zuführen. Je nach Anwendung und Anforderung wurde eine große Anzahl von verschiedenen Ausführungen dieser Apparate entwickelt, von denen einige in Abschnitt 5.2.2.2 vorgestellt werden. Zuerst aber sollen in Abschnitt 5.2.2.1 die Grundlagen zur Berechnung von Wärmeübertragern skizziert werden. In Abschnitt 5.2.2.3 werden die Besonderheiten der apparativen Lösungen bei der Wärmeübertragung im Labor vorgestellt und abschließend die Eigenheiten bei der Durchführung und Auswertung von Versuchen zum Scale-up, bzw. bei der Produktion im kleinen Maßstab, diskutiert.

5.2.2.1 Grundlagen der Wärmeübertragung

Zur Aufwärmung eines Stoffstromes führt man diesen bei der indirekten Wärmeübertragung an einer heißen Wand entlang. Bei der direkten Wärmeübertragung bringt man ihn direkt in Kontakt mit heißem Dampf. Der zweite Fall wird hier nicht behandelt. Hierbei handelt es sich im Wesentlichen um das Problem, den Dampf möglichst gut in dem aufzuwärmenden Stoffstrom zu dispergieren. Die Anwendungen dieser Technologie im Bereich der Miniplant-Technik sind überschaubar. Literatur zu diesem Thema liefern [1] und [2]. Bei der indirekten Wärmeübertragung verbleibt eine Trennwand zwischen dem Produktstrom und dem Servicestrom, sodass die Ströme sich nicht vermischen. Es werden zuerst einphasige Prozesse behandelt, bei denen die Stoffströme keine Phasenumwandlung durchlaufen, wobei es sich jeweils um Gase oder um Flüssigkeiten handeln kann. Anschließend erfolgt die Diskussion der Kondensation und Verdampfung.

5.2.2.1.1 Einphasige Wärmeübertragung

In Abb. 5.46 ist eine Konfiguration skizziert, wie sie prinzipiell in jedem Wärmetauscher vorliegt. Entlang einer hier vertikalen Wand strömen auf beiden Seiten unterschiedlich warme Fluide. Das Fluid auf der linken Seite mit dem Massenstrom $\dot{M}_{\text{heiß}}$ strömt von oben nach unten und kühlt sich während des Vorbeistreichens von $T_{\text{heiß},0}$ auf $T_{\text{heiß},1}$ ab. Der Massenstrom $\dot{M}_{\text{kalt}}$ strömt in entgegengesetzter Richtung und heizt sich von $T_{\text{kalt},0}$ auf $T_{\text{kalt},1}$ auf. Auf der linken und rechten Seite des Bildes sind die Temperaturverläufe der mittleren Stromtemperaturen dargestellt. Diese Temperaturen werden zur Berechnung der Gesamtenergiebilanz verwendet.

Die Enthalpie der beiden Ströme ändert sich durch die Wärmeübertragung über die Wand um

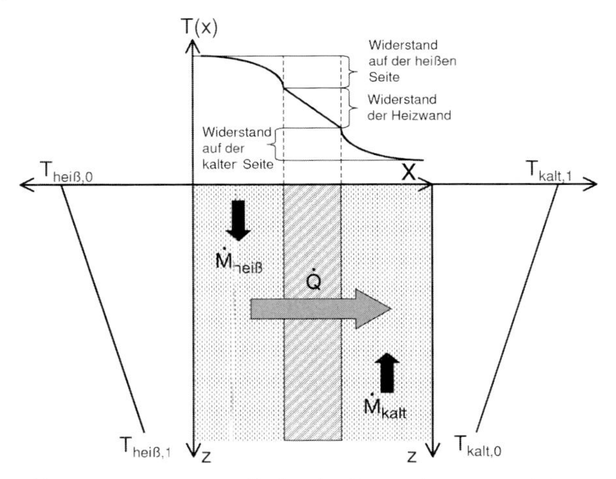

Abb. 5.46 Temperaturprofile bei der Wärmeübertragung (Gegenstrom).

$$\Delta\dot{H}_{\text{heiß}} = \dot{M}_{\text{heiß}}\,\bar{c}_{\text{p,heiß}}(T_{\text{heiß,1}} - T_{\text{heiß,0}}) \tag{1}$$

$$\Delta\dot{H}_{\text{kalt}} = \dot{M}_{\text{kalt}}\,\bar{c}_{\text{p,kalt}}(T_{\text{kalt,1}} - T_{\text{kalt,0}}) \tag{2}$$

Darin steht $\bar{c}_p$ für die mittlere spezifische Wärmekapazität. Über den 1. Hauptsatz der Thermodynamik sind diese beiden Enthalpieänderungen mit der Wärmemenge $\dot{Q}$ verbunden, die über die Wand transportiert wird:

$$\dot{Q} = \Delta\dot{H}_{\text{kalt}} \quad \text{und} \quad \dot{Q} = \Delta\dot{H}_{\text{heiß}} \tag{3}$$

Verantwortlich für diesen Transport ist der Verlauf der Temperatur quer zur Strömungsrichtung, der in Abb. 5.46 oben dargestellt ist. Er besteht aus drei Abschnitten, die drei Widerständen zugeordnet werden: den Widerständen auf der heißen und der kalten Seite und dem Widerstand der Heizwand. Jeder dieser Widerstände wird separat berechnet, und über die Forderung, dass die Wärmemenge $\dot{Q}$ in jedem Abschnitt transportiert werden muss, sind die Abschnitte miteinander verknüpft.

Besonders einfach lässt sich der Temperaturverlauf in der Wand berechnen. Für die eindimensionale Wärmeleitung in einem festen Körper gilt

$$\dot{q} = -\lambda \frac{\mathrm{d}T}{\mathrm{d}x} \tag{4}$$

Darin ist $\dot{q}$ die Wärmestromdichte

$$\dot{q} = \frac{\dot{Q}}{A} \tag{5}$$

mit der Fläche A, der Wärmeleitfähigkeit λ und dem Temperaturgradienten $(\mathrm{d}T/\mathrm{d}x)$. Das Minuszeichen ergibt sich aus der Konvention, dass die Wärme immer von höheren zu tieferen Temperaturen fließt. In der Heizwand in Abb. 5.46 liegt ein linearer Gradient vor, sodass für die übertragene Wärmemenge folgt

$$\dot{Q} = A\lambda \frac{T_{\text{Wand,heiß}} - T_{\text{Wand,kalt}}}{\delta_{\text{Wand}}} \tag{6}$$

Darin ist δ_{Wand} die Wanddicke. Nach Gleichung 6 ist der Wärmestrom $\dot{Q}$ proportional zur Fläche A, zum Quotienten $(\lambda/\delta_{\text{Wand}})$ und zur Temperaturdifferenz. Der Kehrwert des Quotienten ist der Widerstand der Heizfläche. Auf diesen einfachen Typ von Transportgleichung wird auch die Berechnung der Widerstände in den Fluiden reduziert. Auf der heißen Seite wird definiert

$$\dot{Q} = A\alpha_{\text{heiß}}(T_{\text{heiß}} - T_{\text{Wand,heiß}}) \tag{7}$$

und man interpretiert den Wärmeübergangskoeffizienten $\alpha_{\text{heiß}}$ als Verhältnis der Wärmeleitfähigkeit zur Grenzschichtdicke $\delta_{\text{heiß}}$ des heißen Fluids

$$\alpha_{\text{heiß}} = \frac{\lambda_{\text{heiß}}}{\delta_{\text{heiß}}} \tag{8}$$

Die Grenzschicht ist der Bereich, in dem sich die Temperatur im Inneren des Stromes bis zur Temperatur der Wand ändert. Diese thermische Grenzschicht muss nicht mit der hydraulischen Grenzschicht übereinstimmen, in der sich die Geschwindigkeit vom Wert 0 an der Wand bis zur Geschwindigkeit im Kern der Strömung ändert. Außerhalb der thermischen Grenzschicht ist die Temperatur konstant. Eine analoge Gleichung wird für den Wärmeübergang auf der kalten Seite aufgestellt:

$$\dot{Q} = A\alpha_{\text{kalt}}(T_{\text{Wand,kalt}} - T_{\text{kalt}}) \tag{9}$$

Da die Wärmemenge $\dot{Q}$ durch die drei Abschnitte transportiert werden muss, ergibt sich der Zusammenhang

$$\dot{Q} = Ak(T_{\text{heiß}} - T_{\text{kalt}}) \tag{10}$$

mit dem Wärmedurchgangskoeffizienten

$$\frac{1}{k} = \frac{1}{\alpha_{\text{heiß}}} + \frac{\delta_{\text{Wand}}}{\lambda_{\text{Wand}}} + \frac{1}{\alpha_{\text{kalt}}} \tag{11}$$

Mit den Gleichungen 10 und 11 kann der Wärmestrom an jeder Stelle des Wärmetauschers berechnet werden, sofern, neben den Stoffwerten und der Geometrie

- die Temperaturen im Inneren der Ströme und
- die Wärmeübergangskoeffizienten $\alpha_{\text{heiß}}$ und α_{kalt} bekannt sind.

Berechnungsprogramme, die einen Wärmetauscher in beliebig viele Zellen aufteilen, berechnen den Wärmedurchgang lokal. Eine einfachere Methode besteht darin, einen Wärmetauscher integral zu berechnen und auf Mittelwerte von $\alpha_{\text{heiß}}$, α_{kalt} und der Temperaturdifferenz zurückzugreifen. Diese Mittelung hängt natürlich wesentlich von der Art ab, auf die die beiden Ströme über eine Heizwand in Kontakt gebracht werden, sprich welcher Apparat verwendet wird.

Den einfachsten Apparat stellt ein sog. Doppelrohr-Wärmetauscher dar, der aus zwei konzentrisch angeordneten Rohren besteht. Abb. 5.47 zeigt eine skizzierte Anordnung. Gegenüber Abb. 5.46 ergibt sich bei der Berechnung bereits eine prinzipielle Schwierigkeit: Die Heizwand ist gekrümmt, und somit benetzt das heiße Fluid im Inneren eine kleinere Fläche als das kalte Fluid im Mantel. Um weiterhin mit den Gleichungen 10 und 11 arbeiten zu können, wird die Definition des Wärmedurchgangskoeffizienten durch die Wahl einer Bezugsfläche A_m verallgemeinert:

$$\frac{1}{kA_m} = \frac{1}{(\alpha A)_{\text{heiß}}} + \frac{f_{\text{heiß}}}{A_m} + \frac{\delta}{\lambda A_m} + \frac{1}{(\alpha A)_{\text{kalt}}} + \frac{f_{\text{kalt}}}{A_m} \tag{12}$$

Als mittlere Fläche kann die äußere (gebildet mit dem Außendurchmesser $d_{\text{außen}}$), die innere Fläche (gebildet mit dem Innendurchmesser d_{innen}) oder die logarithmisch gemittelte

$$A_m = \frac{\pi L(d_{\text{außen}} - d_{\text{innen}})}{\ln \frac{d_{\text{außen}}}{d_{\text{innen}}}} \tag{13}$$

mit der Rohrlänge L verwendet werden. In Gleichung 12 sind zwei zusätzliche Terme definiert, die bisher nicht berücksichtigt wurden. Neben den drei diskutierten Widerständen müssen sog. Verschmutzungswiderstände/Fouling-Widerstände f berücksichtigt werden, die in der technischen Praxis oft eine maßgebliche Rolle spielen. In [1] sind Fouling-Widerstände für einige Paarungen Stoff/Anwendung gegeben. Ist die Wärmeleitfähigkeit des Materials bekannt, das sich als Schmutzschicht an der Heizwand ablagert, so ergibt sich der Fouling-Widerstand aus dem Quotienten aus Wärmeleitfähigkeit und Schmutzschichtdicke.

Zur Mittelung der Temperaturdifferenz wird der Verlauf der mittleren Stromtemperatur in einem Doppelrohr-Wärmetauscher betrachtet. Dieser richtet sich

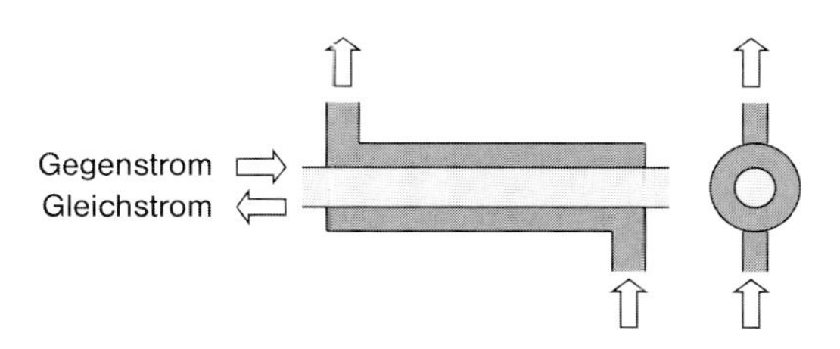

Abb. 5.47 Doppelrohr-Wärmetauscher.

nach der Strömungsrichtung, die die Ströme zueinander besitzen. Trägt man für den Gegenstrom die Temperaturen in einem Diagramm auf, so entsteht ein Verlauf, wie er in Abb. 5.48 oben dargestellt ist. Die Kurven sind parallel zueinander, sodass entlang der gesamten Rohrlänge die gleiche Temperaturdifferenz für die Wärmeübertragung wirksam ist. Dieser Verlauf repräsentiert aber einen Sonderfall: Betrachtet man die Gleichungen 1 und 2, folgt nur dann ein paralleler Verlauf, wenn die Produkte für $\dot{M} \cdot \bar{c}_p$ für beide Ströme gleich sind. Im Fall des Gegenstromes kann der aufzuheizende Strom eine Temperatur erreichen, die über der Austrittstemperatur des heißen Stromes liegt.

Abb. 5.48 unten zeigt den Verlauf der Stromtemperaturen für den Fall, dass beide Ströme im Gleichstrom durch den Wärmetauscher strömen. Am Eintritt existiert eine besonders große Temperaturdifferenz, und am Austritt nähern sich die Temperaturen beliebig weit an. Sowohl im Fall des Gleichstromes, als auch im Fall des Gegenstromes kann die mittlere treibende Temperaturdifferenz wie folgt berechnet werden:

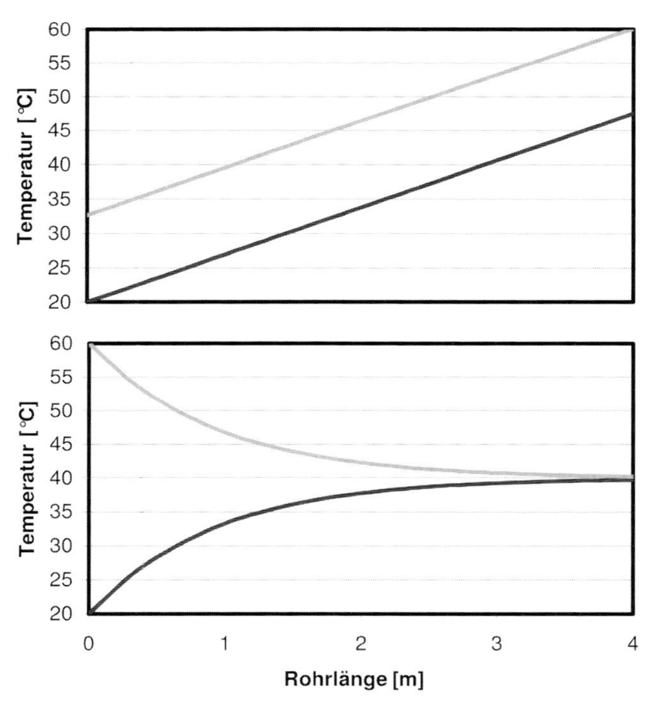

Abb. 5.48 Temperaturprofile für Gegenstrom (oben) und Gleichstrom (unten) für gleiche Massenströme und konstante Stoffwerte.

$$\Delta T_{\text{gleich}} = \frac{\left(T_{\text{heiß},0} - T_{\text{kalt},0}\right) - \left(T_{\text{heiß},1} - T_{\text{kalt},1}\right)}{\ln \frac{\left(T_{\text{heiß},0} - T_{\text{kalt},0}\right)}{\left(T_{\text{heiß},1} - T_{\text{kalt},1}\right)}} \tag{14}$$

Auf dem Weg zur Berechnung der notwendigen Fläche eines Wärmetauschers müssen die Wärmeübergangskoeffizienten auf der heißen und auf der kalten Seite bestimmt werden. Dafür hat es sich als vorteilhaft erwiesen, aus den theoretischen Modellen, die meist auf einfachsten Geometrien und konstanten Stoffwerten basieren, oder aus der Dimensionsanalyse resultieren, Kenngrößen abzuleiten und diese in Produktansätzen zu verarbeiten, deren Koeffizienten durch Experimente bestimmt werden. Die wesentliche Kenngröße im Fall der Wärmeübertragung ist die Nusselt-Zahl, welche als das Verhältnis von konvektivem Wärmetransport zu Wärmeleitung definiert ist:

$$Nu = \frac{\alpha \ell}{\lambda} \tag{15}$$

ℓ steht für eine charakteristische Länge, welche bei Rohrströmungen üblicherweise der Rohrdurchmesser ist. Je nach Geometrie und Strömungsform ergeben sich unterschiedliche Nu-Beziehungen mit beschränktem Geltungsbereich. Die Grenzen sind dabei häufig Funktionen der Kennzahlen:

– Reynolds-Zahl $\qquad \text{Re} = \frac{w\ell}{\eta/\rho}$ (16)

die Auskunft über den Zustand der Strömung (laminar/turbulent) gibt und

– Prandtl-Zahl $\qquad \text{Pr} = \frac{\nu}{a} = \frac{\eta c_{\text{p}}}{\lambda}$ (17)

welche die Transporteigenschaften des Fluids in Bezug auf Wärme und Reibung bestimmt.

Der VDI-Wärmeatlas [1] bietet einen reichhaltigen Fundus an halbempirischen Beziehungen für die hier behandelten Fälle. Im Folgenden werden einzelne, für die Anwendung in der Miniplant-Technik besonders wichtige, diskutiert.

Für den Wärmeübergang im Innenrohr des Doppelrohr-Wärmetauschers gilt für den laminaren Bereich

$$\text{Nu}_{\text{lam}} = \left[\text{Nu}_1^3 + 0{,}7^3 + (\text{Nu}_2 - 0{,}7)^3\right]^{1/3} \tag{18}$$

mit dem Grenzwert für kleine Werte von Re Pr (d_{i}/L)

$$\text{Nu}_1 = 3{,}66 \tag{18 a}$$

und dem Grenzwert für große Werte von Re Pr (d_i/L)

$$\mathrm{Nu}_2 = 1{,}615\left(\mathrm{Re}\;\mathrm{Pr}\frac{d_i}{L}\right)^{1/3} \tag{18b}$$

Die Verwendung von Gleichung 18 unterliegt einer Einschränkung: Die thermische und hydrodynamische Einlaufstrecke muss kurz sein im Vergleich zur Rohrlänge. Dies ist gegeben, wenn $(d_i/L) < 0{,}1$. Im anderen Fall muss berücksichtigt werden, dass der Wärmeübergang in der Einlaufstrecke besser ist, als nach Gleichung 18 berechnet.

Im Fall der voll ausgebildeten turbulenten Strömung gilt für den Wärmeübergang im Rohr die Nu-Beziehung

$$\mathrm{Nu}_{\mathrm{tur}} = \frac{(\zeta/8)\mathrm{Re}\;\mathrm{Pr}}{1 + 12{,}7\sqrt{\zeta/8}(\mathrm{Pr}^{2/3} - 1)}\left[1 + \left(\frac{d_i}{L}\right)^{2/3}\right] \tag{19}$$

mit dem Widerstandsbeiwert

$$\zeta = (1{,}8\;\log\;\mathrm{Re} - 1{,}5)^{-2} \tag{19a}$$

Der Gültigkeitsbereich von Gleichung 19 beschränkt sich auf

$$10^4 < \mathrm{Re} < 10^6\,;\; 0{,}6 < \mathrm{Pr} < 1000\,;\; d_i/L < 1$$

und ist somit die am häufigsten verwendete Beziehung für den Wärmeübergang im Rohr. Leider kann anhand dieser Gleichung der Einfluss der wesentlichen Größen nicht mehr so einfach diskutiert werden, wie es im laminaren Fall in Gleichung 18b möglich wäre. In einer älteren Beziehung [3] findet man für den turbulenten Fall die Proportionalität

$$\mathrm{Nu} \sim \mathrm{Re}^{0{,}8}\mathrm{Pr}^{n}\left(\frac{d_i}{L}\right)^{0{,}054} \tag{19b}$$

mit n zwischen 0,3–0,37. Nehmen wir $n = 0{,}33$ an, so gilt für den Wärmeübergangskoeffizienten im turbulenten Fall

$$\alpha_{\mathrm{turb}} \sim \frac{\lambda^{0{,}67} w^{0{,}8}}{d^{0{,}146}\eta^{0{,}47}} \tag{19c}$$

Den größten Einfluss – gemessen an den Exponenten – hat die Geschwindigkeit, die demzufolge im Rohr möglichst groß gewählt werden sollte. Dies wirkt sich weiterhin positiv auf die Vermeidung von Ablagerungen aus. Allerdings nimmt auch der Reibungsdruckverlust mit der Geschwindigkeit quadratisch zu. Üblicherweise liegen die Strömungsgeschwindigkeiten in den Rohren von Rohrbündel-Wärmetauschern zwischen 1 m/s und 2 m/s. Eine große Wärmeleitfähigkeit, eine kleine Viskosität und ein kleiner Rohrdurchmesser führen zu einem großen Wärmeübergangskoeffizienten.

Bei Gasströmungen führt der Druckverlust über die Kompressibilität zu einer Abnahme der Dichte und somit zu einer Zunahme des Volumenstromes. Dies muss aber wegen des üblicherweise kleinen Absolutwertes der Dichte erst bei Geschwindigkeiten >50 m/s berücksichtigt werden.

Zwischen dem Bereich der laminaren und der voll ausgebildeten turbulenten Strömung existiert ein Übergangsbereich, der bei Re=2300 beginnt und bei $Re=10^4$ endet. Bei der Berechnung der Nu-Zahl im Übergangsbereich wird mit Gleichung 18 die Nu-Zahl bei Re=2300 und mit Gleichung 19 bei $Re=10^4$ berechnet und gemittelt:

$$Nu = (1 - \gamma) Nu_{2300} + \gamma \, Nu_{10^4} \tag{20}$$

mit

$$\gamma = \frac{Re - 2300}{10^4 - 2300} \tag{20 a}$$

Zur Auswertung der Nu-Beziehung müssen die Stoffwerte bei einer bestimmten Temperatur berechnet werden. Üblicherweise erfolgt dies beim arithmetischen Mittel aus der Ein- und der Austrittstemperatur des entsprechenden Mediums T_m. Bedingt der Wärmestrom eine große Temperaturdifferenz im Medium oder sind die Stoffwerte stark temperaturabhängig, so beeinflusst die Richtung des Wärmestromes (Heizung oder Kühlung) die Stoffwerte. Um dies zu berücksichtigen, wird im laminaren und turbulenten Fall die Nu-Zahl durch Pr_W, die Pr-Zahl ausgewertet bei der mittleren Wandtemperatur, korrigiert:

$$Nu = Nu(T_m) \left(\frac{Pr(T_m)}{Pr_W} \right)^{0,11} \tag{21}$$

Mit den Gleichungen 18 bis 21 kann der Wärmeübergangskoeffizient im Innenrohr des Doppelrohr-Wärmetauschers berechnet werden. Zur Berechnung von $\alpha_{außen}$ im Ringspalt können diese Gleichungen ebenfalls herangezogen werden, wenn der Innendurchmesser durch den hydraulischen Durchmesser

$$d_h = 4 \frac{A}{U} \tag{22}$$

ersetzt wird. Dieser ergibt sich für den Doppelrohrspalt zu $d_h = d_{Spalt,außen} - d_{Spalt,innen}$.

Damit stehen sämtliche Beziehungen zur Verfügung, um den Doppelrohr-Wärmetauscher wärmetechnisch auszulegen. Um die Strömungsgeschwindigkeit optimieren zu können, muss auch der resultierende Druckverlust berechnet werden. Für den Druckverlust in einer Rohrströmung gilt

$$\Delta p = \zeta \frac{l}{d} \frac{\rho}{2} w^2 \tag{23}$$

Darin ist der Widerstandsbeiwert ζ eine Funktion der Re-Zahl. Die kritische Re-Zahl für den Umschlag zwischen laminar und turbulent ist 2300, doch hängt es u.a. von den Einlaufbedingungen und der Rohrwandrauigkeit ab, ob der Umschlag tatsächlich bei diesem Wert stattfindet. In sehr glatten Rohren kann bei beruhigtem Einlauf noch bei Re = 8000 eine laminare Strömung vorliegen. Für die laminare Strömung gilt für den Widerstandsbeiwert das Hagen-Poiseuille'sche Gesetz

$$\zeta = \frac{64}{\mathrm{Re}} \tag{24}$$

Für die turbulente Strömung in technisch glatten Rohren (z.B. Glasrohren) gilt für den Bereich $3 \cdot 10^3 < \mathrm{Re} < 10^5$ nach Blasius

$$\zeta = \frac{0{,}3164}{\mathrm{Re}^{0{,}25}} \tag{25}$$

5.2.2.1.2 Kondensation

5.2.2.1.2.1 Kondensation von reinen Dämpfen

Trifft ein ruhender Dampf auf eine Fläche mit einer Temperatur unterhalb seiner Taupunkt-Temperatur, so kondensiert er. Strömt kein neuer Dampf nach, so folgt aus der meist erheblichen Volumenreduktion bei der Kondensation ein Druckabfall im System, andernfalls wird durch die Kondensation weiterer Dampf angesaugt. Benetzt die Flüssigkeit die Kühlfläche nicht, so liegt das Kondensat in Tropfen vor, andernfalls vereinigen sich die Tropfen zu einem Film und fließen auf einer vertikalen Fläche nach unten ab. Dementsprechend spricht man von Tropfen- oder Filmkondensation. Die Wärme, die bei der Kondensation frei wird, kann im Fall der Tropfenkondensation direkt durch die Kühlfläche abgeführt werden. Sammelt sich das Kondensat in einem geschlossenen Film, so muss die Kondensationswärme durch den Film transportiert werden. Dieser Widerstand ist üblicherweise die bestimmende Größe und wurde von Nusselt für den Fall der vertikalen Kühlwand in seiner grundlegenden Wasserhauttheorie berechnet. Die Tropfenkondensation, die zu deutlich höheren Wärmeübergangskoeffizienten führt, kann meist nur durch den stetigen Zusatz von grenzflächenaktiven Substanzen aufrechterhalten werden.

Am oberen Ende einer vertikalen Kühlfläche ist der Kondensatfilm dünn und strömt laminar. Nach einer bestimmten Strecke wird die Oberfläche des Filmes wellig. Mit wachsender Flüssigkeitsmenge beeinflussen die Wellen den gesamten Film, und dieser wird schließlich turbulent. Der Übergang geschieht in der Regel bei einer Film-Re-Zahl von

$$\mathrm{Re}_\mathrm{F} = \frac{\Gamma}{\eta_\mathrm{F}} \approx 400 \tag{26}$$

Darin ist Γ die Berieselungsdichte. Handelt es sich bei der Kühlfläche um ein vertikales Rohr mit dem Kondensatmassenstrom $\dot{M}_\mathrm{F}$, so berechnet sich Γ nach

$$\Gamma = \frac{\dot{M}_\mathrm{F}}{\pi d} \tag{27}$$

Der Wärmeübergangskoeffizient nach Nusselt für den laminaren Film ist

$$\mathrm{Nu}_\mathrm{lam} = 0{,}925 \left(\frac{1 - \rho_\mathrm{D}/\rho_\mathrm{L}}{\mathrm{Re}_\mathrm{F}} \right)^{1/3} \tag{28}$$

Die Nu-Zahl $\mathrm{Nu} = \alpha \ell / \lambda$ wird in diesem Fall mit einer charakteristischen Länge gebildet, die sich aus der kinematischen Viskosität ν_F des Kondensats und der Erdbeschleunigung g berechnet

$$\ell = \sqrt[3]{\frac{\nu_\mathrm{F}^2}{g}} \tag{29}$$

Durch die Welligkeit des Filmes verbessert sich der Wärmeübergang im Film. Dies kann für $\mathrm{Re}_\mathrm{F} > 1$ durch einen Faktor berücksichtigt werden:

$$f_\mathrm{well} = \frac{\mathrm{Nu}_\mathrm{lam,well}}{\mathrm{Nu}_\mathrm{lam}} = \mathrm{Re}_\mathrm{F}^{0,04} \tag{30}$$

Der Film stellt bei großen Kondensatleistungen einen beträchtlichen Widerstand für den Wärmeübergang dar, der zu einem großen Temperaturunterschied zwischen Filmoberfläche auf der Dampfseite und Filmoberfläche auf der Wandseite führt. Der Einfluss der Stoffwerte kann hier auf den Einfluss der Viskosität beschränkt werden:

$$f_\eta = \left(\frac{\eta_\mathrm{F}}{\eta_\mathrm{F,W}} \right)^{1/4} \tag{31}$$

Im turbulenten Fall berechnet sich der Wärmeübergang bei der Kondensation eines ruhenden Dampfes nach

$$\mathrm{Nu}_\mathrm{turb} = \frac{0{,}02\,\mathrm{Re}_\mathrm{F}^{7/24}\,\mathrm{Pr}_\mathrm{F}^{1/3}}{1 + 20{,}52\,\mathrm{Re}_\mathrm{F}^{-3/8}\,\mathrm{Pr}_\mathrm{F}^{-1/6}} \tag{32}$$

Zusammenfassend ergibt sich für den gesamten Bereich

$$\mathrm{Nu} = f_\eta \sqrt[1.2]{(f_{\mathrm{well}} \mathrm{Nu}_{\mathrm{lam}})^{1.2} + \mathrm{Nu}_{\mathrm{turb}}^{1.2}} \qquad (33)$$

mit einem Minimum bei der kritischen Film-Re-Zahl.

Handelt es sich bei der Kühlfläche beispielsweise um die Innenfläche des inneren Rohres des Doppelrohr-Wärmetauschers, der senkrecht aufgestellt ist und von oben nach unten durchströmt wird, strömt der Dampf am Eintritt mit teilweise beträchtlichen Geschwindigkeiten am Kondensat vorbei und beschleunigt (verdünnt) den Film dabei. Gleichung 33 berücksichtigt diesen positiven Einfluss der Schubspannung auf den Wärmeübergangskoeffizienten nicht. Analog zum Welligkeitsfaktor wird ein weiterer Faktor definiert, der diesen Einfluss berücksichtigt. Die Berücksichtigung dieses Einflusses führt zu einem ordentlichen Rechenaufwand, der in [1] nachzulesen ist. Bei der Berechnung des Wärmeübergangs mithilfe von Gleichung 7 für die Kondensation wird für $T_{\mathrm{heiß}}$ die Filmoberflächentemperatur, also die Siedetemperatur zum herrschenden Druck, eingesetzt.

Prinzipiell muss noch unterschieden werden, ob sich Dampfströmung und Filmströmung im Gleich- oder Gegenstrom befinden. Strömt der Dampf im Gegenstrom zur Flüssigkeit, so staut der Dampf die Flüssigkeit auf, vergrößert die Filmdicke und verschlechtert den Wärmeübergang. Bei großen Dampfgeschwindigkeiten kann es zum Fluten kommen. Weiterhin führen sehr große Dampfgeschwindigkeiten zu bemerkenswerten Druckverlusten. In großen Bündeln werden bei geringen Drücken deshalb Dampfgassen freigelassen, damit der Dampf auch ins Zentrum des Bündels gelangt.

Weiterhin kann strömender Dampf im Gleich- und Gegenstrom dazu führen, dass über die Schubspannung Tropfen aus dem Film gerissen werden (Entrainment). Dies führt besonders bei der Verdampfung zur Stofftrennung zu einer Verminderung der Trennleistung.

Häufig findet die Kondensation an der Außenfläche horizontaler Rohre statt. Für diesen Fall gilt Gleichung 28 von Nusselt mit dem Faktor 0,959 (anstelle von 0,925). Die Film-Re-Zahl wird weiterhin mit der Berieselungsdichte berechnet. Befinden sich mehrere Rohre übereinander, so konkurrieren zwei Effekte: Zum einen tropft das Kondensat vom oberen auf das untere Rohr und erzeugt damit lokal zusätzliche Durchmischung, was prinzipiell den Wärmeübergang verbessert. Andererseits läuft bei den unteren Rohren eine größere Menge Kondensat in einem dickeren Film ab, sodass im laminaren Fall der Wärmeübergang verschlechtert wird.

5.2.2.1.2.2 **Kondensation von Gemischen**

In der industriellen Praxis hat man es selten mit Strömen zu tun, die nur aus einer Komponente bestehen. Bei Vakuumanwendungen z. B. mischt sich Leckluft in den Strom, oder aufgrund unvollständiger Trennungen liegt die gewünschte Komponente nicht rein vor.

a) Kondensation in Gegenwart von Inerten

Bei der Kondensation kommt es zu einer Volumenreduktion, die dafür sorgt, dass sich eine Strömungsgeschwindigkeit in Richtung Kühlfläche entwickelt. Befinden sich in diesem Strom Moleküle, die unter den herrschenden Bedingungen nicht kondensieren, reichern sich diese sog. Inerte in der Gasphase an, sodass sich ein Konzentrationsgradient einstellt, der zu einer Diffusion der Inerten entgegen der Strömungsgeschwindigkeit führt. Der resultierende Widerstand kann beträchtlich sein. Neben dem Konzentrationsgradienten stellt sich auch ein Temperaturgradient in der Gasphase ein, der natürlich auch mit einem Wärmewiderstand verbunden ist. In [1] werden überschlägige Methoden angegeben, mit denen der Einfluss des Stoffübergangs abgeschätzt werden kann.

Abb. 5.49 zeigt die Kondensatmenge für einen liegenden Doppelrohr-Wärmetauscher als Funktion der Rohrlänge, in dem durch das innere Rohr kaltes Wasser (20 °C Eintrittstemperatur) fließt. Im Mantel strömen im Gleichstrom 50 kg/h Wasserdampf mit 1) 0 kg/h Stickstoff, 2) 1 kg/h Stickstoff und 3) 2 kg/h Stickstoff, bei 1,1 bar und 100 °C am Eintritt. Das Kühlwasser heizt sich durch die Aufnahme der Kondensationswärme bis auf ca. 35 °C auf. Bei dieser Temperatur ist Stickstoff mit ca. 3,5% Wasserdampf gesättigt. Bis auf diese Konzentration kann der Wasserdampfgehalt im Stickstoff maximal reduziert werden.

Ohne Inertgas ist die Kondensation in Abb. 5.49 nach 2 m abgeschlossen. Bereits 1 kg/h Stickstoff führen dazu, dass die gesamte Rohrlänge zur Kondensation benötigt wird, ohne die Sättigung zu erreichen. Bei 2 kg/h Stickstoff verbleiben nach 4 m noch ca. 2 kg/h Wasserdampf im Stickstoff. Die Kerntemperatur

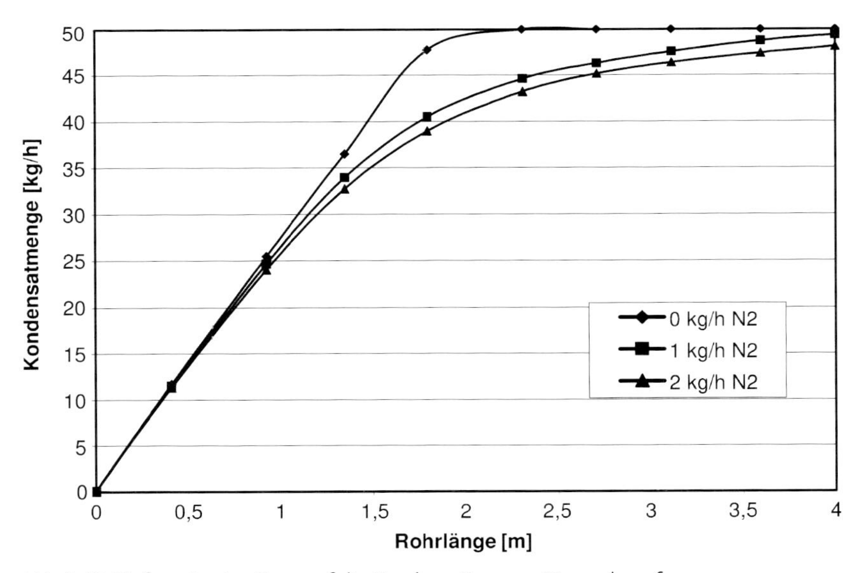

Abb. 5.49 Einfluss inerter Gase auf die Kondensation von Wasserdampf.

im Dampf liegt noch bei 50 °C, während die Filmoberflächentemperatur 39 °C beträgt.

b) Kondensation von mehreren Komponenten
Anstelle einer inerten Komponente kann sich als weitere Komponente eine kondensierbare im Dampfgemisch befinden. Auch diese wird zur kalten Fläche gesaugt, und zwar in der Konzentration, in der sie sich im Kern der Gasströmung befindet. Bei idealen binären Gemischen variiert die Kondensationstemperatur (Taupunkt) mit der Konzentration, und es ist unwahrscheinlich, dass das Gemisch auf der Kondensationsstrecke immer mit der „richtigen" Konzentration in der Grenzschicht ankommt. Daher ergibt sich auch in diesem Fall von zwei kondensierbaren Komponenten ein Diffusionsprozess, der einen zusätzlichen Widerstand erzeugt. Es bildet sich ein Konzentrationsprofil aus. Entlang des Kondensationsweges reichert sich die Dampfphase immer mehr mit Leichtsieder an, und dementsprechend sinkt die Taupunkttemperatur des Gemischs. Im Fall eines nicht idealen Gemischs, z. B. bei einem Azeotrop, tritt genau der oben als unwahrscheinlich bezeichnete Fall ein, dass die Gasphase mit der „richtigen" Konzentration herantransportiert wird. In diesem Fall haben Kondensat und Dampf dieselbe Zusammensetzung, und das Dampfgemisch kondensiert wie ein Reinstoff.

c) Kondensation von mehreren in der Flüssigkeit nicht mischbaren Komponenten
Erwähnt werden soll noch der Fall, in dem das Kondensat in zwei Phasen zerfällt: ein sog. Hetero-Azeotrop. In diesem Fall ist die Berechnung des Wärmeübergangs besonders kompliziert, da sie Kenntnis über die detaillierte Ausbildung des Filmes voraussetzt. Dieser kann sich jedoch aus

1. zwei kontinuierlichen Phasen zusammensetzen, die
   - nebeneinander auf der Kühlfläche abfließen,
   - übereinander auf der Kühlfläche abfließen,
2. oder einer kontinuierlichen und einer diskontinuierlichen Phase. Die diskontinuierliche Phase kann
   - die Kühlfläche „suchen", sodass die kontinuierliche Phase um diese Tropfen herumströmt
   - oder die Kühlfläche „meiden" und auf der kontinuierlichen Phase schwimmen.

5.2.2.1.3 **Verdampfung**

Um eine Flüssigkeit zu verdampfen, kann man sie, wie in Abb. 5.50 gezeigt, mit einer horizontalen heißen Wand in Kontakt bringen. Es hängt dann von der Größe der Wärmemenge ab, die pro Flächeneinheit über die Heizfläche transportiert wird, wo die Verdampfung stattfindet. Bei kleinen Wärmestromdichten liegt freie Konvektion vor. Die Flüssigkeit wird an der Heizwand über die Siedetemperatur erhitzt und steigt aufgrund der geringeren Dichte auf. Es

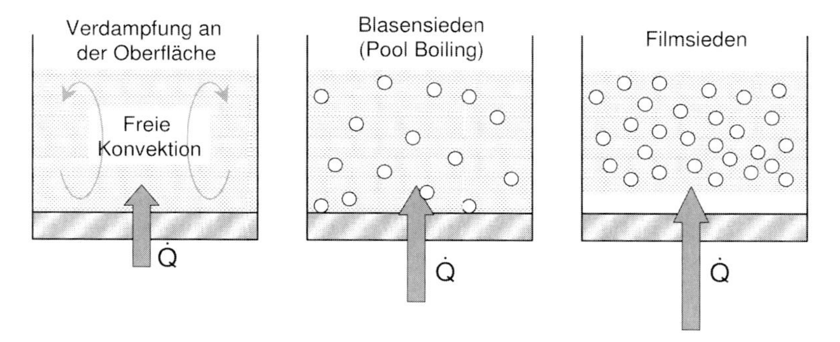

Abb. 5.50 Verdampfer mit horizontaler Heizfläche. Links: Freie Konvektion. Mitte: Blasensieden. Rechts: Filmsieden.

stellt sich eine Zirkulationsströmung ein, die im Fall von Wasser für Wärmeübergangskoeffizienten von bis zu ca. 1000 W/(m^2 K) sorgt. Erst beim Erreichen der Oberfläche wird die Überhitzung durch Dampfbildung abgebaut.

Bei größeren Wärmestromdichten, und somit auch höheren Wandtemperaturen, findet die Verdampfung direkt durch Blasensieden an der Wand statt. Überhitzte Flüssigkeit kann in die aufsteigenden Blasen hinein verdampfen, sodass sich die Flüssigkeit außerhalb der Grenzschicht bei der Siedetemperatur befindet. Wann der Übergang von der freien Konvektion zum Blasensieden stattfindet, hängt von vielen Faktoren ab:

- Wärmestromdichte/Heizflächentemperatur,
- Siededruck/Stoffdaten,
- Heizflächeneigenschaften (Rauigkeit, Wärmeeindringzahl),
- Gegenwart von Keimen (Dampf- oder Gasresten in Vertiefungen der Heizwand),
- Zuströmbedingungen (unterkühlt, siedend, überhitzt).

Bei der Kondensation war die notwendige Unterkühlung unter die Gleichgewichtstemperatur nicht Gegenstand der Diskussion, da sie üblicherweise im Bereich weniger hundertstel Kelvin liegt. Dies ist bei der Verdampfung nur im Bereich sehr hoher Drücke (im Bereich des kritischen Druckes) der Fall. Bei Wasser und Umgebungsdruck liegt die notwendige Überhitzung zum Blasensieden bei mehreren 10 K. Eine Erklärung für dieses Phänomen liefert folgende Betrachtung: Die Verdampfung erfolgt an der überhitzten Wand in eine Blase hinein, die entweder aus bereits verdampftem Fluid und/oder aus Inertgas besteht. Durch die gekrümmte Phasengrenzfläche der kleinen Blase besteht ein Druckunterschied zwischen Blaseninnerem und ihrer Umgebung. In einer kugelförmigen Blase ist der Druck in der Blase um

$$\Delta p = \frac{2\sigma}{r_B} \tag{34}$$

mit der Grenzflächenspannung σ und dem Blasenradius r_B, gegenüber der Umgebung erhöht. Entsprechend der Dampfdruckkurve des Fluids gehört zu diesem Druck eine erhöhte Siedetemperatur. Da die Dampfdruckkurve bei Drücken in der Nähe des kritischen Punktes sehr große Steigungen besitzt, führt dort eine Druckdifferenz nur zu einer geringen Überhitzung. Der Wärmeübergangskoeffizient z. B. von Wasser beim Blasensieden liegt bei mehreren 10 kW/(m^2 K).

Besonders im Miniplant-Maßstab erfolgt die Beheizung häufig elektrisch, z. B. durch Heizkerzen, wie in Abb. 5.51 gezeigt. Diese Art der Beheizung birgt eine Gefahr: Der elektrische Heizer erhöht seine Oberflächentemperatur so lange, bis er die Ohm'sche Wärme an die Umgebung abgeben kann. Beim Blasensieden geschieht dies bei geringen Überhitzungen. Wird die elektrische Leistung weiter erhöht, nimmt die Anzahl der an der Heizfläche gebildeten Blasen immer weiter zu, bis zu dem Punkt, an dem die Blasen die Grenzschicht nicht mehr schnell genug verlassen können, um den nachwachsenden Platz zu machen (kritische Wärmestromdichte). Die Heizfläche isoliert sich mit Dampf, und der Wärmeübergang bricht zusammen. Um weiterhin die elektrische Wärme abzugeben, steigt die Temperatur der Heizkerze, bis die Bilanz wieder erfüllt ist. Das Filmsieden ist erreicht. Dies kann aber oberhalb der zulässigen Betriebstemperatur liegen, da hierfür meist ein sehr großer Anstieg der Oberflächentemperatur notwendig ist (häufig mehrere 100 K). Dieses kritische Siedephänomen tritt auch bei nuklearer Beheizung auf und muss dort ausgeschlossen werden. Auch in der Miniplant-Technik wird dieser Bereich des Siedens üblicherweise nicht angestrebt. Zur Berechnung des konvektiven Siedens und des Blasensiedens werden Gebrauchsgleichungen angegeben, die sich prinzipiell auf eine Anordnung beziehen, wie sie in Abb. 5.51 dargestellt ist: Eine Siedekerze steckt horizontal geflutet in einem Verdampfer. Oberhalb des Flüssigkeitsstands befindet sich ein größerer Dampfraum, in dem sich auch bei hohen Belastungen Dampf und Flüssigkeit separieren können.

Zur Berechnung des konvektiven Siedens bei laminarer freier Konvektion dient die Beziehung

$$\mathrm{Nu} = 0{,}6\,(\mathrm{Gr}\,\mathrm{Pr})^{0{,}25} \quad \text{mit} \quad \mathrm{Gr} = \frac{g\beta\Delta T d^3}{\nu^2} \tag{35}$$

Darin steht in der Grashoff-Zahl Gr d für den Durchmesser des Heizelements, β für den isobaren Volumenausdehnungskoeffizienten, ΔT für die Temperatur-

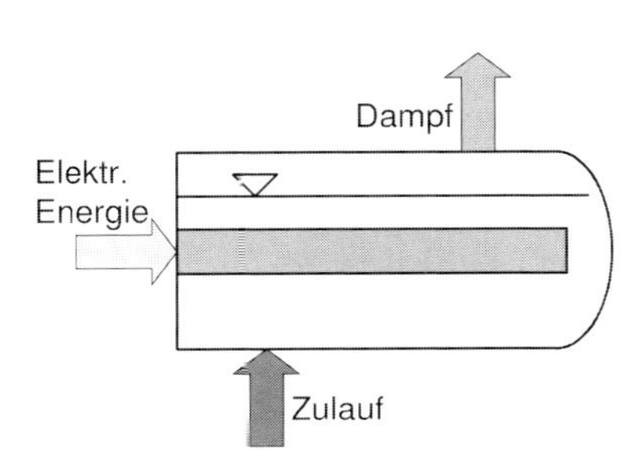

Abb. 5.51 Horizontaler Verdampfer mit einer Siedekerze.

differenz zwischen Heizelementoberfläche und Siedetemperatur. Die Nu-Zahl wird mit dem Heizelementdurchmesser und der Wärmeleitfähigkeit der Flüssigkeit gebildet. Der laminare Bereich dehnt sich aus bis Gr Pr$=10^6$. Für den turbulenten Bereich gilt

$$Nu = 0{,}15\ (Gr\ Pr)^{0{,}33} \tag{36}$$

Abb. 5.52 zeigt für Ethanol bei Umgebungsdruck (entspricht einem reduzierten Druck von $p^*=0{,}016$) und bei 10 bar ($p^*=0{,}16$) und einem Heizelementdurchmesser von 20 mm, welcher Wärmeübergangskoeffizient α sich in Abhängigkeit von der Überhitzung ΔT einstellt. Das konvektive Sieden liefert bei kleinen Überhitzungen Wärmeübergangskoeffizienten von maximal 300 W/(m^2 K). Mit steigender Überhitzung nimmt α nur wenig zu. Der Übergang von der freien Konvektion zum Blasensieden muss nicht bei dem Schnittpunkt der beiden Kurven stattfinden. Es kann zu einer Hysterese kommen, wie sie gestrichelt in

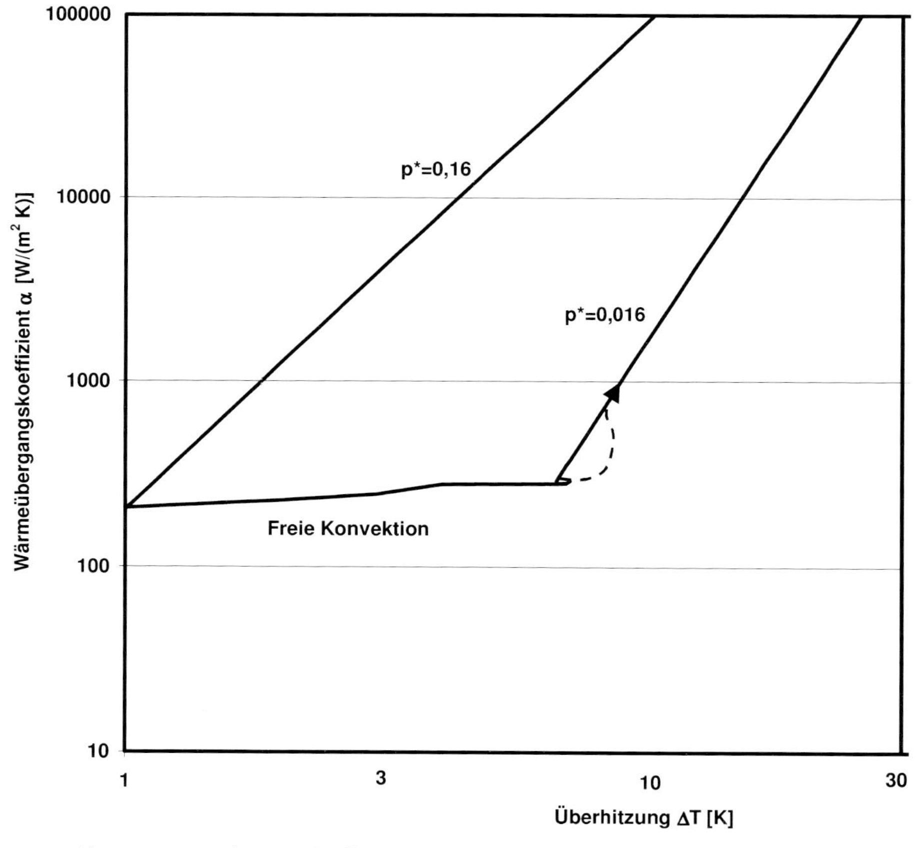

Abb. 5.52 Wärmeübergangskoeffizient beim Sieden von Ethanol.

Abb. 5.52 eingezeichnet ist. Wann der Übergang stattfindet, hängt, wie bereits gesagt, von vielen Faktoren ab.

Zur Berechnung des Wärmeübergangs beim Blasensieden wird der Ansatz von Gorenflo vorgestellt [1]:

$$\frac{\alpha}{\alpha_0} = \left(\frac{\dot{q}}{\dot{q}_0}\right)^{n(p*)} F(p*) \left(\frac{R_a}{R_{a,0}}\right)^{0,133} \left(\frac{\lambda \rho c}{\lambda_0 \rho_0 c_0}\right)^{0,25}_{\text{Heizelement}} \tag{37}$$

Dieser Ansatz geht davon aus, dass ein Fluid, in unserem Beispiel Ethanol, idealerweise bereits vermessen wurde und ein Wärmeübergangskoeffizient bei Standardbedingungen α_0 vorliegt. Diese Standardbedingungen lauten: 1) Wärmestromdichte $\dot{q}_0 = 20\,\text{kW/m}^2$, 2) Siededruck ist 10% des kritischen Druckes ($p^* = p_s/p_{krit} = 0{,}1$), 3) Rauigkeit der Heizwandoberfläche $R_a = 0{,}4$ µm und 4) Kupfer als Heizwandmaterial (repräsentiert über die Wärmeeindringzahl $b = \sqrt[4]{\lambda \rho c}$).

Für einige Stoffe ist α_0 in [1] gegeben, für Ethanol beträgt $\alpha_0 = 4400$ W/(m^2 K). Bei Stoffen, für die kein experimenteller Wert existiert, wird die Gleichung von Stefan und Preusser zur Berechnung verwendet:

$$\text{Nu} = 0{,}1 \left(\frac{\dot{q}_0 d_0}{\lambda_F T_s}\right)^{0,674} \left(\frac{\rho_D}{\rho_F}\right)^{0,156} \left(\frac{\Delta h_V d_0^2}{a_F^2}\right)^{0,371} \left(\frac{a_F^2 \rho_F}{\sigma d_0}\right)^{0,35} \left(\frac{\eta_F c_{p,F}}{\lambda_F}\right)^{-0,16} \tag{38}$$

Die Nu-Zahl $\text{Nu} = \alpha\, d_0/\lambda_F$ wird mit dem Blasenabreißdurchmesser d_0 als charakteristischer Länge berechnet:

$$d_0 = 0{,}0149\,\beta \left(\frac{2\sigma}{g(\rho_F - \rho_D)}\right)^{0,5} \tag{39}$$

Der Randwinkel β beträgt bei Wasser 45°, bei Tiefsiedern 1° und bei anderen Fluiden 35°. Es wird empfohlen, Gleichung 38 bei einem reduzierten Druck von $p^* = 0{,}03$ anzuwenden und mit Gleichung 37 auf den gewünschten Zustand umzurechnen, da die Datenbasis für Gleichung 38 aus Messungen von Fluiden stammt, bei denen dieser reduzierte Druck dem Atmosphärendruck entspricht, bei dem die meisten Messungen durchgeführt wurden.

Die Abhängigkeit des Wärmeübergangskoeffizienten beim Blasensieden von der Wärmestromdichte ist besonders ausgeprägt und besitzt gegenüber der freien Konvektion eine deutlich größere Steigung. Dies ist deutlich in Abb. 5.52 zu erkennen. Für die Auswertung von Gleichung 37 wird zur Berechnung der Steigung für alle Stoffe mit Ausnahme von Wasser folgende Gleichung verwendet:

$$n = 0{,}9 - 0{,}3\,p^{*0,3} \tag{40}$$

Für Wasser beträgt der Exponent des reduzierten Druckes in Gleichung 40 nicht 0,3, sondern 0,15. Die Abhängigkeit des Wärmeübergangskoeffizienten vom Siededruck ist mit Ausnahme des Wassers durch die Beziehung

$$F(p^*) = 1{,}2\,p^{*0{,}27} + \left(25 + \frac{1}{1-p^*}\right)p^* \tag{41a}$$

gegeben. Für Wasser ergibt sich

$$F(p^*) = 1{,}73\,p^{*0{,}27} + \left(6{,}1 + \frac{0{,}68}{1-p^*}\right)p^{*2} \tag{41b}$$

Der Bereich des Blasensiedens endet mit der kritischen Wärmestromdichte, die nach der Beziehung von Kutatelatze

$$\dot{q}_{\mathrm{krit}} = K\Delta h_{\mathrm{V}}\rho_{\mathrm{D}}^{0{,}5}\left[\sigma(\rho_{\mathrm{F}} - \rho_{\mathrm{D}})g\right]^{0{,}25} \tag{42}$$

beträgt, mit der Verdampfungsenthalpie Δh_{V} und der Oberflächenspannung σ. Die Konstante K nimmt Werte zwischen 0,13 und 0,16 an. Für Wasser bei Umgebungsdruck folgt aus Gleichung 42 eine kritische Wärmestromdichte von 1104 $\mathrm{kW/m^2}$, für Ethanol beträgt diese nur 455 $\mathrm{kW/m^2}$.

Besteht die siedende Flüssigkeit aus einem Gemisch, so entsteht ganz analog zur Kondensation ein Gradient in der Grenzschicht zur Grenzfläche, der dazu führt, dass der Wärmeübergangskoeffizient des Gemischs kleiner ist als die molmäßige Mittelung des Wärmeübergangskoeffizienten der Reinstoffe. Bei der Kondensation reichert sich die niedrig siedende Komponente an und hemmt den Transport, beim Sieden bildet die hochsiedende Komponente den Widerstand. Auch an dieser Stelle wird auf Beziehungen in [1] verwiesen.

5.2.2.2 Bauarten technischer Verdampfer

5.2.2.2.1 Doppelrohr-Wärmetauscher

Diese einfachste Konfiguration zur indirekten Wärmeübertragung wurde im vorhergehenden Abschnitt ausgiebig diskutiert. Anwendung findet der Doppelrohr-Wärmetauscher, wenn besonderer Wert auf die Stromführung (Gleich-/Gegenstrom) gelegt wird oder wenn Totzonen vermieden werden müssen. Üblicherweise befindet sich eine Reihe von Doppelrohr-Wärmetauschern in einem Gestell übereinander.

5.2.2.2.2 Rohrbündel-Wärmetauscher

Die meiste Verbreitung unter den Wärmetauschern finden die Rohrbündel-Wärmetauscher. Sie werden je nach Anwendung und Platzangebot horizontal, vertikal oder geneigt aufgestellt. Rohrseitig kann die Stromführung durch Wahl geeigneter Hauben variiert werden. Sind besonders hohe Geschwindigkeiten für einen ausreichend guten Wärmeübergang notwendig, erreicht man dies durch eine mehrgängige Bauweise. Abb. 5.53 zeigt einen Rohrbündel-Wärmetauscher mit vier Gängen. Die Geschwindigkeit sollte im Allgemeinen nicht unter 1 m/s liegen. Um Ablagerungen und somit Fouling zu vermeiden, empfiehlt der VDI-Wärmeatlas Geschwindigkeiten von 1,8 m/s.

Die meisten Rohrbündel-Wärmetauscher besitzen Rohre mit einem Außendurchmesser von 16–25 mm, und die Länge der Rohre variiert zwischen 1 m und 6 m. Auf der Mantelseite wird durch zusätzliche Einbauten, sog. Umlenkbleche, dafür gesorgt, dass das Fluid nicht auf direktem Wege vom Eintrittsflansch zum Austrittsflansch strömen kann. Die Rohre werden zwischen den Umlenkblechen quer und im sog. Fenster der Umlenkbleche längs angeströmt. Um die in dieser Anordnung vorhandenen, schwach durchströmten und zur Verschmutzung neigenden Zonen zu vermeiden, wurde von der Firma ABB (Lummus Heat Transfer) in The Hague, Niederlande, der Helixchanger entwickelt, der auf der Mantelseite durch speziell ausgerichtete Umlenkbleche eine schraubenlinienförmige Strömung erzeugt.

Werden die Rohre im Mantelraum mit Gasen hoher Geschwindigkeit quer angeströmt, können die Rohre, analog zu pfeifenden Telefondrähten, zu Schwingungen angeregt werden. Damit keine Havarie auftritt, darf die Frequenz der Anregung kein ganzzahliges Vielfaches der Eigenfrequenz der Rohre sein. Diese lässt sich für ein bestimmtes Rohr durch den Abstand der Umlenkbleche einstellen. Dabei sind besonders die Bereiche Eintritt (bei der Kondensation) und Austritt (bei der Verdampfung) gefährdet, da dort die größte Geschwindigkeit, gepaart mit einer großen, nicht unterstützten Rohrlänge im Fenster des Umlenkbleches, auftritt. Ist eine Verkleinerung des Abstands der Umlenkbleche beispielsweise aufgrund eines begrenzenden Druckverlusts nicht zulässig, so können Gitter aus Blechstreifen zwischen die Rohre gezogen werden.

Durch die Verwendung von Twisted Tubes, dargestellt in Abb. 5.53 a, kann vollständig auf Umlenkbleche verzichtet werden, da sich die Strömung auf der Mantelseite durch die axiale und azimutale Anordnung der verformten Rohre ergibt. In den Rohren erhöht die Form des Strömungskanals den Wärmeübergang durch die Ausbildung einer Sekundärströmung, natürlich auf Kosten eines erhöhten Druckverlusts. Eine Sekundärströmung kann auch erreicht werden, indem in kreisrunde Rohre Twisted Tapes oder andere Turbulatoren eingezogen werden. Neben einer Steigerung des Wärmeübergangs, besonders im la-

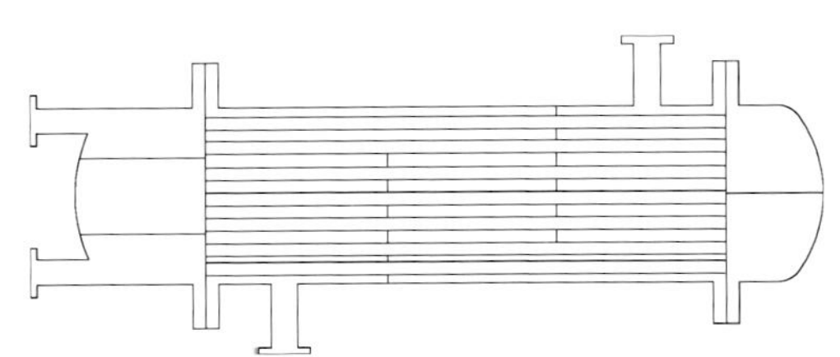

Abb. 5.53 Rohrbündel-Wärmetauscher mit vier Gängen.

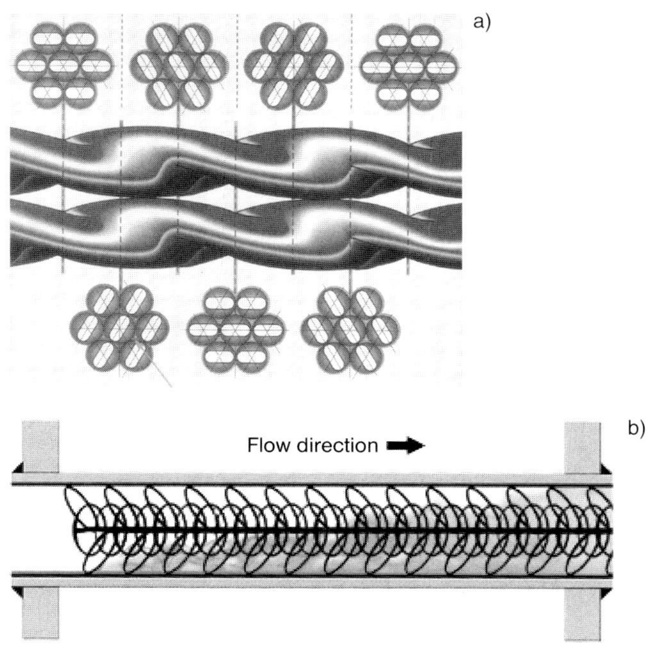

Abb. 5.53 a und b (a) Twisted Tubes von Brown Finn Tubes [4]. (b) Turbulator von Cal Gavin [5].

minaren Bereich, führen diese Einbauten teilweise auch zu einer Verbesserung des Verschmutzungsverhaltens. Abb. 5.53 b zeigt ein Element von Cal Gavin.

Aufgrund der weiten Verbreitung von Rohrbündel-Wärmetauschern ist auch die Fertigung dieser Apparate sehr weit gediehen, sodass Konstruktionen für die verschiedensten Anwendungen entwickelt wurden.

5.2.2.2.3 Spezielle Rohrbündel-Wärmetauscher

a) Fallfilmverdampfer

Eine Kombination, die weite Verbreitung gefunden hat, ist die Beheizung mit Heizdampf auf der Mantelseite, wofür praktisch keine Umlenkbleche benötigt werden, und einer Filmverdampfung in den senkrechten Rohren, die auch bei langen Rohren kaum Druckverlust erzeugt und gute Wärmeübergangskoeffizienten liefert, die mit den Gleichungen zur Filmkondensation berechnet werden können. Die Verdampfung findet nicht an der Heizwand, sondern an der freien Filmoberfläche statt, was zu einer Beschränkung des treibenden Temperaturgefälles führt.

Ein Aufreißen des Filmes – z. B. durch Blasenbildung an der Heizwand – muss vermieden werden, da an trockenen Stellen eine unzulässige Überhitzung des Produkts stattfinden kann, die auch zu einer Verschmutzung der Heizfläche führen kann. Aus diesem Grund wird meist eine Umlaufpumpe installiert, die für eine genügend große Berieselungsdichte von mindestens 1 $m^3/(m\ h)$ sorgt. Um die rechnerische Berieselungsdichte in jedem Segment des Umfangs eines jeden Rohres zu gewährleisten, wird große Sorgfalt auf die gleichmäßige Verteilung des Produkts gelegt. Apparatelängen von mehr als 8 m lassen sich auf diese Weise realisieren.

Eine Fahrweise, bei der das Produkt dem Verdampfer unterkühlt zugeführt wird, kann ebenfalls zum Filmaufriss führen. In diesem Fall steigt die Produkttemperatur in axialer und auch in radialer Richtung; damit nimmt aber die Oberflächenspannung ab. Durch diesen sog. Marangoni-Effekt können trockene Stellen resultieren, an denen das Produkt überhitzt werden kann.

Die Dampfaustrittsgeschwindigkeiten in Fallfilmverdampfern sind üblicherweise <10 m/s, da ansonsten Tropfen mitgerissen werden, die anschließend wieder abgeschieden werden müssen.

b) Dünnschichtverdampfer

Handelt es sich um ein temperaturempfindliches Produkt, das im Vakuum verdampft werden muss, oder führt eine erhöhte Viskosität des Produkts zu einem dicken Film mit schlechtem Wärmeübergang, so finden Dünnschichtverdampfer ihren Einsatz. Bei einem Dünnschichtverdampfer wie in Abb. 5.54 wird der

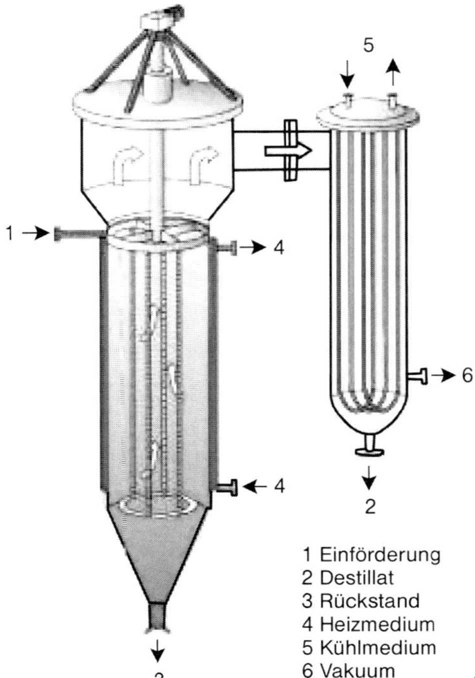

Abb. 5.54 Dünnschichtverdampfer [6].

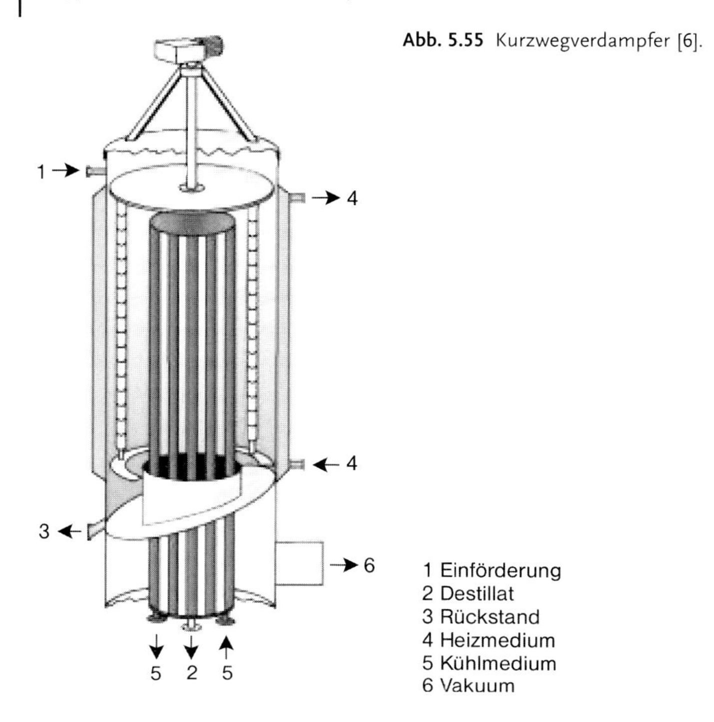

Abb. 5.55 Kurzwegverdampfer [6].

Film gewischt, um den Wärme- und Stoffübergang zu erhöhen. Dünnschichtverdampfer werden bis zu einer Größe von ca. 50 m^2 hergestellt. Bei den Wischelementen finden sowohl starre Blätter als auch Rollen Einsatz, wobei die Eignung meist im Versuch zu klären ist. Bis hin zu einem Druck von 1 mbar reicht der Einsatzbereich dieser Verdampfer. Genügt dieser Verdampfungsdruck nicht mehr, um den entstehenden Dampf durch eine Leitung zum Kondensator zu führen, wird der Weg für den Dampf verkürzt und der Kondensator ins Zentrum des Verdampfers direkt gegenüber der Heizfläche gesetzt. Abb. 5.55 zeigt einen solchen Kurzwegverdampfer, in dem Drücke bis zu 0,001 mbar erreicht werden.

c) Kettle-Typ-Verdampfer

Schadet dem Produkt eine deutliche Überhitzung über die Siedetemperatur nicht, so kann ein Verdampfer vom Kettle-Typ genutzt werden. Dieser besteht aus einem getauchten U-Rohr-Bündel, auf dessen Innenseite z. B. mit Dampf geheizt wird. Im Mantel verdampft das Produkt, je nach Überhitzung mittels freier Konvektion oder durch Blasensieden. Die Anordnung vieler Rohre übereinander sorgt für die Ausbildung eines internen Umlaufs, der den Wärmeübergang bei kleinen und mittleren Leistungen positiv beeinflusst. Bei großen Leistungen steigt der Dampfgehalt im Bündel so stark an, dass die kritische Wärmestromdichte früher als am Einzelrohr erreicht wird. Der Mantelraum ist gegenüber anderen Rohrbündel-Wärmetauschern stark vergrößert, um kleine Dampfgeschwindigkeiten zu erreichen, die ein Mitreißen von Tropfen minimieren. Teilweise besitzen die Verdampfer keinen eigenen Mantel, sondern sind in den Sumpf einer Kolonne integriert.

d) Entspannungsverdampfer

Bei der Eindampfung von zur Verschmutzung neigenden Produkten wird häufig eine Kombination aus Wärmetauscher und Abscheider zur Verdampfung genutzt. Im Wärmetauscher wird das Produkt nur erwärmt. Hinter ihm befindet sich ein Ventil, mit dem der Druck oberhalb des Verdampfungsdrucks gehalten wird, sodass die Verdampfung außerhalb des Wärmetauschers stattfindet. Damit, und durch hohe Geschwindigkeiten in den Rohren, werden Ablagerungen und Anbackungen vermieden, sodass diese Kombination auch bei Apparaten zur Kristallisation eingesetzt werden kann. In dem Abscheider – oder in der Rohrleitung zum Abscheider – findet die Verdampfung statt. Der Durchmesser des Abscheiders muss so groß gewählt werden, dass sich die Phasen separieren können. Die Umlaufströme bei diesen Verdampfern sind dann sehr groß, wenn nur geringe Überhitzungen zugelassen sind, denn nur die Energie der Überhitzung ($\dot{M}_{\text{Umlauf}} c_p \Delta T_{\text{Überhitzung}}$) kann in Energie zur Verdampfung ($\dot{M}_{\text{Dampf}} \Delta h_V$) umgewandelt werden.

5.2.2.2.4 Platten-Wärmetauscher

Aufgrund ihrer kompakten Bauweise, ihrer variablen Größe und der üblicherweise hohen Wärmeübergangskoeffizienten haben die Platten-Wärmetauscher vielerorts Anwendung gefunden. Das Prinzip der Stromführung wird in Abb. 5.56 gezeigt. Zur Reinigung kann das Plattenpaket aus dem Gestell gezogen werden, und jede Seite einer Platte ist einer mechanischen Reinigung zugänglich.

Häufig beschränken die Dichtungen zwischen den Platten den Anwendungsbereich der Apparate. Um diesen Nachteil zu beheben, können die Platten so verschweißt werden, dass keine Dichtungen mehr erforderlich sind. Jetzt kann die entsprechende Seite zwar nicht mehr mechanisch gereinigt werden, aber bezüglich korrosiver Medien und schärferer Prozessbedingungen erweitert sich der Einsatzbereich der Plattenapparate. Für besondere Einsätze existieren auch voll verschweißte Platten-Wärmetauscher.

Inzwischen ist der Einsatz von Platten-Wärmetauschern auch nicht mehr auf den einphasigen Einsatz beschränkt. Sowohl Verdampfer als auch Kondensatoren werden inzwischen als Plattenapparate ausgeführt, wobei die Seite, auf der der Phasenwechsel stattfindet, üblicherweise mit Kanälen größeren Strömungsquerschnitts ausgestattet ist.

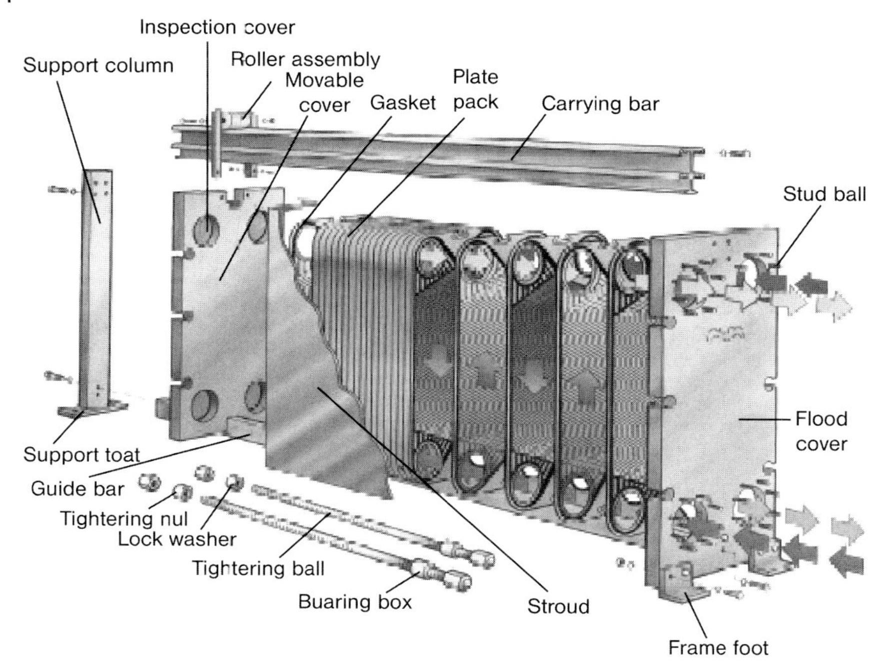

Abb. 5.56 Stromführung im Platten-Wärmetauscher [7].

5.2.2.3 Wärmeübertragung im Labor

Viele der in Abschnitt 5.2.2.2 aufgeführten Apparate werden in für Laborbedingungen geeigneten Größen angeboten und können mit den in Abschnitt 5.2.2.1 angegebenen Beziehungen dimensioniert werden. Es muss aber darauf geachtet werden, dass die Anwendung innerhalb der angegebenen Grenzen geschieht. Der kleinere Maßstab kann z. B. dazu führen, dass die Einlaufstrecke einen zu großen Teil der Gesamtstrecke in Anspruch nimmt und deshalb besonders berücksichtigt werden muss. Weitere wärmetechnische Besonderheiten werden in Abschnitt 5.2.2.3.4 diskutiert.

Bei der Auswahl der Strömungsquerschnitte in den Apparaten, aber insbesondere auch in den Ventilen, muss berücksichtigt werden, dass eventuell vorhandene Schmutzpartikel oder allg. Feststoffe, die in der großtechnischen Anlage sehr viel kleiner als die Strömungsquerschnitte sind, zu Verstopfungen führen können, wenn keine geeigneten Filter verwendet werden.

5.2.2.3.1 Servicemedien

Bei der Wahl der Servicemedien stehen im Labor üblicherweise weniger Möglichkeiten zur Auswahl als im Produktionsbetrieb. Aufgrund der kleineren Leistungen besteht hier aber die Möglichkeit, für eine Wärmequelle auf eine elektrische Beheizung z. B. in Form einer Heizkerze, zurückzugreifen, welche die Möglichkeit bietet, nahezu unabhängig vom Temperaturniveau eine definierte Wärmestromdichte zu übertragen. Die Oberflächentemperatur der Heizkerze stellt sich so ein, dass ein Abtransport der Ohm'schen Wärme stattfindet. Daraus resultiert auf der einen Seite eine schnelle Regelbarkeit, aber, wie bei der Diskussion des kritischen Siedephänomens erwähnt, kann dies zu einem Schaden durch Überhitzung führen, falls diese Bedingung außerhalb des Betriebsbereichs der Heizkerze liegt. Bei der Verwendung elektrischer Beheizungen ist immer darauf zu achten, dass eine ausreichende Kühlung dieser Elemente durch Wärmeabfuhr sichergestellt ist. Bei der elektrischen Beheizung einer Sumpfblase durch einen Heizmantel können unzulässig große Überhitzungen häufig durch den Einsatz von Rührorganen vermieden werden.

5.2.2.3.2 **Thermostate**

Mit einem Thermostat trennt man die elektrische Beheizung vom Produkt, in dem ein flüssiger Wärmeträger zwischengeschaltet wird. Dies sind üblicherweise Glykole, Kohlenwasserstoffe oder bei höheren Temperaturen hochmolekulare und chemisch stabile Wärmeträgeröle, die im Einsatzbereich nicht verdampfen. Gegenüber Wasser als Heizmedium besitzen diese Stoffe zwar schlechtere wärmetechnische Eigenschaften (kleinere Verdampfungsenthalpie, Wärmeleitfähigkeit und spezifische Wärmekapazität), ermöglichen aber einen Betrieb bei moderaten Drücken für Temperaturen bis zu 400 °C. Teilweise stellt der Kontakt mit Wasser (speziell wenn Wasser mit dem Produkt reagiert) ein beträchtliches Gefahrenpotenzial dar, das auf diese Weise vermieden werden kann. Das Produkt kann sich bei Verwendung eines Thermostaten nur noch maximal auf die einstellbare Vorlauftemperatur des Wärmeträgers erhitzen.

5.2.2.3.2.1 **Siedethermostat**

Siedethermostate erweitern die Vorteile von Thermostaten mit flüssigem Wärmeträger um die Vorteile der nahezu isothermen Wärmeabgabe, der hohen Wärmeübergangskoeffizienten durch Kondensation und der geringeren Trägheit des Systems, da sich bei gleicher Leistung weniger Wärmeträger im Umlauf befindet. Einschränkend ist bei den Siedethermostaten die Verfügbarkeit an Wärmeträgern, die bei sehr hohen Temperaturen (> 350 °C) bei moderaten Drücken verdampfen und chemisch stabil sind. Es besteht bei diesen Bedingungen zum Teil die Möglichkeit, anfallende Spaltprodukte abzusaugen und stetig neuen Wärmeträger zuzuspeisen. Neuere Geräte kontrollieren den Zusammenhang zwischen Druck und Temperatur des Wärmeträgers, und falls eine Abweichung (z. B. durch Zersetzung) von der hinterlegten Dampfdruckkurve detektiert wird, reagiert die Regelung entsprechend.

Abb. 5.57 zeigt die Verwendung eines Siedethermostaten zur Beheizung eines Fallfilmverdampfers. Durch die Verwendung des hochmolekularen Wärmeträgers kann hier im Vakuum gearbeitet werden, sodass ein Fallfilmverdampfer aus Glas genutzt werden kann [8].

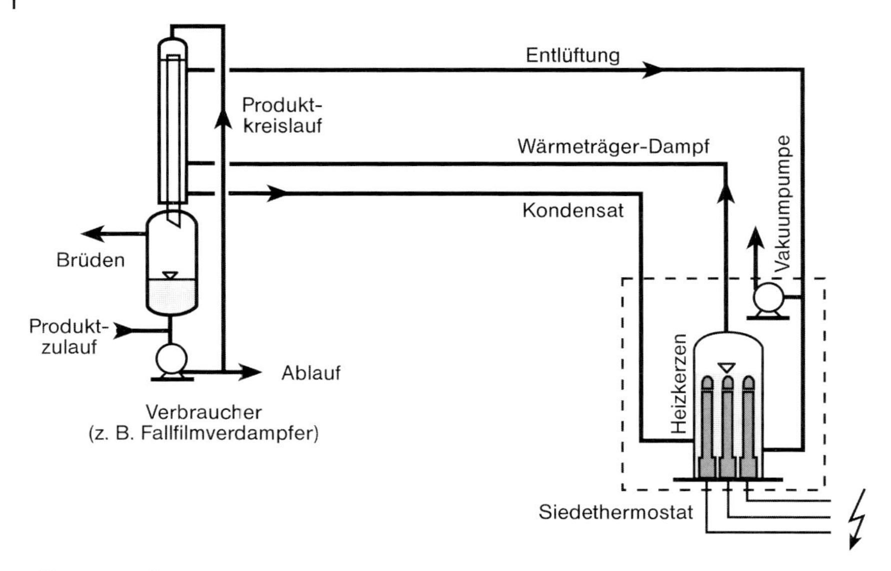

Abb. 5.57 Siedethermostat [8].

5.2.2.3.2.2 **Kühlthermostate**

Reichen die Temperaturen, die mithilfe von Kaltwasser zur Kühlung erreicht werden können, nicht mehr aus, werden mobile Kältemaschinen verwendet. Diese Apparate nutzen meist den Kompressionskältemaschinen-Prozess, um mit Kältemitteln tiefe Temperaturen zu erreichen. Im Verdampfer dieses geschlossenen Prozesses wird ein „Kälteträger" abgekühlt, der dann zur Kühlung genutzt werden kann. Die Kühlleistungen z. B. bei –50 °C sind üblicherweise auf 1–2 kW beschränkt.

5.2.2.3.3 **Glasapparatur**

Versuche im Miniplant-Maßstab werden durchgeführt, um wesentliche Auslegungsdaten für die Produktion zu gewinnen und um sich einen Eindruck über das generelle Verhalten des Produkts zu verschaffen. Für diesen Eindruck ist es wesentlich, visuelle Informationen zu erlangen, die den Einsatz von Glasapparaturen bedingen. Der Einsatz von Glas bringt einige Besonderheiten mit sich, die berücksichtigt werden müssen. Glas hat gegenüber Stahl eine verminderte Wärmeleitfähigkeit. Dies führt bei der Wärmezufuhr über eine Glaswand dazu, dass die Heizmitteltemperatur größer sein muss. Die isolierende Wirkung von Glas ersetzt aber keine Isolierung, sodass bei dem Verzicht auf diese zugunsten der visuellen Beobachtbarkeit große Verlustwärmemengen auftreten können. An der heißen Außenwand des Glasgefäßes stellt sich wie an einem Heizkörper eine freie Konvektion ein, die schnell zu einem Wärmeübergangskoeffizienten von 10 $W/(m^2\ K)$ führen kann.

Die Oberfläche von Glas ist üblicherweise sehr glatt, sodass Ablagerungen nur schlecht haften und sich Beläge erst spät bilden. Dies kann in einem raueren Stahlrohr schneller der Fall sein. Weiterhin sind die Betriebsdrücke bei Verwendung von Glasapparaturen maximal gleich dem Umgebungsdruck.

5.2.2.3.4 Wärmetechnische Besonderheiten durch den kleinen Maßstab

Bevor der Experimentator in der Wärmeübertragung die Vermessung komplexer Strukturen und Produkte im kleinen Maßstab angeht, sollte er sich durch einen einfachen Aufbau auf die bei der Bilanzierung lauernden Tücken sensibilisieren: Ein Doppelrohr-Wärmetauscher, wie er in Abb. 5.47 skizziert ist, durchströmt mit kaltem und heißem Wasser, dürfte so ziemlich der einfachste Aufbau sein, der sich realisieren lässt. Sowohl für das Innenrohr als auch für den Rohrspalt, stehen die in Abschnitt 5.2.2.1.1 genannten Beziehungen zur Verfügung, und die Stoffdaten von Wasser sind hinlänglich bekannt. Sei die in dem Wärmetauscher zu übertragende Nennleistung 100 W, so ändern Ströme von 20 l/h ihre Temperatur beim Durchströmen des Wärmetauschers um 4,3 K. Diese Änderung bezieht sich aber auf die mittlere Stromtemperatur, also eine Mischtemperatur. Von einer guten Durchmischung ist man bei der Temperaturmessung im kleinen Maßstab aber meistens weit entfernt. Ein Fehler in der Temperaturmessung von 1 K führt bei der Bestimmung des Wärmeübergangskoeffizienten bereits zu einem Fehler von 23%. Somit empfiehlt sich bei kleinen Massenströmen der Einsatz von Mischelementen – aufgebaut wie statische Mischer – stromaufwärts der Temperaturmessung. Abb. 5.58 zeigt einen SMX-Mischer der Firma Sulzer in Winterthur, Schweiz, der auch für kleine Rohrdurchmesser erhältlich ist.

Ein Rohrbündel-Wärmetauscher mit z. B. 102 Rohren (25 mm × 2 mm) und einem Rohrabstand von 30 mm benötigt einen Mantelinnendurchmesser von 350 mm. Daraus resultiert ein Verhältnis Wärmetauscherfläche zu Apparateaußenfläche von 6,7. Ein im Labor verwendetes Rohrbündel z. B. mit 14 Rohren (25 mm × 2 mm) hat einen Mantelinnendurchmesser von 150 mm. Daraus resultiert ein Verhältnis der Flächen von 2,1. Verliert der große Apparat 5% der zu übertragenden Leistung über den Mantel, so verliert der kleine bei gleichen Verhältnis-

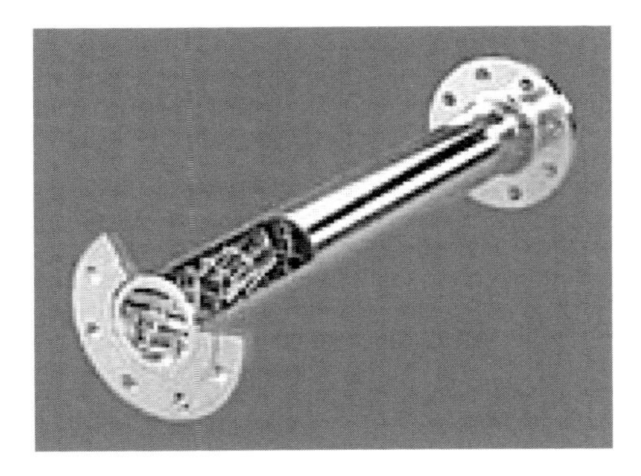

Abb. 5.58 SMX-Mischer der Firma Sulzer.

sen 16% über den Mantel. Analog ist das Verhältnis bei Leitungen und anderen Apparaten. Zu einer genauen Bilanzierung gehört demnach eine genaue Kenntnis der Verlustwärmen, die z. B. durch eine „Nullmessung“, eine Messung ohne Produktstrom, allein zur Bestimmung der Wärmeverluste, bestimmt werden können.

Formelzeichen

a	$[m^2/s]$	Temperaturleitfähigkeit
A	$[m^2]$	Fläche
b	$[W\ s^{0.5}/(m^2\ K)]$	Wärmeeindringzahl
$\bar{c}_p$	[J/(kg K)]	mittlere spezifische Wärmekapazität
d	[m]	Durchmesser
f	$[m^2\ K/W]$	Fouling-Faktor
f_{well}	[–]	Welligkeitsfaktor
f_η	[–]	Viskositätsfaktor
g	$[m/s^2]$	Erdbeschleunigung
$Gr = \frac{g\beta\Delta T d^3}{\nu^2}$	[–]	Grashoff-Zahl
Δh_V	[J/kg]	Verdampfungsenthalpie
$\dot{H}$	[W]	Enthalpiestrom
k	$[W/(m^2\ K)]$	Wärmedurchgangskoeffizient
ℓ	[m]	charakteristische Länge
L	[m]	Länge
$\dot{M}$	[kg/h]	Massenstrom
$Nu = \frac{\alpha\ell}{\lambda}$	[–]	Nusselt-Zahl
p	[Pa]	Druck
$Pr = \frac{\nu}{a} = \frac{\eta c_p}{\lambda}$	[–]	Prandt-Zahl
$\dot{q}$	$[W/m^2]$	Wärmestromdichte
$\dot{Q}$	[W]	Wärmestrom, Leistung
R_a	[m]	Rauigkeit der Heizwandoberfläche
r_B	[m]	Blasenradius
$Re = \frac{w\ell}{\eta/\rho}$	[–]	Reynolds-Zahl
T	[°C]	Temperatur
U	[m]	Umfang
w	[m/s]	Geschwindigkeit
x	[m]	Koordinate
α	$[W/(m^2\ K)]$	Wärmeübergangskoeffizient
β	$[K^{-1}]$	isobarer Volumenausdehnungskoeffizient
δ	[m]	Dicke
Γ	$[m^3/(m\ h)]$	Berieselungsdichte
η	[Pa s]	dynamische Viskosität
λ	[W/(m K)]	Wärmeleitfähigkeit
ν	$[m^2/s]$	kinematische Viskosität
ρ	$[kg/m^3]$	Dichte
σ	[N/m]	Grenzflächenspannung
ζ	[–]	Widerstandsbeiwert

Literatur zu Abschnitt 5.2.2

1 *VDI-Wärmeatlas*, 8. Aufl. Springer-Verlag 1997.

2 *Körting Arbeitsblätter für die Strahlpumpen-Anwendung und die Vakuumtechnik* der Firma Körting, Hannover.

3 Kraussold, H., *Der konvektive Wärmeübergang*. Technik 3 (1948) 205–213 und 257–261.

4 Aus Prospekt *Twisted – Tube^{TM} – Wärmetauscher* der Firma Brown Fintube, England, 2003.

5 Aus Präsentation *Hitran* der Firma Cal Gavin, England, 2003.

6 Aus dem Internetauftritt von VTA – Verfahrenstechnische Anlagen GmbH, Deggendorf.

7 Aus Prospekt *Alfa Laval – Plattentechnologie* der Firma Alfa LavalMid Europe, Hamburg.

8 M. Hadley, L. Deibele, R. Jung, H. E. Steude, *Kompakter Siedethermostat*. CAV 11 (1998) 56–57.

5.2.3
Flüssig/Flüssig-Extraktion

Die Miniplant-Technik wird im Bereich der Extraktion zur Validierung von Verfahrenskonzepten und zur Unterstützung der Modellierung verwendet. Hierbei wird die Miniplant-Technik mit verschiedener Zielrichtung eingesetzt. Im Rahmen des Einsatzes der Miniplant-Technik werden Produktbeschaffenheit und Qualität untersucht. Die Miniplant-Technik wird auch zur Klärung von Unsicherheiten bei Rückführungen, der Hydrodynamik, der Thermodynamik sowie bei der Verknüpfung mit anderen Grundoperationen eingesetzt. Der Einsatzbereich im Rahmen einer Verfahrensentwicklung verdeutlicht Abb. 5.59.

Im zeitlichen Rahmen der Projektabwicklung sind das Haupteinsatzgebiet die Validierung und Optimierung des Verfahrenskonzeptes. Das Verfahrenskonzept wird auf Basis der ermittelten Stoffdaten aufgestellt und mittels Modellrechnungen geprüft. Zur Unterstützung dieser Rechnungen können verschiedene Miniplant-Versuche, z. B. Untersuchungen an Einzeltropfen oder in Mischer-Scheider-Kaskaden, durchgeführt werden.

Eine theoretische Vorausberechnung der Stoffaustauschkinetik und der hydraulischen Anforderungen in den technisch eingesetzten Apparaten ist ohne Versuch im Miniplant-Maßstab nicht möglich. Als Miniplant-Apparate zur Verfahrensvalidierung werden in der technischen Anwendung Mischer-Scheider-Apparate, Extraktionskolonnen mit Packungen und Siebböden sowie Separatoren eingesetzt.

5.2.3.1 Grundlagen der Extraktion

Mittels Extraktion können Stoffe aus flüssigen Lösungen (Flüssig/Flüssig-Extraktion) oder aus festen Trägerstoffen (Fest/Flüssig-Extraktion) gelöst bzw. abgetrennt werden. Voraussetzung ist, dass das Extraktionsmittel nicht bzw. nur zu geringen Teilen in der flüssigen Lösung bzw. im Trägerstoff, welche die zu extrahierende Komponente beinhaltet, löslich ist.

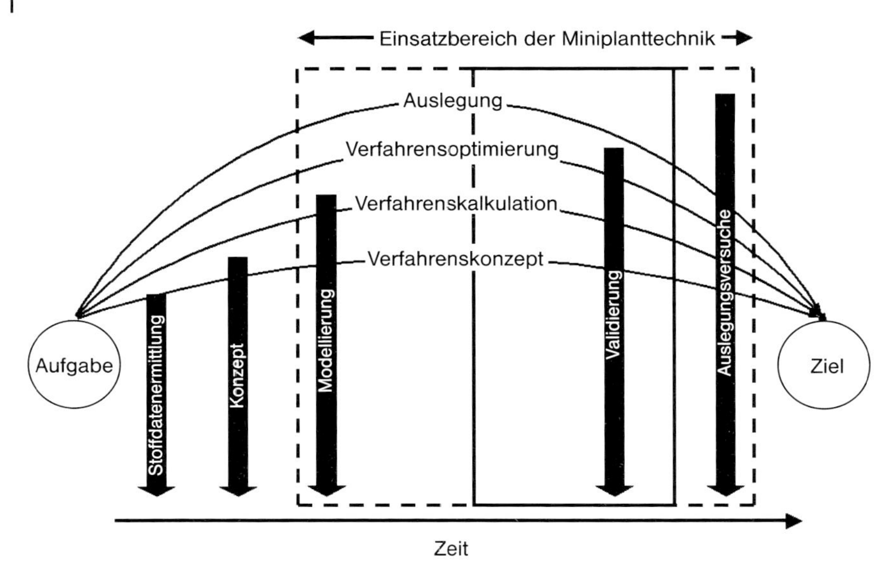

Abb. 5.59 Stufen der Entwicklung eines technischen Prozesses.

Der in die Extraktion eintretende Trägerstrom, meist mit dem zu extrahierenden Stoff beladenes Wasser, wird Feed genannt. Nach der Abreicherung der Zielkomponente wird dieser Strom als Raffinat bezeichnet. Das unbeladene Extraktionsmittel wird Solvent und das beladene Extraktionsmittel Extrakt genannt.

Die Extraktion wird vor allem in flüssigen Systemen eingesetzt, die keinen hohen thermischen Belastungen ausgesetzt werden dürfen, sowie bei Trennungen zwischen Komponenten mit sehr geringer Siedepunktdifferenz. Die Extraktion stellt in diesen Fällen eine mögliche Alternative zur Destillation dar.

Im Allgemeinen werden bei der Extraktion zwei nicht miteinander mischbare Phasen in Kontakt gebracht. Nach ausreichend langer Kontaktzeit stellt sich in den beiden Phasen ein Verteilungsgleichgewicht der gelösten Komponenten ein. Der Quotient aus der Konzentration in der Extraktphase und der Konzentration in der Raffinatphase wird als Verteilungskoeffizient bezeichnet. Im idealen Fall stellt sich das Gleichgewicht gemäß dem Nernst'schen Verteilungskoeffizienten D ein:

$$D = Y_\omega / X_\omega \tag{1}$$

Im Idealfall ist der Verteilungskoeffizient konstant. Häufig ist er aber bei konstanten Betriebsbedingungen, d.h. gleicher Temperatur und gleichem Phasen-

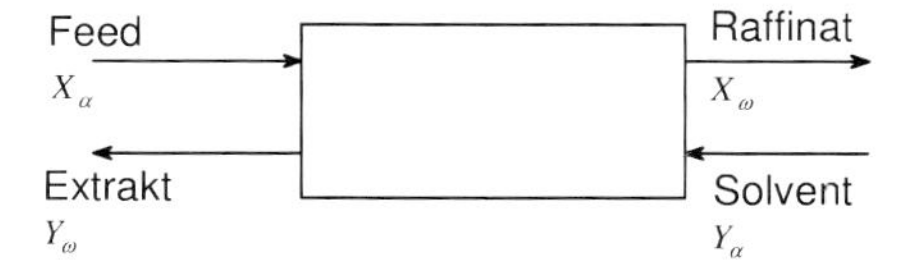

Abb. 5.60 Einstufige Extraktion.

verhältnis von organischer zu wässriger Phase, für eine bestimmte Komponente abhängig vom pH-Wert oder von anderen Systemgrößen wie z. B. Konzentrationen oder Salzgehalten.

Es kommt auch in bestimmten technischen Stoffsystemen zur gegenseitigen Beeinflussung verschiedener physikalischer Effekte. Es kann z. B. bei Auftreten von Matrixeffekten ein abnehmender oder auch zunehmender Verteilungskoeffizient beobachtet werden (Abb. 5.61).

Basis der Extraktion ist die Betrachtung der Verteilung der Zielkomponente auf die beiden eingesetzten Phasen. Diese Daten werden als Isothermen dargestellt. Die Isotherme gibt den funktionellen Zusammenhang zwischen dem Verteilungskoeffizienten und einer geeigneten Prozessgröße wieder. Der Verteilungskoeffizient D kann z. B. über dem pH-Wert, einer Konzentration oder anderen Prozessparametern aufgetragen werden.

Ein weiterer wichtiger technischer Extraktionsparameter ist die Ausbeute E. Sie beschreibt den Massenanteil des Wertstoffes in der Extraktphase (m_0) bezogen auf die Gesamtmasse an Wertstoff in beiden Phasen ($m_0 + m_a$) nach der Gleichgewichtseinstellung:

$$E = \frac{m_0}{m_0 + m_a} \tag{2}$$

Die Extraktionsausbeute ist, im Gegensatz zum Verteilungsverhältnis, vom Massenverhältnis (bzw. Volumenverhältnis) zwischen der organischen (OP) und wässrigen Phase (WP) abhängig. Drückt man die Masse des Wertstoffes in der jeweiligen Phase durch die Massenanteile in der Phase aus, so erhält man aus Gleichung 2

$$E = \frac{Y_\infty \cdot m_{OP}}{X_\infty \cdot m_{WP} + Y_\infty \cdot m_{OP}} \tag{3}$$

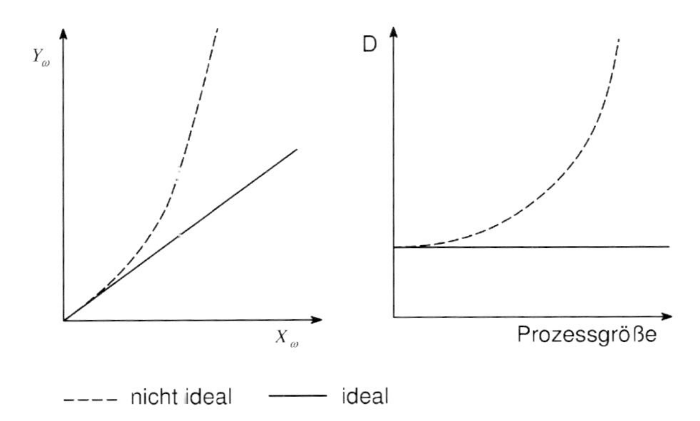

Abb.. 5.61 Verteilungsgleichgewichte ideal und real.

X und Y stellen die Massenanteile des Wertstoffes in der jeweiligen Phase und m_{WP} bzw. m_{OP} die Gesamtmassen der organischen bzw. wässrigen Phase dar. Somit kann der Verteilungskoeffizient wie folgt aus der Extraktionsausbeute berechnet werden:

$$D = \frac{E \cdot \frac{m_{WP}}{m_{OP}}}{1 - E} \quad (4)$$

Der dritte wichtige technische Extraktionsparameter ist der Trennfaktor α. Dieser Parameter beschreibt den Quotienten der Verteilungsverhältnisse der zu trennenden Komponenten nach der Einstellung des Gleichgewichts.

$$\alpha = \frac{D_1}{D_2} \geq 1 \quad (5)$$

α ist ein Maß für die Selektivität. Besitzt der Trennfaktor den Wert 1, so kann das Gemisch mit dem verwendeten Stoffsystem extraktiv nicht getrennt werden, da die Verteilungskoeffizienten beider Komponenten identisch sind. Für eine technisch sinnvoll zu realisierende Extraktion sollte der Trennfaktor mindestens über 1,3 bzw. maximal unter 0,75 liegen.

5.2.3.1.1 Lösungsmittel und Lösungsmittelauswahl

Zur Auswahl des Lösungsmittels müssen sowohl thermodynamische als auch fluiddynamische Auswahlkriterien beachtet werden. Als eines der Hauptkriterien ist die Selektivität des Lösungsmittels ausschlaggebend. Zum einen muss die Übergangskomponente in dem Solvent löslich sein, zum anderen sollte aber das Solvent mit der zweiten, wässrigen Phase eine möglichst große Mischungslücke bilden und somit eine geringe Löslichkeit aufweisen. Außerdem sollten die wenigen gelösten Anteile leicht aus der wässrigen Phase abtrennbar sein. Im idealen Fall ist das Solvent unlöslich in der wässrigen Phase. Die Aufnahmekapazität ist für das einzustellende Phasenverhältnis wichtig. Beim Einsatz kleinerer Lösemittelmengen kann es bei einer zu geringen Aufnahmekapazität zu einer Grenzbeladung kommen, die das Einstellen der Gleichgewichtskonzentrationen, gemäß einem linearen Verteilungskoeffizienten, verhindert.

Weiterhin sollte die Übergangskomponente leicht aus dem Extrakt abtrennbar sein. Dies erleichtert die Regeneration des Lösungsmittels. Wenn eine Destillation zur Aufarbeitung des Lösungsmittels eingesetzt wird, sollte dieses mit dem Wertstoff kein Azeotrop bilden und eine möglichst große Siedepunktdifferenz zum Wertstoff aufweisen.

Als fluiddynamische Kriterien zur Auswahl des Lösungsmittels sind eine schnelle Phasentrennung und die Vermeidung einer Emulsionsbildung zu gewährleisten. Deshalb sollte bei der Wahl des Lösungsmittels eine ausreichend hohe Dichtedifferenz zwischen Feed und Lösungsmittel gewährleistet werden. Es kann auch in speziellen Fällen die Dichte der wässrigen Phase durch die Zugabe von Salz gesteigert werden. Hierdurch kann es zu einer besseren Phasentrennung kommen. Gleichzeitig kann auf diese Weise auch einer Emulsionsbildung entgegengewirkt werden.

Eine weitere wichtige Größe für die Lösungsmittelauswahl ist die Grenzflächenspannung. Sie beschreibt die Differenz der Bindungskräfte zwischen den phaseneigenen und den phasenfremden Molekülen. Niedrige Grenzflächenspannungen begünstigen die Bildung kleiner Tropfen, zu hohe Grenzflächenspannungen führen zu großen Tropfen. Hieraus resultiert ein schlechter Stofftransport. Somit ist eine angepasste Grenzflächenspannung zur Gewährleistung eines guten Phasenkontakts und eines guten Stoffübergangs notwendig.

Eine weitere fluiddynamische Größe ist die Viskosität. Bei zu hohen Viskositäten wird die Diffusionsgeschwindigkeit in den Phasen verringert. Durch diesen Effekt kommt es zu einem verlangsamten Stofftransport. Bei der Lösungsmittelauswahl muss auch die Phasentrennung betrachtet werden. Neben einer ausreichenden thermischen und chemischen Stabilität ist zur Vermeidung von Lösungsmittelverlusten ein niedriger Dampfdruck bei der Arbeitstemperatur erforderlich. Sicherheits- und umwelttechnische Eigenschaften sowie der Preis und die Verfügbarkeit sind bei der Auswahl des Lösungsmittels ebenfalls zu beachten.

5.2.3.1.2 Physikalische Extraktion

Bei der physikalischen Extraktion beruht die Trennung eines Stoffgemischs lediglich auf der Basis unterschiedlicher molekularer Strukturen, die maßgeblich für die physikalischen Eigenschaften, wie z. B. die Polarität, verantwortlich sind. Solche Extraktionssysteme sind relativ frei von störenden Einflussfaktoren, die durch Wechselwirkungen mit einer anderen Phase entstehen können.

Für ideale Verhältnisse (kleine Konzentrationen) lassen sich die Gleichgewichtsbeziehungen durch den von Nernst aufgestellten Verteilungssatz beschreiben. Demnach verteilt sich ein gelöster Stoff zwischen zwei nicht miteinander mischbaren Flüssigkeiten derart, dass das Konzentrationsverhältnis des gelösten Stoffes in den beiden Phasen bei konstanter Temperatur einen konstanten Wert D ergibt. In Gleichung 1 ist dieser Sachverhalt dargestellt. Trägt man die Konzentrationen in einem Diagramm gegeneinander auf, so wird der lineare Zusammenhang deutlich (Abb. 5.61). D spiegelt den Anstieg der Geraden wider. Für reale Verhältnisse ist der Quotient der Konzentrationen meist nicht linear.

5.2.3.1.3 Reaktivextraktion

Im Gegensatz zur rein physikalischen Extraktion, bei der die Trennwirkung nur auf Diffusion von einer in die andere Phase und dem physikalischen Verteilungsgleichgewicht beruht, laufen bei der Reaktivextraktion zusätzlich chemische Reaktionen ab. Diese Reaktionen können in der kontinuierlichen Phase oder an der Phasengrenzfläche stattfinden. Dadurch, dass die übergehenden

Komponenten durch die Reaktion ihre chemische Natur ändern, ist die Anwendung des einfachen Nernst'schen Verteilungssatzes nicht möglich. Oft ist bei diesen Extraktionsprozessen der Verteilungskoeffizient eine Funktion des pH-Wertes, der das Reaktionsgleichgewicht beeinflusst.

Durch diese Abhängigkeit lassen sich Reaktivextraktionsprozesse steuern. Mit der Wahl des Extraktionsmittels und den Betriebsparametern können sowohl die Selektivität als auch die Beladbarkeit der Aufnehmerphase optimiert werden. Diese Vorteile gegenüber der physikalischen Extraktion haben zu einer wachsenden Bedeutung der Reaktivextraktion in der industriellen Anwendung und der chemischen Industrie geführt, beispielsweise bei der Gewinnung von Wertmetallen aus verdünnten wässrigen Lösungen und bei der Extraktion von Zitronensäure.

In der Literatur wird zwischen Kationentauschern, Anionentauschern und solvatisierenden Extraktionsmitteln unterschieden. Auch die Extraktion einer Säure unterliegt dem Mechanismus der Reaktivextraktion.

5.2.3.2 Basisdaten und Apparateauswahl

5.2.3.2.1 Stoffdaten und Konzeption

Zur Ausarbeitung eines Verfahrenskonzepts und zur Verfahrenskalkulation müssen verschiedene physikalische Stoffdaten bekannt sein. Je nach angestrebtem Detaillierungsgrad und zugrunde liegendem Extraktionsmechanismus – physikalisch oder reaktiv – werden verschiedene Stoffdaten zur Konzeption und Modellierung benötigt.

Zur Betrachtung von physikalischen Extraktionen ist es notwendig, die Dichte und Viskosität der eingesetzten Stoffe zu kennen. Die Grundlage der Betrachtung von extraktiven Stofftrennungen bildet das Verteilungsgleichgewicht. Mithilfe dieser grundlegenden Kenntnisse des Stoffsystems können erste Abschätzungen zur apparativen Umsetzung durchgeführt werden. Eine zusätzliche Kenntnis der Diffusionskoeffizienten und des Stoffübergangskoeffizienten erleichtert eine Aussage über die bevorzugte apparative Ausführung. Die Koaleszenz und Spaltung von Tropfen sowie das Tropfenspektrum sind abhängig von der apparativen Ausführung und den physikalischen Eigenschaften des Stoffsystems [1].

Betrachtet man reaktive Extraktionsprozesse, müssen auch Reaktionsgeschwindigkeiten, Reaktionsgleichgewichte und die entsprechenden Reaktionskinetiken bekannt sein. Falls diese Systemeigenschaften nicht vermessen werden können, kann die notwendige Verweilzeit als summerische Kenngröße herangezogen werden. Hierbei muss sichergestellt sein, dass die Verweilzeit im Apparat für Reaktivextraktionen als auch für physikalische Extraktionen der entsprechenden Kinetik entspricht.

Bei der Vielzahl von Einflüssen durch Stoff- und Systemdaten können ebenfalls Mischungs- und Matrixeffekte zum Tragen kommen.

5.2.3.2.2 Modellierung

Zur Aufstellung eines Modells, das zur ersten, groben Kalkulation des betrachteten Prozesses und somit zu Machbarkeitsstudien herangezogen werden kann, muss je nach Kenntnis des Stoffsystems und des eingesetzten Extraktionsprinzips (reaktiv oder physikalisch) die entsprechende Modelltiefe festgelegt werden. Grundsätzlich werden drei Detaillierungsgrade unterschieden:

1. McCabe-Thiele-Stufenkonstruktionen,
2. Stufenmodelle,
3. Dispersions- und HTU-NTU-Modelle.

Bei der McCabe-Thiele-Konstruktion [2] werden meist konstante Systemparameter angesetzt. Mithilfe einer Stufenkonstruktion werden die zu erwartenden Austrittskonzentrationen ermittelt. Eine Einbeziehung von Rückführungen ist durch eine Iteration in Grenzen möglich. Die Durchführung der Berechnung kann mithilfe einfacher Tabellenkalkulationen erfolgen.

Der Einsatz von Stufenmodellen zur Kalkulation von extraktiven Verfahren stellt eine gute Möglichkeit dar, um mit wenigen Stoffdaten eine erste Aussage zur Machbarkeit von Stofftrennungen geben zu können. Hierbei werden ohne großen Aufwand die Wechselwirkungen des Stoffsystems (z. B. temperatur- und konzentrationsabhängige Verteilungsgleichgewichte) und vorhandene Rückführungen von Prozessströmen betrachtet. Die mathematische Umsetzung wird meist in Tabellenkalkulationen oder bei höherem Detaillierungsgrad in Fließbildsimulatoren (z. B. Aspen Custom Modeler) durchgeführt [3].

Zum Einsatz eines Dispersionsmodells muss eine Großzahl von Stoffdaten des betrachteten Stoffsystems vorliegen. Hierzu zählen u. a. die Reaktionsgeschwindigkeiten und Diffusionskoeffizienten. Durch Betrachtung der Dispersion ist es möglich, eine sehr hohe Genauigkeit bei komplexen Stofftrennungen zu erhalten. Dispersionsmodelle zeichnen sich bei der Umsetzung durch eine hohe Komplexität aus. Deshalb werden diese Modelle für die einzelnen Stoffsysteme aus vorgegebenen Modellvorlagen programmiert. Erste Dispersionsmodelle werden für Flüssig/Flüssig-Extraktionen und Reaktivextraktionsprozesse in Fließbildsimulatoren eingesetzt und zur Optimierung herangezogen [3].

Abb. 5.62 zeigt das Prinzip eines Modells zur Simulation einer extraktiven Trennung von zwei Wertstoffen. Als Verfahrensvariante wurde ein Kreislauf zwischen den Teilprozessen Extraktion (E), Wäsche (W) und Reextraktion (R) nachgebildet. Anhand der diskreten Beschreibung der verwendeten Stufen in den einzelnen Teilprozessen kann eine Abschätzung der benötigten Stufenanzahl in den Verfahrensschritten durchgeführt und somit optimiert werden. Der pH-Wert, der als Steuergröße fungiert, kann in allen Stufen variiert werden.

5.2.3.2.3 Apparateauswahl

Auf der Basis der abgeschätzten Stufenanzahl und der Stoffdaten kann eine Auswahl des technischen Apparats durchgeführt werden. Abb. 5.63 zeigt das grobe Auswahlschema der Extraktionsapparate auf Basis der benötigten Stufen-

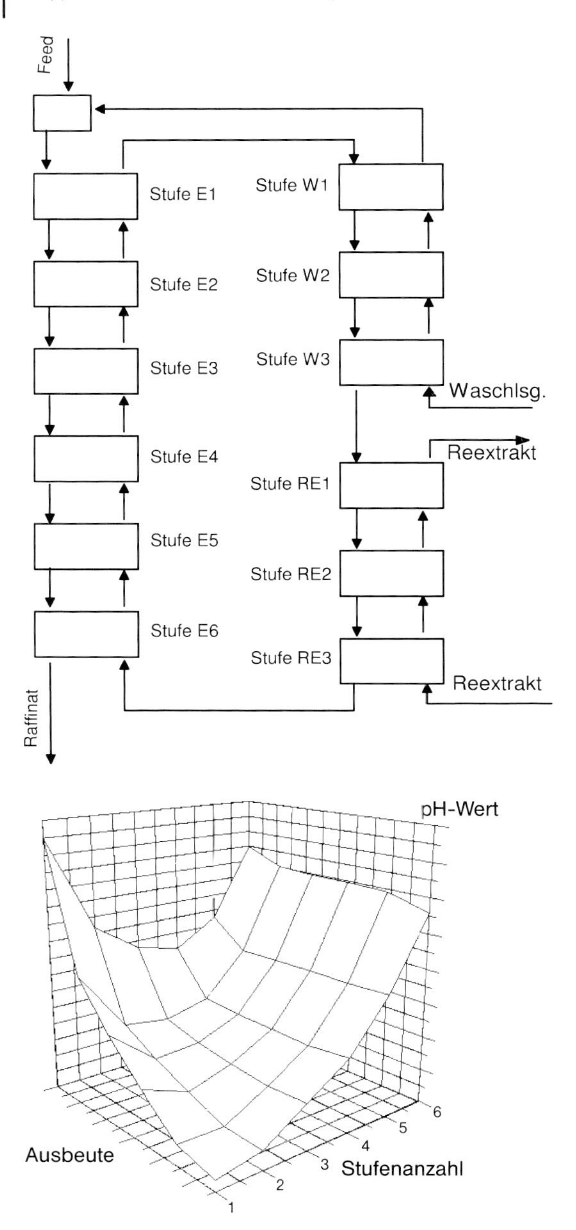

Abb. 5.62 Beispiel einer Modellierung nach dem Stufenmodell für eine Produkttrennung. Links: Schematische Darstellung des eingesetzten Stufenmodells. Rechts: Parameterstudie am dargestellten Modell [3].

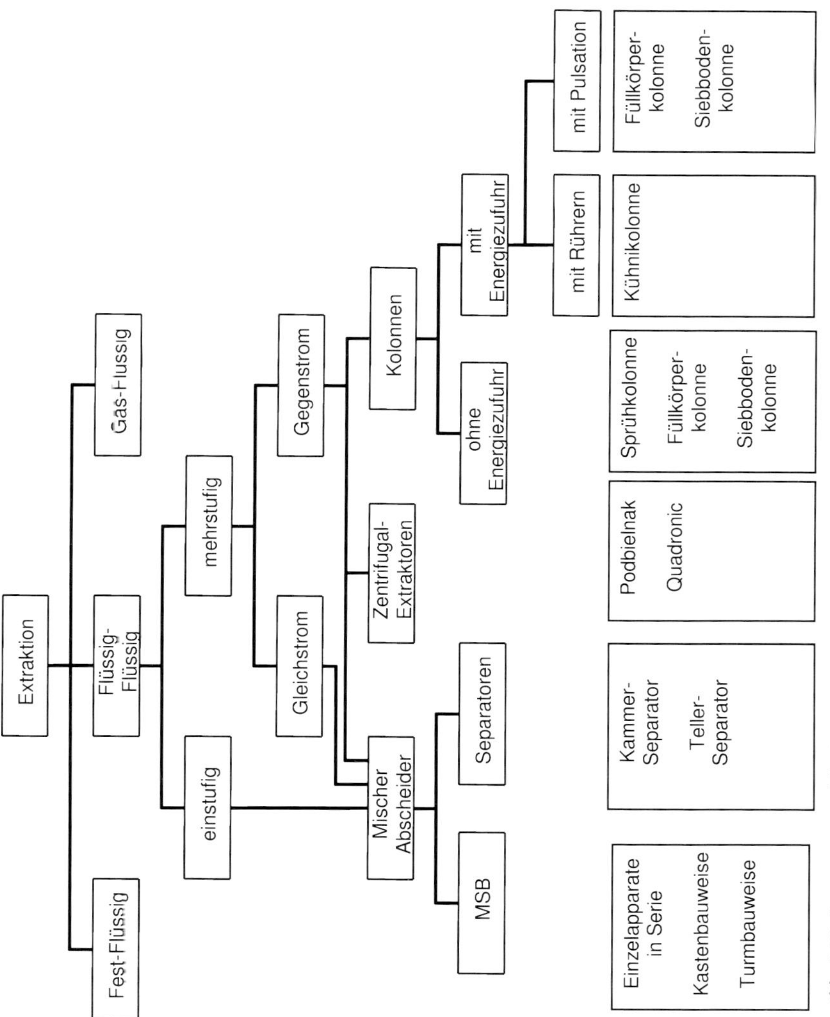

Abb. 5.63 Apparateauswahl [4].

anzahl und der entsprechenden Ausführung der Apparate als Gegenstrom- oder Gleichstromapparat.

Anhand der benötigten Dispersionsrichtung, der Verteilungskoeffizienten, des Phasenverhältnisses, des Massenübergangskoeffizienten und der betrieblichen Vorgaben wird entsprechend das für den technischen Einsatz geeignete Apparateprinzip vorgegeben. Abhängig von dem gewählten Apparat muss vor den technischen Auslegungsversuchen die einzustellende Dispersionsrichtung durch eine gezielte Dispergierung festgelegt werden. Eine Ausnahme bildet die Mischer-Scheider-Kaskade (MSB), da hier die beiden Phasen in der Regel mittels eines Rührmischers in Kontakt gebracht werden und die Dispersionsrichtung sich nach den jeweiligen Betriebsparametern einstellt.

Die Vorgabe der Dispersionsrichtung kann auf der Basis von Stoffaustauschrichtung, Phasenverhältnis sowie den Eigenschaften des vorgesehenen Werkstoffes, wie z. B. Benetzung und Korrosion, durchgeführt werden. Diese Vorgabe ist besonders bei kinetischen Einflüssen der Dispersionsrichtung notwendig.

5.2.3.3 Labortechnik

5.2.3.3.1 EFCE-Testsysteme

Zur Charakterisierung von Extraktionsapparaten und Kolonneneinbauten wurden EFCE-Testsysteme definiert, die durch die physikalischen und thermodynamischen Eigenschaften des Stoffsystems unterschiedliche Stoffklassen repräsentieren. Durch den Einsatz dieser Testsysteme kann eine spezifische und vergleichende Aussage über die Effektivität und die Belastbarkeit der untersuchten Apparate bzw. Einbauten gemacht werden. Diese Ergebnisse gelten allerdings nur für das verwendete Stoffsystem. Eine Vergleichbarkeit der Ergebnisse, die mit unterschiedlichen Stoffsystemen erzielt wurden, ist nur bedingt gegeben. Zur besseren Vergleichbarkeit von verschiedenen Messungen der Apparatehersteller und Institute wurden im Bereich der Extraktion Testsysteme eingeführt [5]. Diese Testsysteme decken die verschiedenen Klassen der industriellen Stoffsysteme ab. Für die physikalische Extraktion wurden verschiedene Stoffsysteme mit unterschiedlichen Dichtedifferenzen, Viskositäten und Grenzflächenspannungen eingeführt. Als Standardtestsysteme werden die Systeme Wasser/Aceton/Toluol (hohe Grenzflächenspannung), Wasser/Aceton/Butylacetat (mittlere Grenzflächenspannung) und Wasser/Bernsteinsäure/n-Butanol (niedrige Grenzflächenspannung) eingesetzt [6]. Im Bereich der Reaktivextraktion wurde das Stoffsystem Wasser/ $ZnSO_4$/Di-(2-ethylhexyl)-Phosphorsäure/Isododekan eingeführt. [7, 8]. Für die eingesetzten Testsysteme existiert eine gute Datenbasis, die zur Beschreibung der physikalischen und thermodynamischen Eigenschaften herangezogen werden kann. Hierdurch wird eine weitgehende Vergleichbarkeit der Untersuchungen von Extraktionsapparaten und Kolonneneinbauten erreicht.

5.2.3.3.2 Gleichgewichte

Zur Ermittlung der Gleichgewichte eines Stoffsystems werden Batch-Versuche durchgeführt. Hierzu werden je nach einzusetzendem Stoffsystem parallele Ansätze in temperierten Wasserbädern oder Einzelversuche in Rührkesseln oder Schüttelgefäßen durchgeführt. Beim Einsatz von Schüttelgefäßen kann neben dem Gleichgewicht auch die Phasentrennung beobachtet und beurteilt werden. Diese zusätzlichen Informationen geben einen ersten Eindruck der hydrodynamischen Eigenschaften des betrachteten Stoffsystems.

Zur besseren Auswertbarkeit müssen bei den Versuchen die Temperatur und die Eingangskonzentration der zu extrahierenden Komponente konstant sein. Durch diese Maßnahmen kann die Beeinflussung der Gleichgewichte durch die Parameter Temperatur und Konzentration des zu extrahierenden Stoffes minimiert werden.

5.2.3.3.3 Untersuchungen an planaren Phasengrenzflächen

Der makrokinetische Stoffübergang kann an planaren Grenzflächen mithilfe einer Nitsch-Zelle [9] vermessen werden. In dieser Laboranlage kann die Diffusion im Bereich der Phasengrenzfläche durch die Überlagerung einer erzwungenen Konvektion minimiert werden, sodass die erhaltenen Daten einen Rückschluss auf den Stoffübergang bzw. auf die Reaktionsgeschwindigkeiten bei Reaktivextraktionen an der Phasengrenzfläche liefern. Die erhaltenen Ergebnisse sind aber nur schwer auf den Stoffübergang an Tropfen zu erweitern, da die Konvektionsvorgänge innerhalb von einzelnen Tropfen nicht erfasst werden.

Das Prinzip der Nitsch-Zelle geht auf die Lewis-Zelle zurück. Es werden zwei fluide, nicht miteinander mischbare Phasen in einer speziell konstruierten Zelle übereinander geschichtet. Die beiden Flüssigkeiten können unabhängig voneinander gerührt werden. Die Größe der Phasengrenze, die eine definierte Stoffaustauschfläche darstellt, ist genau bekannt. Durch den Aufbau der Messzelle bleibt die Grenzschicht ruhig und stabil.

Die Nitsch-Zelle ist so aufgebaut, dass die Strömung, die durch die beiden Rührer induziert wird, die Flüssigkeiten von der Phasengrenzfläche über die

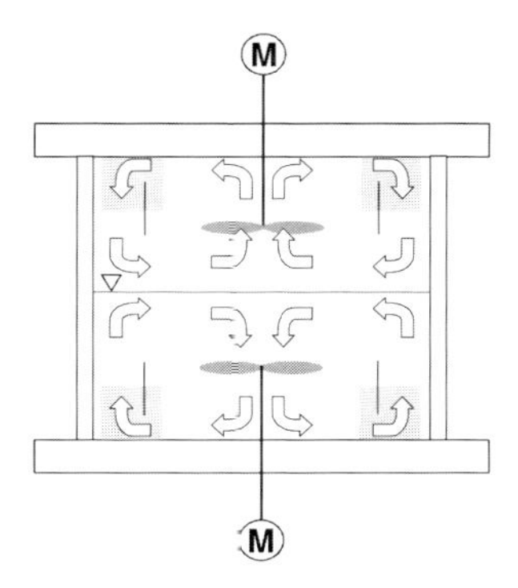

Abb. 5.64 Schematische Darstellung der Nitsch'schen Rührzelle [9, 10].

Mittelachse der Zelle abführt. Durch Führungs- und Leitbleche werden die Flüssigkeiten über die Deckenwölbung in den äußeren Ringspalt zwischen Zellwand (Heizmantel) und Strömungsleitblech geführt. An der Phasengrenze fließen die beiden Phasen von außen radial nach innen und werden wiederum von den Rührern zentral abgezogen. Durch eine Steigerung der Rührerdrehzahl wird der Diffusionsweg an der Phasengrenzfläche verringert und somit der Stofftransport über die Phasengrenzfläche beschleunigt. Der Stofftransport über die Phasengrenzfläche zum Zeitpunkt $t=0$ min zeigt über die Rührerdrehzahl aufgetragen einen Verlauf, der stetig ansteigt und in ein Plateau übergeht. Im Bereich dieses Plateaus ist der Stoffübergang unabhängig von den Strömungszuständen in den beiden eingesetzten Phasen (Abb. 5.65). Eine Entkopplung der Diffusion und des Stoffstromes über die Phasengrenzfläche kann meist nur

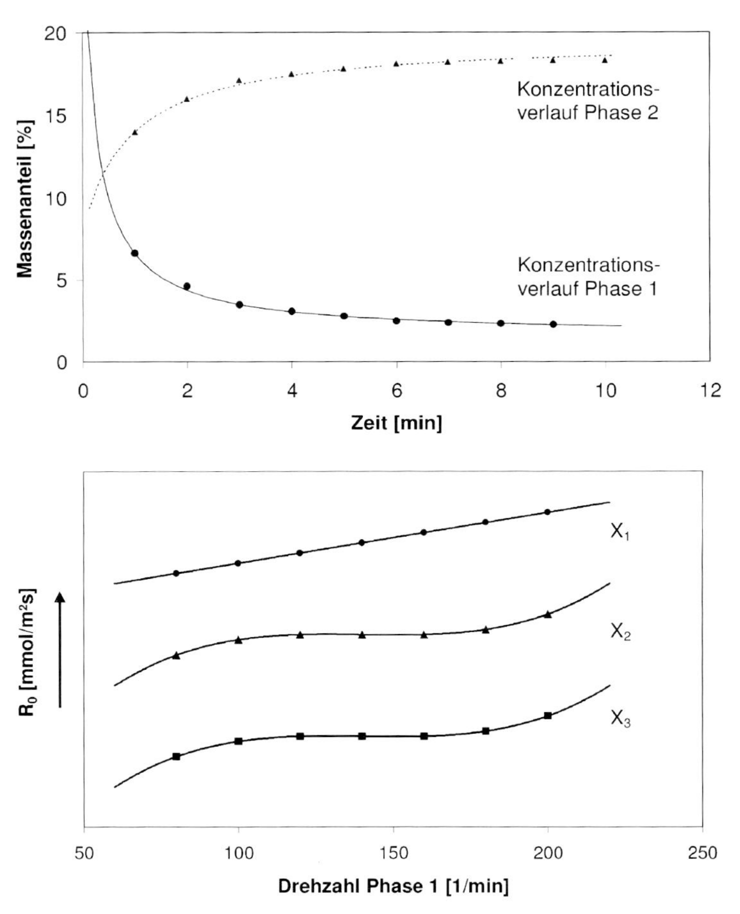

Abb. 5.65 Kinetikexperimente in einer Nitsch'schen Rührzelle und Auswertung der Experimente ($x_1 > x_2 > x_3$).

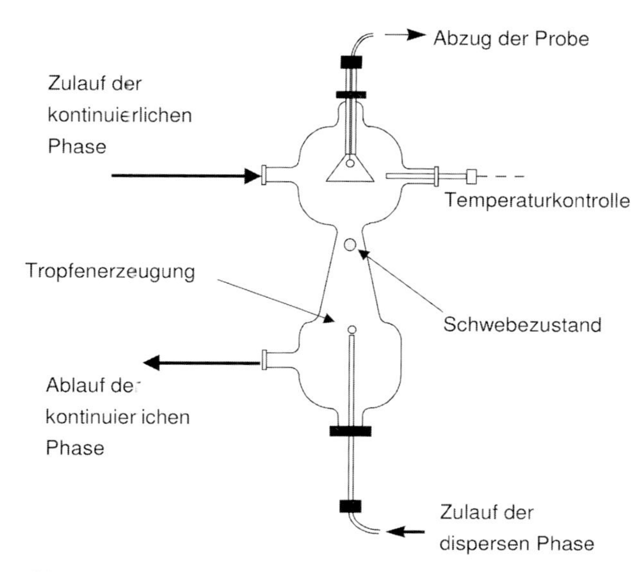

Abb. 5.66 Venturizelle [12, 13].

bei niedrigen Konzentrationen erreicht werden, da eine Konzentrationsabhängigkeit des Stofftransports vorliegt.

Die Auswertung dieser Experimente kann mit der Methode von Kamenski und Dimitrov [11] durchgeführt werden. Hierbei wird der gemessene Konzentrationsverlauf der Übergangskomponente mit einer gebrochen rationalen Funktion angepasst (Gleichung 6):

$$f(t) = a\left(\frac{t+b}{t+c}\right) \tag{6}$$

$$R_0 = \frac{\partial f(t)}{\partial t}\bigg|_{t=0} \frac{\bar{m}_{\mathrm{LM}}}{A_{\mathrm{PG}}} \tag{7}$$

Die Parameter a, b und c sind frei anpassbar. Die zeitliche Ableitung der Gleichung 6 zum Zeitpunkt $t=0$ min bildet den Anfangsstoffstrom R_0 bezogen auf die experimentellen Parameter. Durch die Multiplikation mit dem Verhältnis der Massen des Lösungsmittels, in denen die Konzentration gemessen wurde, und der Ausdehnung der Phasengrenzfläche erhält man einen flächenbezogenen Stoffstrom für die eingestellten Parameter.

5.2.3.3.4 Untersuchungen am Einzeltropfen und am Tropfenschwarm

Die Untersuchung der Stoffübergangskinetik an planaren Grenzflächen gibt eine vergleichende Aussage über den Stofftransport an planaren Flächen. In technischen Apparaten wird die Stoffaustauschfläche aber meist durch die Dispergierung einer Phase in Form von Tropfen realisiert. Da bei Tropfen weitere Effekte, wie z. B. innere Zirkulation, Koaleszenz und Spaltung, existieren, die den Stoffaustausch maßgeblich beeinflussen, werden auch Untersuchungen am Einzeltropfen und wenn benötigt an Tropfenschwärmen durchgeführt. Mithilfe dieser Untersuchungen kann die Kinetik des Stoffübergangs an der technisch relevanten Tropfengeometrie bestimmt werden. Zur Durchführung dieser Versuche wird eine Laboranlage eingesetzt, die als Kernstück eine Venturidüse besitzt. Durch einen definierten Gegenstrom und definierte Tropfengeometrien können im Bereich der Düse beliebige Kontaktzeiten eingestellt werden [8].

Zur Erzeugung von monodispersen Tropfen, zur Untersuchung von Koaleszenz- und Spaltungsparametern wird meist eine Zweistromdüse [16] eingesetzt. Die Kontrolle der erzeugten Tropfengrößen kann mittels eines Videosystems vorgenommen werden. Die aufsteigenden Tropfen werden in der Querschnittsverengung der Düse in Schwebe gehalten. Nach einer definierten Zeitspanne wird die Strömungsgeschwindigkeit der kontinuierlichen Phase verringert. Die Tropfen steigen auf und werden im Auffangtrichter koalesziert und können als Probe entnommen werden. Falls der Stoffübergang am Tropfen untersucht wird, wird oft anstatt der Zweistromdüse eine einzelne Kanüle eingesetzt. Diese hat den Vorteil, dass der Stoffübergang nicht durch eine starke Zweiphasenströmung beeinflusst wird.

Durch die Wiederholung des Versuchs mit unterschiedlichen Schwebzeiten kann ein zeitlicher Konzentrationsverlauf aufgenommen werden. Dieser Verlauf ist von der Bildungszeit und der Koaleszierzeit der Tropfen unabhängig, da bei allen Versuchen die Bildungs- und Koaleszierzeit der einzelnen Tropfen konstant sind. Diese ergeben nur eine konstante Verschiebung im Konzentrationsverlauf bei den betrachteten Ergebnissen. Die Bildung und Koaleszenz der Tropfen würden sich entsprechend nur bei einer sehr kurzen Kontaktzeit (Schwebzeit) von $t \approx 0$ s bemerkbar machen und müssen in abweichenden Fällen gesondert berücksichtigt werden. Aus den gewonnenen experimentellen Daten können Informationen zur Stoffübergangskinetik bei unterschiedlichen Tropfendurchmessern gewonnen werden. Für die Bestimmung der Stoffübergangskinetik bei Systemen mit sehr schneller Stoffübergangskinetik können diese Versuche auch in einer Tropfensäule durchgeführt werden. Das angewandte Prinzip ist hierbei das gleiche, die Verweilzeit der Tropfen in der Gegenströmung wird hier allerdings nur durch den Abstand der Zweistoffdüse und dem Auffangtrichter variiert [15]. Die Auswertung der Konzentrationszeitverläufe kann analog der Auswertung der Versuche in der Nitsch'schen Rührzelle durchgeführt werden. Weitere wichtige Effekte der Fluiddynamik bei Extraktionsprozessen sind Tropfenzerfall und -koaleszenz.

Da bei der Extraktion der Stoffaustausch über die Phasengrenze stattfindet, ist es für die technische Umsetzung des Verfahrens wichtig, eine große Phasengrenzfläche zu erzeugen. Die zur Extraktion eingesetzten Apparate beruhen alle auf einer gezielten Dispergierung der beiden fluiden Phasen. Nach der Dispergierung der beiden Phasen kommt es zur Koaleszenz bzw. zum Zerfall von Tropfen. Diese Vorgänge verändern die Phasengrenzfläche und das Tropfenspektrum [1].

Durch die Änderung der Tropfenverteilung verändern sich die Voraussetzungen für den Stofftransport. Bei kleinen Tropfendurchmessern wird von starren Tropfen ausgegangen, welche die Übergangskomponente im Inneren nur durch Diffusion verteilen. Mit zunehmendem Tropfendurchmesser setzt im Inneren des Tropfens eine Zirkulation ein, die eine schnellere Verteilung der Übergangskomponente im Tropfen fördert [8]. Der Übergang zwischen starren Tropfen und innerer Zirkulation ist hier aber abhängig vom eingesetzten Stoffsystem.

Zur Beurteilung dieser Effekte werden Versuche zur Stoffübergangskinetik außer am Einzeltropfen auch an Tropfenschwärmen durchgeführt. Hierdurch können auch die Effekte, die durch mehrere Tropfen in einer räumlichen Nähe zustande kommen, untersucht werden. Zur Durchführung dieser Versuche wird die gleiche Anlage wie zur Betrachtung der Einzeltropfen eingesetzt. Der Tropfenschwarm, der in der Laboranlage erzeugt wird, ist quasi monodispers. Die Auswertung erfolgt nach dem gleichen Schema wie bei den Einzeltropfenversuchen.

Die Untersuchung von Tropfenkoaleszenz und -spaltung wird in speziellen Laboranlagen durchgeführt. Hier wird jeweils die zu untersuchende Apparategeometrie eingebracht und der Verlauf der einzelnen Tropfen verfolgt. Die Vermessung des Durchmessers der austretenden Tropfen und der Vergleich mit dem ursprünglichen Tropfendurchmesser führen zu Informationen bezüglich der Zerfall- und Koaleszenzparameter, die Basis für detaillierte Modelle und Korrelationen sind [16, 17].

Die einzelnen betrachteten Parameter können zu einer Simulation zusammengefügt werden und z. B. mit dem ReDrop-Algorithmus [16] verarbeitet werden. In diesem Algorithmus wird eine repräsentative Zahl individueller Tropfen auf dem Weg durch eine Extraktionskolonne verfolgt. Die einzelnen Tropfen unterliegen allen ermittelten Parametern, wie Stoffaustausch, Sedimentation, Tropfenzerfall und Koaleszenz. Als Ergebnis der Simulation wird der Konzentrationsverlauf über die Kolonnenlänge ausgegeben. Gleichzeitig kann der Simulation die Effektivität der Extraktion entnommen werden.

Die vorgestellten Methoden zur Vermessung des Stofftransports und der Koaleszenz- bzw. Zerfallsparameter sind Meilensteine, um eine Extraktionskolonne im Miniplant-Maßstab auslegen zu können. Da aber die Beschreibung mit den vorgestellten Methoden nur für sehr geringe Konzentrationen bzw. für definierte Testsysteme durchgeführt wurde, ist der Einsatz dieser Miniplant-Techniken für technische Systeme noch mit großen Unsicherheiten verbunden. Es wird aber angestrebt, technische Extraktionsapparate mithilfe von Versuchen am Einzeltropfen bzw. am Tropfenschwarm auslegen zu können.

5.2.3.3.5 **Miniplant-Versuche mit technischen Stoffsystemen**

Bis zur vollständigen Entwicklung der oben beschriebenen Miniplant-Techniken und der Etablierung der Modelle für technische Systeme werden im Rahmen der Miniplant-Technik im Bereich der Extraktion Kolonnen, Mischer-Scheider und Separatoren eingesetzt. Die Hauptziele der Untersuchungen sind die Überprüfung der thermodynamischen und der fluiddynamischen Bedingungen im technischen Stoffsystem.

Zur Validierung der thermodynamischen Bedingungen werden meist Mischer-Scheider-Kaskaden eingesetzt. Hier wird davon ausgegangen, dass jede Mischer-Scheider-Stufe einen Wirkungsgrad von nahezu 1 hat. Somit kann in der Kaskade die theoretische benötigte Stufenzahl nachgestellt werden. Anhand dieser Versuche kann der Stoffaustauschvorgang bzw. das Reaktionsgleichgewicht geprüft werden. Diese thermodynamischen Eigenschaften beeinflussen die Qualität und die Ausbeute des Zielprodukts. Gleichzeitig kann bei der Durchführung der Miniplant-Experimente das eingesetzte Lösungsmittel auf Regenerierbarkeit überprüft werden. Die Verweilzeit des Zweiphasengemischs ist bei einer Mischer-Scheider-Apparatur durch die Anpassung des Mischraumes frei einstellbar. Somit können auch Stoffsysteme mit einer verzögerten Stoffaustauschkinetik betrachtet werden.

Steht lediglich eine kleine Menge an Produktmuster zur Verfügung, wird meist auf Mischer-Scheider-Apparaturen zurückgegriffen.

Die Vorteile dieser Miniplant-Apparate sind:
- die frei einstellbare Verweilzeit in den Mischzonen,
- die Möglichkeit, die eingesetzten Abscheider mit Koaleszierhilfsmitteln (Gestricke, Platteneinbauten) zu versehen; hierdurch können auch Stoffsysteme mit langen Trennzeiten betrachtet und die Phasen separiert werden,
- der definierte Wirkungsgrad von etwa einer theoretischen Stufe sowie
- die kleinen Produktmengen, die zur Durchführung der Miniplant-Versuche benötigt werden, und
- die unbegrenzte Stufenzahl.

Somit eignet sich der Einsatz von Mischer-Scheider-Apparaturen zur Prozessentwicklung und zur makrodynamischen Prüfung des verfolgten Verfahrenskonzepts.

Den Aufbau eines Mischer-Scheiders zeigt Abb. 5.67. In dem dargestellten Apparat sind der Mischer und der Bereich der Phasentrennung in einem Apparat realisiert. Die Trennung der beiden Bereiche wird durch ein Doppelwehr gewährleistet. Die Regelung der Phasengrenzfläche wird mittels eines verstellbaren Überlaufes realisiert.

Abb. 5.68 zeigt schematisch eine zehnstufige Mischer-Scheider-Anlage im Miniplant-Maßstab. Bei der Ausführung der hier gezeigten Kaskade wurden der Mischraum und der Abscheideraum jeweils durch einen eigenen Apparat realisiert. Die Anlage ist im Gegenstrom verschaltet und mit einer Extraktionskaskade (Stufe 4 bis 10) und einer Reextraktionskaskade (Stufe 1 bis 3) ausgestattet. Zur Versuchsauswertung werden die Zu- und Abläufe gravimetrisch erfasst. Dieser Aufbau entspricht einer typischen Miniplant, die im Bereich der Extraktion eingesetzt wird.

Sind viele theoretische Stufen erforderlich, wird in der technischen Ausführung des Verfahrens der Einsatz von Mischer-Scheidern vermieden und eine technische Umsetzung in einer Extraktionskolonne bevorzugt. Zur Überprü-

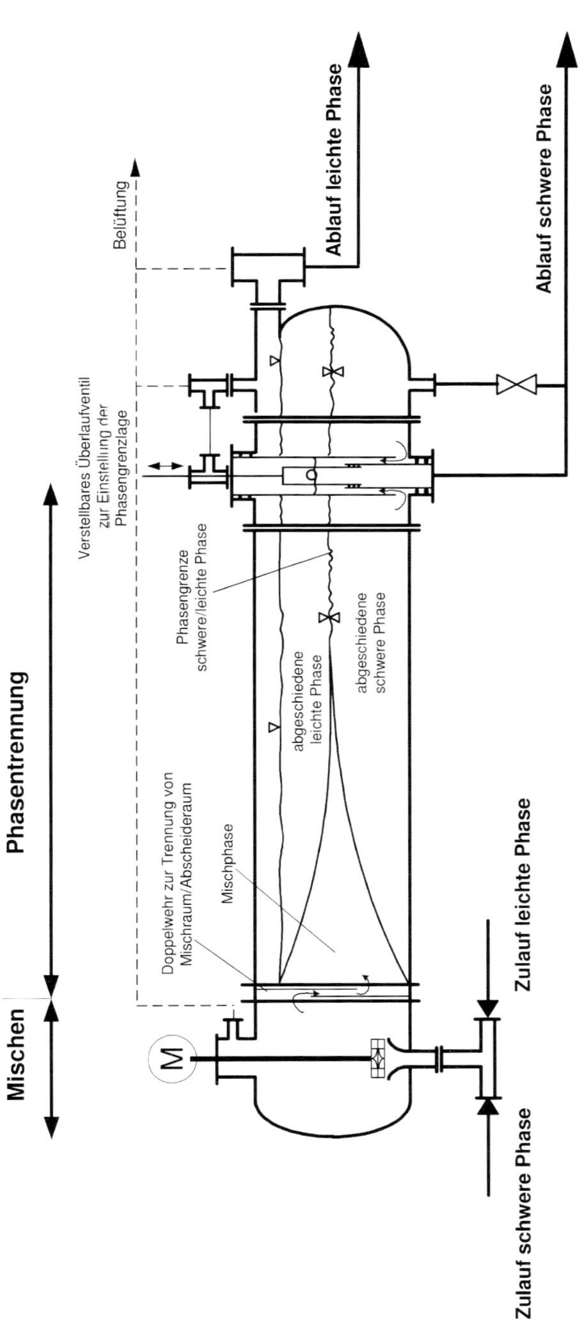

Abb. 5.67 Mischer-Scheider.

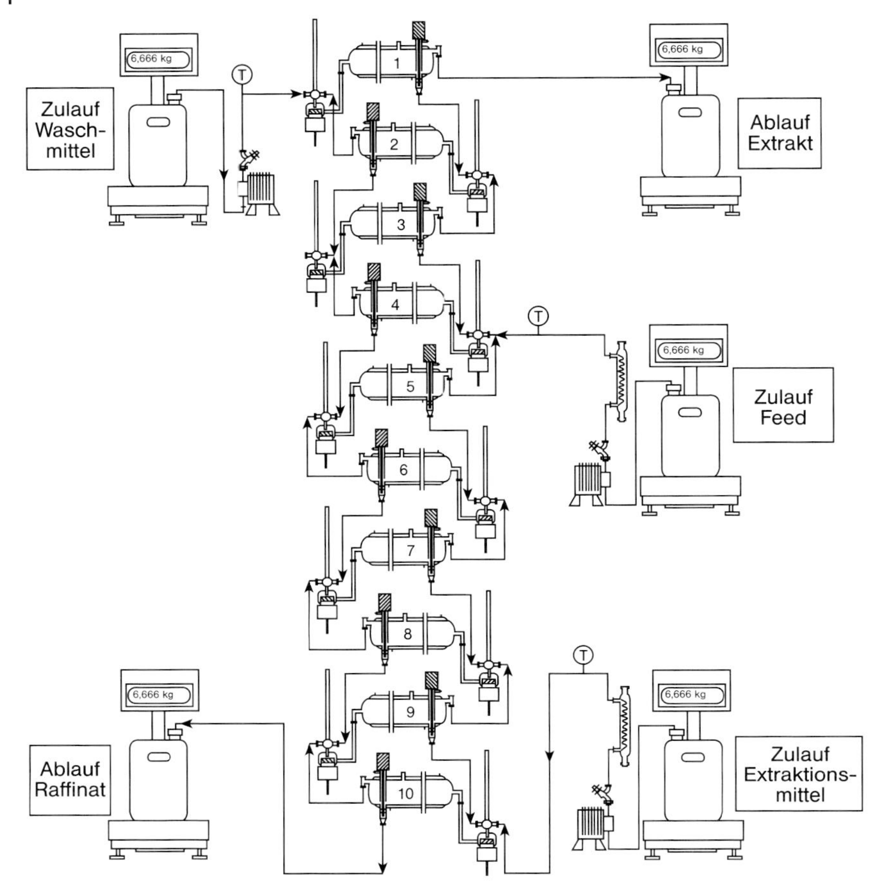

Abb. 5.68 Mischer-Scheider-Kaskade.

fung der Einsetzbarkeit von Extraktionskolonnen muss der Typ ausgewählt und die Fluiddynamik in dem betreffenden Apparat beurteilt werden. Hierzu werden ebenfalls Miniplant-Versuche mit pulsierten, unpulsierten und gerührten Extraktionskolonnen durchgeführt. Die eingesetzten Kolonnen werden auf einen minimalen Durchmesser verkleinert. Dieser ist derart gewählt, dass keine Randeffekte die experimentellen Ergebnisse verfälschen bzw. die auftretenden Effekte kalkulierbar sind.

Für Siebbodenkolonnen kann der benötigte Durchsatz bei Kolonnendurchmessern von 30– 50 mm auf Werte von 1–30 l/h des Feed gesenkt werden. Eine Möglichkeit, bei Siebbodenkolonnen eine Minimierung dieser Durchsatzmenge für Miniplant-Experimente zu erreichen, besteht in der Verkleinerung der freien Siebbodenfläche. Somit kann der minimale Durchsatz in einer Größenordnung realisiert werden, der die Verschaltung der Extraktionskolonne mit einer Destillationskolonne DN 50 zur Regenerierung des Extraktionsmittels ermöglicht. Somit kann eine Adaption der Extraktion im Miniplant-Maßstab für hybride Prozesse erfolgen.

Bei Packungskolonnen kann die Reduzierung des spezifischen Durchsatzes durch die Vergrößerung der spezifischen Oberfläche erreicht werden. Da hier aber nur geringe Erkenntnisse vorliegen, wird dieses Vorgehen nur in gewissen Grenzen praktiziert. Die kleinsten Kolonnendurchmesser, die bei Miniplant-Versuchen mit Packungskolonnen eingesetzt werden, liegen im Bereich von DN 50–DN 80. Bei diesem Durchmesser ist der benötigte Durchsatz relativ groß.

Beim Einsatz von Extraktionskolonnen in der Miniplant-Technik wird auf Kolonnen meist nur zurückgegriffen, wenn eine hohe Stufenzahl erforderlich ist oder die Stoffaustauschrichtung, Dispersionsrichtung, die Tropfenverteilung bzw. das Tropfenbild oder das Betriebsverhalten mit realen Lösungen überprüft werden soll. Der Nachteil beim Einsatz von Extraktionskolonnen im Bereich der Miniplant-Technik besteht in dem nur schwer zu übertragenden Wirkungsgrad der Kolonnen. Somit kann auch im Voraus keine Festlegung der theoretischen Stufenanzahl durchgeführt werden. Diese Daten sind Ergebnisse der durchzuführenden Experimente und abhängig von den physikalischen und thermodynamischen Eigenschaften des Stoffsystems. Versuche mit Extraktionskolonnen werden somit nur zur Validierung der Fluiddynamik und zur Auslegung technischer Kolonnen durchgeführt.

5.2.3.4 **Zusammenfassung**

Die effiziente und schnelle Entwicklung von Extraktionsprozessen ist eng mit dem Fortschritt der Miniplant-Technik und dem Einsatz von Simulationstechniken verknüpft. Die intensiven Entwicklungen, die auf diesem Gebiet an den Universitäten und in der Industrie durchgeführt werden, führen zu immer effizienteren Auslegungsmethoden. Das Ziel der Arbeiten ist die spezifische Auslegung des Extraktionsapparats mit einer minimalen Produktmenge und einem minimalen Zeitaufwand. Die bisherigen Entwicklungen von Messzellen zur Untersuchung des Stofftransports und der Hydrodynamik an einzelnen Tropfen und Tropfenschwärmen zeigen die Möglichkeiten dieser Technik und verdeutlichen, dass in naher Zukunft zur Auslegung von Extraktionsanlagen nur Versuche mit Kleinstmengen von Produktmustern nötig sein werden. Erste viel versprechende Erfolgen wurden hier schon erzielt.

Literatur zu Abschnitt 5.2.3

1 G. Modes, *Grundsätzliche Studie zur Populationsdynamik einer Extraktionskolonne auf Basis von Einzeltropfenmessungen*, Shaker Verlag, Aachen, **2000**.

2 S. Weiß, K.-E. Militzer, K. Gramlich, *Thermische Verfahrenstechnik*, Deutscher Verlag für Grundstoffindustrie, Leipzig, Stuttgart, **1993**.

3 J. Leistner, A. Görge, W. Bäcker, A. Górak, J. Strube, *Modelling Methodology for the Simulation of Solvent Extraction Processes – Cobalt/Nickel*, Proceedings of the

International Solvent Extraction Conference **2002**, 958–963.
4 H.W. Brandt, K.-H. Reissinger, J. Schröter, Moderne Flüssig/Flüssig-Extraktoren – Übersicht und Auswahlkriterien, *Chem. Ing. Tech.* **1978**, 50, 5, 345–354.
5 T. Misek, R. Berger, J. Schröter, *Standard Test Systems for Liquid Extraction*, Rugby, England, **1985.**
6 T. Miske, *Recommended Systems for Liquid Extraction Studies*, European Federation of Chemical Engineering, Working Party on Distillation, Absorption and Extraction, The Institution of Chemical Engineers, Rugby, Warwickshire **1978.**
7 H.-J. Bart, R. Berger, T. Misek, M.J. Slater, J. Schröter, B. Wacher, Recommended Systems for Liquid Extraction Studies, Godfrey/Slater (Eds.): *Liquid-Liquid Extraction Equipment*, Wiley & Sons, New York, **1994**, 3, 15–43.
8 M. Waubke, W. Nitsch, Zur Zweiphasenströmung in einer standardisierten Rührzelle, *Chem. Ing. Tech.* **1986**, 58, 3, 216–218.
9 H.-J. Bart, *Reactive Extraction*, Springer-Verlag, Berlin, Heidelberg, New York, **2001**.
10 W. Nitsch, Transportprozesse und chemische Reaktionen an fluiden Phasengrenzflächen, *DECHEMA-Monographie*, **1989**, 144, VCH, Weinheim.
11 D.I. Kamenski, S.D. Dimitrov, *Computer Chem. Eng.* **1993**, 17, 7, 643–651.
12 J. Schröter, W. Bäcker, M.J. Hampe, *Chem. Ing. Tech.*, **1998**, 70, 279–283.
13 M. Henschke, A. Pfennig, *AIChE J.* **1999**, 45, 10, 2079–2086.
14 A. Eckstein, A. Vogelpohl, Tropfenbildung an einer Zweistoffdüse, *Chem. Ing. Tech.* **1998**, 70, 12, 1553–1556.
15 H.-J. Bart, Reaktivextraktion – Ein Statusbericht zur Simulation gerührter Kolonnen, *Chem. Ing. Tech.* **2002**, 74, 3, 229–241.
16 S. Kringer, M. Henschke, A. Pfennig, Untersuchung von Spaltungs- und Koaleszensvorgängen in einer Messzelle mit pulsierten Füllkörpern, *Chem. Ing. Tech.* **2002**, 74, 3, 256–261.
17 M. Simon, S.A. Schmidt, H.-J. Bart, Bestimmung von Zerfalls- und Koaleszensparametern in Flüssig/Flüssig-Systemen auf der Grundlage von Einzeltropfenexperimenten, *Chem. Ing. Tech.* **2002**, 74, 3, 247–255.
18 M. Henschke, A. Pfennig, *Chem. Ing. Tech.* **2000**, 72, 279–283.

5.2.4
Membrantechnik

Membranverfahren werden insbesondere in der Wasseraufbereitungstechnik, der Medizintechnik, der Lebensmitteltechnik, der Umwelttechnik und zunehmend auch in der chemischen Technik angewendet. Die nach dem Umsatz größte Anwendung ist bei weitem die Medizintechnik (Dialyse) mit etwa 50% [1]. Nach den Umsätzen folgen

- Mikrofiltration,
- Ultrafiltration,
- Umkehrosmose,
- Gastrennverfahren,
- Elektrodialyse,
- Elektrolyse und
- Pervaporation.

Der Gesamtumsatz für Membranen und Module betrug im Jahr 2000 etwa 4,4 Milliarden US-$, wovon etwa 500 Millionen auf den Bereich der chemischen, biochemischen und Lebensmittelindustrie entfielen. Durch die Vielfalt der potenziellen Anwendungsmöglichkeiten und durch fortdauernde Verbesserung der Membranmaterialien werden Membranverfahren in der Verfahrensentwicklung für die chemische Industrie und für verwandte Industriezweige auch in Zukunft eine wachsende Bedeutung haben. Eine neuere ausführliche Übersicht zum Einsatz von Membranverfahren in der chemischen Industrie findet man in [2].

5.2.4.1 Membranverfahren

Wesentliche Unterscheidungsmerkmale der Membranverfahren sind der Trenneffekt und die aus den Eigenschaften des jeweiligen Membranmaterials resultierende „Trenngrenze", zusammenfassend auch als Selektivität bezeichnet. Die Selektivität beschreibt die Eigenschaft der Membran, für verschiedene Komponenten des Einsatzmaterials (Partikel und Moleküle unterschiedlicher Ladung und/oder Größe) bei Anlegen der jeweiligen Triebkraft eine unterschiedliche Durchlässigkeit zu besitzen. Übersichten über Membranverfahren finden sich in der einschlägigen Fachliteratur (siehe z. B. Tabelle 5.4).

Als Membranmaterialien werden verschiedene Polymere wie Cellulosederivate, Polyamide, Polysulfone, Polyethylene, Fluor- oder Silikonverbindungen aber auch anorganische Stoffe wie Silicate, Aluminiumoxide, Graphit oder Sintermetalle eingesetzt. In vielen Fällen werden auch mehrere Materialien kombiniert (asymmetrische Membranen). Besonders häufig sind Anordnungen, bei denen eine mechanisch instabile Trennschicht auf ein stützendes unselektives Trägermaterial aufgebracht wird. Ein weiteres Unterscheidungsmerkmal von Membranprozessen ist der Aufbau des eigentlichen Membranmoduls, d. h. die Anordnung der Membran in einem Apparat, im einfachsten Fall in einem Gehäuse mit entsprechenden Anschlüssen. Man unterscheidet nach der Strömungsführung Cross-Flow- und Dead-End-Anordnungen und nach der Membrananordnung Spiral-, Kapillar-, Platten-, Rohr- und Cartridgemodule. Darüber hinausgehend können mehrere Module in unterschiedlichen Strukturen verschaltet werden: Reihenschaltung, Parallelschaltung, Tannenbaumstruktur, Rezirkulationskreisläufe usw. Sowohl die Konstruktion des Membranmoduls als auch die Art der Verschaltung mehrerer Module haben einen großen Einfluss auf die Trennleistung von Membrananlagen. Auf der obersten Ebene der Beschreibung eines Membranprozesses steht schließlich die Integration der Membrantrennoperation in einen Gesamtprozess. Aus der Vielzahl der genannten apparativen Varianten und den selbstverständlich noch hinzukommenden Betriebsvariablen lässt sich auf die Komplexität der Auslegung einer Membrananlage innerhalb eines verfahrenstechnischen Prozesses schließen. Eine Übersicht über die Schritte bei der Auslegung eines Membranprozesses gibt Abb. 5.69. Wie in dem Schema angedeutet, handelt es sich dabei i. d. R. um einen iterativen Prozess.

Tabelle 5.4 Übersicht Membranverfahren nach [3]

Membrantrenn-verfahren	Triebkraft für die Stoffübertragung	Benutzter Membrantyp	Trenneffekt	Anwendung
Mikrofiltration	Statische Druckdifferenz (0,5–1 bar)	Symmetrische poröse Membranen mit Porenradien von 0,1–20 μm (auch anorganisch)	Siebeffekt (Trenngrenze von 0,2–5 μm)	Abtrennung von suspendierten Materialien
Ultrafiltration	Statische Druckdifferenz (1–10 bar)	Symmetrische poröse Membranen mit Porenradien von 1–20 nm	Siebeffekt (Trenngrenze von 1–500 nm oder nach Molekulargewicht 1000–1 000 000 Dalton)	Konzentrierung, Fraktionierung und Reinigung von makromolekularen Lösungen
Umkehrosmose	Statische Druckdifferenz (10–100 bar)	Asymmetrische Membranen auf verschiedenen homogenen Polymeren	Löslichkeit und Diffusion in den homogenen Polymeren	Konzentrierung von Komponenten mit niedrigem Molekulargewicht (Wasserentsalzung)
Dialyse	Konzentrationsunterschied	Symmetrische poröse Membranen	Diffusion in einer konvektionsfreien Schicht	Trennung von niedermolekularen Substanzen von makromolekularen Lösungen
Elektrodialyse	Unterschied im elektrochemischen Potenzial	Ionenaustauschermembran	Unterschiedliche Ladungen der Komponenten in einer Lösung	Entsalzung und Entsäuerung von Lösungen neutraler Komponenten
Gastrennung	Statische Druckdifferenz (10–150 bar)	Asymmetrische Membranen homogener Polymere auch anorganisch	Lösung und Diffusion im homogenen Polymermaterial	Trennung von Gasen und Dämpfen (Stickstoff, Wasserstoff, Erdgas)
Pervaporation	Partialdruckdifferenz (0–1 bar)	Asymmetrische Lösungsmembranen aus homogenen Polymeren oder anorganisch	Lösung und Diffusion im homogenen Polymermaterial	Trennung von Lösungsmitteln und azeotropen Gemischen

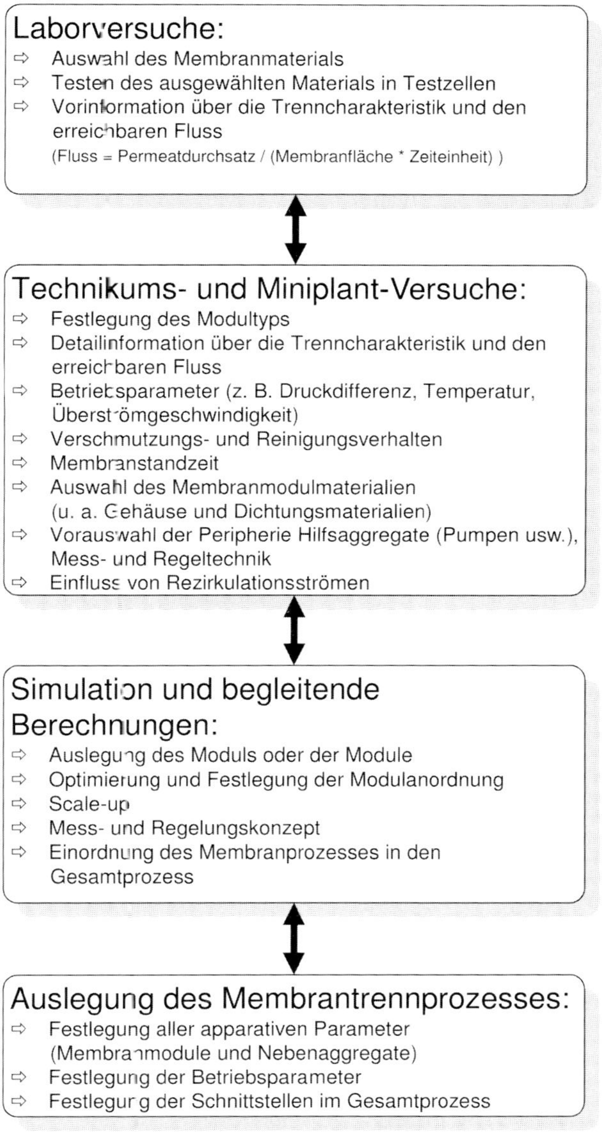

Laborversuche:

- ⇨ Auswahl des Membranmaterials
- ⇨ Testen des ausgewählten Materials in Testzellen
- ⇨ Vorinformation über die Trenncharakteristik und den erreichbaren Fluss
  (Fluss = Permeatdurchsatz / (Membranfläche * Zeiteinheit))

Technikums- und Miniplant-Versuche:

- ⇨ Festlegung des Modultyps
- ⇨ Detailinformation über die Trenncharakteristik und den erreichbaren Fluss
- ⇨ Betriebsparameter (z. B. Druckdifferenz, Temperatur, Überströmgeschwindigkeit)
- ⇨ Verschmutzungs- und Reinigungsverhalten
- ⇨ Membranstandzeit
- ⇨ Auswahl des Membranmodulmaterialien (u. a. Gehäuse und Dichtungsmaterialien)
- ⇨ Vorauswahl der Peripherie Hilfsaggregate (Pumpen usw.), Mess- und Regeltechnik
- ⇨ Einfluss von Rezirkulationsströmen

Simulation und begleitende Berechnungen:

- ⇨ Auslegung des Moduls oder der Module
- ⇨ Optimierung und Festlegung der Modulanordnung
- ⇨ Scale-up
- ⇨ Mess- und Regelungskonzept
- ⇨ Einordnung des Membranprozesses in den Gesamtprozess

Auslegung des Membrantrennprozesses:

- ⇨ Festlegung aller apparativen Parameter (Membranmodule und Nebenaggregate)
- ⇨ Festlegung der Betriebsparameter
- ⇨ Festlegung der Schnittstellen im Gesamtprozess

Abb. 5.69 Schritte bei der Auslegung von Membranprozessen.

5.2.4.2 Versuche im Labormaßstab

Erster Schritt zur Ausarbeitung eines Membranverfahrens sind orientierende Vorversuche im Labormaßstab. Auch wenn durch Berücksichtigung entsprechender Erfahrungswerte die Zahl der infrage kommenden Membrantypen schon eingeschränkt werden kann, macht es Sinn, den ersten experimentellen Schritt in sog.

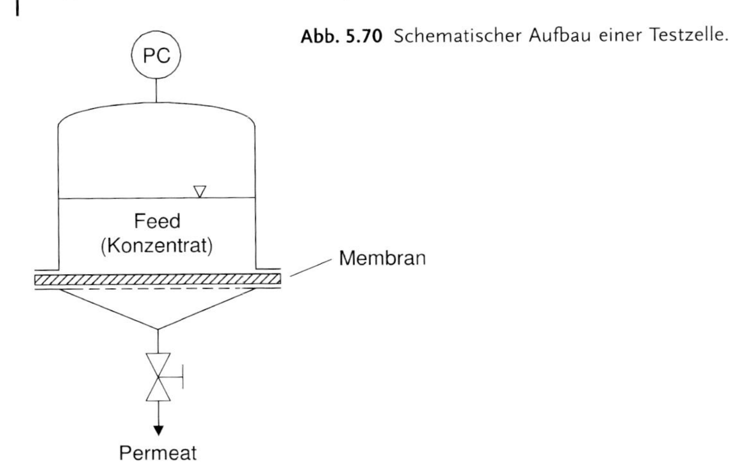

Abb. 5.70 Schematischer Aufbau einer Testzelle.

Labortestzellen vorzunehmen. In diesen Zellen wird ein definiertes Volumen von Flüssigkeit über eine meist flächige Membranfolie filtriert. Diese Labortestzellen erlauben mit geringem Aufwand den Test von einer Vielzahl unterschiedlicher Membranmaterialien. Es lassen sich erste Aussagen über die zu erreichende Qualität des Permeats und des Konzentrats und den zu realisierenden Fluss (gleich Permeatdurchsatz pro Membranfläche und Zeiteinheit) gewinnen. I. d. R. benötigen diese Versuche nur einen geringen Aufwand. Deshalb wird in diesem Stadium sinnvollerweise eine größere Anzahl von Membranen getestet, um das optimale Membranmaterial herauszufinden. Je nach Membrantyp ist die Konstruktion einer derartigen Testzelle sehr unterschiedlich. Handelt es sich um in Folienform hergestellte Membranen, wie sie z. B. in Wickel- oder Plattenmodulen eingesetzt werden, so kann die Testzelle sehr einfach aufgebaut sein (Abb. 5.70). Für keramische Membranen oder faserförmige Membranen muss dagegen ein anderer jeweils an die Anforderungen angepasster Aufbau gewählt werden.

5.2.4.3 Miniplant- und Technikumsmaßstab

Hauptziel von Versuchen im Miniplant- oder Technikumsmaßstab ist die Ermittlung verlässlicher Daten bezüglich der Trenncharakteristik und aller Leistungs- und Betriebsparameter der Membrananlage, während in den Laborversuchen die Eigenschaften des Membranmaterials im Vordergrund stehen (vergleichbar mit der Bestimmung eines Phasengleichgewichts bei der Destillation oder Extraktion).

Da die Bauweise des Membranmoduls erheblichen Einfluss auf die Trennwirkung der Membran hat, ist es ideal, schon in dieser Phase den für die reale Anwendung vorgesehenen Modultyp mit der dazugehörigen Strömungsführung einzusetzen. An die Modulkonstruktion bestehen im Allgemeinen folgende Anforderungen: gute, gleichmäßige Überströmung der Membran, mechanische, chemische und thermische Stabilität, große Packungsdichte (aktive Fläche/Modulvolumen), kostengünstige Fertigung, gute Reinigungsmöglichkeit, kostengünstige Möglichkeit des Membranwechsels, geringe Druckverluste.

Folgende Effekte und ihre Auswirkungen können im Rahmen der Versuche untersucht werden:

- Fluss und Trenneffekt der Membran: Sie werden u.a. durch die Aufkonzentrierung der gezielt oder ungezielt zurückgehaltenen Komponenten verringert (prinzipbedingt und unvermeidbar).
- Stofftransportwiderstände außerhalb der Membran, Ausmaß der Konzentrationspolarisation, Druckverlust: Sie werden durch die Modulkonstruktion und die Strömungsführung bestimmt. Die Bedeutung der einzelnen Größen variiert je nach Art des Trennverfahrens.
- Deckschichtbildung: Sie spielt insbesondere bei Ultra- und Mikrofiltration eine Rolle. Gegenmaßnahmen: hohe Scherkräfte an der Membranoberfläche, Rückspülung durch Druckstöße entgegen der eigentlichen Strömungsrichtung oder z.B. durch mechanische rotierende Einbauten.
- Ablagerung von Verunreinigungen auf der Membranoberfläche oder in den Poren der Membran: Man unterscheidet zwei Vorgänge: 1. Fouling (auch durch biologische Prozesse) am Anfang von Modulen (Filtereffekt), 2. Scaling (Kristallisation, Ausfällung unerwünschter Nebenkomponenten, die zurückgehalten werden) am Ort größter Konzentration, d.h. am Ende des Moduls.
- Reinigungsprozeduren: Es ist zu überprüfen, ob diese Verunreinigungen reversibel durch Reinigung zu beseitigen sind oder ob verschmutzte Membranen ausgetauscht werden müssen und somit ihre Einsatzdauer limitiert ist.
- Stabilität und Haltbarkeit von Membran- und Dichtungsmaterial gegenüber mechanischen, thermischen und chemischen Beanspruchungen: Bei sehr vielen Verfahren werden Kunststoffe als Membran oder als Dichtungsmaterial eingesetzt.
- Rückführungen und ihre Auswirkungen (Akkumulation von Nebenkomponenten): Um zu einer tragfähigen Aussage über die Auswirkungen von Rückführungen zu kommen, sind etwa 30 Rückführungszyklen zu durchlaufen, d.h., das Anlagenvolumen der kompletten Miniplant (Membranteil und andere Unit Operations) muss 30-mal durchlaufen werden [4].

Für die Planung von Pilot- und Miniplant-Versuchen sind zwei grundsätzliche Fälle zu unterscheiden:

1. Die Ergänzung eines bestehenden Gesamtprozesses durch einen zusätzlichen Schritt, in dem ein Membranverfahren eingesetzt wird, oder
2. die Entwicklung eines völlig neuen Prozesses.

Im ersten Fall steht Feed-Material in quasi „unendlicher" Menge zur Verfügung. Daraus ergibt sich die Möglichkeit, auch länger dauernde Versuche in einem für das Scale-up sinnvollen Maßstab durchzuführen. Es ist dann optimal, die Pilotanlage parallel zu der im normalen Betrieb befindlichen Produktionsanlage zu betreiben. Der Feed-Strom wird kontinuierlich der Anlage entnommen. Permeat und Konzentrat werden direkt in den Prozess zurückgeführt.

Passend zu dem jeweils verfügbaren Membranmodul wird eine entsprechende Peripherie mit Pumpen, Rohrleitungen, Vorlagen, Mess-, Regelungs- und Steuerungseinrichtungen ausgelegt. Der Aufbau derartiger Anlagen erfolgt häufig in Form einer Kompletteinheit, z. B. innerhalb eines auf Rollen beweglichen Gestells. Diese Einheiten haben häufig schon Rahmenabmessungen von bis zu mehreren Metern. Nachteil dieser Vorgehensweise ist der eher hohe Aufwand für Mess-, Regel- und Sicherheitstechnik, der betrieben werden muss, um Einflüsse von Störungen aus dem Versuchsbetrieb auf den Produktionsbetrieb auszuschließen. Die Genehmigungssituation und die maßgeblichen Sicherheitsvorschriften erlauben fallweise eine Integration einer Versuchsanlage in eine Produktionsanlage nicht. Als Alternative bietet sich dann der entkoppelte Betrieb einer Versuchsanlage im Technikum an. Zwar müssen dann die entsprechenden Stoffströme mit größerem Aufwand zu- und wieder abgeführt und ggf. auch entsorgt werden, es besteht aber die Möglichkeit, unabhängig von der Produktionsanlage flexibel alle gewünschten Betriebszustände zu untersuchen.

Wenn man eine Versuchsanlage selbst auslegt und erstellt, gestaltet man sie am besten so, dass unterschiedliche Membrantypen und Module verschiedener Hersteller eingesetzt werden können. Um den Aufwand gering zu halten, passt man die Größe der Anlage an die kleinsten kommerziell erhältlichen aber noch Scale-up-geeigneten Moduleinheiten an. Es ist im Allgemeinen sinnvoll, mit dem jeweiligen Membran- und Modulhersteller Kontakt aufzunehmen. Ggf. können dann auch Module in gewünschter Größe hergestellt werden. Als Alternative zur Eigenentwicklung bietet mittlerweile auch eine Reihe von Modul- und Membranherstellern eigene fertige Pilotanlagen zum Kauf oder zum Mieten an.

Im engeren Sinne handelt es sich bei derartigen Versuchsanlagen nicht um Miniplants, sondern eher um Pilotanlagen. Wesentlicher Vorteil von Versuchen in diesem relativ großen Maßstab ist jedoch, dass viele der erst bei längeren Versuchen zu ermittelnden o. g. Aspekte gründlich untersucht werden können. Ein Beispiel für den möglichen schematischen Aufbau einer Versuchsanlage gibt Abb. 5.71. Einen optischen Eindruck einer realisierten Anlage vermittelt Abb. 5.72 mit einer Versuchsanlage aus dem Technikum der Firma Cognis.

Handelt es sich um einen neu zu entwickelnden Gesamtprozess, der durch Versuche in einer Miniplant getestet werden soll, so kann die Größe der Membrananlage i. d. R. nicht unabhängig von den anderen Prozessschritten gewählt werden. Bei typischen Durchsätzen für Miniplants von 1–10 kg/h und einem angenommenen Fluss von 100 l/m^2*h Permeat ergeben sich für die Miniplant Membranflächen zwischen 0,01 und 0,1 m^2. Module in dieser Größe sind meist nicht direkt erhältlich und müssen gesondert angefertigt werden. Aufgrund der kleinen Abmessungen lässt sich die Strömungsführung häufig nicht so gestalten, dass ein Scale-up ohne weiteres möglich ist. Es ergibt sich somit der Zielkonflikt, dass ein voll integrierter kontinuierlicher Betrieb einer Membrantrennoperation innerhalb einer Gesamtminiplant zwar die gewünschten Informationen über die Auswirkungen von Rückführungen und Aufkonzentration von Nebenkomponenten ergeben kann, dass für die endgültige Auslegung aber weitere

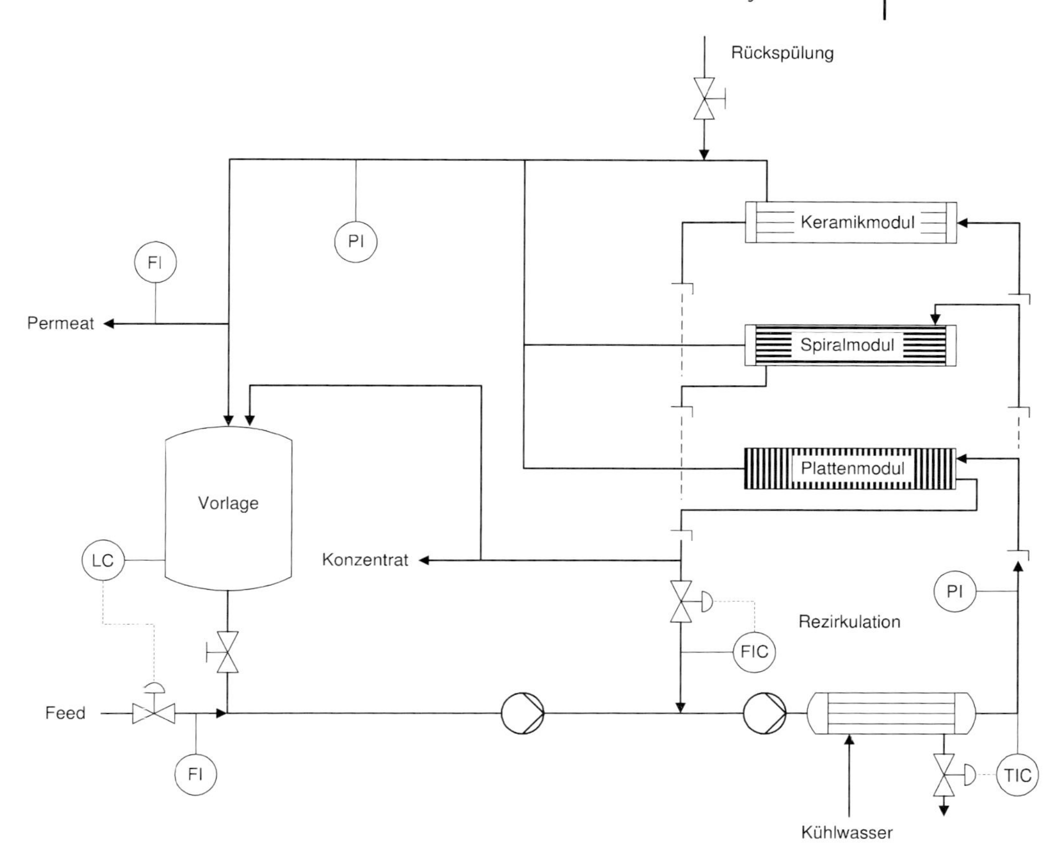

Abb. 5.71 Schematischer Aufbau einer Pilotanlage.

Versuche in einem angemessenen, i. d. R. einem größeren Maßstab durchgeführt werden müssen.

5.2.4.4 **Simulation und begleitende Berechnungen, Scale-up**

Die beiden für eine Membrananlage bestimmenden Größen sind die Selektivität und der zu erzielende Permeatfluss bei bestimmten Betriebsbedingungen. Beides sind ebenso wie die Triebkraft lokale Größen, die entlang der Membran erheblich variieren können. Dies ist bei der Planung von Experimenten und der daraus abgeleiteten Auslegung unbedingt zu berücksichtigen. Denn nur wenn Verhältnisse in der Pilotierungsphase denen der Produktionseinheit genügend genau entsprechen, kann die benötigte Membranfläche durch durchsatzproportionales Scale-up bestimmt werden. Zur Unterstützung der Auslegung bietet es sich deshalb an, den Stofftransport durch die Membran im gewählten Modultyp unter Berücksichtigung der lokalen Änderungen der bestimmenden Größen zu

Abb. 5.72 Transportable Pilotanlage (Firma Cognis).

modellieren. Der Detaillierungsgrad der verwendeten Modelle ist sehr unterschiedlich. Eine übersichtliche Darstellung der Modellierungsmöglichkeiten und der Anlagenauslegung mit einer Vielzahl von Literaturhinweisen findet man z. B. bei Rautenbach [5]. Alternativ zu eigenen Berechnungen bietet sich bei der Moduloptimierung die Zusammenarbeit mit einem Membran- oder Modulanbieter an. Spezielle Erfahrungen und die Anwendung von empirischen Gleichungen erlauben eine zuverlässige Auslegung einer Membrananlage mitunter auch mit geringerem Aufwand.

Während die Modulkonstruktion i. d. R. durch das Angebot von Membran- und Modulhersteller als gegeben angenommen werden muss, ist die Verschaltung der Module ein Freiheitsgrad, der für den Anwender bei der Planung der Anlage besteht. Bei der Anordnung von mehreren Modulen gibt es eine Vielzahl von Möglichkeiten (Parallelschaltung, Reihenschaltung, Tannenbaumstruktur, Kaskadenschaltung, Rückführungen etc.). Beim Betrieb von Miniplants oder auch größeren Versuchsanlagen lassen sich derartig komplexe Strukturen i. d. R. nicht abbilden, da aufgrund des gewählten Versuchsmaßstabs häufig nur ein einzelnes Modul betrachtet wird. Zur Simulation derartiger Anordnungen findet man Hinweise wiederum z. B. bei Rautenbach [5].

5.2.4.5 Anwendung von Membranverfahren in Miniplants in der Literatur

Über experimentelle Arbeiten im Bereich der Membranverfahren im Labor- und Pilotmaßstab existiert umfangreiche wissenschaftliche Literatur. Hierbei gibt es einerseits die auf Membranverfahren spezialisierten Publikationen (z. B. *Journal of Membrane Science*). Andererseits erscheinen auch in den anderen wesentlichen verfahrens- und chemisch-technischen Fachzeitschriften viele Artikel, die sich mit Membranverfahren befassen. Über eine integrierte oder kombinierte Anwendung von Membranverfahren zusammen mit anderen Unit Operations wird hingegen nur sehr selten berichtet.

Blum et al. [6] berichten über eine Acetalisierungsreaktion, die ausgehend vom Labormaßstab in einer Miniplant von zunächst 100 l und im weiteren Verlauf dann 25 l untersucht und optimiert wurde. In einer neueren Arbeit zur Estersynthese wird der Betrieb einer Veresterungsanlage (Reaktorvolumen 12 l) mit integriertem Membranmodul (Fläche 0,82 m^2) zur Wasserausschleusung beschrieben [7]. Anhand dieser charakteristischen Daten wird deutlich, dass der Einsatz von Membrantrennverfahren wie schon weiter oben erwähnt eher zu größeren „Miniplants“ als bei anderen Unit Operations führt. Einen Überblick über den Einsatz der Pervaporation in Hybridprozessen, d. h. in Kombination mit Destillation und/oder Reaktion, wird in [8] gegeben. Hier sind auch eine Reihe von Arbeiten im Pilot- und Miniplant-Maßstab zitiert. Weitere in der Literatur häufiger genannte Anwendungsbereiche integrierter Verfahren sind der Betrieb von Bioreaktoren, bei denen Membranen zur Rückhaltung von aktiver Biomasse eingesetzt werden, oder heterogen katalysierte Reaktionen, bei denen ein suspendierter Katalysator abgetrennt wird. Die Aufarbeitung von Nebenströmen (z. B. Rückgewinnung von Lösungsmitteln) oder Abfallströmen (Aufkonzentrierung, Abtrennung und Rückgewinnung von bestimmten Abwasserkomponenten) wird häufig getrennt vom eigentlichen Gesamtverfahren untersucht, und die Qualität der rückgeführten oder entsorgten Ströme wird allein auf der Basis analytischer Ergebnisse beurteilt. Dementsprechend werden die Versuche auch nicht in einer integrierten Miniplant ausgeführt.

5.2.4.6 Zusammenfassung Membrantechnik und Miniplants

Die Miniplant-Technik hat für die Membrantechnik noch keine so weite Verbreitung gefunden wie für andere Unit Operations, z. B. Reaktion, Destillation oder Extraktion. Als wesentliche Ursache hierfür ist anzusehen, dass die notwendigen Module nur selten in dem entsprechenden kleinen Maßstab zur Verfügung stehen. Prinzipbedingt lassen sich bestimmte Membranmodule und die dazugehörigen Peripheriegeräte bei einigen Verfahren nicht genügend oder nur mit unverhältnismäßig hohem Aufwand miniaturisieren. Eine Nutzung der an sehr kleinen Anlagen gewonnenen Ergebnisse zum Scale-up ist mitunter mit einer hohen Unsicherheit belastet, da die komplexen Strömungsverhältnisse im kleinen Maßstab nicht abgebildet werden können. Die für andere Verfahren übliche Bauweise aus Glas lässt sich bei den Membranverfahren nur bedingt anwenden, da bei einigen der Verfahren höhere Drücke benötigt werden, die eine Konstruktion der Apparate aus Glas nicht mehr erlauben. Destillations- oder Extraktionsanlagen aus Glas sind prinzipiell für viele destillierbare oder extrahierbare Stoffsysteme einsetzbar. Für Membrananlagen gilt dies nur mit Einschränkungen. Membran- und auch Dichtungsmaterial sind sehr anwendungsspezifisch. Eine vielfältig einsetzbare Anlage muss zumindest den einfachen Austausch verschiedener Membrantypen erlauben. All diese Gründe führen dazu, dass Versuche eher in etwas größeren Versuchsanlagen durchgeführt werden, die nicht mehr als Miniplant im engeren Sinne zu bezeichnen sind. Aus Effektivitätsgründen bietet es sich an, für die jeweilige Membrantrennaufgabe eine möglichst kleine, jedoch für aussagekräftige Versuchsergebnisse noch genügend große Versuchsanlage bei einem Hersteller zu kaufen oder zu leihen. Übersteigen die dafür benötigten Produktmengen die Kapazitäten der mit der Membrananlage zu kombinierenden Unit Operations, muss von dem an sich wünschenswerten kontinuierlich gekoppelten Betrieb auf einen absatzweisen Betrieb übergegangen werden.

Literatur zu Abschnitt 5.2.4

1 H. Strathmann: Membrane Separation Processes: Current Relevance and Future Opportunities. *AIChE Journal Technology,* **47**, May 2001, p. 1077–1087.
2 S. P. Nunes, K.-V. Peinemann (Eds.): Membrane Technology in the Chemical Industry, Wiley-VCH Verlag GmbH, Weinheim, 2001.
3 H. Strathmann in M. K. Turner (Ed.): Effective Industrial Membrane Processes: Benefits and Opportunities, Elsevier Applied Science, London and New York, 1991, p. 6.
4 O. Wörz: Process Development via a Miniplant, *Chemical Engineering and Processing,* **1995**, 34, 261–268.
5 R. Rautenbach: Membranverfahren: Grundlagen der Modul- und Anlagenauslegung, Springer Verlag, Berlin, Heidelberg, New York, 1996.
6 S. Blum, B. Gutsche, W. Barlage: Membranunterstützte Batchreaktionen – Konzepte und Scale-up: Aachener Membran Kolloquium 3.–5. März 1997, Preprints, GVC*VDI (Hrsg.), VDI-Verlag, Düsseldorf (1997), 161–178.
7 T. Holtmann, A. Gorak: Prozessanalyse eines Membranreaktors zur Estersynthese im Technikumsmaßstab, *Chem. Ing. Tech.*, **2002**, 74, 819–824.
8 F. Lipnizki, R. W. Field, P. K. Ten: Pervaporation-Based Hybrid Process: A Review of Process Design, Application, and Economics, *Journal of Membrane Science,* **1999**, 153, 183–210.

5.3 Feststoffverfahrenstechnik

5.3.1 Filtration

5.3.1.1 Einleitung/Theorie

Die Filtrationsprozesse können im Prinzip in drei Kategorien eingeteilt werden (Abb. 5.73 und Abb. 5.74).

Bei der *Tiefenfiltration* besteht das Filtermedium aus einer Schicht, in deren Hohlräumen der Feststoff zurückgehalten und eingelagert wird. Es baut sich kein Kuchen oberhalb des Filtermediums auf. Nachdem eine gewisse Menge Feststoff eingelagert wurde, muss der Filtrationsvorgang unterbrochen und das Filtermedium regeneriert oder zusammen mit dem Feststoff entsorgt werden. Dieses Verfahren

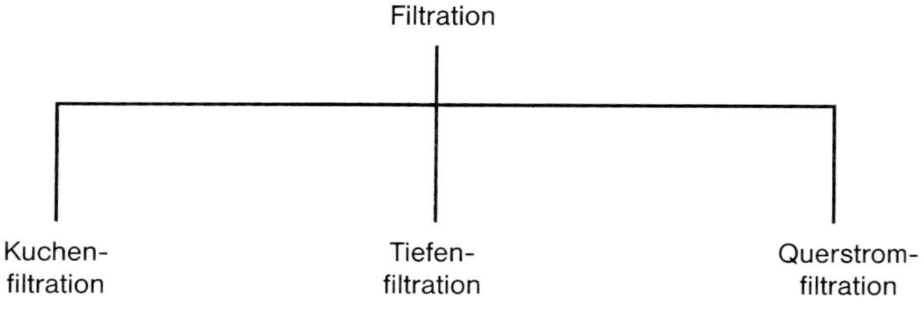

Abb. 5.73 Einteilung der Filtrationsprozesse.

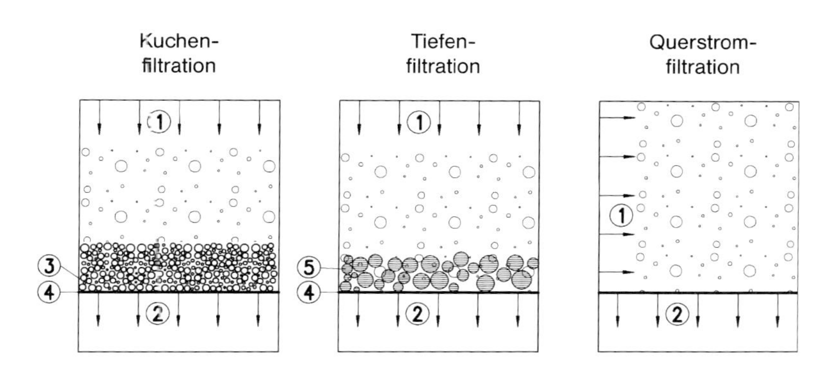

Abb. 5.74 Filtrationsprinzipien.

eignet sich nur für die Trennung bei sehr geringen Feststoffkonzentrationen. Eine typische Anwendung des Tiefenfilters kommt beim Klären von Wasser zur Anwendung. Ebenso hat das Tiefenfilter eine große Verbreitung in der Getränkeindustrie.

Bei der *Querstromfiltration* werden die Partikel an der Oberfläche des Filtermediums abgeschieden. Es entsteht jedoch kein Filterkuchen, da die Suspension und die Filterfläche relativ zueinander bewegt werden. Die an der Oberfläche des Filtermediums wirkende Scherspannung spült die anfiltrierten Partikel sofort wieder in die strömende Suspension ein (Abb. 5.75). Während das feststofffreie Filtrat durch das Filtertuch hindurchtritt, kann auf der Feststoffseite maximal eine Aufkonzentrierung der Suspension bis zur Fließgrenze erreicht werden.

Die Querstromfiltration (Cross-Flow-Filtration) wird z. B. in der Bioindustrie und in der Lebensmittelindustrie sowie zur Aufarbeitung von Waschwässern und Kühlschmierstoffen eingesetzt [1]. Im Folgenden soll speziell auf die Kuchenfiltration – die in der Synthese am häufigsten verwendete Art – eingegangen werden.

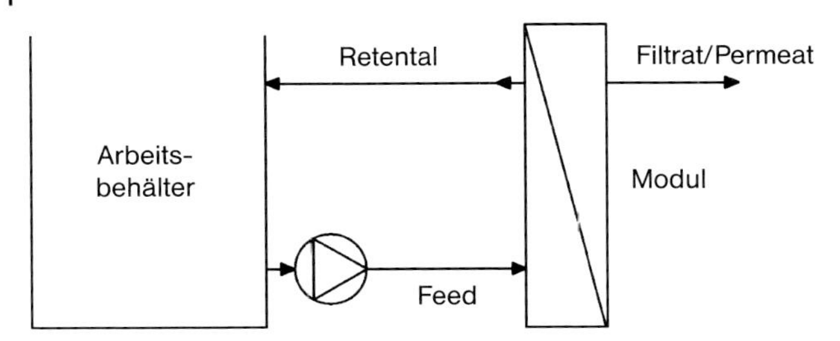

Abb. 5.75 Schema Querstromfiltration.

5.3.1.2 **Kuchenfiltration**

Von der *Kuchenfiltration* spricht man, wenn der in der Suspension enthaltene Feststoff durch ein Filtermedium zurückgehalten und an der Oberfläche des Filtermediums abgelagert wird. Es bildet sich ein Kuchen, der für jedes neu ankommende „Suspensionselement" als Sperrschicht wirkt [2]. Das Filtermedium hat dabei lediglich die Aufgabe, den Kuchen zu tragen und den Anfang der Kuchenbildung einzuleiten. Im Inneren des Filtermediums setzen sich normalerweise keine Partikel fest. I.d.R. setzen sie sich im darüber liegenden Kuchen fest oder passieren das Filtermedium. Der Filtrationsvorgang wird nach einer gewissen Zeit abgebrochen und der Kuchen entfernt. Bei technischen Filtrationsvorgängen kann fast immer eine laminare Durchströmung angenommen werden. Ein poröser Körper (Tuch, Filterstein usw.) der Fläche A wird durch eine Flüssigkeit durchströmt. Es sei ein konstanter Druck Δp zwischen Ober- und Unterseite des Filters angelegt.

Hier gilt die Grundgleichung der Kuchenbildung nach Darcy (Gleichung 1):

$$\dot{V} = \frac{k \cdot A \cdot \Delta p}{\pi \eta \cdot h_K} \qquad (1)$$

$\dot{V}$	= Volumenstrom der Flüssigkeit	(m^3/sec)
k	= Permeabilität des Filterkuchens	(m^2)
Δp	= Druckabfall über den Filterkuchen	(N/m^2)
A	= Filtrationsfläche	(m^2)
η	= dynamische Viskosität der Flüssigkeit	($N \cdot s/m^2$)
h_K	= Dicke des Filterkuchens	(m)

Diese Gleichung gilt für konstante Kuchenhöhe und laminare Durchströmung. Je mehr Suspension jedoch filtriert wird, desto höher wird gleichzeitig die Kuchenhöhe, darum ist die Anwendung der Darcy-Gleichung eingeschränkt. Die Gleichung ist ebenfalls nur anwendbar für Schüttungen, die inkompressibel sind. In der Praxis gibt es *kompressible* und *inkompressible* Filterkuchen. Typisch ist, dass Filterkuchen mit hohem Schüttgewicht eher inkompressibel sind und Filterkuchen mit kleinem Schüttgewicht – also leichte Produkte – eher kompressibel. Grundsätzlich gilt bei kompressiblen Filterkuchen, dass sich ein hoher Filtrationsdruck kontraproduktiv auf die Filtrationsleistung auswirkt, d. h. dass eine Erhöhung des Filtrationsdruckes die Filtrationsleistung reduziert.

5.3.1.3 Kuchenhöhe/Filtrationsleistungen

Wir unterscheiden in der praktischen Anwendung zwischen kleinen Kuchenhöhen und großen Kuchenhöhen. Bei schlecht filtrierbaren Produkten (fünf und mehr Stunden Filtrationszeit) können nur kleine Kuchenhöhen erreicht werden. Bei gut filtrierbaren Produkten können große Kuchenhöhen aufgebaut werden, wobei immer noch vernünftige (von ein paar Minuten bis zwei Stunden) Filtrationszeiten erreicht werden (Abb. 5.76).

Dementsprechend werden auch die Filtrationsapparate ausgewählt. Für mittel bis gut filtrierbare Produkte, wo *hohe* Kuchenhöhen erzielt werden können, werden *Filternutschen* eingesetzt. Für schlecht filtrierbare Produkte, wo nur kleine Kuchenhöhen erreicht werden, setzt man z. B. Filterpressen, Bandfilter und Tellerfilter ein.

5.3.1.4 Verschiedene Apparate zur Fest/Flüssig-Trennung

Obwohl das Filtrieren ein einfacher Verfahrensschritt ist, bietet der Apparatebau verschiedene Filtergeräte an [3]. Eine Auswahl des geeigneten Geräts fällt durch die konstruktive und verfahrenstechnische Vielfalt vielfach schwer. Zusätzlich wird die Auswahl noch durch zahlreiche Überschneidungen erschwert. Nachstehende Aufstellung zeigt einige wenige Filtrationsapparate ohne Anspruch auf Vollständigkeit:

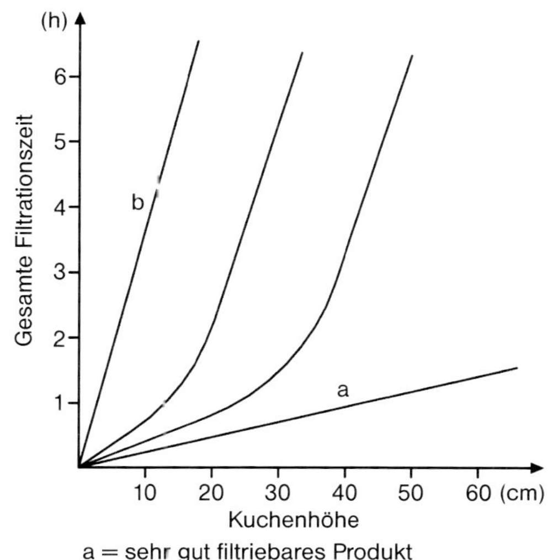

Abb. 5.76 Filtrationsleistungen.

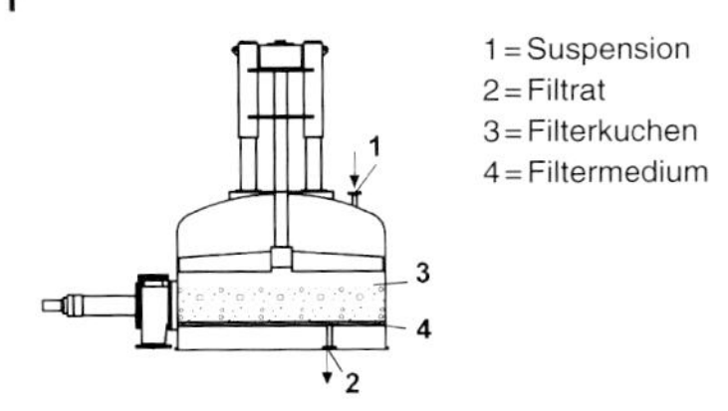

Abb. 5.77 Nutschenfilter.

Nutschenfilter, diskontinuierlich, mit Überdruck, mit Vakuum, Grobfiltration (Abb. 5.77).

Kammerfilterpresse, diskontinuierlich, Grobfiltration, Klärfiltration, Feinfiltration (Abb. 5.78).

Horizontalplattenfilter, diskontinuierlich, mit Überdruck, Klärfiltration, Feinfiltration (Abb. 5.79).

Trommelfilter, kontinuierlich, mit Vakuum, Grobfiltration, Klärfiltration (Abb. 5.80).

Bandfilter, kontinuierlich, mit Vakuum, Grobfiltration (Abb. 5.81).

Filterzentrifuge, diskontinuierlich oder kontinuierlich, horizontal, vertikal, mit Überdruck, Zentrifugalkraft, Grobfiltration (Abb. 5.82).

Für die Herstellung von Wirkstoffen für die pharmazeutische Industrie, sog. Active Pharmaceuticals Ingredients (APIs), werden vorwiegend Filternutschen oder Zentrifugen eingesetzt. APIs sind meistens grobkristallin, also leicht filtrierbar. Außerdem sind meistens brennbare Lösungsmittel involviert, sodass in

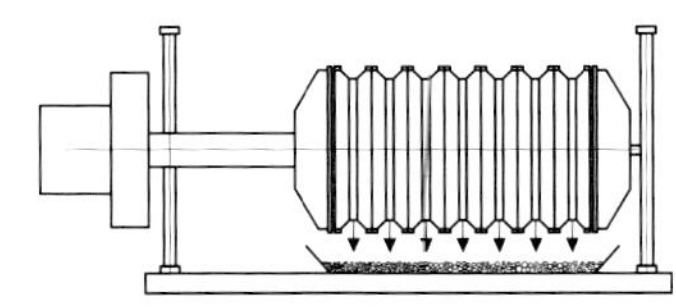

Abb. 5.78 Kammerfilterpresse.

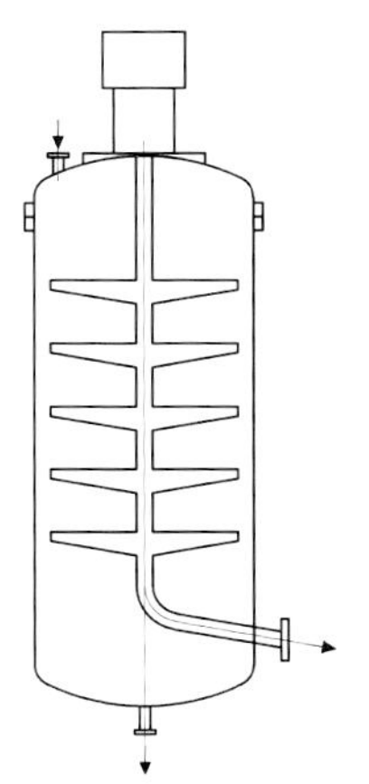

Abb. 5.79 Horizontalplattenfilter.

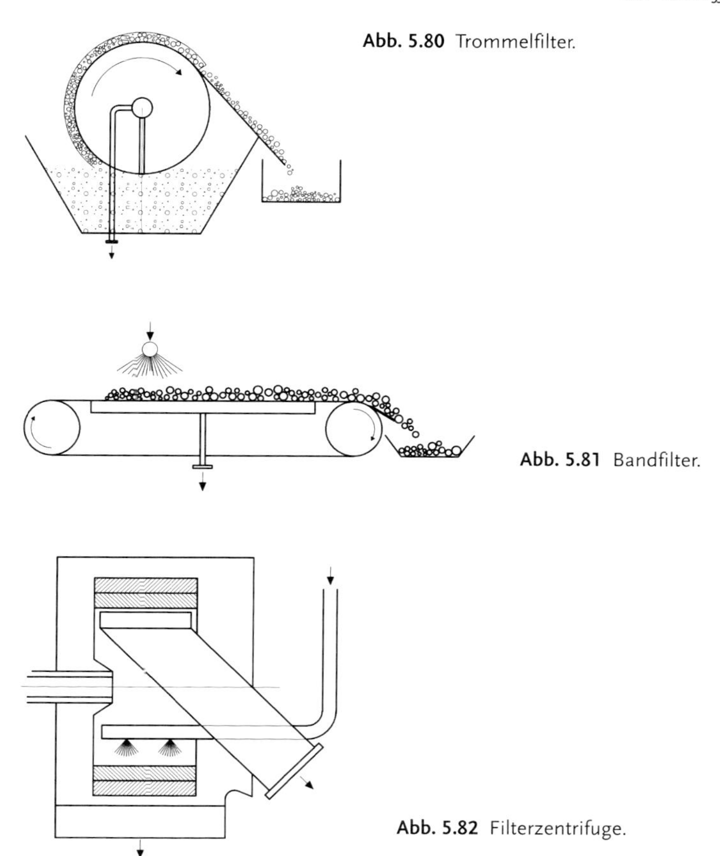

Abb. 5.80 Trommelfilter.

Abb. 5.81 Bandfilter.

Abb. 5.82 Filterzentrifuge.

geschlossenen und inerten Apparaten gearbeitet werden muss. In der Synthese der APIs wird oft chargenweise gearbeitet, was die Rückverfolgbarkeit des Produkts und die Validierung des Prozesses erleichtert. In der Folge wird etwas detaillierter auf die Filternutsche eingegangen.

5.3.1.5 **Die Filternutsche**

5.3.1.5.1 **Einsatz**

Die Filternutsche wird üblicherweise im Chargenbetrieb für Kuchenhöhen von ca. 10–50 cm und Kristallgrößen von ca. 10–200 Mikron eingesetzt. Dabei werden bei sehr gut filtrierbaren, kristallinen Produkten Filtrationszeiten von 10 min beobachtet, jedoch bis 6 h für schlecht filtrierbare Produkte mit feinen Partikeln, welche auch pastös sein können. Es werden spezifische Filtrationsraten von 100 l/m^2 h bis 3000 l/m^2 h erzielt. Die *spezifische Filtrationsrate* f (Gleichung 2) wird dabei durch Versuche ermittelt:

$$f = \frac{V}{A \cdot tz} \ (\mathrm{l/m^2h}) \qquad (2)$$

wobei

V = das Volumen des ausgetretenen Filtrats (l)

tz = die gemessene Zeit zwischen dem Beginn der Filtration und dem Moment, wo die Filtration abgebrochen wird, d. h. nicht mehr viel Filtrat anfällt (h)

A = die Filterfläche (m^2).

5.3.1.5.2 **Konstruktion der Filternutsche**

Die Filternutsche (Abb. 5.83 und Abb. 5.84) besteht im Wesentlichen aus einem Druckbehälter, einem Rührwerk für Rechts- und Linkslauf, einem eingebauten Filterboden mit Filtermedia sowie einem Seitenaustragsventil für den seitlichen Produktaustrag. Als Material kommen vorwiegend rostfreier Stahl, Hastelloy, selten auch Stahl emailliert vor. Seitlich ist meistens eine Heiz-/Kühlhalbrohrschlange angebracht, um die Temperatur der Suspension während der Filtration unter Kontrolle zu halten.

5.3.1.5.3 **Prozess**

Die klassische Fest/Flüssig-Trennung von pharmazeutischen Wirkstoffen findet typischerweise nach der Kristallisation bzw. vor der Trocknung statt (Abb. 5.85).

Ein Prozess in einer Filternutsche kann wie folgt aussehen:

- Inertisieren des Filters
- Befüllen mit Suspension vom Reaktor
- Filtration der Mutterlauge mit 1–2 bar(ü) Stickstoffdruck
- Einfüllen einer Waschflüssigkeit
- Verdrängungswäsche

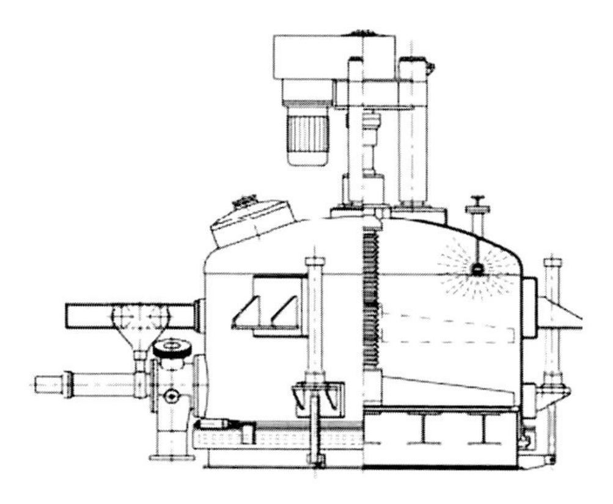

Abb. 5.83 Schnittzeichnung Rosenmund-Filternutsche.

Abb. 5.84 Foto Rosenmund-Filternutsche.

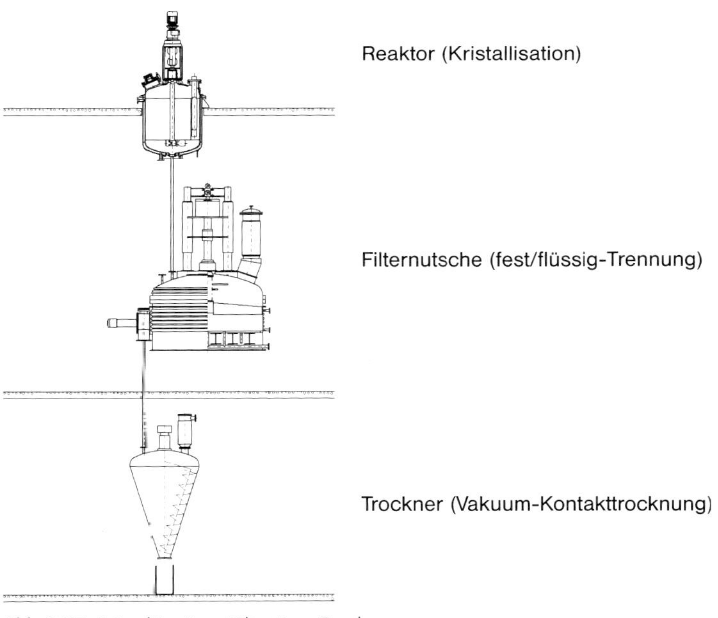

Abb. 5.85 Kristallisation, Filtration, Trocknung.

Dabei wird die Waschflüssigkeit mittels 1–2 bar(ü) Stickstoffdruck durch den Kuchen gepresst. Entsprechende Verunreinigungen oder Lösungsmittel im Produkt werden ausgewaschen, respektive verdrängt.
- Nochmaliges Einfüllen einer Waschflüssigkeit
- Aufschlämmwäsche oder auch Verdünnungswäsche
  Bei diesem Verfahren wird der Filterkuchen mit der Waschflüssigkeit „angemaischt". Allfällig verbleibende örtlich konzentrierte Verunreinigungen werden dabei in der „Maische" gleichmäßig „verteilt". Die Reinheit des Filterkuchens ist somit homogener.
- Oft wird z. B. zweimal mit einer Verdrängungswäsche gewaschen und anschließend noch eine Aufschlämmwäsche angehängt.
- Abpressen der Waschflüssigkeit mittels 1–2 bar(ü) Stickstoffdruck
- Trockenblasen des Filterkuchens mit Stickstoff
  Dabei werden die freien Flüssigkeitströpfchen, die dem Kristall anhaften, mechanisch abgeblasen.
- Entspannen des Druckbehälters auf Atmosphärendruck
- Austragen des Filterkuchens via das seitliche Austragsventil.

5.3.1.5.4 Empfohlene Waschmittelflüssigkeitsmenge

Die Menge ist stark vom Produkt und Prozess abhängig und muss durch Versuche ermittelt werden. Typische Mengen sind 0,5- bis zweimal das Volumen vom Filterkuchen. Die Waschmittelmenge soll so klein wie möglich gehalten werden, da das verschmutzte Lösungsmittel entweder entsorgt oder wieder aufbereitet werden muss.

5.3.1.5.5 Trockenrisse

Wenn der Filterkuchen beim Auspressen schrumpft, können während der Filtration Trockenrisse auftreten (Abb. 5.86). Trockenrisse sind möglichst zu vermeiden, da sie bei der anschließenden Verdrängungswäsche dort präferenzielle Pfade bilden, wo das Lösungsmittel hindurchfließt, ohne die Verunreinigungen im umliegenden Produkt auszuwaschen. Die Trockenrisse kann man weit gehend vermeiden, wenn man die Filtration in dem Moment abbricht, in dem der Flüssigkeitsspiegel in den Filterkuchen eintaucht (Eintauchpunkt).

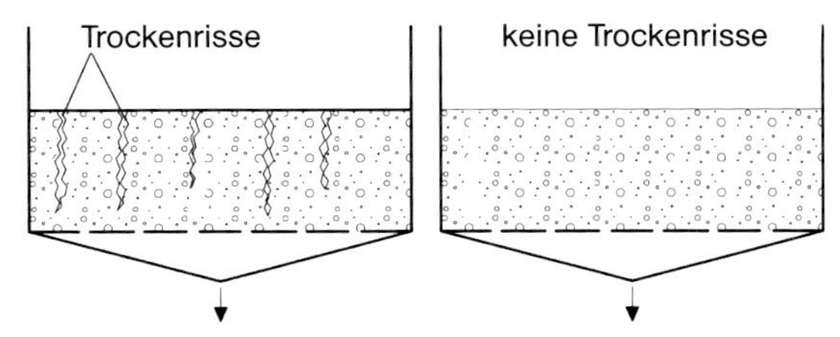

Abb. 5.86 Trockenrisse.

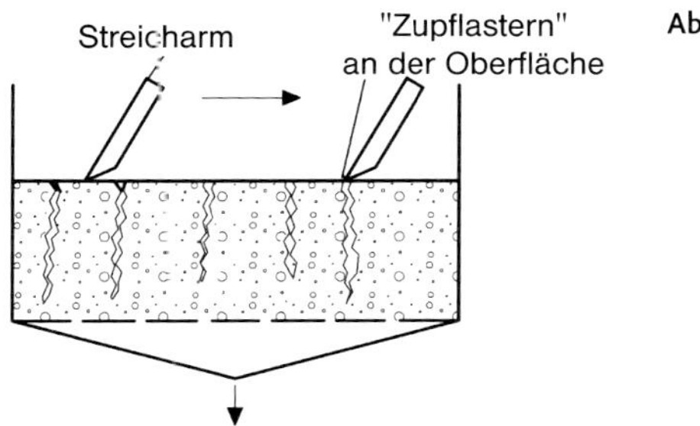

Abb. 5.87 Streichen.

Das sog. Streichen (Abb. 5.87), das oft in Nutschen angewendet wird, ist als schlechte Notlösung zu bezeichnen, da die Trockenrisse nicht vermieden, sondern nur oben „zugepflastert“ werden können.

5.3.1.5.6 Filtermedium

Das Filtermedium hat primär die Aufgabe, den Kuchen zu „tragen“ und den Anfang der Kuchenbildung einzuleiten. Daher ist die Wahl der Filterfeinheit nicht so wesentlich. Als gute Wahl hat sich ein Filtergewebe mit 20 Mikron Filterfeinheit oder gröber erwiesen. Filtermedien feiner als 20 Mikron haben sich für die Nutschenfiltration weniger bewährt. Bei den ersten Filternutschen wurden textile Filtertücher aus Mono- oder Multifilamenten verwendet. Die Haltbarkeit der textilen Filtertücher ist nicht sehr lange. Die Tücher zerreißen durch die mechanische Beanspruchung durch den Rührarm sehr rasch. In der Praxis haben sich daher in den letzten Jahren gesinterte Mehrlagenfiltergewebe aus Metall durchgesetzt (Abb. 5.88).

5.3.1.5.7 Trüblauf/Klarlauf

Am Anfang einer Filtration fließt oft das Filtrat während ein paar Sekunden noch trüb, nämlich so lange, bis der eigentliche Kuchen als Filtermedium wirkt. Sollte der Trüblauf unerwünscht sein, wird das Filtrat in der Anfangsphase einfach aufgefangen und oben wieder in die Nutsche zurückgepumpt. Als Alterna-

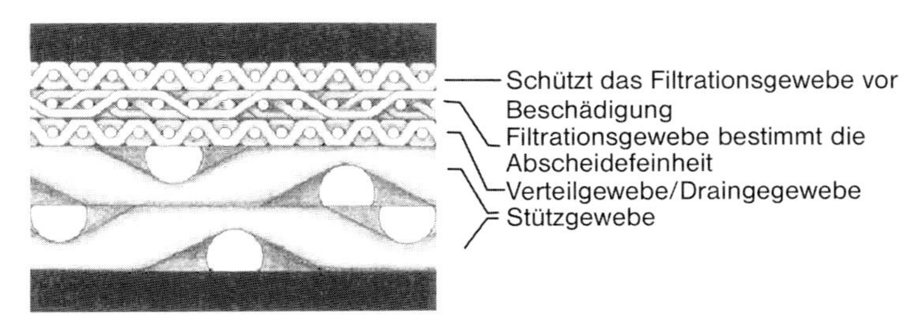

Abb. 5.88 Mehrlagenfiltergewebe, Foto Bopp, Zürich.

tive wird ein sog. „Polizeifilter" in die Filtratleitung eingesetzt, um Feinstpartikel im Filtrat aufzufangen.

5.3.1.5.8 Restfeuchte des Filterkuchens

Die erreichte Restfeuchte in der Filternutsche ist stark produktabhängig. I. d. R. erreicht man nicht ganz die Werte wie mittels einer Zentrifuge. Man wird sich aber im Bereich von 15–30% RF bewegen.

5.3.1.5.9 Vakuum-Kontakttrocknung im Filter

Das anschließende Vakuum-Kontakttrocknen im Filter hat sich im Speziellen für pharmazeutische Wirkstoffe durchgesetzt (Abb. 5.89). Dabei werden der Behälter und der Rührer beheizt. Die Nutsche wird so zum sehr effizienten Vakuumtrockner. Das Materialhandling zwischen der Nutsche und einem separaten Trockner entfällt. Dies ist besonders bei toxischen Produkten von großem Vorteil.

5.3.1.5.10 Größen der Filter (Trockner)

Die Einteilung erfolgt aufgrund der Filterfläche:

- 0,002 m^2 — Taschenfilter
- 0,03 m^2 — Laborfilter
- 0,1, 0,2, 0,4 m^2 — Pilotfilter
- 0,6, 1,0, 1,5, 2,0, 3,0, 4,0, 6,0, 8,0, 10,0, 12,0, 16,0 m^2 — industrielle Filtergrößen.

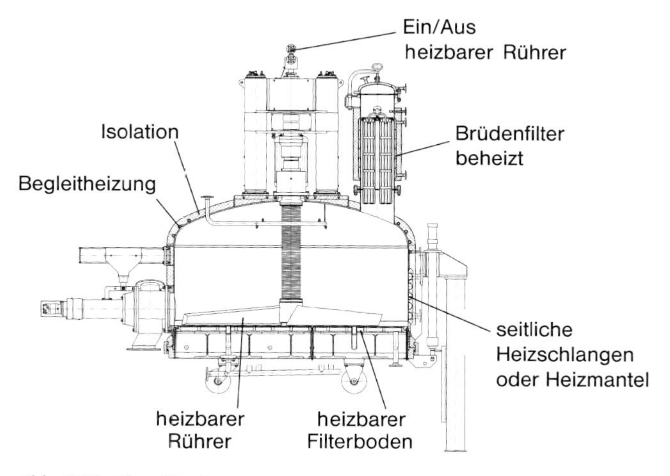

Abb. 5.89 Filter/Trockner.

5.3.1.5.11 **Sicherheit im Filter (Trockner)**

Die Prozessführung im Filter (Trockner) gilt als sehr sicher. Lösungsmittelfeuchte Produkte können inert, d. h. unter Ausschluss von Sauerstoff, gefahren werden. Das Rührwerk dreht langsam und stellt so keine Gefahr dar.

5.3.1.5.12 **Scale-up**

Mit dem *Taschenfilter 0,002 m^2* kann sehr schnell geprüft werden, ob ein Produkt filtriert. Ebenso soll auch abgeklärt werden, ob das Produkt bei der vorgesehenen gleichen Kuchenhöhe in der industriellen Anwendung filtriert werden kann. Das benötigte Suspensionsvolumen für den Test beträgt ca. 1–2 l. Der Versuch ist diskontinuierlich und dauert inklusive Versuchsaufbau nur etwa 1–2 h.

5.3.1.5.13 **Laborfilter 0,03 m^2**

Im Laborfilter (Abb. 5.90 und Abb. 5.91) kann wie im Taschenfilter die Filtration geprüft werden. Filterkuchenmengen von 6 l und Suspensionsmengen von ca. 18 l können verarbeitet werden. Ein Scale-up auf industrielle Filter ist möglich. Da im gleichen Filter – da heizbar – auch getrocknet werden kann, wird diese Größe oft in *Miniplants* eingesetzt.

5.3.1.5.14 **Pilotfilter 0,2 und 0,4 m^2**

In Pilotfiltern werden bei Kunden ausführliche Filtrations- und Trocknungsversuche, oft sogar auch Kleinproduktionen gefahren. Ein sicherer Scale-up für die Filtration und insbesondere für die Trocknung ist möglich. Da die pharmazeuti-

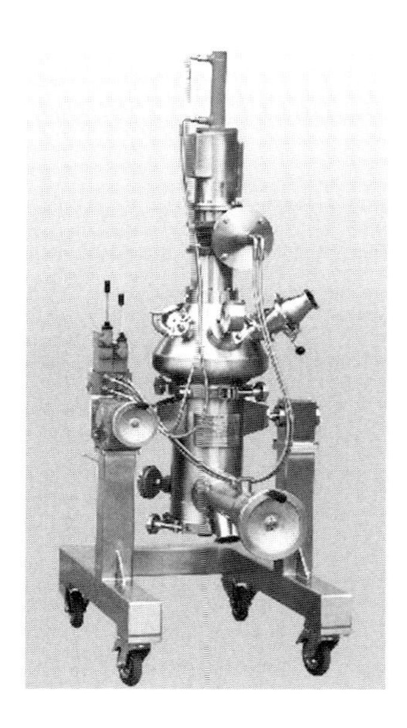

Abb. 5.90 Foto Rosenmund-Laborfilter.

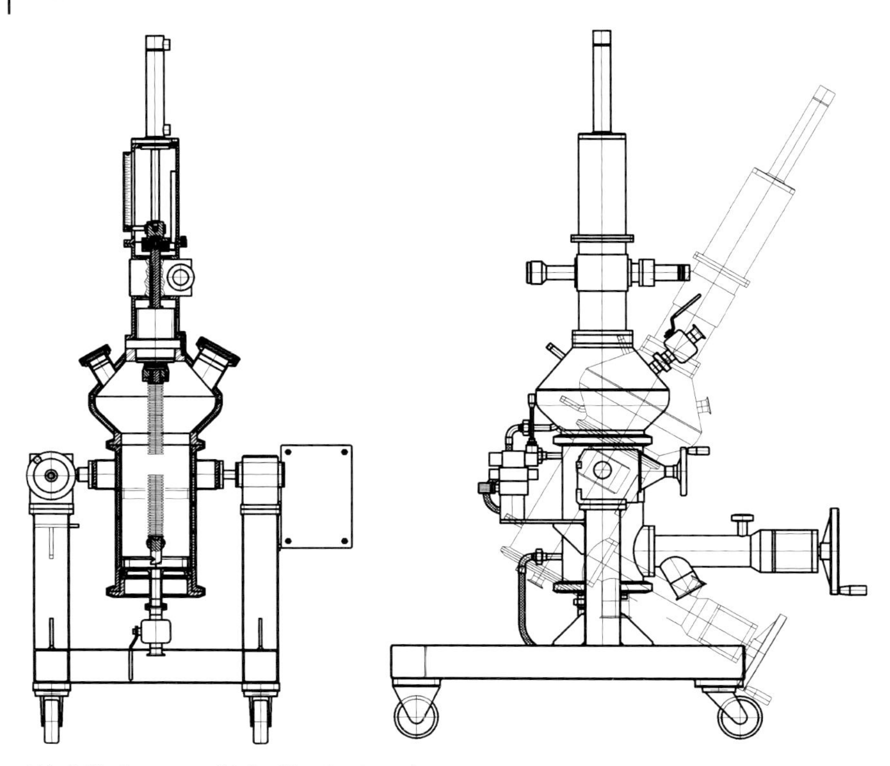

Abb. 5.91 Rosenmund-Laborfilter für Miniplant.

schen Wirkstoffe immer konzentrierter auftreten, werden diese Maschinengrößen vermehrt auch für die industrielle Produktion eingesetzt.

5.3.1.5.15 **Zum Scale-up bei der Filtration**

Bei den Versuchen muss die gleiche Kuchenhöhe getestet werden, die man anschließend in der industriellen Größe anwenden will (Abb. 5.92).

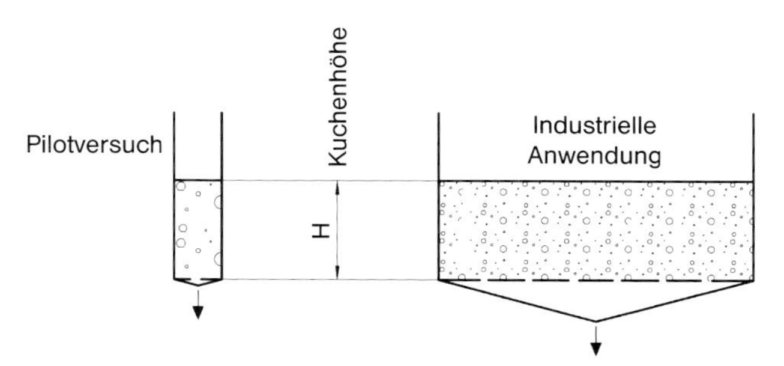

Abb. 5.92 Scale-up-Filtration.

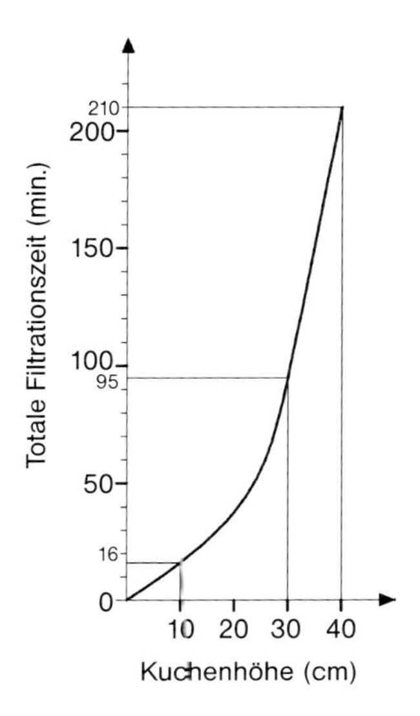

Abb. 5.93 Filtration „Scale-up“.

Dann gilt:
Die Filtrationszeit bei der industriellen Anwendung ist gleich wie beim Pilotversuch. Scale-up-Faktoren von z. B.
einen 0,03 m^2 Pilot auf z. B.
einen 10 m^2 Filter = 1 : 330
also typischerweise 1 : 100 bis 1 : 400.

Eine Extrapolation zum Ermitteln der Filtrationszeit ist nicht möglich, da – je nach Produkt – die Filtrationszeit exponentiell mit der Kuchenstärke zunehmen kann (Abb. 5.93).

5.3.1.5.16 **Grenzen des Scale-up**

Wenn die Filtrationsversuche und das Scale-up sorgfältig ausgeführt werden, sind die Risiken klein. Es soll darauf geachtet werden, dass für die Filtrationsversuche frische Originalsuspension – also direkt von der Produktion – genommen wird. Wird die Suspension lange zwischengelagert oder transportiert, kann sich die Kristallstruktur verändern und somit auch die Filtrationsleistung. Ergeben die Filtrationsversuche schon bei kleinen Kuchenhöhen sehr lange Filtrationszeiten, so ist eine Filternutsche für das Produkt nicht geeignet. In diesem Fall ist ein anderer Filterapparat wie z. B. die Kammerfilterpresse, ein Horizontalplattenfilter, ein Trommelfilter, ein Bandfilter oder eine Filterzentrifuge in Betracht zu ziehen.

Literatur zu Abschnitt 5.3.1

1 Prof. Dr. Werner Stahl, *Fest-Flüssig-Trennung*, Universität Karlsruhe (TH), 6. Aufl., *1986*.
2 Philip A. Schweitzer, *Handbook of Separation Techniques for Chemical Engineers*, McGraw-Hill Book Company, New York, *1979*.
3 GK-VDI-Gesellschaft Verfahrenstechnik und Chemieingenieurwesen, *Filtertechnik*, hrsg. von VDI, Düsseldorf, *1983*.
Weitere Literatur siehe Kapitel 2.

5.3.2 Kristallisation

5.3.2.1 Kristallisationstechniken

Kristallisationsverfahren werden mit den beiden Zielsetzungen – Reinigung und/oder Formgebung – technisch betrieben. Insbesondere die ausgeprägte Stereoselektivität beim Aufbau des Kristallgitters führt bei stofflichen Systemen mit eutektischem Verhalten zu hohen Abreicherungsraten von Nebenkomponenten und damit zur effektiven Stofftrennung. Abgeschwächt wird dieser rein thermodynamisch bestimmte Trenneffekt durch Einschlüsse von fluider Phase im Feststoff, durch zu schnelle Kristallisation und durch die dem Feststoff nach der Fest/Flüssig-Trennung noch anhaftende fluide Phase, in der sich die Nebenkomponenten gewöhnlich anreichern. Für das Erreichen hoher Reinheiten wird die Kristallisation oft mehrstufig betrieben, wobei der Feststoff als Ausgangssubstanz für die nächste Stufe eingesetzt wird.

In der chemischen Industrie findet die Schmelzkristallisation, ohne Zusatz eines Lösungsmittels als Hilfsstoff, bevorzugt Anwendung bei der Trennung von Stoffen mit eng beieinander liegenden Siedepunkten, d. h. bei Trennproblemen, die mit anderen Trennverfahren schwierig zu lösen sind, sowie bei der Feinreinigung (ultra purification), d. h. wenn sehr hohe Reinheitsanforderungen an das Zielprodukt gestellt werden. Eine weitere wichtige Stoffgruppe, bei denen die Kristallisation Anwendung findet, sind thermisch empfindliche Substanzen.

Rittner und Steiner [1] bzw. Ulrich und Koautoren [2] geben in ihren Beiträgen einen umfassenden Überblick über bestehende Schmelzkristallisationsverfahren. Die bisher im technischen Maßstab eingesetzten Verfahren können unabhängig von der Art der Erzeugung der Triebkraft für die Bildung der festen Phase, z. B. Kühlung, Verdampfung und Reaktion, in zwei Gruppen unterteilt werden:
- Suspensionskristallisation und
- Schichtkristallisation.

5.3.2.1.1 Suspensionskristallisation

Bei den überwiegend kontinuierlich betriebenen Suspensionsverfahren wird in einem ersten Schritt, z. B. durch Abkühlung der flüssigen Phase, eine Kristallsuspension erzeugt. In einem anschließenden weiteren Verfahrensschritt erfolgt

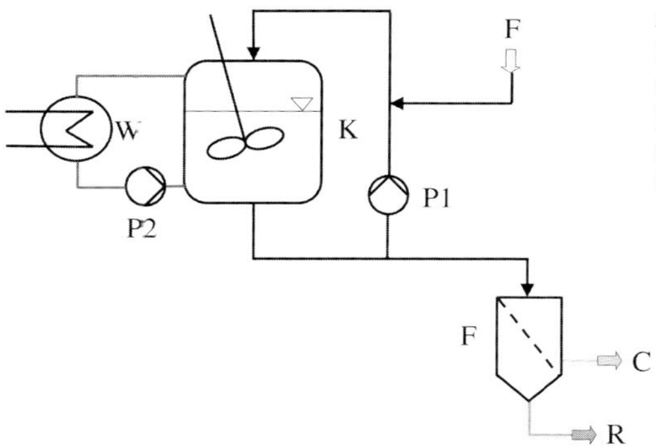

Abb. 5.94 Verfahrensfließbild einer kontinuierlichen Suspensionskristallisation. K = Kristallisator, F = Fest/Flüssig-Trennung, W = Wärmetauscher, P1, P2 = Pumpen, F = Feed, C = Kristallisat, R = Rest.

dann die mechanische Abtrennung des Feststoffes von der fluiden Phase. Abb. 5.94 zeigt das Verfahrensfließbild einer Suspensionskristallisation.

Zur Bildung der festen Phase werden Rührkessel, Kratzkühler oder Scheibenkristallisatoren eingesetzt. Zur Fest/Flüssig-Trennung kommen Zyklone, Filterapparate, Zentrifugen oder Waschkolonnen zur Anwendung. Beim Einsatz von Waschkolonnen, die im Gegenstrom betrieben werden, erfolgen die Fest/Flüssig-Trennung und eine zusätzliche weitere Reinigung des Feststoffes in einem Apparat.

5.3.2.1.2 **Schichtkristallisation**

Bei den Schichtkristallisationsverfahren wird an gekühlten Flächen Kristallisat in Form zusammenhängender, fest anhaftender Schichten ausgefroren. Die Fest/Flüssig-Trennung erfolgt durch einfaches Abfließen der fluiden Phase. Abb. 5.95 zeigt das Verfahrensfließbild für eine taktweise betriebene Schichtkristallisation.

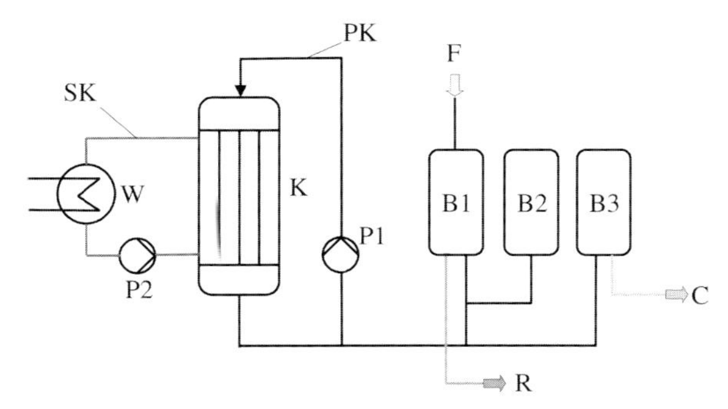

Abb. 5.95 Verfahrensfließbild einer taktweisen Schichtkristallisation. K = Kristallisator, W = Wärmetauscher, P1, P2 = Pumpen, B1. B2, B3 = Behälter, PK = Primärkreislauf, SK = Sekundärkreislauf, F = Feed, C = Kristallisat, R = Rest.

Zur Verbesserung des Reinigungseffekts wird bei der Schmelzkristallisation nach dem Ablassen der Restschmelze die Kristallschicht zunächst wieder erwärmt. Dieser Prozessschritt wird als „Schwitzen“ bezeichnet. Dabei kommt es zum partiellen Rückschmelzen der festen Phase und zur Abscheidung von flüssiger Phase, in der sich die Verunreinigungen anreichern. Zur Verbesserung der Fest/Flüssig-Trennung wird die der Kristallschicht anhaftende fluide Phase durch Abspülen mit flüssiger Phase – dem „Waschen“ – reduziert. Anschließend wird das Kristallisat vollständig aufgeschmolzen und in flüssiger Form aus dem Apparat abgelassen.

Das Verfahren der Schichtkristallisation wird in Rohrbündel- und modifizierten Plattenwärmetauschern ausgeführt. Auf der Primärseite wird die zu reinigende flüssige Phase geführt. Die Abscheidung der Kristallschicht erfolgt durch die anschließende gezielte Temperaturabsenkung des Wärmeträgers auf der Sekundärseite des Wärmetauschers.

Die Verfahren der Schichtkristallisation werden vornehmlich taktweise ausgeführt und unterscheiden sich hinsichtlich der Konvektionsbedingungen in der fluiden Phase. Bei den „statischen“ Verfahren unterliegt die fluide Phase ausschließlich der sich durch den Temperaturgradienten einstellenden natürlichen Konvektion. Die „dynamischen“ Verfahren sind durch eine erzwungene Konvektion charakterisiert. Diese wird im Wesentlichen realisiert durch Umpumpen der fluiden Phase durch voll durchströmte Rohre oder durch Aufgabe der fluiden Phase als Rieselfilm.

5.3.2.2 **Miniplants**

Hauptziel der Versuche im Miniplant-Maßstab ist die Bereitstellung verlässlicher experimenteller Daten bezüglich des Reinigungsfortschritts unter Verfahrensbedingungen, die denen im technischen Maßstab eingesetzten Verfahrensvarianten nahe kommen. Insbesondere sind eine umfassende Erfassung und Dokumentation der für das gewählte Verfahrensprinzip wesentlichen apparativen und prozesstechnischen Einflussparameter zu gewährleisten. Da der Reinigungsfortschritt sowohl vom Prozessschritt der Phasenbildung als auch vom Prozessschritt der Fest/Fest-Trennung beeinflusst wird, sind neben dem integralen Trenneffekt auch die Effekte der beiden Teilschritte separat zu erfassen.

Tab. 5.5 zeigt Effekte, die im Rahmen der Miniplant-Technik untersucht werden können.

Die Miniplant-Technik wird eingesetzt zur Herstellung von Produktmustern im kg-Maßstab, zur Abschätzung des Reinigungspotenzials bzw. Optimierung bereits realisierter Kristallisationsverfahren sowie im Rahmen der Verfahrens- und Prozessentwicklung zur Absicherung der Ergebnisse im Labormaßstab und zur Vorbereitung von Versuchsprogrammen im Pilotmaßstab besonders unter dem Aspekt der Kostenreduzierung und der Verkürzung von Entwicklungszeiten.

Bezüglich der Verfahrens- und Prozessentwicklung existieren für die Suspensions- und die Schichtkristallisation gegenwärtig Versuchsanlagen vom Labor-

Tabelle 5.5 Effekte, die im Rahmen der Miniplant-Technik untersucht werden

Schichtkristallisation	Suspensionskristallisation
Reinigungsfortschritt in Abhängigkeit von – Kühlrate, – Wachstumsrate, – Ausbeute, – Fluiddynamik sowie – Fremdstoffgehalt	Reinigungsfortschritt in Abhängigkeit von – Kühlrate, – Wachstumsrate, – Ausbeute, – Saatkristallzugabe, – Fluiddynamik sowie – Fremdstoffgehalt
Schichtwachstumsrate in Abhängigkeit von – Kühlrate und – Fluiddynamik	Kristallform und Korngrößenverteilung in Abhängigkeit von – Kühlrate – Ausbeute, – Fluiddynamik sowie – Fremdstoffgehalt
Reinigungsverbesserung durch „Schwitzen" und „Waschen"	Reinigungseffekt in Abhängigkeit von der Art der Fest/Flüssig-Trennung
	Reinigungsverbesserung durch „Schwitzen" und „Waschen"

maßstab bis zum Pilotmaßstab. Miniplant-Anlagen sind bezüglich ihrer Kapazität als Zwischenstufe zwischen Labor- und Pilotanlagen ausgelegt (s. Tab. 5.6).

Insbesondere der Erkenntnisfortschritt der letzten Jahre auf dem Gebiet der Kristallisation und der Modellierung von Kristallisationsprozessen hat dazu beigetragen, dass die Miniplant-Anlagen dem allgemeinen Trend folgend immer kleiner geworden sind und sich der Größe von Laboranlagen angenähert haben. Dazu kommt, dass die Anbieter von Kristallisationsverfahren in ausreichender Anzahl und Kapazität mobile Versuchsanlagen im Pilotmaßstab leihweise kostengünstig zur Verfügung stellen. Im engeren Sinne handelt es sich bei derartigen Versuchsanlagen nicht um Miniplants. Wesentlicher Vorteil von Versuchen in diesem relativ großen Maßstab ist, dass durch die ausreichend umgesetzte Stoffmenge Langzeiteffekte, z. B. Anreicherungen von Verunreinigungen, deutlicher angezeigt bzw. leichter analytisch erfasst werden.

Tabelle 5.6 Maßstab und Kapazität von Versuchsanlagen

Maßstab	Kapazität von Versuchsanlagen
Labor	$0{,}0004\ kg < m < 0{,}5\ kg$
Miniplant	$1\ kg < m < 5\ kg$
Pilot	$20\ kg < m < 200\ kg$

5.3.2.2.1 Miniplant-Schichtkristallisation

Eine Versuchsanlage zur Schichtkristallisation, die an der Universität Erlangen entwickelt wurde und zwischenzeitlich bei der Firma QVF Pilot-Tech erhältlich ist, zeigen Abb. 5.96 und Abb. 5.97 in ihrem schematischen Aufbau und als Bild.

Das Kernstück der Anlage bildet der als Doppelmantel ausgeführte Glaszylinder als Kristallisator K mit einem Arbeitsvolumen von 1 dm^3. Der Glaszylinder ist auf einem Grundträger aufgesetzt und kann bei Bedarf gegen andere Bauformen und -größen ausgetauscht werden. Die Feed-Phase wird bei „dynamischer" Schichtkristallisation mittels Pumpe P1 im Kreislauf geführt. Am oberen Ende des Kristallisators ist eine rotierende Scheibe angebracht, die die fluide Phase gleichmäßig an die Innenwand des Glaszylinders verteilt. Je nach Füllhöhe der fluiden Phase im Kristallisator wird die Anlage damit als voll durchströmtes Rohr oder als Fallfilm-Kristallisator betrieben. Die Fördermenge der fluiden Phase ist der frei wählbare Parameter zur Einstellung und zur Variation der Fluid-Dynamik. Bei „statischer" Schichtkristallisation wird nach dem Einfüllen der Feed-Menge in den Kristallisator der Mengenstrom des Primärkreislaufs durch das Abstellen der Pumpe P1 unterbrochen.

Die für die Kristallisation notwendige Temperaturführung an der Innenseite der Kristallschicht wird über die Temperatur T21 durch den Wärmetauscher W2 realisiert. In Kombination mit der Temperaturführung T11 durch den Wärmetauscher W1 werden definierte Temperaturgradienten zur Kristallisation eingestellt. Die sich im Verlauf der Kristallisation verändernde Zusammensetzung der fluiden Phase und die sich daraus ergebende Veränderung der Erstarrungstemperatur werden über die Temperatur T11 des Primärkreislaufs korrigiert. Die Versuchsanlage ist so konzipiert, dass aus der Temperaturdifferenz im Sekundärkreislauf (T21–T22) auf die zeitliche Veränderung der Kristallschichtdicke und somit auf die Wachstumsrate geschlossen werden kann.

Am Ende des Kristallisationsschrittes wird zunächst die Restschmelze R entnommen. Danach erfolgen der Schwitzvorgang durch die kontrollierte Tempera-

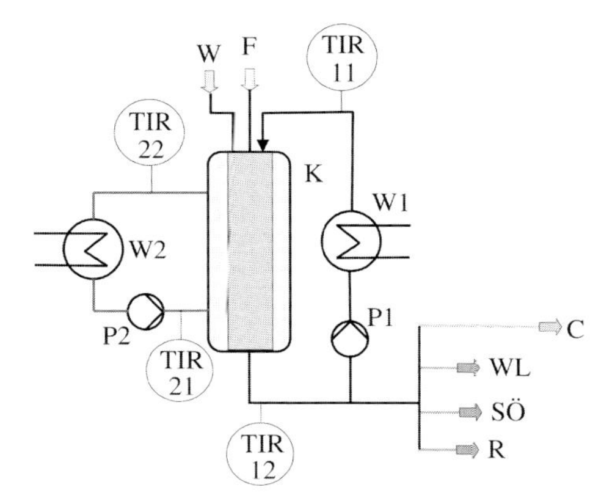

Abb. 5.96 Miniplant-Schichtkristallisation, Verfahrensfließbild.

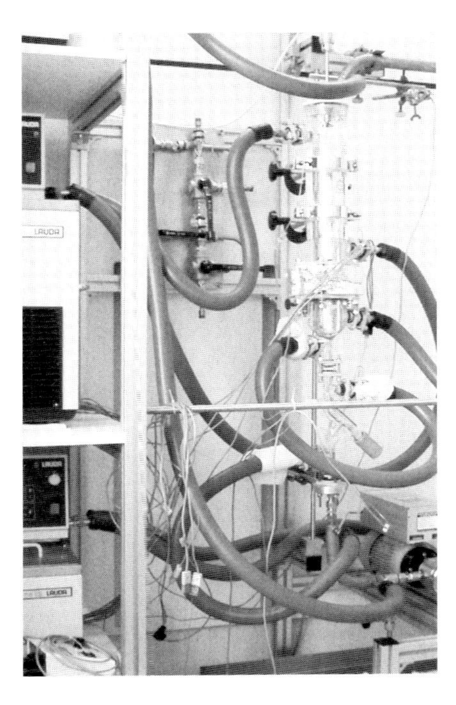

Abb. 5.97 Miniplant-Schichtkristallisation.

turführung im Sekundärkreislauf und die Abnahme des Schwitzöls SÖ. Über den Verteiler am oberen Ende des Kristallisators wird optional Waschflüssigkeit aufgegeben, die separat als Waschlösung WL abgenommen wird. Am Ende des Versuchs wird die Kristallschicht durch Temperaturerhöhung vollständig abgeschmolzen und als „Kristallisat“ C gewonnen. Von allen Teilmengen wird die Masse erfasst und die Zusammensetzung bestimmt.

Die Versuchsanlage ist so ausgestattet, dass Systeme im Temperaturbereich von $-20\,^\circ\mathrm{C} < T_{\mathrm{Arbeit}} < 180\,^\circ\mathrm{C}$ untersucht werden können. Durch die Ausführung des Doppelmantelgefäßes aus Glas kann direkt der Vorgang der Ausbildung der Kristallschicht visuell verfolgt werden. Zusätzlich zur oben beschriebenen Arbeitsweise kann in den Kristallisator auch ein „Kühlfinger“ eingebracht werden, an dem die Kristallschicht abgeschieden wird. Der Sekundärkreislauf übernimmt dabei die Temperaturführung am „Kühlfinger“. Diese Arbeitstechnik hat den Vorteil, dass die Kristallschicht einfach aus dem System entnommen und hinsichtlich örtlich aufgelöster Profile der Zusammensetzung untersucht werden kann. Die Schichtwachstumsgeschwindigkeit wird mittels einer Videokamera online zeitlich verfolgt.

Im Ergebnis des Versuchs werden in Abhängigkeit der gewählten Versuchsparameter erhalten:
- Reinigungsfortschritt des Gesamtprozesses sowie der Teilschritte,
- Kristallisationsgeschwindigkeit und
- Ausbeute.

Beispiel

Das Ergebnis eines ausgewählten, typischen Experiments (Dichlorbenzol/Verunreinigungen) ist in Tab. 5.7 zusammengestellt. Die Ausbeute beträgt für diesen Versuch $Y=16\%$. Als spezifische Wachstumsrate wurde $m_{sp}=7$ kg/m^{2}h ermittelt. Der Reinigungsfortschritt wurde bei diesem Experiment überwiegend nur durch den Prozessschritt der Phasenbildung erreicht und beträgt $PP=0{,}08$.

Als Reinigungsfortschritt PP ist als Verhältnis der Summe der Massebrüche w aller Verunreinigungen $j=2\ldots n$ im Kristallisat K in Bezug auf die Zusammensetzung der Einsatzmischung F für eine sehr geringe Ausbeute $Y\rightarrow 0$ definiert.

$$PP=\sum_{j=2}^{n} w_{j,K} \Big/ \sum_{j=2}^{n} w_{j,F} \tag{1}$$

In Abb. 5.98 ist der Reinigungsfortschritt PP für weitere Experimente der Dichlorbenzol-Kristallisation unter vergleichbaren experimentellen Bedingungen in Abhängigkeit von der Kristallisationsrate, d.h. für unterschiedliche Kühlraten, dargestellt.

Der Reinigungsfortschritt kann bezüglich der Kristallisationsrate in drei Abschnitte untergliedert werden. Für Wachstumsraten $m_{sp}>30$ kg/m^{2}h ist kein Reinigungseffekt zu erwarten. Bei Wachstumsraten $m_{sp}<3$ kg/m^{2}h ist ein sehr guter Reinigungseffekt realisierbar. Im Bereich 3 kg/m^{2}h $<m_{sp}<30$ kg/m^{2}h hängt der Reinigungseffekt sehr stark von der gewählten Wachstumsrate ab.

Tabelle 5.7 Versuchsergebnis der Trennung Dichlorbenzol/Verunreinigung durch Schichtkristallisation

	Masse (g)	Verunreinigungen (%)
Feed	980	5,1
Rückstand	815	5,7
Schwitzöl	4	5,4
Kristallisat	155	0,4

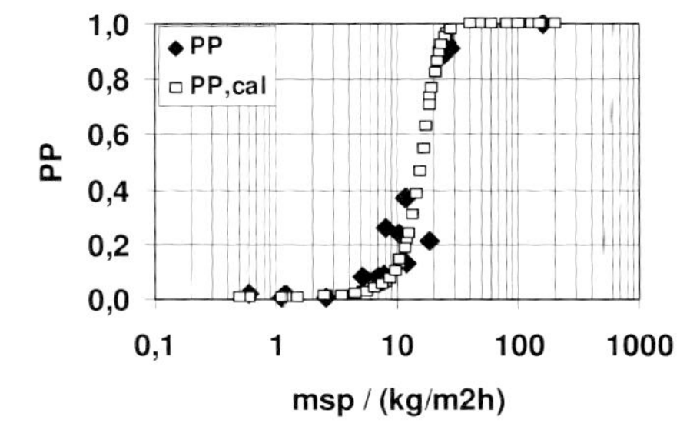

Abb. 5.98 Abhängigkeit des Reinigungsfortschritts PP von der Kristallsationsrate m_{sp} am Beispiel von Dichlorbenzol/Verunreinigungen. ◆ experimentelle Werte, □ berechnete Werte nach Gleichung (2).

Weiterführend lassen sich die experimentellen Ergebnisse mit dem von Burton, Prim und Slichter [3] entwickelten Ansatz, den Reinigungsfortschritt als Funktion einer reduzierten Kristallisationsrate darzustellen, recht gut mit Gleichung 2 beschreiben:

$$PP = \frac{P1}{(\mathrm{P1} + /1 + \mathrm{P1}) * \exp\left[\frac{-m_{\mathrm{sp}}}{\mathrm{P2}}\right]} \tag{2}$$

Mit Gleichung 2 können einfach, ausgehend vom experimentellen Zusammenhang der Abhängigkeit des differenziellen Reinigungseffekts PP von der spezifischen Wachstumsrate m_{sp}, die beiden adjustierbaren Parameter P1 und P2 bestimmt werden, die den Grenzwert $PP = P1$ bei $m_{\mathrm{sp}} \rightarrow 0$ und $PP = 1$ bei $m_{\mathrm{sp}} \rightarrow \infty$ einschließen. Als Anpassungswerte wurden für die in Abb. 5.98 dargestellten Ergebnisse P1 = 0,005 und P2 = 3 $\mathrm{kg/m^2h}$ ermittelt.

Der Parameter $P1$ steht für den Grenzwert des Verteilungskoeffizienten, d. h. für den besten Reinigungseffekt. Im Parameter P2 ist der Stoffübergangskoeffizient D/δ der Rückdiffusion der Verunreinigungen vor der Phasengrenze fest/fluid in die Mutterphase (fluid) korrigiert mit dem Verhältnis der Dichten der festen ρ_{s}- und der fluiden ρ_{f}-Phasen enthalten, wie in Gleichung 3 gezeigt.

$$\mathrm{P2} = f\left[\frac{\rho_{\mathrm{f}}}{\rho_{\mathrm{s}}} * \frac{D}{\delta}\right] \tag{3}$$

Diese Ergebnisse bilden den Ausgangspunkt für weiterführende Auswertungen zur vergleichenden Betrachtung der Effekte anderer Einflussfaktoren, wie z. B. der Fluiddynamik oder der Abhängigkeit des Reinigungseffekts vom Verunreinigungsniveau, und zum Scale-up.

5.3.2.2.2 Miniplant-Suspensionskristallisation

Eine Versuchsanlage zur Suspensionskristallisation, die an der Universität Erlangen konzipiert wurde, zeigen Abb. 5.99 und Abb. 5.100 in ihrem schematischen Aufbau und als Bild.

Die Versuchsanlage besteht aus zwei Teilen, dem Kristallisator zur Phasenbildung und einer Filterzentrifuge zur Fest/Flüssig-Trennung. Der Kristallisator, ein Doppelmantel-Rührreaktor, hat ein Arbeitsvolumen von 1 $\mathrm{dm^3}$ und ist aus Glas gefertigt. Die Filterzentrifuge ist ebenfalls in Doppelmantelbauweise ausgeführt und aus Stahl gefertigt. Das Fassungsvermögen des Siebkorbes beträgt 0,5 $\mathrm{dm^3}$. Die Anlage wird diskontinuierlich betrieben. Die für die Kristallisation notwendige Temperaturführung im Kristallisator wird über die Temperatur T21 durch den Wärmetauscher W1 realisiert. Analog dazu erfolgt die Temperaturführung der Fest/Flüssig-Trennung durch die Temperaturführung T31 mittels Wärmetauscher W2.

Der Kristallisator K wird mit der Feed-Lösung F gefüllt und nach einem vorher gewählten, definierten Temperatur-Zeit-Regime abgekühlt. Die Endtemperatur T_{e} bestimmt die Ausbeute. Nach Erreichen der Endtemperatur wird die Sus-

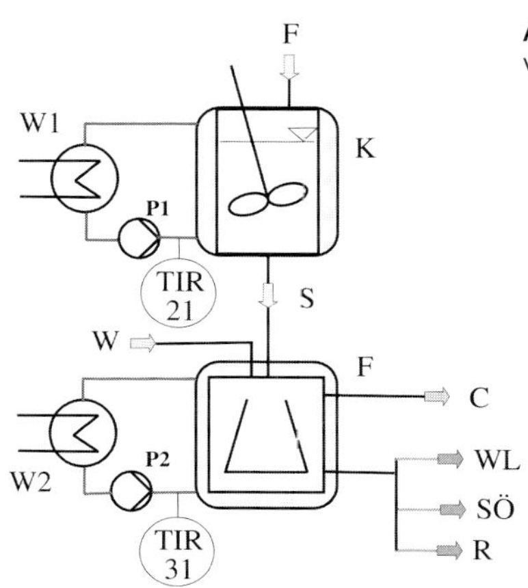

Abb. 5.99 Miniplant-Suspensionskristallisation, Verfahrensfließbild.

pension direkt in die Filterzentrifuge abgelassen. Dazu wird die Temperatur der Zentrifuge T31 auf die Endtemperatur der Kristallisation T_e eingestellt, damit keine ungewollte temperaturabhängige Nachkristallisation bzw. Auflösung eintritt. Die Schleuderzahl Z ist im Bereich $2 < Z < 1000$ frei wählbar. Nachdem die Restflüssigkeit abgetrennt ist, wird die Temperatur T31 in der Zentrifuge definiert erhöht und der Schwitzvorgang im Zentrifugalfeld ausgeführt. Optional wird nachträglich oder gleichzeitig noch der Waschvorgang ausgeführt. Danach wird der Filterkorb einschließlich des Kristallisats aus der Zentrifuge genommen und das Kristallisat mechanisch aus dem Filterkorb entfernt. Wie bei der Schichtkristallisation werden von Rückstand, Schwitzöl, Waschlösung und Kristallisat die Masse bestimmt und die Zusammensetzung analytisch ermittelt. Vom Kristallisat werden zusätzlich die Kornform und die Partikelgrößenvertei-

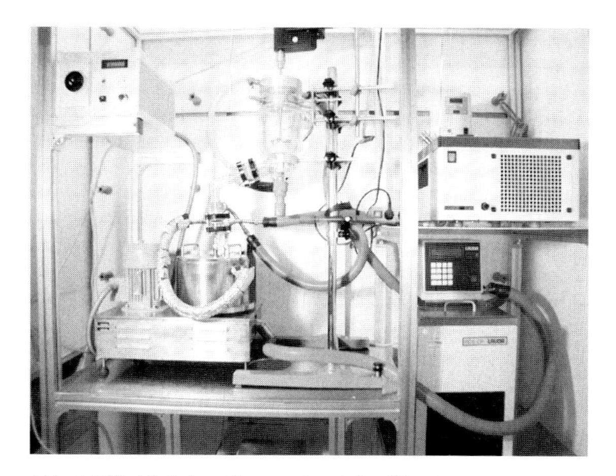

Abb. 5.100 Miniplant-Suspensionskristallisation.

lung ermittelt. Die Versuchsanlage ist so ausgestattet, dass stoffliche Systeme im Temperaturbereich von $-10\,^\circ C < T_{Arbeit} < 160\,^\circ C$ untersucht werden können. Optional wird neben der Filterzentrifuge auch noch ein ebenfalls temperierbarer Vakuumfilter zur Fest/Flüssig-Trennung verwendet.

Als Versuchsergebnis werden in Abhängigkeit der gewählten Parameter erhalten:
- Reinigungsfortschritt des Gesamtprozesses sowie der Teilschritte,
- Ausbeute und
- Kristallisationsgeschwindigkeit.

Beispiel

Das Ergebnis eines ausgewählten, typischen einstufigen Experiments (Biphenyl/Naphthalin) ist in Tab. 5.8 zusammengestellt. Die Ausbeute beträgt für diesen Versuch $Y = 20\%$. Als mittlere spezifische Wachstumsrate wurde $m_{sp} = 0{,}07$ kg/m^2h ermittelt. Der Reinigungsfortschritt wurde bei diesem Experiment in Abhängigkeit der Art der Fest/Flüssig-Trennung und durch die Zusatzoperation Schwitzen im Zentrifugalfeld bestimmt.

Der Reinigungsfortschritt wird bei der Suspensionskristallisation, wie dieses Beispiel zeigt, maßgeblich von der Effizienz der Fest/Flüssig-Trennung geprägt. Für das normale Abtropfen der Restflüssigkeit im Erdschwerefeld kann der durch die langsame Kristallisation vorgelegte hohe Reinheitsgrad der Kristalle nur teilweise ausgenutzt werden. Erst die Abtrennung der flüssigen Phase im Zentrifugalfeld bringt die Vorteile der Suspensionskristallisation zur Wirkung. Beim Schwitzen im Zentrifugalfeld wird ein Teil des Kristallisats wieder aufgeschmolzen. Die flüssige Phase wird somit als Waschflüssigkeit zum Abspülen der anhaftenden Mutterlauge eingesetzt. Durch diese Kombination wird die effektivste Reinigung erzielt. Mit der Arbeitstechnik Schwitzen und Waschen im Zentrifugalfeld wird die Technologie der Reinigung in Waschkolonnen recht gut nachgebildet.

Die sich aus dem Beispiel ergebenden Werte für den Reinigungsfortschritt *PP* sind in Abb. 5.101 zusammenfassend gegenübergestellt.

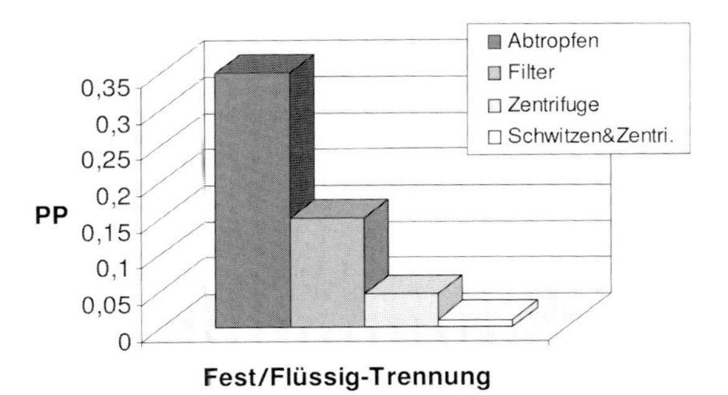

Abb. 5.101 Reinigungsfortschritt in Abhängigkeit von der Art der Fest-Flüssig-Trennung am Beispiel der Reinigung von Biphenyl/Naphthalin.

Tabelle 5.8 Ergebnis eines einstufigen Experiments (Biphenyl/Naphthalin) mit Suspensionskristallisation

Operation	**Reinheit (%)**
Abtropfen	80 → 93,0
Vakuumfiltration	80 → 97,0
Zentrifuge (Z = 1000*g)	80 → 99,1
Schwitzen im Zentrifugalfeld	80 → 99,8

Feed: $m = 500$ g

5.3.2.3 Simulation und Scale-up

Für die Auslegung von Kristallisationsanlagen sind die Abhängigkeit des Reinigungsfortschritts von der Kristallbildungsrate, der Ausbeute, dem Verunreinigungsniveau und der Effizienz der Fest/Flüssig-Trennung die bestimmenden Größen. Die Normierung der Ergebnisse auf den „internen" Parameter der Kristallisationsrate ermöglicht zunächst in einfacher Weise die Korrelation der o. g. Effekte unabhängig von apparativen Randbedingungen. In einem weiteren Schritt werden dann die „externen" Prozessbedingungen, wie z. B. Abkühlrate und Fluiddynamik, zugeordnet, die den normierten internen Bedingungen genügen.

Aus der spezifischen Kristallisationsrate folgt bei Vorgabe des Reinigungsfortschritts und der Ausbeute die zur Kristallisation benötigte Apparatefläche. Daraus kann die Dimensionierung des Apparats abgeschätzt werden. Für die dynamischen Verfahren erfolgt die Abschätzung der Apparatedimensionierung mithilfe der klassischen Ansätze zur simultanen Lösung der Wärme- und Stoffmengenbilanzen. Die Abhängigkeit der lokalen Größen, die innerhalb des Apparats erheblich variieren können, ist beim Scale-up zu berücksichtigen. Nur wenn dies hinreichend genau beachtet wird, kann die benötigte Phasengrenzfläche durch umsatzproportionales Scale-up in die entsprechende Apparatefläche erfolgen. Dazu werden die klassischen Verfahren der Maßstabsübertragung verwendet. Die Modellierung dieser Sachverhalte bietet sich hierbei zur Unterstützung an. Modellierungsansätze finden sich bei Arkenbout [4] sowie Schreiner [5]. Alternativ zu eigenen Berechnungen bietet sich bei der Prozessauslegung die Zusammenarbeit mit Anbietern von Kristallisationsprozessen bzw. -anlagen an. Umfangreiche Datensammlungen und Erfahrungen in der Anwendung empirischer Gleichungen gestatten eine zuverlässige Auslegung von Kristallisationsanlagen.

Der Vorteil von Miniplant-Versuchen zur Kristallisation zeigt sich anschaulich bei mehrstufigen Verfahren. Die übliche Unterteilung in Verstärkungsteil und Abtriebsteil ist in Abb. 5.102 schematisch dargestellt.

Für die Kristallisation von technischem Naphthalin hängt der integrale Reinigungsfortschritt PP nur geringfügig von der Kristallisationsstufe ab, wie Abb. 5.103 zeigt. Bezogen auf eine Ausbeute an fester Phase von etwa 70% sind die Werte für den Reinigungsfortschritt mit $0{,}57 < PP < 0{,}77$ typisch für dieses Produkt und ähnlich denen, die in großtechnischen Kristallisationsanlagen erreicht werden.

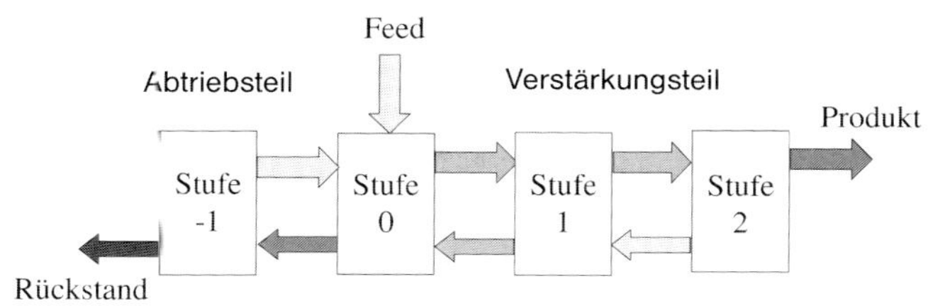

Abb. 5.102 Schema einer vierstufigen Kristallisation. Stufe 0 = Einsatzstufe, Stufe −1 = Abtriebsstufe, Stufe 1, 2 = Verstärkungsstufen.

Für die Reinheit des Zielprodukts ergibt sich ein davon abweichendes Bild, wie Abb. 5.104 zeigt. Die Reinheit des Naphthalins nimmt im Abtriebsteil und in der Eingangsstufe am deutlichsten zu. Im Verstärkungsteil nimmt die Gesamtreinheit des Kristallisats weit weniger zu. Die Ursache dafür ist das individuelle Verhalten der einzelnen Verunreinigungskomponenten. Insbesondere in Vielstoffsystemen ist die geringere Abreicherung von einigen Stoffen, die zunächst in geringen Mengen vorhanden sind, in späteren Stufen der reinigungslimitierende Sachverhalt. Dies wird deutlich am Beispiel der Substanz Thionaphthen mit der Retentionszeit $Rt = 26{,}25$ min, die mit Naphthalin nach dem Typ der Mischkristall-

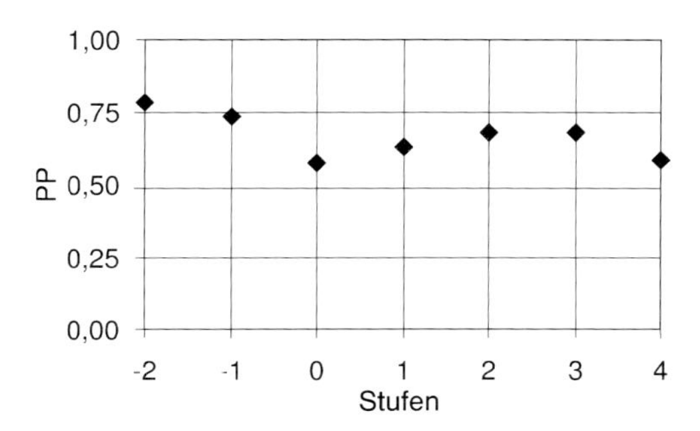

Abb. 5.103 Abhängigkeit des Reinigungsfortschritts von der Stufenzahl bei der Schichtkristallisation von Roh-Naphthalin.

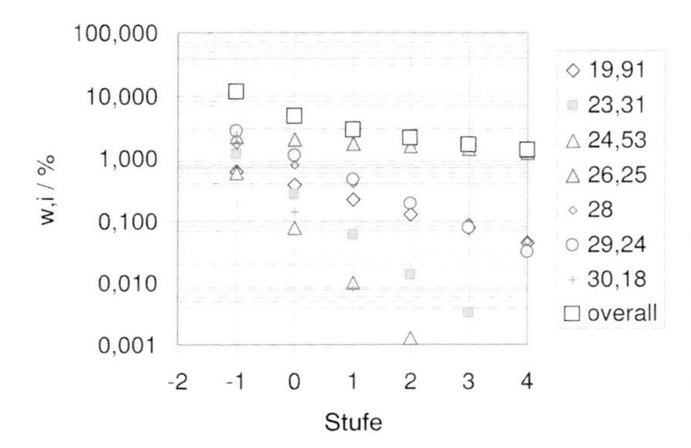

Abb. 5.104 Abhängigkeit des Fremdstoffgehalts von der Kristallstufenzahl bei der Schichtkristallisation von Roh-Naphthalin (Zahlenwerte der Legende entsprechen der Retentionszeit im Gaschromatogramm).

bildung kristallisiert und einen Koeffizienten des Reinigungsfortschritts von $PP \sim 0{,}9$ aufweist. Während sich alle anderen Substanzen deutlich besser abreichern, limitiert Thionaphthen die Reinigung von Naphthalin.

Bewährt haben sich zur Abschätzung von Kristallisationsprozessen auch der Vergleich der Ergebnisse aus Miniplant-Experimenten untereinander und die Einordnung neuer stofflicher Systeme in dieses Ranking. Der Reinigungsfortschritt in technischen Anlagen verhält sich hinsichtlich des Rankings oft ähnlich wie der in Miniplant-Anlagen.

5.3.2.4 **Anwendung der Kristallisation in Miniplants in der Literatur**

Über experimentelle Arbeiten zur Kristallisation im Labor- und Pilotmaßstab existiert umfangreiche Literatur. Neben Fachzeitschriften, *z. B. Journal of Crystal Growth*, sind die Proceedings der im Abstand von drei Jahren stattfindenden internationalen Symposien für industrielle Kristallisation [6] ergiebige Informationsquellen. Zusammenfassende Beiträge zur Kristallisation in Miniplants geben u. a. Arkenbout [4] und Ulrich [2].

Zur Schichtkristallisation von organischen Schmelzen berichten u. a. Wintermantel [7] und Toyokura [8] sowie Freund [9] zur Druckkristallisation. Für die Verfahren der Suspensionskristallisation und des Zonenschmelzens sei auf die Arbeiten von De Goede [10] und Sloan [11] verwiesen.

5.3.2.5 **Zusammenfassung**

Für die Kristallisation ist die Miniplant-Technik bei weitem nicht so verbreitet wie für andere Unit Operations wie z. B. Destillation oder Sorptionsverfahren. Als wesentliche Ursache ist dafür anzusehen, dass die Kristallisation nicht die gleiche Verbreitung wie andere thermische Trennverfahren aufweist und dass die Maßstabsübertragung mit einer relativ hohen Unsicherheit belastet ist. Die komplexen fluiddynamischen Bedingungen und die Problematik der Fest/Flüssig-Trennung können nur bedingt im kleinen Maßstab abgebildet werden. Die ausgeprägte Verfügbarkeit von Anlagen im Pilotmaßstab in Kombination mit umfangreichen Datensammlungen und Erfahrungen bei den Herstellern solcher Anlagen ist als weitere Ursache anzufügen.

Für komplexe Stoffsysteme ist die Untersuchung in kleineren Anlagen aus wirtschaftlichen Überlegungen jedoch unverzichtbar, da die „kritischen“ Komponenten erst in mehrstufigen Verfahren aussagekräftig detektierbar werden.

Die Verfügbarkeit geeigneter Miniplants aus Glas sowie die Fortschritte im Verständnis und in der Modellierung der Kristallisation bieten Ansatzpunkte für eine zukünftig umfangreichere Austestung der Kristallisation als geeignetes Stofftrenn- und Reinigungsverfahren. Insbesondere die Kopplung von thermischen Trennverfahren miteinander zur Effizienzsteigerung der Stofftrennung wie Kristallisation und Destillation oder Kristallisation und Membranverfahren werden das Einsatzgebiet der Kristallisation erweitern und damit auch den Einsatz und die Entwicklung von Miniplants zur Kristallisation forcieren.

Literatur zu Abschnitt 5.3.2

1 Rittner, S., Steiner, R.: Chem. Ing. Tech., **57** (1985), 91–102.
2 Ulrich, J., Glade, H. (Eds.): Melt Crystallization – Fundamentals, Equipment and Application, Shaker Verlag, Aachen, 2003.
3 Burton, J. A., Prim, R. C., Slichter, W. P.: J. Chem. Phys., **21** (1953), 1987; Chem. Phys., **21** (1953), 1991.
4 Arkenbout, G. F.: Melt Crystallisation Technology, Technomic Publishing Company, Inc., Lancaster, 1995.
5 Schreiner, A., König, A.: Chem. Ing. Tech., **43** (2001), 44; Chem. Eng. Tech., **25** (2002), 181.
6 Chianese, A. (Ed.): Proceedings of 15th International Symposium on Industrial Crystallization, 15.–18. September 2002, Sorrento, Italy.
7 Wintermantel, K., Kast, W.: Chem. Ing. Tech., **45** (1973), 723.
8 Toyokura, K. et al.: Crystallisation from the Melt, p. 459, in Mersmann, A. (Ed.): Crystallisation Technology Handbook, Marcel Dekker Inc., New York, Basel, Hongkong, 1995.
9 Freund, A., König, A., Steiner, R.: in Ulrich, J. (Ed.): Growth of Organic Melts, Shaker-Verlag, Aachen **4** (1997), 114.
10 De Goede, R., Van Rosmalen, G.: Journal of Crystal Growth, **104**, 399.
11 Sloan, G. S., McGhie, A. R.: Techniques of Melt Crystallization, John Wiley & Sons, New York, 1988.

5.3.3 Trocknung

5.3.3.1 Vorwort und Definitionen

In diesem Abschnitt werden Grundlagen und Kriterien für das Scale-up von batchweise arbeitenden Horizontal-Vakuumschaufeltrocknern dargestellt. Ausgehend vom 100-Liter-Versuchsmaßstab wird die Maßstabsvergrößerung auf Produktionsanlagen mit bis zu 3000 l Füllvolumen aufgezeigt. Als Beispiel dient die Trocknung lösungsmittelhaltiger Wirkstoffe (APIs) der pharmazeutischen und chemischen Industrie.

Die Trocknung von feuchten Schüttgütern stellt eine wichtige Grundoperation der thermischen Verfahrenstechnik dar. Wesentliche wissenschaftliche Grundlagen hierfür wurden u. a. von Kluge und Heiss [1], Kneule [2], Krischer [3] und Kröll [4] geschaffen und beschrieben. Schlünder [5] und Mollekopf [6] haben sich intensiv mit dem Vorgang der Wärmeübertragung an und in Schüttungen beschäftigt. Bei der Trocknung wird einem Gut Wärme zugeführt, wodurch ein Teil der im Gut enthaltenen Flüssigkeit verdampft. Je nach Art der Wärmezufuhr unterscheidet man zwischen Kontakttrocknung, Konvektionstrocknung und Strahlungstrocknung. Kontakttrockner sind beispielsweise Schaufeltrockner und Walzentrockner, während Stromtrockner und Wirbelschichttrockner zu den Konvektionstrocknern gehören. Mikrowellen- und Infrarottrockner gehören zu den Strahlungstrocknern. Die Kontakttrocknung ist eine der am häufigsten angewandten Trocknungsarten für die Herstellung von Produkten der Chemie-, Pharma- und Lebensmittelindustrie. Die Trocknung ist dabei meist die Zeit- und damit die Ausbringung bestimmende Komponente. Sie ist oft auf die Synthesen abzustimmen, die wiederum die Anforderungen an Trocknergröße, Füllgrad und Leistung ergeben. Die gängige Methode der Abschätzung von zu erwartenden Trocknungszeiten und erforderlichen Produktionsgrößen ist das Scale-up, d. h. die Hochrechnung auf der Basis von Technikumsversuchen. Im Folgenden wird das Scale-up von Trocknungsprozessen vom Versuchsmaßstab auf eine Produktionsgröße betrachtet. Damit werden die Trocknergröße, der Füllgrad und die Trocknungszeit, bezogen auf eine bestimmte Endfeuchte, ermittelt. Dies wird an einem horizontalen, batchweise arbeitenden Vakuum-Schaufeltrockner für Pharmawirkstoffe aufgezeigt, wie er in Abb. 5.107 als Schnittzeichnung dargestellt ist.

5.3.3.2 Kriterien und Parameter für das Scale-up in API Trocknern

5.3.3.2.1 Trocknungsverhalten von APIs (Active Pharmaceutical Ingredients)

APIs sind Wirkstoffe, teilweise als Reinsubstanz oder auf Trägerstoffen vorliegend, die die Grundlage von Arzneien bilden. Beispiele sind Antibiotika, Antihistaminika, blutdrucksenkende Mittel und viele andere. Diese werden üblicherweise großtechnisch in sog. Trains (geschlossenen Produktionslinien) hergestellt. Ein typischer Train besteht aus Reaktor, Verdampfer, Zentrifuge oder Filter, dem Trockner, einer Mühle sowie einem Transfersystem für die Ausgangsstoffe und das Trockengut. Die Wirkstoffe sowie Hilfsstoffe werden im Reaktor mit verschiedensten, meist organischen Lösungsmitteln angesetzt, die nach Reaktion oder Kristallisation wieder zu entfernen sind. Hilfsstoffe können beispielsweise Laktose oder Stärke sein. Nach dem Reaktor werden Zentrifugen oder Filter eingesetzt, um das Lösungsmittel vor der Trocknung so weit als möglich mechanisch abzutrennen, wobei sich stark unterschiedliche Produktfeuchten ergeben können. Typische Feuchtebereiche, mit denen das Gut in den Trockner gelangt, sind 20–40%, können jedoch auch bis 70 und 80% reichen. In Spezialfällen ist es auch möglich, dass die Lösungen oder Suspensionen aus dem Reaktor mechanisch nicht weiter trennbar sind, dann werden sogar Lösungen bis zum Feststoff im Horizontaltrockner getrocknet. Die erforderlichen Restfeuchten am Ende der Trocknung sollen meist zwischen 0,1% und 1,0% Restfeuchte liegen. Auch Restfeuchten im ppm-Bereich sind möglich. Als Trockner wird hierfür häufig der Universal-Trockner RGUD der Firma Rosenmund VTA AG (Abb. 5.109) eingesetzt. Am Beispiel dieser Maschine wird das Scale-up später beschrieben. Das Trocknungsverhalten der APIs wird neben den Eigenschaften der Wirkstoffe selbst auch wesentlich von der Art der Lösungsmittel bestimmt. Neben Wasser sind oft leichtflüchtige Lösungsmittel zu entfernen. Deren Dampfdruckkurve und die Beheizung bestimmen je nach Fahrweise den Verlauf der Produkttemperatur während der Trocknung ganz erheblich. Die Produkttemperatur wiederum ist ein Maß für den Fortschritt der Trocknung neben der Feuchteabnahme als weiterer Kenngröße. Eine nähere Beschreibung dieser Einflussgrößen auf die Trocknung ist in [7] dargestellt.

Aus mehreren Gründen erfolgt die Trocknung im Vakuum:

- Senkung der Verdampfungstemperatur, damit Produktschonung,
- minimale Restfeuchte,
- Sicherheitsaspekt (Inertisierung/Mindestzünddruck, geschlossenes System),
- Aktivität der Wirkstoffe,
- niedrigerer Energiebedarf.

Das klassische Trocknungsverhalten, wie es in der Literatur beschrieben wurde, findet sich auch bei den APIs und ist in Abb. 5.105 dargestellt. Das Schema zeigt die Trocknungsgeschwindigkeit über der Zeit mit den folgenden drei charakteristischen Trocknungsabschnitten:

1. Trocknungsabschnitt: konstante Trocknungsgeschwindigkeit, Verdampfung freier Oberflächenfeuchte, Geschwindigkeit bestimmt durch Temperaturdifferenz, höchste Trocknungsgeschwindigkeit;
2. Trocknungsabschnitt: fallende Trocknungsgeschwindigkeit, Verdampfung aus Poren und Kapillaren, Wärmeleitung im Gut und Diffusion durch die Poren;
3. Trocknungsabschnitt: weiterer Knickpunkt mit nochmals fallender Trocknungsgeschwindigkeit, tritt bei hygroskopischen Gütern auf und ist meist für APIs nicht relevant.

Um ein hinreichend genaues Scale-up erreichen zu können und stets gleich bleibend hohe Produktqualität herstellen zu können, muss der Prozessablauf so weit wie möglich reproduzierbar sein. Abb. 5.106 zeigt den typischen Verlauf einer Versuchstrocknung für API im 100-Liter-Universaltrockner.

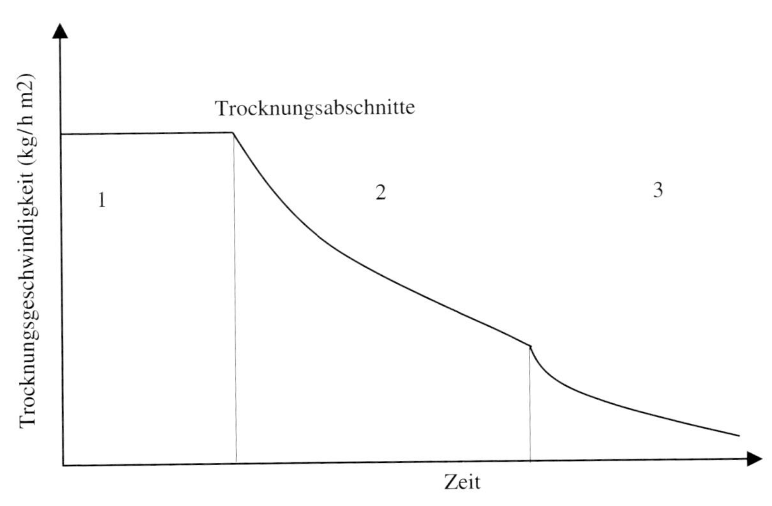

Abb. 5.105 Typische Trocknungskurve für ein hygroskopisches Produkt, das alle drei Phasen aufweist.

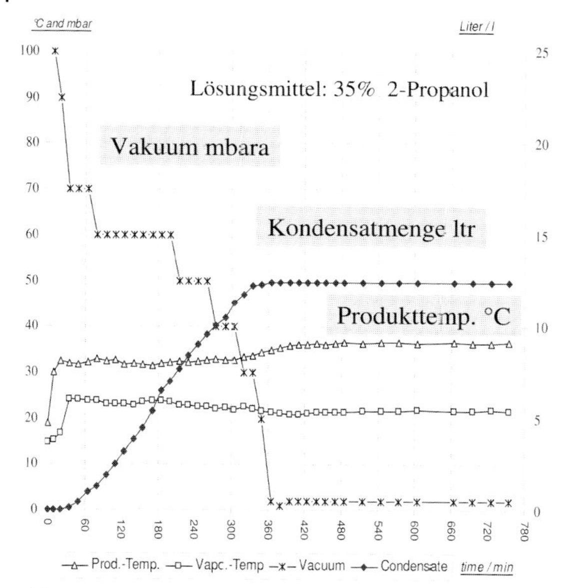

Abb. 5.106 Trocknungsverlauf einer Versuchstrocknung mit API auf dem 100-Liter-Universaltrockner.

5.3.3.2.2 Erforderliche Basisdaten für ein Scale-up

Um ein solches Scale-up für die Trocknung von APIs durchführen zu können, lassen sich die Einflussgrößen in drei Hauptgebiete einteilen:
- Produkteigenschaften,
- Maschineneigenschaften,
- Prozesseigenschaften.

Diese bilden die Grundlage für die Planung von Technikumsversuchen und sind bei der Bestimmung der Produktionsgröße zu berücksichtigen.

5.3.3.2.2.1 Produkteigenschaften

Hier sind wesentlich: Lösungsmitteleigenschaften, Zustand des Nassgutes vor dem Einbringen in den Trockner (Feuchte und Konsistenz), die drei Hauptphasen der Trocknung und das zugehörige Produktverhalten: Oberflächenverdampfung, Konsistenzänderung des Produkts (klumpig-teigig-rieselfähig), Pulverphase und schließlich die erreichte Feinheit (Korngrößenverteilung) des Trockengutes.

5.3.3.2.2.2 Maschineneigenschaften

Hier sind wesentlich: Effektive Wärmeübertragung durch randgängigen Rührer und Homogenisierung des Gutes, gleichmäßige Temperaturverteilung auf der Heizfläche, ausreichende Anzahl von Messstellen am richtigen Ort, elektronische und visuelle Erfassung der Versuchstrocknung, Genauigkeit der Steuerung.

5.3.3.2.2.3 Prozesseigenschaften

Hier sind wesentlich: Leistung des Gesamtsystems der Maschine: Trockner + Filter + Kondensation + Heiz-/Kühlstation + Vakuumpumpe sowie mechanische Leistung, die während des Prozesses eingebracht wird.

5.3.3.2.3 Voraussetzungen und Durchführung des Scale-up

Für ein zuverlässiges Scale-up lassen sich zunächst übergeordnete Ähnlichkeiten (Kenngrößen) definieren. Diese sind dadurch gekennzeichnet, dass sie sowohl im Versuch als auch in der Produktionsgröße konstant gehalten bzw. nur geringfügig angepasst werden:

5.3.3.2.3.1 Umfangsgeschwindigkeit

Die Umfangsgeschwindigkeit des Rührers am Außendurchmesser sollte im Versuch so gewählt werden, dass das Produkt im Trockner nicht mitdreht, sondern vom Rührer abfällt. Ausgehend von dieser Drehzahl ist die Umfangsgeschwindigkeit zu berechnen und für die Produktionsmaschine zu übernehmen.

5.3.3.2.3.2 Vakuum

Das Vakuum bestimmt über die Dampfdruckkurve des Lösungsmittels die Abdampfrate und hat großen Einfluss auf die Trocknungsgeschwindigkeit. Es wird während der Versuchstrocknung so gesteuert, dass sich eine möglichst gleichmäßige Abdampfrate bei konstanter Produkttemperatur ergibt. Die Charakteristik dieses Vakuumverlaufs ist auf die Produktionsmaschine zu übertragen [7].

5.3.3.2.3.3 Heiztemperatur

Der Sollwert von Trocknerwand und Rührer wird von Anfang an auf die maximal zulässige Produkttemperatur eingestellt und während der gesamten Trocknung so belassen. Je nach Lösungsmittel ist es meist sinnvoll, das Produkt vor Beginn der Verdampfung auf ca. 30–35 °C vorzuwärmen. Das beugt einer Abkühlung bei der Verdampfung vor, wenn Vakuum angelegt wird.

5.3.3.2.3.4 **Filterabreinigung**

Die regelmäßige Filterabreinigung stellt sicher, dass der Brüdenstrom aus dem Produkt gleichmäßig abgeführt wird und die Trocknungsgeschwindigkeit aufrechterhalten werden kann. Neben der über den Differenzdruck gesteuerten Abreinigung hat sich gezeigt, dass bei bestimmten Produkten eine rein zeitabhängige Abreinigung erforderlich ist. Produktstaub kann relativ früh eine Feinschicht auf dem Filtergewebe bilden, das bei zu später Abreinigung verklebt. Die möglichst genaue Einhaltung dieser vier Parameter im Versuch und später auch in der Produktion ist die Voraussetzung dafür, dass das Scale-up verlässliche Werte für die Produktionsgröße liefern kann. Darauf werden verschiedene Berechnungsverfahren angewendet, die sowohl aus theoretischen Berechnungen der Thermodynamik als auch aus empirischen Ansätzen bestehen. Welches Verfahren verwendet wird oder ob eine Kombination verwendet wird, richtet sich nach den Anforderungen und dem Schwierigkeitsgrad der Versuchstrocknung. Voraussetzung für eine zuverlässige Scale-up-Basis sind immer die konstante Umfangsgeschwindigkeit bei Versuch und Produktion und der konstante Verlauf der Trocknungstemperatur als Ausdruck einer gleichmäßigen Abdampfung und damit Trocknung. Damit lässt sich das Trocknungsergebnis nahezu identisch und reproduzierbar in beiden Maßstäben (Versuch und Produktion) gestalten. Die Berechnung der Trocknungszeit selbst verläuft nach drei Berechnungsverfahren:

- Verfahren 1: Vergleich der Heizflächen, Produktvolumina (Füllgrad) und Trocknungszeiten des Versuchstrockners mit der Produktionsausführung;
- Verfahren 2: Vergleich der Abdampfrate im Versuch in Beziehung zu Füllmenge und Heizfläche der Produktionsausführung;
- Verfahren 3: Berechnung des Wärmeübergangs in durchmischten Haufwerken [8] mit Herleitung der erreichbaren Wärmedurchgangszahlen. Damit erfolgt dann die Berechnung der erzielbaren Abdampfraten in der Produktionsausführung. Bei Vorliegen von ausreichend sicheren und genauen Produktdaten empfiehlt sich Verfahren 3, sonst liefern die Verfahren 1 und 2 genügend genaue Ergebnisse.

5.3.3.3 Vergleich von Technikums- und Produktionsdaten am Beispiel eines Universaltrockners

5.3.3.3.1 **Versuchstrockner**

Abb. 5.107 zeigt schematisch einen Rosenmund-Universaltrockner im Schnitt mit Peripherie: Kondensation, Auffanggefäß, Vakuumpumpe und Steuerung. Weiterhin zeigt Abb. 5.108 eine Anlage mit Heiz-/Kühlstation und Kondensation.

5.3.3.3.2 **Produktionstrockner**

Abb. 5.109 zeigt einen 2000-Liter-Universaltrockner RGUD 2000.

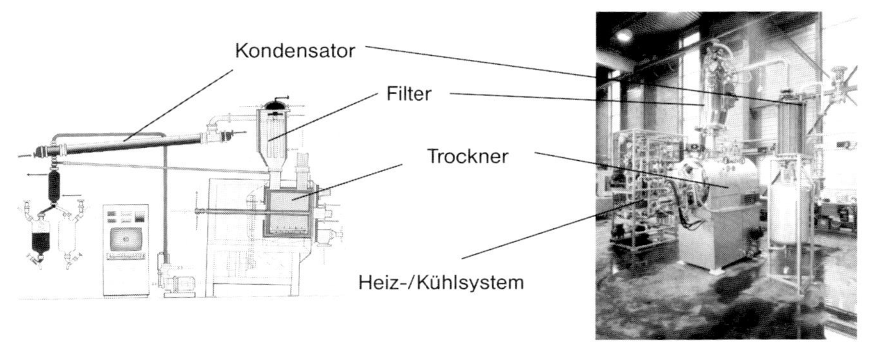

Abb. 5.107 Schnittbild des Universaltrockners.

Abb. 5.108 Ansicht eines 200-Liter-Universaltrockners mit Peripherie.

Abb. 5.109 Blick in einen RGUD 2000 Universaltrockner.

5.3.3.3.3 **Versuchs- und Produktionsergebnisse**

Zunächst stellt Tab. 5.9 die wichtigsten Daten der Versuchsmaschine, eines RGUD 100, dar. Weiterhin zeigt die Tab. die Daten der Produktionsmaschine, im ausgewählten Scale-up-Beispiel einen RGUD 3000:

In Tab. 5.10 sind die wichtigsten Versuchsdaten und die dann im RGUD 3000 erzielten Produktionsdaten dargestellt:

Die Zeiten wurden nach den Verfahren 1 und 2 berechnet.

5.3.3.4 **Zusammenfassung**

Die dargestellten Methoden haben gezeigt, dass es bei solchem Vorgehen und mit entsprechend effektiver Trocknungsanlage ausgehend von Pilotversuchen möglich ist, relativ genau Trocknungszeiten in Produktionsanlagen für API-Produkte zu errechnen, wenn Basisparameter bekannt sind und vor allem das Zusammenspiel der Komponenten eingehalten wird. Unabdingbar für eine gute Übertragbarkeit auf die Produktionsmaschine sind dabei die Berücksichtigung

Tabelle 5.9 Daten eines Trockners RGUD 100 und eines RGUD 3000

		Universaltrockner	
Totalvolumen Trockner	[liter]	100	3000
Install.therm. Leistung	[kW]	ca. 35	ca. 430
Drehmoment Rührer	[Nm]	6000	105 000
Drehzahl Rührer	[1/min]	1–20	1–6
Gehäusedurchmesser	[mm]	560	1800

Tabelle 5.10 Versuchsdaten eines Trockners RGUD 100 und Produktionsdaten eines Trockners RGUD 3000

		Universaltrockner	
Totalvolumen Trockner	[liter]	100	3000
Füllvolumen Nassgut	[liter]	70	2500
Ausgangsfeuchte Aceton	[%]	25	25
Endfeuchte	[%]	<0,5	<0,5
Drehzahl Rührer	[1/min]	10	3
Trocknungszeit	[h]	6–8	15 h
Berechnete Zeit	[h]		20–25

des Einflusses aller Parameter und das Einhalten der Voraussetzungen in beiden Systemen sowie ein Trockner, der reproduzierbare Ergebnisse liefert.

Betrachtet man die Maßstabsverkleinerung von der Pilotgröße zu Miniplants, so sind die noch anwendbaren Trocknergrößen im Bereich von ca. 5–20 l Volumina zu definieren. Grund hierfür ist, dass diese Trockner-Miniplants, ebenso wie die Pilotmaschinen, aus Edelstahl gefertigt sein sollten, um von ähnlichen Wärmeeintragsverhältnissen ausgehen zu können. Fertigungstechnisch sind 5–20 l aber etwa die Grenze, um eine solche Maschine mit Rührer, eventuell noch beheizbar und explosionsgeschützt, bauen zu können. Weiterhin ist ein verhältnismäßig sicheres Scale-up von solchen Miniplants zu Pilotanlagen nur dann möglich, wenn der Einfluss der Messmittel (Druck-, Temperatursonden) klein gehalten werden kann, d.h. die Strömungsverhältnisse im Trockner nicht zu stark beeinflusst werden. Ein weiteres Kriterium je nach Produkt kann das Verhalten des Produkts unter Schwerkrafteinfluss sein. Es kommen Masseeffekte (Auspressen bzw. Zusammenballen von Produktpartikeln) hinzu, die oftmals in einer Miniplant-Anlage nicht zum Tragen kommen, jedoch im Pilotmaßstab deutlich werden und das Produktverhalten während der Trocknung beeinflussen. Thermische Einflüsse wirken sich ähnlich aus, betrachtet man das Produktvolumen/Heizflächenverhältnis. Damit ist festzustellen, dass Miniplant-Versuche als Basis für Scale-up auf Pilot- bzw. Produktionsgrößen besonders sorgfältig auszulegen sind, um nicht Randeffekte zu stark zu bewerten, die in größeren Anlagen so nicht auftreten.

Literatur zu Abschnitt 5.3.3

1 G. Kluge und R. Heiss, Verfahrenstechnik **6** (1967), S. 251–260.
2 F. Kneule: *Das Trocknen*, Sauerländer, 1975.
3 Krischer: *Die wissenschaftlichen Grundlagen der Trocknungstechnik*, Springer-Verlag, Berlin/Göttingen/Heidelberg 1963.
4 K. Kröll: *Trockner und Trocknungsverfahren*, Springer-Verlag, Berlin/Göttingen/Heidelberg 1959.
5 E. U. Schlünder: *Der Wärmeübergang an ruhende, bewegte und durchwirbelte Schüttschichten*, vt „Verfahrenstechnik" **14** (1980), S. 459–468.
6 N. Mollekopf: *Wärmeübertragung an mechanisch durchmischtes Schüttgut mit Wärmesenken in Kontaktapparaten*, Dissertation, TH Karlsruhe 1983.
7 R. Laible: *Trocknungsverfahren*, Patentschrift Anmeldung und Hinterlegung, Mai 2002.
8 VDI Wärmeatlas, VDI-Verlag.

5.3.4 Mischen

Unter Mischen oder Vermischen wird das Zusammenführen unterschiedlicher Substanzen zum Zwecke der Intensivierung des Energie-, Impuls- und Stofftransports verstanden. Hierbei müssen i. d. R. mehrere Anforderungen erfüllt werden. Diese können Folgende sein:
- Homogenisieren ineinander mischbarer Komponenten A und B (z. B. mit dem Ziel einer homogenen chemischen Reaktion),
- Dispergieren einer flüssigen oder gasförmigen nicht mischbaren Phase in einer zweiten flüssigen Phase,
- Emulgieren einer flüssigen nicht mischbaren Phase in einer zweiten flüssigen Phase (Bildung einer stabilen dispersen Phase),
- Suspendieren partikelförmiger Feststoffe in einer Flüssigkeit,
- Wärmeübergang.

Gerade hier spielt die Fluiddynamik neben der Thermodynamik eine entscheidende Rolle, werden doch Konzentrations- und Temperaturunterschiede durch sie abgebaut und Geschwindigkeitsgradienten gleichzeitig erzeugt.

Das diskontinuierliche Mischen wird üblicherweise in Behältern durchgeführt, die mit Rührern oder Düsen ausgestattet sind, weil dies nach wie vor die einfachste Art darstellt, die zur Vermischung benötigte kinetische Energie zuzuführen. Beim kontinuierlichen Mischen kommen daneben noch Rohre, Strahl- und statische Mischer infrage. Eine Hauptforderung bei der Planung von Miniplant-Versuchen ist der Einsatz des Originalstoffsystems. Andererseits ist bei Versuchen, bei denen die Fluiddynamik von Interesse bzw. Einfluss (s. o.)

ist, die Tatsache nicht außer Acht zu lassen, dass sich der Strömungszustand bei der Maßstabsverkleinerung auf Miniplant-Abmessungen bei gleich bleibendem Stoffsystem von einer vollständig turbulenten in eine laminare Strömung ändern kann. Die den Strömungszustand beschreibende dimensionslose Reynolds-Zahl ist abhängig von einer charakteristischen Geschwindigkeit w (oder n d im Rührbehälter), einer charakteristischen Länge, z. B. einem Rührer- oder Rohrdurchmesser d, und den Stoffeigenschaften Dichte ρ und Viskosität η.

$$\mathrm{Re}_{\mathrm{Rohr}} \equiv \frac{wd\rho}{\eta}\,, \quad \mathrm{Re}_{\mathrm{Rührer}} \equiv \frac{nd^2\rho}{\eta} \tag{1}$$

Bei den so definierten Re-Zahlen ist beim Rohr ein Übergang von laminarer zu turbulenter Strömung bei Re = 2300 zu erwarten, im Rührbehälter kann man von vollständig turbulenten Strömungsverhältnissen ausgehen, wenn die entsprechende Re-Zahl den Wert 10 000 übersteigt.

Der besondere Wert dimensionsloser Kennzahlen wird im Folgenden kurz erläutert.

5.3.4.1 **Grundlagen der Dimensionsanalyse**

Die Dimensionsanalyse stellt die Grundlage der Modellübertragung dar. Es wird die Tatsache ausgenutzt, dass alle Glieder einer physikalischen Gleichung dieselbe Dimension haben müssen, dass also eine Kraft nie gleich, sondern höchstens proportional einer Beschleunigung sein kann und dass in diesem Falle die Proportionalitätskonstante die Dimension einer Masse haben muss, weil das Produkt aus Masse und Beschleunigung die Dimension einer Kraft hat. Diese Eigenschaft wird Dimensionshomogenität genannt [1]. Eine gesuchte physikalische Größe A sei abhängig von n voneinander unabhängigen Einstellgrößen E. Es ergibt sich die sog. Relevanzliste:

$$\{A, E_1, E_2, \ldots, E_{\mathrm{n}}\} \tag{2}$$

Die Dimensionsanalyse stellt einen Algorithmus bereit, mit dessen Hilfe man die Anzahl der Variablen des Problems und damit den experimentellen Aufwand i. d. R. drastisch reduzieren kann. An einem Beispiel aus der Rührtechnik soll dies verdeutlicht werden. Der Leistungseintrag P eines Rührers in einem Rührbehälter (Abb. 5.110) ist die gesuchte Größe A. Die voneinander unabhängigen Einstellgrößen sind
- die Dichte ρ und
- die kinematische Viskosität ν des eingesetzten Fluids sowie
- der Rührerdurchmesser d und
- die Drehfrequenz n.

$$\{P, \rho, \nu, d, n\} \tag{3}$$

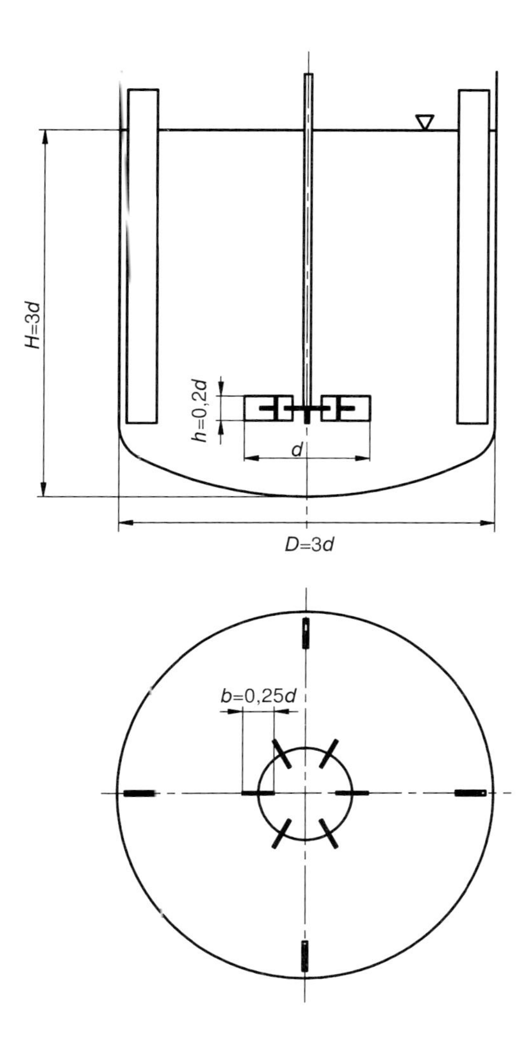

Abb. 5.110 Standardrührbehälter mit Scheibenrührer.

Aus den Dimensionen dieser Größen wird eine Dimensionsmatrix gebildet, deren Spalten den einzelnen physikalischen Größen zugeordnet sind. Die Zeilen sind den Grunddimensionen zugeordnet, in diesem Beispiel sind das die Masse M, die Länge L und die Zeit *T*, weil es sich um ein rein (fluid-)mechanisches Problem handelt. Bei thermischen oder chemischen Fragestellungen würde noch die Temperatur oder die Stoffmenge als weitere Grundgröße mit ihren Dimensionen auftauchen.

	ρ	d	n	ν	P
M	1	0	0	0	1
L	−3	1	0	2	2
T	0	0	1	−1	−3

Die so erzeugte sog. allgemeine Dimensionsmatrix wird in eine quadratische Kernmatrix und eine Restmatrix unterteilt [2]. Die Reihenfolge der Spalten ist nur teilweise willkürlich. Notwendige und hinreichende Bedingung ist, dass die Kernmatrix denselben Rang wie die allgemeine Dimensionsmatrix hat. Hätte man d, n und ν als Elemente der Kernmatrix (Grundgrößen) gewählt, dann wäre diese Forderung nicht erfüllt, weil dann die oberste Zeile nur mit Nullen besetzt wäre. Keine der gewählten Grundgrößen enthielte dann die Masse M als Dimension. Weiterhin ist es vorteilhaft, die Restmatrix mit für das betrachtete Problem wesentlichen Größen zu besetzen, weil diese später im Zähler nur jeweils einer gebildeten Kennzahl auftauchen, während die Größen der Kernmatrix im Nenner mehrerer Kennzahlen erscheinen können. Das ist auf der anderen Seite aber auch der Grund dafür, Größen, deren Einfluss auf das Problem noch nicht feststeht, ebenfalls in die Restmatrix zu schreiben. Im Falle der Irrelevanz genügt es dann, diese eine Kennzahl zu streichen.

	Kernmatrix			**Restmatrix**	
	ρ	d	n	ν	P
M	1	0	0	0	1
L	–	1	0	2	2
T	3	0	–	−1	−3
	0		1		
Z1 = M	1	0	0	0	1
Z2 = 3M + L	0	1	0	2	5
Z3 = −T	0	0	1	1	3

Da die Kernmatrix mithilfe des Gauß-Algorithmus in eine Einheitsmatrix überführt werden muss, empfiehlt sich die gewählte Anordnung mit ρ, d und n als natürliche Grundgrößen. Die entstehende Matrix mit Kernmatrix als Einheitsmatrix wird auch natürliche Dimensionsmatrix genannt, weil sich die Dimensionen der Größen der Restmatrix nun als Potenzprodukte der gewählten natürlichen Grundgrößen darstellen lassen.

$$[\nu] = \rho^0 d^2 n^1$$

$$[P] = \rho^1 d^5 n^3$$

Das Π-Theorem (auch Buckingham-Theorem) besagt, dass jede Beziehung zwischen n physikalischen Größen durch eine Beziehung zwischen m voneinander unabhängigen dimensionslosen Potenzprodukten der Größen der Relevanzliste ersetzt werden kann, wobei r der Rang der Dimensionsmatrix ist.

$$m = n - r \tag{4}$$

Die Zahl der Variablen im betrachteten Fall reduziert sich von $n=5$ auf $m=5-3=2$. Die hiermit verbundene Komprimierung der Aussage ist einer der Hauptvorteile der Dimensionsanalyse. Für das Beispiel können zwei Kennzahlen aus der natürlichen Dimensionsmatrix abgeleitet werden, indem jedes Element der Restmatrix den Zähler eines Bruches bildet, dessen Nenner aus den natürlichen Grundgrößen mit den jeweiligen Exponenten besteht.

$$\pi_1 = \frac{\nu}{\rho^0 d^2 n^1} \tag{5}$$

$$\pi_2 = \frac{P}{\rho^1 d^5 n^3} \tag{6}$$

Die erste Kennzahl ist der Reziprokwert der Reynolds-Zahl, die zweite Kennzahl wird in der Rührtechnik als Newton-Kennzahl bezeichnet. Die Anzahl der Variablen lässt sich also von 4 auf 1 ohne Informationsverlust reduzieren. Für die Bestimmung des Zusammenhangs ist nun lediglich eine Versuchsreihe mit unterschiedlichen Re-Zahlen erforderlich.

$$\mathrm{Ne} = f(\mathrm{Re}) \tag{7}$$

In Abb. 5.112 ist die Ne-Zahl als Funktion der Re-Zahl dargestellt. Die obere Kurve gilt für Behälter mit, die untere für Behälter ohne Stromstörer. Dies unterstreicht erneut die Wichtigkeit der geometrischen Ähnlichkeit, die durch Weglassen der Stromstörer nicht mehr gegeben ist.

Um zum gleichen Informationsgehalt zu gelangen, müsste man ohne Dimensionsanalyse bei einer Beschränkung auf 10 Messpunkte pro Messreihe insgesamt 10^{n-1}, beim betrachteten Beispiel also 10 000 Messungen machen. Der Vorteil der Dimensionsanalyse für die Versuchsvorbereitung und -durchführung ist offensichtlich.

Es wird aber auch der Grundgedanke der Dimensionsanalyse deutlich: Statt alle vorkommenden Größen in einem Einheitensystem (z. B. das SI-System) zu messen, das mit dem Problem nichts zu tun hat, wählt man Größen zu Bezugsgrößen (auch charakteristische Größen), die im Problem selbst vorkommen, wie z. B. den Rührerdurchmesser d, die Dichte ρ des benutzten Fluids oder die Drehfrequenz n. Diese bilden ein natürliches oder dem Problem angepasstes Einheitensystem. Durch die Dimensionsanalyse werden also problemfremde Bezugsgrößen durch problembezogene ersetzt. Dies ist nicht mit dem Dimensionslosmachen von z. B. Konzentrationen durch Bezug auf eine Gleichgewichtskonzentration zu verwechseln ($\xi = c/c_0$).

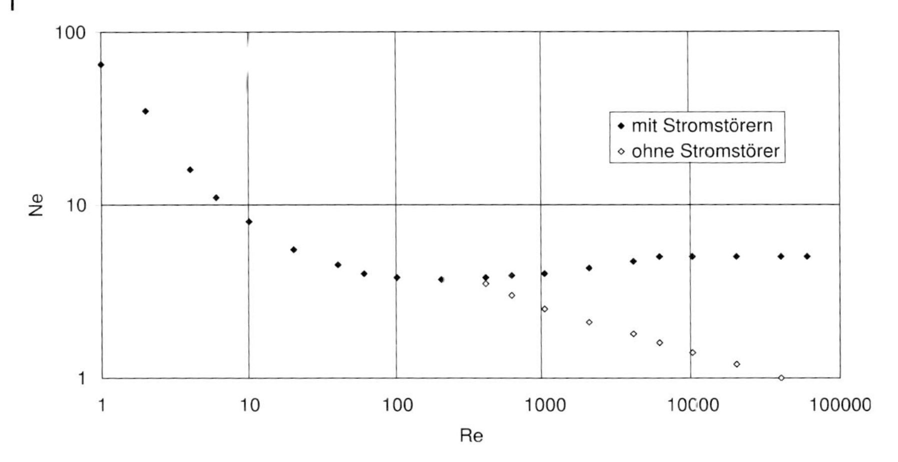

Abb. 5.111 Leistungscharakteristik eines Scheibenrührers mit und ohne Stromstörer.

Der zweite mindestens ebenso bedeutsame Vorteil der Dimensionsanalyse ist, dass der gebildete π-Raum dimensionslos, also unabhängig von den verwendeten Dimensionen wie etwa der Länge ist. Dies ist die Grundlage für die gesicherte Maßstabsübertragung bei der Modelltheorie.

5.3.4.2 **Modelltheorie**

Zentrale Aufgabe von Miniplant-Anlagen ist die Maßstabsübertragung. Die Bedingungen für eine gesicherte Maßstabsübertragung vom Modellversuch mit dem Index M auf die Hauptausführung mit dem Index H sind neben einer geometrischen Ähnlichkeit auch die physikalische Ähnlichkeit, die sich ergibt, wenn sämtliche Kennzahlen, die das Problem beschreiben, gleiche Zahlenwerte aufweisen ($\pi_i = \text{idem}$). Für das im letzten Abschnitt behandelte Beispiel muss also die Re-Zahl in Modell- und Hauptausführung denselben Zahlenwert haben.

$$\frac{n_M d_M^2}{\nu_M} = \frac{n_H d_H^2}{\nu_H} \tag{8}$$

Für die Leistungseinträge in Modell und Hauptausführung gilt dann die Beziehung

$$\frac{P_M}{\rho_M n_M^3 d_M^5} = \frac{P_H}{\rho_H n_H^3 d_H^5} \tag{9}$$

oder umgeformt

$$\frac{P_M}{P_H} = \left(\frac{\rho_M}{\rho_H}\right)\left(\frac{n_M}{n_H}\right)^3\left(\frac{d_M}{d_H}\right)^5 . \tag{10}$$

In dieser Form stehen auf der rechten Seite die Verhältnisse der gewählten natürlichen Grundgrößen in Modell und Hauptausführung. Sie sind als Quotienten von Einstellgrößen frei wählbar und legen gemeinsam den physikalischen Modellmaßstab fest, der mit dem geometrischen Modellmaßstab d_M/d_H nicht zu verwechseln ist.

5.3.4.3 Modellübertragung

An einem kurzen Beispiel werden die Probleme deutlich, die sich in der Praxis aus den oben dargestellten Anforderungen ergeben. Wenn beim Nachstellen der Verhältnisse eines Rührbehälters mit einem Behälterdurchmesser von $D =$ 2 m und einer Drehfrequenz von 40 min^{-1} aus anderen, z. B. chemischen Gründen nur Originalstoffsystem eingesetzt werden kann, dann folgt mit der Forderung der Re-Ähnlichkeit

$$\frac{n_M d_M^2}{\nu_M} = \frac{n_H d_H^2}{\nu_H}$$

für ein geometrisch ähnliches Rührgefäß im gebräuchlichen Miniplant-Maßstab von $D = 0{,}2$ m eine Drehfrequenz von

$$n_H = n_M \left(\frac{d_H}{d_M}\right)^2 = 4000\,\text{min}^{-1} \,. \tag{11}$$

Bei dieser Drehfrequenz ist ein Laborrührwerk kaum sinnvoll zu betreiben. Eine intensive Eigenbegasung, wie sie den Verhältnissen in der Hauptausführung nicht entspräche, wäre die Folge. Offenbar ist eine physikalische Größe, die bislang im Beispiel nicht beachtet worden ist, nun von Einfluss: die Erdanziehungskraft mit der Erdbeschleunigung g, deren Verhältnis zur Zentrifugalkraft über die Ausbildung einer Trombe entscheidet. Sie muss, wenn die Trombenbildung relevant ist, in die Relevanzliste aufgenommen werden und führt nach Dimensionsanalyse zur Froude-Zahl

$$\text{Fr} \equiv \frac{n^2 d}{g} \,. \tag{12}$$

Nun wird deutlich, dass mit Originalstoffsystem der Zustandspunkt der Hauptausführung im Modellmaßstab nicht eingestellt werden kann. Froude-Ähnlichkeit fordert für den gleichen Versuch eine Drehfrequenz von

$$n_M = n_H \left(\frac{d_H}{d_M}\right)^{0.5} = 126\,\text{min}^{-1} \,, \tag{13}$$

was offensichtlich mit der Re-Ähnlichkeit nicht vereinbar ist. Aus diesem Grund bietet sich häufig das Arbeiten mit Modellstoffsystemen an, mit denen man z. B. durch Variation der Viskosität mehrere Dekaden der Re-Zahl abdecken kann, um den Einfluss auf die Ne-Zahl messtechnisch zu bestimmen. Dieser Zugewinn an Flexibilität bei der Wahl der Variablen ist ein weiterer wesentlicher Vorteil der Dimensionsanalyse.

Durch die Darstellung der Messwerte als Beziehung zwischen Kennzahlen werden aber auch die physikalischen Zusammenhänge deutlich, wie z. B. laminare und turbulente Strömung im Rohr mit einer kritischen Re-Zahl von $Re = 2300$. Die einzelnen Bereiche können voneinander abgegrenzt und mathematisch beschrieben werden (laminares Rohr: $Re < 2300$; $\zeta = 64/Re$). Der Wirkungsbereich einzelner Parameter wird sichtbar. So bedeutet eine waagerechte Linie, dass die Rohrreibungszahl ζ keine Funktion der Re-Zahl ist, was dann zutrifft, wenn der gesamte Querschnitt der Strömung turbulent durchströmt wird (vollständig turbulent durchströmtes Rohr). Physikalisch folgt daraus, dass dann die Viskosität des Fluids keinen Einfluss auf den Druckverlust hat. Das sich erschließende tiefere physikalische Verständnis in die Vorgänge ist der vierte wesentliche Vorteil der Dimensionsanalyse. Das tiefere Verständnis kann z. B. dazu genutzt werden, von der Maximalforderung der vollständigen physikalischen Ähnlichkeit abzurücken und nur noch Ähnlichkeit in den wesentlichen Kennzahlen zu fordern, solange die nicht ähnlichen Kennzahlen in einem bestimmten Bereich bleiben. Man spricht dann von partieller Ähnlichkeit. In der Rührtechnik wird diese Einsicht häufig ausgenutzt, indem lediglich eine Re-Zahl $Re > 10^4$ gefordert wird, um andere Parameter in Modell- und Hauptausführung gleich zu halten. Ab dieser Re-Zahl wird in der Rührtechnik von vollständiger Turbulenz gesprochen. Da sich aber viele Prozesse in der Verfahrenstechnik im Milli- bzw. Mikrometermaßstab abspielen (Flüssig/Flüssig-Dispergierungen, Agglomerationen usw.) oder noch darunter (chemische Reaktionen, Kristallisationen, etc.) ist auch im Hinblick auf Miniplant-Versuche ein genauerer Blick auf die Turbulenz und ihre Beziehung zu verschiedenen Vermischungszuständen erforderlich.

5.3.4.4 Makro- und Mikromischen

Kolmogoroff [3] führte den auch heute noch gebräuchlichen Begriff der lokal homogenen isotropen Turbulenz ein. Wie bei der stationären Strömung, bei welcher der Mittelwert der gemessenen Geschwindigkeitskomponente zeitlich konstant ist, wird die analoge räumliche Eigenschaft Homogenität genannt. In Rührbehältern oder Strahlschlaufenapparaten mit nach oben und nach unten strömenden Bereichen (Makroturbulenz) ist diese Homogenität sicherlich nicht gegeben, weswegen er sich bei seiner Herleitung auf lokal homogene Turbulenz im Bereich der Mikroturbulenz beschränkt. Als lokal isotrop wird eine Strömung bezeichnet, wenn der Mittelwert einer beliebigen aus zwei Schwankungsgeschwindigkeiten gebildeten Funktion richtungsunabhängig ist. Der Vorstellung Kolmogoroffs folgend wird die kinetische Energie der primär (im Rührbehälter durch die Rührorgane) erzeugten Turbulenzelemente, deren Abmessungen (Λ: Makromaßstab der Turbulenz) im Bereich der turbulenzerzeugenden Einbauten (Rührerdurchmesser) liegen,

$$\Lambda \sim d \tag{14}$$

auf die nächst kleineren Turbulenzelemente übertragen. Diese übergeben die kinetische Energie ihrerseits weiter an die nächstkleineren usw. in der Art einer Kaskade. Das Aufbrechen der langwelligen Bewegung in immer kleinere Elemente wird einer fluiddynamischen Instabilität zugeschrieben. Da vor allem Trägheitskräfte eine Rolle spielen, wird dieser Bereich mit Erreichen der Mikroturbulenz Trägheitsunterbereich genannt. Mit kleiner werdenden Abmessungen wachsen die Zähigkeitskräfte, bis ihre Größe in laminar fließenden Elementen ausreicht, um die zugeführte mechanische Energie in Wärme zu dissipieren [4]. Dieser Bereich wird Dissipationsbereich genannt. Die Grenzen zwischen Trägheitsunterbereich und Dissipationsbereich wird durch den Mikromaßstab λ_K der Turbulenz markiert.

$$\lambda_K = \left(\frac{\nu^3}{\varepsilon_M}\right)^{1/4} \tag{15}$$

ε_M bezeichnet die massespezifische Energiedissipationsrate. Dieser Energieübertragungsmechanismus bis zu den kleinsten Turbulenzelementen wird häufig auch Energiekaskade [5] genannt. Durch zeitlich sehr hoch aufgelöste Messungen [6] lässt sich die Unterteilung in Makro- und Mikroturbulenz bestätigen. Der Vergleich der beiden Maßstäbe der Turbulenz zeigt, dass der Makromaßstab mit einer extensiven Größe (Rührerdurchmesser) verknüpft und damit ebenfalls maßstabsabhängig ist, während der Mikromaßstab aus der Verknüpfung intensiver Größen (kin. Viskosität ν und massespezifische Energiedissipationsrate ε_M) entsteht. Rührprozesse, bei denen die Makrovermischung relevant ist (z. B. Homogenisiervorgänge), sind maßstabsabhängig. Das Nachstellen in Miniplant-Anlagen mit Originalstoffsystem ist meistens unmöglich. Prozesse mit Schwerpunkt auf der Mikrovermischung lassen sich dagegen sehr wohl in Miniplant-Anlagen abbilden, weil im Trägheitsunterbereich und Dissipationsbereich nur intensive Größen wie ε_M relevant sind.

Das gilt natürlich immer nur so lange, wie beide Bereiche auch existieren. Die Überlegungen Kolmogoroffs und die experimentellen Bestätigungen beziehen sich auf freie und vollständig ausgebildete turbulente und Strömungen. Zum Zustandekommen der beschriebenen Energiekaskade ist ein hinreichender Abstand zwischen Makro- und Mikromaßstab erforderlich. Der Einfluss des Verhältnisses Λ/λ_K ist noch wenig erforscht. In [7] findet sich eine quantitative Aussage, nach der bei

$$\frac{\Lambda}{\lambda_K} \leq 200 \tag{16}$$

der Trägheitsbereich der Mikroturbulenz stark beeinflusst bzw. vollständig aufgehoben wird. Eine gesicherte Übertragung der Versuchsergebnisse ist dann nicht mehr möglich. Aus der Forderung $\Lambda/\lambda_K > 200$ folgt bei gegebenem Stoffsystem und prozessbedingtem spezifischen Leistungseintrag ($P/M=\varepsilon_M$), dass die Miniplant-Anlage einen bestimmten Maßstab nicht unterschreiten darf. In niederviskosen Flüssigkeiten ($\nu=1\ 10^{-6}\ m^2/s$) mit einem üblichen Leistungseintrag von $P/M=0{,}16$ W/kg ergibt sich ein Mikromaßstab von $\mu_K=50$ µm. Um zu dem Faktor 200 zu gelangen, ist also $\Lambda=10$ mm erforderlich. Ein Rührer mit dem Durchmesser $d=100$ mm in einem Gefäß mit dem Durchmesser $D=200$ mm ist also noch akzeptabel. Kleinere Versuchsgefäße weisen keine vollständig ausgebildete Turbulenz auf.

5.3.4.5 **Modellversuche im Miniplant**

Ein weiterer wichtiger Aspekt ist die Frage nach den charakteristischen Zeiten des Prozesses, den es zu untersuchen gilt, z. B. eine chemische Reaktion. Das Verhältnis zwischen Stofftransportgeschwindigkeit und Reaktionsgeschwindigkeit wird wiederum über geeignete dimensionslose Kennzahlen wie Damköhler- oder Hatta-Zahlen beschrieben, soll hier aber nicht weiter im Detail erläutert werden. Je nach dimensionsloser Kennzahl bewegt man sich im reaktions- oder stofftransportgehemmten Gebiet. Wenn z. B. der chemische Umsatz durch die Variation der Rührerdrehzahl nicht verändert werden kann, ist die chemische Reaktion offenbar im Vergleich zum Stofftransport langsamer, sodass unabhängig von der Drehzahl die Verhältnisse eines ideal durchmischten Behälters vorliegen.

Ähnliches gilt für Fällungskristallisationen. Bei niedrigen Übersättigungen hat die Mischintensität häufig keinen Einfluss auf die Produktspezifikation. Die Reaktionspartner liegen molekular verteilt vor, bevor es zur Reaktion kommt. Viele Untersuchungen hierzu sind ebenfalls in Rührkesseln durchgeführt worden. Es zeigt sich jedoch z. B. bei der Fällung von Bariumsulfat, dass bei höheren Übersättigungen nicht nur die Partikelgröße, sondern auch deren Morphologie durch die Rührintensität beeinflusst werden können. Da die Mischintensität im Rührbehälter sehr inhomogen verteilt ist, spielt auch die Zugabestelle eine wesentliche Rolle. Sowohl Keimbildungs- als auch -wachstumsraten werden von der örtlichen Überkonzentration beeinflusst. Um in Miniplant-Experimenten für solche Fälle aussagekräftige Versuche durchführen zu können, ist ein geometrischer Scale-down häufig nicht ausreichend, weil sich die charakteristischen Zeiten für die Makrovermischung ändern. Durch Variation der Rührerdrehzahl im Miniplant-Experiment werden dann zusätzlich sowohl Makro- als auch Mikromischzeiten gleichzeitig verändert, sodass die Ursachenforschung für beobachtete Änderungen der Partikelgröße oder -morphologie schwer fällt. Um die Verhältnisse in einem Betriebsrührkessel nachstellen zu können, müsste einer kurzen Phase intensiver Mischung in Rührernähe eine lange Phase im restlichen Behältervolumen folgen. Judat [8] hat zur Trennung von Makro- und Mikromischeffekten für die Fällung von Bariumsulfat als Beispiel einer Fällungskristallisation einen Schlaufenreaktor vorgeschlagen, der aus einem Umpumpkreislauf mit integriertem Taylor-Couette-Reaktor besteht. Der Umpumpkreislauf ist für die Makrovermischung zuständig, der Taylor-Couette-Reaktor für die Mikrovermischung. Beide Mischvorgänge sind auf diese Weise unabhängig voneinander über Pumpen- und Rotordrehzahl einstellbar und ermöglichen dadurch getrennte Untersuchungen zum Einfluss von Makro- und Mikromischung auf die Produkteigenschaften der festen Phase. Erst mit dieser Information kann der den Gesamtprozess kontrollierende Teilprozess identifiziert werden. Judat schlägt daher für mischungskontrollierte Fällungskristallisationen vor, nach der experimentellen Bestimmung der Keimbildungs- und Wachstumskinetik verschiedene Betriebsbedingungen im von ihm vorgeschlagenen Schlaufenreaktor einzustellen, die optimalen Bedingungen für die Produktspezifikation zu bestimmen, durch Vergleich mit den Kinetiken den relevanten Mischprozess zu identifizieren und unter Konstanthalten der kontrollierenden Mischzeiten die Maßstabsvergrößerung durchzuführen.

5.3.4.5 **Zusammenfassung**

Die größte Herausforderung bei der Planung von Miniplant-Versuchen zu Mischvorgängen ist die Identifikation der relevanten Kenngrößen. Ein wichtiges Werkzeug hierbei ist die Dimensionsanalyse. Sie identifiziert Kennzahlen, die bei einer Maßstabsübertragung konstant zu halten sind. Daneben muss geometrische Ähnlichkeit herrschen. Häufig lassen sich jedoch in der Praxis nicht sämtliche Kennzahlen konstant halten, sodass nur partielle Ähnlichkeit zwischen Modell und Hauptausführung erreicht werden kann. Dies zeigt die Grenzen der Modelltheorie auf. Weitere Einschränkungen treten zutage, wenn die Details der Mischvorgänge betrachtet werden. Mischvorgänge werden in der Praxis durch Turbulenz beschleunigt. Das Zustandekommen einer vollständigen Wirbelkaskade ist skalenabhängig, weil ein gewisser Abstand zwischen Makromaßstab und Mikromaßstab der Turbulenz erforderlich ist. Miniplant-Anlagen zu Versuchen, bei denen die turbulente Energiedissipation eine zentrale Rolle spielt, sollten daher eine bestimmte Größe nicht unterschreiten. Bei komplexeren Prozessen wie z. B. Fällungskristallisationen ist im besonderen Maße auf die relevanten Zeiten zum Makro- und Mikromischen zu achten. So bieten sich hier Strategien für Miniplant-Versuche an, welche die Forderung nach geometrischer Ähnlichkeit zugunsten einer „zeitlichen“ Ähnlichkeit fallen lassen und prozessbezogen die optimalen Bedingungen im späteren Betriebsreaktor bestimmbar machen.

Symbolverzeichnis

Symbol	Einheit	Beschreibung
c	mol/m^3	Konzentration
d	m	(Rührer-)Durchmesser
Fr	–	Froude-Zahl
g	m/s^2	Erdbeschleunigung
L	m	Länge
M	kg	Masse
n	1/s	Drehfrequenz

P	W	(Rühr-)Leistung
Ne	–	Leistungskenn- oder Newton-Zahl
Re	–	Reynolds-Zahl
T	s	Zeit
w	m/s	Geschwindigkeit
Λ	m	Makromaßstab der Turbulenz
λ	m	Mikromaßstab der Turbulenz
ε	W/kg	massespez. Energiedissipationsrate
ρ	kg/m^3	Dichte
η	Pa s	dyn. Viskosität
ν	m^2/s	kin. Viskosität
ζ	–	Rohrreibungszahl

Literatur zu Abschnitt 5.3.4

1 Schade, H.; Kunz, E.: Strömungslehre, Walter de Gruyter, Berlin, 1989.
2 Zlokarnik, M.: Scale-up, Wiley-VCH, Weinheim, 2000.
3 Kolmogoroff, A.: The local structure of turbulence in incompressible viscous fluids for very large Reynolds numbers, Compt. Rend. (Doklady) de l'Acad. des Sciences de l'URSS, **30(4)**, 1941, S. 301–305.
4 Ritter, J.: Dispergierung und Phasentrennung in gerührten Flüssig/flüssig-Systemen, Dissertation, TU Berlin, 2002, http://edocs.tu-berlin.de/diss/2002/ritter_joachim.htm.
5 Mersmann, A. et al.: Makro- und Mikromischen im Rührkessel, Chem.-Ing.-Tech., **60(12)**, 1988, S. 947–955.
6 Trägardh, C. et al.: Turbulence characteristics in turbine-agitated tanks of different sizes and geometries, Chem. Eng. J., **72**, 1999, S. 97–107.
7 Liepe, F.: Verfahrenstechnische Berechnungsmethoden, Teil 4, VCH, Weinheim, 1988.
8 Judat, B.: Über die Fällung von Bariumsulfat – Vermischungseinfluss und Partikelbildung, Dissertation, Universität Karlsruhe, 2003, Shaker Verlag.

5.3.5 Zerkleinern

5.3.5.1 Vorbemerkungen

Zerkleinerungsmaschinen sind einerseits meist als erste Stufe bei der Verarbeitung mineralischer Rohstoffe, Baustoffe, keramischer Materialien, Brennstoffe, bestimmter Sekundärrohstoffe u. a. und andererseits zur Sicherung von Endproduktqualitäten (z. T. auch Qualitäten von Zwischenprodukten) in der chemischen Industrie, Nahrungsgüter- und Pharmaindustrie, bei der Herstellung von Pigmenten oder Metallpulvern, Bindebaustoffe o. Ä. im Einsatz. Dabei liegt die obere Stückgröße der Aufgabematerialien im Bereich von 0,1 mm bis über 1 m, die gewünschte Feinheit des Fertiggutes zwischen 0,1 µm und 100 mm. Die zu zerkleinernden Materialien können dabei spröde, aber auch plastisch oder elastisch sein. Sie können sowohl trocken, feucht oder auch klebrig sein und eine mehr oder minder ausgeprägte Neigung zur Aggregation oder Agglomeration besitzen. Je nach den Eigenschaften des Aufgabematerials und der weiteren Verarbeitung der Mahlprodukte erfolgt die Mahlung trocken (auch als Mahltrocknung) oder nass, wobei die flüssige Phase Wasser, aber auch Alkohol, gesättigte Lösungen u. Ä. sein können. Die Durchsätze der für die Zerkleinerung eingesetzten Einzelmaschinen erreichen vor allem bei der Grobzerkleinerung Maximalwerte von über 1000 t/h, bei der Feinstmahlung aber ggf. nur wenige kg/h. Durch die Vielzahl der Variablen ist es unumgänglich, für die Auswahl und Auslegung von Zerkleinerungsmaschinen technologische Untersuchungen durchzuführen.

Diese haben das Ziel, einmal die günstigste Beanspruchungsart (Druck, Schlag, Prall, Scherung) und -intensität zu ermitteln und außerdem materialspezifische Kennziffern zu bestimmen, auf deren Grundlage die Auslegung einer Zerkleinerungsmaschine möglich ist. Hierfür haben sich spezielle Laborausrüstungen, mit denen z. B. der spezifische Energiebedarf zum Erreichen einer bestimmten Produktfeinheit ermittelt werden kann, Batch-Tests mit entsprechenden Maschinen und letztendlich z. T. recht aufwendigen Pilotanlagen (meist als Kreislauf Zerkleinerungsmaschine–Klassiereinrichtung) bewährt. Dabei sind vielfach Kurzzeitversuche möglich, da in vielen Zerkleinerungsmaschinen die Materialverweilzeit nur sehr kurz ist (Ausnahme z. B. Rührwerkskugelmühle).

Die Auslegung von Zerkleinerungsmaschinen oder -anlagen *allein* auf der Basis von Berechnungsmodellen ist nicht zu empfehlen, da auf diese Weise die zerkleinerungsrelevanten Eigenschaften des zu verarbeitenden Materials nicht im erforderlichen Umfang berücksichtigt werden. Wie auch bei anderen Ausrüstungen für die Feststoffverfahrenstechnik sind Zerkleinerungsmaschinen wegen der zu verarbeitenden Stückgröße der Materialien, der erforderlichen Beanspruchungsintensität und -dauer mit wenigen Ausnahmen nicht so zu verkleinern, dass die in der Miniplant-Technik üblichen sehr geringen Durchsätze erreichbar sind. Dadurch sind die Vorteile dieser Methodik aus Sicht des Verfassers für die Testung von Zerkleinerungsanlagen nur in Ausnahmefällen nutzbar. Bisher spielt die Zerkleinerung von Feststoffen in der Miniplant-Technik keine Rolle, wobei in Zukunft gewisse Veränderungen denkbar sind. Das gilt vor allem für die Fein- und Feinstmahlung, während für die Verarbeitung gröberer Materialien keine Nutzung möglich erscheint. Da die Zerkleinerung eines Materials in vielen Fällen Anfangs- oder Endstufe in einem Prozess ist, ist dies i. d. R. auch nicht zwingend notwendig, da ggf. mit einer Zwischenstapelung von Produkten gearbeitet werden kann. Die Zerkleinerung selbst kann dann mit höheren Durchsätzen außerhalb der Miniplant erfolgen (siehe auch Abschnitt 2.2).

Da bezüglich Auswahl- und Auslegungskriterien für Ausrüstungen der Grob- bzw. Mittelzerkleinerung einerseits und denen der Fein- und Feinstmahlung andererseits deutliche Unterschiede bestehen, sollen diese nachfolgend auch getrennt behandelt werden. Die Herstellung feiner und vor allem feinster Körnungen wird hier den Schwerpunkt bilden, da diese künftig am ehesten in der Miniplant-Technik eine Rolle spielen kann. Denkbare Nutzungsmöglichkeiten sollen dabei der gegenwärtigen Praxis der Maschinenauslegung gegenübergestellt werden.

5.3.5.2 Grob- und Mittelzerkleinerung

Für die Grob- und Mittelzerkleinerung, d.h. die Erzeugung von Zerkleinerungsprodukten mit einer oberen Korngröße im Bereich von ca. 100–10 mm kommen Brecher zum Einsatz, deren Durchsatz üblicherweise deutlich über 10 t/h liegt. Wegen der Stückgröße der zu verarbeitenden Materialien, die normalerweise über 100 mm beträgt, müssen die Zerkleinerungswerkzeuge der eingesetzten Maschinen erhebliche Abmessungen aufweisen. Das schließt ihre Verkleinerung und damit den Einsatz im Rahmen der Miniplant-Technik völlig aus. Die Haupttypen der relevanten Zerkleinerungsmaschinen und die bei ihnen genutzten Beanspruchungsarten zeigt in Anlehnung an [1] und [2] Tab. 5.11.

Obwohl in der Tabelle nur die Grundtypen der wichtigsten Brecher aufgeführt sind, ist ihre Zuordnung zu bestimmten Beanspruchungsarten nicht immer eindeutig, da in einer Maschine durchaus Kombinationen für die Zerkleinerung genutzt werden können: So kann in einem Walzenbrecher bei unterschiedlicher Umfangsgeschwindigkeit der beiden Walzen Scherung die vorherrschende Beanspruchung darstellen. Bei Einsatz von Nockenwalzenbrechern kann die Zerkleinerung auch durch Schlag bewirkt werden. In einem Kegelbrecher wird je nach Wahl der Betriebsbedingungen neben Schlag auch Druck für die Zerkleinerung verantwortlich sein und in einer Hammermühle, je nach ihrer konstruktiven Gestaltung, neben Prall auch Schlag. Die Kenntnis der in den einzelnen Maschinen herrschenden Beanspruchungsart, -intensität bzw. -geschwindigkeit ist für ihre Auswahl und Auslegung von großer Bedeutung. Das Gleiche gilt für das Zerkleinerungsverhalten des zu verarbeitenden Materials unter bestimmten Beanspruchungsbedingungen. Zur Charakterisierung von Letzterem wird bei der Grob- und Mittelzerkleinerung i.d.R. nur ein sehr be-

Tabelle 5.11 Maschinen für die Grob- und Mittelzerkleinerung

Material-beanspruchung	Maschinentyp	Bezeichnung der Beanspruchungsart	Beanspruchungs-geschwindigkeit in m/s
zwischen zwei Festkörperflächen	Backenbrecher	Druck	0,05–0,20
	Walzengrobbrecher	Schlag (Druck, Scherung)	2–12
	Steilkegelbrecher	Druck	0,02–0,20
	Flachkegelbrecher	Schlag	0,30–2,0
	Schneidmühlen	Scherung	10–30
an einer Festkörperfläche	Prallbrecher	Prall	15–60
	Hammerbrecher	Prall (Schlag)	20–60

grenzter Aufwand betrieben, da von ihm nur in Ausnahmefällen Probleme ausgehen.

Unter Berücksichtigung der maximalen Stückgröße des Aufgabematerials, des gewünschten Körnungsaufbaus des Fertiggutes und des vorgesehenen Durchsatzes wird vor allem bei der Zerkleinerung harter oder mittelharter, spröder Materialien vorwiegend auf Erfahrungswerte zurückgegriffen. Diese werden bei Bedarf durch Angaben zur Druckfestigkeit oder Mohs-Härte des Materials unterstützt. Über beide Größen sind dann auch gewisse Abschätzungen zum Verschleißverhalten der ausgewählten Maschinen möglich. Für bestimmte, häufig wiederkehrende Materialien (z. B. in der Zuschlagstoffindustrie) werden zur Auslegung der Brecher Regressionsmodelle eingesetzt, welche die unabhängigen und abhängigen Einflussgrößen auf die Zerkleinerung verknüpfen und damit vor allem die Bearbeitung von Varianten erleichtern. Die Prozesskinetik wird dabei i. d. R. nicht mit berücksichtigt. Nur in kritischen Fällen, z. B. der Zerkleinerung extrem harter, besonders zäher oder auch zum Kleben neigender Materialien, werden mit diesen Zerkleinerungsversuche durchgeführt, wobei sich deren Umfang nach der gewünschten Aussage richtet. Üblich ist:

- Durchführung von Versuchen zur Einzelkornzerkleinerung in Spezialapparaturen zur Beanspruchung durch Druck, Schlag, Prall oder Scherung. Ziel ist z. B. die Ermittlung einer für eine bestimmte Zerkleinerung notwendigen Geschwindigkeit bei Prall (Auslegung eines Prallbrechers) oder Schlagbeanspruchung bzw. der erforderlichen Druckkraft (Auslegung eines Backenbrechers). Vorteilhaft bei der Einzelkornzerkleinerung ist, dass eine definierte Beanspruchung einzelner Teilchen erfolgt. Ein zu beachtender Nachteil ist, dass die bei der praktischen Zerkleinerung wesentliche gegenseitige Beeinflussung der Körner in einem Kollektiv unberücksichtigt bleibt.
- Beanspruchung von Körnerkollektiven in Spezialapparaturen: Auch hier erfolgt die Beanspruchung unter klar definierten Bedingungen. Durch die gegenseitige Beeinflussung der Teilchen ist allerdings nicht gesichert, dass jedes Korn gleich beansprucht wird. Damit nähern sich entsprechende Tests den Bedingungen bei der maschinellen Zerkleinerung an. Wegen des relativ hohen Aufwandes werden sie aber seltener als Versuche zur Einzelkornzerkleinerung angewandt.
- Durchführung von Pilotversuchen mit entsprechenden Zerkleinerungsmaschinen: Auch bei Einsatz der jeweils kleinsten technisch relevanten Baugrößen ist der Versuchsaufwand sehr hoch. Obwohl bezüglich der maximalen Stückgröße des Aufgabegutes normalerweise Abstriche gemacht werden können, ergibt sich ein hoher Materialbedarf, vor allem wenn im Rahmen der Versuche bestimmte Einstellbedingungen (z. B. Spaltweite, Hubzahl, Umfangsgeschwindigkeit) eines Brechers optimiert werden sollen. Wegen des hohen Gesamtaufwands wird bei der Grob- und Mittelzerkleinerung auf die Durchführung von Pilotversuchen nur dann zurückgegriffen, wenn entweder aus Kenntnis der Materialeigenschaften bei der Zerkleinerung besondere Schwierigkeiten zu erwarten sind oder nur durch spezielle Einstellungen der ausgewählten Maschine besondere Anforderungen an das Brechprodukt

erfüllt werden können. Bei Vorliegen einer konkreten Aufgabenstellung sollten Notwendigkeit und Umfang entsprechender Untersuchungen mit einem einschlägigen Anlagenbauer abgestimmt werden.

5.3.5.3 Fein- und Feinstzerkleinerung

5.3.5.3.1 Verwendete Apparateprinzipien

Unter Fein- bzw. Feinstzerkleinerung (Mahlen) soll hier die Erzeugung von Produkten mit einer oberen Korngröße im Bereich von ca. 5 mm bis 10 μm (in Ausnahmefällen auch <1 μm) verstanden werden, wobei die obere Korngröße des Aufgabematerials höchstens 10 mm beträgt. Der Durchsatz der in diesem Bereich eingesetzten Zerkleinerungsmaschinen ist i. d. R. deutlich niedriger als bei der Grob- oder Mittelzerkleinerung, wobei in Ausnahmefällen auch bei der Mahlung Maschinendurchsätze bis zu 1000 t/h erreicht werden. Durch die geringere Stückgröße des Aufgabematerials sind dabei allerdings keine Zerkleinerungsmaschinen mit extremen Abmessungen erforderlich, sodass zumindest für den Versuchsbetrieb eine Verkleinerung der Aggregatgrößen nicht auf grundsätzliche Schwierigkeiten stößt. Die Haupttypen der für die Fein- und Feinstzerkleinerung eingesetzten Maschinen sind, wiederum gegliedert nach den in ihnen wirkenden Beanspruchungsarten, in Tab. 5.12 zugesammengestellt.

Die Typenvielfalt der für die Fein- und Feinstzerkleinerung einsetzbaren Maschinen, in denen in den meisten Fällen eine Gutbettbeanspruchung stattfindet, ist wesentlich größer als diejenige für die Zerkleinerung in gröberen Bereichen.

Tabelle 5.12 Maschinen für die Fein- und Feinstzerkleinerung

Materialbeanspruchung	Maschinentyp	Bezeichnung der Beanspruchungsart	Beanspruchungsgeschwindigkeit in m/s
zwischen zwei Festkörperflächen	Trommelmühlen	Druck (Schlag, Scherung)	0,2–5
	Feinwalzenmühle	Druck (Scherung)	0,1–20
	Wälzmühlen	Druck (Scherung)	0,1–10
	Schwingmühlen	Schlag (Scherung, Druck)	1–5
	Planetenmühlen	Schlag (Scherung, Druck)	3–20
	Schneidmühlen	Scherung	15–30
	Rührwerks-kugelmühlen	Scherung (Druck)	0,5–250
an einer Festkörperfläche	Feinprallmühlen mit rotierenden Mahlelementen	Prall	50–15
	Hammermühlen	Prall (Schlag)	50–80
zwischen den Partikeln	Strahlmühlen	Prall (Scherung)	150–300

Das erschwert Auswahl und Auslegung, vor allem wenn man berücksichtigt, dass für die Herstellung feiner und feinster Körnungen durch Zerkleinerung hohe Energie- und Verschleißkosten aufzuwenden sind. Dadurch können bei einer nicht optimalen Auswahl, Auslegung und Einstellung einer entsprechenden Zerkleinerungsmaschine hohe Effektivitätsverluste auftreten, durch welche die Rentabilität eines Gesamtprozesses, in dem die Zerkleinerung nur einen Teilschritt darstellt, gefährdet werden kann. Wie Tab. 5.12 zeigt, muss i. d. R. bei der Fein- und Feinstzerkleinerung mit höheren Beanspruchungsgeschwindigkeiten gearbeitet werden, wobei in den verschiedenen Mühlen meist eine Kombination verschiedener Beanspruchungsarten wirksam ist. Ihre Bedeutung für das Erreichen eines bestimmten Zerkleinerungsergebnisses kann dabei je nach Wahl der Mühleneinstellung wechseln. Ein typisches Beispiel dafür ist die Trommelmühle: In Abhängigkeit von der gewählten Mühlendrehzahl und der Gestaltung der Panzerung des Mühlenzylinders werden die Mahlkörper unterschiedlich weit angehoben, ehe sie sich von der Mühlenwand lösen. Wie Abb. 5.112 zeigt, rollen bei niedrigen relativen Drehzahlen die Mahlkörper vorwiegend auf der geneigten Schüttung von Mahlkörpern und Mahlgut ab (sog. „Kaskadenregime", vorherrschend Druck und Scherung), während sie bei höheren relativen Drehzahlen so weit angehoben werden, dass sie auf die Schüttung frei herabfallen (sog. „Kataraktregime", vorherrschend Schlagbeanspruchung).

Zu beachten ist außerdem, dass bei der Fein- und Feinstzerkleinerung die eingesetzten Mühlen in vielen Fällen mit Klassiereinrichtungen, das können je nach Einsatzfall Siebe, Sichter oder hydraulische Klassierer sein, im geschlossenen Kreislauf betrieben werden. Bei bestimmten Mühlentypen (z. B. Wälzmühlen, bestimmten Feinprallmühlen) sind die Klassiereinrichtungen mit den Mahlwerkzeugen in einem gemeinsamen Gehäuse installiert, was zwar die Betriebsführung, nicht aber die Auslegung vereinfacht. Die Vielfalt der einsetzbaren Mühlen und ihre diversen Einstellmöglichkeiten, die Kreislaufschaltung mit Klassiereinrichtungen sowie das im Fein- und Feinstkornbereich häufig problematische Stoffverhalten sind Argumente – zumindest bei der Lösung

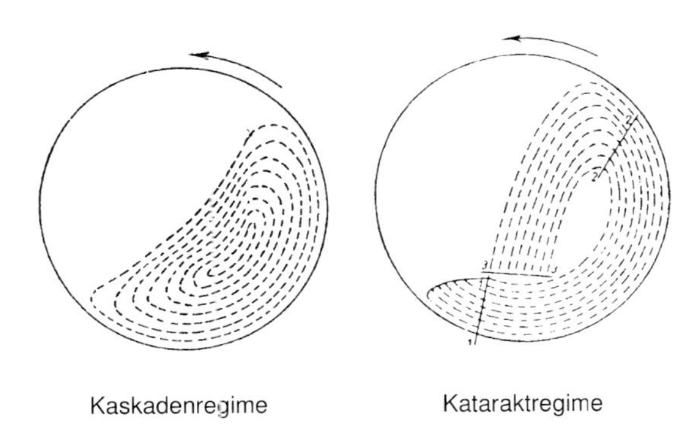

Abb. 5.112 Mahlkörperbewegung in Trommelmühlen bei unterschiedlicher relativer Drehzahl nach [1].

komplizierter Aufgabenstellungen – für den Einsatz der Miniplant-Technik. Obwohl im Gegensatz zur Grobzerkleinerung dies in bestimmten Fällen möglich wäre, sind Einsatzfälle von Zerkleinerungsmaschinen in Miniplants bisher nicht bekannt. Kleine Einzelmaschinen, die entsprechend geringe Durchsätze ermöglichen, stehen von bestimmten Maschinentypen zur Verfügung und werden als *Einzel*maschinen im Pilotmaßstab auch getestet.

5.3.5.3.2 **Maschinenauswahl und -auslegung**

Sowohl bei den Herstellern als auch bei den Betreibern von Anlagen zur Fein- und Feinstzerkleinerung besteht Einigkeit darüber, dass die richtige Auswahl, Auslegung und Einstellung der einschlägigen Ausrüstungen nur auf der Basis von vorhergehenden Untersuchungen möglich sind. Vorhandene Erfahrungen sind i. d. R. allein nicht ausreichend, das Zerkleinerungsverhalten eines Materials bei Verarbeitung in einem bestimmten Maschinentyp im notwendigen Umfang einzuschätzen. Vor allem bei der Verarbeitung natürlicher Rohstoffe können an sich geringe Unterschiede im Zerkleinerungsverhalten bereits erhebliche Auswirkungen auf das Ergebnis der technischen Zerkleinerung haben, sodass als Grundlage für eine Maschinenauslegung auf vorangegangene Untersuchungen nicht verzichtet werden sollte. Dabei sind zwei Problemkreise zu unterscheiden:

1. Kennzeichnung des zerkleinerungstechnischen Stoffverhaltens,
2. Beurteilung des Zerkleinerungsergebnisses in einem bestimmten Mühlentyp; optimale Auslegung dieser Maschine.

Für die Kennzeichnung des zerkleinerungstechnischen Stoffverhaltens sind diverse Mahlbarkeitsprüfverfahren üblich, in deren Ergebnis eine erste Auslegung einer Mühle möglich ist [3]. Die einzelnen Prüfverfahren sind dabei schwerpunktmäßig auf die Auslegung eines bestimmten Maschinentyps ausgerichtet, wobei mit gebotener Vorsicht die Kennwerte durchaus als materialspezifische Größen betrachtet werden können. Das gilt vor allem für den Arbeitsindex A_i nach Bond, der für die unterschiedlichen Rohstoffe schon früher in Tabellenform veröffentlicht worden ist [4]. A_i ist der gesamte Arbeitsbedarf in kWh/sh.t, der für die Zerkleinerung eines Materials mit unendlicher Ausgangsgröße auf eine Fertiggutgröße x_{P80} von 100 μm aufgewendet werden muss, wobei sich der Wert exakt nur auf die Mahlung in einer Nasstrommelmühle bestimmter Größe bezieht. Hiervon abweichende Bedingungen können über empirische Korrekturfaktoren berücksichtigt werden. Die Ermittlung von A_i im Labor erfolgt unter genau definierten Bedingungen in einer satzweise arbeitenden Trommelmühle mit lichten Abmessungen von 305×305 mm, wobei innerhalb bestimmter Zyklen ein Mahlkreislauf simuliert wird [5]. Die Berechnung von A_i erfolgt dann nach folgender Beziehung:

$$A_i = \frac{44{,}5}{x_{P1}^{0.23} \cdot G_1^{0.82} \left(\frac{10}{\sqrt{x_{P80}}} - \frac{10}{\sqrt{x_{F80}}} \right)} \text{kWh/sh} \cdot \text{t}$$

Darin bedeuten:

x_{P1} geforderte obere Korngröße des Fertiggutes in µm

G_1 erzeugte Fertiggutmenge je Mühlenumdrehung in g/Umdrehung

x_{P80}/x_{F80} Korngröße im Aufgabegut bzw. Fertiggut, bei welcher der Siebdurchgang 80% beträgt in µm.

Unter Berücksichtigung der Korngrößenverteilung von Aufgabe- und Fertiggut, dem gewünschten Mühlendurchsatz sowie der bereits erwähnten Korrekturfaktoren lässt sich auf der Basis von A_i dann die erforderliche Antriebsleistung einer großtechnischen Trommelmühle berechnen. Auch die Bestimmung der erforderlichen Kugelgattierung (Größtkugel) kann auf dieser Basis erfolgen. Außerdem besteht die Möglichkeit, unter Verwendung von A_i Simulationsrechnungen für Mahlkreisläufe mit Kugelmühle als Grundlage für ihre Optimierung mit entsprechenden Rechenprogrammen durchzuführen [6, 7], was nach vorliegenden Erfahrungen zu technisch relevanten Ergebnissen führt.

Speziell für die Mahlbarkeitsprüfung von Zementklinker hat eine von Zeisel [3] entwickelte Apparatur weite Verbreitung gefunden. Als Zerkleinerungsgerät wird hier eine unter Auflast betriebene Ringkugelmühle verwendet, deren Energieaufnahme für eine bestimmte Vergrößerung der spezifischen Oberfläche recht genau gemessen werden kann (Abb. 5.113). Obwohl das Mahlprinzip etwa demjenigen einer Wälzmühle entspricht, sind die erhaltenen Ergebnisse für die Auslegung von Trommelmühlen recht gut einsetzbar.

Nach einem ähnlichen Prinzip arbeitet das Verfahren nach Hardgrove, das speziell für die Bestimmung der Mahlbarkeit von Kohle entwickelt wurde. Da für die Kohlemahlung, vor allem in den USA, vielfach Ring- oder Wälzmühlen eingesetzt werden, besteht hier weitgehende Übereinstimmung zwischen Prüf-

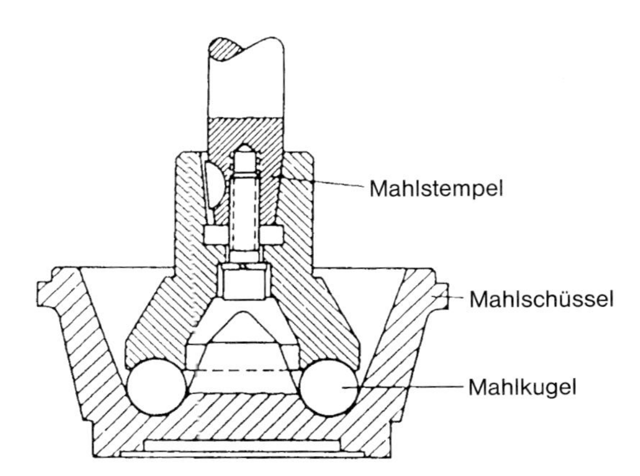

Abb. 5.113 Mahlwerkzeug des Mahlbarkeitsprüfers nach Zeisel.

verfahren und Beanspruchung in einer entsprechenden technischen Mahlanlage. Zwischen Hardgrove-Index G_H und Bond'schem Arbeitsindex A_i besteht nachfolgender empirischer Zusammenhang, sodass auf Basis des Hardgrove-Tests auch die Auslegung von Trommelmühlen möglich sein soll:

$$A_i = \frac{435}{G^{0.91}} \text{ in kWh/sh} \cdot \text{t}$$

Werden umfassendere Angaben bezüglich Auslegung und vor allem Optimierung einer Mahlanlage benötigt, als sie auf der Basis von Mahlbarkeitstests und ggf. anschließenden Modellrechnungen erhalten werden können, dann ist die Durchführung halbtechnischer Versuche unter praxisnahen Bedingungen unerlässlich. Sowohl die einschlägigen Anlagenbauer als auch unabhängige Ingenieurfirmen, die Technologieentwicklung betreiben, besitzen hierfür gut ausgebaute Technika, in denen die verschiedenen Mühlentypen als separate Versuchsstände zur Verfügung stehen. Mit ihnen lassen sich alle notwendigen Kennziffern für die spätere Errichtung einer neuen oder die Optimierung einer bereits bestehenden Großanlage für ein konkretes Mahlgut ermitteln. Der hierfür erforderliche Aufwand ist allerdings nicht zu unterschätzen, da in Abhängigkeit von der Materialverweilzeit in einer Mühle die erforderliche Versuchsdauer (und damit auch der Materialbedarf!) erheblich werden kann. Während mit Prall- oder Hammermühlen (Materialverweilzeit in der Mühle im Sekundenbereich!) meist Kurzzeitversuche möglich sind, müssen Kugel-, Schwing- oder Wälzmühlen (Materialverweilzeit in den Mühlen mehrere Minuten bis mehrere Stunden!) bis zum Erreichen eines stabilen Betriebszustands i. d. R. mehrere Stunden betrieben werden. Dabei ist es notwendig, die geometrischen Abmessungen der Versuchsmaschinen nicht zu klein zu wählen, um die direkte Übertragung der erhaltenen Ergebnisse auf Großanlagen zu ermöglichen. So hat es sich z. B. bewährt, den Durchmesser von Versuchstrommelmühlen bei Einhaltung eines praxisüblichen Länge-Durchmesser-Verhältnisses des Mühlenzylinders etwa >750 mm zu wählen. Der Tellerdurchmesser einer Versuchswälzmühle sollte unter dem gleichen Gesichtspunkt mindestens 400 mm betragen.

Derartige Mühlen erreichen Durchsätze im Bereich von mehreren 100 kg/h. Sie ermöglichen dann aber z. B. bei Trommelmühlen auch direkte Aussagen zur zweckmäßigsten Panzerungsgestaltung, zum effektivsten Kugelfüllungsgrad und zur günstigsten Mahlkörperzusammensetzung, zur richtigen Gestaltung der Austragswand, zur Notwendigkeit des Einsatzes von Mahlhilfsmitteln u. Ä. Der ermittelte spezifische Energiebedarf ist bei richtiger Betriebsweise der Versuchsmühle unmittelbar auf großtechnische Mahlanlagen übertragbar. Daneben können für den Betrieb einer Großanlage wichtige Erkenntnisse zum Verhalten des Mahlgutes in der Mühle (z. B. Neigung zur Bildung von Anbackungen an der Mühlenwandung oder von Agglomeraten im Mahlgut) oder zum dynamischen Anlagenverhalten (vor allem bei Kreislaufbetrieb Mühle–Klassierer) mit einer entsprechenden Versuchsanlage gesammelt werden. Dagegen ist es schwierig, Langzeiteffekte (z. B. Zusetzen von Austragssystemen, Ermittlung von Verschleißdaten) mit diesen zu ermitteln. Insbesondere hier könnte die Nutzung der Miniplant-Technik zusätzliche Erkenntnisse ermöglichen.

5.3.5.3.3 Möglichkeiten des Einsatzes der Miniplant-Technik

Wie bereits dargestellt, hat die Miniplant-Technik für die Untersuchung von Zerkleinerungsprozessen bisher keine Bedeutung erlangt. Obwohl vielfach grundsätzliche Schwierigkeiten bestehen, bestimmte Typen von Zerkleinerungsmaschinen im notwendigen Umfang zu verkleinern, ohne dass dabei wesentliche Abstriche bezüglich der erreichbaren Zerkleinerungsergebnisse gemacht werden müssen, ist in anderen Fällen der Übergang zur Miniplant-Technik durchaus möglich. Ihre spezifischen Vorteile gegenüber bisherigen Versuchstechniken könnten dort voll wirksam werden. Dabei wird die Miniplant-Technik auf dem Gebiet der Zerkleinerung Pilotanlagen nicht überflüssig machen, da sich beide Einsatzgebiete sinnvoll ergänzen. Ist die Miniaturisierung einer bestimmten Zerkleinerungsmaschine überhaupt möglich, was vorwiegend für Ausrüstungen zur Herstellung feinster Körnungen der Fall sein dürfte, dann ist ihr Einsatz in einer Miniplant vor allem dann sinnvoll, wenn ihr Zusammenwirken mit anderen Ausrüstungen, z. B. zur Trocknung, zum Mischen, und zur Filtration, getestet werden soll. Andererseits sind Aufgaben denkbar, bei denen die Zerkleinerung (ggf. zusammen mit der Klassierung) die Hauptstufe eines Prozesses darstellt, der über längere Zeit getestet werden muss, die Errichtung und der Betrieb einer üblichen Pilotanlage aber zu aufwendig ist. Das kann vor allem dann von Interesse sein, wenn entsprechende Versuche über längere Zeit laufen müssen, da bestimmte Materialveränderungen bei der Zerkleinerung erst nach längerer Zeit stabil auftreten oder z. B. das Verschleißverhalten bestimmter Maschinenteile oder Werkstoffe getestet werden soll.

Auch wenn der Aufwand zur Errichtung einer Miniplant ebenfalls nicht unterschätzt werden sollte, sind bei Nutzung vorhandener Systembauteile für die Materialdosierung, die Mess- und Steuerungstechnik, Sicherheitseinrichtungen u. Ä. deutliche Einsparungen möglich. Außerdem sind, schon wegen des geringeren Materialbedarfs, die Betriebskosten einer Miniplant deutlich geringer als diejenigen einer herkömmlichen Pilotanlage für die Zerkleinerung. Nachfolgend soll die grundsätzliche Möglichkeit des Einsatzes der wichtigsten Maschinen der Fein- und Feinstzerkleinerung in einer Miniplant diskutiert werden. Tab. 5.13 gibt hierzu eine Übersicht.

Die Tabelle zeigt, dass kaum eine der aufgeführten Maschinen ohne Einschränkungen für den Einsatz in einer Miniplant geeignet ist. In den meisten Fällen hängt die Einsatzmöglichkeit von den konkreten Anforderungen ab, wobei mit zunehmender Feinheit des Mahlgutes die Einsatzchancen wegen des dann geringeren Maschinendurchsatzes steigen.

Ein typisches Beispiel hierfür ist die *Trommelmühle*: Im üblichen Einsatzbereich, d. h. Erzeugung von Mahlprodukten etwa <100 µm, ist sie wegen der dann notwendigen Mindestabmessungen der Mahltrommel für den Einsatz in

Tabelle 5.13 Eignung von Feinzerkleinerungsmaschinen für die Miniplant-Technik

Typ	für Miniplant-Technik			
	geeignet	**bedingt geeignet**	**in Spezialfällen geeignet**	**ungeeignet**
Trommelmühlen			×	
Walzenmühlen			×	
Wälzmühlen				×
Schwingmühlen			×	
Planetenmühlen				×
Schneidmühlen		×		
Rührwerkskugelmühlen	×			
Feinprallmühlen		×		
Hammermühlen		×		
Strahlmühlen	×			

einer Miniplant ungeeignet. Andererseits werden z. B. Pigmente in kontinuierlich arbeitenden Kugelmühlen auf Feinheiten etwa < 1 µm gemahlen. Das erfordert Materialverweilzeiten in der Mühle von mehreren Stunden und führt damit zu sehr niedrigen Durchsätzen. Derartige Mahlungen sind durchaus in Mühlen mit 300 mm (evtl. auch 200 mm) Durchmesser möglich, die dann in eine Miniplant integriert werden können. Ein entsprechender Einsatz kann z. B. für das Studium der Verweilzeitverteilung des Mahlgutes in der Mühle in Abhängigkeit von deren geometrischer Gestaltung (Kammereinteilung, Art der Panzerung, Art der Mahlkörper) im Rahmen einer Gesamtanlage von Interesse sein. Auch bei *Walzenmühlen* dürfte, wenn überhaupt, eine Miniaturisierung nur für spezielle Feinstmahlprobleme infrage kommen. Im Angebot sind geeignete Mühlen bisher nicht.

Wälzmühlen sind für den Einsatz in einer Miniplant nicht geeignet. Nach vorliegenden Erfahrungen mit früher gebauten kleinen Labormühlen sind diese einerseits nicht stabil zu betreiben, und andererseits sind erhaltene Ergebnisse nicht auf technische Mahlanlagen übertragbar.

Kontinuierlich arbeitende *Schwingmühlen* werden bisher nur in Größen gefertigt, die für die Miniplant-Technik ungeeignet sind. Für Mahlversuche im Labor werden gegenwärtig i. d. R. Batch-Tests durchgeführt. Bei Bedarf müsste der Bau kleinerer kontinuierlich arbeitender Schwingmühlen möglich sein, die bei der Feinstmahlung im Durchsatzbereich einer Miniplant liegen können.

Kontinuierlich arbeitende *Planetenmühlen* sind wegen ihres komplizierten Aufbaus für die Miniplant-Technik nicht geeignet. Da ihr Einsatz in der betrieblichen Praxis sehr selten ist, lohnt es sich gegenwärtig nicht, Betrachtungen zu entsprechenden Umbaumöglichkeiten anzustellen.

Kleine *Schneidmühlen*, die für den Einsatz in der Miniplant-Technik geeignet sein müssten, werden von verschiedenen Herstellern angeboten. Ein sinnvoller

Einsatz ist auch hier allerdings nur bei entsprechend feiner Zerkleinerung des Produkts möglich.

Rührwerkskugelmühlen in geeigneter Größe müssten sich gut in eine Miniplant einordnen lassen. Eine speziell für diesen Zweck ausgelegte Miniplant-Technik-Rührwerkskugelmühle für Nasszerkleinerung und Dispergierung wird unter der Bezeichnung „Rheo Mill 10“ von der Firma Kwade Verfahrens- und Messtechnik, Vechelde, angeboten (Abb. 5.114).

Es ist eine Ringspaltmühle mit einem Mahlraumvolumen von 7 bzw. 14 ml, mit der Durchsätze von 0,1–4,0 l/h gefahren werden können. In der Mühle herrschen etwa gleiche Beanspruchungsbedingungen wie in großtechnischen Maschinen, sodass ein gutes Scale-up möglich ist [8]. Die Mühle besitzt eine speicherprogrammierbare Steuerung, die eine Einbindung in die Gesamtsteuerung einer Anlage ermöglicht.

Feinprallmühlen mit rotierenden Mahlelementen werden als Stiftmühlen, Schlagnasenmühlen, Schlagkreuzmühlen u. Ä. in sehr kleinen Baugrößen (z. B. Mahlraumdurchmesser 100 mm), die durchaus für einen Einsatz in der Miniplant-Technik geeignet sein können, von verschiedenen Firmen (z. B. Hosokawa Alpine AG Augsburg) gefertigt (Abb. 5.115). Dabei sind entsprechend kleine Mühlen wiederum nur für die Verarbeitung entsprechend feiner Körnungen und Materialien geringer Härte geeignet (Mohs-Härte maximal 3).

Zu berücksichtigen ist, dass diese Mühlen für den Laboreinsatz, nicht aber für den Dauerbetrieb in einer Miniplant entwickelt wurden. Damit kann u. U. der Verschleiß der Mahlwerkzeuge die Einsatzzeit deutlich beschränken.

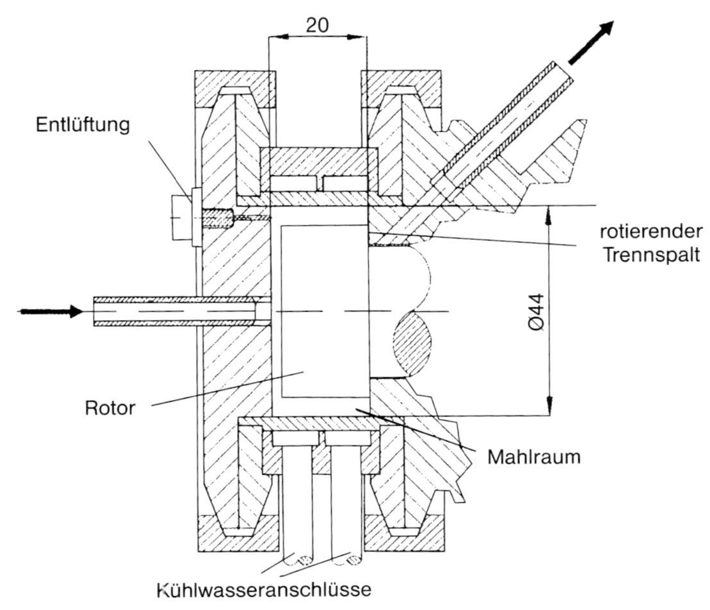

Abb. 5.114 Mahlraum der „Rheo Mill 10“.

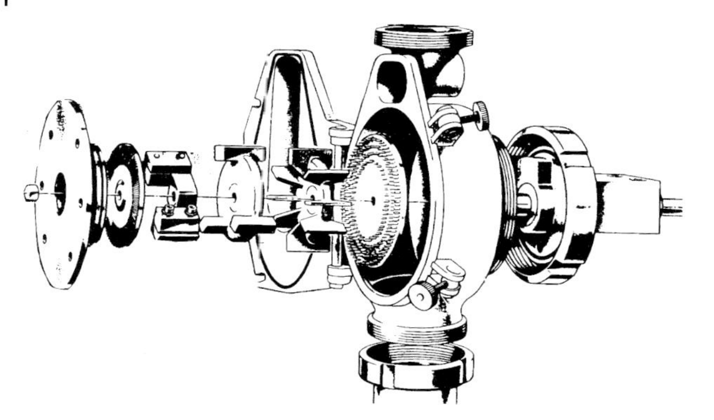

Abb. 5.115 Feinprallmühle 100 UPZ (Hosokawa Alpine AG Augsburg).

Laborhammermühlen, die für den Einsatz in der Miniplant-Technik geeignet sein können, werden ebenfalls von verschiedenen Herstellern angeboten. Sie sind meist etwas robuster gebaut als die o. g. Feinprallmühlen, sodass ein Dauerbetrieb keine grundsätzlichen Probleme mit sich bringen dürfte. Da die Fertigproduktkorngröße bei Hammermühlen vorrangig durch die Öffnungsweise des Austragssiebes und weniger durch den Mühlendurchsatz bestimmt wird, führt auch ein verringerter Durchsatz zu repräsentativen Ergebnissen. Das ermöglicht ggf. den Einsatz etwas größerer Mühlen und damit auch die Verarbeitung von etwas gröberem Aufgabematerial.

Für die Feinstmahlung auch härterer Materialien werden *Strahlmühlen* in verschiedenen Bauformen (z. B. Micronizer, Jet-O-Mizer, Gegenstrahlmühlen) angeboten. Die jeweils kleinsten Baugrößen sind für den Laborbetrieb gedacht und grundsätzlich auch in der Miniplant-Technik einsetzbar. Strahlmühlen werden auch beim Betriebseinsatz mit relativ feinem Aufgabegut beschickt. Insofern sind in einer Miniplant keine besonderen Einsatzbedingungen zu berücksichtigen.

5.3.5.4 Schlussfolgerungen

Auch wenn bisher der Einsatz von Zerkleinerungsausrüstungen in der Miniplant-Technik nicht üblich ist, ist zu erwarten, dass in naher Zukunft zumindest bei Verfahrensentwicklungen zur Feinstzerkleinerung nicht zu harter Materialien ihre Vorteile genutzt werden. Basisausrüstungen, die entsprechend angepasst werden können, sind dafür vorhanden. Geht man davon aus, dass mit der Miniplant-Technik üblicherweise nicht nur eine einzelne Verfahrensstufe, sondern ein Gesamtverfahren untersucht werden soll, dann sind neben der eigentlichen Zerkleinerungsausrüstung Einrichtungen zur Bunkerung von Aufgabe- und Fertiggut, geeignete Dosiereinrichtungen, Entstaubungsanlagen bzw. Anlagen zur Entwässerung der Mahlprodukte u. a. erforderlich. Außerdem werden viele Mühlen grundsätzlich im geschlossenen Kreislauf mit Klassiereinrichtungen betrieben, was weitere geeignete Ausrüstungen erfordert. Noch stärker als bei der Gestaltung von Großanlagen ist bei den niedrigen Durchsätzen und damit verbunden häufig geringen Leitungsquerschnitten, kleinen Bunkern u. Ä. einer Miniplant zu berücksichtigen, dass vor allem fein- und feinstkörnige Schüttgüter stark kohäsiv sein können und damit zur Bildung von Brücken oder Verstopfungen neigen. Hier ist ggf. durch besondere Vorkehrungen wie z. B. den Einsatz mechanischer oder pneumatischer Auflockerungsvorrichtungen ein sicherer Anlagenbetrieb zu gewährleisten. Damit dürfte, zumindest in der Anfangsphase, der Aufbau einer Miniplant, in der die Zerkleinerung eines Feststoffes eine zentrale Bedeutung besitzt, umfangreiche Vorbereitungsarbeiten erfordern. Erst beim Aufbau weiterer Anlagen wird sich dieser Aufwand so weit verringern, dass die unzweifelhaften Vorteile der Miniplant-Technik auch auf dem betrachteten Gebiet wirksam werden.

Literatur zu Abschnitt 5.3.5

1 H. Schubert, *Aufbereitung fester mineralischer Rohstoffe*, Band 1, Deutscher Verlag für Grundstoffindustrie, Leipzig **1975**.

2 K. Höffl *Zerkleinerungs- und Klassiermaschinenen*, Deutscher Verlag für Grundstoffindustrie, Leipzig **1985**.

3 W. Scheibe, C. Bernhardt, E. Winkler, *Untersuchungen zur Bestimmung der Mahlbarkeit und der Größe von Rohrmühlen*, Aufbereitungs-Technik **1968**, 11, 574–582.

4 F.C. Bond, *Work Index Tabulated*, Mining Engng. **1953**, 315–316.

5 F.C. Bond, *Berechnungsmethode zur Feinzerkleinerung*, Aufbereitungs-Technik **1964**/5, 211–218.

6 D. Espig, V. Reinsch, *Computer Aided Grinding Circuit Optimisation Utilising a New Mill Efficiency Curve*, Int. Journ. Miner. Process **1996**, 44/45, 249–259.

7 D. Espig, V. Reinsch, *Benefits from a New Energy Efficiency Curve to the Tumbling Mill Practice, 10th European Symposium on Comminution*, Heidelberg 2.–5. Sept. **2002**, Sammelband.

8 A. Kwade, *Wet Comminution in Stirred Media Mills – Rsearch and Its Practical Application*, Powder Technology **1999**, 14–20.

6
Betrieb von Miniplant-Anlagen

Je stärker sich Miniplant-Apparaturen und technische Großanlagen in Bezug auf Aufbau und Funktionsweise ähneln, umso mehr gleicht sich ihr Betriebsverhalten, was auch für das An- und Abfahren gilt. Deshalb können Miniplant-Anlagen auch zur Schulung des Betriebspersonals der späteren technischen Anlage verwendet werden. Ein wichtiger Unterschied liegt jedoch im Verhältnis von Betriebsinhalt zur Durchsatzmenge, das in Miniplant-Anlagen meist sehr viel größer als in technischen Anlagen ist. Das führt beispielsweise dazu, dass die Totzeiten in der Miniplant-Anlage größer sind und damit im Labor ermittelte Beziehungen zwischen Regel- und Stellgrößen nicht auf die Technik übertragen werden können.

In den folgenden beiden Abschnitten wird das An- und Abfahren von Miniplant-Anlagen beschrieben und die erforderliche Versuchsdauer diskutiert.

6.1
An- und Abfahren

Zur Erreichung des stationären Betriebszustands einer Miniplant-Anlage betrachtet man die Inbetriebnahme eines Einzelapparats und der Gesamtanlage am sinnvollsten getrennt.

6.1.1
An- und Abfahren von Einzelapparaten

Die Anfahrstrategie jedes Einzelapparats wird durch die Funktionsweise der ihm zugrunde liegenden Grundoperation bestimmt. Beispielhaft wird hier das Anfahren der Laborrektifikationskolonne (Abb. 5.38) ausführlich beschrieben. Dieser Vorgang erfolgt wie bei der technischen Anlage grundsätzlich per Hand, also ohne Regelung. Zunächst werden beide Kondensatoren mit Kühlwasser beschickt und in die Kühlfallen Trockeneis vorgelegt. Der Verdampfer wird so weit mit Produkt gefüllt, dass der Heizstab von Flüssigkeit bedeckt ist. Zur Beschleunigung des Anfahrvorgangs sollte dieses Sumpfprodukt möglichst hochkonzentriert sein, jedoch mindestens die Menge an Leichtsiedern enthalten, die

Miniplant-Technik. Ludwig Deibele und Ralf Dohrn (Hrsg.)

ISBN: 3-527-30739-7

dem Betriebsinhalt der Kolonne entspricht. Dann wird die Apparatur bis zu dem vorgeschriebenen Druck evakuiert und der Verdampfer in Betrieb genommen. Sein Inhalt erwärmt sich bis zu seinem dem Druck entsprechenden Siedepunkt, erst dann beginnt die Verdampfung. Der Verdampfer erreicht den gewünschten Betriebszustand, wenn die Flüssigkeit um den Heizstab rotiert und sich auf der Flüssigkeitsoberfläche eine dünne Blasenschicht ausgebildet hat. Die Dämpfe steigen aufwärts in die Kolonne, kondensieren zunächst an der kalten Packung und erwärmen diese dabei allmählich. Die Kolonnenhöhe, die die Dämpfe auf ihrem Weg zum Kolonnenkopf bereits erreicht haben, lässt sich leicht an den Thermometern ablesen. Bei Erreichen des Rücklaufkondensators werden sie vollständig kondensiert, evtl. vorhandene Bestandteile, deren Siedepunkt unter der Kühlwassereintrittstemperatur liegt, werden in der Kühlfalle aufgefangen und Inerte über die Vakuumpumpe abgezogen.

Der Weg zum Kondensator für das Destillat bleibt noch verschlossen. Alles Kondensat wird auf die Kolonne zurückgegeben, die Kolonne arbeitet damit bei vollständigem Rücklauf. Durch das Füllen der Kolonne mit Dampf und Flüssigkeit sinkt der Flüssigkeitsspiegel im Verdampfer. Diese Flüssigkeitsabnahme ist bei Packungskolonnen gering, bei Bodenkolonnen jedoch deutlich größer. Sie muss durch Zugabe von Flüssigkeit über den Zulauf so weit ergänzt werden, dass der Heizstab im Verdampfer immer von Flüssigkeit umspült wird. Durch den Stoffaustausch zwischen aufsteigendem Dampf und im Gegenstrom herabrieselnder Flüssigkeit bildet sich über der Kolonnenlänge ein stoffspezifisches Temperaturprofil aus. Dieser Vorgang kann je nach Betriebsinhalt, sprich Kolonnenlänge, mehrere Stunden dauern.

Ändert sich das Temperaturprofil nicht mehr, wird langsam Zulauf auf die Kolonne gegeben, Sumpfprodukt unter Beachtung des Sumpfstandes abgezogen, der Rücklaufteiler bei hohem Rücklaufverhältnis eingeschaltet und mit der Destillatabnahme begonnen. Danach senkt man das Rücklaufverhältnis schrittweise auf den zuvor berechneten Wert und stellt unter Beachtung des Druckverlusts den Zulauf auf die angestrebte Menge ein. Während dieser Anfahrperiode werden Kopf- und Sumpfproben gezogen und möglichst schnell analysiert; die Zulaufanalyse sollte bereits vorliegen. Mit den Analysewerten wird die Mengenbilanz kontrolliert. Bei falsch eingestellter Mengenbilanz kann die gewünschte Trennung nicht erreicht werden. Entnimmt man beispielsweise über längere Zeit mehr an Sumpfprodukt als Schwersieder mit dem Zulauf zugeführt werden, so müssen immer auch Leichtsieder im Sumpfprodukt enthalten sein, unabhängig von der Trennleistung der Kolonne. Diese triviale Aussage wird häufig von unerfahrenem Personal missachtet.

Nach Einstellung der Mengenbilanz und der gewünschten Kolonnenbelastung wird die Kolonne von Handbetrieb auf Regelung umgestellt. Werden die Forderungen an Destillat und Sumpfprodukt mit den vorausberechneten Betriebsdaten nicht erreicht, so muss das Rücklaufverhältnis erhöht werden, und falls das nicht hilft, muss die Kolonne umgebaut, also der Abtriebs- oder der Verstärkerteil verlängert werden.

Das Abfahren der Kolonne erfolgt in umgekehrter Reihenfolge wie das Anfahren. Zunächst wird der Zulauf abgeschaltet, danach Sumpf- und Destillatabnahme beendet und anschließend die Verdampferheizung langsam reduziert. Die Kolonne wird erst bei vollständig abgeschalteter Sumpfheizung belüftet. Zuletzt werden die Zuläufe des Kühlmediums zu den Kondensatoren gestoppt.

Das Anfahren gestaltet sich bei anderen Grundoperationen nicht so aufwendig wie bei der Destillation. Doch erfordert es immer von dem Bedienungspersonal erhöhte Aufmerksamkeit und hohen Einsatz. Als weiteres Beispiel sei auf das Anfahren einer Filternutsche hingewiesen, wie in Abschnitt 5.3.1.5 beschrieben. Hier muss, bevor ein stationärer Betrieb angestrebt wird, der Aufbau des Filterkuchens abgewartet werden.

6.1.2 An- und Abfahren von Miniplant-Anlagen

Beim Anfahren einer Miniplant-Anlage, die üblicherweise aus mehreren Stufen besteht, werden am einfachsten zunächst die Einzelapparate angefahren, und erst dann, wenn alle Stufen ihren stationären Betriebszustand erreicht haben, erfolgt die Zusammenschaltung zur Gesamtanlage. Vorrausetzung für diese Vorgehensweise ist jedoch, dass jede Stufe autark ist, also mit getrennten Zu- und Ablaufgefäßen ausgerüstet ist, und dass für jede Stufe eine genügende Menge an Zulaufgemisch für den gesamten Anfahrvorgang zur Verfügung steht. Die erste Vorrausetzung ist aufwendig, kann aber durch bauliche Maßnahmen problemlos erfüllt werden und sollte schon bei der Planung der Gesamtanlage berücksichtigt werden. Sie hilft auch bei Betriebsstörungen und erleichtert das Abfahren der Anlage. Die zweite Vorraussetzung ist oft schwieriger zu erfüllen, da ja häufig der Zulauf zu den einzelnen Stufen erst in der Miniplant-Anlage produziert werden muss. In diesem Fall werden die Stufen nacheinander angefahren. Dabei kann die nachfolgende Stufe erst in Betrieb genommen werden, wenn genügend Zulauf zumindest für den Anfahrvorgang vorhanden ist. Diese Anfahrstrategie ist unproblematisch, doch zeitaufwendig.

Eine weitere Schwierigkeit beim Anfahren von Miniplant-Anlagen tritt auf, wenn Ströme ganz oder teilweise zurückgeführt werden, da sich damit die Zuläufe der vorderen Stufen verändern. Diese Rückführungen sollten erst in Betrieb genommen werden, wenn die vorgeschalteten Apparate einen stationären Betriebspunkt erreicht haben und somit Störungen leichter ausgeregelt werden können.

All diese Gesichtspunkte zeigen, dass das Anfahren von Miniplant-Anlagen schwierig und zeitaufwendig werden kann und deshalb vorher gut durchgeplant werden sollte. Dabei kann man keine generelle Anfahrstrategie empfehlen, sie muss für jede Miniplant-Anlage erneut festgelegt werden.

Beim Abschalten einer Miniplant-Anlage werden zuerst alle Zuläufe gestoppt, danach erfolgt das Herunterfahren der Einzelapparate. Die dabei anfallenden Sumpfabläufe und Destillate werden getrennt aufgefangen, um somit ein erneutes Anfahren der Anlage zu erleichtern. Auch hierbei helfen die getrennten Ablaufgefäße für jeden Einzelapparat.

6.2
Versuchsablauf und -dauer

Vor Inbetriebnahme einer Miniplant-Anlage sollten eine vorläufige Mengenbilanz der Gesamtanlage und eine Simulation der Einzelapparate oder auch Apparategruppen (Abschnitt 4.2) anhand geschätzter Betriebsdaten vorliegen, die als Startwerte zum Anfahren der Anlage dienen. Bei Abweichungen zwischen experimentellen Daten und Schätzwerten müssen die Mengenbilanz und die Simulation den Messwerten angepasst werden. Erst dann können sie als Basis für ein erfolgreiches Scale-up auf die technische Anlage verwendet werden.

Als besonders problematisch erweisen sich Rückführungen und Kreisläufe. Hier können sich Konzentrationen einzelner Komponenten, die zunächst nur in kleinen Mengen vorliegen, über längere Zeiträume deutlich aufschaukeln. So erreicht beispielsweise eine Komponente, die im Hauptstrom nur in einer Konzentration von 10 ppm vorliegt, nach 1000 Kreisläufen 1% in der Rückführung, wenn sie nicht ausgeschleust wird (Abschnitt 5.1.1.1). Aber auch bei Abtrennung der Nebenkomponente steigt ihre Konzentration an und zwar bis zu dem Wert, bei dem es gelingt, die neu anfallende Menge komplett auszuschleusen. Diese Vorgänge lassen sich in Miniplant-Anlagen leicht verfolgen und sind häufig ein wichtiger Grund für Versuche in diesem Maßstab (Abschnitt 2.4). Dabei ist es jedoch erforderlich, dass die Zusammensetzung sämtlicher Ströme über den ganzen Versuchszeitraum analytisch beobachtet wird. Dadurch lässt sich der Weg der Nebenkomponenten durch die Anlage verfolgen und der Platz für ihre effektive Ausschleusung festlegen. Bei diesen Untersuchungen können auch unbekannte Verbindungen entdeckt werden, die entweder in zunächst vernachlässigbarer Konzentration im Zulauf enthalten sind oder sich in der Miniplant-Anlage erst bilden. Die Identifikation dieser Unbekannten erfordert neben dem Einsatz eines Massenspektrometers detektivisches Gespür.

Die Dauer bis zum Erreichen des stationären Zustands einer Miniplant-Anlage wird durch zwei Zeitinterwalle bestimmt [1]. Das erste Zeitintervall ist beendet, nachdem der Betriebsinhalt der Gesamtanlage zumindest einmal ausgetauscht worden ist. Diese Zeitspanne bezogen auf den Durchsatz ist bei Miniplant-Anlagen größer als bei technischen Anlagen, da ja bei dieser Anlagengröße ein in Bezug auf den Durchsatz größerer Betriebsinhalt vorliegt. Nach diesem mechanischen Produktaustausch wird beispielsweise die Dauer von Spülvorgängen oder die Zeit für eine Inertisierung mit Stickstoff bemessen. Bei Anlagen ohne Rückführungen sollte ein dreimaliger Produktaustausch ausreichen, um den stationären Betriebszustand zu erreichen. Bei Miniplant-Anlagen mit Rückführungen sind längere Zeiträume erforderlich. Hier kann nur die Analyse der Teilströme anzeigen, wann ein stationärer Betriebszustand erreicht ist. Nach einem Beispiel aus [1], einer Miniplant-Anlage mit einer Rückführung, wird der mechanische Produktaustausch nach 50 h erreicht, eine konstante Zusammensetzung der Teilströme jedoch erst nach 350 h.

Erst nach Abschluss des Anfahrvorgangs beginnt der eigentliche Versuch. Für die Versuchsdauer gilt die triviale Aussage, dass die Belastbarkeit der Versuchsergebnisse mit der Versuchsdauer zunimmt. So sollte man bei Miniplant-Anlagen einen Versuchszeitraum von mehreren hundert Stunden einkalkulieren und daraufhin die benötigte Menge an Einsatzprodukt bereithalten. Speziell bei Untersuchungen von Werkstoffen für die später zu erstellende technische Anlage sind längere Zeiträume erforderlich, da sonst Hochrechnungen auf einen mehrjährigen Einsatz zu spekulativ werden. Während des Versuchs sollte die Miniplant-Anlage nicht nur bei einem Betriebspunkt gefahren werden, sondern es sollte ihr Verhalten bei Änderungen der Mengenbilanz und anderer Betriebsparameter getestet werden. Hiermit werden erste Erfahrungen für den technischen Betrieb gesammelt.

Alle in diesem Kapitel aufgeführten Punkte zum Betrieb einer Miniplant-Anlage können nur Hinweise und Anregungen liefern. Jede Miniplant-Anlage benötigt eine spezielle Planung für ihre Anfahrphase und den Versuchsbetrieb.

Literatur zu Kapitel 6

1 S. Maier, G. Kaibel, Chem. Ing. Tech. **1990**, 3, 169–174.

7
Beispiele von Miniplant-Anlagen

7.1
Einleitung

Miniplant-Anlagen werden in der chemischen und artverwandten Industrie schon seit Jahrzehnten eingesetzt, auch wenn nicht in allen Unternehmen für derartige Anlagen die Bezeichnung „Miniplant“ benutzt wird. Die Einsatzmöglichkeiten solcher Anlagen sind sehr vielfältig.

Der vermutlich älteste und meist verbreitete Einsatzbereich für Miniplant-Anlagen ist die Verschaltung mehrerer Grundoperationen zu einer gesamten Verfahrensstufe inklusive aller Rückführungen. Bei kontinuierlicher Betriebsführung lassen sich damit Akkumulationseffekte und deren Einfluss auf den betrachteten Prozess untersuchen. Insgesamt lässt sich die Stabilität des Prozesses über eine lange Betriebsdauer beurteilen, und es können Maßnahmen zur Optimierung des Prozesses abgeleitet werden. Diese Vorgehensweise wird als *Prozess-Scale-up* bezeichnet. Die Dimensionierung und die apparatetechnische Gestaltung der verwendeten Einheiten spielen hinsichtlich der späteren Technifizierung keine sehr wesentliche Rolle. Die Auswahl der Anlagenkomponenten erfolgt hauptsächlich nach der Forderung, den gegebenen Prozessablauf möglichst genau abzubilden. Dazu muss die Massenbilanz der Verfahrensstufe in einem geeigneten Verhältnis heruntergerechnet werden (Down-Scaling). Im Allgemeinen werden dabei die Massenströme in Flussrichtung des Prozesses immer kleiner. Für eine vollkontinuierliche Prozessführung bedeutet dies, dass die kritischen Apparate häufig am Anfang und/oder am Ende der zu simulierenden Verfahrensstufe stehen. Im ersten Fall wird der erste Apparat „zu groß“, im zweiten Fall der letzte Apparat „zu klein“. Große Apparate bereiten im Miniplant Probleme wegen der Handhabung der benötigten Stoffe (z. B. Logistik, Ex-Schutz), während kleine Apparate wegen der sehr geringen Ströme zu Problemen beim eigentlichen Betrieb führen können (z. B. Dosierung, Probenahme).

In den letzten Jahren ist ein verstärkter Einsatz der Miniplant-Technik für den *Apparate-Scale-up* zu beobachten. Hier ist es nicht erforderlich, den gesamten Prozess abzubilden, sondern es werden besonders kritische Grundoperationen herausgegriffen, denen man verstärkte Aufmerksamkeit widmen muss. Da

Miniplant-Technik. Ludwig Deibele und Ralf Dohrn (Hrsg.)

ISBN: 3-527-30739-7

man hier freier in der Wahl des Massenstromes ist, kann man vielfach auf quasistandardisierte Dimensionen der Apparate zurückgreifen. Wichtig ist dabei der Maßstabsübertragungsfaktor, der derart gewählt werden sollte, dass ein zuverlässiges Scale-up in den technischen Maßstab gewährleistet ist. Obwohl in den vergangenen Jahren etliche Publikationen zu dieser Thematik erschienen sind, ist noch sehr viel Erfahrung notwendig, um ohne Umweg über den halbtechnischen Maßstab (wie Pilotplant bzw. Technikum) eine Grundoperation sicher auszulegen. Dabei spielt auch die Art der Grundoperation eine wesentliche Rolle. Während im Bereich der *Fluidtechnologie* das Know-how zum Teil sehr umfassend ist, sind wir im Bereich der *Feststofftechnologie* noch weit von der Möglichkeit entfernt, direkt aus dem Miniplant-Maßstab in den Betriebsmaßstab zu übertragen.

Aber auch bei den einzelnen Fluidoperationen sind Wissens- und Erfahrungsstand unterschiedlich. Die Destillationstechnik ist mit Abstand die am häufigsten eingesetzte Grundoperation, sodass auch hier das Wissen um das Scale-up am weitesten fortgeschritten ist. Für die Flüssig/Flüssig-Extraktion hingegen kann nicht auf einen vergleichbaren Wissensbestand zurückgegriffen werden. Dies hängt mit den komplexeren Wechselwirkungen zwischen der Hydrodynamik und dem Stoffaustausch zusammen und, im Gegensatz zur Destillation, auch mit den die Trennung stärker beeinflussenden Stoffgrößen Viskosität, Grenzflächenspannungen und Dichte. Diese können örtlich und zeitlich variieren („Alterung") und erschweren eine Übertragung der Ergebnisse auf den technischen Maßstab.

Ein weiteres Einsatzgebiet der Miniplant ist die Optimierung bzw. das Trouble-shooting von bereits realisierten Prozessen. Dazu wird gewissermaßen ein „Scale-down" der Betriebsanlage durchgeführt. Die dabei auftretenden Schwierigkeiten lassen sich durch folgende Frage am besten charakterisieren: Gelingt es uns, in der Miniplant-Anlage die in der Betriebsanlage auftretenden Probleme nachzuvollziehen? Hierbei geht es um typische, durch die Apparategröße bedingte Einflüsse, wie etwa Verweilzeitverteilung, Wärmezu- und -abfuhr, volumenbezogene Katalysatoroberflächen usw. Diese können dazu führen, dass sich beispielsweise im kleinen Maßstab die im Betriebsmaßstab beobachteten Zersetzungsprodukte nicht nachweisen lassen. Auch hier ist das Know-how der Spezialisten gefragt, um eine zur Klärung des Problems geeignete Versuchsanordnung zu entwerfen. An dieser Stelle wird auch deutlich, dass zum erfolgreichen Einsatz der Miniplant-Technik fundiertes Wissen aus mehreren Disziplinen und entsprechende Erfahrungen über das Zusammenwirken der einzelnen Bestandteile benötigt werden.

Allen Einsatzbereichen gemeinsam ist das Ziel, schnell und kostengünstig die so behandelten Verfahren in möglichst optimaler Weise in den technischen Maßstab zu überführen. Die Vorgehensweise soll an einigen Beispielen demonstriert werden.

7.2
Aufarbeitung einer Kristallisationsmutterlauge

In der nachfolgend vorgestellten Anlage wurde die Umsetzung eines neuen Verfahrens zur Herstellung eines Zwischenprodukts für die Feinchemie untersucht. Es werden mehrere für diese Stufe neue Lösungsmittel eingesetzt, die zwar zu einer etwas niedrigeren Kristallisationsausbeute führen, bei denen der Feststoff jedoch in höherer Reinheit gewonnen wird. Im Gegensatz zu den bisher eingesetzten Lösungsmitteln sind die neuen Lösungsmittel günstiger, da allgemein verfügbar und weniger toxisch. Diese Lösungsmittel sollen aber so weit wie möglich in den Prozess zurückgeführt werden. Zu klärende Punkte waren, ob die Qualität der zurückgeführten Lösungsmittel den Fällungsprozess auf Dauer beeinträchtigt und wie groß der notwendigerweise auszuschleusende Mengenstrom (purge) sein soll. Da die eigentliche Fällungskristallisation batchweise durchgeführt wurde und das Handling der Suspension im Miniplant nicht durchführbar war, wurde die Pilotierung aufgeteilt. Die Feststoffoperationen (Fällung, Filtrierung, Waschen) wurden im Technikum durchgeführt, die anfallenden Mutterlaugen wurden kontinuierlich in der Miniplant aufgearbeitet und die Lösungsmittel nach einem definierten Chargenplan für die weiteren Fällungen zurückgeführt. Die Mutterlauge besteht aus einem Gemisch aus Methanol (MeOH), Isopropanol (IPA) und Wasser. Zusätzlich befinden sich in der Mutterlauge verschiedene anorganische Salze sowie ein organisches Salz in gelöster Form. Das organische Salz stellt eine Wertkomponente dar, die regeneriert werden soll. Hierfür muss diese in hoher Reinheit aus der Mutterlauge isoliert werden. Ebenfalls sind Methanol und Isopropanol in hoher Reinheit zurückzugewinnen. Die Zielsetzung ergibt sich demnach wie folgt:

1. Entfernung der alkoholischen Lösungsmittel aus der Mutterlauge. Der Wassergehalt sollte so hoch sein, dass ein Ausfallen der anorganischen Salze verhindert wird.
   – Restgehalt: (Methanol + i-Propanol) <2 ma-%
2. Rückführung des Methanols in den Prozess. Die Anwesenheit von Wasser hat dort einen negativen Einfluss, daher muss dieses entfernt werden.
   – Restgehalt: Wasser $<0{,}05$ ma-%
   i-Propanol $<2{,}00$ ma-%
3. Rückführung des Isopropanols in den Prozess. Auch hier hat die Anwesenheit von Wasser einen negativen Einfluss und muss vorher entfernt werden. Methanol darf ebenfalls einen Grenzwert nicht überschreiten (Nebenreaktion!).
   – Restgehalt: Wasser $<0{,}05$ ma-%
   i-Propanol $<0{,}10$ ma-%

Die Miniplant-Aufarbeitungsanlage besteht aus einer zweistufigen Eindampfung und vier Rektifikationskolonnen (Abb. 7.1). Zur Abtrennung der alkoholischen Lösungsmittel nach Punkt 1 der o.g. Zielsetzung sind ein Fallfilmverdampfer und ein Dünnschichtverdampfer, beide aus Borosilicatglas, zu einer Verdamp-

Mutterlaugenaufarbeitung
Fließbild der Miniplant-Anlage, Teil 1

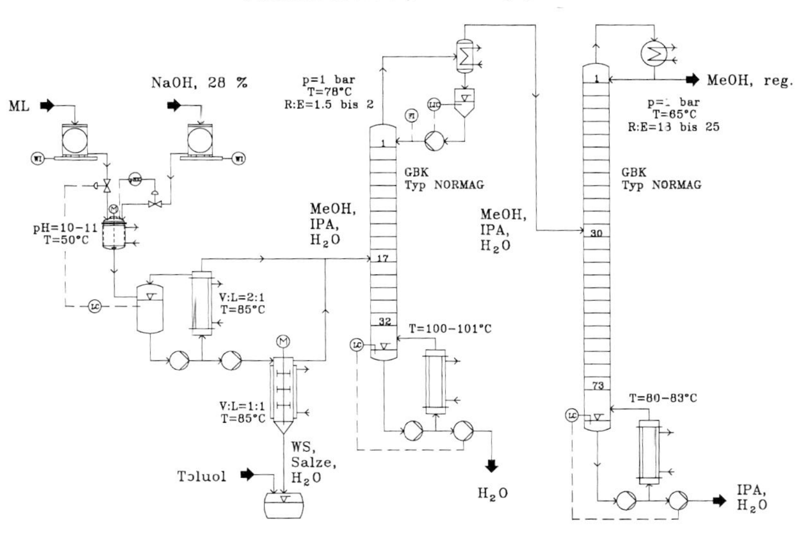

Mutterlaugenaufarbeitung
Fließbild der Miniplant-Anlage, Teil 2

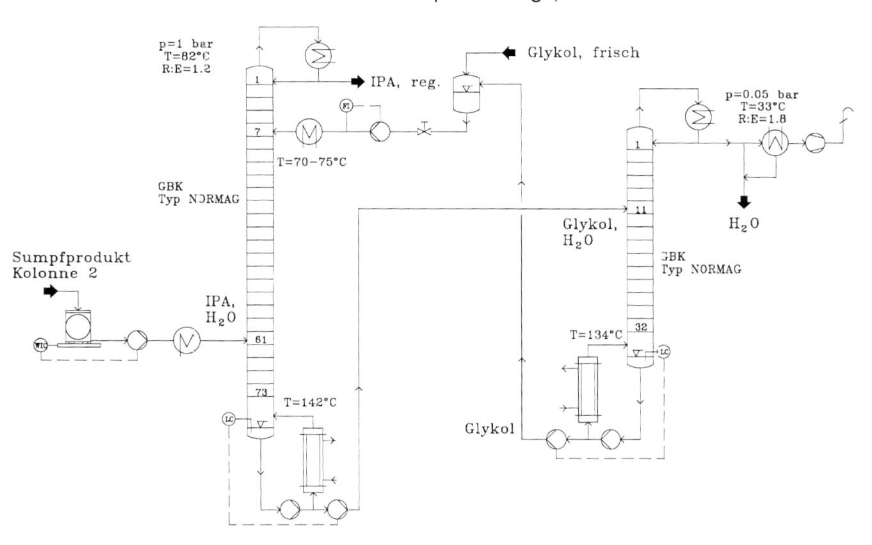

Abb. 7.1 Miniplant-Anlage zur Aufarbeitung einer Kristallisationsmutterlauge.

ferkette verschaltet. Der Feed, dessen Durchfluss mittels einer auf einer Waage aufgestellten Vorlage kontrolliert wird, muss vor der Eindampfung auf einem bestimmten pH-Wert eingestellt werden. Die erste Kolonne wird mit den Brüden der Verdampfer gespeist (d.h. Feed ist gesättigter Dampf!). Als Sumpfprodukt erhält man weitgehend reines Wasser, während am Kopf ein Gemisch aus Methanol, Isopropanol und Wasser gewonnen wird. Dieses Kopfprodukt wird, ebenfalls dampfförmig, in die zweite Kolonne eingespeist, in der Methanol quantitativ als Destillat abgetrennt wird; restliches Wasser und Isopropanol werden im Sumpf entnommen. Da dieses Wasser aus dem Isopropanol ebenfalls quantitativ entfernt werden muss und Isopropanol und Wasser ein homogenes Azeotrop bilden, wird in der dritten Kolonne eine Extraktivrektifikation mit Ethylenglykol als Entrainer durchgeführt. Das Sumpfprodukt, bestehend aus Wasser/Ethylenglykol, wird in der Regenerierkolonne in Wasser als Destillat und Ethylenglykol als Sumpfprodukt aufgetrennt. Der Entrainer wird über einen Pufferbehälter wieder der Extraktivrektifikation zugeführt. Die wichtigsten Betriebsparameter der Anlage können der Abb. 7.1 entnommen werden.

7.3
Katalysatorrückführung mittels Reaktivrektifikation

Bei dem hier vorgestellten Verfahren handelt es sich um eine neue Synthese zur Methylierung von Tocopherol mit Trimethylborat als Katalysator [1]. In Abb. 7.2 ist das Blockdiagramm dieser Verschaltung wiedergegeben. Ein Teil der Untersuchungen während der Prozessentwicklung diente dazu, die Möglichkeit einer vollständigen Rückführung aller Stoffströme in die Reaktionsstufe zu überprüfen. Dadurch sollten einerseits der Katalysatorverbrauch, andererseits aber auch die Abfallströme minimiert werden. Gleichzeitig sollte das anfänglich vorgesehene Feststoffhandling der Borsäure vermieden werden. Zu diesem Zweck wird die reversible Reaktion der Borsäure zu Trimethylborat ausgenutzt, um in einer aus drei Kolonnen bestehenden Verschaltung den Katalysator zurückzugewinnen. Das Reaktionsgleichgewicht liegt fast vollständig auf der Seite der Borsäure, sodass man typischerweise das entstehende Wasser kontinuierlich entfernen müsste. In diesem Fall aber bildet Trimethylborat ein tief siedendes Azeotrop mit Methanol. Daher muss hier das entstehende Trimethylborat aus der Reaktion entfernt werden, und Methanol muss in der Flüssigkeit als Reaktand überall zur Verfügung stehen, d.h., es muss im Überschuss eingesetzt werden. Durch die grau hinterlegten Blöcke in Abb. 7.2 ist die zu diesem Zweck vorgeschlagene Reaktivrektifikation und Azeotroprektifikation mit den Rückführungen hervorgehoben.

Die Pilotierung der Synthese wurde im Technikumsmaßstab durchgeführt, während die Aufarbeitung des Katalysators in einer Miniplant untersucht wurde. In Abb. 7.3 sind die erreichten Konzentrationen (in ma-%) der Eintritts- und Austrittsströme der pilotierten Kolonnen wiedergegeben. In der Kolonne C-2 wird als Destillat ein azeotropnahes Gemisch gewonnen.

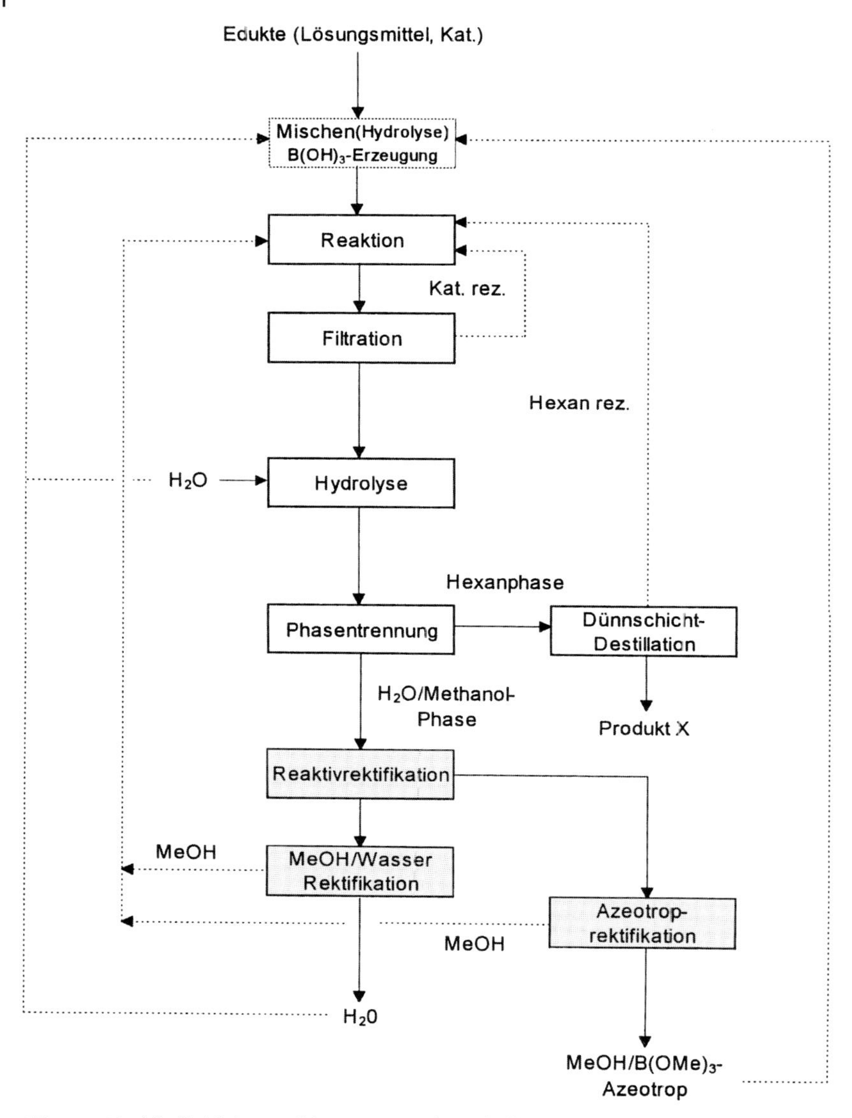

Abb. 7.2 Blockfließbild des Verfahrens mit Reaktivrektifikation und Rückführung.

Die Abhängigkeit des Umsatzgrades von Borsäure zu Trimethylborat vom eingestellten Rückflussverhältnis kann Abb. 7.4 entnommen werden. Man erkennt, dass ab Rückflussverhältnissen größer als 30 der erreichbare Umsatz fast quantitativ ist und daher nur mit geringen Verlusten an Borsäure zu rechnen ist.

Die wesentlichen Daten der Reaktivrektifikations- und Azeotropkolonne sind in der Tab. 7.1 wiedergegeben.

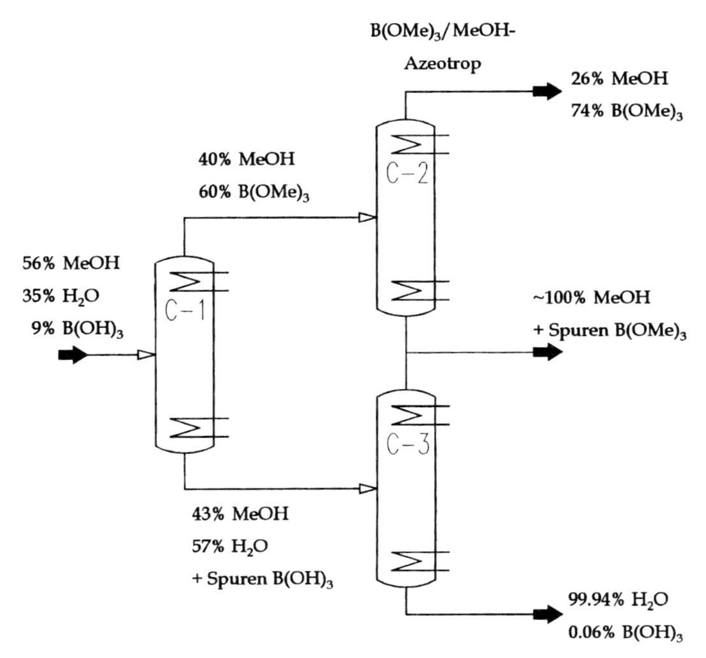

Abb. 7.3 Kolonnenschaltung der Katalysatoraufarbeitung mit Reaktivrektifikation und Rückführungskolonnen.

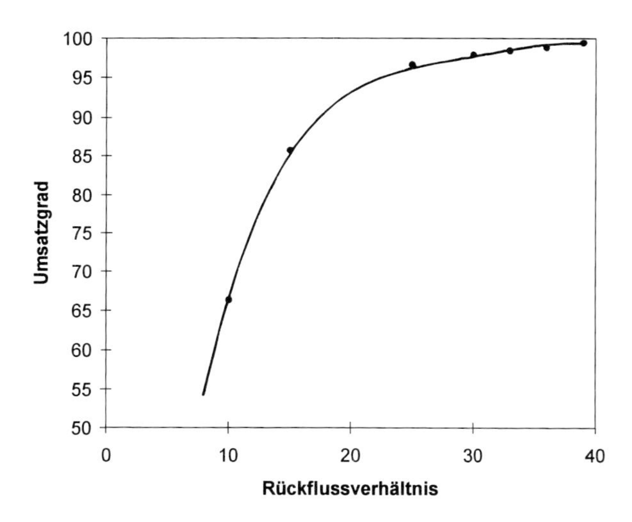

Feed:	1000 g/h	$x_{F,MeOH}$	= 0,56
Kopf:	240 g/h	$x_{F,H2O}$	= 0,35
Sumpf:	760 g/h	$x_{F,B(OH)3}$	= 0,09

Abb. 7.4 Umsatzgrad an Trimethylborat in Abhängigkeit des Rückflussverhältnisses.

Table 7.1 Daten der verwendeten Kolonnen zur Reaktivrektifikation

	Reaktivrektifikation	**Azeotroprektifikation**
Typ	NORMAG-Glasbodenkolonne	NORMAG-Glasbodenkolonne
Durchmesser	50 mm	50 mm
praktische Böden	32	73
Feed-Boden	16	15
Feed-Strom	1000 g/h	250 g/h
Destillatstrom	250 g/h	196 g/h
Sumpfstrom	750 g/h	54 g/h

7.4 Quenchkondensation eines Reaktionsprodukts

Bei dieser Anlage handelt es sich um eine typische Scale-down-Problemstellung. Die Gründe für die in einer Betriebsanlage auftretenden Störungen sowohl bei der Verdampfung als auch der Kondensation sollten ermittelt und anschließend geeignete Maßnahmen zu deren Beseitigung überprüft werden. In Abb. 7.5 ist das vereinfachte Verfahrensfließbild der betreffenden Prozessstufe wiedergegeben.

Die Behandlung der Prozessschritte erfolgte in unterschiedlichen Maßstäben. Während die Verdampfung u. a. wegen der Feststoffproblematik im Technikum pilotiert wurde, wurde die Quenchkondensation in einer Miniplant-Anlage untersucht. Eine vorangegangene Analyse der bestehenden Quenchkolonne zeigte auf, dass diese Kolonne mit der Aufgabe überfordert war, neben der eigentlichen Quenchkondensation eine saubere Trennung von Wertstoff HC-N (in NMP) und von während der Reaktion gebildetem Wasser durchzuführen (Abb. 7.5 rechts). Daher wurde vorgeschlagen, diesen Schritt in zwei Kolonnen durchzuführen. Damit wurde die notwendige Flexibilität erreicht, um die Betriebsparameter zusammen mit einem neuen Regelkonzept an die Trennaufgabe anpassen zu können.

Ein Problem bei der Bearbeitung in der Miniplant-Anlage bestand in der Simulation des Produktstromes aus dem Strömungsreaktor, bestehend aus dem überhitzten, dampfförmigen Wertprodukt HC-N und Stickstoff. Hierfür wurde ein Stahlverdampfer mit elektrischer Beheizung verwendet, in welchem die Reaktionsprodukte hineindosiert wurden (Abb. 7.6). Das überhitzte Gas/Dampfgemisch wurde über ein elektrisch begleitbeheiztes Brüdenrohr in die Quenchkolonne gespeist. Ein direkt unter dem Verdampfer angebrachter Glasabscheider bot eine einfache Kontrollmöglichkeit zur Überprüfung des Überhitzungsvorgangs. Um die Komplexität des Aufbaus in Grenzen zu halten und die Handhabung der Anlage für das Bedienungspersonal zu erleichtern, wurden die Kolonnen in der Miniplant nicht gleichzeitig, sondern zeitlich hintereinander betrieben. Abb. 7.6 zeigt somit den Aufbau der ersten Kolonne. Der Kondensator am obersten Ende diente als unvollständiger Ersatz für die zweite Kolonne, deren Miniplant-Aufbau in Abb. 7.7 wiedergegeben ist.

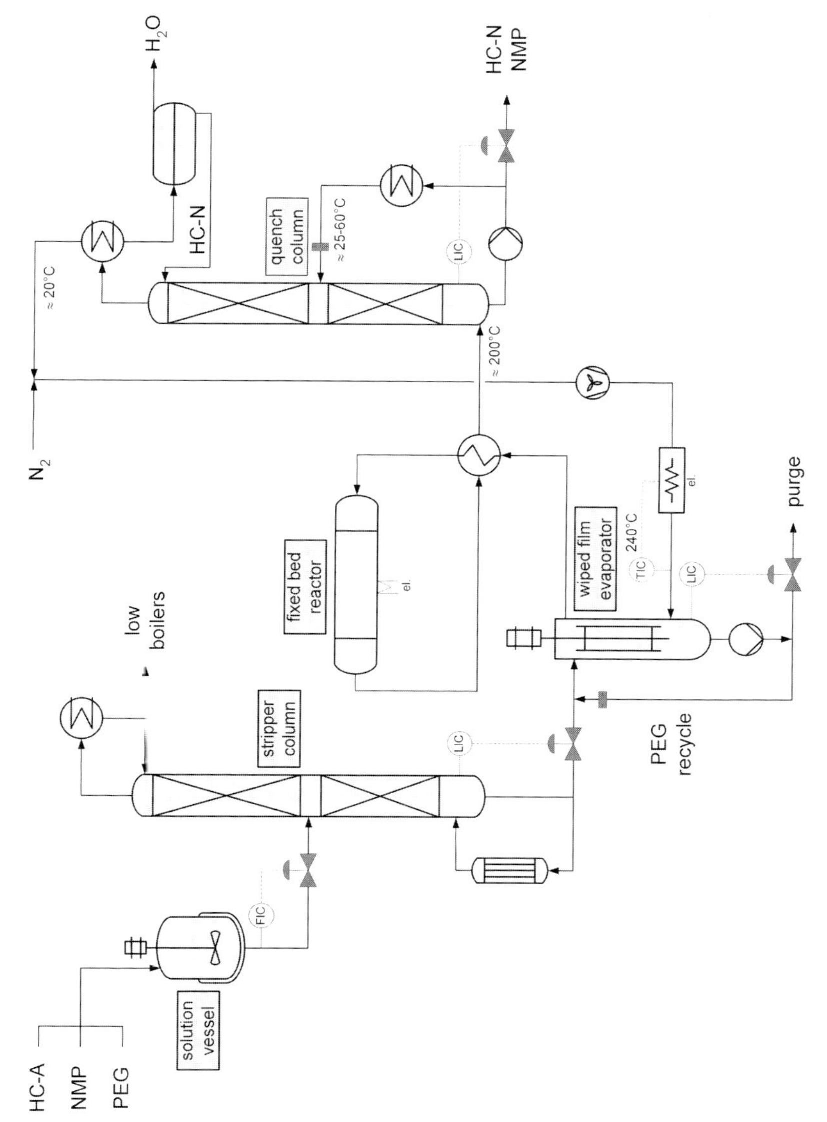

Abb. 7.5 Vereinfachtes Verfahrensfließbild der Prozessstufe mit Verdampfung und Quenchkondensation.

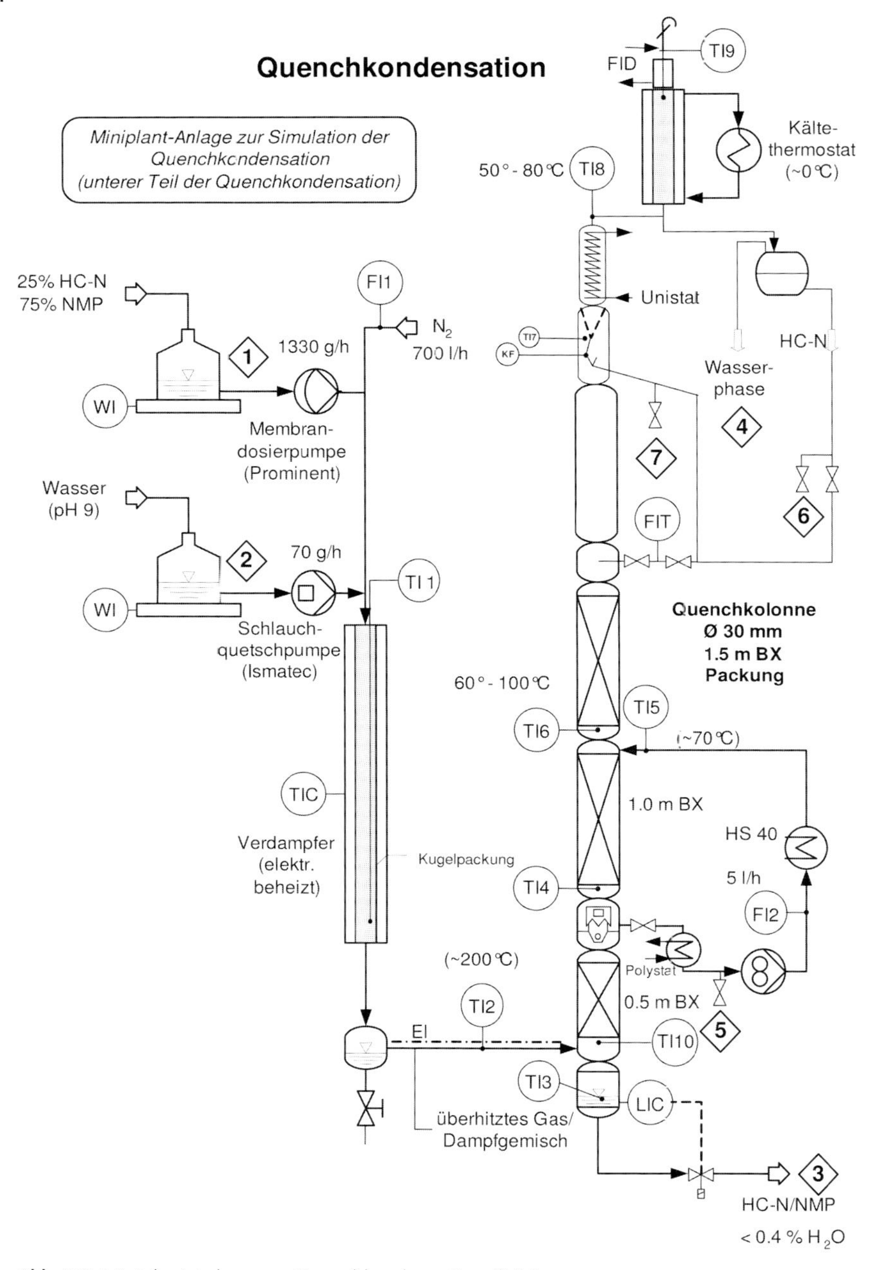

Abb. 7.6 Miniplant-Anlage zur Quenchkondensation, Teil 1.

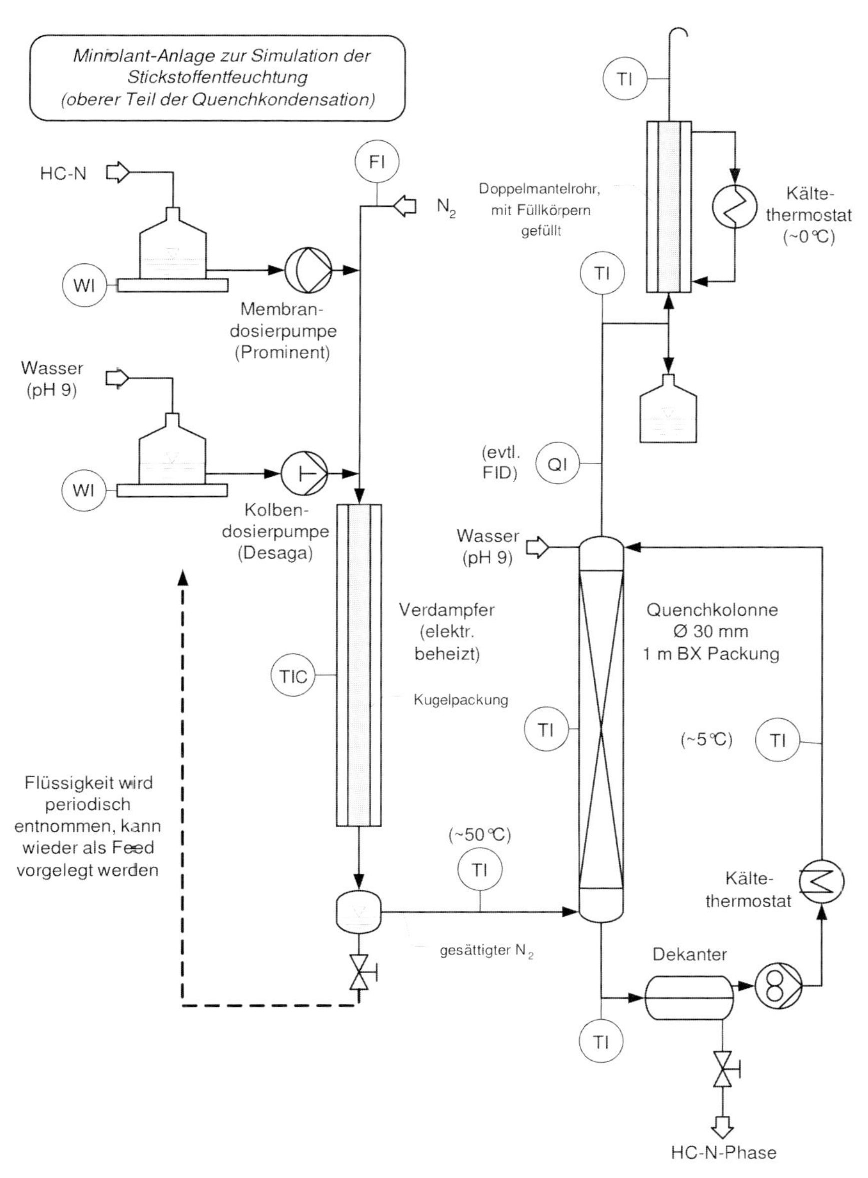

Abb. 7.7 Miniplant-Anlage zur Quenchkondensation, Teil 2.

Primäres Ziel der zweiten Kolonne war das Auswaschen der HC-N-Reste aus dem Stickstoffstrom, da diese sich schädlich auf das Gebläse und den Umsatz im Reaktor auswirken. Aufgrund der durch die Pilotierung erhaltenen Daten und der vertieften Einsicht in den Prozess konnten schließlich die durchzuführenden Anlagen- und Prozessmodifikationen bestimmt werden (Abb. 7.8). Beim erneuten Anfahren der Anlage nach erfolgtem Umbau konnte die Quenchkondensation problemlos die geforderten Spezifikationen einhalten.

7.5
Einsatz von neuen Trennverfahren zur Gleichgewichtverschiebung bei einer chemischen Reaktion

Im Rahmen einer Projektstudie sollten verschiedene Verfahrensvarianten untersucht werden, um einen bestehenden Prozess zur Herstellung eines Schlüsselprodukts für die Synthese verschiedener Feinchemikalien hinsichtlich der Ausbeute und der Energiekosten zu verbessern. Um die Kosten und die Zeitdauer in Grenzen zu halten, sollten die Machbarkeitsuntersuchungen im Miniplant-Maßstab erfolgen. Folgende Zielsetzung wurde vorgegeben:

1. Die Prozessführung sollte von der Chargenfahrweise auf die kontinuierliche Betriebsweise umgestellt werden.
2. Für die säurekatalysierte Reaktion mit ungünstiger Gleichgewichtslage sollte der bisher eingesetzte homogene Katalysator durch einen festen Katalysator ersetzt werden.
3. Die Abtrennung des entstehenden Reaktionswassers sollte frühzeitig und effizient erfolgen, um Rück- und Nebenreaktionen einzuschränken und die Ausbeute zu steigern.

Im Rahmen dieser Studie wurden u.a. auch neuere Trennverfahren, wie etwa die Pervaporation und die reaktive simulierte Gegenstromchromatographie, im Miniplant-Maßstab auf ihre Eignung als Prozessalternativen überprüft.

7.5.1
Pervaporation

Die Pervaporation bzw. Dampfpermeation findet in zunehmendem Maß Interesse zur Abtrennung von Wasser aus organischen Gemischen, insbesondere wenn die destillative Trennung aufgrund ungünstiger Dampf-Flüssig-Gleichgewichte (Azeotrope, eng siedende Gemische) oder geringer Mengen sehr aufwendig und teuer wird. Im Falle von chemischen Reaktionen unter Abspaltung von Wasser, wie z.B. Veresterungsreaktionen, kann durch kontinuierliche Entfernung des Wassers der Umsatz erhöht werden, da es sich hierbei häufig um Gleichgewichtsreaktionen handelt. Im Extremfall können die Reaktion und die Trennung im gleichen Apparat integriert werden, wenn die Betriebsbedingungen dies zulassen. In unserem Beispiel jedoch wird die Reaktion bei einer rela-

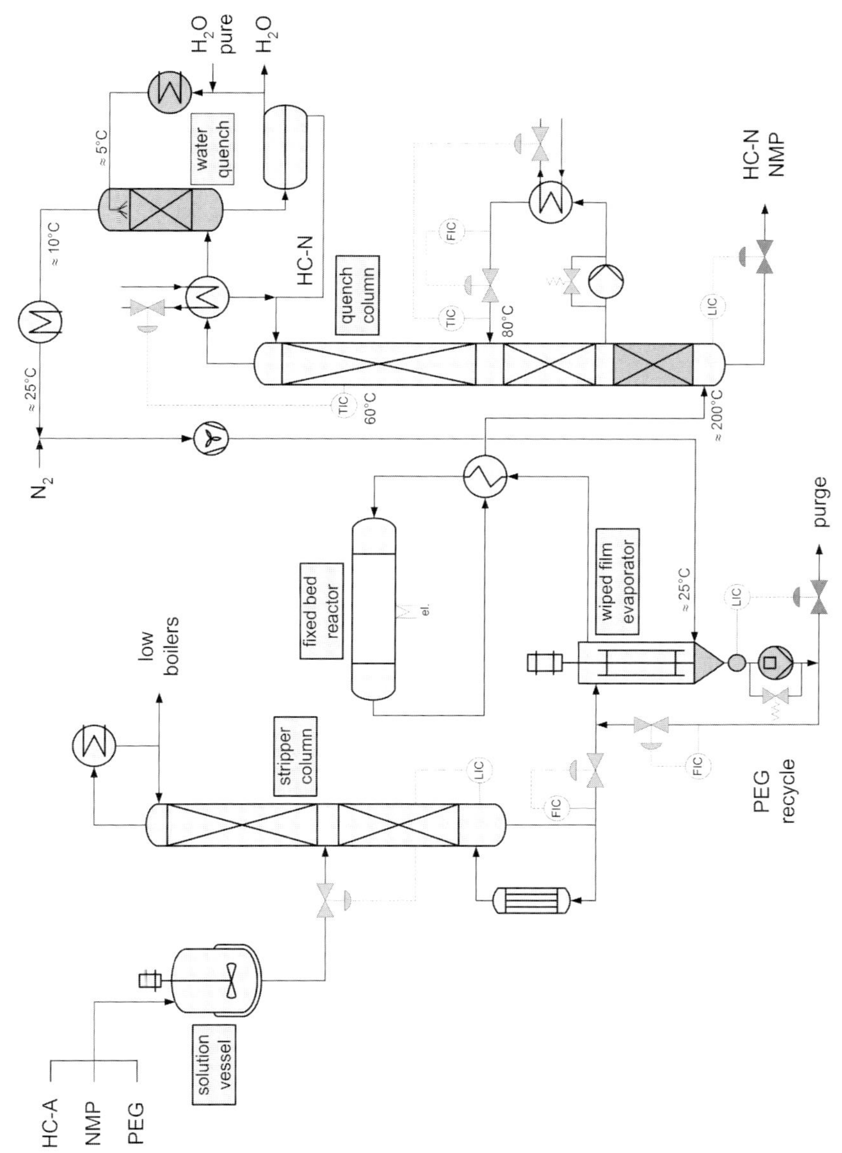

Abb. 7.8 Vereinfachtes Verfahrensfließbild der modifizierten Prozessstufe mit Verdampfung und Quenchkondensation.

tiv weit unterhalb des Gemischsiedepunktes liegenden Temperatur durchgeführt, bei der die Pervaporation nicht zufrieden stellend funktioniert. Daher werden die Reaktion und Wasserabtrennung sequenziell durchgeführt und als Kaskade von 3 bis 4 Stufen konzipiert. Eine Skizze der für die Machbarkeitsstudie erstellten Miniplant-Anlage ist in Abb. 7.9 dargestellt. Alle Komponenten, mit Ausnahme der Pervaporationszelle, bestanden aus den üblichen, in den früheren Kapiteln beschriebenen Bauteilen.

Bei der Pervaporationszelle handelte es sich um eine Labortestzelle der Firma GFT (jetzt Sulzer Membrantechnik), die für den Einsatz in der Miniplant modifiziert wurde. Die Anlage repräsentiert eine Stufe der Reaktions/Pervaporations-Kaskade, auf der durch wiederholtes Einspeisen der Produkte eine mehrstufige Kaskade simuliert wird. Basierend auf den in dieser Miniplant erzielten Ergebnissen wurde die Auslegung einer größeren Pilotanlage mit einem Durchsatz von 150 kg/h durchgeführt (Abb. 7.10), die direkt in der Produktion im Parallelbetrieb zum Betriebsverfahren eingesetzt wird und in der die Langzeitauswirkung der Rückführungen der eingesetzten Lösungsmittel und Optimierung der Membranen weiter verfolgt werden können. Zudem dienten die in der Miniplant gewonnenen Daten als Grundlage für die Anmeldung eines Verfahrenspatents [2].

7.5.2
Simulierte Gegenstromchromatographie

Der Einsatz der Chromatographie zur Trennung von feinchemischen und pharmazeutischen Wertsubstanzen findet in den letzten Jahren immer häufiger den Weg aus dem analytischen und präparativen Umfeld in die Produktion. Andererseits existieren schon seit Jahrzehnten spezielle Anwendungen der Chromatographie, bei denen in großen Mengen die Trennung von Grundchemikalien durchgeführt wird, wie beispielsweise der Sorbex-Prozess zur Trennung von Xylol-Isomeren der Firma UOP (Universal Oil Products Inc.). Eine wichtige Bedingung ist, dass der chromatographische Trennprozess kontinuierlich bzw. quasikontinuierlich erfolgt, um den Produktionszeitraum der Gesamtbetriebszeit hoch zu halten. Eine elegante Möglichkeit hierzu ist die simulierte Gegenstromchromatographie, im Englischen als Simulated Moving Bed Chromatography (SMB) bezeichnet. Für diese Trennungen werden häufig saure oder basische Ionentauscherharze verwendet. Da diese sich auch als Katalysatoren für eine Vielzahl von Gleichgewichtsreaktionen eignen, liegt es nahe, Reaktion und Abtrennung in einem Apparat zu verbinden, wenn dadurch das Gleichgewicht in die gewünschte Richtung verschoben wird. Das Verfahren wird dann als Simulated Moving Bed Reactive Chromatography, der Apparat als Simulated Moving Bed Reactor (SMBR) bezeichnet.

Zur Realisierung des Feststoffgegenstromes existieren mehrere Lösungen. Die nachfolgend vorgestellte besteht aus einem als CSEP® bezeichneten Drehkarussell, in dem die einzelnen Säulensegmente ringförmig am Umfang angeordnet sind. Das Herzstück ist ein von der Firma AST (seit 1996 Calgon Carbon

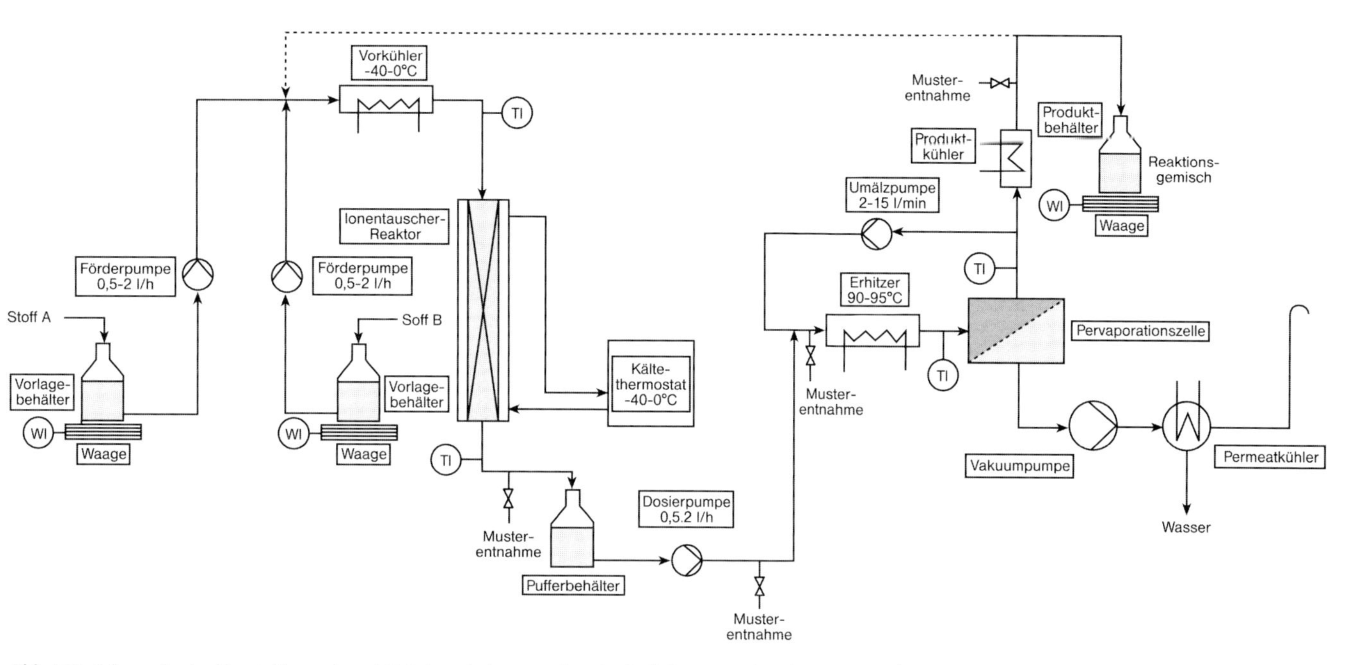

Abb. 7.9 Schematische Darstellung einer Miniplant-Anlage zur kontinuierlichen säurekatalysierten Reaktion und Entwässerung mittels Pervaporation.

Abb. 7.10 Pilotanlage zur kontinuierlichen säurekatalysierten Reaktion und Entwässerung mittels Pervaporation.

Corporation), patentiertes Mehrwegventil. Es besteht im Wesentlichen aus einem Rotor und einem Stator, die über eine der Säulenzahl entsprechende Anzahl an Kanalbohrungen verfügen (Abb. 7.11). Die „inneren" Bohrungen am Rotor und Stator ermöglichen es, die Flüssigkeit zwischen Rotor und Stator und umgekehrt zu transportieren. Die Säulen sind mit den „äußeren" Rotorein- und -ausgängen fest verbunden, während die von extern zugeführten bzw. nach

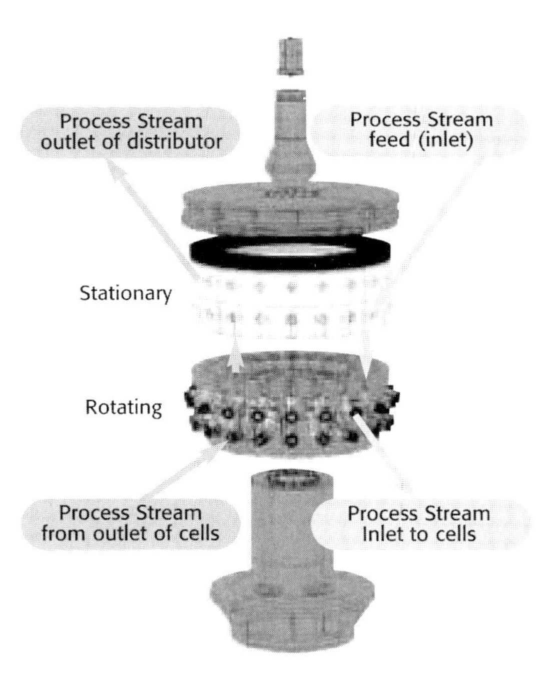

Abb. 7.11 Schematischer Aufbau des rotierenden Mehrwegventils des CSEP®-Drehkarussels zur simulierten Gegenstromchromatographie [3].

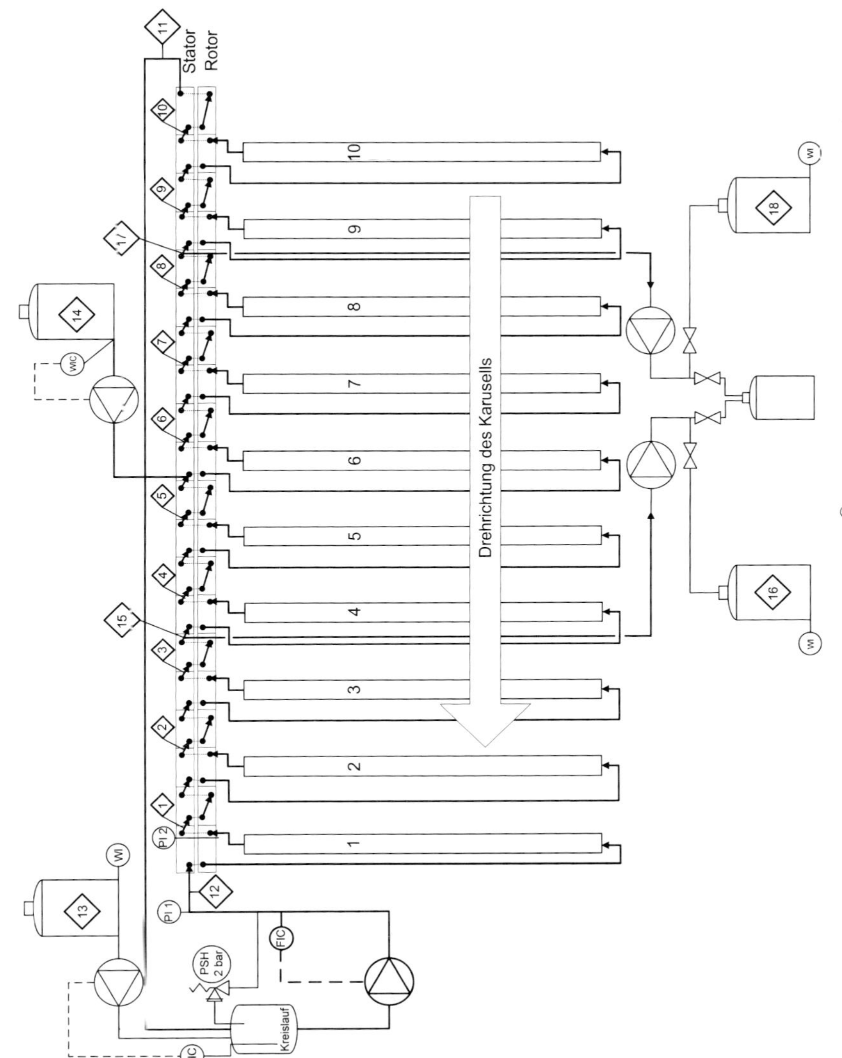

Abb. 7.12 Aufbau der Miniplant-Versuchsanlage mit dem CSEP®-Drehkarussell zur simulierten Gegenstromchromatographie mit überlagerter Reaktion.

extern abfließenden Ströme zum Stator geführt werden. Über die Verschaltung der äußeren Bohrungen am Statorkopf lässt sich somit äußerst flexibel jede beliebige Säulenkonfiguration erstellen. Bei jedem Zeittakt wird der Rotor mit dem gesamten Karussell um eine Position versetzt und damit der Gegenstrom der Säulen simuliert. Dieser Zeittakt ist beim CSEP frei einstellbar. Nach einer Zeit, die dem Zeittakt multipliziert mit der Anzahl der Säulen im Karussell entspricht, sind somit alle Säulen um 360° gewandert und befinden sich an der gleichen Startposition.

Unter Einsatz dieses Drehkarussells wurde eine Miniplant zur Untersuchung des in Abschnitt 7.5.1 bereits angesprochenen Prozesses aufgebaut. In Abb. 7.12 ist der schematische Aufbau der Anlage im Miniplant dargestellt. Neben der in der Abbildung wiedergegebenen Peripherie, die hauptsächlich aus Pumpen, Vorlagen und Waagen bestand, wurde auch nach jeder Säule eine Probenahme eingerichtet, um die Konzentrationsprofile über der Säulenzahl aufzeichnen zu können. Die Probenahmestellen ließen sich sehr einfach in die Statorverschaltung integrieren, ebenso wie die Einspeise- und Abzugspunkte. In Abb. 7.12 ist die Verschaltung des Rotors und des Stators zu erkennen; diese sind zur Verdeutlichung als Abwicklung gezeichnet. Abb. 7.13 und Abb. 7.14 zeigen Fotografien des Drehkarussels.

Da die Austrittskonzentration der Säulen sich innerhalb eines Taktschrittes kontinuierlich verändert, mussten Zeitpunkt und Ablauf der Probenahme genau festgelegt und eingehalten werden. Um keine Pulsationen auf die Säulen zu übertra-

Abb. 7.13 CSEP-Drehkarussell im Miniplant.

Abb. 7.14 CSEP-Drehkarussell im Miniplant, Ausschnitt mit Probenahmeleiste.

gen, wurden ausschließlich Zahnradpumpen verwendet, wie sie beispielsweise von der Firma Gather oder der Firma ISMATEC angeboten werden. Durch die während der Miniplant-Pilotierung gewonnenen Erkenntnisse war es möglich, eine Evaluation der Verfahren durchzuführen. Es zeigte sich, dass die SMBR zwar vom Reaktionsumsatz sehr attraktiv, die benötigte Lösungsmittelmenge zur Regeneration (Desorption) des Harzes jedoch unwirtschaftlich hoch ist. Als Hauptursache wurden die starken Bindungskräfte des verwendeten Ionentauscherharzes gefunden. Da trotz des negativen Ergebnisses für das betrachtete Verfahren die SMBR als Technologie mit hohem Entwicklungspotenzial angesehen wurde, entschloss man sich, diese Technologie im Rahmen eines Forschungsvorhabens mit einer Hochschule weiter zu verfolgen [4]. Dazu wurde die Miniplant-Anlage der Hochschule für weitere Untersuchungen zur Verfügung gestellt.

7.6 Schlussbemerkung

In den vorangegangenen Abschnitten ist versucht worden, einen Querschnitt über die vielfältigen Möglichkeiten zum Einsatz der Miniplant-Technik zu geben. Sicherlich ist es bei der notwendigen Kürze nicht umfassend gelungen, wirklich alle Aspekte und Technologien zu berücksichtigen. Auch wird manchem Leser die Tiefe der dargestellten Beispiele nicht genügen. Neben den redaktionellen Zwängen spielte auch die Geheimhaltungspflicht bei der Auswahl des Umfangs eine wesentliche Rolle. Wir hoffen daher auf Ihr Verständnis, dass nicht alle Beispiele vollständig und mit dem gleichen Detaillierungsgrad behandelt wurden. Dennoch sind wir sicher, mit diesem Kapitel dem einen oder anderen Leser einen Denkanstoß für die Lösung seines Problems gegeben zu haben.

Literatur zu Abschnitt 7

1 K. Brüggemann, J. R. Herguijuela, Th. Netscher, J. Riegl, *Hydroxymethylierung von Tocopherolen, Europäische Patentanmeldung* EP0769497 A1 **1997** und US 5,892,058 **1999**

2 V. Bösch, J. R. Herguijuela, *Process of Manufacturing Equipment for Preparing Acetals and Ketals,* EP1167333 A2 **2001** und US 6,528,025 **2003**

3 Firmenbroschüre der Fa. Calgon Carbon Corporation, Bezug über Internet, *www.calgoncarbon.com*

4 F. Lode, *A Simulated Moving Bed Reactor (SMBR) for Esterifications,* Diss. ETH Nr. 14350, Shaker Verlag **2002**

8
Geht es noch kleiner?

In den vorangegangenen Kapiteln wurde gezeigt, wie auf der Miniplant-Technik eine verlässliche Prozess- und Apparateauslegung basiert werden kann. Der Wunsch, mit weiter reduzierten Stoffmengen auszukommen, ohne an Informationsgewinn zurückstecken zu müssen, sowie nach dem dadurch induzierten erheblichen Zeitgewinn bei einer Prozessentwicklung sind Triebkräfte, die Abmessungen der Miniplant-Apparate weiter zu verringern [1]. Dabei konnte bereits z. B. gezeigt werden, dass eine Reduzierung des Kolonnendurchmessers bei der Rektifikation von 50 mm auf 30 mm möglich ist. In die Zukunft schauend stellt sich daher die Frage, ob eine weitere Miniaturisierung gelingen kann und ob bzw. wo sie sinnvoll ist. Eine solche Vorausschau birgt die Gefahr, schnell veraltet zu sein. Daher soll hier versucht werden, unterschiedliche Entwicklungsmöglichkeiten aufzuzeigen und zu bewerten. Abschließend wird ein heute bereits realisierter konkreter Weg genauer vorgestellt, die für eine Apparateauslegung benötigten Stoffmengen zu verringern.

Zu Beginn sollten die Ziele klar definiert werden, die mit der Durchführung der Versuche im kleinen Maßstab angestrebt sind. Eine heute verfügbare Miniplant-Anlage stellt im Prinzip ein Abbild eines gesamten Prozesses dar. Es werden mit ihr Kreisläufe geschlossen, sodass z. B. eine Anreicherung unerwünschter Stoffe im Prozess erkannt werden kann. Gleichzeitig können Anfahr-, Abfahr- und Regelstrategien erprobt werden. Zudem werden an den einzelnen Unit Operations Informationen gewonnen, die für das Scale-up nötig sind. Reichen diese Informationen aus, dann gelingt sogar das Scale-up ausschließlich basierend auf den Miniplant-Messungen. Ein weiterer Einsatzbereich von Miniplant-Anlagen ist die Produktion von Mustermengen; bei entsprechend hochpreisigen Produkten wird auf dieser Skala sogar technisch produziert. Bei einer weiteren Verkleinerung der Anlage sollen diese Ziele einzeln oder in Kombination erreicht werden können.

Zunächst soll die Frage beantwortet werden, ob es eine prinzipielle Grenze für eine weitere Miniaturisierung einer Anlage gibt. Wie Abb. 8.1 beispielhaft für eine mehrstufige Rektifikation zeigt, ist eine Grenze erst bei molekularen Abmessungen erreicht. Dies ist sofort einsichtig, wenn man die stoffliche Ebene betrachtet: Die Stoffe durchlaufen in unterschiedlichen Apparaten lediglich eine Folge von Bedingungen, die eine Umwandlung zum gewünschten Endprodukt

Miniplant-Technik. Ludwig Deibele und Ralf Dohrn (Hrsg.)

ISBN: 3-527-30739-7

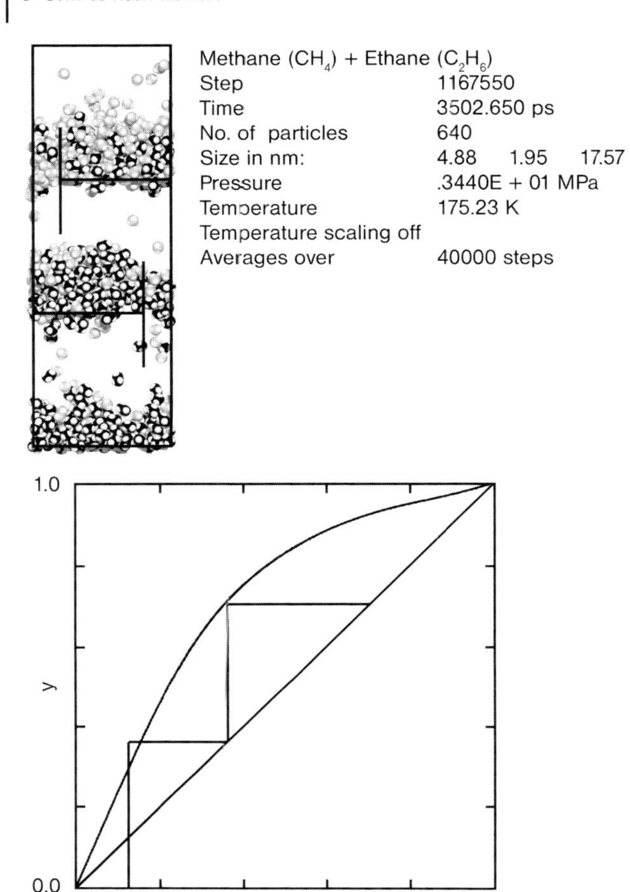

Abb. 8.1 Molekulare Simulation: Rektifikation mit drei Böden bei vollständigem Rücklauf.

bewirken. Diese Bedingungen sind konkret Zusammensetzungen, Temperaturen und Drücke bzw. deren Gradienten sowie Phasengrenzen. Solange bei einer Miniaturisierung diese Abfolge von Bedingungen aufrecht erhalten werden kann, ist eine Miniaturisierung des Prozesses prinzipiell möglich. Es sei angemerkt, dass die Betrachtung von Prozessen auf molekularer Ebene zwangsläufig dazu führt, dass die molekularen Fluktuationen mit abgebildet werden. Dies führt in Abb. 8.1 bei einer Mittelung über 120 ps auch dazu, dass die im McCabe-Thiele-Diagramm eingezeichneten Stufen die Gleichgewichtskurve schneiden. Diese statistischen Schwankungen können prinzipiell durch Mittelung über größere Zeiträume reduziert werden.

Gleichzeitig ist bei jeder Skalierung zu berücksichtigen, dass sich bei einer Miniaturisierung verschiedene Verhältnisse verschieben:

- die Abmessung der Apparate bezogen auf die Größe frei sedimentierender Blasen, Tropfen und gewollt oder als Störeffekt ausfallender Feststoffpartikel,
- das Verhältnis der Apparateoberfläche zu ihrem Volumen,
- die Bedeutung der Grenz- und Oberflächenkräfte in Relation zu den Volumenkräften sowie
- die Apparateabmessung bezogen auf den Wert, bei dem technisch eine turbulente Durchströmung nicht mehr erreicht werden kann.

Die Bedeutung dieser Verschiebungen soll im Folgenden bezogen auf die einzelnen Ziele individuell bewertet werden.

8.1 Miniaturisierung zum Schließen der Stoffkreisläufe

Zur Schließung der Stoffkreisläufe auch in weiter miniaturisierten Anlagen ist – wie anhand des molekularen Beispiels gezeigt wurde – lediglich erforderlich, dass die Stoffe in der Kleinanlage prinzipiell gleiche Bedingungen durchlaufen, wie dies im technischen Prozess geplant ist. Unerwünschte Nebenkomponenten werden sich auch dann in der Anlage anreichern, wenn die Bedingungen nur näherungsweise gleich sind, wenn z. B. die Zahl der Trennstufen bei einer Destillationskolonne nur etwa der in der Großanlage entspricht, wie dies ja auch für die heutige Miniplant zutrifft. Eine Miniaturisierung bis in den µm-Maßstab ist so denkbar. Lediglich eine ausreichende Temperatur- und Druckführung müssen sichergestellt werden.

Bei der apparativen Umsetzung einer solchen Miniaturisierung ergeben sich insbesondere bei Unit Operations natürliche Grenzen, bei denen zwei Phasen auftreten. Für homogene Stoffströme z. B. in Wärmetauschern oder Reaktoren sind dagegen keine Grenzen absehbar, wie dies die bereits heute verfügbare breite Palette solcher Mikroapparate zeigt. Bei mehrphasigen Unit Operations liegt eine Grenze dort, wo die kleinste Abmessung eines Apparats die Größe der Partikel der dispersen Phase erreicht. Darunter sind z. B. Feststoffprozesse, die bereits in Miniplants problematisch sind, nicht mehr ohne massive Eingriffe in den Prozess möglich. Während z. B. thermische Trennverfahren mit zwei fluiden Phasen bis zu dieser Größe noch mit frei sedimentierender disperser Phase betrieben werden können, müssen darunter die Phasen auf eine andere Art geführt werden. Da im µm-Maßstab die Grenzflächenkräfte gegenüber den Volumenkräften dominieren, kann dies z. B. dadurch gelingen, dass die Phasen in Kanälen strömen, in denen sie durch die Grenzflächenspannung gehalten werden. Für die Extraktion konnte die Funktion dieses Prinzips in der Praxis bereits nachgewiesen werden [2–4]. Ein Vorschlag ist in Abb. 8.2 gezeigt, bei dem die Phasengrenze aufgrund unterschiedlicher Benetzungseigenschaften der Platten, in welche die Kanäle gefräst sind, in der Berührungsebene zwischen den Platten festgehalten wird. Mit eigenen Modellierungen, deren Ergebnisse in Abb. 8.3 zusammengefasst sind, konnte gezeigt werden, dass der Betrieb einer solchen Extraktionseinheit prinzipiell praktikabel ist [5].

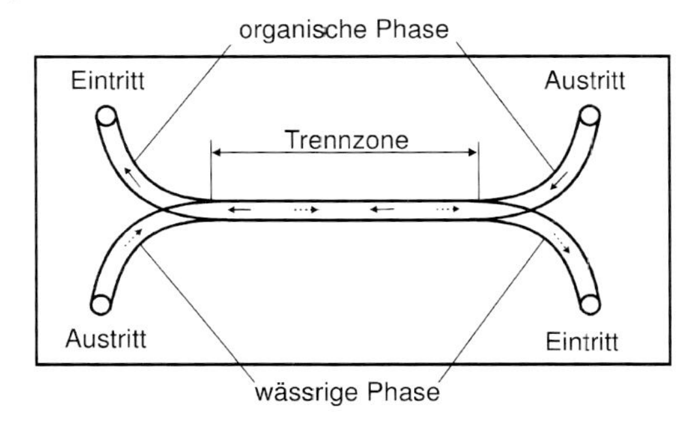

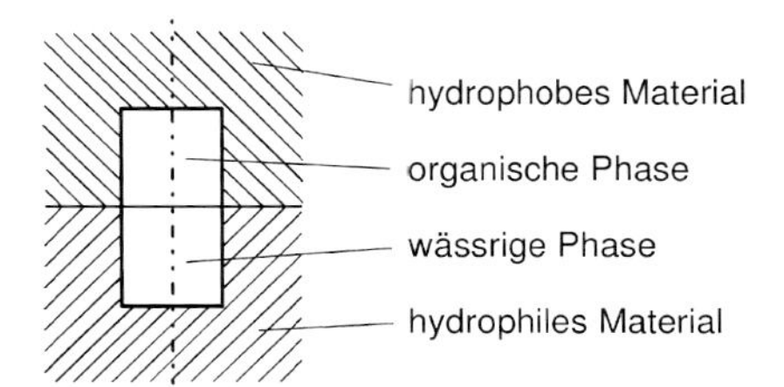

Abb. 8.2 Prinzip der Extraktion im Mikromaßstab nach [2, 3, 5]. Oben: Draufsicht auf die Strömungskanäle. Unten: Schnitt durch die Kanäle.

Am Beispiel der Extraktion soll eine Schwierigkeit diskutiert werden, die auch auf andere Unit Operations übertragen werden kann. Aus zahlreichen Untersuchungen zum Stofftransport zwischen zwei flüssigen Phasen ist bekannt, dass er Konvektionen in der allernächsten Grenzflächennähe induzieren kann [6]. Es liegt sogar nahe zu vermuten, dass erst diese Konvektionen den sonst lediglich diffusiven Stofftransport im Grenzflächenbereich so weit beschleunigen, dass er für die profitable technische Anwendung schnell genug wird [7]. Diese

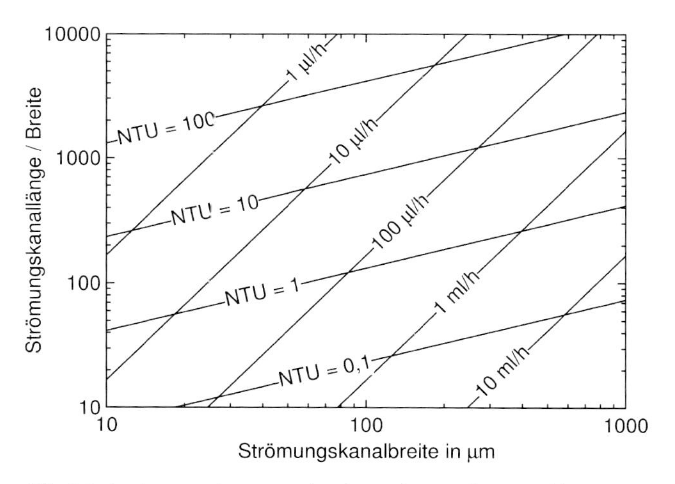

Abb. 8.3 Auslegungsdiagramm für den Mikroextraktor in Abb. 8.2 [5].

Konvektionen können nun sowohl geordnet sein – sie werden dann im engeren Sinne als Marangoni-Konvektion bezeichnet –, aber genauso bei vielen technisch relevanten Systemen chaotischen Charakter aufweisen, z. B. beim spontanen Emulgieren oder bei sog. Eruptionen [8]. Beim Übergang in den Mikromaßstab ist nun vorstellbar, dass die geordneten Konvektionen alleine aufgrund der Kleinheit der Strömungskanäle unterdrückt werden können. Bei ungeordneten Konvektionen, die ja anscheinend wesentlich zum technisch relevanten Stofftransport beitragen, ist eine solche Dämpfung nicht abzusehen. Ob die geordnete Führung der Phasen bei der Miniaturisierung für solche Stoffsysteme gelingt, muss zukünftig noch untersucht werden.

Während diese stofftransportinduzierten Instabilitäten auch mit hochreinen Komponenten auftreten, muss bei der Übertragung in den Mikromaßstab auch damit gekämpft werden, dass Stoffsysteme, die in technischen Prozessen auftreten, Verunreinigungen enthalten, die teilweise bereits in Spuren in der Lage sind, die Grenzflächenspannung drastisch zu reduzieren. Während bei Miniplant-Anlagen dieses Problem in manchen Fällen durch eine Reduzierung des Energieeintrags umgangen werden kann, würde dies bei einer Mikroplant dazu führen, dass die sowieso geringen maximal zulässigen Stoffströme in einen völlig inakzeptablen Bereich verringert würden (vgl. Abb. 8.3). Genauso muss peinlich darauf geachtet werden, dass im Prozess keine Feststoffe entstehen, da sonst die Gefahr der Verblockung besteht.

Trotz dieser Einschränkungen sind heute bereits Mikroplant-Systeme verschiedener Anbieter verfügbar, die aus verschiedenen Unit Operations aufgebaut sind, z. B. aus Wärmetauschern, Reaktoren und Mischern (Abb. 8.4) [9–12]. Auch das Beispiel Mischer macht dabei deutlich, welche Hürden im Mikromaßstab zu meistern sind, die im technischen Maßstab relativ weniger Bedeutung haben. Bei einem Mikromischer kann der Vermischungsprozess bei typischen

Abb. 8.4 Foto einer Mikroplant der Firma Ehrfeld Mikrotechnik AG (www.ehrfeld.com).

Flussraten nicht mehr durch Turbulenz bewirkt werden, sondern erfolgt lediglich diffusiv, sodass die Funktion auf einer gezielt strukturierten Führung der Phasen basiert.

Zurzeit bemüht man sich um eine Standardisierung der Mikroplant-Systeme, um eine Kompatibilität und damit Akzeptanz wie bei der Miniplant zu erreichen [13]. Wenn dies gelingt, können die Unit Operations bei Mikroplants wie Legosteine zusammengesetzt werden, sodass ein schnelles und einfaches Umstrukturieren eines Prozesses möglich wird. Einer der heute bereits verfügbaren Baukästen ist in Abb. 8.4 gezeigt. Praktisch völlig fehlende Bausteine in verfügbaren Systemen sind allerdings bisher thermische Trennverfahren, auch wenn diese – wie für die Extraktion gezeigt – prinzipiell realisierbar sind. Hier ist davon auszugehen, dass Hauptverfahren wie Destillation und Extraktion zukünftig verfügbar werden. Bei der Rektifikation ist allerdings noch Entwicklungsarbeit zu leisten, da der durch das Gleichgewicht bedingte Temperaturgradient längs der Kolonne dann über wenige Millimeter aufgebaut werden muss. Die bis heute unbeantworteten Fragestellungen bei der Extraktion wurden oben bereits dargestellt.

Mit den beschriebenen Miniaturisierungsstufen einerseits bis auf wenige Millimeter und andererseits in dem µm-Bereich können das prinzipielle Funktionieren eines Prozesses sowie die Anreicherung von Nebenkomponenten überprüft werden. Ein Testen der Anfahr-, Abfahr- und Regelstrategien ist im Mikromaßstab sicher nicht und im Millimetermaßstab nur begrenzt möglich, da bereits dort durch die relativ höhere Bedeutung der Oberfläche z. B. Wärmeeffekte nur verzerrt abgebildet werden.

8.2 Miniaturisierung in der Produktion

Während die Produktion von Mustermengen in Miniplant-Anlagen die Regel ist, kann man sich zunächst kaum vorstellen, dass dies auch in weiter verkleinerten Anlagen möglich sein kann. Hier konnte aber gezeigt werden, dass aufgrund des sehr hohen Verhältnisses zwischen Oberfläche und Volumen einerseits ein extremer Wärmeübergang realisiert werden kann, der hohe Durchsätze trotz der Kleinheit z. B. eines Reaktors erlaubt. Durch die dann andererseits wesentlich konstantere Temperatur bei sehr geringer Verweilzeit im Reaktor ist zudem bei entsprechenden Reaktionen eine so vorteilhafte Beeinflussung von Umsatz und Selektivität möglich, dass die technische Produktion sogar im Mikromaßstab gewinnbringend ist. Als Vorzeigebeispiel wird hier üblicherweise die Produktion eines Vitaminprecursors bei der BASF AG angeführt [9]. Die weitere Aufarbeitung des Produkts erfolgt dem Durchsatz entsprechend im Makromaßstab.

Die technische Produktion wie in diesem Beispiel ist vermutlich nur bei entsprechend hochpreisigen Produkten rentabel. Andererseits wird in der Literatur diskutiert, dass es unter bestimmten Umständen sinnvoll sein kann, statt eines Scale-up ein Numbering-up wie in der Mikroelektronik durchzuführen. Grund hierfür kann z. B. die Toxizität einer Komponente sein, die dann bei einem Leck in einer der Mikroanlagen unter vielen nur sehr begrenzt freigesetzt wird. Eine Reparatur kann durch den Austausch des entsprechenden Mikroprozessbausteines erfolgen, der – so wird gehofft – bei entsprechender Weiterentwicklung der Mikrosystemtechnik und Anwendung von abformenden Herstellungsverfahren sehr preiswert verfügbar wird. Entsprechend können bei explosiven Zwischenprodukten die Folgen begrenzt werden. In Sonderfällen – hier ist die implantierbare Insulinfabrik die Vorzeigevision – kann zudem eine Mikroplant für die dezentrale Produktion kleiner Mengen beim Endverbraucher eingesetzt werden.

Sollen lediglich Mustermengen hergestellt werden, werden vorzugsweise Anlagen genutzt, in denen der Prozess z. B. für Auslegungsversuche realisiert ist. Damit hängt die Entwicklung bei der Musterproduktion von den Neuerungen bei den Scale-up-Methoden ab. Eine Produktion von Mustermengen im Mikromaßstab würde also dann rentabel, wenn die oben bereits angesprochenen Legosysteme einschließlich der thermischen Trennverfahren verfügbar sind und zur Prozessauslegung eingesetzt werden.

8.3 Miniaturisierung für das Scale-up

Bereits ein Scale-up basierend auf Ergebnissen in Apparaten im Miniplant-Maßstab muss mit dem nötigen Know-how erfolgen, den diese Monografie bereitstellt. Dennoch ist man bestrebt, immer kleinere Apparate zu verwenden, mit denen eine sichere Auslegung technischer Apparate möglich wird. Getrieben wird dieses Bestreben von dem Bemühen, Einsatzmengen und entsprechend Abfallmengen zu reduzieren – dies nicht nur, weil die benötigten Stoffe teilweise sehr teuer sind, sondern auch weil geringere Mengen ein reduziertes Sicherheitsrisiko bei einem Störfall darstellen.

Um ein Scale-up mit einfachen Methoden durchzuführen, muss die Funktion der eingesetzten verkleinerten Apparate denen des technischen Maßstabs entsprechen. Es sei z. B. eine Packungskolonne für die Rektifikation betrachtet, für die das Scale-up ausgehend von einem verkleinerten Abbild erfolgen soll. Ist die miniaturisierte Version ebenfalls eine Packungskolonne, gelingt das Scale-up bereits heute ausgehend von einer 50-mm-Kolonne mit hoher Sicherheit. Ist die Rektifikationskolonne in der Miniplant-Anlage aber mit Glockenböden bestückt, so ist ein wesentlich höherer Modellierungsaufwand nötig, da z. B. für den Kreuzstromeffekt auf dem Glockenboden Korrekturen erforderlich sind.

Allgemein lässt sich formulieren, dass der Modellierungsaufwand für das Scale-up umso geringer ist, je ähnlicher sich miniaturisierter und technischer Apparat in ihrer Funktion sind. Andersherum können Unterschiede in der Funktion durch geeignete Modelle kompensiert werden, wenn diese verfügbar sind. Je größer die Unterschiede, desto mehr Modellierungsaufwand wird benötigt. Daher hängt der mögliche Grad einer Miniaturisierung für eine Anlage, deren Verhalten Basis für ein Scale-up sein soll, von der Qualität der verfügbaren

Modelle ab. Soll der Modellierungsaufwand klein gehalten werden, so ist nicht abzusehen, dass eine nennenswert weitere Miniaturisierung gegenüber dem heutigen Stand möglich ist, da sonst die Durchmesser typischer Blasen und Tropfen als kleinster Stoffübergangseinheit im technischen Maßstab zu groß gegenüber der kleinsten Apparateabmessung werden.

Andererseits werden heute auf unterschiedlichen Größenskalen Entwicklungen z. B. mit CFD und molekularen Simulationen vorangetrieben, die erwarten lassen, dass das quantitative Verständnis für die Detailvorgänge in der nahen Zukunft zügig zunehmen wird [7, 14–16]. Als nicht mehr unrealistisches Fernziel ist angestrebt, die Auslegung eines Apparats alleine basierend auf der Messung physikalischer und chemischer Eigenschaften der Stoffsysteme durchzuführen. Dabei muss allerdings berücksichtigt werden, dass die Stoffdaten an den technischen Originalsubstanzen ermittelt werden, da insbesondere das Verhalten der Phasengrenzen, das seinerseits wesentlich für viele Verfahrensschritte ist, bereits von Spurenkomponenten wie z. B. Tensiden massiv beeinflusst wird [17]. Mithilfe solcher Stoffdaten kann dann ein Scale-up sogar basierend auf den Versuchen in Mikroplants gelingen, deren Aufgabe es dann ist, die Stoffe in der Qualität des technischen Prozesses auch für Zwischenströme bereitzustellen, an denen die für die Modellierung benötigten Stoffdaten ermittelt werden. Da in den Mikroplants die Stromführung wie oben beschrieben wesentlich kontrollierter als bei Miniplants ist, können mit den Mikroplants einige Stoffeigenschaften wie z. B. Gleichgewichts- oder Kinetikinformationen bei entsprechender Ausstattung mit Sensoren aber auch direkt ermittelt werden. Hierbei soll nochmals hervorgehoben werden, dass eine weitere Miniaturisierung bei Auftreten von Feststoffen auch zukünftig eine große Herausforderung bleiben wird.

Wie ein erster Schritt hin zu diesem Fernziel bei einem thermischen Trennverfahren gestaltet werden kann, soll im Folgenden für die pulsierte Siebbodenextraktion aufgezeigt werden, für die bereits heute eine Detailmodellierung basierend auf Stoffdaten und Laborexperimenten mit geringen Stoffmengen möglich ist [18].

8.4
Detailmodellierung basierend auf Laborversuchen

Die Idee, basierend auf der Kenntnis des Verhaltens einzelner Tropfen und weniger Tropfen in einem Tropfenschwarm das Verhalten in Extraktionskolonnen vorherzusagen, wurde bereits vor einigen Jahrzehnten geäußert und war in der Folge Triebkraft für eine ganze Reihe von entsprechenden Untersuchungen. Es gibt nur eine sehr überschaubare Zahl von Grundphänomenen, denen ein Tropfen auf dem Weg durch die Extraktionskolonne ausgesetzt ist: Sedimentation, Stoffaustausch, Spaltung und Koaleszenz. Hinzu treten Dispersionseffekte in beiden Phasen. Diese Phänomene sind unter Einwirkung der anderen Tropfen, der Einbauten sowie der Betriebsbedingungen zu berücksichtigen.

Um die tropfenbasierte Auslegung zu ermöglichen, wurden einerseits Extraktionskolonnen im Miniplant-Maßstab systematisch und detailliert untersucht, sodass heute eine relativ breite Datenbasis vorliegt, an der Modellierungen getestet werden können. Andererseits wurden Messzellen entwickelt, mit denen die individuellen Phänomene quantitativ erfassbar sind. Beispielhaft sei hier die Messzelle zur Quantifizierung des Stofftransports an einzelnen Tropfen erwähnt, die bereits in Abschnitt 5.2.3 zur Flüssig/Flüssig-Extraktion vorgestellt wurde [7, 19, 20]. Analoge Messzellen wurden zur Quantifizierung der Sedimentationsgeschwindigkeit und von Spaltungs- und Koaleszenzphänomenen entwickelt. Im Anschluss an die jeweiligen Messungen erfolgt eine Modellierung der Messdaten, entweder mit theoretisch fundierten Modellen oder mithilfe (semi-)empirischer Korrelationen. Letzteres ist hier zunächst völlig ausreichend, wenn die Ergebnisse nicht über den vermessenen Bereich hinaus extrapoliert werden müssen. Das Bestreben muss es allerdings sein, basiert auf gezielten Detailuntersuchungen das theoretische Fundament der Korrelationen stetig zu verbessern, um so sicher extrapolierbare Modelle zur Verfügung zu stellen, die helfen, den benötigten Messaufwand weiter zu reduzieren.

Sind die wesentlichen Phänomene beschrieben, können die Einzelmodelle zu einer Gesamtsimulation zusammengefügt werden. Dies kann beispielsweise mit einem ReDrop-Algorithmus geschehen, bei dem der Weg einer repräsentativen Zahl individueller Tropfen durch die Extraktionskolonne verfolgt wird [18]. Das prinzipielle Schema der ReDrop-Simulation ist in Abb. 8.5 gezeigt. In der innersten Schleife – der Tropfenschleife – wird berücksichtigt, wie die unterschiedlichen Grundphänomene auf die Tropfen einwirken. Die Tropfen sedimentieren also, tauschen Stoff mit der umgebenden Phase aus, werden gespalten und koaleszieren. Um die Modelle auf das Verhalten der individuellen Tropfen anzuwenden, werden Zufallszahlen verwendet, sodass diese Simulation eine Monte-Carlo-Integration der Populationsbilanzen darstellt. In der Tropfenschleife ist zudem zu berücksichtigen, dass einige Tropfen die Kolonne in dem betrachteten Zeitschritt auch verlassen. In der äußeren Zeitschleife erfolgt die Buchhaltung über die Tropfen, z. B. wie sich aus den Positionen und Durchmessern der einzelnen Tropfen der Hold-up und die mittleren Konzentrationen in den einzelnen Höhenelementen der Kolonne ergeben. Dieses Verfahren hat gegenüber der direkten Lösung der Populationsbilanzen den Vorteil, dass es sehr modular aufgebaut ist und die einzelnen Module für den Ingenieur eine klar vorstellbare Bedeutung aufweisen.

Es konnte nun zunächst gezeigt werden, dass es mit diesem Vorgehen gelingt, pulsierte Siebbodenkolonnen im Technikumsmaßstab mit einer typischen Genauigkeit um 10% bzgl. ihrer Trennleistung zu beschreiben [18] – einer Genauigkeit, die für eine Auslegung üblicherweise ausreichend ist. Hervorzuheben ist, dass die Modellierung der Gesamtkolonne dabei eine reine Vorhersage aus dem Verhalten weniger Tropfen in den Labormesszellen darstellt. Damit ist nachgewiesen, dass das Verhalten technischer Apparate aus Messungen an einzelnen Tropfen und Blasen prinzipiell vorhergesagt werden kann. Für die zur Auslegung notwendigen Messungen zur soliden Quantifizierung der Hauptein-

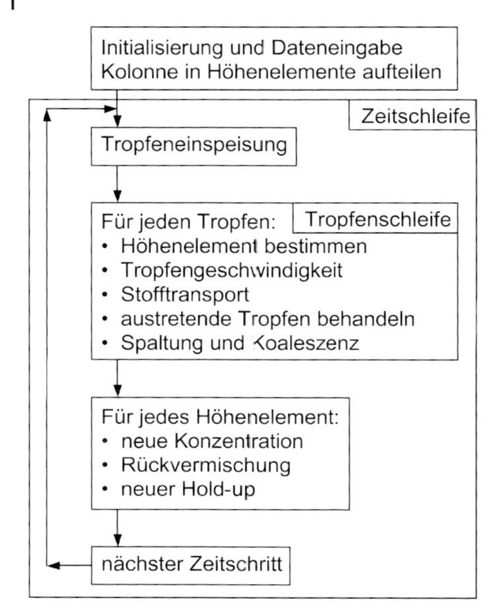

Abb. 8.5 ReDrop-Algorithmus zur Modellierung von Flüssig/Flüssig-Extraktionskolonnen basierend auf Einzeltropfenmodellen.

flussgrößen werden insgesamt nur wenige Liter der Originalstoffsysteme benötigt; die Messungen können in wenigen Tagen durchgeführt werden. Dieses Beispiel verdeutlicht somit auch noch einmal konkret und nachdrücklich, wie durch Reduzierung des Maßstabs bei den Untersuchungen zur Apparateauslegung sowohl Stoffmenge als auch Zeit gespart werden können, gleichzeitig aber der Modellierungsaufwand und die Anforderung an die Modelle steigen.

Literatur zu Abschnitt 8

1 A. Pfennig, *Kleiner! Flexibler! Schneller! – Miniplant und Mikroplant als Bausteine zukünftiger Verfahrensentwicklung*, in R. Walter, B. Rauhut (Eds.) *Horizonte*, Springer, Berlin, **1999**.
2 J. E. A. Shaw, R. I. Simpson, A. J. Bull, A. M. Simper, R. G. G. Holmes, *Method and Apparatus for Diffusive Transfer Between Immiscible Fluids*. Int Pat Appl. WO 96/12540.
3 R. G. G. Holmes, A. J. Bull, A. M. Simper, J. E. A. Shaw, D. E. Brennan, R. E. Turner, R. I. Simpson, L. Westwood, *Method and Apparatus for Diffusive Transfer Between Immiscible Fluids*. Int Pat Appl. WO 96/12541.
4 J. Shaw, I. Simpson, C. Turner, *Measurement and Modelling of Liquid Flows in Micro-Engineered Structures*. Dechema Monographs **1995**, 132, 235–244.
5 A. Pfennig, *Untersuchungen zur Umsetzung der Flüssig-Flüssig-Extraktion im Mikromaßstab*, Arbeitssitzung des GVC-Fachausschusses „Thermische Zerlegung von Gas- und Flüssigkeitsgemischen", 18.3.–20.3.**1998**, Garching.
6 H. Sawistowski, *Interfacial Phenomena*, in C. Hanson (Ed.), *Recent Advances in Liquid-Liquid Extraction*, Pergamon Press, Oxford **1971**.
7 M. Henschke, A. Pfennig, *AIChE J.* **1999**, 45(10), 2079–2086.

8 A. Pfennig, *Chem. Eng. Sci.* **2000**, 55(22), 5333–5339.

9 W. Ehrfeld (Ed.), *Microreaction Technology*, Springer, Berlin, 1998.

10 V. Hessel, H. Löwe, *Chem. Ing. Tech.* **2002**, 74, 17–30.

11 V. Hessel, H. Löwe, *Chem. Ing. Tech.* **2002**, 74, 185–207.

12 V. Hessel, H. Löwe, *Chem. Ing. Tech.* **2002**, 74, 381–400.

13 G. Bauer, *Match-X bietet wirtschaftliche Vorteile* Handelsblatt, 20.8., Nr. 182, S. B3, **2000**.

14 F. Lehr, M. Millies, D. Mewes, *Chem. Ing. Tech.* **2001**, 73, 1245–1259.

15 R. Krishna, J. M. van Baten, *Modelling Sieve Tray Hydraulics Using Computational Fluid Dynamics*, International Conference on Distillation & Absorption, 30.9.–2.10. **2002**, Baden-Baden.

16 M. Henschke, A. Pfennig, *AIChE J.* **2002**, 48(2), 227–234.

17 M. Henschke, *VDI Fortschritt-Berichte* **1995**, Reihe 3, Nr. 379.

18 M. Henschke, A. Pfennig, *Chem. Ing. Tech.* **2000**, 72, 964–965.

19 G. Vollmari, *Entwicklung einer Meßzelle zur Ermittlung der Kinetik des Stoffüberganges in dispersen Flüssig-Flüssig-Systemen*, Diplomarbeit, Lehrstuhl für Thermische Verfahrenstechnik, RWTH Aachen, **1993**.

20 J. Schröter, W. Bäcker, M.J. Hampe, *Chem. Ing. Tech.* 1998, 70, 279–283.

Sachverzeichnis

Miniplant-Technik. Ludwig Deibele und Ralf Dohrn (Hrsg.)

ISBN: 3-527-30739-7

c

d

l

m

n

o

p

q

r

t

u

v

W

X

Z